CHINA EN AMÉRICA LATINA Y EL CARIBE: ¿NUEVAS RUTAS PARA UNA VIEJA DEPENDENCIA?

EL NUEVO 'TERCER MUNDO' Y LA PERSPECTIVA DEL 'DESARROLLO'

Catalogación en Origen
Preparado por: Josefina A. S. Guedes
Bibliotecario CRB 9/870

C539c
2024

China en América Latina y el Caribe: ¿nuevas rutas para una vieja dependencia? : el nuevo 'tercer mundo' y la perspectiva del 'desarrollo' / Rubén Laufer, Fernando Romero Wimer (orgs.). – 1. ed. – Curitiba: Appris, 2024.
537 p. ; 23 cm. – (Relaciones Internacionales).

Incluye referencias.
ISBN 978-65-250-5579-4

1. China – Relaciones Económicas Internacionales – América Latina. 2. China – Relaciones Económicas Internacionales – Caribe. 3. Relaciones internacional. I. Laufer, Rubén. II. Wimer, Fernando Romero. III. Título. IV. Serie.

CDD – 337

Libro de acuerdo con la normalización técnica APA.

Appris editora

Editora e Livraria Appris Ltda.
Av. Manoel Ribas, 2265 – Mercês
Curitiba/PR – CEP: 80810-002
Tel. (41) 3156 - 4731
www.editoraappris.com.br

Printed in Brazil
Impresso no Brasil
Impreso en Brasil

Rubén Laufer
Fernando Romero Wimer
(org.)

CHINA EN AMÉRICA LATINA Y EL CARIBE: ¿NUEVAS RUTAS PARA UNA VIEJA DEPENDENCIA?

EL NUEVO 'TERCER MUNDO' Y LA PERSPECTIVA DEL 'DESARROLLO'

FICHA TÉCNICA

EDITORIAL	Augusto Coelho Sara C. de Andrade Coelho
COMITÉ EDITORIAL	Marli Caetano Andréa Barbosa Gouveia - UFPR Edmeire C. Pereira - UFPR Iraneide da Silva - UFC Jacques de Lima Ferreira - UP
SUPERVISOR DE PRODUCCIÓN	Renata Cristina Lopes Miccelli
CONSULTORÍA EDITORIAL	William Rodrigues
REVISIÓN	Rubén Laufer Fernando Romero Wimer
PRODUCCIÓN EDITORIAL	William Rodrigues
DISPOSICIÓN	Luciano Popadiuk
TAPA	João Vitor Oliveira dos Anjos

AGRADECIMIENTOS

Este libro fue posible gracias a los recursos del *Programa de Pós-graduação em Relações Internacionais* de la *Universidade Federal de Integração Latino-Americana* (PPGRI-UNILA), Brasil.

Los organizadores agradecen especialmente a todos los autores presentes en esta obra que, desde diversas latitudes, aportaron su compromiso y su dedicación para formar parte de la publicación.

Además, Fernando Romero Wimer reconoce especialmente al Posdoctorado en Ciencias Humanas y Sociales de la Facultad de Filosofía y Letras de la Universidad de Buenos Aires (Argentina) en el que participó con el Plan de trabajo: "Sobre el imperialismo: interpretaciones, problemas y debates (2001-2022)" y al Proyecto de Investigación: "Democracias inestables en la Historia reciente de América Latina (1954-2016)" (dirigido por Alejandro Schneider) por el tiempo y el espacio de trabajo ofrecido entre diciembre de 2022 y diciembre de 2023, los cuales hicieron posible la finalización de esta compilación.

PRESENTACIÓN

América Latina y el nuevo 'tercer mundo' en la estrategia global de China: ¿nuevas rutas para el desarrollo?

Rubén Laufer
Fernando Romero Wimer

El ascenso económico y político de China desde las reformas capitalistas de Deng Xiaoping a fines del decenio de 1970, y en especial en las últimas dos décadas, conmociona a todo el sistema internacional contemporáneo. Las otras potencias mundiales -Estados Unidos (EE. UU.) en particular- registran ese ascenso como una amenaza a su posición o a sus aspiraciones hegemónicas. Muchos gobiernos de Asia, África y América Latina -el llamado mundo 'en desarrollo'- buscan en la asociación estratégica con China una alternativa a la dependencia económica y política que les imponen sus dominadores 'tradicionales': EE.UU. y las potencias europeas.

Este libro aborda interrogantes y debates acerca de la dinámica capitalista global y del rol de China en las relaciones internacionales de los países 'en desarrollo' en general, y de los de América Latina y el Caribe en particular. Lo hace desde una perspectiva histórica: durante cien años (desde las Guerras del Opio de mediados del siglo XIX hasta el triunfo de la Revolución en 1949) China fue un país semicolonial y semifeudal, y luego por tres décadas (1949-1978) fue un país socialista: durante más de un siglo, por lo tanto, China no tenía intereses 'globales' que promover, proteger y defender. Pero ahora los tiene, y eso cambia la naturaleza de sus relaciones con el mundo, y la de sus alianzas, asociaciones y acuerdos económicos y políticos con las demás potencias y con los llamados países 'en desarrollo'.

En estos últimos, la proyección de las estrategias globales de China convoca el interés de gobernantes, políticos, empresarios, economistas, diplomáticos, analistas de relaciones internacionales, sociólogos, historiadores, periodistas y otras profesiones; pero también de movimientos sociales, organizaciones populares y partidos políticos que procuran una comprensión cabal sobre el carácter y las implicancias de esas relaciones con el gigante asiático, a fin de promover políticas capaces de ampliar los márgenes de autonomía política e independencia económica de sus naciones.

Los textos que componen esta obra son parte de un largo -y aun en curso- camino recorrido a nivel intelectual, académico, personal y de militancia social y política. La ruta de investigación materializada aquí es el desemboque de trayectorias, experiencias, análisis y estudios que cimentaron los avances que se exponen.

Entre quienes escriben hay profesionales e investigadores de diversos países de América Latina y del mundo 'desarrollado'. La reunión de estos trabajos reivindica la trascendencia que, para millones de ciudadanos del campo popular de América Latina y el Caribe, tiene el conocimiento de las determinaciones y condicionantes del mundo contemporáneo: el proceso de transición hegemónica actualmente en curso; la acción -externa e interna- de las potencias imperialistas y sus consecuencias sobre las economías locales (déficit comercial, desindustrialización, reespecialización primario-exportadora); los límites de una vía de desarrollo basada en el financiamiento y la tecnología de las grandes potencias y -en particular- en la 'alineación de la estrategia de desarrollo' de los países con las de China; las posibilidades de acción de los países dependientes respecto de la autonomía o subordinación de sus caminos de desarrollo; y, finalmente, los condicionamientos y consecuencias productivas, sociales, económicas, políticas, ambientales y culturales que conllevan las reestructuraciones de las relaciones internacionales a través de disputas hegemónicas, realineamientos, guerras, movimientos de emancipación nacional y revoluciones.

La dimensión de estas transformaciones excede los límites del marco regional, y obliga a examinar y reflexionar sobre el impacto del ascenso de China y de la expansión planetaria de sus intereses nacionales y sus capitales en diversas áreas del nuevo 'tercer mundo' en gestación. Este libro está pensado desde América Latina y, a la vez, pensando a la región latinoamericana y caribeña en el contexto de historia y experiencias que otras regiones del mundo 'en desarrollo' ya han acumulado respecto de sus relaciones con China desde la 'gran reversión' operada en el país asiático en 1978.

La expansión mundial del capital chino -privado y estatal- promovida activamente por Beijing se asocia al carácter inherentemente competitivo de la dinámica capitalista global. Ello genera y reproduce viejas y nuevas asimetrías entre las grandes potencias y los países 'en desarrollo'. Mediante su expansión internacional, los capitales del gigante asiático -en su búsqueda de mayores tasas de ganancia- se benefician de sus 'ventajas comparativas' de producción y apropiación de valor. La burguesía corporativa hoy al timón del Partido-Estado chino, procura establecer vínculos y asociaciones con sectores poderosos de las clases dominantes de países dependientes, que con frecuencia reproducen con ella la asociación subordinada que históricamente mantuvieron -y siguen haciéndolo hoy- con los mercados y capitales de otras grandes potencias como Gran Bretaña y EE.UU. La pugna de intereses entre las potencias imperialistas a escala mundial se expresa, así, en las pugnas internas y divergencias de política exterior que, en buena parte, reflejan tensiones y conflictos internacionales como la actual guerra comercial y tecnológica y las fricciones estratégicas entre Washington y Beijing y sus respectivos aliados.

La emergencia del gigante asiático como potencia económica, política y militar en lo que va del siglo XXI ha ido acompañada de la irrupción en América Latina y en otras latitudes de una cantidad significativa de centros de investigación, publicaciones científicas, personalidades académicas, e intelectuales con visiones favorables y adaptadas a los requerimientos de las clases y grupos económicos y políticos interesados en la asociación estratégica con China. Junto con ello, una parte de las organizaciones políticas y movimientos sociales enroladas en la izquierda y en el nacionalismo popular, eludiendo la cuestión de la restauración capitalista en China, abordan la emergencia internacional de esa gran potencia limitando el análisis al crecimiento de sus fuerzas productivas, y soslayando que ese crecimiento es una función de la reproducción ampliada del sistema capitalista mundial realizada cada vez más a través de la exportación de capital y de la consiguiente explotación de fuerza de trabajo y extracción de recursos y beneficios en el extranjero.

Así, la participación de China en la inversión productiva o de financiamiento en el extranjero; el poderío de sus empresas transnacionales; la diversificación y especialización de su producción industrial; su participación en los intercambios comerciales mundiales, el desarrollo de su capacidad tecnológica y militar, la creciente 'asertividad' que el gigante asiático ejerce ya lejos de su entorno geográfico inmediato, y la búsqueda de áreas de influencia y posiciones estratégicas para la promoción, protección y defensa de sus 'intereses nacionales' en todos los continentes, son manifestaciones concretas de su carácter de gran potencia, y expresan la expansión a escala planetaria del capital chino estatal y privado (o la fusión de ambos). Como se expone en los textos aquí reunidos, la asimetría de las relaciones internacionales de Beijing no es mero resultado de una opción de política exterior, sino producto de un proceso histórico que permite al capital industrial-bancario de China obtener ventajas relativas -incluso en relación a las potencias competidoras- por su capacidad de producción y apropiación de valor, con las conocidas consecuencias de reforzamiento del 'modelo' extractivista y de depredación ambiental en los países receptores. En la abrumadora mayoría de los casos nacionales aquí estudiados, el poderío del gigante asiático reproduce un patrón de acumulación primario-exportador y múltiples rasgos de dependencia productiva, comercial, financiera, y en definitiva política, de los países asociados o 'alineados' a sus estrategias de desarrollo.

Trabajos como los que aquí se presentan -sin esquivar enfoques diversos y polémicos- se tornan agudamente necesarios porque, a influjo del ascenso de la influencia internacional de China, y bajo el curso de una transición hegemónica capitalista, la narrativa de la dirigencia de Beijing presenta el poderío de China como motor del desarrollo económico, la gobernanza política y la justicia social a escala mundial -al igual que lo hacía la burguesía inglesa en tiempos de auge de su revolución industrial-, velando o invisibilizando los lazos de dominación productiva y financiera, explotación laboral y extractivismo que se anudan a su paso.

En el marco de la dura pugna hegemónica con la potencia declinante -Estados Unidos-, los nuevos términos de dominación son velados bajo una cuantiosa terminología neodesarrollista ('Sur global', 'complementariedad', 'cooperación para el desarrollo', 'beneficio mutuo', 'multilateralismo', 'comunidad de futuro compartido'). Aunque la creciente dependencia financiera de muchos países de Asia, África y América Latina hacia China conlleva sus propios condicionamientos y refuerza los ya habituales en las instituciones financieras internacionales -como el Fondo Monetario Internacional (FMI) y el Banco Mundial (BM)-, el 'poder suave' que ejerce esta retórica suscita el encantamiento de burguesías y gobernantes de muchos países 'en desarrollo', y expectativas en que la opción china sustente las aspiraciones de autonomía y desarrollo industrial nacional.

En lo que va del siglo XXI, China apuntaló sus condiciones para posicionarse como posible relevo de EE.UU. en carácter de potencia hegemónica. Sin embargo, la visión de una reglobalización 'heliocéntrica' con China como núcleo es cuestionada en la práctica por la verdadera desglobalización y fisuras del actual orden mundial enunciadas en el período reciente por la guerra comercial y tecnológica entre Washington y Beijing, las disrupciones provocadas por la pandemia de Covid-19 y la confrontación bélica en

Ucrania, y las recurrentes provocaciones y represalias en las cuestiones de Taiwán y el Mar del Sur de China, o las referidas a los derechos humanos en la provincia china de Xinjiang.

El desafío de China a la superpotencia norteamericana constituye hoy la principal línea de quiebre del actual 'orden' internacional. Alrededor de ella van entramándose realineamientos y alianzas. En un escenario de transición hegemónica, desgaste del liderazgo estadounidense y militarización de las rivalidades entre las grandes potencias, esa grieta signará durante un período prolongado los destinos del mundo en general y de los países llamados 'en desarrollo' en particular. Las relaciones productivas, comerciales, financieras y políticas entre los países 'en desarrollo' y China serán parte ineludible de esa trama.

Este libro está estructurado en catorce capítulos. En el primero, Fernando Romero Wimer -relacionando dialécticamente las dimensiones política y económica- aborda la dinámica y estructura del capitalismo global ponderando la rivalidad interimperialista entre EE.UU. y China en un escenario de transición hegemónica.

En el segundo capítulo, Rubén Laufer examina la creciente influencia del Estado chino sobre las clases dominantes y la estructura estatal de los países 'en desarrollo' en general y los de la región Asia-Pacífico en particular. El autor se interroga sobre la naturaleza de las relaciones internacionales de China en el marco del megaproyecto de la 'Iniciativa de la Franja y la Ruta' lanzado en 2013, los condicionantes de las asociaciones estratégicas, la problemática del desarrollo y la constitución de un nuevo 'Tercer Mundo'.

En el capítulo tres, el mismo autor aborda específicamente la relación entre las clases dirigentes de los países de América Latina y el Caribe con la burguesía china, evaluando la incidencia de la pulseada entre las potencias, y el perfil de la asociación de las economías de la mencionada región con el gigante asiático en el comercio, la infraestructura, el financiamiento y la matriz productiva.

En el capítulo cuatro, Cédric Leterme y Frédéric Thomas analizan si a partir de la pandemia de Covid-19 estamos frente a un nuevo 'momento' del poderío de Beijing. Los autores indagan sobre la creciente amenaza que China comporta para la supremacía de EE.UU. en América Latina, y exploran la posible articulación entre las relaciones con China y la oleada de rebeliones populares que atravesó el continente latinoamericano alrededor del año 2019.

En el quinto capítulo se presenta una entrevista a Feng Leiji que realizó Rubén Laufer. Feng es profesor universitario en China e integró la generación de 'Guardias Rojos'. El profesor Feng analiza las reformas de Deng Xiaoping y sus implicancias en las relaciones internacionales, el comercio, las inversiones y los préstamos de China, así como las contradicciones actuales entre China y las otras potencias a escala mundial.

En el capítulo seis, Gao Mobo sostiene que el ascenso de China no comenzó con Deng Xiaoping sino en la etapa revolucionaria de Mao Zedong, alterando ya entonces el sistema geopolítico mundial. El autor afirma que, independientemente del período y la motivación específica, las inversiones y préstamos de China impulsan el desarrollo económico, promoviendo el ascenso de los países 'en desarrollo' en un mundo menos desigual y más democrático.

En el séptimo capítulo Marc Lanteigne observa la incidencia de la diplomacia Sur-Sur de China en sus relaciones con Argentina, las razones de los gobiernos de Buenos Aires durante la última década para la búsqueda de asociación con la potencia asiática y las deficiencias del compromiso de la política exterior estadounidense con América Latina y el Caribe.

En el capítulo ocho, Sol Mora revisa las implicancias políticas de los préstamos de China para el desarrollo de infraestructura en el sector hidroeléctrico argentino y los efectos socioambientales de estas actividades. La autora examina las relaciones de poder entre China y Argentina, con especial atención en la dimensión financiera, durante el diseño y la ejecución de las represas sobre el río Santa Cruz (en la provincia patagónica del mismo nombre) entre 2014 y 2022.

En el noveno capítulo, Juliana González Jáuregui contempla la presencia de firmas chinas en el sector del litio de Argentina y sus alianzas con otros actores socioeconómicos. La autora enfatiza que en estas alianzas los capitales chinos estimulan la matriz primario-exportadora de la Argentina y condicionan su inserción internacional. Según sus conclusiones, este tipo de relaciones plantea desafíos diversos del vínculo entre Argentina y China en todos los sectores estratégicos de la economía argentina en general.

En el capítulo diez, Valdemar João Wesz Junior, Fabiano Escher y Tomaz Mefano Fares plantean la hipótesis de que la estrategia global de COFCO en el Cono Sur, especialmente en el complejo de carne-soja de la relación Brasil-China, juega un papel clave en el reordenamiento internacional del régimen alimentario contemporáneo. Los autores evalúan los flujos comerciales agroalimentarios globales en constante cambio en medio de las tensiones geopolíticas actuales y analizan las implicaciones de la estrategia global de COFCO en el Cono Sur y sus implicaciones para el poder de las corporaciones del Atlántico Norte.

En el undécimo capítulo, Sebastián Sarapura Rivas y Fernando Romero Wimer describen los principales trazos de la reproducción del capital en el Perú entre los años 2001 y 2021; examinan el flujo de capitales chinos que operan en el Perú, así como sus principales rubros de actividad y localización geográfica, y analizan el crecimiento de agrupaciones empresariales y partidos políticos peruanos con vínculos con el Estado chino.

En el capítulo doce, Paula Fernández Hellmund y Fernando Romero Wimer describen los antecedentes históricos de las relaciones China-Nicaragua y China-Panamá; analizan la penetración de los capitales de origen chino en Panamá y Nicaragua; y examinan los intercambios comerciales de Nicaragua y Panamá con el gigante asiático.

En el capítulo trece, Pablo Senra Torviso y Fernando Romero Wimer consideran la evolución del agronegocio de Uruguay en lo que va del siglo XXI y sus vínculos con China. Los autores ahondan en las relaciones económicas entre ambos países y la subordinación del aparato productivo a los intereses de la reproducción de los capitales chinos. El texto busca explicar la correspondencia entre la evolución de los lazos económicos y los cambios políticos y diplomáticos.

La obra concluye con el capítulo catorce donde Julia Dalbosco y Fernando Romero Wimer investigan los principales elementos de la evolución histórica de los acercamientos entre Paraguay y la República Popular China, considerando la 'cuestión Taiwán' y analizando los actores políticos y económicos paraguayos relacionados con la promoción de los vínculos con Beijing.

Finalmente, cabe agradecer al *Programa de Pós-graduação em Relações Internacionais* de la *Universidade Federal de Integração Latino-Americana* (PPGRI-UNILA) por el apoyo a esta obra y la disposición de los recursos financieros que hicieron posible su publicación.

Buenos Aires, 11 de septiembre de 2023

SUMARIO

1

IMPERIALISMO, DEPENDENCIA Y TRANSICIÓN HEGEMÓNICA ANTE EL ASCENSO DE CHINA[1]

Fernando Romero Wimer

"El historiador es un fisico, no un experto. Busca la causa de la explosión en la fuerza expansiva de los gases, no en la cerilla del fumador"[2]

Introducción

En lo que va del siglo XXI, la dinámica capitalista global presenta una renovada lucha por la hegemonía. Fundamentalmente a partir de la incorporación de la República Popular China a la Organización Mundial de Comercio (OMC) en diciembre de 2001 y pese a ser estimulado su ingreso por los Estados Unidos de América (EE.UU.), la disputa entre la superpotencia norteamericana y el gigante asiático configura el aspecto principal de esa confrontación. Todo lo cual tiene incidencia en la historia reciente, el presente y el devenir político, económico, social, cultural y ambiental mundial.

Este capítulo se plantea la resolución de interrogantes generales relacionados con la estructura y la dinámica global del capitalismo en una perspectiva totalizadora que comprende la unidad dialéctica entre economía y política.

Los principales interrogantes refieren a si la hegemonía de EE.UU. está en crisis, la duración de la transición hegemónica y cuáles son las perspectivas de un desplazamiento de la hegemonía hacia China.

De este modo, el objetivo general de este capítulo es analizar la estructura y la dinámica del capitalismo global durante el siglo XXI, considerando las implicancias en el plano político-militar e ideológico y dando cuenta de la cuestión del imperialismo, la dependencia y el fenómeno de la hegemonía.

---

[1] La redacción final de este capítulo se realizó en el contexto del Posdoctorado en Ciencias Humanas y Sociales de la Facultad de Filosofía y Letras de la Universidad de Buenos Aires (Plan de trabajo: "Sobre el imperialismo: interpretaciones, problemas y debates (2001-2022)", inserto en el Proyecto de Investigación: "Democracias inestables en la Historia reciente de América Latina (1954-2016)", dirigido por Alejandro Schneider).

[2] Vilar, P. (1999 [1980]). *Iniciación al vocabulario del análisis histórico.* Crítica, p. 23.

Estructura y dinámica de la economía internacional en lo que va del siglo XXI

Entender la estructura económica internacional es dar cuenta de la relación sustancial que guardan los distintos sectores y ramas económicas, y los diferentes actores globales (empresas, Estados, organismos internacionales, etc.)[3]. Esta perspectiva totalizadora e interdisciplinaria aborda la correspondencia entre los distintos espacios de producción, circulación y consumo con las distintas esferas de la realidad social (destacándose en nuestro análisis la dimensión política y el factor histórico).

De este modo, su dinámica tiene que ver con el movimiento orgánico determinado por las relaciones de fuerza internacionales que intervienen dialécticamente en las relaciones sociales de tipo económico[4] a nivel mundial. En esa configuración -sin ser objeto central del análisis de este capítulo- operan además aspectos sociales, culturales, y ambientales.

Gramsci entiende lo orgánico -más allá de la discutible alusión biológica- como referido a lo relativamente permanente de la organización política (en oposición a los movimientos coyunturales a los que considera "ocasionales, inmediatos y casi accidentales"[5]). El análisis histórico-político radica en hallar la relación dialéctica entre lo orgánico y lo ocasional, reservando la preponderancia explicativa al primero.[6]

---

[3] Recuperando los aportes de la Economía Política Internacional, entendemos que los Estados expresan los intereses de burguesías particulares con distinta capacidad y diferentes disposiciones, de acuerdo a la rama de la producción en la que participan estas burguesías y el nivel de productividad alcanzado. En función de ello, los Estados desarrollan diferentes estratégicas en el plano internacional.

[4] Comprendemos las relaciones sociales de producción como aquellas bajo las cuales producen materialmente los individuos, cuya expresión jurídica son las relaciones de propiedad. Las formas históricas de la propiedad se corresponden con los tipos de relaciones de producción. Las relaciones sociales de producción son una categoría no restringida a lo estrictamente productivo de bienes y servicios si no que incluye las otras dimensiones vinculadas al proceso de producción de las condiciones materiales de la existencia humana en una formación económico-social determinada. En el tomo III de El Capital, Marx argumenta: "La característica 1 del producto como mercancía y la característica 2 de la mercancía como producto del capital entrañan ya todas las relaciones de circulación, es decir, un determinado proceso social que los productos tienen que recorrer y en el que asumen determinados caracteres sociales, y entraña asimismo determinadas relaciones entre los agentes de producción, que determinan la valoración de sus productos o su reversión, ya sea a la forma de medios de vida o a la de medios de producción" (Marx, C. (2000 [1894]). *El Capital. Crítica de la economía política*. Fondo de Cultura Económica, T. III, p. 812).

[5] Gramsci, A. (1984). *Notas sobre Maquiavelo, sobre política y el Estado Moderno*. Nueva Visión, p. 53.

[6] "Los fenómenos de coyuntura dependen también de movimientos orgánicos, pero su significado no es de gran importancia histórica; dan lugar a una crítica política mezquina, cotidiana, que se dirige a los pequeños grupos dirigentes y a las personalidades que tienen la responsabilidad inmediata del poder. Los fenómenos orgánicos dan lugar a la crítica histórico-social que se dirige a los grandes agrupamientos, más allá de las personas inmediatamente responsables y al personal dirigente" (Gramsci, *op. cit.*, p. 53).

El autor italiano observa que existen "diversos grados de las relaciones de fuerza"[7], entendiendo a las relaciones de las fuerzas internacionales tanto en su dimensión subjetiva como objetiva. La dimensión subjetiva está dada por la capacidad hegemónica de un Estado o agrupamiento de Estados, los conceptos de independencia, soberanía, la capacidad de influencia política e ideológica de y sobre Estados, empresas u organizaciones internacionales, etc. La dimensión objetiva está adosada a la materialidad; es decir, al desarrollo de las fuerzas productivas, sus relaciones con otros agentes internacionales y su capacidad militar.

Siguiendo estas observaciones de contenido teórico-metodológico, nuestro análisis de las relaciones de fuerza internacionales adopta una perspectiva dialéctica que parte de la primacía de los elementos estructurales por sobre los superestructurales. Del mismo modo, debemos tener en cuenta que el desarrollo del capital imperialista involucra tanto la transformación de índole económica como también de la esfera política, social y cultural.[8] Esto constituye un aporte relevante al considerar que en el contexto de la cadena capital-imperialista mundial, la hegemonía burguesa *"no está desvinculada de su hegemonía en el sentido más amplio del término: supremacía de un Estado sobre otro"*[9] .

Desde los años finales del siglo XIX y el comienzo del siglo XX se configuró una renovada estructura asimétrica de relaciones económicas, políticas, diplomáticas y militares internacionales que reemplazó al antiguo colonialismo europeo desarrollado desde finales del siglo XV y sustentado durante casi trescientos años en el mercantilismo que impregnó la transición del feudalismo al capitalismo[10] . Así pues,

> un puñado de potencias capitalistas logró subordinar -bajo la forma de colonias, semicolonias y países dependientes- al resto de los países, situación que luego de los procesos de descolonización, mutaría hacia la generalización de la dependencia como forma esencial de la subordinación nacional al imperialismo.[11]

[7] *Ibid.*, p. 51.

[8] Lenin, V. (1970([1916]). El imperialismo, etapa superior del capitalismo. En V. Lenin, V. *Obras Completas* (pp. 298-425). Cartago, T. XXIII.

[9] Cueva, A. (1984). El fetichismo de la hegemonía y el imperialismo. *Cuadernos Políticos*, (38), 31-39.

[10] Sobre el tema, ver: Dobb, M. (1972). *Estudios sobre el desarrollo del capitalismo*. Siglo XXI; Brenner, R. (1998). Las raíces agrarias del capitalismo europeo. En Aston, T. H. & Philpin, C. H. (Eds.), *El debate Brenner*. Crítica; Hilton, R. (Eds.) (1982). *La transición del feudalismo al capitalismo*. Crítica.

[11] Azcuy Ameghino, E. & Romero Wimer, F. (2011). El imperialismo y el sector agroindustrial argentina: ideas, referencias y debates para reactivar una vieja agenda de investigación. *Revista Interdisciplinaria de Estudios Sociales*,

De esta manera, los cambios económicos, tecnológicos, políticos y militares atravesados durante todo el siglo XX y el siglo en curso deben ser ponderados a la hora de establecer una caracterización del fenómeno en su dimensión actualizada del fenómeno imperialista[12].

En lo que va del siglo XXI, la economía mundial y las relaciones internacionales están influidas decisivamente por la alta significación que tienen las grandes potencias en su configuración. Más allá de las discusiones actuales sobre la posibilidad de considerar las grandes potencias en términos de nuevas clasificaciones con diferentes criterios de caracterización[13], sostenemos que en la dinámica capitalista global actual lo sustancial es el carácter imperialista de las mismas y su capacidad de exportar capital a escala planetaria, poseer las sedes de las principales empresas transnacionales (ETN) [14] y la mayor capacidad financiera. Consideramos que además el Producto Bruto Interno (PBI), la participación en el comercio mundial y su capacidad militar completan la determinación principal y que, en un plano secundario y potencial, deben colocarse factores como el demográfico y la extensión territorial.

Desde nuestra perspectiva, en el escenario mundial persiste la competencia entre capitales y Estados articulando estrategias financieras, productivas, comerciales, militares, y luchas ideológicas. Consideramos oportuno referenciar esta competencia intercapitalista con la cuestión del imperialismo y sus implicaciones para las relaciones internacionales; vinculando estructuralmente al imperialismo con la dinámica capitalista global. Así, existe una asociación y entrelazamiento particular entre las grandes empresas transnacionales (y las burguesías que las controlan) y el Estado de su país de origen[15].

4,11-46, p. 15.

[12] Romero, F. (2016). *El imperialismo y el agro argentino. Historia reciente del capital extranjero en el complejo agroindustrial pampeano*. CICCUS.

[13] Wrana, J. (2012). Superpotencias y países emergentes. En R. Tamames (Coord.), *La economía internacional en el siglo XXI* (pp. 19-25). Cajamar.

[14] En general, se trata pues de empresas *multinacionales* o *transnacionales* tanto por la diversidad de capitales que componen sus paquetes accionarios como por la pluralidad de mercados donde actúan y extraen sus recursos. Las multinacionales surgen a escala social con la crisis de fines de siglo XIX y los inicios de la expansión del capital imperialista. Deben considerarse como tales a aquellas empresas que instalan filiales en múltiples países donde producen de forma integral todo el producto. La transnacionalización alude a un proceso más reciente –principalmente a partir de la crisis de fines de la década de 1960 e inicio de la de 1970-, se trata de producir a través de distintos países. Es decir, las filiales se desintegran verticalmente y cada una pasa a encargarse de sólo una etapa del proceso productivo.

[15] Vilas, C. (1973). Extranjerización de la sociedad y el Estado. *Realidad Económica*, (12), 42-57.

La dependencia constituye la contracara del imperialismo. Un fenómeno que, como se mencionó, pasó a generalizarse después de los procesos de descolonización que siguieron a la II° Guerra Mundial con la obtención de la independencia política de territorios coloniales y semicoloniales. La estructuración dependiente supone tanto la subordinación económica, tecnológica y/o cultural externa en el plano internacional como asociación subordinada a los capitales de las principales potencias imperialistas de importantes fracciones de las clases dominantes locales, lo cual deriva en injerencia imperialista en las decisiones nacionales y, por lo tanto, una soberanía estatal subalterna y fuertemente limitada. Como hemos señalado en otras oportunidades[16], cualquier sociedad de clases expresa en las distintas dimensiones de la vida social (económica, política e ideológicos) el predominio de su clase dominante. Los elementos superestructurales tanto en términos jurídico-políticos como culturales autopresentados como instancias que están por encima de las clases sociales son, en los hechos, la materialización de los intereses de la clase dominante y contribuyen a su reproducción. En la configuración dependiente de los Estados subordinados a los imperialismos existe una burguesía local que se reproduce bajo esa forma y relaciones sociales de producción y estructuras de poder que reproducen de forma ampliada la dependencia.

Esa asociación subordinada supone la extracción de riquezas por parte del capital imperialista en lo que hace a la dependencia productiva, comercial, financiera y tecnológica a través de diversas vías. Entre los mecanismos predominantes podemos mencionar: las decisiones contrarias a los intereses nacionales y los efectos negativos sobre la estructura social y el empleo; formas de explotación de la fuerza de trabajo más voraces; el drenaje de divisas por ganancias obtenidas en los territorios dependientes, intereses financieros y rentas de innovación y propiedad intelectual; el condicionamiento del desarrollo productivo y tecnológico; la estructuración del comercio exterior; la incidencia en la determinación de precios y la competencia oligopólica; la explotación extractivista de los recursos naturales; etcétera.

Pasamos, por lo tanto, a considerar la participación de las principales potencias en diferentes dimensiones de la economía política internacional a fin de examinar y ponderar posteriormente la relación entre los Estados que

[16] Romero Wimer, F. (2017). La crítica del imperialismo y su relación con la cuestión agraria en el pensamiento político y académico del marxismo argentino. *REBELA. Revista Brasileira de Estudos Latino-Americanos, 7*(1), 1-39. Recuperado de https://ojs.sites.ufsc.br/index.php/rebela/article/view/2581

participan directamente en la actual disputa hegemónica y la interrelación con los principales actores internacionales.

Exportación de capitales

En el período que va de 2001 a 2021, los principales 10 exportadores de capitales fueron: EE.UU., Japón, China, Alemania, Francia, Hong Kong, Reino Unido, Canadá, Países Bajos, y España (Gráfico 1).

Gráfico 1. Principales economías: Salidas de IED en miles de millones (US$). Años: 2001-2021.

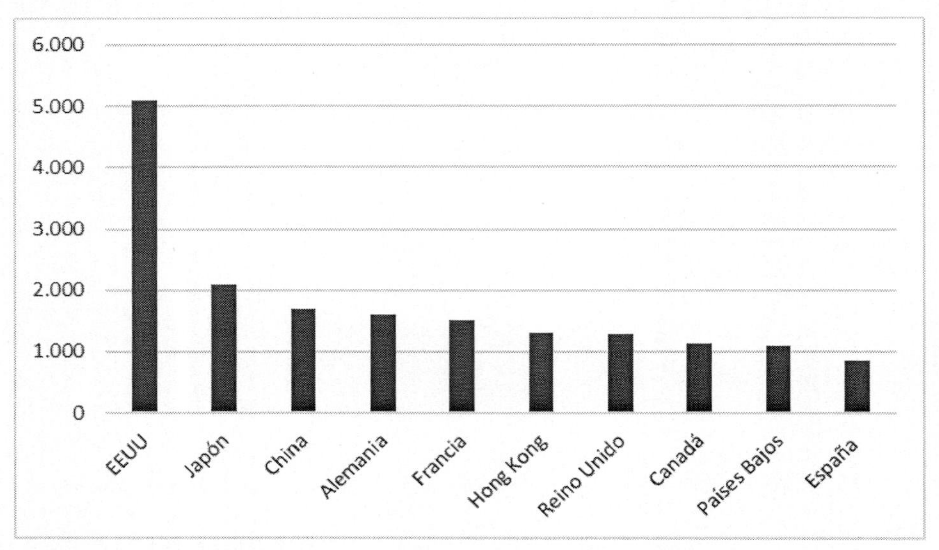

Fuente: Elaboración propia sobre la base de UNCTAD, 2001-2022[17].

Entre 2001 y 2021, Estados Unidos encabezó el *ranking* de salidas de IED por US$ 5,095 billones acumulados en el período. Japón aparece en segundo lugar con US$ 2,093 billones, China como la tercera economía con US$ 1,688 billones, Alemania la cuarta con US$ 1,594 billones y Francia 1,509 billones. Vale mencionar que si a China se le suman las salidas desde Hong Kong -Región Administrativa Especial bajo soberanía china y ubicada en sexto lugar del *ranking*- sobrepasaría la posición de Japón.

[17] UNCTAD, *World Investment Report,* New York, 2001-2022 (Informes de diferentes años). Recuperado de https://unctad.org/en/Pages/Home.aspx

Asimismo, si se trata de considerar en términos de acumulación del *stock* de IED de las principales potencias afuera de sus fronteras, vale considerar que el *ranking* es liderado durante todo el siglo XXI por EE.UU. (heredan la posición de liderazgo desde la Segunda Guerra Mundial) con US$ 9,813 billones. Los Países Bajos, que arrancaron rezagados el milenio, ocupan la segunda posición con US$ 3,356 billones (su crecimiento entre 2000 y 2021 fue del 1.099 %). China está tercera con US$ 2,581 billones (aunque si sumamos Hong Kong se ubicaría en la segunda posición), los activos del gigante asiático sin el territorio de la ex colonia británica aumentaron un 9.297% y son los de mayor crecimiento en lo que va del siglo XXI (Cuadro 1).

Cuadro 1. *Stock* de IED en el exterior en millones de dólares en principales economías. Años: 2000, 2010 y 2021.

	2000	2010	2021
EEUU	2.694.014	4.809.587	9.813.545
Países Bajos	305.461	968.105	3.356.858
China	27.768	317.211	2.581.800
Canadá	442.623	983.889	2.285.325
Reino Unido	940.197	1.686.260	2.166.414
Alemania	483.946	1.364.565	2.141.269
Hong Kong	379.285	943.938	2.082.323
Japón	278.445	831.076	1.983.858
Suiza	232.202	1.043.199	1.578.515
Francia	365.871	1.172.994	1.544.964

Fuente: Elaboración propia sobre la base de UNCTAD (2001-2022).

Como puede observarse, estos movimientos en la expansión de capitales en el exterior derivaron, además, en otros cambios en las relaciones de fuerzas internacionales. De este modo, el Cuadro 1 refleja el consiguiente desplazamiento de Reino Unido y Alemania de la segunda y tercera posición mantenida en 2000 y 2010 a la quinta y sexta respectivamente en 2021. También es notoria la caída de Francia de la sexta y cuarta colocación en 2000 y 2010 respectivamente, a la décima ubicación en 2021.

Diferentes estudios evidencian que la dinámica de exportación de capitales chinos se explica tanto por la necesidad competitiva en la búsqueda de mercados como por la necesidad de abastecimiento de alimentos y materias primas que garanticen la continuidad de su crecimiento. Como consecuencia, la presencia internacional de estos capitales promueve la creación de vínculos interburgueses que paulatinamente se reflejan en reajustes a nivel de las relaciones diplomáticas entre los países[18]. El papel cada vez más activo de la diplomacia china debe ser considerado a la luz de este proceso.

Principales empresas transnacionales

Las ETN se han convertido en grandes protagonistas de la economía mundial, consiguiendo penetrar y ejercer su influencia económico-política en casi todos los países a nivel global.

Entre las diferentes clasificaciones existentes a nivel mundial se destaca por su continuidad desde 1995 la lista de empresas globales elaborada por la revista *Fortune* de los Estados Unidos. Este *ranking* se denomina Global 500 debido a que se incluyen las mayores 500 empresas industriales, financieras y de servicios según su nivel de ingresos.

Es notorio el incremento sostenido de empresas chinas entre las principales 500. En 2020, las empresas chinas superaron por primera vez a las estadounidenses en cuanto a la cantidad de firmas dentro del *ranking* por 124 a 121. En la actualidad, cuatro firmas se encuentran entre las 10 mayores del mundo; son ellas State Grid, China National Petroleum, Sinopec Group y China State Construction Engineering. En 2022, la participación de compañías chinas entre las 500 mayores se elevó a 145[19].

Las compañías estadounidenses pasaron a segundo lugar en el *ranking* en 2020. En la actualidad, cuatro compañías de ese origen se ubican en las 10 mayores del mundo: Walmart, Amazon, Apple y CVS Health. En 2022, la participación estadounidense se ha mantenido estable con 124 firmas que participaron de la lista de las 500 de mayores ingresos. Así, las dos principales potencias mundiales concentran más del 50% de las mayores transnacionales del mundo.

---

[18] Chandra, K. (1999). FDI and Domestic Economy: Neoliberalism in China. *Economic and Political Weekly, 34*(45), 3195-3212; Chen, C. (2010). Asian foreign direct investment and the 'China effect'. En R. Garnaut, J. Golley, & L. Song (Eds.), *China: The Next Twenty Years of Reform and Development* (pp. 221–240). ANU Press; Bielig, A. (2021). FDI outflow from China to Germany. En Biswas, P. K. & Dygass, R. (Org.). *Asian Foreing Direct Investment in Europe* (pp. 102-112). Routeledge

[19] Fortune (2023). Global 500. Recuperado de https://fortune.com/ranking/global500/

Las ETN de origen japonés se ubican en tercer lugar en la lista "Fortune Global 500". En 2022, 47 compañías niponas participaron de las 500 mayores a nivel global, esto significó una disminución relativa de los *rankings* de 2020 y 2021 cuando la participación fue de 53 compañías japonesas[20]. En su condición de potencia, es de destacar la articulación del Estado con los principales conglomerados industriales nipones en la producción y desarrollo de tecnología. A partir de finales de 1991, la expansión de la economía japonesa entró en un largo letargo como causa del estallido de la burbuja financiera e inmobiliaria, la cual fue acompañada por el mantenimiento del poder tecnológico estadounidense, el crecimiento de las economías de la Unión Europea (UE), un estancamiento de las exportaciones debido a la competencia china y de compañías de Corea del Sur, la saturación del mercado interno de bienes de consumo, el envejecimiento poblacional y la escasez de mano de obra[21].

A los fines de nuestro estudio, es importante señalar las asociaciones de capitales de diferente origen que se producen en la economía internacional. Por ejemplo, en 2009, British Petroleum -compañía británica[22] ubicada en la posición 35° en el *ranking* de Global 500- estableció una alianza con la China National Petroleum para la explotación conjunta del petróleo en Irak[23].

Estas asociaciones transnacionales entre capitales de diferente origen con el capital chino también pueden observarse en los vínculos con firmas canadienses[24] como, por ejemplo, la establecida en el yacimiento Veladero (provincia de San Juan, Argentina) entre Barrick Gold y Shandong Gold Mining y la actuación conjunta en el Proyecto Mariana (provincia de Salta, Argentina) de Jiangxi Ganfeng Lithium e International Lithium Corporation. [25]

[20] Uno de los sectores donde las ETN japonesas han mantenido el liderazgo es en la industria del automóvil, así en diferentes ocasiones Toyota Motor ha ocupado el primer puesto mundial (muy disputado con la alemana Volkswagen). Japón pasó a situarse por delante de la producción estadounidense con ventajas de precios, calidad e innovación. Otros sectores han sido la industria de cámaras fotográficas (donde se destacan Canon y Nikon), relojería (con fabricantes como Seiko y Citizen) y la producción de computadores (Fujitsu y Toshiba).

[21] Garrido, L. (2012). Japón: del PBI ascendente al estancamiento secular. R. Tamames (Coord.). *La economía internacional en el siglo XXI* (pp. 55-63). Cajamar.

[22] Las empresas británicas se desempeñan en sexto lugar entre las empresas globales con 18 firmas. La principal es la anglo-holandesa *Shell* que se ubica en el 15° del *ranking*.

[23] Vale enfatizar, dado que hace a la naturaleza de las relaciones de China con los países oprimidos, que se trata de la explotación de petróleo en un país ocupado militar y políticamente desde 2003 por Estados Unidos y sus aliados (siendo los británicos el principal contingente de la coalición luego de los estadounidenses). Hasta la fecha el territorio iraquí enfrenta las secuelas de la guerra, agudos conflictos internos e inestabilidad política.

[24] Las compañías canadienses están ubicadas en la novena posición y participan con 12 ETN en el *ranking* de las mayores 500 empresas a nivel global de *Fortune,* aunque se colocan bastante atrás de las principales. Canadá cuenta, además, con una posición elevada en el *ranking* de los principales PBI y PBI Industrial, *stock* de capitales en el exterior y exportación de energía, materias primas y productos agrícolas.

[25] Romero Wimer, F. (2021). La sombra del dragón sobre el oro blanco de la Argentina andina. En R. Peixoto (Org.), *Debates contemporâneos sobre a região andina: política, economia e sociedade* (pp. 115-127). CLAEC.

En todos los casos vale destacar la actuación en diferentes países -incluida la dinámica de exportación de capitales entre los países centrales- y la extracción de beneficios en diferentes territorios. Para los países dependientes, la actuación de las ETN tiene mayores implicancias -aun cuando en todos los casos representa pérdida de autonomía de los Estados-; las decisiones respecto a la cadena global de valor no se toman en estos territorios, que aparecen más o menos intercambiables entre sí.

Capacidad financiera

Si consideramos la ubicación de las principales bolsas de valores del mundo y la participación en los organismos financieros internacionales, podemos observar que las principales potencias económicas cobijan también los principales centros financieros a nivel global.

En el caso de Estados Unidos reúne las bolsas de New York, Los Ángeles, San Francisco, Chicago, Boston y Washington DC entre las 20 principales del mundo según Índice Global de Centros Financieros (GFCI, por sus siglas en inglés)[26]. La Bolsa de Nueva York (New York Stock Exchange, NYSE su sigla en inglés) es la mayor bolsa de valores del mundo desde el final de la Primera Guerra Mundial. La NYSE concentra grandes empresas como JP Morgan Chase, Johnson & Johnson, Visa, Procter & Gamble, y Disney.

La segunda mayor bolsa del mundo también es estadounidense, se trata de la National Association of Securities Dealers Automated Quotation (NASDAQ). Esta bolsa se caracteriza por ser electrónica y agrupar empresas de alta tecnología como Apple, Amazon, Tesla, Nvidia y Alphabet (cuya principal filial es Google).

Estados Unidos es el país que cuenta con mayor cuota de Derechos Especiales de Giro (DEG)[27] y mayor porcentaje de votos en el Fondo Monetario Internacional (FMI) (Cuadro 2) y en el Banco Mundial (BM)[28].

---

[26] Z/YEN (2023). *GFCI 31 Rank*. Recuperado de https://www.longfinance.net/programmes/financial-centre-futures/global- financial-centres-index/gfci-31- explore-data/gfci-31-rank/

[27] El Derecho Especial de Giro (DEG), creado por el FMI en 1969, es un activo de reserva internacional que otorga intereses devengados. El DEG se define como un complemento de las reservas oficiales de los países miembro, constituyendo una cartera de divisas empleadas en el comercio internacional y las finanzas. En 2016, se incorporó el yuan como quinta moneda de reserva constituyéndose en la tercera de mayor peso en los Derechos Especiales de Giro (DEG) -con una participación de 10,92%-, por debajo del dólar estadounidense y el euro y por encima del yen y la libra esterlina.

[28] El Grupo Banco Mundial está conformado por 189 países y está compuesto por 5 instituciones principales: el Banco Internacional de Reconstrucción y Fomento (BIRF), la Asociación Internacional de Fomento (AIF/IDA), la Corporación Financiera Internacional (CFI/IFC), el Organismo Multilateral de Garantía de Inversiones

Vale recordar que a partir de la Conferencia de Bretton Woods (1944) se estableció que el FMI y el BM tuvieran su sede en Washington DC. Los acuerdos permitieron también la configuración del sistema monetario internacional y la institucionalización del patrón de cambio oro/dólar, el cual a partir de 1971 -con la declaración de inconvertibilidad del dólar en oro[29]- se estableció en la práctica en un patrón fiduciario internacional con base en el dólar, dando un nuevo impulso a las inversiones estadounidenses[30].

La localización de estas instituciones en la sede del poder político de la superpotencia norteamericana ha generado críticas generalizadas contra la conexión de los organismos financieros internacionales y la política exterior estadounidense. A tal punto que se registra como regla tácita que el gobierno de los EE.UU. debe nombrar a cada nuevo presidente y en toda la historia del Banco Mundial sólo un corto período (entre febrero y abril de 2019) fue presidido interinamente por una economista no estadounidense: la economista búlgara Kristalina Georgíeva[31].

Además, Estados Unidos tiene fuerte injerencia en otros tres bancos de desarrollo: el Banco Interamericano de Desarrollo (BID); el Banco Asiático de Desarrollo (BAsD); el Banco Africano de Desarrollo (BAfD), que fueron fundados en la década de 1960. Todos estos organismos han contribuido al deterioro socio-económico de los países dependientes, a los cuales las sucesivas crisis de su deuda externa bloquean sus posibilidades de modernización y solución de sus problemas económicos. Por

(OMGI/MIGA), y el Centro Internacional de Arreglo de Diferencias Relativas a Inversiones (CIADI). Inicialmente, se entendió que los préstamos del BM debían orientarse a las necesidades de reconstrucción de los países damnificados por la Segunda Guerra Mundial y a la superación del subdesarrollo de los países pobres. Sin embargo, sus créditos siguieron fundamentalmente los criterios del tipo de interés de mercado. Para Europa, a partir de 1948, el fomento a la reconstrucción ofrecido por el BM fue sustituido en la práctica por el Plan Marshall impulsado por los Estados Unidos.

[29] En diciembre de 1971, ante la escasez de oro, el presidente Richard Nixon decidió declarar la inconvertibilidad del dólar en oro. Estados Unidos decidió fijar una nueva paridad del dólar en 38 dólares la onza, lo que equivalía a una devaluación de la moneda estadounidense de 7,89%. En febrero de 1973, una segunda devaluación llevó la paridad a 42,22 dólares la onza, lo que significó una devaluación de 11,10%. Ver: Tamames, R. (2012). El FMI y la estabilidad financiera internacional. En R. Tamames (Coord.), *La economía internacional en el siglo XXI* (pp. 187-203). Cajamar.

[30] Wrana, J. (2012). La lucha por la hegemonía: Estados Unidos de América. En R. Tamames (Coord.), *La economía internacional en el siglo XXI* (pp. 27-38); Ramírez, R., Salavarria, F., & Arteaga, M. (2022). Cincuenta años del patrón monetario US dólar, los beneficios para Estados Unidos de América y su incidencia en la economía global 1971 -2020. *RECIAMUC*, *6*(3), 721-735.

[31] Georgieva se desempeñó en el cargo de directora general del Banco Mundial entre enero de 2017 y octubre de 2019, cuando dejó el cargo para asumir como directora gerente del Fondo Monetario Internacional. Ver: Banco Mundial (2023). "Kristalina Georgieva". Recuperado de https://www.bancomundial.org/es/about/people/k/kristalina-georgieva

su parte, la superpotencia norteamericana se erige como garante de los acreedores, donde sus gobiernos han elaborado líneas de acción para la amortización de la deuda externa de los países dependientes. Ejemplo de este accionar son los abordajes adoptados mediante el Plan Brady o el plan Baker, o bien el abordaje en conjunto con otras potencias en las Cumbres del Grupo de los 7 (G 7)[32].

Vale destacar el carácter político de este poder financiero norteamericano en el propio ámbito interno. La historia ilustra con diferentes casos la necesidad de actuación estatal ante cualquier dificultad de la banca estadounidense. De este modo, en 2008, ante la quiebra de grandes bancos de inversión de los Estados Unidos, los fondos soberanos[33] acudieron al rescate de Merrill Lynch y Citigroup.[34]

Esta situación no es novedosa dado que ya en 1933, ante la oleada de colapsos bancarios, el presidente Franklin Roosevelt promulgó la ley Glass-Steagall, que establecía seguros sobre los depósitos. Los cambios en la economía estadounidense producidos en la década de 1970 y 1980 (desregulación financiera, volatilidad de las tasas de interés e inestabilidad económica) condujeron al retorno de la quiebra de bancos. En la actual crisis bancaria de 2023 -que envolvió a Silicon Valley Bank y a Signature Bank-, el Estado norteamericano a través de la Corporación Federal de Seguro de Depósitos (FDIC, por su sigla en inglés) ignoró el límite asegurado y rescató todos los depósitos en cuenta corriente, incluidos los de las grandes empresas de capital de riesgo[35].

---

[32] González Huerta, B. (2012). Financiación internacional: el Banco Mundial y otras entidades. En R. Tamames (Coord.), *La economía internacional en el siglo XXI* (pp.171-186). Cajamar

[33] Los fondos soberanos son aquellos que se constituyen predominantemente a partir de la acción del Estado de un país. Esta participación estatal activa, directiva y estratégica constituye una forma de evidencia del relacionamiento estrecho de los gobiernos con las empresas privadas. Ver: Bahoo, S., Alon, I., & Paltrinieri, A. (2020). Sovereign wealth funds: Past, present and future. *International Review of Financial Analysis, 67*, 1014-1018.

[34] Drezner, D. W. (2008). Sovereign wealth funds and the (in)security of global finance. *Journal of International Affairs, 62*(1), 115-130.

[35] En 2023, ese accionar de los Estados en relación a los bancos pudo verse también en Suiza. Ante las pérdidas del Credit Suisse ocurrió el intento de rescate del Banco Nacional Suizo por US$ 54.000 millones. Sin embargo, al no detenerse la hemorragia financiera, el Credit Suissse terminó siendo adquirido por su rival UBS. Ver: Lowenstein, R. (20 de marzo de 2023). El rescate de Silicon Valley Bank acaba de cambiar el capitalismo. *New York Times*. Recuperado de https://www.nytimes.com/es/2023/03/20/espanol/opinion/silicon-valley-bank-rescate.html; Thompson, M. (20 de marzo de 2023). UBS is buying Credit Suisse in bid to halt banking crisis. *CNN*. Recuperado de https://edition.cnn.com/2023/03/19/business/credit-suisse-ubs-rescue/index.html

Cuadro 2. Países con mayor cuota de DEG en el FMI y porcentaje de votos. Año: 2023.

Países	Millones de US$	% de DEG	% de Votos
EEUU	82.994,20	17,43	16,5
Japón	30.820,50	6,47	6,14
China	30.482,90	6,4	6,08
Alemania	26.634,40	5,59	5,31
Francia	20.155,10	4,23	4,03
Reino Unido	20.155,10	4,23	4,03
Italia	15.070	3,16	3,02
India	13.114,40	2,75	2,63
Rusia	12.903,70	2,71	2,59
Brasil	11.042	2,32	2,22
Canadá	11.023,90	2,31	2,22
Arabia S.	9.992,60	2,1	2,01
España	9.535,50	2	1,92
México	8.912,70	1,87	1,8
Países Bajos	8.736,50	1,83	1,76
Corea del S.	8.582,70	1,8	1,73

Fuente: Elaboración propia sobre la base de datos de FMI, 2023[36].

China reúne cuatro bolsas entre las 20 principales (Shanghái, Hong Kong, Beijing y Shenzhen). Shanghái se ubica en la tercera posición dentro de las de mayor capitalización de mercado, Shenzhen en la sexta y Hong Kong en la séptima. El gigante asiático se ubica en tercer lugar en los DEG con 6,4% y porcentaje de votos en el FMI con 6,08% (Cuadro 2).

China también se destaca en la creación de fondos soberanos como China Investment Corporation (CIC) que el Estado del gigante asiático considera clave para la expansión de sus empresas transnacionales en áreas

[36] Luego de la entrada en vigor de la Enmienda de Reforma de la Junta Directiva del 26 de enero de 2016, las cuotas y las acciones con derecho a voto de los miembros cambian a medida que los miembros paguen los aumentos de cuota establecidos por la 14° Revisión General de Cuotas. Ver: FMI (2023). *IMF Members' Quotas and Voting Power, and IMF Board of Governors.* Recuperado de https://www.imf.org/en/About/executive-board/members-quotas.

estratégicas. Estos capitales resultan muy valiosos en el expansionismo económico de la potencia oriental; sobre todo contemplando la adquisición de activos en Estados Unidos y países con fuerte alineamiento a los estadounidenses (como Canadá y Australia), los cuales han obstaculizado las inversiones chinas por motivos geopolíticos.

Desde 2014, a este poder económico debemos agregar la participación china en el Banco Asiático de Inversión en Infraestructura (BAII) (creado como respuesta a la influencia del Banco de Desarrollo Asiático más alineado a los intereses de Japón, Estados Unidos y la Unión Europea) y el Nuevo Banco de Desarrollo (NDB) de los BRICS (fundado como una alternativa al Banco Mundial y al FMI). Además, algunos estudios han llamado la atención sobre la opacidad de las deudas contraídas con China por algunos países lo que plantea desafíos al dimensionamiento del poder financiero del gigante asiático[37].

PBI y porcentaje de valor agregado industrial

Si consideramos los mayores PBI del mundo, las principales potencias son, según valores de 2022: EE.UU., China, Japón, Alemania, Francia, Gran Bretaña, India, Italia, Brasil y Canadá[38]. Sin embargo, en cuanto al valor agregado industrial, las principales potencias, son: China, Estados Unidos, Japón, Alemania, India, Reino Unido, Corea del Sur, Rusia, Francia e Italia. Así, Canadá actualmente ocupa el 12° lugar y Brasil la 13° posición, ambas por debajo de Indonesia en la 11° ubicación.

[37] Horn, S., Reinhart, C., & Trebesch, C. (2019). *China's overseas lending*. National Bureau of Economic Research. http://www.nber.org/papers/w26050

[38] Banco Mundial (2023). *Datos de libre acceso del Banco Mundial*. Recuperado de https://datos.bancomundial.org/

Gráfico 2. Principales economías: Industria, valor agregado (miles de millones US$ a precios constantes de 2010).

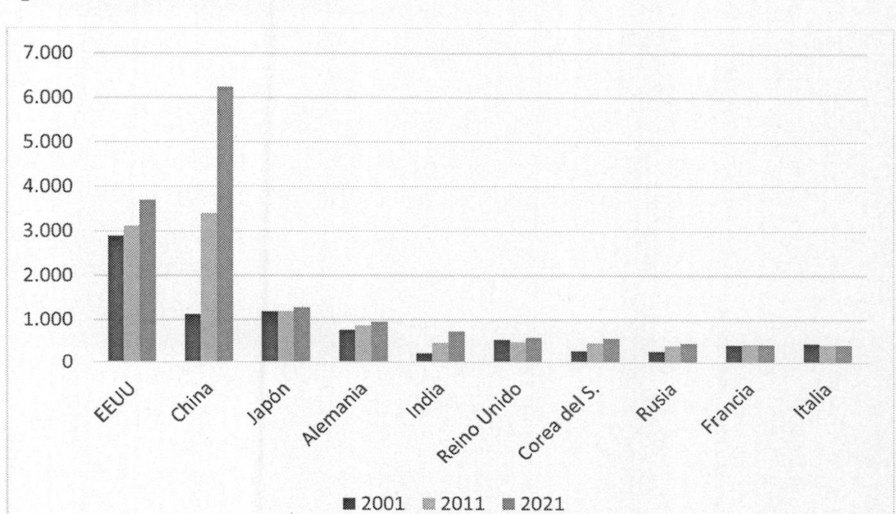

Fuente: Elaboración propia sobre la base de datos del Banco Mundial (2023)[39]

Aquí vale considerar el ascenso de países a condiciones de nuevas potencias entre las mayores economías del mundo. La configuración del escenario mundial se opera dinámicamente a través de la constante expansión de las relaciones sociales capitalistas, la cual es siempre acompañada de una permanente transformación de las relaciones de dominación y subordinación en el plano internacional. De esta manera, las asimetrías económicas, militares, políticas y sociales entre países se redefinen a lo largo de la historia en función del desigual desarrollo capitalista a escala global. En algunos casos, estos procesos son susceptibles de forjar nuevos imperialismos que pasan a competir y/o a integrarse contradictoriamente con los ya existentes. Así, considerar que se desarrollan países imperialistas rezagados, constituye lo mismo que expresar que las burguesías de estos países (a escala social o ampliada) extraen su plusvalía dentro y fuera de las fronteras nacionales, aun cuando su condición actual esté alejada de la cúpula de las dos principales potencias o de sus pares más antiguos.

Así, los casos de India, Rusia y Brasil presentan algunas semejanzas en su escalada económica reciente. India es en la actualidad la 6° economía

[39] *Id.*

del planeta y el 5° mayor PBI industrial. El PBI indio creció en promedio un 6% anual en la década de 1990, a un 10% durante los años 2000, hasta bajar en la crisis 2008/2009 a un 6,5% [40]. En torno a la competitividad tecnológica y la producción de software, India desarrolló polos de investigación y desarrollo en Bangalore, Bombay, Calcuta, y Hyderabad.

Rusia es el país de mayor superficie territorial del planeta y es la octava potencia en términos industriales (Gráfico 2), posee hidrocarburos y materias primas que constituyen más del 80% de sus exportaciones. Esa posición le permitió ejercer influencia en la Unión Europea, atraer capitales de diversa procedencia y abastecer la demanda china. Esta posición debe ser observada en perspectiva dado que, hasta 1990, la Unión de Repúblicas Socialistas Soviéticas (URSS) fue -desde el punto de vista económico- la segunda potencia mundial. Por entonces, su PBI era difícil de cifrar según la contabilidad del mundo capitalista, aunque las estimaciones lo colocaban sólo apenas por detrás de los Estados Unidos[41]. Esa posición económica es importante para considerar -al igual que lo sucedido en China- que las transformaciones socialistas en torno a las relaciones sociales, la planificación económica, la tierra, la industria, el comercio y la banca operaron como un significativo dinamizador de la economía soviética (que, por ejemplo, se vio al margen en la década de 1930 de los cimbronazos de la crisis capitalista global)[42]. Sin embargo, al estancamiento atravesado en la década de 1980, le siguió la implosión de la unión federal y la imposición en toda la Federación Rusa de un shock neoliberal impulsado por Boris Yeltsin y Yegor Gaidar; lo cual no hizo más que agudizar la crisis.

A partir de 1999, con el arribo de Vladimir Putin al cargo de primer ministro y la presidencia interina, el gigante euroasiático inició un proceso de recuperación económica orientado por el liderazgo del Partido Rusia Unida -una fuerza política estatista, nacionalista y conservadora- y cuatro ejes de acción política: a) control de la renta de las materias primas, b)

[40] Pérez Llana, C. (2013). Éxito económico y fracaso social. En T. Chanda *et. al. India. Sueños de potencia* (pp. 23-26). Capital Intelectual.

[41] López, M. (2012). Rusia: Frenando el declive post-soviético. En R. Tamames (Coord.), *La economía internacional en el siglo XXI* (pp. 65-75). Cajamar.

[42] Un crecimiento producido a pesar de los inconvenientes económicos y demográficos atravesados durante las etapas sucesivas del Comunismo de Guerra, la Nueva Política Económica y durante la II° Guerra Mundial y, sin dejar de considerar, las dramáticas circunstancias políticas de las purgas del stalinismo. Luego de la II° Guerra Mundial, además, la URSS consiguió acuerdos comerciales e imponer sociedades mixtas en algunos territorios de países ocupados por las potencias derrotadas, obteniendo una amplia zona de influencia que iba más allá de sus fronteras desde la península de Corea hasta el este europeo. Por otra parte, se planteó el desafío de alcanzar el nivel de producción y el potencial bélico de los Estados Unidos. A partir de 1957, con la puesta en órbita del primer satélite artificial de la Tierra (el Sputnik) tomó la delantera en la carrera espacial; liderazgo que mantuvo por más de una década. Ver: Hobsbawm, E. (1995 [1994]). *Historia del siglo XX, 1914-1991.*Crítica.

reconstrucción y modernización de la industria pesada, c) reinstitucionalización de la dominación rusa en todas las regiones de la federación y d) fortalecimiento de una mayoría política estable[43]

Vale mencionar algunos datos sobre la condición de Brasil como novena economía del mundo en términos de PBI. El gigante sudamericano se ha convertido en la cabeza económica del mundo lusófono[44], comenzó a realizar inversiones fuera de sus fronteras y llegó a presentarse como líder regional de relieve durante los gobiernos de Inácio "Lula" Da Silva y Dilma Rousseff. El carácter internacional de la economía brasileña y sus componentes estructurales excede su condición dependiente y subordinada respecto al imperialismo e implica considerar la expansión externa de los capitales brasileños a nivel global.

Siguiendo el aporte pionero de Ruy Mauro Marini[45] diversos autores, con diferente posicionamiento, han continuado los análisis recuperando la categoría de 'subimperialismo'. Bajo esta perspectiva se hace referencia a la expansión de capitales de nuevos países imperialistas que conservan una condición dependiente y subalterna en el conjunto de la cadena imperialista. Este fenómeno requiere un análisis atento a las formas de conexiones y contradicciones interimperialistas actualmente en curso que envuelven distintos países rezagados en la cadena imperialista.[46]

En los últimos años, una porción considerable de los analistas críticos continúa observando las tendencias expansionistas del capital brasileño. A la par del uso de la categoría de "subimperialismo"[47] surgieron perspectivas que evaluaron la emergencia de rasgos predominantemente imperialistas en la nueva potencia[48] .

---

[43] Radvanyi, J. (2013). Por qué Putin es tan popular. En M. Lewin *et. al. Rusia. La grandeza recuperada*. (pp. 27-29). Capital Intelectual; Romero Wimer, F. (2021). La alianza Rusia-Venezuela durante el siglo XXI: consideraciones en torno a la cuestión militar. *Cuadernos de Marte*, (21), 220-264.

[44] Wrana, J. (2012). Superpotencias y países emergentes. En R. Tamames (Coord.), *La economía internacional en el siglo XXI* (pp. 19-25). Cajamar.

[45] Marini, R. M. (1969), *Subdesarrollo y revolución*. Siglo XXI; Marini, R. M. (1973), *Dialéctica de la dependencia*, Era; Marini, R. M. (1977). *La acumulación capitalista mundial y el subimperialismo*. Era.

[46] Fontes, V. (2010). *O Brasil e o capital-imperialismo. Teoria e história*. EPSJV/Editora UFRJ; Fontes, V. (2013). A incorporação subalterna brasileira ao capital-imperialismo. *Crítica Marxista*, (36), 103-114.

[47] Luce enfatiza que la exportación de capitales no constituye un elemento determinante de la economía brasileña y se inclina por subrayar la continuidad de la dependencia, los obstáculos al desarrollo autónomo y la "cooperación antagónica" con el imperialismo estadounidense. Ver: Luce, M. S. (2007). *O subimperialismo brasileiro revisitado: a política de integração regional do governo Lula (2003-2007)*. Universidad Federal de Rio Grande do Sul; Luce, M. S. (2013). O subimperialismo, etapa superior do capitalismo dependente. *Crítica Marxista*, (36), 129-142.

[48] Zibechi destaca así la expansión del capital brasileño a través de la exportación de capitales y su participación "en la rapiña de recursos naturales, materias primas y fuentes de energía" (Zibechi, R. (2012). Brasil potencia. Entre la integración regional y un nuevo imperialismo. Ediciones desde abajo, p. 24).

Otras opciones menos cuestionadoras del carácter capitalista de la expansión han preferido destacar el carácter de "potencia emergente" de Brasil, utilizando este concepto para aludir a los países con un progresivo protagonismo en los asuntos globales en un contexto de declinación de la hegemonía internacional de la potencia norteamericana[49].

Desde nuestra perspectiva, los capitales brasileños han realizado inversiones en América Latina y África desde una posición de liderazgo, asumiendo una política económica expansionista autónoma y una creciente incorporación de las características políticas y sociales dominantes en las sociedades imperialistas contemporáneas. No obstante, los virajes hacia una política exterior subordinada a los EE. UU., la reemergencia de rasgos estructurales de los países dependientes (reprimarización productiva, concesiones de las cuencas petroleras del 'pre-sal' a los monopolios petroleros foráneos, reformas a favor de la flexibilización laboral, privatización de empresas estatales, pérdida de la actuación internacional del Banco Nacional de Desenvolvimento Económico e Social -BNDES-, etc.) y las tensiones políticas internas -producto de los realineamientos de diferentes fracciones de las clases dominantes brasileñas con las diferentes potencias- no han sido ajenos al devenir de la economía brasileña durante lo que va del siglo XXI.

Intercambios comerciales

La estructura del comercio internacional, según datos recientes del informe de 2022 de la OMC, está también concentrada entre las grandes potencias que se benefician tanto por los volúmenes de los intercambios como por las relaciones de fuerza en este plano.

China es primer exportador del mundo de mercaderías con US$ 3,363 billones (Gráfico 3), lo cual representa el 15,07% de las ventas mundiales. Sus principales destinos de las exportaciones son: EE.UU. (17,2%), Unión Europea (15,4%), Hong Kong (10,4%), Japón (4,9%) y Corea del Sur (4,4%). Al mismo tiempo, es el segundo mayor importador de mercaderías del planeta con US$ 2,688 billones (Gráfico 4), equivalentes a 11,9% de las importaciones mundiales. Sus principales proveedores son: Unión Europea (11,5%), Taiwán (9,3%), Corea del Sur (8%), Japón (7,7%) y Estados Unidos (6,7%).

Asimismo, el gigante asiático es el cuarto mayor exportador de servicios (si consideramos a la Unión Europea de conjunto) o el tercero con

[49] Visentini, P. (Comp.) (2013). *BRICS. As potências emergentes: China, Rússia, Índia, Brasil e África do Sul.* Vozes.

exclusión de este bloque regional, totalizando ventas por más de US$ 390.600 millones (Gráfico 5) y participando del 6,52% de las exportaciones mundiales de servicios. Sus ventas están dirigidas a: Hong Kong (28,2%), Unión Europea (17%), Estados Unidos (15%), Japón (5,5%) y Singapur (5,5%). Además, es tercer mayor importador de servicios (si consideramos a la Unión Europea conjuntamente) o el segundo excluyendo este bloque de integración, con un gasto de US$ 438 millones (Gráfico 6), participando de un 7,91%. Sus principales compras tienen origen en: Hong Kong (19,6%), Estados Unidos (19,3%), Unión Europea (16,9%), Japón (6,6%) y Canadá (5,8%).

Gráfico 3. Principales economías: Estadísticas comerciales en miles de millones de US$. Comercio de mercaderías. Exportaciones FOB. Año: 2021.

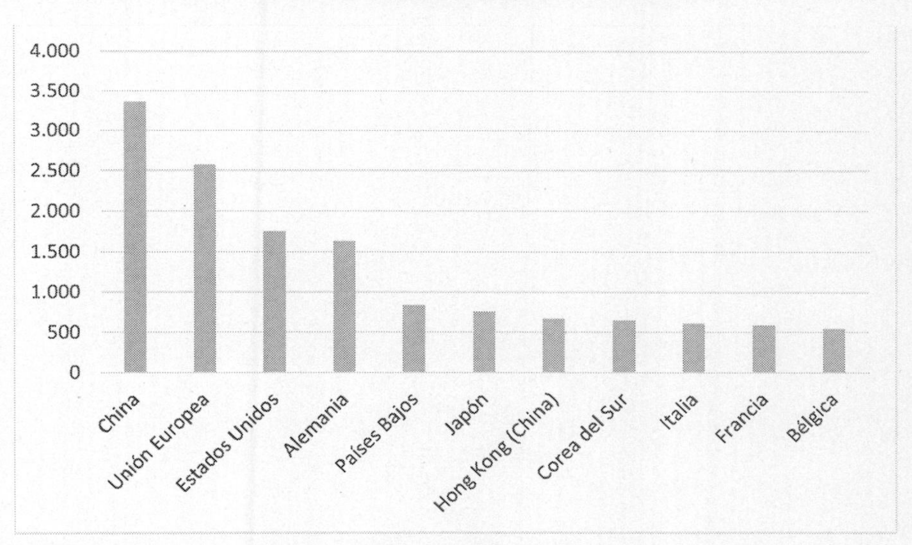

Fuente: Elaboración propia sobre la base de OMC, 2022[50].

EE.UU. es el tercer exportador del mundo (o el segundo si se considera a la Unión Europea dentro del *ranking*), con ventas por US$ 1,754 billones (Gráfico 3), lo que representa 7,86% de las exportaciones globales. Sus principales destinos son: Canadá (17,5%), México (15,8%), Unión Europea (15,5%), China (8,6%) y Japón (4,3%). Conjuntamente, se ubica como el mayor importador del planeta con compras por US$ 2,935 billones (Gráfico 4), participando de un 13% de las importaciones mundiales. Los principales

[50] Organización Mundial de Comercio (OMC) (2022). *Perfiles comerciales 2021.*

orígenes de sus compras son: China (18,5%), Unión Europea (17,1), México (13,2%), Canadá (12,4%) y Japón (4,8%).

Además, la superpotencia norteamericana es la primera exportadora e importadora de servicios del mundo o la segunda si se considera la Unión Europea. Sus ventas ascienden a US$ 771.800 millones (Gráfico 5), lo que significa un 12,88% de las exportaciones mundiales de servicios. Sus principales destinos son: Unión Europea (25,4%), Reino Unido (8,5%), Canadá (7,1%), Suiza (5,9), y China (5%). En paralelo, sus compras de servicios ascienden a US$ 524.800 millones (Gráfico 6), equivalentes a 9,48% de las importaciones mundiales. Los orígenes principales de sus compras de servicios son: Unión Europea (23,7%), Reino Unido (11,1%), Canadá (6%), Japón (5,7%) y Bermudas (5,6%).

Gráfico 4. Principales economías: Estadísticas comerciales en miles de millones de US$. Comercio de mercaderías Importaciones CIF. Año: 2021.

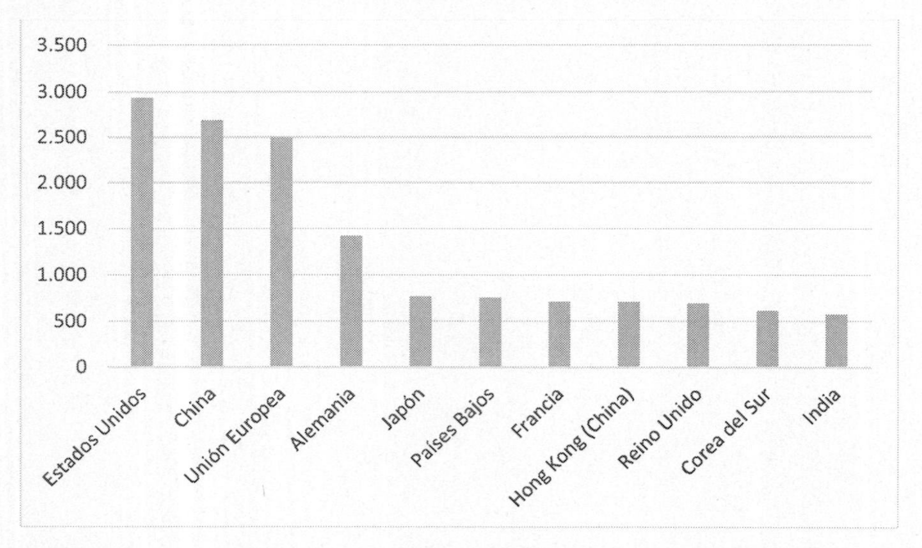

Fuente: Elaboración propia sobre la base de OMC, 2022[51].

La Unión Europea de conjunto es una potencia económica que logra superar a Estados Unidos en algunas dimensiones de los intercambios internacionales mundiales. Es la segunda exportadora mundial de mercaderías

[51] *Id.*

(superando a EE.UU.), la tercera mayor importadora (por detrás de EE.UU. y de China), y la mayor exportadora e importadora de servicios.

En 2021, la UE exportó mercaderías por US$ 2,577 billones lo que significó un 11,55% del total mundial. Los principales destinos fueron: EE.UU. (18%), Reino Unido (12,5%), China (10%), Suiza (7,2) y Federación de Rusia (4%). Paralelamente, importó mercaderías por US$ 2,5 billones, reuniendo el 11,07% de las compras globales. Sus principales proveedores fueron: China (22,4%), Estados Unidos (11%), Federación de Rusia (6,8%), Reino Unido (6,8%) y Suiza (5,9%).

Conjuntamente, exportó servicios por US$ 1,232 billones, acaparando el 20,56% de ventas mundiales. Los principales destinos fueron: Reino Unido (20,3%), EE.UU. (20,1%), Suiza (11,6%), China (5,2%), y Japón (3,1%). Asimismo, importó servicios por US$ 1,080 billones, lo que representó el 19,51% de las compras del planeta. Sus principales proveedores fueron: EE.UU. (29,9%), Reino Unido (18,4%), Suiza (6,6%), China (3,5%), y Singapur (3,3%).

Gráfico 5. Principales economías: Exportaciones de servicios comerciales en miles de millones de US$. Año: 2021.

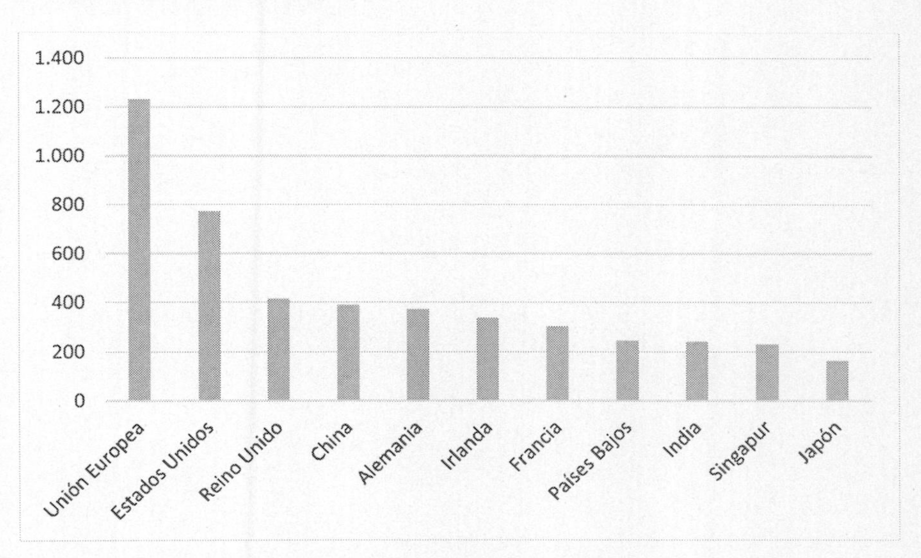

Fuente: Elaboración propia sobre la base de OMC, 2022[52].

[52] *Id.*

El análisis lleva a considerar la posición destacada de Alemania, en el *ranking* de los mayores exportadores e importadores mundiales. Los teutones se ubican terceros si no se contabiliza de conjunto la Unión Europea (bloque del que forman parte) (Gráficos 3 y 4). Esto representa el 7,31% y el 6,29% de las ventas y las compras respectivamente. En paralelo, Alemania es el cuarto mayor exportador de servicios y el tercer importador mundial (Gráficos 5 y 6), concentrando el 6,19% de las exportaciones y 6,85% de las importaciones.

La Unión Europea reúne además la posición de otros grandes exportadores dentro de los 10 mayores (Países Bajos, Francia, Italia y Bélgica) (Gráfico 3) y la participación destacada de Irlanda como exportadora e importadora de servicios (Gráfico 5 y 6).

Gráfico 6. Principales economías: Importaciones de servicios comerciales en miles de millones de US$. Año: 2021.

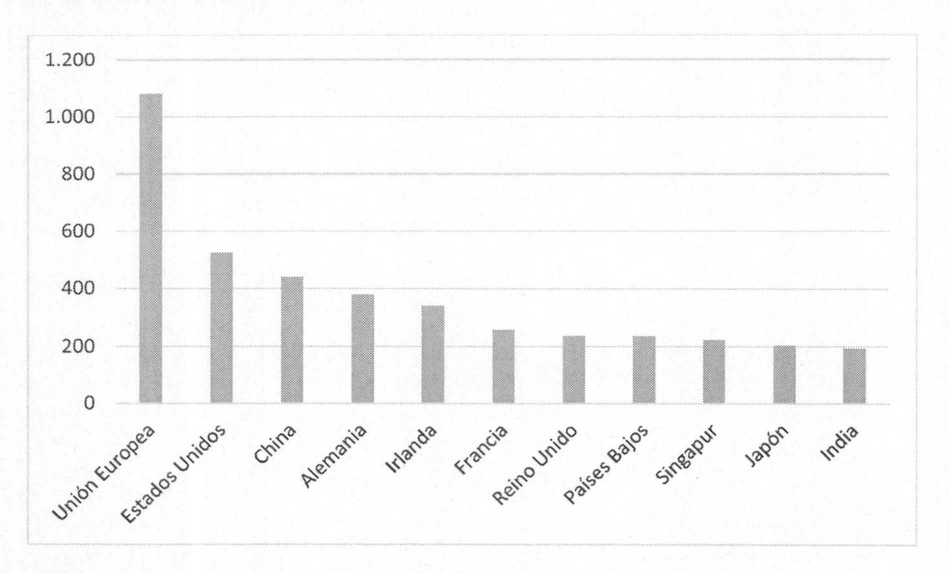

Fuente: Elaboración propia sobre la base de OMC, 2022[53].

Reino Unido presenta una participación destacada en las exportaciones de servicios en la que se encuentra en tercer lugar si se excluyen las estadísticas agrupadas de la Unión Europea. Los británicos concentran el 6,92% de las ventas de servicios comerciales.

[53] *Id.*

Japón se ubica -si se desconsidera la Unión Europea- como quinto exportador y cuarto importador de mercaderías a nivel mundial (Gráficos 3 y 4), concentrando 3,39% de las exportaciones y 3,4% de las importaciones de mercaderías del planeta. En el sector servicios ocupa la décima y novena posición en las exportaciones e importaciones globales respectivamente (Gráficos 5 y 6), participando de un 2,74% y 3,7% del total de ventas y compras del total mundial respectivamente.

Los guarismos de Hong Kong como sexto exportador y séptimo importador mundial de mercaderías (Gráficos 3 y 4), fortalece la posición de conjunto de la República Popular China. La economía de esta Región Administrativa Especial de China participa con el 3% de las ventas y 3,15% de las compras mundiales.

Capacidad militar

Si consideramos por poderío militar, los 10 principales gastos del planeta son: Estados Unidos, China, India, Reino Unido, Rusia, Francia, Alemania, Arabia Saudita, Japón y Corea del Sur. En 2021, entre Estados Unidos y China reunieron un 52% del gasto mundial. Si se suman los 10 principales reúnen casi un 75% del gasto planetario (Cuadro 3).

Cuadro 3. *Ranking* de gasto militar por país en miles de millones dólares (precios corrientes). Años: 2001, 2010, 2011, 2017, 2018, 2019, 2020 y 2021.

Países	2001	2010	2011	2017	2018	2019	2020	2021	2021 % del Gasto Mundial
EE.UU.	331,8	738	752,3	646,8	682,5	734,3	778,4	800,7	38%
China	26,6	105,5	125,3	210,4	232,5	240,3	258	293,3	14%
India	14,6	46,1	49,6	64,6	66,3	71,5	72,9	76,6	3,6
Reino Unido	39,5	64	66,6	51,6	55,7	56,9	60,7	68,4	3,2
Fed. Rusa	11,7	58,7	70,2	66,9	61,6	65,2	61,7	65,9	3,1
Francia	27,9	52	54,1	49,2	51,4	50,1	52,7	56,6	2,7
Alemania	25,8	43	45,2	42,2	46,4	49	53,2	56	2,7

Países	2001	2010	2011	2017	2018	2019	2020	2021	2021 % del Gasto Mundial
Arabia	21	45,2	48,5	70,4	74,6	65,3	64,6	55,6	2,6
Japón	40,8	54,7	60,8	45,1	48,5	51	52	54,1	2,6
Rep. Corea	12,9	28,2	31	39,2	43,1	43,9	45,5	50,2	2,4

Fuente: Elaboración propia sobre la base de SIPRI, 2022[54].

Los 10 mayores exportadores de armas son: EE.UU. (39% de las exportaciones mundiales), Rusia (19%), Francia (11%), China (4,6%), Alemania (4,5%), Italia (3,1%), Reino Unido (2,9%), Corea del Sur (2,8%), España (2,5%) e Israel (2,4%)[55].

Si consideramos la posesión de armas nucleares existen 9 Estados que poseen ese tipo de arsenal: Estados Unidos, Rusia, Reino Unido, Francia, China, India, Pakistán, Corea del Norte e Israel.

En este panorama, las alianzas y alineamientos refuerzan la capacidad militar de cada Estado. Así, la Organización del Tratado del Atlántico Norte (OTAN), creada en 1949 en el contexto de la Guerra Fría, posee el mayor gasto militar combinado del planeta. Entre sus miembros se encuentran 4 de los 10 mayores gastos militares del mundo (Estados Unidos, Reino Unido, Francia y Alemania) y 6 de los mayores exportadores de armas (los 4 anteriores más Italia y España).

Alrededor de las preocupaciones sobre el ascenso político, militar y económico chino se conformó el *Quadrilateral Security Dialogue* (QSD o también conocido como QUAD), actuando como contrapeso geoestratégico. El QUAD es un espacio estratégico informal entre cuatro países: Estados Unidos, Japón, Australia e India que se mantiene a través de reuniones con cierta discontinuidad. La instancia comenzó en 2007 por iniciativa del primer ministro Shinzo Abe de Japón y a la vez incluye ejercicios militares conjuntos[56].

---

[54] SIPRI, (2022). *Yearbook 2022. Armaments, disarmaments and international security.* Oxford University Press.

[55] *Id.*

[56] Shahzad, S. M. & Khan, M. R. (2022). Quad: The US Strategic Alliance for the Indo-Pacific Region and the Chinese Counterbalance. *Pakistan Journal of Multidisciplinary Research, 3*(2), 56-72; Koga, K. (2023). Institutional

Otra alianza favorable a los Estados Unidos es la *Five Eyes* en la que participa conjuntamente con Gran Bretaña, Australia, Nueva Zelanda y Canadá. Se trata de un acuerdo de colaboración firmado en el inicio de la Guerra Fría entre estas cinco centrales de inteligencia de países anglosajones[57].

En septiembre de 2021 también se anunció un pacto militar trilateral para la región Indo-Pacífico entre Australia, Reino Unido y EE.UU. (denominado AUKUS, por las siglas en inglés de sus integrantes). La primera iniciativa de AUKUS fue que Australia adquiera submarinos de propulsión nuclear como los que ya cuentan sus otros dos aliados en el pacto[58].

A estas alianzas internacionales favorables a EE.UU. es necesario agregar -además de otros datos que ya destacamos- la presencia de más de 450 bases e instalaciones militares desplegadas en todo el globo terrestre, acompañadas de más de 170.000 efectivos en el extranjero.

Vale destacar que el cimbronazo político que provocó la Ofensiva del Tet (1968) -pese a la derrota norvietnamita inicial- se tradujo posteriormente en el fin de la ocupación de tropas y desmontaje de instalaciones militares estadounidense de Vietnam en 1973.[59] Este fracaso de la superpotencia norteamericana implicó cambios en torno a la estrategia de intervención, como lo fue la Iniciativa de Defensa Estratégica, donde si bien no se dejaban de lado las intervenciones terrestres pasaba a tener un lugar protagónico el arsenal de ataque y defensa espacial (incluidas las armas nucleares).[60] Luego de la Batalla de Mogadiscio (1993) y del ataque al World Trade Center y al Pentágono (2001)[61], se produjeron en Estados Unidos redefiniciones de las doctrinas militares adoptadas y nuevas revisiones de la estrategia frente a un enemigo difuso y capaz de acceder a altas tecnologías de destrucción.[62]

Dilemma: Quad and ASEAN in the Indo-Pacific, *Asian Perspective*, *47*(1), 27-48.

[57] Pfluke, C. (2019). A history of the five eyes alliance: possibility for reform and additions. *Comparative Strategy*, *38*(4), 302-315.

[58] Prime Minister of Australia (2021). *Australia to pursue nuclear-powered submarines through new trilateral enhanced security partnership*. Recuperado de https://www.pm.gov.au/media/australia-pursue-nuclear-powered-submarines-through-new-trilateral-enhanced-security

[59] Harrison, B. T. (1984). The Vietnam war — a decade later: impact on American values. *Peace Research*, 16 (2), 30–37.

[60] Yonas, G. (1985). The Strategic Defense Initiative. *Daedalus*, *114* (2), 73-90.

[61] Bonavena, P. & Nievas, F. (2007). El debate militar en EEUU frente a la 'guerra difusa'. En F. Nievas (Ed.), *Aportes para una sociología de la guerra* (pp. 101-109). Proyecto Editorial.

[62] Chomsky, N. (2007). Prólogo. La nueva guerra al terrorismo. En B. Cassen *et. al. El imperio de la guerra permanente* (pp. 9-23). Capital Intelectual.

En el caso de la Unión Europea, Francia y Alemania están en la cúpula de los 10 mayores gastos militares del mundo. A esto se suma, la participación de estos dos países, Italia y España entre los mayores exportadores de armas a nivel global.

A partir del Tratado de Maastricht (1992), se estableció el carácter intergubernamental de la Política Exterior y de Seguridad Común (PESC) que constituye el llamado II° Pilar de la Unión Europea. Se constituyeron estructuras político-militares permanentes como el Comité Político y de Seguridad (COPS), el Comité militar de la UE (CMUE) y el Estado Mayor militar de la UE (EMUE). Posteriormente, en el Consejo Europeo de Helsinki, celebrado en diciembre de 1999, se instauró como Política Europea de Seguridad y Defensa el objetivo de estar en condiciones de desplegar en el plazo de 60 días y durante al menos un año hasta 60.000 efectivos militares en todo el abanico de misiones Petersberg[63]. También se establecieron en Helsinki los mecanismos de consulta, cooperación y gestión entre la Unión Europea y la OTAN. No obstante, como lo demuestra la actual guerra entre Rusia y Ucrania, existen serias limitaciones de integración y coordinación dentro de la UE para los suministros de equipamiento militar y la política de defensa[64].

En cuanto a China, el principal objetivo militar a partir de las Reformas de 1978 fue el desarrollo de un ejército altamente modernizado, incluyendo tecnología espacial, sistemas de satélites, misiles atómicos intercontinentales y portaaviones. El gigante asiático se convirtió en lo que va del siglo XXI en el segundo presupuesto militar del planeta, pasando de la quinta posición en 2001 a 2° lugar en 2008[65].

A la vez, el Ejército Popular de Liberación -fundado durante la lucha revolucionario previa a la fundación de la RPCh- es el de mayor número de soldados del mundo (aproximadamente 2 millones) [66].

El Estado chino es consciente que su ascenso económico y su poderío militar provoca toda clase de reacciones en las clases dominantes y sectores de la dirigencia política mundial. Sus principales referentes políticos y

[63] Pérez Bustamante, Rogelio (2012). La Unión Europea. En R. Tamames (Coord.), *La economía internacional en el siglo XXI* (pp. 239-248). Cajamar,

[64] Lannoo, K. (2023). Tras un año de guerra, la UE debe crear un mercado único de defensa. *Política Exterior.* Recuperado de https://www.politicaexterior.com/tras-un-ano-de-guerra-la-ue-debe-crear-un-mercado-unico-de-defensa/

[65] Debasa Navalpotro, F. (2012). China: cambio de sistema e hipercrecimiento económico. En R. Tamames, (Coord.), *La economía internacional en el siglo XXI* (pp. 39-53). Cajamar.

[66] Global Fire Manpower (GFP) (2023). *Active Military Manpower by Country.* Recuperado de https://www.globalfirepower.com/active-military-manpower.php

militares han hecho alusión a la rivalidad con los Estados Unidos en términos de "presión militar", "amenazas", "incidentes en temas de soberanía" e "intentos separatistas"[67].

En el caso de la Federación Rusa, la cuestión militar representa un sector clave de la economía y es uno de los sectores estratégicos de su comercio internacional y las relaciones exteriores. Rusia se ha destacado en los últimos años como el segundo mayor exportador de armas del mundo, sólo superado por los EEUU. El gigante euroasiático heredó derechos y responsabilidades internacionales de la URSS: presencia en el Consejo de Seguridad de la Organización de las Naciones Unidas (ONU), poderío nuclear y espacial y grandes recursos energéticos. En sus intentos de recuperar el antiguo poder regional, los objetivos de la política exterior han estado dirigidos a su contorno de los países de la Comunidad de Estados Independientes (CEI), cuyos miembros se verán en la disyuntiva entre mantenerse fieles a Rusia u optar por un realineamiento con la Unión Europea[68]. Con la disolución del Pacto de Varsovia en 1991 y como contrapartida de la OTAN, se firmó en 1992 en la cumbre de Tashkent (Uzbekistán) de la CEI el acuerdo que dio origen a la Organización del Tratado de Seguridad Colectiva (OTSC), compuesta en la actualidad por seis países: Rusia, Armenia, Bielorrusia, Kazajistán, Kirguistán y Tayikistán[69].

Por otra parte, Rusia ha establecido una Asociación Estratégica con la República Popular China y, desde 2001, pasó a conformar conjuntamente la Organización de Cooperación de Shanghái (OCS) (junto a China, Kazajstán, Kirguizistán y Tayikistán), sumándose posteriormente Uzbekistán, India y Pakistán. La OCS asume como principales temas la seguridad regional y la lucha antiterrorista, aunque también se constituye en una plataforma de promoción de los intercambios económicos[70]. En la actualidad, esa alianza con China se refleja en la ausencia de condena por parte de Beijing a la invasión rusa a Ucrania[71] y a declaraciones conjuntas sobre el conflicto en

[67] Restivo, N. & Ng, G. (2015). *Todo lo que necesitás saber sobre China*. Paidós.

[68] López, *op. cit.*

[69] Bachkatov, N. (2013). La desintegración de un imperio. En M. Lewin et al, *Rusia. La grandeza recuperada* (pp. 49-51). Capital Intelectual.

[70] Romero Wimer, F. (2021). La alianza Rusia-Venezuela durante el siglo XXI: consideraciones en torno a la cuestión militar. *Cuadernos de Marte*, (21), 220-264.

[71] Ministerio de Asuntos Exteriores de la Federación Rusa (MAEFR) (27 de febrero de 2023). Entrevista al Embajador de Rusia en el Perú, Igor Romanchenko al periódico 'El Comercio' el 23 de febrero, sobre la situación en Ucrania. Recuperado de https://mid.ru/ru/ detail-material-page/1855654/? lang=es

el que sostienen profundizar su alianza a "Asociación Estratégica Integral de Coordinación para una Nueva Era"[72].

Factores secundarios: lo demográfico y la expansión territorial

La dimensión demográfica y la expansión territorial no define el carácter de potencia, sólo otorga la potencialidad de ampliar el poder relativo en el juego de las relaciones de fuerzas internacionales.

En términos demográficos, China -en primer lugar- y los Estados Unidos -en tercera ubicación- están entre los principales territorios con mayor cantidad de población en el mundo, aunque la diferencia actual entre ambos es de más de 1.000 millones de habitantes a favor de la potencia asiática. Los acompañan India en segundo lugar -séptimo PBI total y quinta potencia industrial- y luego un pelotón de economías muy diversas como Indonesia (11° potencia industrial), Pakistán (44° PBI nominal), Nigeria (31° PBI nominal), Bangladesh (33° PBI nominal), Rusia (12° PBI nominal, 8° potencia industrial, 9° país con mayor porcentaje de votos en el FMI, 5° gasto militar y 2° mayor exportador de armamento) y México (14° mayor porcentaje de votos en el FMI y 30° entre los mayores *stock* de IED en el exterior).

Japón, en la actualidad, con 126 millones de habitantes está en la posición 11°. Sin embargo, esta potencia asiática tiene una demografía de baja natalidad y baja mortalidad; presentando así una tasa de crecimiento natural negativa y una acentuación del envejecimiento poblacional[73].

---

[72] Ministerio de Relaciones Exteriores de la República Popular China (MRERPC) (22 de marzo de 2023). El presidente Xi Jinping y el presidente de Rusia Vladimir Putin firman la Declaración Conjunta entre la República Popular China y la Federación de Rusia sobre la profundización de la Asociación Estratégica Integral en la Nueva Era y enfatizan resolver la crisis de Ucrania mediante diálogos Recuperado de https://www.fmprc.gov.cn/esp/wjdt/ wshd/202303/t20230322_11046126.html; Bai, Y. & Yang, S. (22 de marzo de 2023). China, Russia deepen Comprehensive Strategic Partnership of Coordination for the New Era, stress talks as solution to Ukraine crisis in joint statement. Global Times. Recuperado de https://www.globaltimes.cn/page/202303 /1287726.shtml

[73] Okamoto, A. (2022). Intergenerational earnings mobility and demographic dynamics: Welfare analysis of an aging Japan. *Economic Analysis and Policy, 74,* 76-104.

Cuadro 4. *Ranking* de población total por país en millones. Años: 2001, 2011, 2021.

	2001	2011	2021
China	1.270	1.350	1.410
India	1.080	1.260	1.410
EEUU	285	312	332
Indonesia	217	244	274
Pakistán	159	199	231
Brasil	178	198	214
Nigeria	126	165	214
Bangladesh	132	150	169
Rusia	146	143	143
México	99	114	127

Fuente: Elaboración sobre la base de datos de Banco Mundial, 2023[74].

Gráfico 7. *Ranking* de países por superficie territorial (en km²). Año: 2022

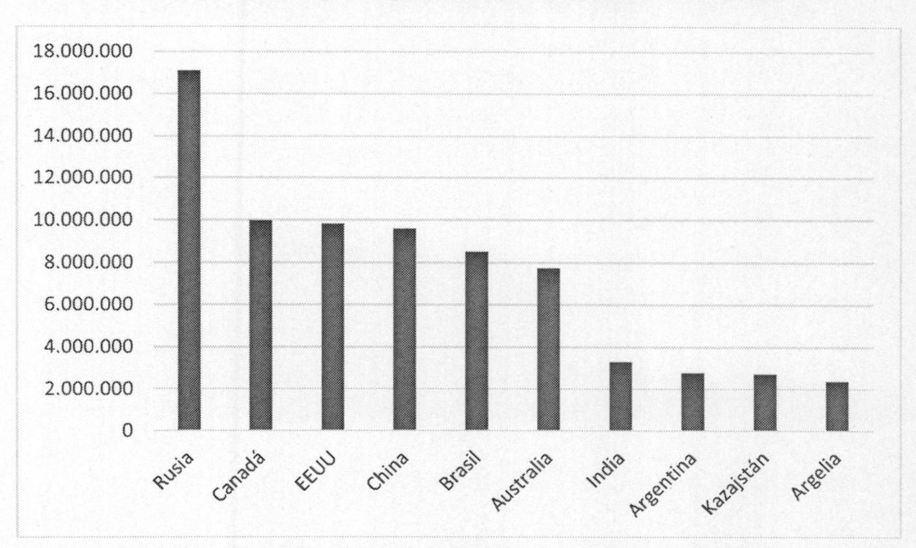

Fuente: Elaboración propia sobre la base de datos de Statista, 2023[75].

[74] Banco Mundial (2023). *op. cit.*

[75] Statista (2023). *30 países más grandes del mundo por superficie total a fecha julio de 2022.* Recuperado de https://es.statista.com/estadisticas/635141/paises-mas-grandes-del-mundo/

Cinco potencias en términos de PBI están entre los países de mayor extensión territorial (Canadá, Estados Unidos, China, Brasil e India) pero son acompañados por economías muy distantes de los primeros lugares como Argentina, Kazajstán, y Argelia. Un caso diferente sería la consideración de Australia (ocupa la posición 15° entre los mayores *stock*s de IED y la 12° entre los mayores gastos militares del planeta) y la Federación de Rusia, la cual a los datos anteriormente mencionados presenta -en los últimos 10 años- la 8° posición entre los principales exportadores de IED y ocupa la posición 22° entre los *stocks* de IED.

La grandeza geográfica de Rusia (más de 17 millones de km^2) -la potencia con mayor dimensión territorial del planeta- es heredera de la inmensidad de la URSS que poseía 22,4 millones de km^2 hasta 1989. Por entonces, con 278 millones de habitantes, ocupaba el tercer puesto mundial en términos demográficos, sólo superada por China e India.

Hegemonía y tendencias en curso a la luz de la disputa sino-estadounidense

La categoría de hegemonía como dirección política e ideológica-cultural en el ámbito internacional es una perspectiva que aparece en Lenin y también en Gramsci como continuidad de la conducción de clase al interior de cada Estado. Además, relacionada con el carácter dual de la acción política, la hegemonía se ejerce mediante la fuerza y el consenso; pero la hegemonía es esencialmente predominio intelectual y moral. Si bien es algo diferente al dominio por mera coerción, tiene bases tanto materiales como subjetivas. De este modo, la hegemonía se presenta como una categoría multidimensional y multiescalar en donde los elementos consensuales de la conducción prevalecen por sobre la coerción[76], aunque resulte clave la base estructural (y, por lo tanto, su sustrato objetivo y material) de esa dirección[77].

A partir de la Segunda Guerra Mundial, la hegemonía estadounidense actuó como moldeadora de relaciones sociales de producción, normas, instituciones, prácticas políticas y opiniones a nivel global de la porción del mundo dominada por el capitalismo[78] .

[76] Varesi, G. (2015). Estudio introductorio. En G. Varesi (Comp.). *Hegemonía y lucha política en Gramsci. Selección de Textos* (pp. 9-80). Luxemburg.

[77] Campione, D. (2007). *Para leer a Gramsci*. Ediciones del CCC.

[78] Cox, R. W. (1981), Social Forces, States and World Orders: Beyond International Relations Theory. *Millennium-Journal of International Studies, 10,* 126-155.

El carácter hegemónico del gigante norteamericano se debió, principalmente, a la capacidad expansiva de sus capitales, el predominio del dólar en el sistema monetario internacional y la presencia militar estadounidense por fuera de sus fronteras[79].

A pesar de la presencia de elementos capitalistas en la economía soviética y que la reversión de las relaciones sociales de producción socialistas se registró a través de un largo proceso[80] , la caída de la URSS y la implosión de los regímenes de Europa Oriental fueron vividos como el triunfo del capitalismo a escala planetaria. A inicios de la década de 1990, estos acontecimientos derivaron en la disolución del mundo bipolar y en la emergencia de un mundo unipolar liderado por los Estados Unidos, que pasó a tener una hegemonía incuestionable. La Guerra del Golfo (1990-1991) reflejó esa unipolaridad con una invasión de la ONU comandada por EE.UU. con el acompañamiento de otros 33 Estados.

De todos modos, en el parteaguas de los siglos XX y XXI, la consolidación económica de la Unión Europea y China, en paralelo a la emergencia de otros nuevos protagonistas (India, Brasil y Rusia) pasaron a incidir en una configuración multipolar de la geopolítica mundial.[81]

Estas argumentaciones siguen la línea interpretativa contraria a aquellas que teorizan la pérdida de relevancia de la organización estatal. De esta manera, consideramos que el Estado-nación no se ha vuelto menos significativo que en el pasado, toda vez que continúa desempeñando un papel importante en la acumulación de capital, protegiendo y legitimando los derechos de propiedad privada, manteniendo un marco jurídico acorde y el uso de la fuerza legítima (a nivel nacional e internacional), controlando y regulando la circulación de mercancías, servicios y de personas, promoviendo una determinada estructura ideológica, movilizando recursos, y estableciendo el dominio de la clase dominante (o el predominio de una de sus fracciones).

No obstante, en la fase imperialista del capitalismo, las llamadas empresas transnacionales operan, paralelamente, como un actor fundamental

[79] Jalée, P. (1970). *El imperialismo en 1970*. Siglo XX; Baran, P. & Sweezy, P. (1966). *El capital monopolista. Un ensayo de la economía americana y el orden social*. Siglo XXI.

[80] Echagüe, C. (1986) [1984]. *El socialimperialismo ruso en la Argentina*. Agora; Dickhut, W. (1994). *La restauración del capitalismo en Unión Soviética*. Ágora, T. 1.

[81] Lo cual no implica entender por tal una democratización de las relaciones internacionales, ni asociar esta multipolaridad al antiimperialismo. Ver: Krishnan, K. (20 de diciembre de 2023). Multipolarity, the Mantra of Authoritarianism. *The India Forum*. Recuperado de https://www.theindiaforum.in/politics/multipolarity-mantra-authoritarianism

e integrado al desarrollo de los Estado-nación, expresando la hegemonía o lucha por la hegemonía de una determinada burguesía con alianzas e intereses que trascienden las fronteras nacionales. Estas clases dominantes necesitan de los aparatos estatales para mejorar sus posibilidades de obtener los beneficios que las motorizan, proteger las inversiones, remitir utilidades, conseguir facilidades en la extracción de recursos y profundizar su penetración y estabilidad en los mercados donde intervienen. Es decir que las políticas de los Estados nacionales tienen el poder de obstaculizar o favorecer a las empresas en su búsqueda de insumos y fuentes de materias primas, salvar empresas de la crisis o apuntalar su auge[82]. De este modo, no es extraño encontrar en los Consejos de Administración de las empresas o en las instituciones de representación corporativa a individuos que han participado en carácter de presidentes, ministros, senadores, diputados y jefes militares de diferentes gobiernos.[83]

En esta dirección también debe remarcarse la influencia de las principales potencias imperialistas sobre el accionar de instituciones supranacionales como la Organización de las Naciones Unidas (ONU), el Banco Mundial, el FMI, la OMC, la Organización de las Naciones Unidas para la Agricultura (FAO, por su acrónimo en inglés), etcétera, en cuya gestión implican negociaciones y tomas de decisiones de los Estado-nación (de acuerdo a los intereses económicos de sus respectivas burguesías) con respecto a las finanzas, agricultura, el comercio internacional, el desarrollo tecnológico y/o el cuidado del medio ambiente, entre diversas cuestiones[84].

En el escenario de disputa hegemónica, los Estados de las economías capitalistas -principalmente de los países dependientes- operan como correa de transmisión[85] de intereses económicos globales que reproducen la influencia de las principales potencias en el mercado mundial. Esto se debe a que las economías nacionales -bajo el capitalismo- interactúan dialécticamente en y a través del mercado mundial (con sus impregnaciones y

[82] Heffernan, W. & Constance, D. (1994). Transnational Corporations and the globalization fo the food system. En A. Bonanno, A. *et. al.* (comp.). *From Columbus to ConAgra: The Globalization of Agriculture and Food* (pp. 29-49). Universty Press of Kansas.

[83] Verger, A. (2003). *El sutil poder de las transnacionales. Lógica, funcionamiento e impacto de las grandes empresas del mundo globalizado*. Icaria.

[84] Romero, F. (2013). *El capital extranjero en el complejo agroindustrial pampeano (1976-2008)*. Facultad de Filosofía y Letras de la Universidad de Buenos Aires (Tesis doctoral).

[85] Cox, R. (1992). Global perestroika. En R. Miliband & L. Panitch (Comp.), *The Socialist Register: New World Order?* (pp. 26-43). Merlin Press.

contradicciones) como realización del trabajo humano en abstracto[86]. Sin embargo, esto no implica para nosotros suponer la existencia de una clase dominante transnacional[87], ni considerar la presencia de un "imperio" que homogeniza los diferentes territorios del mundo[88]. Vale hacer la salvedad que tampoco implica afirmar que la burguesía de los países dependientes opera como un simple agente de las potencias imperialistas y las empresas transnacionales, sino reconocer la participación de las clases dominantes de los diferentes países desde una posición subordinada o dominante en el mercado mundial.

De todos modos, Estados Unidos mantiene su supremacía en el plano económico (principal PBI del mundo, segundo PBI industrial, mayor *stock* de IED en el exterior y una clara prevalencia financiera a través del liderazgo monetario del dólar) y militar (principal gasto y exportador de armas del planeta, bases militares distribuidas por todo el mundo y segunda potencia nuclear después de Rusia).

Los elementos que aún expresan la hegemonía estadounidense también están presentes en su ejercicio de liderazgo en las instituciones internacionales herederas de Bretton Woods -como el Banco Mundial, el FMI y la OMC- y el sistema monetario internacional. Sin olvidar el papel de Estados Unidos en el G-7 y el G-20[89].

En su disputa interimperialista, además, Estados Unidos articula sus esfuerzos en la búsqueda constante de subordinación de las relaciones económicas del resto del continente americano. Así, sólo para recordar los más recientes, el Acuerdo de Libre Comercio con Canadá que entró en vigor en 1988, el Proyecto "Iniciativa de las Américas" (anunciado por el presidente George Bush en 1990), la puesta en funcionamiento del Tratado de Libre Comercio de América del Norte (TLCAN) con Canadá y México (1994), el lanzamiento del proyecto Acuerdo de Libre Comercio de las Américas (ALCA) ese mismo año[90], los sucesivos Tratados de Libre Comercio (TLC)

[86] Marx, Carlos (1995 [1867]). *El capital. Crítica de la Economía política.* Fondo de Cultura Económica, T. I.

[87] Robinson, W. & Harris, J. (2000). Towards a global Ruling Class? Globalization and the Transnational Capital Class. *Science & Society*, *64*, 11-54.

[88] Hardt, M. & Negri, A. (2000), *Imperio*. Paidós.

[89] Rivas, D. (2012). Ciclos económicos: prosperidad y depresión. En R. Tamames (Coord.), *La economía internacional en el siglo XXI* (pp. 113-123). Cajamar.

[90] López Cervantes, G. (2012). Integración hemisférica en las Américas: del TLCAN al ALCA. En R. Tamames (Coord.), *La economía internacional en el siglo XXI* (pp. 249-260). Cajamar; Briceño Ruiz, J. (2016). Del Panamericanismo al ALCA: la difícil senda de las propuestas de una comunidad de intereses en el continente americano. *Anuario Latinoamericano Ciencias Políticas y Relaciones Internacionales*, *3*, 145-167.

(que incluyen Tratados Bilaterales de Inversión) -con Chile (2003), Perú (2009), Colombia (2012), Panamá (2012) y Ecuador (2020)-, la entrada en vigencia del Dominican Republic-Central America Free Trade Agreement (DR-CAFTA) en 2006[91] y la actualización del TLCAN en 2018[92].

No obstante, la decadencia de la superpotencia norteamericana se viene manifestando desde el inicio de la década de 1970. Los Estados Unidos presentan un doble déficit (de comercio exterior y fiscal) crónico. Según el Banco Mundial[93], el último superávit comercial data de 1975 cuando fue de 0,18% sobre el PBI. El déficit comercial de 2021 fue de 5,15% sobre el PBI. En este último año, su déficit fiscal fue de 10,91% sobre el PBI. La última balanza de pagos positiva se verificó en 1991, cuando el saldo en cuenta corriente fue de US$ 2.850 millones.

Además, Estados Unidos también es el país con mayor deuda pública externa del mundo, lo que representa a valores de 2020 un 126,4% sobre su PBI[94]. En nuestros días, la deuda estadounidense supera los US$ 31 billones. A partir de la quiebra del sistema acordado en Bretton Woods, esto estuvo aparejado a un continuo deterioro económico que, inicialmente, lo llevó a solicitar préstamos japoneses y europeos para afrontar sus cuentas y, posteriormente, buscar soluciones negociadas -como el Acuerdo de Plaza (1985)[95]- para limitar la desvalorización del dólar y reducir el déficit comercial. En los últimos años, EE.UU. recurrió, además, al endeudamiento con capitales chinos para financiar su economía. Sobre estos fenómenos, es susceptible observar las condiciones de relativa pérdida de competitividad industrial y financiera estadounidense frente a sus rivales capitalistas -chinos, japoneses y europeos- y los esfuerzos por sanear su economía aun recurriendo a la guerra comercial y a un nuevo proteccionismo[96].

---

[91] Cruz-Rodríguez, A. & Calvo Clúa, R. (2017). Implicancias del DR-CAFTA sobre el comercio intraindustrial de la República Dominicana. *Ciencia, Economía & Negocios, I*(1), 11-38. Recuperado de https://doi.org/10.22206/ceyn.2017.v1i1.pp11-38

[92] Bilmes, J. (2019). Tratado entre México, Estados Unidos y Canadá (T-MEC), un "NAFTA 2.0" en la era Trump: implicancias geopolíticas en la crisis global. *Actas de las XXI Jornadas de Geografía de la UNLP*, Recuperado de http://www.memoria.fahce.unlp.edu.ar/trab_eventos/ev.13498/ev.13498.pdf

[93] Banco Mundial (2023), *op. cit.*

[94] *Id.*

[95] Tavares, M. C. (1992). Restructuración industrial y políticas de ajuste macroeconómico en los centros (La Modernización Conservadora). *Investigación Económica, 51,* (199), 67-108.

[96] Lissardy, G. (24 de mayo de 2019). 4 formas en que la guerra comercial entre EEUU y China ya impacta en América Latina. BBC News. Recuperado de https://bbc.in/2SnoXHp; Correa Serrano, M. A. (2020). El proteccionismo de Estados Unidos frente a China: desempleo y déficit comercial. En E. Tzili Apango, E. J. L.León Manríquez, & G. Pérez-Gavilán Rojas (Comp.) (2020), *Asia-Pacífico: poder y prosperidad en la era de la desglobalización* (pp. 295-392). UAM-Xochimilco.

A su vez, parte de la transferencia de sus pérdidas se ha dirigido históricamente a potenciar el sector militar, incrementando el gasto a beneficio del complejo militar-industrial[97] o alcanzando otros impactos económicos[98] y buscando mercados para la consecución de diversos negocios en diferentes áreas del planeta. Algunos de estos mercados son directamente asociados con los efectos de una guerra (reconstrucción de infraestructura, seguridad, etc.)[99]. Al mismo tiempo, la amenaza o el uso de la fuerza militar actúa como un mecanismo de reproducción y preservación de su hegemonía[100].

Por su parte, desde su incorporación a la OMC en 2001, China fue consolidándose como el principal contendiente de Estados Unidos en la transición hegemónica, ejerciendo cada vez mayor influencia a nivel mundial, pero sobre todo en Asia. Además, gradualmente consigue equipararse o superar a Estados Unidos en algunos ámbitos específicos como el sector aeroespacial (prioridad estratégica en la que China ha realizado veloces transformaciones)[101], el financiero, y la proyección de bases en la Antártida[102]. De esta manera, en ese compás de espera, los deterioros del liderazgo ocurren de manera dispar y a un ritmo desigual en las distintas esferas de la realidad social.

Una transición de cualquier naturaleza -en términos históricos- no siempre es corta ni acelerada. El ascenso de Estados Unidos a la hegemonía mundial consistió en un largo proceso iniciado con la recesión mundial de 1873 que marcó el comienzo del declive de la hegemonía británica. Las consecuencias de la Primera Guerra Mundial aceleraron la expansión estadounidense y los resultados de la Segunda Guerra Mundial condujeron a la potencia norteamericana a la hegemonía.

La progresiva pérdida de fuerza productiva, comercial, financiera, militar e ideológica de los Estados Unidos encuentra diferentes hitos del inicio de la transición hegemónica -como la quiebra del sistema de Bretton Woods o la derrota en la Guerra de Vietnam – que a la vez actúan como aceleradores del desgaste norteamericano.

---

[97] Romero (2013), *op. cit.*

[98] Elveren, A.Y. (2019). *The economics of Military Spending. A Marxist perspective.* Routeledge.

[99] Wallerstein, I. (2006). *La decadencia del poder estadounidense.* Capital Intelectual.

[100] Chomsky, N. (2004). *Hegemonía o supervivencia. El dominio mundial de EEUU.* Norma.

[101] The State Council Information Office of the People's Republic of China (2022). *China Space Program: a 2021 Perspective.* Recuperado de http://english.www.gov.cn/archive/whitepaper/202201/28/content_WS61f35b3dc6d09c94e48a467a.html

[102] Herring Bazo, A. (2020). ¿Está siendo desafiado el 'statu quo' de la Antártida por el nuevo contexto geopolítico con el surgimiento de China como potencia global? *Boletín IEEE*, (18), 681-698.

El papel internacional desplegado por China durante la pandemia de Covid-19, tras más de cuatro décadas de sorprendentes tasas de crecimiento e inversión, consolida ese proceso de transición hegemónica con resultados todavía inciertos[103].

Aun con sus errores, vueltas y revueltas, la expansión económica de China tuvo como antecedentes ineludibles la formidable transformación estructural que atravesó durante la etapa socialista previa a las reformas capitalistas impulsadas por Deng Xiaoping a partir de 1978. La eliminación de las condiciones semifeudales y semicoloniales, la reforma agraria, la revolución industrial producida en suelo chino, la enorme transformación educativa y la planificación estatal se realizó bajo relaciones sociales de producción socialistas[104]. Sin embargo, la entrada de China a la OMC -precedida del proceso de Reforma y Apertura que desde 1978 impulsó relaciones sociales de producción capitalista bajo el velo de la llamada "economía socialista de mercado"- permitió la profundización de la liberalización comercial y otorgó cierta flexibilidad a la operatoria de servicios extranjeros -fletes, derechos de propiedad, seguros, entidades financieras, etc.– y a la afluencia al interior de su territorio de las inversiones de empresas transnacionales extranjeras. Todo lo cual contribuyó a una mayor inserción de China en la economía internacional con ventajas para el gigante asiático.

El desarrollo del capitalismo en China derivó en nuevas estructuras de propiedad, participación del empresas y bancos extranjeros -incluidas la atracción de capitales chinos en el exterior- en el mercado local, y la formación de un gran mercado bursátil en el que, además -desde 2001- pasaron a participar las grandes compañías estatales.

Actualmente, China supera ya los Estados Unidos en cuanto a exportaciones de mercaderías, valor agregado industrial, y cantidad de ETN entre las 500 mayores del planeta. En el resto de posiciones todavía se presenta por detrás o en camino de equipararse, aun cuando el ritmo de crecimiento parece estar a favor de los asiáticos.

Desde 2013, durante la presidencia de Xi Jinping, China ha ampliado sus horizontes de expansión de la Iniciativa de la 'Nueva Franja y Ruta de la Seda' (*Belt and Road Initiative* -BRI- o en chino 一带一路/ *Yīdài yīlù*), que

[103] Romero Wimer, F. (2021). La covid-19, la transición a un nuevo orden internacional y el ascenso de China. En E. Vieira Posada & F. Peña (Eds.), *La covid-19 y la integración ante los desafíos de un nuevo orden mundial* (pp. 159-196). Ediciones Universidad Cooperativa de Colombia, vol. 6.

[104] Laufer, R. (2018). Así lo hicieron los chinos…Revolución, socialismo y construcción económica en China 1949-1978. En Hernández, M. (Comp.), *La situación de la clase obrera en China. Historia y economía política*. Metrópolis.

incluye inversiones en infraestructuras en los cinco continentes. Algunas formulaciones, como las de Lin y Wang (2017), intentan revalorizar el aporte del gigante asiático y su papel en la 'cooperación Sur-Sur', interpretando que China trata de revestir la cooperación de diálogo político, desarrollo de las relaciones comerciales, inversiones y créditos para infraestructura, a fin de promover el reequilibrio de las relaciones económicas internacionales[105]. No obstante, la finalidad estratégica de la BRI está dirigida a ampliar la influencia china globalmente e incrementar sus intercambios comerciales, las inversiones en materia energética, y la construcción de oleoductos, ferrocarriles, puertos, puentes y carreteras[106]. En la práctica se reconfiguran las relaciones de dependencia con la profundización de los lazos con la superpotencia oriental[107] y, a la vez, se abren posibilidades de asociación y realineamiento de fracciones de las clases dominantes de otras potencias con los intereses chinos.

En noviembre de 2019, en el marco de la 35ª Reunión de la Asociación de Naciones del Sudeste Asiático (ASEAN, por su sigla en inglés) en Bangkok, quince países de Asia concluyeron la definición de los componentes regulatorios para crear la mayor zona de libre comercio del mundo, conocida como la Asociación Económica Integral Regional (RCEP, por su sigla en inglés).[108] La puesta en funcionamiento se realizó en la cumbre de la ASEAN celebrada en noviembre de 2020 por teleconferencia. El acuerdo de integración entre estos 15 países asiáticos aglutinó el 30% del PBI nominal mundial y el 30% de la población mundial, el 15% de la superficie terrestre y cuenta con cinco de las principales 20 economías en términos de PBI (China, Japón, Corea del Sur, Australia e Indonesia)[109].

Esa proyección global y su ascenso económico hacen de China también un fuerte impulsor del libre comercio en América Latina. El gigante asiático ha incorporado a América Latina y Caribe al BRI a partir de 2018, siendo Panamá el primero en incorporarse oficialmente. Además, China ya

[105] Crivelli Minutti, E. & Lo Brutto, G. (2018) La cooperación de China en América Latina: ¿hacia una Nueva Economía Estructural? *Carta Internacional, 13*(2), 123-146.

[106] Paradise, J. (2019). China's quest for Global Economic governance reform. *Journal of Chinese Political Science, 24*(3), 471-493.

[107] Slipak, A. (2014). América Latina y China: ¿cooperación Sur-Sur o 'Consenso de Beijing'? *Nueva Sociedad,* (250), 102-113.

[108] Participan de este acuerdo Australia, China, Corea del Sur, Japón y Nueva Zelanda, así como los diez países de la ASEAN (Myanmar, Brunéi, Camboya, Filipinas, Indonesia, Laos, Malasia, Singapur, Tailandia y Vietnam).

[109] Giudice Baca, V. & Ríos Zuta, H. (2021). RCEP Asociación Económica Regional de Asia. Ascenso de una nueva potencia mundial. *Iberoamerican Business Journal. Revista de Estudios Internacionales, 4*(2), 4-19.

acumula TLC con Chile, Costa Rica, y Perú[110]; condición a la que se suman recientemente Ecuador[111] y Nicaragua[112]. Con otros Estados, presenta acuerdos bajo la denominación de acuerdos de cooperación, asociación estratégica o asociación estratégica integral. En diciembre de 2021, en el marco de la Tercera Reunión Ministerial del Foro China-Comunidad de Estados Latinoamericanos y caribeños (CELAC) se adoptó el "Plan de Acción Conjunta China-CELAC para la colaboración en áreas clave (2022-2024)", en las que se incluye el comercio, la inversión y las finanzas[113].

Los cambios económicos ocasionados no dejan la política exterior ni la cuestión militar a la zaga. El concepto de "sueño chino" -que implica la revitalización de la civilización china, un país próspero, un pueblo feliz y una nación con fuerzas armadas modernas y poderosas- utilizado en el libro del coronel Liu (2015 [2010])[114] comenzó a ser utilizado por Xi Jinping en 2012, cuando todavía era vicepresidente y flamante secretario general del Partido Comunista Chino[115].

El Estado chino y sus altos mandos de las Fuerzas Armadas no descartan seguir emplazando bases militares en el exterior si cuentan con aprobación del país en donde se instalan[116]. En agosto de 2017, el Ejército chino puso en funcionamiento su primera base militar en Djibouti, el pequeño país africano del Cuerno de África[117]. Además, en octubre del mismo año, entró en funcionamiento en Argentina la Estación de CLTC-CONAE-Neuquén, controlada por la China National Space Administration.

---

[110] Aróstica, P. & Sánchez, W. (Eds.) (2019). *China y América Latina en una nueva fase: desafíos en el siglo XXI.* Editorial Universitaria.

[111] Ecuador, Ministerio de Producción, Comercio Exterior, Inversiones y Pesca (3 de enero de 2023) *Concluye exitosamente negociación del acuerdo comercial entre Ecuador y China.* Recuperado de https://www.produccion.gob.ec/concluye-exitosamente-negociacion-del-acuerdo-comercial-entre-ecuador-y-china/#:~: text=El%20 Tratado%20 de%20Libre%20 Comercio,a%20Beijing %20en%20 febrero%202022

[112] CGTN (3 de septiembre de 2023). Varios expertos nicaragüenses comentan sobre el TLC China-Nicaragua. *CGTN.* Recuperado de https://espanol.cgtn.com/news/2023-09-03/1698162042333134850/index.html

[113] Foro China-CELAC (2021). *Plan de Acción Conjunta de Cooperación China-CELAC en áreas clave (2022-2024).* Recuperado de http://www.chinacelacforum.org/esp/zywj_4/202112/t20211213_10467432.htm

[114] Liu, M. (2015 [2010]). *The China dream: Great Power thinking and strategic posture in the Post-American Era.* CN times books.

[115] Romero Wimer, F. & Fernández Hellmund, P. (2020). La larga marcha de China como potencia global. *Izquierdas,* (49), 2.658-2683.

[116] Zhao, L. (10 de enero de 2019). Additional overseas PLA bases 'possible'. *China Daily,* Recuperado de http://www.chinadaily.com.cn/a/201901/10/WS5c368814a3106c65c34e390b.html

[117] Styan, D. (2019). China's Maritime Silk Road and Small States: Lessons from the Case of Djibouti, *Journal of Contemporary China. 28* (119), 1-16.

El ascenso del poder militar chino presenta hasta el momento la particularidad de que la posición asimétrica del gigante oriental con los países dependientes no se ha traducido en una política de intervención y ocupación militar directa de otros países, como la realizada por otras potencias en el pasado y en la actualidad[118]. No obstante, la militarización china lleva a evaluar que los objetivos estratégicos van más allá de sus preocupaciones en torno a su área de influencia en torno al apoyo militar estadounidense a Taiwán o la injerencia norteamericana en la península coreana y Japón[119].

Síntesis y conclusiones

La relativa pérdida de poder y deterioro de la hegemonía de Estados Unidos y el ascenso de China nos permite caracterizar el escenario como de transición hegemónica. Las posibilidades de que Estados Unidos recomponga un mayor poder y le permita estabilizar su superioridad o que, finalmente, China establezca un mayor liderazgo están abiertas al interrogante sobre cuál potencia prevalecerá. La pugna por la hegemonía mundial entre las dos superpotencias expresada, hasta el momento, de manera relativamente pacífica puede durar varias décadas sin resolución definitiva.

Sobre la potencialidad de que el conflicto se convierta en enfrentamiento directo estamos ante un escenario incierto y, en parte, independiente de la voluntad de las fuerzas internacionales en pugna.

Por un lado, la interrelación económica de los capitales ha llegado a un grado que establece un techo a la escalada guerrerista. Esto establece un fenómeno histórico diferencial si tenemos en cuenta las rivalidades interimperialistas que desencadenaron la Primera y la Segunda Guerra Mundial o los enfrentamientos de las dos superpotencias durante la Guerra Fría. A modo de ejemplo, China posee un 30% de los bonos del Tesoro de Estados Unidos, es el principal socio comercial y el principal inversor extranjero en la economía estadounidense. Las inversiones estadounidenses en China también son importantes, estando presentes en la mayoría de los sectores manufactureros y de servicios internos del gigante asiático.

Por otro, las alianzas militares y la carrera armamentística pueden disparar efectos dominó en los cuales el alcance de los acontecimientos podría escapar de control de ambos imperialismos. Estados Unidos y China

[118] Arrighi, G. (2008). *Adam Smith em Pequim: origens e fundamentos do século XXI*. Boitempo; Mastro, O. (2019). The stealth superpower. How China hid its global ambitions. *Foreign Affairs, 98*(1), 31-39.

[119] Yan, X. (2019). The age of uneasy peace. Chinese power in a divided world. *Foreign Affairs, 98*(1), 40-49.

son el primer y el segundo gasto militar del planeta respectivamente y son potencias con arsenal nuclear. Ambas reconfiguran sus alianzas militares para la disputa. Estados Unidos busca fortalecer sus lazos alrededor de Japón, Corea del Sur, Australia, Taiwán, Reino Unido, India, y otras naciones. China apuesta a Rusia y a las naciones de Asia Central. En el campo de la tecnología espacial, el Estado chino aceleró la conquista del espacio al punto de contar con su propia Estación Espacial y propagandizar las acciones de los taikonautas.

De igual modo, la profundización de la crisis capitalista en el actual contexto -continuidad inmediata de la crisis financiera 2007 y 2008- orienta los elementos en este escenario incierto. Por sus tendencias inmanentes, el capital tiende a intentar resolver sus crisis explotando la fuerza de trabajo; o sea, abaratando el capital constante (lo que exacerba la competencia por alimentos, materias primas baratas y el extractivismo). La tendencia a la exacerbación de la competencia y a la profundización de los antagonismos de clase, hace que se deba prestar especial atención a las vías militares de resolución, sea que se expresen como estrategias de contención o como conflictos abiertos.

Finalmente, consideramos que la prospectiva que acompaña el escenario de transición hegemónica en curso debe seguir anclada en una investigación centrada en el análisis y la explicación de los mecanismos sociales que configuran la disputa imperialista y la búsqueda de elucidación del mayor número posible de hechos y fenómenos a través del juego recíproco de las relaciones de fuerza internacionales.

Referencias

Aróstica, P. & Sánchez, W. (Eds.) (2019). *China y América Latina en una nueva fase: desafíos en el siglo XXI.* Editorial Universitaria.

Arrighi, G. (2008). *Adam Smith em Pequim: origens e fundamentos do século XXI.* Boitempo

Azcuy Ameghino, E. & Romero Wimer, F. (2011). El imperialismo y el sector agroindustrial argentino: ideas, referencias y debates para reactivar una vieja agenda de investigación. *Revista Interdisciplinaria de Estudios Sociales, 4,* 11-46.

Bachkatov, N. (2013). La desintegración de un imperio. En M. Lewin, M. *et al., Rusia. La grandeza recuperada* (pp. 49-51). Capital Intelectual.

Bahoo, S.; Alon, I. & Paltrinieri, A. (2020). Sovereign wealth funds: Past, present and future. *International Review of Financial Analysis, 67,* 1014-1018.

Bai, Y. & Yang, S. (22 de marzo de 2023). China, Russia deepen Comprehensive Strategic Partnership of Coordination for the New Era, stress talks as solution to Ukraine crisis in joint statement. Global Times. Recuperado de https://www.globaltimes.cn/page/202303/1287726.shtml.

Banco Mundial (2023). "Kristalina Georgieva". Recuperado de https://www.bancomundial.org/es/about/people/k/kristalina-georgieva.

Banco Mundial (2023). *Datos de libre acceso del Banco Mundial.* Recuperado de https://datos.bancomundial.org/.

Bielig, A. (2021). FDI outflow from China to Germany. En Biswas, P. K. & Dygass, R. (org.), *Asian Foreing Direct Investment in Europe* (pp. 102-112). Routeledge.

Bilmes, J. (2019). Tratado entre México, Estados Unidos y Canadá (T-MEC), un "NAFTA 2.0" en la era Trump: implicancias geopolíticas en la crisis global. *Actas de las XXI Jornadas de Geografia de la UNLP.* Recuperado de http://www.memoria.fahce.unlp.edu.ar/trab_eventos/ev.13498/ev.13498.pdf.

Bonavena, P. & Nievas, F. (2007). El debate militar en EEUU frente a la 'guerra difusa'. En F. Nievas, F. (Ed.), *Aportes para una sociología de la guerra* (pp. 101-109). Proyecto Editorial.

Brenner, R. (1998). Las raíces agrarias del capitalismo europeo. En Aston, T. H. & Philpin, C. H. (Eds.), *El debate Brenner.* Crítica.

Briceño Ruiz, J. (2016). Del Panamericanismo al ALCA: la difícil senda de las propuestas de una comunidad de intereses en el continente americano. *Anuario Latinoamericano Ciencias Políticas y Relaciones Internacionales, 3,* 145-167.

Campione, D. (2007). *Para leer a Gramsci.* Ediciones del CCC.

CGTN (3 de septiembre de 2023). Varios expertos nicaragüenses comentan sobre el TLC China-Nicaragua. *CGTN.* Recuperado de https://espanol.cgtn.com/news/2023-09-03/1698162042333134850/index.html.

Chandra, K. (1999). FDI and Domestic Economy: Neoliberalism in China. *Economic and Political Weekly, 34*(45), 3195–3212.

Chen, C. (2010). Asian foreign direct investment and the 'China effect'. En R. Garnaut, J. Golley, & L. Song (Eds.), *China: The Next Twenty Years of Reform and Development* (pp. 221-240). ANU Press.

Chomsky, N. (2004). *Hegemonía o supervivencia. El dominio mundial de EEUU.* Norma.

Chomsky, N. (2007). Prólogo. La nueva guerra al terrorismo. En B. Cassen *et. al. El imperio de la guerra permanente* (pp. 9-23). Capital Intelectual.

Correa Serrano, M. A. (2020). El proteccionismo de Estados Unidos frente a China: desempleo y déficit comercial. En E. Tzili Apango, E. J. L. León Manríquez, & G. Pérez-Gavilán Rojas (Comp.) (2020), *Asia-Pacífico: poder y prosperidad en la era de la desglobalización* (pp. 295-392). UAM-Xochimilco.

Cox, R. (1992). Global perestroika. En R. Miliband & L. Panitch (Comp.), *The Socialist Register: New World Order?* (pp. 26-43). Merlin Press.

Cox, R. W. (1981), Social Forces, States and World Orders: Beyond International Relations Theory. *Millennium-Journal of International Studies, 10,* 126-155.

Crivelli Minutti, E. & Lo Brutto, G. (2018) La cooperación de China en América Latina: ¿hacia una Nueva Economía Estructural? *Carta Internacional, 13*(2), 123-146.

Cruz-Rodríguez, A. & Calvo Clúa, R. (2017). Implicancias del DR-CAFTA sobre el comercio intraindustrial de la República Dominicana. *Ciencia, Economía & Negocios, I* (1), 11-38. Recuperado de https://doi.org/10.22206/ceyn.2017.v1i1.pp11-38.

Cueva, A. (1984). El fetichismo de la hegemonía y el imperialismo. *Cuadernos Políticos,* (38), 31-39.

Debasa Navalpotro, F. (2012). China: cambio de sistema e hipercrecimiento económico. En R. Tamames (Coord.), *La economía internacional en el siglo XXI* (pp. 39-53). Cajamar.

Dickhut, W. (1994). *La restauración del capitalismo en Unión Soviética.* Ágora, T. 1.

Dobb, M. (1972). *Estudios sobre el desarrollo del capitalismo.* Siglo XXI.

Drezner, D. W. (2008). Sovereign wealth funds and the (in)security of global finance. *Journal of International Affairs, 62*(1), 115-130.

Echagüe, C. (1986 [1984]). *El socialimperialismo ruso en la Argentina.* Agora;

Ecuador. Ministerio de Producción, Comercio Exterior, Inversiones y Pesca (3 de enero de 2023). *Concluye exitosamente negociación del acuerdo comercial entre Ecuador y China.* Recuperado de https://www.produccion.gob.ec/concluye-exitosamente-negociacion-del-acuerdo-comercial-entre-ecuador-y-china/#:~:text=El%20Tratado%20de%20Libre%20Comercio,a%20Beijing%20en%20febrero%202022.

Elveren, A.Y. (2019). *The economics of Military Spending. A Marxist perspective.* Routeledge.

FMI (2023). *IMF Members' Quotas and Voting Power, and IMF Board of Governors.* Recuperado de https://www.imf.org/en/About/executive-board/members-quotas.

Fontes, V. (2010). *O Brasil e o capital-imperialismo. Teoria e história*. EPSJV/Editora UFRJ.

Fontes, V. (2013). A incorporação subalterna brasileira ao capital-imperialismo. *Crítica Marxista*, (36), 103-114.

Foro China-CELAC (2021). *Plan de Acción Conjunta de Cooperación China-CELAC en áreas clave (2022-2024)*. Recuperado de http://www.chinacelacforum.org/esp/zywj_4/202112/t20211213_10467432.htm.

Fortune (2023). *Global 500*. https://fortune.com/ranking/global500/.

Garrido, L. (2012). Japón: del PBI ascendente al estancamiento secular. En R. Tamames (Coord.), *La economía internacional en el siglo XXI* (pp. 55-63). Cajamar.

Giudice Baca, V. & Ríos Zuta, H. (2021). RCEP Asociación Económica Regional de Asia. Ascenso de una nueva potencia mundial. *Iberoamerican Business Journal. Revista de Estudios Internacionales, 4*(2), 4-19.

Global Fire Manpower (GFP) (2023). *Active Military Manpower by Country*. Recuperado de https://www.globalfirepower.com/active-military-manpower.php.

González Huerta, B. (2012). Financiación internacional: el Banco Mundial y otras entidades. En R. Tamames (Coord.). *La economía internacional en el siglo XXI* (pp.171-186). Cajamar

Gramsci, A. (1984). *Notas sobre Maquiavelo, sobre política y el Estado Moderno*. Nueva Visión.

Hardt, M. & Negri, A. (2000), *Imperio*. Paidós.

Harrison, B. T. (1984). The Vietnam war — a decade later: impact on American values. *Peace Research, 16*(2), 30-37.

Heffernan, W. & Constance, D. (1994). Transnational Corporations and the globalization fo the food system. En A. Bonanno, A. *et. al.* (Comp.), *From Columbus to ConAgra: The Globalization of Agriculture and Food* (pp. 29-49). Universty Press of Kansas.

Herring Bazo, A. (2020). ¿Está siendo desafiado el 'statu quo' de la Antártida por el nuevo contexto geopolítico con el surgimiento de China como potencia global? *Boletín IEEE*, (18), 681-698.

Hilton, R. (Eds.) (1982). *La transición del feudalismo al capitalismo*. Crítica.

Hobsbawm, E. (1995 [1994]). *Historia del siglo XX, 1914-1991*. Crítica.

Horn, S.; Reinhart, C. & Trebesch, C. (2019). *China's overseas lending.* National Bureau of Economic Research. Recuperado de http://www.nber.org/papers/w26050.

Jalée, P. (1970). *El imperialismo en 1970.* Siglo XX En Baran, P. & Sweezy, P. (1966), *El capital monopolista. Un ensayo de la economía americana y el orden social.* Siglo XXI.

Koga, K. (2023). Institutional Dilemma: Quad and ASEAN in the Indo-Pacific. *Asian Perspective, 47*(1), 27-48.

Krishnan, K. (20 de diciembre de 2023). Multipolarity, the Mantra of Authoritarianism. *The India Forum.* Recuperado de https://www.theindiaforum.in/politics/multipolarity-mantra-authoritarianism.

Lannoo, K. (2023). Tras un año de guerra, la UE debe crear un mercado único de defensa. *Política Exterior.* Recuperado de https://www.politicaexterior.com/tras-un-ano-de-guerra-la-ue-debe-crear-un-mercado-unico-de-defensa/.

Laufer, R. (2018). Así lo hicieron los chinos...Revolución, socialismo y construcción económica en China 1949-1978. En M. Hernández (comp.). *La situación de la clase obrera en China. Historia y economía política.* Metrópolis.

Lenin, V. (1970([1916]). El imperialismo, etapa superior del capitalismo. En V. Lenin, V. *Obras Completas* (pp. 298-425). Cartago, T. XXIII.

Lissardy, G. (24 de mayo de 2019). 4 formas en que la guerra comercial entre EEUU y China ya impacta en América Latina. BBC News. https://bbc.in/2SnoXHp.

Liu, M. (2015 [2010]). *The China dream: Great Power thinking and strategic posture in the Post-American Era.* CN times books.

López Cervantes, G. (2012). Integración hemisférica en las Américas: del TLCAN al ALCA. En R. Tamames (Coord.). *La economía internacional en el siglo XXI* (pp. 249-260). Cajamar.

López, M. (2012). Rusia: Frenando el declive post-soviético". En R. Tamames (Coord.), *La economía internacional en el siglo XXI* (pp. 65-75). Cajamar.

Lowenstein, R. (20 de marzo de 2023). El rescate de Silicon Valley Bank acaba de cambiar el capitalismo. *New York Times.* Recuperado de https://www.nytimes.com/es/2023/03/20/espanol/opinion/silicon-valley-bank-rescate.html.

Luce, M. S. (2007). *O subimperialismo brasileiro revisitado: a política de integraçâo regional do governo Lula (2003-2007).* Universidad Federal de Rio Grande do Sul.

Luce, M. S. (2013). O subimperialismo, etapa superior do capitalismo dependente. *Crítica Marxista,* (36), 129-142.

Marini, R. M. (1969), *Subdesarrollo y revolución.* Siglo XXI.

Marini, R. M. (1973). *Dialéctica de la dependencia*. Era.

Marini, R. M. (1977). *La acumulación capitalista mundial y el subimperialismo*. Era.

Marx, C. (2000 [1894]). *El Capital. Crítica de la economía política*, Fondo de Cultura Económica, T. III.

Marx, Carlos (1995 [1867]). *El capital. Crítica de la Economía política*. Fondo de Cultura Económica, T. I.

Mastro, O. (2019). The stealth superpower. How China hid its global ambitions. *Foreign Affairs, 98* (1), 31-39.

Ministerio de Asuntos Exteriores de la Federación Rusa (MAEFR) (27 de febrero de 2023). Entrevista al Embajador de Rusia en el Perú, Igor Romanchenko al periódico 'El Comercio' el 23 de febrero, sobre la situación en Ucrania. Recuperado de https://mid.ru/ru/detail-material-page/1855654/?lang=es.

Ministerio de Relaciones Exteriores de la República Popular China (MRERPC) (22 de marzo de 2023). El presidente Xi Jinping y el presidente de Rusia Vladimir Putin firman la Declaración Conjunta entre la República Popular China y la Federación de Rusia sobre la profundización de la Asociación Estratégica Integral en la Nueva Era y enfatizan resolver la crisis de Ucrania mediante diálogos. Recuperado de https://www.fmprc.gov.cn/esp/wjdt/wshd/202303/t20230322_11046126.html.

Okamoto, A. (2022). Intergenerational earnings mobility and demographic dynamics: Welfare analysis of an aging Japan. *Economic Analysis and Policy, 74*, 76-104.

Organización Mundial de Comercio (OMC) (2022). *Perfiles comerciales 2021*.

Paradise, J. (2019). China's quest for Global Economic governance reform. *Journal of Chinese Political Science, 24* (3), 471-493.

Pérez Bustamante, Rogelio (2012). La Unión Europea. En R. Tamames (Coord.), *La economía internacional en el siglo XXI* (pp. 239-248). Cajamar.

Pérez Llana, C. (2013). Éxito económico y fracaso social. En T. Chanda *et. al*. *India. Sueños de potencia* (pp. 23-26). Capital Intelectual.

Pfluke, C. (2019). A history of the five eyes alliance: possibility for reform and additions. *Comparative Strategy, 38*(4), 302-315.

Prime Minister of Australia (2021). *Australia to pursue nuclear-powered submarines through new trilateral enhanced security partnership*. Recuperado de https://www.pm.gov.au/media/australia-pursue-nuclear-powered-submarines-through-new-trilateral-enhanced-security.

Radvanyi, J. (2013). Por qué Putin es tan popular. En M. Lewin *et al., Rusia. La grandeza recuperada.* (pp. 27-29). Capital Intelectual.

Ramírez, R., Salavarria, F., & Arteaga, M. (2022). Cincuenta años del patrón monetario US dólar, los beneficios para Estados Unidos de América y su incidencia en la economía global 1971 -2020. *RECIAMUC, 6*(3), 721-735.

Restivo, N. & Ng, G. (2015*). Todo lo que necesitás saber sobre China*. Paidós.

Rivas, D. (2012). Ciclos económicos: prosperidad y depresión. En R. Tamames (Coord.), *La economía internacional en el siglo XXI* (pp. 113-123). Cajamar.

Robinson, W. & Harris, J. (2000). Towards a global Ruling Class? Globalization and the Transnational Capital Class. *Science & Society, 64,* 11-54.

Romero Wimer, F. & Fernández Hellmund, P. (2020). La larga marcha de China como potencia global. *Izquierdas,* (49), 2.658-2683.

Romero Wimer, F. (2017). La crítica del imperialismo y su relación con la cuestión agraria en el pensamiento político y académico del marxismo argentino. *REBELA. Revista Brasileira de Estudos Latino-Americanos, 7*(1), 1-39. Recuperado de https://ojs.sites.ufsc.br/index.php/rebela/article/view/2581

Romero Wimer, F. (2021). La alianza Rusia-Venezuela durante el siglo XXI: consideraciones en torno a la cuestión militar. *Cuadernos de Marte,* (21), 220-264.

Romero Wimer, F. (2021). La covid-19, la transición a un nuevo orden internacional y el ascenso de China. En E. Vieira Posada & F. Peña (Eds.), *La covid-19 y la integración ante los desafíos de un nuevo orden mundial* (pp. 159-196). Ediciones Universidad Cooperativa de Colombia, vol. 6.

Romero Wimer, F. (2021). La sombra del dragón sobre el oro blanco de la Argentina andina. En R. Peixoto (Org.), *Debates contemporâneos sobre a região andina: política, economia e sociedade* (pp. 115-127). CLAEC.

Romero, F. (2013). *El capital extranjero en el complejo agroindustrial pampeano (1976-2008)*. Facultad de Filosofía y Letras de la Universidad de Buenos Aires (Tesis doctoral).

Romero, F. (2016). *El imperialismo y el agro argentino. Historia reciente del capital extranjero en el complejo agroindustrial pampeano.* CICCUS.

Shahzad, S. M. & Khan, M. R. (2022). Quad: The US Strategic Alliance for the Indo-Pacific Region and the Chinese Counterbalance. *Pakistan Journal of Multidisciplinary Research, 3*(2), 56-72.

SIPRI, (2022). *Yearbook 2022. Armaments, disarmaments and international security.* Oxford University Press.

Slipak, A. (2014). América Latina y China: ¿cooperación Sur-Sur o 'Consenso de Beijing'? *Nueva Sociedad,* (250), 102-113.

Statista (2023). *30 países más grandes del mundo por superficie total a fecha julio de 2022.* Recuperado de https://es.statista.com/estadisticas/635141/paises-mas-grandes-del-mundo/.

Styan, D. (2019). China's Maritime Silk Road and Small States: Lessons from the Case of Djibouti. *Journal of Contemporary China,* 28(119), 1-16.

Tamames, R. (2012). El FMI y la estabilidad financiera internacional. En R. Tamames (Coord.), *La economía internacional en el siglo XXI* (pp.187-203). Cajamar.

Tavares, M. C. (1992). Restructuración industrial y políticas de ajuste macroeconómico en los centros (La Modernización Conservadora). *Investigación Económica, 51*(199), 67-108.

The State Council Information Office of the People's Republic of China (2022). *China Space Program: a 2021 Perspective.* Recuperado de http://english.www.gov.cn/archive/whitepaper/202201/28/content_WS61f35b3dc6d09c94e48a467a.html.

Thompson, M. (20 de marzo de 2023). UBS is buying Credit Suisse in bid to halt banking crisis. *CNN.* Recuperado de https://edition.cnn.com/2023/03/19/business/credit-suisse-ubs-rescue/index.html.

UNCTAD, *World Investment Report,* New York, 2001-2022 (Informes de diferentes años). Recuperado de https://unctad.org/en/Pages/Home.aspx

Varesi, G. (2015). Estudio introductorio. En G. Varesi (Comp.), *Hegemonía y lucha política en Gramsci. Selección de Textos* (pp. 9-80). Luxemburg.

Verger, A. (2003). *El sutil poder de las transnacionales. Lógica, funcionamiento e impacto de las grandes empresas del mundo globalizado.* Icaria.

Vilar, P. (1999 [1980]). *Iniciación al vocabulario del análisis histórico.* Crítica.

Vilas, C. (1973). Extranjerización de la sociedad y el Estado. *Realidad Económica,* (12), 42-57.

Visentini, P. (comp.) (2013). *BRICS. As potências emergentes: China, Rússia, Índia, Brasil e África do Sul.* Vozes.

Wallerstein, I. (2006). *La decadencia del poder estadounidense.* Capital Intelectual.

Wrana, J. (2012). La lucha por la hegemonía: Estados Unidos de América. En R. Tamames (Coord.), *La economía internacional en el siglo XXI* (pp. 27-38). Cajamar.

Wrana, J. (2012). Superpotencias y países emergentes. En R. Tamames (Coord.), *La economía internacional en el siglo XXI* (pp. 19-25). Cajamar.

Yan, X. (2019). The age of uneasy peace. Chinese power in a divided world. *Foreign Affairs,* 98(1), 40-49.

Yonas, G. (1985). The Strategic Defense Initiative. *Daedalus, 114*(2), 73–90.

Z/YEN (2023). *GFCI 31 Rank*. Recuperado de Recuperado de https://www.longfinance.net/programmes/financial-centre-futures/global-financial-centres-index/gfci-31-explore-data/gfci-31-rank/.

Zhao, L. (10 de enero de 2019). Additional overseas PLA bases 'possible'. *China Daily*. Recuperado de http://www.chinadaily.com.cn/a/201901/10/WS5c368814a3106c65c34e390b.html.

Zibechi, R. (2012). *Brasil potencia. Entre la integración regional y un nuevo imperialismo*. Ediciones desde abajo.

2

LA 'CHINA GLOBAL' Y EL MUNDO 'EN DESARROLLO'. LA RETÓRICA DEL DESARROLLO Y EL ASIA-PACÍFICO EN LA ESTRATEGIA MUNDIAL DE CHINA[120]

Rubén Laufer

Introducción: desarrollismo o desarrollo

Los drásticos cambios en curso en las relaciones de fuerzas mundiales tras más de cuatro décadas de ascenso capitalista de China y relativa declinación hegemónica de Estados Unidos; las líneas de fractura que conmueven el 'orden' internacional en un mundo cada vez más signado por el retroceso de la globalización y auge del nacionalismo económico, y la creciente rivalidad y peligro de guerras locales o generalizadas entre esas y otras potencias a escala mundial, actualizan la necesidad de reflexionar sobre el carácter de las relaciones entre China y los países llamados 'en desarrollo'[121], así como sobre el modo de inserción internacional que conlleva para estos países el tipo de relaciones con China desplegado en los últimos 20 años.

[120] Este trabajo es parte de una investigación más amplia, actualmente en curso, sobre la naturaleza de las relaciones entre China y los países llamados 'en desarrollo' de Asia y África en el marco de la rivalidad bipolar en ciernes.

[121] La expresión 'en desarrollo' es ambigua ya que, haciendo referencia al desarrollo económico de la gran mayoría de los países de Asia, África y América Latina, indica sólo una diferencia de grado respecto de las potencias o países llamados 'desarrollados' o 'industrializados': omite que éstos son países económica y políticamente independientes que basan su desarrollo en las ganancias e intereses provenientes de sus producciones de alto valor agregado y principalmente de sus inversiones en países 'no-desarrollados'; mientras que en estos últimos las palancas fundamentales de la producción, del comercio exterior, de las finanzas y del poder estatal están bajo control o influencia de las grandes potencias y corporaciones extranjeras y de sus socios internos, perpetuando su condición de dependencia y, en consecuencia, trabando o impidiendo en ellos un verdadero desarrollo diversificado y autosostenido. Mantenemos sin embargo la denominación de países o mundo 'en desarrollo' debido a que el concepto es ya de uso generalizado en medios académicos y periodísticos. En ocasiones utilizaremos como equivalente el viejo pero quizá nuevamente apropiado concepto de 'tercer mundo': aunque aún no pueda hablarse de un mundo bipolar de dos superpotencias de igual nivel, ciertamente el poderío económico y estratégico de las dos potencias principales -EE.UU. y China (el 'primer mundo')-, está claramente por encima del de las demás potencias capitalistas (un 'segundo mundo'), y éstas tienen con aquéllas diversos grados de convergencia y también contradicción, así como relaciones y estrategias a veces similares y otras divergentes hacia los países 'en desarrollo'.

En las décadas de 1950 y 1960 desde los Estados Unidos, emergentes de la 2ª Guerra Mundial con incontestable hegemonía entre las grandes potencias, se postularon las teorías desarrollistas. En contraposición al socialismo y en el marco de la Guerra Fría de 'Occidente' contra la Unión Soviética, el desarrollismo radicaba el 'despegue' de las economías 'subdesarrolladas' en una acelerada industrialización basada en atraer masivamente inversiones y préstamos de las grandes potencias y corporaciones, particularmente de EE.UU., el gran productor, inversor y financista internacional de la época. Con ese instrumento ideológico central, Washington ganó simpatías y concesiones económicas y políticas de una parte de las burguesías nacionales de América Latina; la promesa del 'desarrollo' fue también la motivación por la que algunas dirigencias empresariales y políticas consideraron progresista el rol del capital estadounidense promotor de la industria, frente al rol retrógrado del capital inglés mayoritariamente asociado a las actividades agro-ganaderas y extractivas y a las clases y estructuras primario-exportadoras tradicionales en esos países.

En la mayoría de las experiencias desarrollistas -por ejemplo, en los países latinoamericanos- la oleada industrialista de posguerra fue así motorizada por capital exógeno, y el "autoabastecimiento" en insumos básicos como el petróleo y el acero se basó en inversiones y préstamos de las grandes potencias e instituciones financieras internacionales. A poco andar esto se traduciría en masivas salidas de capital en concepto de pago de importaciones, intereses y ganancias de las corporaciones extranjeras, endeudamiento externo e intensificación de las exportaciones tradicionales para pagarlo, impedimentos todos para un despegue industrial endógeno, independiente y autosostenido. En consecuencia, el relativo grado de diversificación productiva y exportadora logrado en industrias básicas no significó el desarrollo de una industria integrada ni un cambio radical en las estructuras sociales, y terminaría conservando, en lugar de eliminar, las estructuras del atraso y la dependencia[122].

[122] Utilizamos la categoría de 'dependencia' en el sentido descripto por Romero Wimer en esta misma obra. El concepto trasciende su significación meramente comercial o económica; alude centralmente al control -directo o a través de socios o intermediarios- de las palancas fundamentales del aparato económico y estatal de un país por parte del capital extranjero, de lo que derivan variadas formas de subordinación y dominación económica y política. Ver: Romero Wimer, F. (2024). Imperialismo, dependencia y transición hegemónica ante el ascenso de China. En R. Laufer & F. Romero Wimer (Org.), *China en América Latina y el Caribe: ¿nuevas rutas para una vieja dependencia?* (pp. 19-66). Appris.

En aquellos mismos años, la China socialista, con su impresionante crecimiento industrial en medio del bloqueo de todas las grandes potencias[123], mostró ante los países coloniales y dependientes un camino alternativo, basado en la eliminación revolucionaria de las viejas estructuras agrarias del latifundio, en la transformación integral de las relaciones productivas y sociales, y en la independencia y el autosostenimiento industrial, tecnológico y financiero[124].

En la actualidad China, convertida a su vez en gran potencia ascendente tras las transformaciones capitalistas iniciadas en 1978, vuelve a asentar sus estrategias de expansión mundial y sus alianzas con las clases dirigentes de los países del 'tercer mundo' en una nueva retórica del 'desarrollo'. Lo hace en un clima internacional turbulento, signado por nuevos ciclos de rivalidad comercial y tecnológica entre Washington y Beijing; las estrategias y pactos de defensa encabezados por Estados Unidos (Quad, Aukus) dirigidos a 'contener' y cercar a China en el Asia-Indo-Pacífico; las 'líneas rojas' fijadas por Beijing en el conflicto por la provincia china de Taiwán, que llevan al mundo a tambalearse nuevamente entre la disuasión y la provocación[125]; las recurrentes crisis financieras que azotan a las grandes potencias; y las disrupciones geoeconómicas en las cadenas de producción y abastecimiento y los realineamientos estratégicos generados tanto por la pandemia de Covid-19 como por la invasión de Rusia a Ucrania tras la expansión de la OTAN en Europa oriental. En marzo de 2023, el derrumbe de grandes bancos estadounidenses -comenzando por el de las empresas tecnológicas, el Silicon Valley Bank- y del gigante suizo de mayoría saudita Crédit Suisse, daba paso -reeditando lo ya sucedido en 2009- a enormes rescates financieros por parte de los Estados de las grandes potencias, y a una aún mayor concentración bancaria. Mientras tanto, en China la crisis inmobiliaria y de endeudamiento interno alrededor del grupo Evergrande no daba signos de disiparse. Los reiterados intentos de eliminar mediante sucesivos aumentos de la tasa de interés la inflación mundial -legado todavía de la irresuelta crisis de 2007-2009, acelerada recientemente por la guerra

---

[123] Laufer, R. (2020 a). China 1949-1978: revolución industrial y socialismo. Tres décadas de construcción económica y transformación social. *Izquierdas, 49*, 2597-2625. Recuperado de https://dx.doi.org/10.4067/s0718-50492021000100224.

[124] Peck, J. (1973). Revolution versus Modernization and Revisionism: A Two Front Struggle. En V. Nee & J. Peck: *China's Uninterrupted Revolution. From 1840 to the Present.* Pantheon Books; Ching, Pao-yu (2012). *Revolution and Counterrevolution. China's Continuing Class Struggle since Liberation.* Institute of Political Economy.

[125] Ríos, X. (21 de marzo de 2023). La más roja de las líneas. *Observatorio de la Política China.* Recuperado de https://politica-china.org/areas/taiwan/la-mas-roja-de-las-lineas

de Ucrania y el endeudamiento masivo de los Estados- acentuaban signos de recesión, desempleo y deterioro de los niveles de vida a escala global, presagiando a su vez nuevos agravamientos de la disputa hegemónica.

En este escenario agitado, la importancia que la dirigencia de Beijing asignó históricamente a los países 'en desarrollo' de Asia, África y América Latina adquiere nuevo significado. La creciente influencia de China en las clases dirigentes y en la estructura económica y estatal de muchos de esos países condiciona el modo de inserción económica y la autonomía política de éstos en un mundo dividido y con reales perspectivas de confrontación.

¿Cuál es la naturaleza de las relaciones que los países del llamado mundo 'en desarrollo', y en particular los de la región Asia-Indo-Pacífico, vienen afianzando con China en el período reciente, especialmente a partir del lanzamiento en 2013 del megaproyecto chino de 'La Franja y la Ruta'? ¿La asociación estratégica de esos países con China se ha constituido en una plataforma de verdadero desarrollo, o acentúa en cambio su condición dependiente y su vulnerabilidad económica y política sobre el trasfondo de la creciente rivalidad regional y mundial entre Washington y Beijing? Estos son los interrogantes abordados en este trabajo. El análisis procura, además, extraer algunas conclusiones necesarias para la promoción de un rumbo de verdadero desarrollo -independiente, diversificado, integrado y autosostenido- en nuestra región latinoamericana.

La China 'global': una nueva rivalidad hegemónica ¿y un nuevo 'tercer mundo'?

Multipolaridad y 'peculiaridades chinas'

Estados Unidos sigue siendo la superpotencia dominante del escenario mundial. China, por su parte, se consolida como una nueva superpotencia en ciernes. Otras potencias, países y agrupamientos -Rusia, la Unión Europea, Japón, Australia, India- pugnan por lugares decisorios en el sistema internacional e impulsan procesos de regionalización y conformación de bloques, algunos en la búsqueda de mayores grados de autonomía, otros propugnando alineamientos a fin de afirmar sus respectivos liderazgos regionales o internacionales y afianzar o imponer su propia hegemonía a escala mundial. Este cuadro complejo determina una situación de acrecentada multipolaridad -con preeminencia de EE.UU. y China-, crisis relativa de la hegemonía estadounidense, y acentuada disputa, caos sistémico, transición hegemónica y guerra.

Para potencias emergentes como China, el llamado mundo 'en desarrollo' adquiere creciente importancia como destino de inversión, de aprovisionamiento de materias primas estratégicas y de asociación política. En diversas regiones, la asociación comercial con el gigante asiático ha ido profundizando un esquema económico reprimarizador que, aunque genera divisas y diversifica los vínculos exteriores permitiendo cierta toma de distancia respecto de la tradicional hegemonía de Estados Unidos, al mismo tiempo -tal como sucedió respecto de otras potencias desde fines del siglo XX- limita el desarrollo integral de las economías, intensificando la especialización en la producción de bienes primarios para mercados externos y abriendo paso a la extranjerización de sus estructuras productivas y financieras.

En las últimas dos décadas, el carácter de las inversiones de China y el de su 'cooperación para el desarrollo' han sido examinados intensamente, especialmente a partir de la vorágine de endeudamiento externo en que diversos países de Asia, África y América Latina ingresaron respecto de China y de otros Estados e instituciones financieras internacionales, constituyendo un factor de limitación y deformación de los propios objetivos de desarrollo de esos países.

Aunque con frecuencia se invoca la conocida tradición de unidad y solidaridad antiimperialista y antihegemonista con los países del 'tercer mundo' que la República Popular China (RPCh) sostuvo durante las tres décadas de su era socialista (1949-1978), en el presente esa recordación apunta más bien a velar el abandono de aquellas políticas y el profundo viraje que la dirigencia de Beijing practicó en su política exterior desde la 'gran reversión' de 1978[126]. Los países 'en desarrollo' siguen constituyendo un área decisiva de las relaciones internacionales de China, pero hoy lo son en un sentido radicalmente diferente.

Tras el viraje capitalista iniciado por Deng Xiaoping en 1978, la nueva burguesía dirigente desechó las orientaciones fundamentales del período socialista. Anteriormente la China maoísta era, y se consideraba, parte de los países de un "tercer mundo" oprimido por las grandes potencias, y se unía a ellos en la lucha común contra el imperialismo y el hegemonismo[127]. A

[126] Hinton, W. (1990). *The Great Reversal. The Privatization of China, 1978-*1989. Monthly Review Press; Laufer, R. (2020b). De la teoría de los 'tres mundos' a la transición hegemónica. *Ciclos, 55,* 87-125. Recuperado de https://ojs.econ.uba.ar/index.php/revistaCICLOS/article/view/2020; Rudyak M. (9 de noviembre de 2021). The Past in the Present of Chinese International Development Cooperation. *Made in China Journal, 6* (2), Recuperado de https://madeinchinajournal.com/2021/11/09/the-past-in-the-present-of-chinese-international-development-cooperation/

[127] Garver, J. W. (2016). *China's Quest. The History of the Foreign Relations of the People's Republic of China.* Oxford University Press.

partir de la 'reforma y apertura' de fines de la década de 1970, Beijing relegó el apoyo a los movimientos de revolución social y de liberación nacional, priorizó su propio crecimiento económico, y dejó de lado los cuestionamientos de fondo al orden internacional vigente. La dirigencia china se limita a objetar las tendencias unipolaristas de Washington, reclamando un 'orden' internacional no 'sin' polos de poder sino 'multipolar'[128] en el que, mientras Estados Unidos sigue siendo la superpotencia militar, económica, política y financiera más agresiva y de mayor gravitación en el mundo[129], la dirigencia china pasó a reclamar un lugar eminente entre el puñado de poderes que rigen la 'gobernanza' mundial. A fines de la década de 1980, el término países 'en desarrollo' -un concepto económico y descriptivo-, reemplazaba ya en la terminología de relaciones internacionales de Beijing al de 'tercer mundo', un concepto eminentemente político que aludía al orden internacional regido por los grandes poderes mundiales en desmedro de los países oprimidos y dependientes al que, en las décadas de 1960 y 1970, confrontaban las corrientes tercermundistas opuestas a las dos superpotencias de la época, EE.UU. y la Unión de Repúblicas Socialistas Soviéticas (URSS)[130].

Aunque Beijing y muchos analistas de diversos países suelen subrayar las 'peculiaridades chinas' de las inversiones y préstamos de China y de su cooperación para el desarrollo, las prácticas de inversión, cooperación y ayuda de la potencia asiática hacia el mundo "en desarrollo" no muestran diferencias esenciales con las que practican las otras grandes potencias. En el contexto neoliberal de las décadas de 1980 y 1990, la dirigencia china concentró sus esfuerzos en la modernización económica mediante

---

[128] Krishnan, K. (20 de diciembre de 2022). Multipolarity, the Mantra of Authoritarianism. *The India Forum*. Recuperado de https://www.theindiaforum.in/politics/multipolarity-mantra-authoritarianism.

[129] Sobre los cambios del período reciente en las relaciones de fuerzas entre las potencias y su significación, ver Laufer, R. (2020b), *op. cit.*; Schwoob, M. H. (2018). Chinese views on the global agenda for development. En F. Godement *et. al.* (abril de 2018), *The United Nations of China: A Vision of the Worl Order, China Analysis, European Council on Foreign Relations (ECFR)*. Recuperado de https://ecfr.eu/wp-content/uploads/the_united_nations_of_china_a_ vision_of_the_world_ order.pdf; Mangione G. (17 de marzo de 2022): Argentina y China. 50 años de una relación asimétrica. *China en América Latina*, Recuperado de https://chinaenamericalatina.com/2022/03/17/argentina-y-china-50-anos-de-una-relacion-asimetrica/. Más allá del intenso debate doctrinario existente acerca de si China es una potencia "integrada" al actual sistema internacional o si es, por el contrario, "revisora" del mismo, lo cierto es que desde el viraje político y social de 1978, salvo genéricas recomendaciones para democratizar las relaciones internacionales acrecentando el rol de la ONU, la dirigencia de Beijing no hace cuestionamientos de fondo al actual "orden" mundial regido por las grandes potencias, en el cual asentó durante cuatro décadas su extraordinario crecimiento económico. Beijing es, además, parte constitutiva de ese "orden", como miembro permanente del Consejo de Seguridad de la ONU, miembro del Fondo Monetario Internacional y del Banco Mundial, etc. Ver: Godement F. (2018), citado en esta misma nota.

[130] Goulet, D. (1973). ¿'Development' ...or liberation? En Ch. Wilber (Ed.) (1988 [1973]), *The Political Economy of Development and Under-development* (capítulo 24). Random House.

la apertura comercial y financiera y la inserción del país en la economía capitalista mundial. Hasta inicios de la década de 2010, el éxito del gran empresariado estatal y privado de China se erigió sobre la explotación intensiva de la fuerza de trabajo y -especialmente desde inicios del siglo XXI cuando Beijing impartió a sus corporaciones la directiva oficial de 'salir afuera'- sobre la enorme masa de ganancias e intereses provenientes de las inversiones y préstamos públicos y privados de China en los países y regiones 'en desarrollo'.

Adoptando e implementando las tesis liberales de la globalización, el multilateralismo y el libre comercio[131] y los preceptos neoliberales de apertura, privatización y endeudamiento[132] la clase dirigente convirtió a China en un gran centro manufacturero tecnológico global y se abrió paso en el reducido círculo de las grandes potencias mundiales. Mediante el llamado 'poder blando'[133] -básicamente su poderío comercial, financiero e inversor, y el encanto diplomático que esas capacidades le permiten ejercer sobre las clases dirigentes y sectores de intelectuales y académicos-, la dirigencia post-1978 acompasó, en sucesivas etapas, sus relaciones internacionales y sus políticas exteriores al nuevo rol que la China de la reforma y apertura aspiraba a desempeñar en el mercado mundial y en el sistema internacional. La ayuda internacional de China ya no tendría como objetivo apuntalar la independencia económica y el autosostenimiento industrial de los países oprimidos y dependientes. La retórica de la dirigencia de Beijing sobre el 'desarrollo' apuntaría más bien a que numerosos gobiernos de África, Asia y América Latina optaran por una estrategia de 'alineación' o 'coordinación del desarrollo' con la potencia asiática en base a la complementariedad de las estructuras primario-exportadoras de aquéllos con el poderío de China como gran mercado comprador de alimentos y materias primas, gran productor y proveedor de bienes industriales, de capital y tecnológicos, y fundamentalmente como gran inversor y financista en grandes obras de infraestructura, concebidas a su vez como indicadores de desarrollo.

---

[131] Xi, J. (2014). The Governance of China. *Foreign Languages Press*, 132, 299; Wang, H. (2022). *The Ebb and Flow of Globalization. Chinese Perspectives on China's Development and Role in the World*. Springer.

[132] Harvey, D. (2009). *Breve historia del neoliberalismo*. Akal.

[133] Marwah S. & Ervina R. (2021). The China Soft Power: Confucius Institute in Build Up One Belt One Road Initiative in Indonesia. *Wenchuang Journal of Foreign Language studies, Linguistics, Education, Literatures, and Cultures*, *1*(1). Recuperado de https://ojs.unm.ac.id/WenChuang/article/view/23035. Ren, Z. (2012). *The Confucius institutes and China's soft power*. Institute of Developing Economies, Japan External Trade Organization (IDE-JETRO). Recuperado de http://doi.org/10.20561/00037839.

Promoviendo activamente la multipolaridad, China busca, con el apoyo de los países 'en desarrollo', asentar un equilibrio colectivo opuesto a la hegemonía de EE.UU.[134], al tiempo que avanza sus propias aspiraciones 'globales'. Los llamados 'intereses centrales' de China adquirieron alcance planetario: mercados, cadenas de producción y abastecimiento, vías de comunicación, áreas de inversión, formación de asociaciones y acuerdos estratégicos y de 'seguridad'[135] de variado nivel[136], e integración de organizaciones internacionales e interregionales centradas en China como la Organización de Cooperación de Shanghái, el Foro para la Cooperación China-África (FOCAC), el Foro China-CELAC (Comunidad de Estados Latinoamericanos y Caribeños), y otras.

La dirigencia china buscó encarrilar la creciente rivalidad con Washington mediante un "nuevo tipo de relaciones de gran potencia"[137]. Sobre este trasfondo, los países 'en desarrollo' pasaron a ser vistos como buenas

[134] Heginbotham, E. (2015). Evaluating China's Strategy Toward the Developing World. En J. Eisenman; E. Heginbotham & D. Mitchell (Ed.) (2015), *China and the Developing World. Beijing's Strategy for the Twenty-First Century*. Routledge.

[135] El concepto de "seguridad" tiene, para las potencias y para los países 'en desarrollo', contenidos distintos y hasta opuestos: en medios académicos y periodísticos habitualmente alude a la defensa de las posiciones e intereses geopolíticos de las grandes potencias. Enfocado históricamente, la principal fuente de inseguridad y de amenaza a la independencia política y el desarrollo económico de los países "en desarrollo" han sido las políticas expansionistas de las grandes potencias, sus aspiraciones a la hegemonía mundial, y la rivalidad global entre ellas por el control de recursos, mercados y áreas de inversión.

[136] Gurjar, S. (2023). *The Superpower's Playground. Djibouti and Geopolitics of the Indo-Pacific in the 21st. Century*. Routledge, p. 145.

[137] Aunque muchos analistas chinos y extranjeros describen a China como un país "en desarrollo", los principales académicos y dirigentes chinos hacen una evaluación muy distinta sobre la posición internacional de China, planteando desde hace algunos años la necesidad de que Beijing establezca con Estados Unidos lo que denominan un "nuevo tipo de relaciones de gran potencia". Ver Wang, Y. (20 de septiembre de 2013). Towards a New Model of Major-Country Relations Between China and the United States. Brookings. Recuperado de https://www.brookings.edu/on-the-record/wang-yi-toward-a-new-model-of-major-country-relations-between-china-and-the-united-states/; Yang, J. (2015). *A New Type of International Relations – Writing A New Chapter of Win-Win Cooperation*, Center for International Relations and Sustainable Development (CIRSD). Recuperado de https://www.cirsd.org/en/horizons/horizons-summer-2015--issue-no4/a-new-type-of-international-relations---writing-a-new-chapter-of-win-win-cooperation; Li, M. (2021): China: Imperialism or Semiperiphery? *Monthly Review*, *73*(3), 47-74. Para enfoques distintos e incluso divergentes sobre la significación de este concepto, ver entre otros: Laufer (2020b). *op. cit.*; Ren, X. (4 de octubre de 2013). Modeling a New Type of Great Power relations. A Chinese Viewpoint. *The Asian Forum*. Recuperado de http://www.theasanforum.org/modeling-a-new-type-of-great-power-relations-a-chinese-viewpoint; Xi (2014), op. cit.; Li, Ch. & Xu, L. (2014). Chinese Enthusiasm and American Cynicism Over the 'New Type of Great Power Relations'. *China-US Focus*. Recuperado de http://www.huffingtonpost.com/cheng-li-and-lucy-xu/china-new-powerrelations_b_6324072.html; Zeng, J. (2016): Constructing a 'new type of great power relations': the state of debate in China (1998-2014). *The British Journal of Politics and International Relations*. Recuperado de https://journals.sagepub.com/doi/abs/10.1177/1369148115620991; Zhao, S. (2015). A New Model of Big Power Relations? China–US strategic rivalry and balance of power in the Asia–Pacific. *Journal of Contemporary China*, *24*(93), 377-397. Recuperado de http://dx.doi.org/10.1080/10670564.2014.953808; Hu, A. (2011). *China in 2020. A New Type of Superpower*. Brookings Institution.

oportunidades comerciales y de cooperación e inversión necesarias para la modernización y expansión económica de China[138], y como respaldo político al ascenso de Beijing en la escena internacional y a su aspiración de obtener un lugar de decisión en la 'gobernanza' mundial. Tal es el sentido que subyace en el concepto de 'China global' con que muchos autores identifican a la potencia ascendente[139]; esta noción está también en la base de las iniciativas 'globales' de Desarrollo, de Seguridad y recientemente de Civilización, con que Xi Jinping formula su enfoque respecto de un "futuro compartido para la humanidad" y del sitial que China se asigna entre las potencias "creadoras de normas" internacionales[140]. En el 19° Congreso del Partido Comunista de China (PCCh) (2017), Xi resumió las aspiraciones "globales" de Beijing afirmando que hacia 2049 China se propone ser "un líder mundial en términos de combinación de fuerza nacional e influencia internacional"[141]. Esta síntesis de Xi Jinping sobre el "sueño chino" reafirma anteriores definiciones de académicos chinos que describían la posición internacional de China como "una *superpotencia* de *nuevo tipo*"[142]. Sin embargo, al mismo tiempo China busca facilitar sus vínculos con países asiáticos, africanos y latinoamericanos presentándose a sí misma como un país "en desarrollo"[143]: en esta autodefinición consistiría el "nuevo tipo" de gran potencia. En tal sentido, la inclusión de China en el concepto de "Sur

[138] Alves, A. C. (2018). *The resurgence of China's third world policy in the 21st century*. Nanyang Technological University. Recuperado de https://dr.ntu.edu.sg/bitstream/10356/144355/2/The%20 Resurgence%20 of%20 China %27s%20 Third%20World% 20Policy% 20in%20the% 2021st%20 Century.pdf.

[139] Ver entre otros: Shambaugh, D. (2013). *China Goes Global. The Partial Power.* Oxford University Press; Lee, Ch. K. (2014). The Spectre of Global China. *New Left Review, 89.* Recuperado de https://newleftreview.org/issues/II89/articles/ching-kwan-lee-the-spectre-of-global-china; Lee (2022). Global China at 20: Why, How and So What? *The China Quarterly, 250,* 313-331; Zhao (2015), *op. cit.*; Li, K. (2020). Logic of Long: How to undestand the continuities and changes in Chinese foreign policies. En M. F. Staiano & Bogado Bordazar, L. (Comp.), *La innovación china en la gobernanza global: su impacto en América Latina* (pp. 19-32). Instituto de Relaciones Internacionales (IRI), Universidad Nacional de La Plata; Franceschini, I. & Loubere, N. (2022). *Global China as Method.* Cambridge University Press.

[140] Yan, X. (2021). Becoming Strong. The New Chinese Foreign Policy. *Foreign Affairs,* Recuperado de https://www.foreignaffairs.com/articles/united-states/2021-06-22/becoming-strong; Wang, Y. (7 de julio de 2022). Iniciativa Global de Seguridad e Iniciativa Global de Desarrollo. *Reporte Asia.* Recuperado de https://reporteasia.com/opinion/2022/07/07/iniciativa-global-seguridad-desarrollo/; Xinhua (21 de febrero de 2023): The Global Security Initiative. Concept Paper. *Xinhua.* Recuperado de https://english.news.cn/20230221/75375646823e4060832c760e00a1ec19/c.html.

[141] Bisley, N. (22 de abril de 2021). China drops the mask on its global ambition. *Lowy Institute.* Recuperado de https://www.lowyinstitute.org/the-interpreter/china-drops-mask-its-global-ambition. Leterme, C. (20 de octubre de 2022). 20e Congrès National du Parti Communiste Chinois: Quels enjeux pour le Sud? *CETRI.* Recuperado de https://www.cetri.be/20e-Congres-national-du-Parti.

[142] Hu (2011), *op. cit.*

[143] Xinhua (17 de diciembre de 2019). 'China es aún un país en desarrollo', afirma Wang Yi. *Xinhua* Recuperado de http://spanish.xinhuanet.com/2019-12/17/c_138637148.htm.

global" o en las llamadas relaciones "Sur-Sur"[144] sigue siendo objeto de debate por parte de muchos críticos, para quienes esas nociones no dan cuenta del rol distinto y opuesto que China desempeña en el sistema mundial frente al llamado mundo 'en desarrollo'.

La acuciante necesidad, por parte de China, de áreas de influencia en las cuales arraigar su seguridad alimentaria, energética y de materias primas, se ha convertido ya en un imperativo estratégico impuesto por la transición hegemónica del poder mundial desde Washington hacia Beijing, y en particular a partir de la estrategia estadounidense de cerco y 'contención'[145]. Con mercados, capitales e intereses económicos y geopolíticos en los cinco continentes, los 'intereses fundamentales' de China -como los de EE.UU. y demás grandes potencias- abarcan sus fuentes de abastecimiento, sus mercados de venta, sus vías internacionales de transporte de alimentos y energía, sus campos de inversión, las cadenas globales de abastecimiento y de valor decisivas para sus industrias, la estabilidad de los gobiernos amigos... es decir, el mundo entero. Así, en el actual marco de multipolaridad relativa[146], en el que la rivalidad hegemónica va decantando en la formación de bloques rivales, el llamado mundo "en desarrollo" se convierte en un eje central de las estrategias económicas y políticas internacionales de Beijing. En el caso de EE.UU., aunque conserva un poderío militar aún abrumador, su fuerza económica y financiera declina de manera constante desde hace más de una década[147]; aparte del respaldo de las potencias europeas y de Japón y Australia, requiere también de aliados y apoyos en el mundo 'en desarrollo', por lo que la presidencia de Biden intenta a su vez seducir a las dirigencias asiáticas y africanas, contraponiendo a la influencia china iniciativas financieras y de infraestructuras como 'Build Back Better World' ('Reconstruir un mundo mejor').

---

[144] Por ejemplo, Alves, A. C. & Lee, C. (2022): Knowledge Transfer in the Global South: Reusing or Creating Knowledge in China's Special Economic Zones in Ethiopia and Cambodia? *Global Policy*, *13*(1), 45-57. Recuperado de https://doi.org/10.1111/1758-5899.13060. Singh, T. (29 de septiembre de 2022): Zambia's debt crisis: a warning for what looms ahead for Global South. *CETRI*. Recuperado de https://www.cetri.be/Zambia-s-debt-crisis-a-warning-for. Murphy, D. C. (2022). *China's Rise in the Global South. The Middle East, Africa, and Beijing's Alternative World Order*. Stanford University Press.

[145] Laufer, R. (2016): ¿A dónde va China? (y a qué viene). La nueva potencia ascendente y los rumbos de América Latina. Hernández, M. (Comp.). *¿A dónde va China?* Recuperado de https://rubenlaufer.com/2016-a-donde-va-china-y-a-que-viene-la-nueva-potencia-ascendente-y-los-rumbos-de-america-latina/ Romero Wimer, F. (2023). Imperialismo, dependencia y transición hegemónica ante el ascenso de China. En R. Laufer & F. Romero Wimer (2023), *China en América Latina: ¿nuevas rutas para una vieja dependencia?* (19-66). Appris.

[146] Merino, G. (2016). Tensiones mundiales, multipolaridad relativa y bloques de poder en una nueva fase de la crisis del orden mundial. Perspectivas para América Latina. *Geopolítica(s)*, *7*(2), 201-225.

[147] Harvey (2009), *op. cit.*

Durante sus tres décadas de socialismo (1949-1978), China no tenía inversiones e intereses que promover, proteger y defender en todo el mundo; pero ahora los tiene. La dirigencia de Beijing sigue -por ahora- confiando sus aspiraciones 'globales' al crecimiento económico y a la prédica de una humanidad armónica de 'destino compartido'. Pero al mismo tiempo la dirigencia china consagra crecientes esfuerzos y recursos a la construcción y modernización de un ejército y una armada 'de clase mundial', y sigue desarrollando y probando cada vez más lejos fuerzas de tierra, mar, aire, espacio, nucleares e informáticas[148]; en 2017 instaló su primera base militar en el extranjero en Djibouti, próxima al estratégico estrecho que conecta el Mar Rojo con la región del Océano Índico. En su informe al 20° Congreso Xi Jinping convocó al país a prepararse para afrontar "vientos fuertes, aguas agitadas y tormentas peligrosas", y postuló un concepto omnicomprensivo de seguridad nacional que abarca desde la defensa exterior hasta la seguridad alimentaria, energética y tecnológica, y desde la garantía de las vías chinas de abastecimiento hasta la paz social interna[149].

La creciente 'asertividad' de la política exterior de la RPCh en los años de Xi Jinping es resultado lógico de los contenidos sociales de la reforma y apertura[150]. La reformulación de las relaciones internacionales de China aparece como coronación del axioma dengista "Oculta tu fuerza, aguarda tu momento"[151]: para la gran burguesía china parece haber llegado el momento de materializar el "sueño chino de la revitalización nacional"[152]. Mientras Hu Jintao había ideado el concepto de "ascenso pacífico" (rápidamente reemplazado por la expresión "desarrollo pacífico") para definir los contenidos del proceso de transformación de China en una gran potencia mundial, el grupo partidario-estatal que elevó a Xi como 'núcleo' considera que, ya alcanzado ese rango, corresponde a China asumir y ejercer un

---

[148] De Prado, C. (10 de febrero de 2023). Afrontando el creciente riesgo de conflicto en el Noreste de Asia. *Observatorio de la Política China*. Recuperado de https://politica-china.org/areas/politica-exterior/afrontando-el-creciente-riesgo-de-conflicto-en-el-noreste-de-asia

[149] MERICS (15 de junio de 2021). China's new international paradigm: security first. MERICS (Mercator Institute for China Studies). Versión abreviada de N. Grünberg *et al.* (2021). *The CCP's next century: expanding economic control, digital governance and national security,* MERICS. Recuperado de https://merics.org/en/report/ccps-next-century-expanding-economic-control-digital-governance-and-national-security. Ng, G. (18 de octubre de 2022). XX Congreso del PCCh: Seguridad nacional con peculiaridades chinas. *DangDai*. Recuperado de https://dangdai.com.ar/2022/10/18/xx-congreso-del-pcch-seguridad-nacional-con-peculiaridades-chinas/.

[150] Poh, A. & Li, M. (2017). A China in Transition: The Rhetoric and Substance of Chinese Foreign Policy under Xi Jinping. *Asian Security*. Recuperado de https://www.tandfonline.com/doi/full/10.1080/14799855.2017.1286163.

[151] Yan (2021), *op. cit.*

[152] Laufer (2020b), *op. cit.*

papel decisorio entre las potencias rectoras de la 'gobernanza' económica y política internacional. Respecto del notorio cambio que las aspiraciones globales de China motivan en sus conductas internacionales, un académico chino observa que: "China solía tener un enfoque reactivo: para iniciar algo, siempre esperar a que Estados Unidos tome la iniciativa. Pero ahora China ha pasado de reactiva a proactiva...El enfoque de China se ha vuelto más complejo: solían ser sólo zanahorias, pero ahora a veces usamos palos".[153] Y como significativamente apunta otra investigadora china, se abren "nuevas preguntas sobre cómo la RPCh interactuará con los otros países en el contexto de proteger sus inversiones en el extranjero"[154].

En ocasión de la invasión rusa a Ucrania muchos gobiernos europeos optaron por cerrar filas junto a EE.UU. y la OTAN y censurar la negativa de Beijing a condenar la acción rusa; rotularon a China como "competidor sistémico", y sumaron a la estrategia estadounidense de "contención" argumentos ideológicos afincados en el eje "democracia versus autoritarismo" o en una pretendida defensa de los derechos humanos en Xinjiang. Las respuestas del 20° Congreso del PCCh reafirmaron la disposición de Beijing a proteger y defender en todo el mundo los "intereses fundamentales" de la clase dirigente china; ésta se prepara ya en todos los planos para una confrontación que algunos estiman inevitable[155].

La propia dinámica de la rivalidad hegemónica, por lo tanto, ya impulsa a Beijing a intensificar aún más sus vínculos económicos y sus alianzas y asociaciones estratégicas con los países "en desarrollo" de Asia, África y América Latina.

---

[153] Jin Canrong, profesor de la Escuela de Estudios Internacionales de la Universidad Renmin, citado en Wong, K. (9 de enero de 2018). Deng Xiaoping used only 'carrots', Xi Jinping is now also using 'sticks': Chinese foreign policy expert. *Mothership*. Recuperado de https://mothership.sg/2018/01/china-xi-deng-carrots-sticks-foreign-policy/. Respecto del concepto de "seguridad nacional" delineado por la dirigencia china ya antes del 20° Congreso del PCCh, un instituto europeo de estudios estratégicos observa: "El estado de seguridad nacional de China, que anteriormente se mantenía principalmente dentro de las fronteras de China, ahora se está expandiendo internacionalmente" (Merics (2021), *op. cit.*). En las esferas dirigentes de EE.UU. hace tiempo que aumentan las preocupaciones estratégicas ante la llamada "asertividad" de la política exterior china: ver Congressional Research Service (26 de enero de 2022). U.S.-China Strategic Competition in South and East China Seas: Background and Issues for Congress. *Library of Congress*. Recuperado de https://crsreports.congress.gov.

[154] Zhang, H. (5 de enero de 2019). Beyond 'Debt-Trap Diplomacy': The Dissemination of PRC State Capitalism. *Jamestown*. Recuperado de https://jamestown.org/program/beyond-debt-trap-diplomacy-the-dissemination-of-prc-state-capitalism/.

[155] Lee, C. A. (19 de octubre de 2020). Sleepwalking into World War III. Trump's Dangerous Militarization of Foreign Policy. *Foreign Affairs*. Recuperado de https://www.foreignaffairs.com/articles/united-states/2020-10-19/sleepwalking-world-war-iii

'La Franja y la Ruta': Beijing en el centro de una nueva globalización liberal

Desde principios de los 2000, la orientación estratégica de promover desde el Estado la formación de grandes corporaciones internacionales que debían "salir afuera y hacerse globales" contribuyó decisivamente a consolidar el nuevo status internacional de China. Entre 2003 y 2005 la Inversión Extranjera Directa (IED) saliente -la llamada 'exportación de capital'- creció un 340%, frente al 29% de la IED entrante[156].

Cuando la crisis económica mundial iniciada en 2008 evidenció ciertos límites del modelo de crecimiento de China -caída de sus mercados exteriores, desaceleración de su crecimiento económico y vuelco de grandes capitales a la construcción y especulación inmobiliaria-, el masivo paquete de estímulo económico de Beijing reimpulsó la economía pero devino en sobreproducción (especialmente en las industrias estatales del carbón y del acero), en endeudamiento público y de las corporaciones, y en enormes burbujas especulativas, lo que a su vez reactivó la afiebrada carrera urbanizadora y el boom de la inversión en construcción de infraestructuras. El exceso de capitales impulsó a las grandes corporaciones constructoras y bancarias a buscar oportunidades de inversión en el mundo 'en desarrollo'.

Bajo la conducción de Xi Jinping desde 2013, las sucesivas estrategias de 'nueva normalidad' y 'circulación dual' se propusieron compensar esas dificultades reduciendo la dependencia hacia las exportaciones y centrando la economía en el mercado interno -promoción de industrias tecnológicas, proyectos de hiperurbanización, 'revitalización rural', campañas de 'reducción de la pobreza'- así como en un decidido vuelco inversor al exterior. La dirigencia china redobló sus esfuerzos por expandir áreas de influencia económica, política, diplomática, cultural y militar a escala mundial.

Parte de esa estrategia fue la creciente asertividad de la política de Beijing hacia su entorno geográfico cercano (principalmente en el Mar del Sur de China y la región Asia-Pacífico), y la búsqueda de alianzas y vínculos económicos y políticos que respaldaran el creciente rol de China en la 'gobernanza' mundial y la posición internacional de Beijing frente a Washington y otros competidores. El proyecto de la Franja y la Ruta vino a reafirmar y amplificar esos objetivos, y significó un salto cualitativo en la estrategia "*Go*

[156] Heginbotham (2015), *op. cit.*, p. 199.

out / Go global"[157]. Junto a la relocalización de industrias en el interior de China y en países próximos como Vietnam y Bangladesh, el gobierno de Xi renovó el impulso oficial a las corporaciones chinas estatales y privadas a invertir, encarar fusiones y adquisiciones empresariales y financiar megaproyectos en el extranjero, con el potente respaldo del Estado chino en créditos, apertura de mercados y políticas de internacionalización del yuan[158].

La Nueva Ruta de la Seda o Iniciativa de la Franja y la Ruta (IFR) enmarca un amplio rango de proyectos chinos en infraestructuras de transporte, energía, comunicaciones y producción industrial. Centrada en China y dirigida en principio a su entorno euroasiático[159], fue prontamente convertida en un proyecto 'global' que abarca gran parte del Indo-Pacífico, África y América Latina. En medio de los remezones de la crisis económica internacional iniciada en 2008, la IFR surgió como un intento de Beijing para solucionar sus problemas de sobrecapacidad industrial y exceso de capital, reducción de oportunidades comerciales, deuda creciente y declinantes tasas de ganancia, a través de la obtención de recursos naturales y la expansión geográfica del capital chino a través de grandes proyectos constructivos[160].

La inclusión en 2017 de la IFR en las constituciones del PCCh y de la RPCh da la medida de la dimensión estratégica que el proyecto en marcha tiene para la dirigencia de China. La IFR dio un impulso fenomenal a la internacionalización del capital y de las corporaciones chinas, y multiplicó sus alianzas con sectores empresariales a nivel global; constituye, por lo tanto, un hito clave en el camino de la internacionalización de las inversiones, de las corporaciones y de la moneda chinas.

Como señalamos antes, la China 'global' tiene ahora intereses que promover, proteger y defender en todos los continentes, y ello explica los radicales cambios en su visión global y regional del mundo, incluidos su tratamiento de las relaciones con las demás potencias y con los países 'en desarrollo', el auge

[157] Bello, W. (23 de diciembre de 2019). China's Global Expansion: A Balance Sheet. *Focusweb*. Recuperado de https://focusweb.org/chinas-global-expansion-a-balance-sheet/; Gill, B. (2007). *Rising Star: China's New Security Diplomacy*. Brookings Institution Press.

[158] Ruckus, R. (2021). *The Communist Road to Capitalism: How Social Unrest and Containment Have Pushed China's (R)evolution since 1949*. PM Press, p. 151; Li, R. & Kee, Ch. Ch. (2019). *China's State Enterprises. Changing Role in a Rapidly Transforming Economy*. Springer, pp. 167-175.

[159] Wang (2022). *op. cit.*

[160] Hart-Landsberg, M. (2018). 'A flawed strategy': A Critical Look at China's One Belt, One Road Initiative. *Europe Solidaire Sans Frontières*. Recuperado de https://www.europe-solidaire.org/spip.php?article46459#nb5; Taylor, I. & Zajontz, T. (2020). In a fix: Africa's place in the Belt and Road Initiative and the reproduction of dependency. *South African Journal of International Affairs, 27*(3), 277-295. Recuperado de https://doi.org/10.1080/10220461.2020.1830165.

de un nuevo nacionalismo chino de gran potencia, la creciente concentración y centralización del poder estatal, la acelerada modernización militar con proyecciones extra-defensivas, y la multiplicación de alianzas plurifuncionales, coordinación de planes de seguridad y programas de cooperación para el desarrollo con países asiáticos, africanos y latinoamericanos.

Dado su creciente peso como socio comercial y financiero de muchos países y regiones, las asociaciones estratégicas de Beijing van configurando verdaderas 'áreas de influencia' afines a China en varios continentes. Ello sucede en medio de múltiples contradicciones: las clases dirigentes de Estados Unidos y de potencias secundarias como las europeas, Japón y Australia no se resignan a perder el rol hegemónico o gravitante que aún detentan a escala internacional o regional; y por otra parte, un crecimiento de 3% o menos de China en 2022, y de sólo 5% previsto para 2023, así como el enorme endeudamiento de los gobiernos locales y nacional, podrían erosionar el atractivo que el poderío financiero de Beijing ejerció en décadas pasadas sobre las burguesías nacionales del mundo 'en desarrollo'.

'Poder blando' en el patio de al lado: China y el Asia-Pacífico

Mientras las tensiones de EE.UU. con Rusia están centradas en Europa, sus esfuerzos por "contener" el ascenso de China se concentran actualmente en la región del Asia-Pacífico y el Océano Índico (por el momento con el respaldo de algunos gobiernos europeos)[161]. Con alarma por el resquebrajamiento de su influencia en una región que desde la segunda posguerra es decisiva para su hegemonía mundial, Washington intensifica su 'reorientación asiática', fortalece su VIIª Flota, multiplica sus pactos militares y de 'seguridad' regionales apuntados a China (el Cuadrilátero -Quad- con Japón, Australia

[161] En años recientes han abundado los estudios estratégicos sobre la disputa hegemónica entre China, EE.UU. y otras potencias en Asia-Pacífico y la Región del Océano Índico (IOR) y sobre la precariedad del equilibrio de poder regional. Entre otros: Mao, S. (20 de marzo de 2015): Strive for a win-win outcome on the Indian Ocean. *Policy China*. Recuperado de http://policycn.com/wp-content/uploads/2015/04/150320_MAO-Siwei_strive-for-a-win-win-outcome-on-the-Indian-Ocean1.pdf; Joseph, C. R. (2021). Clash of Strategies: Challenge of preserving the Indo-Pacific Equilibrium. *Journal of Defence & Policy Analysis, 1*(01), 101-16. Recuperado de http://ir.kdu.ac.lk/handle/345/5264; Vignesh, R. (2022). *China's Growing Security Presence in the IOR and its implications for India*. Parliament Library and Reference, Research, Documentation and information service (LARRDIS). Recuperado de https://parliamentlibraryindia.nic.in/lcwing/Chinas_growing_ security.pdf; Bartesaghi I. & De María N. (2022). ASEAN: entre Asia Pacífico e Indo–Pacífico. *CRIES-Pensamiento Propio*, Recuperado de http://www.cries.org/wp-content/uploads/2022/02/009.5-Bartesaghi-y-De-Maria-ok.pdf; Solís, M. (20 de enero de 2023). As Kishida meets Biden, what is the state of the US-Japan alliance? *Brookings*. Recuperado de https://www.brookings.edu/blog/order-from-chaos/2023/01/20/as-kishida-meets-biden-what-is-the-state-of-the-us-japan-alliance/?utm_campaign

y la India, y el Aukus con Australia y el Reino Unido), apoya cada vez más abiertamente el independentismo en Taiwán (en lo que podría considerarse un paulatino abandono de su política de 'ambigüedad estratégica'), y atiza los temores regionales respecto de las ambiciones expansionistas de Beijing mientras resguarda las propias. Potencias como Australia y Francia también temen los avances de China en sus áreas de influencia en el Pacífico Sur[162].

China, por su parte, se apoya crecientemente en los miembros regionales de las alianzas económicas y estratégicas que formó y amplió a lo largo de las últimas dos décadas (el grupo BRICS y la Organización de Cooperación de Shanghái), acelera la modernización de sus fuerzas militares terrestres y navales, implementa a fondo su "poder blando" económico y diplomático, y multiplica sus acuerdos comerciales y de inversión, financiamiento y seguridad con países de la región como Irán y Sri Lanka. Estados pequeños como las Islas Salomón (en el Pacífico Sur[163]), Djibouti (en el llamado 'Cuerno' de África) y las islas Seychelles, Mauricio y Maldivas en el Índico adquieren para Beijing renovada importancia estratégica.

De hecho, el Asia-Indo-Pacífico se ha convertido en el escenario donde se libran actualmente las principales 'batallas' -económicas, políticas y estratégicas- de la ya manifiesta pulseada hegemónica mundial. Muchos gobiernos de esa extensa región han buscado aprovechar la pugna hegemónica de EE.UU. con China y Rusia, intentando un difícil equilibrio que les permita hacer valer sus propios intereses nacionales; algunos de ellos (Filipinas, Tailandia) han logrado inversiones, financiamiento, inclusión en proyectos de infraestructura u otras ventajas o beneficios económicos de un lado o de otro, a riesgo de sufrir presiones e 'influencias' de ambas partes, y a veces a cambio de hacer ellos mismos concesiones comerciales, de "seguridad" u otras que atañen a su soberanía económica y política.

Desde la década de 1990 el auge de la China de la 'reforma y apertura' llevó a la dirigencia de Beijing a buscar en su entorno asiático un respaldo estratégico a su proyecto de modernización y de proyección mundial. En 2002, Beijing firmó con la Asociación de Naciones del Sudeste Asiático (ANSEA) un Acuerdo de Libre Comercio y una 'declaración de conducta' sobre el Mar del Sur de China para atemperar antiguos diferendos territoriales; en octubre de 2003 se selló el Acuerdo de Cooperación y Amistad

[162] Lanteigne, M. (2020). *Chinese Foreign Policy. An Introduction*. Routledge, p. 171; Gurjar (2023), *op. cit.*, p. 203.

[163] Liu, Z. (29 de abril de 2022). China hits back at Australia over Solomon Islands 'red line', saying 'the Pacific is not someone's backyard. *South China Morning Post (SCMP)*. Recuperado de https://www.scmp.com/news/china/diplomacy/article/3175883/pacific-not-someones-backyard-china-hits-back-australia-over.

China-ANSEA. En la década de 1990 la demanda china elevó los precios de los insumos básicos, y consiguientemente los ingresos de los países de la región productores de bienes primarios. La ANSEA ha sido el mayor socio comercial de China desde 2020; China, a su vez, es el mayor socio comercial de la ANSEA ya desde 2009[164]. En 2021, a 30 años de relaciones diplomáticas entre ambas partes, Beijing inició la instalación en la provincia costera oriental de Fujian de dos Zonas Económicas Especiales (ZEE) para Indonesia y Filipinas[165], una iniciativa fundamentalmente política dirigida a fortalecer la asociación comercial y financiera con los países del área.

Invocando el 'beneficio mutuo'[166], la 'alineación' de las estrategias de desarrollo con los países de la región y el anhelo de una 'comunidad de destino compartido'[167], China consolida, a través del comercio y de sus enormes inversiones y préstamos de financiamiento, un rol decisivo en las economías regionales, profundizando la 'interdependencia estructural' de las economías de la ANSEA con las de China[168]. Sin embargo, al tiempo que crecen exponencialmente los intercambios bilaterales, también crece el déficit comercial de la ANSEA respecto de China en términos de valor: hacia 2017 ascendía a US$ 67.500 millones[169]. Los estudios informan poco sobre la composición del intercambio y los efectos de la competencia china sobre el desarrollo industrial y la estructura productiva y exportadora de los países del Asia-Pacífico. Las concesiones de China en las negociaciones actualmente en curso para ampliar los acuerdos de libre comercio de la Asociación Económica Integral Regional (RCEP, por sus siglas en inglés) buscan facilitar el acceso de las empresas regionales al mercado chino, a fin de apaciguar las inquietudes de los Estados miembro sobre sus desequilibrios comerciales, y al mismo tiempo avanzar en objetivos políticos y de seguridad comunes con sus vecinos más débiles. En ocasión del lanzamiento

[164] Xinhua (30 de agosto de 2022). China sigue siendo el mayor socio comercial de ASEAN. *Xinhua en Español*. Recuperado de http://spanish.xinhuanet.com/20220830/29f49fc7c7f8491b873990f19887512d/c.html

[165] Zhou, L. (14 de febrero de 2023). New Chinese trade zones for Philippines, Indonesia to showcase ANSEA 'bridge and bond'. *SCMP*. Recuperado de https://www.scmp.com/news/china/diplomacy/article/3210193/new-chinese-trade-zones-philippines-indonesia-showcase-asean-bridge-and-bond.

[166] Hou, Y. (21 de febrero de 2023). China and ASEAN: Cooperating to Build Epicentrum of Growth. *Mission of the People's Republic of China*. Recuperado de http://asean.china-mission.gov.cn/eng/stxw/202302/t20230221_11028599.htm.

[167] Ha, H. T. (2021). Un même lit, mais des rêves différents pour la Chine et l'ANASE. En Centre Tricontinental CETRI (2021), *Chine, l'autre superpuissance*. CETRI.

[168] Carroll T., Hameiri, S. & Jones, L. (2020). *The Political Economy of Southeast Asia. Politics and Uneven Development under Hyperglobalisation*. Palgrave McMillan.

[169] Ha (2021), *op. cit.*

de la IFR (octubre 2013), el presidente chino Xi Jinping expuso ante el parlamento indonesio la visión que Beijing tiene sobre una "Comunidad de Destino Común" (CDC) entre China y los países del SE asiático: la CDC debe "permitir a los países de la ANSEA *beneficiarse del desarrollo de China*" (destacado nuestro); una visión claramente asimétrica, pero que permite a China proyectar una imagen de potencia benevolente que debe y puede llenar el 'vacío' del retroceso relativo de EE.UU. en la región[170].

En correspondencia con la profundización de los vínculos comerciales, el 'poder blando' de China se manifiesta a través de sus gigantescas inversiones en megaproyectos regionales, especialmente a través del Banco Asiático de Inversiones en Infraestructuras (BAII) del que todos los países de la ANSEA son miembros fundadores juntamente con Beijing. Aunque se las califica de bilaterales, se trata en su casi totalidad de inversiones y préstamos de corporaciones industriales y bancarias estatales y privadas de China en los países vecinos: las empresas chinas han avanzado de modo constante en la contratación de grandes proyectos, con un volumen acumulado de negocios de más de US$ 380.000 millones[171]. Los países ANSEA suscribieron también las 'nuevas rutas de la seda' chinas (las de la Salud y la Informática), en la esperanza de obtener aún más préstamos chinos para infraestructuras.

Aunque todos los países del Sudeste asiático adoptan la llamada política de 'una sola China', la creciente tensión regional entre China y el 'Occidente' liderado por EE.UU. por la cuestión de Taiwán divide profundamente a la población de los 10 países de la ANSEA: Taiwán -indiscutiblemente una provincia de China escindida con intervención estadounidense tras el triunfo de la Revolución de 1949- está profundamente integrada en las cadenas de suministro del área, tiene un rol principal en la fabricación mundial de chips, y está en una ubicación decisiva en las líneas estratégicas de transporte y comunicación internacionales[172]. La 'guerra fría' regional se ha intensificado especialmente después de la decisión del gobierno de Ferdinando Marcos Jr. en Filipinas (febrero 2023) de aumentar de 4 a 9 las bases militares cedidas a EE.UU. en su territorio, próximo a Taiwán[173].

---

[170] *Ibid.*, pp. 66-70.

[171] Xinhua (30 de agosto de 2022), *op. cit.*

[172] Choong W. & Ha, H. T. (24 de febrero de 2023). Southeast Asians mull over a Taiwan conflict: Big concerns but limited choices. *Think China*. Recuperado de https://www.iseas.edu.sg/media/op-eds/southeast-asians-mull-over-a-taiwan-conflict-big-concerns-but-limited-choices-op-ed-by-william-choong-and-hoang-thi-ha-in-think-china/

[173] Cruz de Castro, R. (21 de febrero de 2023). The US-Japan-Philippines triad: Part of the US's trilateral security networks around China". *Think China*. Recuperado de https://www.thinkchina.sg/us-japan- philippines- triad-part-uss-trilateral-security-networks-around-china

Gigantismo en infraestructuras... y en deuda

En toda la región Asia-Indo-Pacífico, China se ha convertido, crecientemente, en gestora y puntal financiero de un *tipo* de desarrollo y de integración regional alineado a las necesidades y prioridades de Beijing. Las inversiones son casi siempre unidireccionales y se efectivizan frecuentemente a través de empresas mixtas (con directorios locales pero asociadas a empresas chinas). La adhesión de los gobiernos de la región a los principios del multilateralismo y el libre comercio ha permitido la irrupción masiva de productos de China en sus mercados internos, y abierto las puertas de los países del área al ingreso en condiciones de privilegio a las corporaciones constructoras, financieras e industriales chinas.

A continuación, analizamos los aspectos más significativos de las relaciones con China en algunos países de la región.

Indonesia es una pieza central en el mapa geopolítico de la IFR de China en Asia. Ante su Parlamento en la capital Yakarta lanzó Xi Jinping en 2013 ese gigantesco proyecto de conectividad intercontinental. A 10 años de establecida la 'asociación estratégica integral' entre ambos países, los mega-proyectos construidos y financiados por China constituyen el núcleo de la relación China-Indonesia. Los vínculos políticos y económicos con China se profundizaron desde el ascenso del actual presidente, el empresario Joko Widodo ('Jokowi') a su primer mandato en 2014.

Indonesia es uno de los mayores accionistas del BAII liderado por China. Beijing ha sido su mayor socio comercial durante diez años consecutivos. En 2018 provino de China el 25% de las importaciones indonesias, principalmente equipos electrónicos y ferroaleaciones; en cambio, las principales exportaciones indonesias a China son productos primarios como carbón, gas natural, cobre, níquel y aceite de palma. Indonesia es objeto de una amplia 'ofensiva de encanto' iniciada por los predecesores de Xi Jinping, y destino de las mayores inversiones de China en la región (entre 2013 y 2019 se multiplicaron por 15); los vínculos bilaterales se extienden al ámbito de la 'seguridad', cultural y otros[174].

En el plano industrial, el punto fuerte de Indonesia es el níquel -un insumo clave para la fabricación de baterías- del cual es uno de los mayores productores mundiales. La decisión del gobierno de Yakarta en 2020 de prohibir la exportación del mineral de níquel en crudo a las empresas que no

[174] Tritto, A. (31 de marzo de 2021). "Indonesia". *The People's Map*. Recuperado de https://thepeoplesmap.net/country/indonesia/

construyeran fundiciones devino en la instalación de numerosos talleres de fundición, mayoritariamente no nacionales sino chinos, urgidos por la necesidad de abastecer a sus matrices de níquel semiprocesado. Las ventas de níquel a China por las compañías locales chinas fortalecen al fisco indonesio al generar más ingresos por exportaciones, pero al mismo tiempo lo debilitan por el envío de las ganancias a sus matrices en China. Aunque se estima que Yakarta no padece una 'trampa de endeudamiento', la deuda pública indonesia ascendía en 2021 a US$ 454.000 millones (es uno de los países más endeudados del mundo)[175], de los cuales más de US$ 22.000 millones eran deuda con acreedores chinos.[176]

Los bajos precios del níquel impuestos por los consorcios compradores chinos gracias a su posición monopólica, refuerzan la asimetría. Esto motiva frecuentes protestas de sectores empresariales nacionales afectados por la competencia china, que acusan al gobierno de Widodo de "vender el país a China", y a las empresas chinas de "explotar los recursos de Indonesia, esclavizar a sus trabajadores y llevarse las ganancias a casa"[177].

En su perspectiva neodesarrollista, 'Jokowi' buscó compensar el gran desequilibrio comercial[178] con una serie de proyectos de infraestructura construidos y financiados por China, entre los que se destaca el Ferrocarril de Alta Velocidad Yakarta-Bandung. Además, la corporación ferroviaria estatal China Railway Construction Corporation (CRCC), participará en el desarrollo del sistema de transporte ligado al megaproyecto urbanístico para la reubicación de la capital Yakarta (isla de Java) hacia Nusantara en la isla de Borneo, valuado en US$ 32.500 millones; probablemente empresas chinas tendrán también parte en la construcción de la red de autopistas de peaje ligadas al proyecto[179].

En el marco del programa "Visión 2045" (por el centenario de la fundación de la nación indonesia), el presidente Widodo avanzó en la "alineación estratégica" de su proyecto de "Fulcro Marítimo Global" -con que el gobierno de

---

[175] Expansión (2021). *Indicadores económicos y sociodemográficos*. Recuperado de https://datosmacro.expansion.com/deuda/indonesia.

[176] Tritto (2021). *op. cit.*

[177] Suryadinata, L. & Negara, S.D. (1 de marzo de 2023): Workers' riot in a Chinese nickel company in Indonesia: Could it have been prevented? *Think China*. Recuperado de https://www.thinkchina.sg/workers-riot-chinese-nickel-company-indonesia-could-it-have-been-prevented

[178] Sólo en 2021 el déficit comercial de Indonesia respecto de China ascendió a US$ 6.000 millones. OEC (The Observatory of Economic Complexity) (2023). *China/Indonesia*. Recuperado de https://oec.world/es/profile/bilateral-country/chn/partner/idn.

[179] The Diplomat (11 de febrero de 2022). The China Factor in Indonesia's New Capital City Plan. *The Diplomat*. Recuperado de https://thediplomat.com/2022/02/the-china-factor-in-indonesias-new-capital-city-plan/

Yakarta aspira a convertir a Indonesia en un punto estratégico del comercio regional y global[180]- con la IFR de China, y abriendo camino a la inversión estatal y privada de China en el marco de los proyectos conjuntos de Corredor Económico Integral Regional y "Dos países, dos parques gemelos". Indonesia alberga 3 de los 8 parques industriales que China ha establecido en los Estados miembros de la ANSEA, entre ellos un parque industrial de 30.000 hectáreas en Kalimantan del Norte (Borneo), y el Parque Industrial Morowali de 2.000 hectáreas en Sulawesi Central, centrado en la producción de acero inoxidable en base al níquel e incluyendo un aeropuerto, un puerto y una red de rutas.

El grupo inversor en Morowali es una empresa mixta entre la corporación china Tsingshan -primer productor mundial de ferroníquel y segundo de acero inoxidable- y la empresa indonesia Bintang Delapan. El grupo -con respaldo financiero del China Development Bank- recibió de Yakarta incentivos excepcionales: licencias de operación industrial, exenciones impositivas, ingreso libre por los puertos, reducción de impuestos a las ganancias y otros (es decir que en realidad se financia con recursos internos). En pocos años la empresa chino-indonesia se constituyó en el mayor monopolio minero extractor de minerales a bajo precio. Además de obreros locales, emplea a trabajadores chinos en funciones técnicas, de gestión y supervisión. También son chinos sus proveedores, tecnología y mercados compradores. Como consecuencia, empresas mineras grandes y pequeñas sin acceso a las fundiciones obtienen ganancias mínimas o nulas, por lo que empresarios locales reclaman al gobierno normas regulatorias y que se dé prioridad a proveedores nacionales[181].

El rumbo de 'desarrollo' asociado a China fue impregnando los lineamientos de Yakarta no sólo en el plano económico sino también en el político. La "comunidad de destino" chino-indonesia acordada por ambos mandatarios en noviembre de 2022[182] afirmó sus fundamentos alrededor del multilateralismo, el financiamiento "orientado al desarrollo" y el apoyo de Indonesia a la Iniciativa china para el Desarrollo Global.

---

[180] Yuen Yee, W. (3 de marzo de 2023): Ten Years On, How is the Belt and Road Initiative Faring in Indonesia? *Jamestown*. Recuperado de https://jamestown.org/program/ten-years-on-how-is-the-belt-and-road-initiative-faring-in-indonesia/?mc_cid= 6315d6d2a8&mc_eid= a392beea25.

[181] Camba, A., Tritto A., & Silaban M. (2020). From the postwar era to intensified Chinese intervention: Variegated extractive regimes in the Philippines and Indonesia. *The Extractive Industries and Society*, 7(3), p. 1.062. Recuperado de https://www.sciencedirect.com/science/article/abs/pii/S2214790X20302112? via%3Dihub

[182] Xinhua (17 de noviembre de 2022). China e Indonesia acuerdan construir comunidad de destino chino-indonesia. Recuperado de https://spanish.news.cn/20221117/74ef8992526b4 e66baee815d9fc82527/c.html.

Malasia.- Los proyectos impulsados por China en Malasia se caracterizan por el gigantismo constructivo e inmobiliario-financiero. Durante 13 años consecutivos China ha sido el mayor socio comercial de Malasia tanto en exportaciones como en importaciones[183], y Malasia es el segundo socio comercial de China entre los países del sudeste asiático. En 2021 el comercio bilateral alcanzó la cifra récord de US$ 176.000 millones (34% más que en 2020), y en 2022 superó los US$ 200.000 millones[184].

En el marco de la IFR, Beijing propone fortalecer la "alineación" de las estrategias de desarrollo de Malasia y China; según el canciller chino Wang Yi (julio 2022) China alienta a las empresas chinas a invertir en Malasia "para ayudarla a acelerar su industrialización", en el marco de "un regionalismo abierto y un verdadero multilateralismo"[185].

El megaproyecto urbanístico chino Bandar Malaysia ocupa casi 200 hectáreas en el corazón de la capital Kuala Lumpur. Presentado como un "desarrollo inmobiliario visionario" y punto de enlace nacional e internacional entre el planificado Ferrocarril de Alta Velocidad (FAV) Kuala Lumpur-Singapur y el Enlace Ferroviario de la Costa Este, el negocio -orientado a empresarios e inversores internacionales- incluye 140 torres de oficinas, centros comerciales, barrios-parque residenciales y un gran centro de transporte integrado. El proyecto es valuado en unos US$ 34.000 millones, casi la mitad del PIB de Malasia.

En 2017, en un intento de reducir su gigantesco endeudamiento externo (unos US$ 240.000 millones[186]), el gobierno de Malasia debió cancelar la construcción del Enlace Ferroviario de la Costa Este. En el marco de serias restricciones fiscales la obra se reanudó en 2019 incluyendo una "dimensión social" (bloques de viviendas y un Parque del Pueblo concebido como sitio de inversión para las "desarrolladoras" inmobiliarias); el nuevo contrato fue otorgado al mismo consorcio original malayo-chino IWH-CREC, considerando que el proyecto permitiría contrarrestar "la desaceleración externa",

[183] OEC (The Observatory of Economic Complexity) (2023). *China/Malasia*. Recuperado de https://oec.world/es/profile/country/mys.

[184] CGTN Español (13 de julio de 2022). Una mirada a las relaciones económicas entre China y Malasia. *CGTN Español.* Recuperado de https://espanol.cgtn.com/n/2022-07-13/HFFcEA/Una-mirada-a-las-relaciones-economicas-entre-China-y-Malasia/index.html; Bing, N. Ch. (13 de febrero de 2023). Anwar's China Policy. *Think China*. Recuperado de https://www.thinkchina.sg/anwars-china-policy

[185] CGTN (13 de julio de 2022). China y Malasia acuerdan ampliar y reforzar los proyectos clave de la BRI. *Reporte Asia*. Recuperado de https://reporteasia.com/relaciones-diplomaticas/2022/07/13/china-malasia-proyectos-clave-bri/.

[186] Expansión (2021). *Deuda Pública de Malasia*. Recuperado de https://datosmacro.expansion.com/deuda/malasia#:~:text=En% 202021%20la%20 deuda%20p% C3%BAblica, euros228.619% 20millones%20de% 20d%C3%B3 lares%2C.

crear empleo y estimular a los proveedores de la construcción locales[187]. Paralelamente el FAV Kuala Lumpur-Singapur, pregonado como un medio de integración nacional y regional con viajes ultrarrápidos de carga y pasajeros y nuevos proyectos de inversión inmobiliaria alrededor de sus estaciones, debió suspenderse en 2021 a causa de la asfixia del endeudamiento, y así permanece actualmente.

Sectores empresariales malayos golpeados por los efectos económicos de la asociación estratégica con Beijing sobre la industria y el comercio internos, denuncian que el enfoque oficial del 'desarrollo' está centrado en megaproyectos aptos para el ingreso de los poderosos consorcios chinos y locales, en lugar de planes accesibles a contratistas de pequeña escala[188]; en cuanto al de Bandar Malaysia señalan, asimismo, la corrupción oficial que lo acompaña[189].

Para la realización de otros proyectos igualmente faraónicos, en 2020 el gobierno malayo habilitó un "canal especial de China" para facilitar inversiones chinas "de alta calidad" [190]. El China Railway Group, el mismo desarrollador del proyecto Bandar Malaysia, planea construir en Kuala Lumpur la ciudad subterránea más grande del mundo, que constaría de un centro comercial, un centro financiero, parques cubiertos, instalaciones recreativas, y ultramodernos sistemas de "prevención del crimen a través del diseño ambiental"[191]: un proyecto dirigido a las clases pudientes y apto para asociar a sectores de la gran burguesía local.

Península del sudeste asiático

Aprovechando viejos vínculos políticos de las décadas de 1960 y 1970 -cuando el gobierno maoísta alineaba sus intereses vitales con los de los países del *tercer mundo*-, China se convirtió en los '90 en el principal socio

[187] Property Guru (30 de marzo de 2021). HSR (High Speed Rail) Malaysia: What Is This Mega Project About? *Property Guru*. Recuperado de https://www.propertyguru.com.my/property-guides/kl-sg-high-speed-rail-hsr-what-it-means-for-malaysia-16228; Property Guru (30 de junio de 2021). Bandar Malaysia: 7 Things You Should Know About The Mega Project. *Property Guru*. https://www.propertyguru.com.my/property-guides/bandar-malaysia-what-s-there-to-know-15823; Kana, G. (29 de septiembre de 2022). Bandar Malaysia heads for revival. *The Star*. Recuperado de https://www.thestar.com.my/business/business-news/2022/09/29/bandar-malaysia-heads-for-revival

[188] Bing (2023), *op. cit.*

[189] Kana (2022), *op. cit.*

[190] Bing (2023), *op. cit.*

[191] Property Guru (30 de junio de 2021), *op. cit.*

comercial de Vietnam, y en un donante e inversor decisivo en Laos y Camboya, los tres países ligados por la cuenca del río Mekong[192].

Laos.- La Zona Económica Especial (ZEE) de Boten, en la frontera Laos-China, surgió como un punto de empalme estratégico del Ferrocarril de Alta Velocidad (FAV) China-Laos, una red electrificada de más de 1.000 km de vías de carga y pasajeros y valor estimado de US$ 6.000 millones que une Kunming, capital de la provincia china de Yunnan, con la capital laosiana Vientiane. Hacia 2010 era una pequeña aldea de diversión y prostitución para turistas chinos, pero a mediados de esa década, al ser incluida en el diseño regional de la IFR en el SE asiático, se transformó en uno de los destinos de la sobrecapacidad constructiva de la industria china[193].

La ZEE abarca un gran centro comercial, un complejo manufacturero y otro de instalaciones de almacenamiento, para convertir a la ciudad en un eje articulador que enlazará a Laos, Myanmar, Tailandia, Malasia y Singapur con la provincia china de Yunnan. El grupo chino Boten Economic Zone Development & Construction, que tuvo a cargo la construcción del complejo, se constituyó de hecho en el gobierno municipal de Boten, controlando la administración de sus finanzas e impuestos, los servicios públicos, las telecomunicaciones y el centro comercial libre de impuestos[194].

El Ferrocarril de Alta Velocidad (FAV) China-Laos es construido y financiado en el marco de la IFR por la empresa Laos China Railway Company, 70% propiedad de China y 30% de Laos. La mayor parte del 30% de Laos es también financiada por el EximBank de China. En 2018 la deuda pública de Laos equivalía al 65% de su PBI, y todavía en 2021 casi el 28%[195]. El capital chino consolida aún más la conexión de la economía laosiana con la de China cooperando en las obras de una autopista de 113 km que une

[192] Lazarus, K. M. (2009). *In Search of Aluminum: China's Role in the Mekong Region*. International Institute for Sustainable Development (IISD). Recuperado de https://www.iisd.org/publications/report/search-aluminum-chinas-role-mekong-region-policy-brief.

[193] Doig, W. (2018): *High Speed Empire. Chinese Expansion and the Future of Southeast Asia*. Columbia Global Reports, p. 43.

[194] *Id.*, p. 38

[195] China Dialogue (8 de febrero de 2019). Gallery: The China-built Railway cutting through Laos. *China Dialogue*. Recuperado de https://chinadialogue.net/en/business/11068-gallery-the-china-built-railway-cutting-through-laos-2/.; Siow, M. (20 de febrero de 2021). If Laos fell into a Chinese debt trap, would it make a noise? SCMP. Recuperado de https://www.scmp.com/week-asia/politics/article/3122409/if-laos-fell-chinese-debt-trap-would-it-make-noise; Sim, D. (25 de marzo de 2023). Debt fears could hobble China's belt and road plans in Asean, economists warn. SCMP. Recuperado de https://www.scmp.com/news/china/diplomacy/article/3214550/debt-fears-could-hobble-chinas-belt-and-road-plans-asean-economists-warn.

la capital Vientiane a la frontera china[196]. Beijing financia también la construcción de varias represas en el río Mekong y sus afluentes, en apoyo a las aspiraciones de Laos de convertirse en la "batería del sudeste asiático" mediante la exportación de electricidad a sus vecinos.

Aún en el marco de una política gubernamental abierta a inversiones y donaciones de Japón y Corea del Sur, la creciente dependencia del financiamiento chino profundiza la "alineación" de un poderoso sector de la clase dirigente y de la estrategia de desarrollo laosiana a las estrategias regionales de Beijing. Siendo el segundo socio comercial de Laos (después de Tailandia), China se tornó el mayor inversor y prestamista del país, promoviendo hacia 2020 casi 800 proyectos -zonas económicas especiales, parques industriales, ferrocarriles y otras obras de infraestructura a gran escala- por valor de US$ 12.000 millones[197] -el 45% del PIB del país-; mientras tanto, en un contexto internacional dificultado por la pandemia de Covid, las reservas de divisas de Laos caían por debajo de los US$ 1.000 millones (menos que sus pagos anuales de deuda), comprometiendo las capacidades soberanas de Vientiane.

La realización de esta serie de grandes infraestructuras no ha comportado, sin embargo, la modificación de las estructuras productivas tradicionales de Laos. En su viaje inaugural en diciembre de 2021 el FAV transportó hacia China compuestos de potasa producidos por la empresa chino-laosiana Sino-Agri International Potash, y en diciembre de 2022 transportó principalmente tapioca y variedades de frutas. Otras exportaciones de Laos a China son igualmente materias primas como caucho y cobre crudo y refinado; por su parte China vende a Laos computadoras, teléfonos, productos ferroviarios y estructuras de hierro[198], según el tradicional patrón de intercambio entre países "en desarrollo" y grandes potencias, de bienes primarios por productos industriales.

Gran parte del desarrollo laosiano, en verdad, está fuertemente condicionado al interés de las corporaciones chinas, inversoras en las plantaciones de caucho, insumo crucial destinado principalmente a China y la Unión Europea para la fabricación de neumáticos. Con ese fin, durante las últimas dos décadas las empresas chinas lideraron -con la colaboración de autoridades locales- un intenso proceso de apropiación de tierras (*land grabbing*),

[196] Vientiane Times (8 de enero de 2020). Laos, China enhance relations, broaden cooperation. *Vientiane Times*. Recuperado de https://vientianetimes.org.la/freeContent/FreeConten_Laos05.php.

[197] Siow (20 de febrero de 2021), *op. cit.*

[198] OEC (The Observatory of Economic Complexity) (2023). *China/Laos*. Recuperado de https://oec.world/es/profile/bilateral-country/chn/partner/lao.

ya sea adquiriéndola para plantación y explotación por las empresas chinas, o bajo esquemas de contratación similares al "sistema de contrato familiar" -el modelo de privatización generalizado desde los años de 1980 por las reformas de Deng Xiaoping en el campo chino-: las empresas contratan a los agricultores, que en tierras propias cultivan caucho para ellas[199].

Camboya.- La inversión y el financiamiento chinos motorizaron la construcción de la ZEE y puerto de aguas profundas de Sihanoukville, en el golfo de Tailandia. El proyecto se inició en 2006 con respaldo y subsidios del gobierno chino y con financiamiento del Eximbank chino y de bancos comerciales y la aseguradora estatal Sinosure de China.

En una década Sihanoukville se transformó en un emblema de la IFR china en el SE asiático. El boom inmobiliario y la apertura masiva de hoteles y casinos se acompañó con masivas inversiones chinas en juegos de azar *on line* y lavado de dinero[200]. La ZEE, de 11 km cuadrados, es un emprendimiento mixto entre una corporación de la provincia china de Jiangsu y una empresa propiedad de un magnate y senador camboyano asociado a intereses chinos en propiedades, agricultura, minería y energía[201]. A fines de 2021, la mayoría de las 170 fábricas radicadas en la ZEE eran chinas y empleaban a 30.000 trabajadores; inicialmente centrada en textiles y confección, luego incluyó la producción de alguna maquinaria y equipos.

La ZEE de Sihanoukville fue un escalón significativo en el alineamiento de los objetivos de 'desarrollo' del régimen de Hun Sen y de la burguesía camboyana con los de Beijing[202], orientados básicamente a la exportación de materias primas y bienes industriales de escaso valor agregado: un modelo

---

[199] Dwyer, M. & Lu, Juliet (2022). Postwar Laos and the Global Land Rush: A Conversation with Michael Dwyer. Global China Pulse, 1(2), 122-134. Recuperado de https://thepeoplesmap.net/globalchinapulse/postwar-laos-and-the-global-land-rush-a-conversation-with-michael-dwyer/. La expansión a escala mundial del proceso de "apropiación de tierras" por parte de las corporaciones chinas enciende luces de alarma también en América Latina. Ver, Mora, S. (2019). Los mecanismos de acaparamiento de tierras de China en la Argentina: las inversiones en infraestructura de riego. En A. Costantino (Comp.) (2019), *Fiebre por la tierra. Debates sobre el 'land grabbing' en Argentina y América Latina.* El Colectivo. Recuperado de https://editorialelcolectivo.com/producto/fiebre-por-la-tierra/.

[200] Bo, M. (6 de mayo de 2021). Chinese Energy Investment in Cambodia: Fuelling Industrialisation or Undermining Development Goals? *Global China Pulse*. Recuperado de https://thepeoplesmap.net/2021/05/06/chinese-energy-investment-in-cambodia-fuelling-industrialisation-or-undermining-development-goals/.

[201] Bo, M. & Loughlin, N. (2022). Overlapping Agendas on the Belt and Road: The Case of the Sihanoukville Special Economic Zone. *Global China Pulse*, *1*(1), 85-98. Recuperado de https://openaccess.city.ac.uk/id/eprint/28564/1/Essays-3-Bo-Loughlin-2022-1%20(1).pdf.

[202] Weng, B. T. C. (11 de marzo de 2021). La influencia china en Camboya: ¿se está convirtiendo en 'Xihanoukville'? *Política China*. Recuperado de https://politica-china.org/areas/politica-exterior/la-influencia-china-en-camboya-se-esta-convirtiendo-en-xihanoukville; Rim, S. (9 de mayo de 2022). Why Cambodia is leaning towards China and not the US. *Think China*. Recuperado de https://www.thinkchina.sg/why-cambodia-leaning-towards-china-and-not-us

similar al que durante décadas promovieron para Camboya los organismos multilaterales occidentales.

En cuanto al gran proyecto hidroeléctrico Stung Tatay -construido entre 2010 y 2015 en la provincia camboyana de Koh Kong, sobre el Golfo de Tailandia-, la empresa constructora y propietaria del proyecto con sede en Camboya es propiedad mayoritaria de una subsidiaria de la estatal china Sinomach (China National Heavy Machinery Corporation, CHMC). La principal contratista de construcción fue la gigante china Gezhouba, a su vez dependiente del China Energy Engineering Group. La presa fue financiada por el EximBank de China. El proyecto se desarrolla a través de un acuerdo de construcción, operación y transferencia (BOT) con el gobierno de Camboya, y supone una concesión a la corporación china por 42 años. En definitiva, todos los 'desarrolladores', contratistas y financistas del proyecto son corporaciones estatales de China. En 2012 International Rivers hizo pública su preocupación por los efectos de la obra sobre los bosques y recursos del área[203].

Desde el establecimiento de la 'asociación estratégica integral' en 2010, Beijing se convirtió en el principal socio comercial de Camboya y su principal fuente de inversión y 'cooperación para el desarrollo', así como del financiamiento de proyectos de transporte, electricidad y riego. Los contratistas chinos constituyen el pilar de la industria de la construcción en Camboya, alrededor del auge inmobiliario urbano y de grandes proyectos de infraestructura como la Autopista Phnom Penh–Sihanoukville[204] y el Aeropuerto Internacional de Angkor en Siem Reap (noroeste). El capital privado de China también domina el sector manufacturero -principalmente en indumentaria y calzado-, y los lazos políticos han cimentado una creciente cooperación de 'seguridad', incluyendo la que Washington denuncia como una concesión de uso militar del estratégico puerto de Ream, en el Golfo de Tailandia[205].

[203] Future Forum (11 de mayo de 2022). Stung Tatay Hydroelectric Project, Thma Bang District, Koh Kong Province, Cambodia. *The People's Map*. Recuperado de https://thepeoplesmap.net/project/stung-tatay-hydroelectric-project/.

[204] Ngin, C. (12 de noviembre de 2022). Why Cambodia has mixed feelings about China-built Phnom Penh-Sihanoukville Road. *SCMP*. Recuperado de https://www.scmp.com/week-asia/opinion/article/3199282/why-cambodia-has-mixed-feelings-about-china-built-phnom-penh-sihanoukville-road.

[205] Cheunboran, Ch. (2021): *Cambodia's China Strategy. Security Dilemmas of Embracing the Dragon*. Routledge; Page, J., Lubold, G., & Taylor, R. (22 de julio de 2019). Deal for Naval Outpost in Cambodia Furthers China's Quest for Military Network. *WSJ*. Recuperado de https://2020.sopawards.com/wp-content/uploads/2020/12/Exposing-China-s-Secret-Base.pdf.

Vietnam.- Pese a sus disputas territoriales con Beijing por los archipiélagos Paracel y Spratley en el Mar del Sur de China, y a la intensificación de los lazos de la dirigencia de Hanoi con Washington en años recientes, en 2021 el comercio entre China y Vietnam creció geométricamente (en 2021, 25% mayor que en 2020). China es el segundo mercado de exportación para Vietnam después de EE.UU., y Hanoi depende del suministro chino de materias primas e insumos vitales para las industrias textil, de confección, del caucho y de productos electrónicos en las que Vietnam ha especializado en las últimas décadas su producción exportadora[206].

El núcleo del comercio bilateral y del envión inversor de China en Vietnam es la bauxita, mineral básico para la producción de aluminio. La introducción de corporaciones chinas -en competencia con otras transnacionales como Alcoa (EE.UU.) y BHP-Billiton (Australia)- se inició ya en 2008, con la corporación Chinalco operando dos minas y plantas de procesamiento de bauxita en las Tierras Altas Centrales[207]. El gobierno vietnamita auspició la asociación de Chinalco con la minera estatal Vinacomin en una empresa mixta: de hecho, la compañía china fijaba los precios del mineral y empleaba principalmente a trabajadores y personal chinos, aun siendo esto ilegal en Vietnam.

Todo el proyecto minero de bauxita estuvo acompañado de fuertes protestas sociales, tanto por los potenciales efectos ambientales como por las perspectivas políticas de subordinación a China. En 2009, a sus 98 años, el legendario estratega del triunfo de la guerra popular contra el imperialismo francés y luego contra el norteamericano, Vo Nguyen Giap, denunció en carta pública el perjuicio que los proyectos de bauxita asociados a China causaban a los intereses de la seguridad nacional y al desarrollo del país.[208]

Proyectos 'de doble uso'

Los puertos constituyen un ámbito especialmente significativo de la 'cooperación para el desarrollo' de China en el ámbito del Asia-Pacífico y el Océano Índico. Motivadas por razones tanto económicas como estratégicas para el comercio y la 'seguridad' internacionales, las grandes corporaciones

[206] Jennings, Ralph (4 de noviembre de 2022). China, Vietnam sign 13 deals, and 1 stands to reshape economic relations. *SCMP*. Recuperado de https://www.scmp.com/economy/china-economy/article/3198283/china-vietnam-sign-13-deals-and-1-stands-reshape-economic-relations.

[207] Lazarus (2009), *op. cit.*

[208] Pomonti, J. C. (3 de julio de 2009). Le Vietnam, la Chine et la bauxite. *Le Monde Diplomatique*. Recuperado de http://blog.mondediplo.net/2009-07-03-Le-Vietnam-la-Chine-et-la-bauxite; *Asianews* (2010). "Vietnam: Opposition still strong to government plans to develop bauxite mines", 04-11-2010. Recuperado de https://www.asianews.it/news-en/Opposition-still-strong-to-government-plans-to-develop-bauxite-mines--19904.html

chinas vienen construyendo, expandiendo y financiando -con participación y respaldo del Estado chino- una serie de instalaciones portuarias, varias de ellas en ubicaciones estratégicas y de potencial 'doble uso' comercial y militar.

Sri Lanka.- Debido a sus consecuencias sobre la soberanía económica y política del país, el puerto de Hambantota, en la costa sur de ese Estado insular del Océano Índico próximo a la India, se constituye en un caso paradigmático. Las manifestaciones populares en la capital Colombo y la crisis política que a mediados de 2022 pusieron fin al largo liderazgo político de los hermanos Mahinda y Gotabaya Rajapaksa -que se alternaron en los cargos de presidente y primer ministro desde 2005 hasta 2022, excepto el período 2015-2019-, fueron producto de la devastadora crisis económica agravada desde 2009 tras 25 años de guerra civil contra los rebeldes tamiles, y nuevamente hacia 2020 por los efectos económicos de la pandemia de Covid-19, y disparada por un insostenible endeudamiento externo, del que China fue parte activa.

La modernización del puerto de Hambantota debía transformar al país en un centro del comercio marítimo en el Océano Índico. Para Bejing, acceder al puerto de aguas profundas representaba un avance a varias bandas: abría camino a grandes negocios de sus corporaciones constructoras y bancarias, plantaba una posición estratégica a las puertas de la India, integraba una posición clave al denominado "collar de perlas" de puertos de potencial doble uso que China procura ir hilando en el Índico con los de Gwadar (Pakistán), Ream (Camboya) y otros[209].

Desde 2006 el proyecto chino -impuesto tras una intensa pugna entre diversos sectores de la burguesía local ligados a intereses canadienses, europeos, estadounidenses y chinos- proponía acompañar el puerto con astilleros, un aeropuerto, una planta de gas, etc.; el relativo desarrollo industrial impulsaría a su vez la urbanización en el área. Como parte de la estrategia estatal china de 'Salir afuera'('*Going out*'), cada una de esas fases comportaría inversión, financiamiento, participación e incluso operación por parte de grandes empresas chinas. Siguiendo las líneas del proyecto,

[209] Ver, Kahandawaarachchi, T. (2021). China's Scattered Pearls. How the Belt and Road Initiative Is Reclaiming the 'String of Pearls' and More. *Journal of Indo-Pacific Affairs,* 70-87. Recuperado de https://media.defense.gov/2021/Jun/03/2002733814/-1/-1/0/kahandawaarachchi.pdf/kahandawaarachchi.pdf; Foulkes J. & Wang H. (14 de Agosto de 2019). China's Future Naval Base in Cambodia and the Implications for India. *Jamestown*, Recuperado de https://jamestown.org/program/chinas-future-naval-base-in-cambodia-and-the-implications-for-india/. Algunos autores destacan la participación china en otros puertos del Índico, asiáticos como Kyaukpyu en Myanmar, y africanos como Bagamoyo en Tanzania. Ver, Vignesh (2022), *op. cit.*

en 2017 los gobiernos de China y Sri Lanka lanzaron conjuntamente una Zona Logística e Industrial de 50 km cuadrados.

La "conexión china" en el proyecto de modernización del puerto de Hambantota implicaba grandes expectativas de la dirigencia srilanquesa respecto del capitalismo de Estado de China[210], y al mismo tiempo conllevaba una creciente 'alineación' del desarrollo económico de Sri Lanka a las prioridades estratégicas de China, y favorecía el posicionamiento de Colombo detrás de Beijing en la disputa de influencias comerciales y militares en plena región Indo-Pacífico.

El financiamiento estatal chino abrió camino a la participación de la China Harbour Engineering Company (CHEC). El China EximBank financió el 85% de los US$ 1.300 millones de los contratos de Sri Lanka con CHEC. Paralelamente, la empresa estatal China Merchants (CM) -la misma que se haría cargo del puerto de Hambantota-, obtuvo la licitación para expandir el puerto de Colombo, el principal del país. La misma competencia de éste terminaría llevando al fracaso la rentabilidad de Hambantota, y la posibilidad de que la deuda del proyecto pudiera cubrirse con ingresos comerciales.

Ya en 2014, en un acuerdo sellado en presencia de los presidentes Mahinda Rajapaksa y Xi Jinping, las chinas CM y CHEC habían obtenido, a cambio de una inversión conjunta, la concesión del puerto por 35 años. El convenio se suspendió en 2015 por incumplimientos de Sri Lanka, pero China exigió que el nuevo gobierno de M. Sirisena asumido en ese mismo año "protegiera los derechos legales de las empresas chinas"[211]: el proyecto se reanudó en 2016.

Sin embargo, el proyecto y toda la economía de Sri Lanka estaban 'en rojo'. Atrapado en su propia política de endeudamiento masivo con los organismos financieros internacionales, el gobierno de los Rajapaksa basó en la toma de nueva deuda china su reticencia ante los tradicionales planes fondomonetaristas de 'ajuste' (subas de impuestos, recortes presupuestarios, etc.).

En este punto las corporaciones chinas estaban de hecho habilitadas para exigir un canje de deuda por capital. En 2017, Sirisena acordó con el China Merchants Group que la corporación transferiría al gobierno un monto equivalente al de la deuda impaga (US$ 1.120 millones) a cambio de la mayoría accionaria en la compañía portuaria y de la concesión para operar

[210] Zhang, H. (2019), *op. cit.*

[211] *Id.*

el estratégico puerto bajo la forma de arrendamiento por 99 años (es decir, de hecho, ilimitada)[212].

Muchos investigadores eluden considerar las implicancias que el carácter desigual de este arreglo conlleva para el desarrollo y para la soberanía económica y política de Sri Lanka: el propio gobierno de China jamás aceptaría un acuerdo de este carácter con corporaciones o gobiernos extranjeros.

Pese a que la "deuda china" es sólo un 12% de la deuda externa total de Sri Lanka – US$ 8.000 millones de los impagables US$ 65.000 millones que debe a Japón, al Banco Mundial (BM) y al Banco Asiático de Desarrollo [213] Manrique 2022)-, la urgencia de un "alivio de la deuda" obligó a Sri Lanka a conceder a China Merchants, además de la operatoria, una posición decisiva en la empresa operadora de un gran puerto de aguas profundas integrado a la IFR en pleno Océano Índico, que une estratégicamente las vías de navegación entre Asia, África y el Oriente Medio, encendiendo más luces de alerta entre los estrategas de Washington por el retroceso de las posiciones de EE.UU. en una región que se proponen asegurar como "mare nostrum" [214].

Desde el punto de vista económico, como es habitual en los países endeudados con "Occidente", de hecho las prioridades del desarrollo de Sri Lanka quedaban atadas al cumplimiento de los pagos de deuda externa, incluida la de los acreedores privados y estatales chinos. La renta del puerto no serviría a fines de desarrollo económico de Sri Lanka sino al pago de la

[212] Hurley J.; Morris S. & Portelance G. (2018). Examining the Debt Implications of the Belt and Road Initiative from a Policy Perspective. Center for Global Development. Recuperado de https://www.cgdev.org/sites/default/files/examining-debt-implications-belt-and-road-initiative-policy-perspective.pdf. Algunos analistas sostienen que no puede considerarse ese acuerdo como un canje de deuda por patrimonio, porque Sri Lanka no cedió la propiedad de Hambantota, y porque el importe del arrendamiento recibido del CMG a cambio del control del puerto no fue utilizado para cancelar la deuda sino para "fortalecer las reservas de Sri Lanka" y hacer "algunos pagos de deuda externa de corto plazo". (Moramudali, U. (1 de enero de 2020): "The Hambantota Port Deal: Myths and Realities", *The Diplomat*. Recuperado de https://thediplomat.com/2020/01/the-hambantota-port-deal-myths-and-realities/). Otros investigadores también eximen a China de responsabilidad en la sistemática política de endeudamiento del gobierno de Sri Lanka, alegando que la deuda principal del país es con la banca occidental, que Sri Lanka no incumplió con sus pagos, sino que alquiló el puerto a fin de recaudar los dólares necesarios para pagar su deuda con el FMI, y que la adquisición de una participación mayoritaria en el puerto por una empresa china fue sólo "una advertencia". Ver, Brautigam, D. & Rithmire, M. (6 de febrero de 2021). The Chinese 'Debt Trap' Is a Myth. *The Atlantic*. Recuperado de https://www.theatlantic.com/international/archive/2021/02/china-debt-trap-diplomacy/617953/.

[213] Brautigam & Rithmire (2021), op. cit.; Manrique, Luis E.G. (8 de junio de 2022): Sri Lanka, el canario en la mina de carbón. *Política Exterior*. Recuperado de https://www.politicaexterior.com/sri-lanka-el-canario-en-la-mina-de-carbon/.

[214] Jacob, J. T. (1 de febrero de 2019). Political crisis in Sri Lanka: China and the Maritime Dimension. *National Maritime Foundation*. Recuperado de https://maritimeindia.org/political-crisis-in-sri-lanka-china-and-the-maritime-dimension/; Joseph (2021), *op. cit.*

deuda a los bancos e instituciones chinas e internacionales, y de las futuras renegociaciones y deudas que el gobierno srilanqués se disponía a tomar de los mismos bancos y organismos con fines de 'despegue' económico[215].

La prensa oficial china elogia el modelo de desarrollo basado en el endeudamiento con el gobierno y las corporaciones chinas. La fastuosa Ciudad Portuaria construida por China en el mar frente a la capital Colombo como zona franca libre de impuestos y de regulaciones para los capitales internacionales (considerada un "nuevo Dubai"), es presentado como un ejemplo beneficioso de Asociación Público-Privada (APP), "ya que el gobierno (de Sri Lanka) no tuvo que gastar en capital, sino atraer inversiones privadas por un monto de US$ 15.000 millones"[216]. Este proyecto es igualmente resultado de la oferta de grandes inversiones y financiamientos de empresas chinas estatales o con respaldo del Estado chino, en concordancia con un modelo de desarrollo que deja de lado todo intento de desarrollo industrial nacional independiente, adoptado por un sector importante de la burguesía srilanquesa[217].

Por su parte, el proyecto de Hambantota apuntaló a la China Merchants para obtener participaciones en más de 50 puertos en los cinco continentes, promoviendo el modelo de "puerto-parque industrial-ciudad" en países tan distantes como Djibouti, Bielorrusia y Tanzania y convirtiéndose en la avanzada de la estrategia oficial china de dar escala *'global'* a sus corporaciones.

Estos proyectos van vinculando a los países receptores del capital chino en una red global de 'capitalismo de Estado' centrada en Beijing[218]. Así, la densa trama de financiamientos para el desarrollo se constituiría en realidad en un instrumento secundario de esa red: las corporaciones estatales de China buscan actualmente reconvertirse de meras contratistas a desarrolladoras e inversoras directas, según un modelo de "inversión integrada" que incluiría financiamiento, construcción y operación de las infraestructuras[219]. En este

[215] Associated Press (12 de octubre de 2020). Sri Lanka secures US$90 million grant from China amid 'debt trap' call. *SCMP*. Recuperado de https://www.scmp.com/news/china/diplomacy/article/3105133/sri-lanka-secures-us90-million-grant-china-amid-debt-trap-call; Doig (2018), op. cit., p. 48.

[216] Xinhua (6 de octubre de 2020). Ciudad Portuaria de Colombo financiada por China es buen ejemplo de asociación público-privada: Ministro de Sri Lanka. Recuperado de http://spanish.xinhuanet.com/2020-10/06/c_139422511.htm.

[217] Zhang (2019), *op. cit.*

[218] *Id.*

[219] Zhang (2023). From Contractors to Investors? Evolving Engagement of Chinese State Capital in Global Infrastructure Development and the Case of Lekki Port in Nigeria. *China-Africa Research Initiative*, Working Paper No. 53, Recuperado de https://static1.squarespace.com/static/565284 7de4b033f56d2 bdc 29/t/63ebdaab742ed 67a0a96b5f3/167640132 4873/WP+53-+Hong+Zhang+-+J anuary+2023+- +V2.pdf. En apoyo de esta tesis pero en referencia a África ver Nyabiage, J. (3 de marzo de 2023). Why Chinese players are taking private stakes in

giro de la estrategia oficial china de Going out incidió sin duda la proliferación de impagos de deuda a los bancos y al Estado chinos por parte de países "en desarrollo".[220]

Pakistán.- Sobre el trasfondo de la renaciente "guerra fría" EE.UU.-China[221], adquiere una similar significación geopolítica la participación de China en el puerto de aguas profundas de Gwadar (sudoeste de Pakistán). Inaugurado en 2008 y presentado en 2013 como un centro para la integración regional en el marco de la IFR, fue convertido en pivote central del Corredor Económico China-Pakistán (CPEC en su sigla inglesa), una densa red de proyectos viales, ferroviarios, eléctricos, petroleros y de centros comerciales y desarrollo urbanístico por valor de US$ 50.000 millones, que enlazaría la ciudad de Kashgar en la provincia occidental china de Xinjiang a través de Pakistán con el Océano Índico, el Golfo Pérsico y el Golfo de Omán[222]. El CPEC convertiría el puerto comercial de Gwadar -como parte del denominado "collar de perlas"- en un punto de apoyo confiable para China, entre otras cosas para asegurar su abastecimiento de petróleo desde Medio Oriente[223]. Así, el proyecto se complementa con los acuerdos de Beijing para reemplazar el dólar por el yuan en sus transacciones petroleras y de gas con Rusia, Arabia Saudita, Irak y Qatar, con la mediación china en el acercamiento saudita-iraní, y con el reciente ingreso del país saudita en la Organización de Cooperación de Shanghai.

En 2017 el gobierno pakistaní estimaba que hacia 2050 el PIB de Gwadar aumentaría de US$ 430 millones a US$ 30.000 millones (multiplicándose por 70), y produciría 1,2 millones de empleos (la población actual de la ciudad es

Africa's new megaprojects. *SCMP*. Recuperado de https://www.scmp.com/news/china/diplomacy/article/3212071/new-megaprojects-africa-show-chinese-finance-skews-commercial-market-amid-beijings-lending-slowdown.

[220] En 2020 el gobierno chino redujo sus préstamos a países africanos en un 77% respecto del ya disminuido nivel de 2019, y entre 2020 y 2021 debió ofrecer planes de "alivio de la deuda" por u US$ 52.000 millones Ver, Nikkei Asia (10 de agosto de 2022): "Road to nowhere: China's Belt and Road Initiative at tipping point. *Nikkei Asia*. Recuperado de https://asia.nikkei.com/Spotlight/The-Big-Story/Road-to-nowhere-China-s-Belt-and-Road-Initiative-at-tipping-point. Los préstamos chinos también han ido declinando en América Latina desde 2015. Ver Myers, M. & Ray, R. (2023). At A Crossroads: Chinese Development Finance to Latin America and the Caribbean, 2022. *Inter-American Dialogue*. Recuperado de https://thedialogue.wpenginepowered.com/wp-content/uploads/2023/03/Chinese-Development-Finance-2023-FINAL.pdf.

[221] Hung, H. F. (2022): *Clash of Empires. From "Chimerica" to the "New Cold War"*. Cambridge University Press.

[222] Recientemente China, Rusia e Irán realizaron en la zona ejercicios navales conjuntos. Magnier, M. (21 de marzo de 2023). Xi Jinping and Vladimir Putin meet in Moscow, discuss Chinese peace plan for Ukraine. *SCMP*. Recuperado de https://www.scmp.com/news/china/article/3214226/xi-jinping-and-vladimir-putin-meet-moscow-discuss-chinese-peace-plan-ukraine

[223] McCartney, M. (2022). *The Dragon from the Mountains. The CPEC from Kashgar to Gwadar*. Cambridge University Press.

de 90.000 habitantes). Pero ya en 2022 muchos de sus grandes proyectos -la conversión de Gwadar en un puerto de clase mundial y la construcción de un nuevo aeropuerto y otras obras- habían sido interrumpidos o generaban controversia por el sobreendeudamiento que los acompaña, por la oposición de los pobladores originarios, y porque el CPEC apuntaba a convertirse en un mero corredor de tránsito para las exportaciones chinas hacia el mercado pakistaní y el resto del mundo[224] . Beijing, mientras tanto, había obtenido en 2015 un contrato de arrendamiento y operación del puerto de Gwadar por 40 años para la constructora Chinese Overseas Port Holdings[225].

Con diferencias según el caso, estas estrategias de Beijing en su vinculación con los países "en desarrollo" tienen rasgos comunes en todos los continentes. En África son numerosos los casos en que China obtiene distintos grados de control sobre los proyectos que construye y financia, ya sea como "efecto no deseado" de la deuda o como cláusula establecida en el contrato[226]. El China Merchants Group detenta por diez años en Djibouti el control y operación del puerto multiuso de Doraleh y de la zona industrial y de libre comercio construida por la propia empresa[227]. En noviembre de 2022 ese país del Cuerno de África (un centro crucial para la IFR, que controla el acceso al Mar Rojo y al Canal de Suez y alberga la primera base naval china en el extranjero) debió declarar la suspensión de pagos a China y otros acreedores, dado que los intereses de su deuda se habían triplicado desde el año anterior y se preveía que se quintuplicaran en 2023[228].

El modelo chino de desarrollo para los países 'en desarrollo'

La retórica del desarrollo es un eje central de las relaciones de China con los países de Asia, África y América Latina. En nombre de una política exterior pragmática y desideologizada, la diplomacia china cultiva lazos con las clases dirigentes nacionales y locales que le permiten acceder a

[224] Leterme (2022), *op. cit.*; Nikkei Asia (2022), *op. cit.*

[225] The Maritime Executive (27 de abril de 2017). Pakistan Gives China a 40-Year Lease for Gwadar Port, *The Maritime Executive*. Recuperado de https://maritime-executive.com/article/pakistan-gives-china-a-40-year-lease-for-gwadar-port. Business Recorder (19 de febrero de 2018). The misterious China Overseas Ports Holding Company. BR Research. Recuperado de https://www.brecorder.com/news/399768.

[226] Hart-Landsberg. (2018), *op. cit.*

[227] Styan, D. (2020). China's Maritime Silk Road and Small States: Lessons from the Case of Djibouti. *Journal of Contemporary China, 29*(122), 191-206. Recuperado de https://doi.org/10.1080/10670564.2019.1637567.

[228] Nyabiage, J. (29 de noviembre de 2022): Djibouti suspends China and other loan repayments, banks on forgiveness. *SCMP*. Recuperado de https://www.scmp.com/news/china/diplomacy/article/3201251/djibouti-suspends-china-and-other-loan-repayments-banks-forgiveness.

recursos naturales, mercados y campos de inversión independientemente de la estructura social y régimen político de los países clientes. Por lo general en acuerdo o asociación con sectores poderosos de esas clases y gobiernos, Beijing destina sus inversiones y cooperación principalmente a grandes emprendimientos de infraestructura -centros urbanos, ferrocarriles, puertos, electricidad, petróleo-, y al desarrollo de industrias extractivas y de procesamiento primario de productos alimentarios o mineros requeridos por las industrias de punta de China y sostenidos con financiamiento público o privado de China.

La recurrencia masiva de muchos países de Asia, África y América Latina a las inversiones y préstamos de las corporaciones chinas estatales y privadas para ese tipo de proyectos ha generado en muchos casos niveles de endeudamiento insostenibles, comparables a los generados por otras potencias o instituciones financieras internacionales como el Fondo Monetario Internacional (FMI) o el BM[229], a lo que suelen sumarse los sistemáticos desequilibrios en el comercio bilateral con China -tanto en volumen como en composición-; incluso en los casos de países cuya balanza comercial con China es superavitaria, esto se funda mayoritariamente en grandes exportaciones de petróleo, minerales o alimentos, lo que refuerza la especialización primario-exportadora de los países receptores y debilita su desarrollo industrial. Además, por esta misma estructura de la relación, en las importaciones de las naciones del 'tercer mundo' desde el gigante asiático tienen peso creciente los bienes de capital, casi siempre correlato de las propias inversiones y préstamos de China.

De igual modo que en las demás regiones 'en desarrollo', las sistemáticas dificultades de los países del Asia-Indo-Pacífico para pagar los préstamos chinos y multilaterales se deben no sólo a circunstancias externas -guerra de Ucrania, inflación internacional, disrupciones comerciales por la pan-

[229] Según un informe elaborado conjuntamente por AidData, el Banco Mundial, la Harvard Kennedy School y el Instituto Kiel, China ha sido parte activa en el proceso de endeudamiento de los países *en desarrollo*, habiendo prestado en los últimos 20 años US$ 240.000 millones a 22 países principalmente en el marco de la IFR. El Banco Mundial, en su informe "Perspectivas económicas globales" (enero 2023), observa que los países más pobres del mundo ya gastan el 10,3% de sus ingresos de exportación en el pago de intereses de la deuda externa, y habla de un "riesgo de recesión global y sobreendeudamiento en los mercados emergentes y las economías en desarrollo" (Dodwell, D. (27 de marzo de 2023). Built on a montain of debt, businesses could collapse under inflation and higher interest rates. *SCMP*. Recuperado de https://www.scmp.com/comment/opinion/article/3214901/built-mountain-debt-businesses-could-collapse-under-inflation-and-higher-interest-rates). Casi el 60% de los países de bajos ingresos corren un alto riesgo de sobreendeudamiento o ya se encuentran en esa situación. Ver Brautigam, D. (20 de febrero de 2023): The Developing World's Coming Debt Crisis. Foreign Affairs. Recuperado de https://www.foreignaffairs.com/china/developing-worlds-coming-debt-crisis.

demia de Covid-, sino principalmente a la persistencia de sus estructuras económicas y sociales de dependencia y atraso[230]. En las últimas décadas, en esos y otros países del llamado mundo 'en desarrollo', las clases dirigentes no han promovido una modificación sustancial de esas estructuras, sino más bien su 'adaptación' a un modelo de desarrollo apalancado en la asociación estratégica con China. Como vimos para los países del Asia-Pacífico, la 'complementariedad' entre las estructuras productivas de ambas partes es en realidad producto de la creciente complementación de intereses de las burguesías nacionales con el capitalismo chino; esto frecuentemente conlleva la consolidación de las estructuras primario-exportadoras tradicionales en los países en que perviven las herencias de la dominación colonial y la dependencia, o a lo sumo estimula cierta diversificación hacia actividades industriales (en algunos casos, como Indonesia y Filipinas, con un peso relativamente importante de capitales nacionales o de otras potencias como Japón). Aunque la inversión china aporta temporariamente en generación de empleo y en capacitación de la fuerza laboral, el objetivo de sus compañías no apunta a cimentar un desarrollo industrial independiente en base a la propiedad, la inversión, el desarrollo tecnológico y mayores márgenes de autonomía y autosostenimiento nacionales, sino a asegurar la rentabilidad de la inversión, a capacitar a los trabajadores en el manejo de la tecnología china, o a implantar industrias sólo complementarias de las empresas de tecnologías avanzadas instaladas por China.[231]

No 'diplomacia' sino 'desarrollo de trampa de la deuda'

Entre los académicos y analistas de las relaciones del mundo 'en desarrollo' con la potencia asiática, la cuestión del endeudamiento hacia las entidades estatales y privadas de China es interpretada de modo divergente. La versión oficial de Washington es que Beijing practica una "*diplomacia* de trampa de la deuda", sugiriendo con ello una política deliberada del Estado chino con el fin de reducir a los países receptores a la dependencia. Ese relato, en verdad, no hace más que proyectar sobre China las prácticas habituales que ejercen sobre los países acreedores del 'tercer mundo' las grandes potencias de 'Occidente' y las instituciones financieras internacionales: en Asia, África y América Latina éstas promueven -frecuentemente a través de sus

[230] Optenhogel, U. (2023): China en el orden global: ¿socio comercial, competidor o alternativa sistémica?". *Nueva Sociedad*. Recuperado de https://nuso.org/articulo/china-en-el-orden-global-socio-comercial-competidor-o-alternativa-sistemica/

[231] Alves & Lee (2022), *op. cit.*

socios e intermediarios dentro del aparato estatal y económico local- sus propios programas de inversión, cooperación o ayuda, igualmente basados en préstamos y financiamiento externo. Las potencias e instituciones imperialistas utilizan los problemas de endeudamiento de los países 'en desarrollo' para imponer condicionamientos de política interna (los conocidos planes de ajuste estructural, privatizaciones, recorte de servicios públicos, etc.) y para intervenir políticamente en ellos en detrimento de su independencia y soberanía, a fin de consolidar y profundizar su dominación y asegurarse su adhesión a las estrategias del 'Occidente' liderado por Washington.

En comparación con estas prácticas, los préstamos y financiamientos de China presentan ciertamente diferencias, pero también similitudes de fondo. Si bien en la letra los préstamos y financiamientos chinos no imponen garantías políticas de pago -por ejemplo, ajustes del presupuesto público monitoreados por el FMI-, sus prácticas habituales evidencian otros condicionamientos y exigencias -de carácter económico pero con claras implicancias políticas-: compromiso de utilizar empresas constructoras, insumos y tecnología chinas, y a veces incluso técnicos y trabajadores chinos[232]; aprobación de proyectos nuevos o en cartera; contratos que incluyen cláusulas de "incumplimiento cruzado" según las cuales la interrupción de un proyecto en construcción conlleva el cese del financiamiento y ejecución de otros proyectos de China en curso o en cartera en el país[233].

En cuanto a los planes chinos de "alivio de la deuda", en 2021 la mayor parte de los préstamos chinos "de emergencia" -es decir a países con problemas de pago- fueron a tasas altas y en yuanes[234]. Las tasas elevadas sirven a los bancos chinos para compensar los impagos de otros deudores, descargando por anticipado sus potenciales pérdidas sobre los nuevos tomadores de préstamos. Los préstamos y *swaps* en yuanes, por su

[232] Acker, K., Brautigam D. & Huang Y. (2020): *Debt Relief with Chinese Characteristics*. SAIS-CARI (School of Advanced International Studies-Univ. Johns Hopkins - China-Africa Research Initiative). Working Paper N° 39.

[233] China aplicó este mecanismo, por ejemplo, en Argentina en 2016 para forzar al gobierno de Mauricio Macri a reanudar la construcción de dos represas en la provincia sureña de Santa Cruz, bajo amenaza de suspender las obras del estratégico ferrocarril Belgrano Cargas. Ver Rabanal, R. (4 de abril de 2016). La Argentina acordó con China ante la amenaza cross default. *Ámbito*. Recuperado de https://www.ambito.com/edicion-impresa/la-argentina-acordo-china-amenaza-cross-default-n3933726. Este sistema de "represalias" ya había sido utilizado en 2010 en el ámbito comercial, cuando las autoridades chinas suspendieron varios contratos de embarques argentinos de aceite de soja para lograr -como finalmente lograron- que el gobierno de Cristina F. de Kirchner renunciara a restringir las importaciones de calzado chino en resguardo de la fabricación nacional. Ver, La Política Online (12 de octubre de 2010). Soja: Qué hay detrás del regreso de China al mercado argentino. *La Política Online*. Recuperado de https://www.lapoliticaonline.com/nota/nota-68573/.

[234] Bradsher K. (27 de marzo de 2023). After Doling Out Huge Loans, China Is Now Bailing Out Countries. *New York Times*. Recuperado de https://www.nytimes.com/2023/03/27/business/china-loans-bailouts-debt.html

parte, son sólo utilizables para pagar deuda a China o para pagar compras de bienes y servicios a China; apuntalan, así, tanto el comercio exterior de China como el objetivo político de Beijing de desplazar el dólar como moneda de referencia y avanzar en su política de internacionalización del yuan (de hecho, países como Mongolia y Argentina ya tienen gran parte de sus reservas en yuanes).

Muchos gobiernos de los países 'en desarrollo' consideran las inversiones y préstamos chinos como una plataforma para el desarrollo, e incluso como una vía exitosa de emancipación económica y política de la influencia estadounidense o europea. Sectores intelectuales y académicos de esos países comparten este enfoque e interpretan que la versión sobre una 'trampa de la deuda' de China es sólo resultado de las acusaciones interesadas de voceros de Washington para 'contener' la influencia de Beijing.

Pero para los países llamados 'en desarrollo' no se trata de una "*diplomacia* de trampa de la deuda" de China, sino de un "*desarrollo* de trampa de la deuda"[235]. En verdad, aunque la jerga política estadounidense habla interesadamente de una *diplomacia* de trampa de la deuda, lo que se pone en evidencia es que Beijing promueve -y muchos gobiernos del 'tercer mundo' adoptan- un modelo de desarrollo que por su propia naturaleza genera endeudamiento y dependencia respecto de las potencias en general y de China en particular: un modelo neodesarrollista o 'productivista' que refuerza la dependencia de los países receptores hacia el capital extranjero y hacia las potencias proveedoras de capital y tecnología; un modelo, también, que está en las antípodas del camino de desarrollo basado en el autosostenimiento financiero y tecnológico y el desarrollo industrial independiente en que la propia China -en su era socialista de 1949-1978- basó su extraordinario desarrollo industrial y social, y que promovía en su cooperación con los demás países del 'tercer mundo'. Como es propio de todas las potencias en su patrón de relaciones con los países 'en desarrollo', la negociación de los préstamos y financiamientos de China no está determinada por las necesidades y prioridades económicas y políticas de los países receptores, sino por las necesidades y réditos económicos y estratégicos de China como gran mercado comprador de energía, alimentos y materias primas, y como gran potencia inversora, prestamista o donante, o bien directamente propuestos por Beijing en línea con sus propios proyectos regionales y mundiales.

[235] La expresión "desarrollo de trampa de la deuda", que también recogen otros autores, pertenece al profesor chino-estadounidense Fred Engst (comunicación personal, noviembre 2022).

En nuestros días son numerosos los autores que rememoran aquel ejemplo paradigmático de la solidaridad tercermundista de la China de Mao que fue la construcción del ferrocarril Tanzania-Zambia (Tanzam) entre 1970 y 1975, con un crédito chino a 30 años sin intereses, participación física de 30.000 trabajadores chinos, y entrega llave en mano a los gobiernos panafricanistas de J. Nyerere y K. Kaunda[236]. En contraposición con esto, la cooperación de la China actual, basada en la dependencia financiera de países más débiles, incluye la posibilidad de las corporaciones chinas de quedarse durante décadas con el control y la operación de los proyectos que financian y construyen, ya sea como garantía de repago, como canal permanente de venta de bienes y tecnología chinos, o bien como posición de influencia estratégica regional. Se trata de condicionamientos derivados de un 'modelo' específico de 'desarrollo económico' fundado no en el autosostenimiento sino en recursos prestados, y que devienen en condicionamientos 'políticos' que atañen a la soberanía de los países receptores y restringen su capacidad para adoptar posiciones de no-alineamiento en la disputa hegemónica global.

Industria y dependencia

En su intento de adaptar a la economía global liberalizada las metas de 'reforma estructural' del viejo desarrollismo de los años 1950-60, el actual paradigma neodesarrollista retoma de su predecesor la apelación sistemática y masiva al capital extranjero (es decir a las inversiones y préstamos de las grandes potencias), la creencia de que el 'despegue' económico logrado con dicha cooperación permitiría pagar la deuda externa y sentar las bases de un rápido desarrollo industrial, y la expectativa de potenciar el mercado interno mediante la redistribución de la riqueza social, sin cuestionar ni redistribuir la propiedad de los medios productivos que la generan.

Pero al mismo tiempo el paradigma neodesarrollista diverge del enfoque industrialista del antiguo desarrollismo, retomando del neoliberalismo de los '90 las políticas de endeudamiento y dependencia respecto de producciones centradas no en el mercado interno sino en la exportación. Como vimos en el caso de muchos países del Asia-Indo-Pacífico, la actual variedad de neodesarrollismo asociado a China radica su enfoque del

[236] Zhang, H. (2021). Builders from China: From Third World Solidarity to Globalised State Capitalism. *Made In China Journal, 6* (2), 87-94. Recuperado de https://madeinchinajournal.com/2021/12/01/builders-from-china-from-third-world-solidarity-to-globalised-state-capitalism/.

'desarrollo' en la construcción de grandes infraestructuras -de transporte, comunicación, hiperurbanización, "zonas especiales" comerciales e industriales- financiadas con masivo endeudamiento extranjero, frecuentemente a través de "préstamos respaldados por recursos naturales"[237]. Según este enfoque, las obligaciones de pago con la banca china y con otras potencias e instituciones financieras internacionales se resolverían con la intensificación de las exportaciones de bienes primarios; aún si esto se comprobara en la práctica, su costo es el debilitamiento de las estructuras industriales nacionales y del mercado interno y el ensanchamiento de la brecha social.[238]

De hecho, esta concepción del desarrollo y la modernización ha arraigado ya profundamente en la ideología y la práctica de amplios sectores empresariales y académicos de los países 'en desarrollo', que han dejado de propugnar un desarrollo autosostenido y orientado hacia el mercado interno. Como consecuencia, en las últimas dos décadas, en muchos países de Asia, África y América Latina la alianza de las burguesías locales con las corporaciones estatales y privadas de China y con el propio Estado chino ha sido incapaz de convertir el *boom* de altos precios de los productos primarios en el período 2005-2015 en industrialización independiente y diversificación productiva y exportadora. Tampoco en esos países se han ampliado las bases de autonomía y autosostenimiento, sino más bien se reforzó su vulnerabilidad y dependencia productiva, comercial, financiera, tecnológica y en última instancia política, respecto de las grandes potencias 'desarrolladas'.

Otro rasgo común entre los países del Asia-Pacífico estudiados anteriormente -y que se comprueba igualmente en muchos de África y América Latina-, es la conformación de grupos empresariales y políticos locales que se asocian en forma subordinada o establecen vínculos duraderos con el mercado o con las corporaciones chinas estatales y privadas, transformándose en verdaderas burguesías intermediarias[239] y, en consecuencia, en

[237] Mihalyi, D. *et. al.* (2020). *Préstamos respaldados por recursos naturales: trampas y potencial.* Natural Resource Governance Institute. Recuperado de https://resourcegovernance.org/analysis-tools/publications/prestamos-respaldados-por-recursos

[238] Jepson, N. (2020). *In China's Wake: How the Commodity Boom Transformed Development Strategies in the Global South.* Columbia University Press, pp. 95-96.

[239] Utilizamos la categoría de 'burguesía intermediaria' para caracterizar, en los países dependientes o 'en desarrollo', a aquellos grupos económicos industriales, comerciales o financieros en los que predomina su asociación con los mercados o con capitales de una u otra de las grandes potencias, lo que suele traducirse en posiciones, pugnas y/o alianzas económicas y políticas en el seno de las clases dirigentes (aprobación o rechazo de proyectos, promoción de -u oposición a- medidas de gobierno, promoción de candidaturas, respaldo a golpes de estado, etc.). Esta asociación, según muestra la trayectoria de muchos de esos grupos en el tiempo, suele ser cambiante en cuanto al socio externo. El concepto vale también para los sectores políticos, intelectuales, académicos, periodísticos, etc.,

promotores locales de la asociación económica y del alineamiento político con Beijing en su pulseada hegemónica con EE.UU. u otras potencias. La presencia directa y los vínculos de esos grupos económicos y políticos dentro del aparato económico y estatal les permiten obtener contratos y condiciones comerciales y de inversión privilegiadas para sí mismos y para las corporaciones chinas a las que están asociados, y explica que numerosos gobiernos de países en desarrollo sean sensibles al requerimiento chino de "alinear" las estrategias de desarrollo nacionales con las de Beijing, particularmente dentro del marco de la IFR[240].

Conclusiones

El atractivo del enorme mercado chino ha sido la puerta de entrada de las corporaciones industriales, comerciales y bancarias -estatales y privadas- de China en la región Asia-Indo-Pacífico, en busca de materias primas para sus industrias, de favorables condiciones de venta e inversión para sus sobrecapacidades industriales y excedentes de capital, y de respaldo político frente a las estrategias de "contención" de la superpotencia estadounidense y sus aliados.

Pese a los diferendos -de raíz histórica y espoleados por EE.UU.- que atañen a cuestiones de soberanía sobre áreas del Mar del Sur de China reclamadas por Estados vecinos, Beijing fue dando pasos efectivos para enlazar las economías de la región con las provincias del sur y el sureste de China, a través de una vasta red de puertos y líneas ferroviarias, mientras convoca a los países del área a "alinear" sus estrategias de desarrollo con las de la potencia asiática. La composición de los intercambios comerciales y las masivas inversiones y financiamiento de China han ido de hecho reforzando la especialización de los países de la región en la producción de alimentos o minerales (níquel, bauxita, alúmina y otras materias extractivas),

que actúan como promotores internos de esos intereses. Las grandes potencias forjaron este tipo de asociaciones con burguesías locales especialmente tras el proceso de descolonización de la segunda posguerra y durante la Guerra fría, y China -al igual que otras potencias- lo hace masivamente en la actualidad en numerosos países de Asia, África y América Latina.

[240] Xinhua (14 de noviembre de 2017). Primer ministro chino pide alinear estrategias de desarrollo de China y Vietnam. *Xinhua.* Recuperado de http://spanish.xinhuanet.com/2017-11/14/c_136749701.htm; Xinhua (23 de novimebre de 2018). China y Kazajistán prometen alinear estrategias de desarrollo. *Xinhua*. Recuperado de http://spanish.xinhuanet.com/2018-11/23/c_137625145.htm; Xinhua (6 de agosto de 2015). China, dispuesta a alinear Franja y Ruta con estrategias de desarrollo de Asean. *Xinhua*, Recuperado de http://spanish.xinhuanet.com/2015-08/06/c_134485100_2.htm. Ver, además: Bartesaghi & De María (2022). *op. cit.*, y los casos de Indonesia, Malasia, Laos, Camboya y otros detallados en el presente artículo.

a veces con algún grado de procesamiento local, destinados no al desarrollo de industrias nacionales sino básicamente a la exportación a China y a otros mercados exteriores. La asociación de las burguesías dirigentes de la región Asia-Indo-Pacífico con los mercados y el capital chinos ha abierto paso a cierto desarrollo de industrias asociadas o proveedoras de corporaciones chinas radicadas localmente o en la potencia asiática, pero a la vez ha contribuido a consolidar las viejas estructuras de producción primarias y dependientes de mercados y capitales externos antes asociadas a las potencias occidentales o a Japón.

La asociación estratégica de las burguesías regionales con el capitalismo chino se sustenta principalmente en la proclamación de objetivos de 'modernización' económica, casi siempre identificados con la realización de megaproyectos como centros urbanos, líneas ferroviarias de alta velocidad, nodos portuario-financieros, zonas comerciales especiales, etc. Sólo en los últimos años, y debido a las disrupciones comerciales y financieras generadas por la pandemia de Covid-19, y al creciente número de países de esa y otras regiones con dificultades o imposibilidad de afrontar sus deudas externas, la dirigencia de Beijing buscó reorientar su estrategia inversora en los países *en desarrollo* hacia proyectos y financiamientos de menores dimensiones y aparentemente más acordes con la sostenibilidad económica y financiera de los proyectos.

En base a la prédica 'desarrollista' y de un 'destino compartido' en un mundo multipolar y regido por los principios del liberalismo económico, el poderío inversor y financiero de China permitió a la dirigencia de Beijing establecer estrechos lazos económicos y diplomáticos con gobiernos de distinta orientación política pero convergentes en una concepción del 'desarrollo' centrada en 'atraer' masivas inversiones y préstamos de China para la construcción de gigantescas infraestructuras urbanas, de comunicación y de transporte, a las que esas dirigencias identifican como plataforma de despegue económico, de modernización y diversificación de sus estructuras productivas, y como vía de ampliación del mercado chino para las producciones regionales.

A la vez, la reproducción de este modelo de 'desarrollo' y el marco de la IFR permitieron a la gran burguesía dirigente en China expandir extraordinariamente la colocación rentable de los grandes excedentes de capital acumulados en sus industrias -particularmente de la construcción- y en sus bancos estatales y privados, y a la vez profundizar los vínculos políticos con las dirigencias nacionales en una región geopolíticamente decisiva para la propia China, y crucial también para las estrategias regionales y mundiales de Estados Unidos, Japón, Australia y las potencias europeas.

Las expectativas incentivadas por la retórica del 'desarrollo' de Beijing y por el poderío de los mercados y de las corporaciones, la tecnología y el financiamiento de China pusieron, como vimos, a muchos países de Asia-Pacífico en un camino de modernización adaptativa o subordinada que, junto a la pervivencia de la especialización primario-exportadora, en algunos casos impulsa también una limitada diversificación productiva, igualmente dependiente y generadora de una creciente 'adaptación estructural' a las prioridades comerciales e inversoras de Beijing (caucho en Laos, níquel en Indonesia, bauxita en Vietnam, etc.) y a sus necesidades de inversión exterior mediante la realización de grandes superestructuras -ferrocarriles, puertos, autopistas- ligadas a ese 'modelo'. En distinta medida países como Camboya, Laos y Myanmar han sido gradualmente incorporados a amplias relaciones regionales de producción y acumulación -bajo la gravitación del mercado y el capital chino- y a un patrón de 'modernización' y 'desarrollo' marcado por la persistencia de rasgos de atraso estructural como la agricultura de subsistencia, el acentuado contraste ciudad-campo, y altas tasas de pobreza rural y urbana. En sectores de las clases dirigentes de los países del SE asiático se ha ido acuñando también un esquema de integración regional regido por la demanda y por el capital financiero de China en convergencia con sectores de las burguesías locales asociados a intereses chinos.

En suma: un tipo de 'desarrollo' y de 'integración' regional y una distribución de roles productivos, comerciales y financieros que no difiere en su esencia de los enfoques sobre el desarrollo que Washington y otros poderes mundiales promovieron durante décadas para esa y otras regiones del mundo. El mismo enfoque rige el emprendimiento de muchos grandes proyectos industriales y de infraestructura de China en otras regiones del mundo *en desarrollo* como África y América Latina: desde el cobre de Zambia y el petróleo de Angola hasta los planes -actualmente suspendidos- para la construcción de un ferrocarril entre el Atlántico brasileño y el Pacífico peruano y la de un nuevo canal interoceánico en Nicaragua.

Como muestran innumerables experiencias en todo el nuevo 'tercer mundo', el modelo de 'desarrollo' basado en la dependencia comercial, productiva, tecnológica y financiera hacia las grandes potencias obstaculiza la propia posibilidad de un desarrollo diversificado, independiente y autosostenido: la deuda -y a veces los propios planes de 'alivio de la deuda' que los países deudores negocian con Beijing, y con el FMI y otros países e instituciones financieras de los que China es parte- obliga a las dirigencias nacionales de los países endeudados a aceptar exigencias económicas y políticas que atañen ya no sólo a la construcción y financiamiento de proyectos, sino a sus decisiones económicas y políticas más generales, relacionadas con la orientación de su producción y su comercio interior y exterior, sus políticas de inversión, comerciales, fiscales y sociales que son condicionadas al pago de los créditos, decisiones que muchas veces se traducen en el otorgamiento de concesiones a las corporaciones industriales y bancarias, estatales y privadas de China en áreas estratégicas decisivas, incluida la cesión por décadas de la operación de puertos, redes ferroviarias y energéticas, estaciones de observación espacial, parques industriales, y otras.

La región del Océano Índico y el Asia-Pacífico es un área crucial para los 'intereses centrales' de las dos principales potencias. Su importancia geopolítica se acrecienta en la misma medida en que se extienden y profundizan las rivalidades propias de la transición hegemónica en curso.

Muchos Estados medianos y pequeños -desde Malasia e Indonesia y otros del Asia-Pacífico hasta países africanos- conciben el mundo multipolar como un marco beneficioso que les permitirá conquistar o ampliar sus márgenes de autodeterminación e independencia utilizando las contradicciones entre las grandes potencias y haciendo que se opongan entre sí. A diferencia de la época de la 2ª posguerra y la Guerra fría, cuando muchos Estados oprimidos y atrasados debían admitir su status de sometimiento ante los imperios, en la actualidad esos Estados son numerosos y se han fortalecido relativamente en todo el mundo y eso efectivamente amplía sus posibilidades de obtener concesiones de varios contendientes y restringe la capacidad de las potencias para imponer sus condiciones.

Pero en esta época de imperialismos la relación no es sólo externa, sino también interna, y las grandes potencias y corporaciones intervienen y libran disputas de influencia dentro del aparato económico y estatal de los países de Asia, África y América latina a través de sus asociaciones o alianzas con sectores poderosos de las clases dirigentes locales. De este modo, buena parte de las inestabilidades políticas nacionales y regionales se relacionan con esas disputas: potencias como EE.UU., China, las europeas etc. operan -por vía electoral, golpista u otras- para promover e imponer al sector afín a sus intereses. Así esos países y gobiernos se convierten en un campo de disputa, a veces violento, en el que pueden no prevalecer caminos de autonomía y desarrollo nacional sino de forzoso 'alineamiento', y no de autonomía sino de nueva dependencia, favoreciéndose los negocios y la penetración de una nueva potencia dominante e involucrando a esos países aún más en la pugna hegemónica regional y mundial. Esto es lo que sucedió en años recientes en Filipinas con Rodrigo Duterte inclinado hacia Beijing y luego Ferdinando Marcos Jr. en favor de Washington; en Myanmar con una junta militar represiva con respaldo de Beijing; y en las cíclicas pugnas y desplazamientos de política interna y exterior en países como Vietnam, Arabia Saudita, y en la propia Taiwán entre el gobernante Partido Progresista Democrático y el Kuomintang.

Desde el punto de vista histórico, las transiciones de poder entre las grandes potencias mundiales han implicado períodos más o menos prolongados, incluso décadas; vistas en perspectiva, no han sido procesos pacíficos. Washington no renunciará impasible a su actual condición hegemónica. Otras potencias de orden secundario -Alemania, Francia, Japón, Australia-, aun teniendo amplios intereses comerciales, tecnológicos y financieros entrelazados con los de Beijing, temen ser avasallados por la expansión de la China, especialmente en la medida en que se consolida la alianza de ésta con la Rusia de Vladimir Putin. Esos temores empujaron a las burguesías europeas a alinearse tras el liderazgo estadounidense y de la OTAN con motivo de la invasión rusa a Ucrania; al mismo tiempo, las visitas de líderes de Alemania, Francia, la UE y España a Beijing a fines de 2022 y comienzos de 2023 son muestra de que los intereses de sus corporaciones dominantes generan en ellas hondas vacilaciones respecto de la estrategia a adoptar respecto de China (y también de EE.UU.).

El crecimiento y la modernización económicas siguen siendo el eje de las relaciones internacionales de China; sin embargo, la posibilidad de una conflagración abierta con Washington y otras grandes capitales mundiales puede no depender sólo de su voluntad. Washington reafirma sus estrategias y multiplica sus alianzas para 'contener' el ascenso de Beijing y perpetuar sus propios intereses e influencia en los países en desarrollo y su hegemonía global. Las cuestiones de Ucrania y Taiwán podrían constituir el parteaguas de una nueva división del mundo en bloques enfrentados.

La dependencia de mercados, capitales y tecnologías de las potencias en pugna genera en los países de Asia-Pacífico -y en general en los del nuevo 'tercer mundo'- vulnerabilidades que dificultan su capacidad soberana para elegir y mantener una posición de no-alineamiento y para contrarrestar el horizonte de guerra que la rivalidad hegemónica conlleva. Y debilita, en consecuencia, sus posibilidades de emprender un camino de verdadero desarrollo, diversificado e independiente, en beneficio de los pueblos y naciones.

Referencias

Acker, K., Brautigam D. & Huang Y. (2020). *Debt Relief with Chinese Characteristics*. SAIS-CARI (School of Advanced International Studies-Univ. Johns Hopkins - China-Africa Research Initiative). Working Paper N° 39.

Alves, A. C. & Lee, C. (2022). Knowledge Transfer in the Global South: Reusing or Creating Knowledge in China's Special Economic Zones in Ethiopia and Cambodia? *Global Policy, 13* (1), 45-57. Recuperado de https://doi.org/10.1111/1758-5899.13060.

Alves, A. C. (2018). *The resurgence of China's third world policy in the 21st century*. Nanyang Technological University. Recuperado de https://dr.ntu.edu.sg/bitstream/10356/144355/2/The%20Resurgence%20of%20China%27s%20Third%20World%20Policy%20in%20the%2021st%20Century.pdf

Asianews (2010). *"Vietnam: Opposition still strong to government plans to develop bauxite mines", 04-11-2010.* Recuperado de https://www.asianews.it/news-en/Opposition-still-strong-to-government-plans-to-develop-bauxite-mines--19904.html

Associated Press (12 de octubre de 2020). Sri Lanka secures US$90 million grant from China amid 'debt trap' call. *SCMP*. Recuperado de https://www.scmp.com/news/china/diplomacy/article/3105133/sri-lanka-secures-us90-million-grant-china-amid-debt-trap-call.

Banco Mundial (2023). *Perspectivas económicas globales.*

Bartesaghi I. & De María N. (2022). ASEAN: entre Asia Pacífico e Indo–Pacífico. *CRIES-Pensamiento Propio*. Recuperado de http://www.cries.org/wp-content/uploads/2022/02/009.5-Bartesaghi-y-De-Maria-ok.pdf.

Bello, W. (23 de diciembre de 2019). China's Global Expansion: A Balance Sheet. *Focusweb*. Recuperado de https://focusweb.org/chinas-global-expansion-a-balance-sheet/.

Bing, N. Ch. (13 de febrero de 2023). Anwar's China Policy. *Think China*. https://www.thinkchina.sg/anwars-china-policy.

Bisley, N. (22 de abril de 2021). China drops the mask on its global ambition. *Lowy Institute.* Recuperado de https://www.lowyinstitute.org/the-interpreter/china-drops-mask-its-global-ambition.

Bo, M. & Loughlin, N. (2022). Overlapping Agendas on the Belt and Road: The Case of the Sihanoukville Special Economic Zone. *Global China Pulse, 1*(1), 85-98. Recuperado de https://openaccess.city.ac.uk/id/eprint/28564/1/Essays-3-Bo-Loughlin-2022-1%20(1).pdf.

Bo, M. (6 de mayo de 2021). Chinese Energy Investment in Cambodia: Fuelling Industrialisation or Undermining Development Goals? *Global China Pulse*. Recuperado de https://thepeoplesmap.net/2021/05/06/chinese-energy-investment-in-cambodia-fuelling-industrialisation-or-undermining-development-goals/.

Bradsher K. (27 de marzo de 2023). After Doling Out Huge Loans, China Is Now Bailing Out Countries. *New York Times*. Recuperado de https://www.nytimes.com/2023/03/27/business/china-loans-bailouts-debt.html.

Brautigam, D. & Rithmire, M. (6 de febrero de 2021). The Chinese 'Debt Trap' Is a Myth. *The Atlantic* Recuperado de https://www.theatlantic.com/international/archive/2021/02/china-debt-trap-diplomacy/617953/.

Brautigam, D. (20 de febrero de 2023). The Developing World's Coming Debt Crisis. Foreign Affairs. Recuperado de https://www.foreignaffairs.com/china/developing-worlds-coming-debt-crisis.

Camba, A., Tritto, A., & Silaban M. (2020). From the postwar era to intensified Chinese intervention: Variegated extractive regimes in the Philippines and Indonesia. *The Extractive Industries and Society*, 7(3), p. 1.062. Recuperado de https://www.sciencedirect.com/science/article/abs/pii/S2214790X20302112?via%3Dihub

Carroll, T., Hameiri, S., & Jones, L. (2020). *The Political Economy of Southeast Asia. Politics and Uneven Development under Hyperglobalisation*. Palgrave McMillan.

CGTN (13 de julio de 2022). China y Malasia acuerdan ampliar y reforzar los proyectos clave de la BRI. *Reporte Asia*. Recuperado de https://reporteasia.com/relaciones-diplomaticas/2022/07/13/china-malasia-proyectos-clave-bri/.

CGTN Español (13 de julio de 2022). Una mirada a las relaciones económicas entre China y Malasia. *CGTN Español.* Recuperado de https://espanol.cgtn.com/n/2022-

07-13/HFFcEA/Una-mirada-a-las-relaciones-economicas-entre-China-y-Malasia/index.html.

Cheunboran, Ch. (2021). *Cambodia's China Strategy. Security Dilemmas of Embracing the Dragon*. Routledge.

China Dialogue (8 de febrero de 2019). Gallery: The China-built Railway cutting through Laos. *China Dialogue.* Recuperado de https://chinadialogue.net/en/business/11068-gallery-the-china-built-railway-cutting-through-laos-2/.

Ching, Pao-yu (2012). *Revolution and Counterrevolution. China's Continuing Class Struggle since Liberation*. Institute of Political Economy.

Choong, W. & Ha, H. T. (24 de febrero de 2023). Southeast Asians mull over a Taiwan conflict: Big concerns but limited choices. *Think China*. Recuperado de https://www.iseas.edu.sg/media/op-eds/southeast-asians-mull-over-a-taiwan-conflict-big-concerns-but-limited-choices-op-ed-by-william-choong-and-hoang-thi-ha-in-think-china/.

Congressional Research Service (26 de enero de 2022). U.S.-China Strategic Competition in South and East China Seas: Background and Issues for Congress. *Library of Congress*. https://crsreports.congress.gov.

Cruz de Castro, R. (21 de febrero de 2023). The US-Japan-Philippines triad: Part of the US's trilateral security networks around China". *Think China*. Recuperado de https://www.thinkchina.sg/us-japan-philippines-triad-part-uss-trilateral-security-networks-around-china.

De Prado, C. (10 de febrero de 2023). Afrontando el creciente riesgo de conflicto en el Noreste de Asia. *Observatorio de la Política China*. Recuperado de https://politica-china.org/areas/politica-exterior/afrontando-el-creciente-riesgo-de-conflicto-en-el-noreste-de-asia.

Dodwell, D. (27 de marzo de 2023). Built on a montain of debt, businesses could collapse under inflation and higher interest rates. *SCMP*. Recuperado de https://www.scmp.com/comment/opinion/article/3214901/built-mountain-debt-businesses-could-collapse-under-inflation-and-higher-interest-rates.

Doig, W. (2018). *High Speed Empire. Chinese Expansion and the Future of Southeast Asia*. Columbia Global Reports.

Dwyer, M. & Lu, Juliet (2022). Postwar Laos and the Global Land Rush: A Conversation with Michael Dwyer. Global China Pulse, 1(2), 122-134. Recuperado de https://thepeoplesmap.net/globalchinapulse/postwar-laos-and-the-global-land-rush-a-conversation-with-michael-dwyer/.

Expansión (2021). *Deuda Pública de Malasia*. Recuperado de https://datosmacro.expansion.com/deuda/malasia#:~:text=En%202021%20la%20deuda%20p%C3%BAblica,euros228.619%20millones%20de%20d%C3%B3lares%2C.

Expansión (2021). *Indicadores económicos y sociodemográficos*. Recuperado de https://datosmacro.expansion.com/deuda/indonesia.

Foulkes J. & Wang H. (14 de agosto de 2019). China's Future Naval Base in Cambodia and the Implications for India. *Jamestown*. Recuperado de https://jamestown.org/program/chinas-future-naval-base-in-cambodia-and-the-implications-for-india/.

Franceschini, I. & Loubere, N. (2022). *Global China as Method.* Cambridge University Press.

Future Forum (11 de mayo de 2022). Stung Tatay Hydroelectric Project, Thma Bang District, Koh Kong Province, Cambodia. *The People's Map*. Recuperado de https://thepeoplesmap.net/project/stung-tatay-hydroelectric-project/.

Garver, J. W. (2016). *China's Quest. The History of the Foreign Relations of the People's Republic of China*. Oxford University Press.

Gill, B. (2007). *Rising Star: China's New Security Diplomacy*. Brookings Institution Press.

En Godement F. (2018), Godement *et. al.* (abril de 2018), *The United Nations of China: A Vision of the Worl Order*. China Analysis, European Council on Foreign Relations (ECFR). Recuperado de https://ecfr.eu/wp-content/uploads/the_united_nations_of_china_a_vision_of_the_world_order.pdf.

Goulet, D. (1973). ¿'Development' …or liberation? En Ch. Wilber (Ed.) (1988 [1973]), *The Political Economy of Development and Under-development* (capítulo 24). Random House.

Gurjar, S. (2023). *The Superpower's Playground. Djibouti and Geopolitics of the Indo-Pacific in the 21st. Century*. Routledge.

Ha, H. T. (2021). Un même lit, mais des rêves différents pour la Chine et l'ANASE. En Centre Tricontinental CETRI (2021). *Chine, l'autre superpuissance*. CETRI.

Hart-Landsberg, M. (2018). 'A flawed strategy': A Critical Look at China's One Belt, One Road Initiative. *Europe Solidaire Sans Frontières*. Recuperado de https://www.europe-solidaire.org/spip.php?article46459#nb5.

Harvey, D. (2009). *Breve historia del neoliberalismo*. Akal.

Heginbotham, E. (2015). Evaluating China's Strategy Toward the Developing World. En J. Eisenman, E. Heginbotham, & D. Mitchell (Ed.), *China and the Developing World. Beijing's Strategy for the Twenty-First Century*. Routledge.

Hinton, W. (1990). *The Great Reversal. The Privatization of China, 1978*-1989. Monthly Review Press.

Hou, Y. (21 de febrero de 2023). China and ASEAN: Cooperating to Build Epicentrum of Growth. *Mission of the People's Republic of China*. Recuperado de http://asean.china-mission.gov.cn/eng/stxw/202302/t20230221_11028599.htm.

Hu, A. (2011). *China in 2020. A New Type of Superpower*. Brookings Institution.

Hung, H. F. (2022). *Clash of Empires. From "Chimerica" to the "New Cold War"*. Cambridge University Press.

Hurley, J., Morris, S., Portelance G. (2018). Examining the Debt Implications of the Belt and Road Initiative from a Policy Perspective. Center for Global Development. Recuperado de https://www.cgdev.org/sites/default/files/examining-debt-implications-belt-and-road-initiative-policy-perspective.pdf.

Jacob, J. T. (1 de febrero de 2019). Political crisis in Sri Lanka: China and the Maritime Dimension. *National Maritime Foundation*. Recuperado de https://maritimeindia.org/political-crisis-in-sri-lanka-china-and-the-maritime-dimension/.

Jennings, R. (4 de noviembre de 2022). China, Vietnam sign 13 deals, and 1 stands to reshape economic relations. *SCMP*. Recuperado de https://www.scmp.com/economy/china-economy/article/3198283/china-vietnam-sign-13-deals-and-1-stands-reshape-economic-relations.

Jepson, N. (2020). *In China's Wake: How the Commodity Boom Transformed Development Strategies in the Global South*. Columbia University Press.

Joseph, C. R. (2021). Clash of Strategies: Challenge of preserving the Indo-Pacific Equilibrium. *Journal of Defence & Policy Analysis, 1*(01), 101-16. Recuperado de http://ir.kdu.ac.lk/handle/345/5264.

Kahandawaarachchi, T. (2021). China's Scattered Pearls. How the Belt and Road Initiative Is Reclaiming the 'String of Pearls' and More. *Journal of Indo-Pacific Affairs,* 70-87. Recuperado de https://media.defense.gov/2021/Jun/03/2002733814/-1/-1/0/kahandawaarachchi.pdf/kahandawaarachchi.pdf.

Kana, G. (29 de septiembre de 2022). Bandar Malaysia heads for revival. *The Star*. Recuperado de https://www.thestar.com.my/business/business-news/2022/09/29/bandar-malaysia-heads-for-revival.

Krishnan, K. (20 de diciembre de 2022). Multipolarity, the Mantra of Authoritarianism. *The India Forum*. Recuperado de https://www.theindiaforum.in/politics/multipolarity-mantra-authoritarianism.

La Política Online (12 de octubre de 2010). Soja: Qué hay detrás del regreso de China al mercado argentino. *La Política Online*. Recuperado de https://www.lapoliticaonline.com/nota/nota-68573/.

Lanteigne, M. (2020). *Chinese Foreign Policy. An Introduction*. Routledge.

Laufer, R. (2016). ¿A dónde va China? (y a qué viene). La nueva potencia ascendente y los rumbos de América Latina. En M. Hernández (comp.) *¿A dónde va China?* (pp. 47-66). Metrópolis. Recuperado de https://rubenlaufer.com/2016-a-donde-va-china-y-a-que-viene-la-nueva-potencia-ascendente-y-los-rumbos-de-america-latina/.

Laufer, R. (2020a). China 1949-1978: revolución industrial y socialismo. Tres décadas de construcción económica y transformación social. *Izquierdas, 49,* 2597-2625. Recuperado de https://dx.doi.org/10.4067/s0718-50492021000100224.

Laufer, R. (2020b). De la teoría de los 'tres mundos' a la transición hegemónica. *Ciclos, 55,* 87-125. Recuperado de https://ojs.econ.uba.ar/index.php/revistaCICLOS/article/view/2020.

Lazarus, K. M. (2009). *In Search of Aluminum: China's Role in the Mekong Region*. International Institute for Sustainable Development (IISD). Recuperado de https://www.iisd.org/publications/report/search-aluminum-chinas-role-mekong-region-policy-brief.

Lee, C. A. (19 de octubre de 2020). Sleepwalking into World War III. Trump's Dangerous Militarization of Foreign Policy. *Foreign Affairs*. Recuperado de https://www.foreignaffairs.com/articles/united-states/2020-10-19/sleepwalking-world-war-iii.

Lee, C.K. (2022). Global China at 20: Why, How and So What? *The China Quarterly, 250,* 313-331.

Leterme, C. (20 de octubre de 2022). 20e Congrès National du Parti Communiste Chinois: Quels enjeux pour le Sud? *CETRI*. Recuperado de https://www.cetri.be/20e-Congres-national-du-Parti.

Li, Ch. & Xu, L. (2014). Chinese Enthusiasm and American Cynicism Over the 'New Type of Great Power Relations', *China-US Focus*. Recuperado de http://www.huffingtonpost.com/cheng-li-and-lucy-xu/china-new-powerrelations_b_6324072.html.

Li, K. (2020). Logic of Long: How to undestand the continuities and changes in Chinese foreign policies. En M. F. Staiano & Bogado Bordazar, L. (Comp.), *La innovación china en la gobernanza global: su impacto en América Latina* (pp. 19-32). Instituto de Relaciones Internacionales (IRI), Universidad Nacional de La Plata.

Li, M. (2021). China: Imperialism or Semiperiphery? *Monthly Review*, *73*(3), 47-74.

Li, R. & Kee, Ch. Ch. (2019). *China's State Enterprises. Changing Role in a Rapidly Transforming Economy*. Springer.

Liu, Z. (29 de abril de 2022). China hits back at Australia over Solomon Islands 'red line', saying 'the Pacific is not someone's backyard. *South China Morning Post* (*SCMP*). Recuperado de https://www.scmp.com/news/china/diplomacy/article/3175883/pacific-not-someones-backyard-china-hits-back-australia-over.

Magnier, M. (21 de marzo de 2023). Xi Jinping and Vladimir Putin meet in Moscow, discuss Chinese peace plan for Ukraine. *SCMP*. Recuperado de https://www.scmp.com/news/china/article/3214226/xi-jinping-and-vladimir-putin-meet-moscow-discuss-chinese-peace-plan-ukraine.

Mangione G. (17 de marzo de 2022): Argentina y China. 50 años de una relación asimétrica. *China en América Latina*, Recuperado de https://chinaenamericalatina.com/2022/03/17/argentina-y-china-50-anos-de-una-relacion-asimetrica/.

Manrique, L. E. G. (8 de junio de 2022): Sri Lanka, el canario en la mina de carbón. *Política Exterior*. Recuperado de https://www.politicaexterior.com/sri-lanka-el-canario-en-la-mina-de-carbon/.

Mao, S. (20 de marzo de 2015): Strive for a win-win outcome on the Indian Ocean. *Policy China*. Recuperado de http://policycn.com/wp-content/uploads/2015/04/150320_MAO-Siwei_strive-for-a-win-win-outcome-on-the-Indian-Ocean1.pdf.

Marwah S. & Ervina R. (2021). The China Soft Power: Confucius Institute in Build Up One Belt One Road Initiative in Indonesia. *Wenchuang Journal of Foreign*

Language studies, Linguistics, Education, Literatures, and Cultures, 1(1). Recuperado de https://ojs.unm.ac.id/WenChuang/article/view/23035.

McCartney, M. (2022). *The Dragon from the Mountains. The CPEC from Kashgar to Gwadar*. Cambridge University Press.

MERICS (15 de junio de 2021). China's new international paradigm: security first. MERICS (Mercator Institute for China Studies). Versión abreviada de N. Grünberg et al. (2021): *The CCP's next century: expanding economic control, digital governance and national security,* MERICS. Recuperado de https://merics.org/en/report/ccps-next-century-expanding-economic-control-digital-governance-and-national-security.

Merino, G. (2016). Tensiones mundiales, multipolaridad relativa y bloques de poder en una nueva fase de la crisis del orden mundial. Perspectivas para América Latina. *Geopolítica(s), 7*(2), 201-225.

Mihalyi, D. *et al.* (2020). *Préstamos respaldados por recursos naturales: trampas y potencial.* Natural Resource Governance Institute. Recuperado de https://resourcegovernance.org/analysis-tools/publications/prestamos-respaldados-por-recursos.

Mora, S. (2019). Los mecanismos de acaparamiento de tierras de China en la Argentina: las inversiones en infraestructura de riego. En A. Costantino (Comp.) (2019), *Fiebre por la tierra. Debates sobre el 'land grabbing' en Argentina y América Latina.* El Colectivo. Recuperado de https://editorialelcolectivo.com/producto/fiebre-por-la-tierra/.

Moramudali, U. (1 de enero de 2020). "The Hambantota Port Deal: Myths and Realities", *The Diplomat*. Recuperado de https://thediplomat.com/2020/01/the-hambantota-port-deal-myths-and-realities/.

Murphy, D. C. (2022). *China's Rise in the Global South. The Middle East, Africa, and Beijing's Alternative World Order*. Stanford University Press.

Myers, M. & Ray, R. (2023). At A Crossroads: Chinese Development Finance to Latin America and the Caribbean, 2022. *Inter-American Dialogue*. Recuperado de https://thedialogue.wpenginepowered.com/wp-content/uploads/2023/03/Chinese-Development-Finance-2023-FINAL.pdf.

Ng, G. (18 de octubre de 2022). XX Congreso del PCCh: Seguridad nacional con peculiaridades chinas. *DangDai*. Recuperado de https://dangdai.com.ar/2022/10/18/xx-congreso-del-pcch-seguridad-nacional-con-peculiaridades-chinas/.

Ngin, C. (12 de noviembre de 2022). Why Cambodia has mixed feelings about China-built Phnom Penh-Sihanoukville road. *SCMP*. Recuperado de https://www.scmp.com/week-asia/opinion/article/3199282/why-cambodia-has-mixed-feelings-about-china-built-phnom-penh-sihanoukville-road.

Nikkei Asia (10 de agosto de 2022): "Road to nowhere: China's Belt and Road Initiative at tipping point. *Nikkei Asia*. Recuperado de https://asia.nikkei.com/Spotlight/The-Big-Story/Road-to-nowhere-China-s-Belt-and-Road-Initiative-at-tipping-point.

Nyabiage, J. (29 de noviembre de 2022): Djibouti suspends China and other loan repayments, banks on forgiveness. *SCMP*. Recuperado de https://www.scmp.com/news/china/diplomacy/article/3201251/djibouti-suspends-china-and-other-loan-repayments-banks-forgiveness.

Nyabiage, J. (3 de marzo de 2023). Why Chinese players are taking private stakes in Africa's new megaprojects. *SCMP*. Recuperado de https://www.scmp.com/news/china/diplomacy/article/3212071/new-megaprojects-africa-show-chinese-finance-skews-commercial-market-amid-beijings-lending-slowdown.

OEC (The Observatory of Economic Complexity) (2023). *China/Laos*. Recuperado de https://oec.world/es/profile/bilateral-country/chn/partner/lao.

OEC (The Observatory of Economic Complexity) (2023). *China/Malasia*. Recuperado de https://oec.world/es/profile/country/mys.

OEC (The Observatory of Economic Complexity) (2023.) *China/Indonesia*. Recuperado de https://oec.world/es/profile/bilateral-country/chn/partner/idn

Optenhogel, U. (2023). China en el orden global: ¿socio comercial, competidor o alternativa sistémica?". *Nueva Sociedad*. Recuperado de https://nuso.org/articulo/china-en-el-orden-global-socio-comercial-competidor-o-alternativa-sistemica/.

Page, J., Lubold, G., & Taylor, R. (22 de julio de 2019). Deal for Naval Outpost in Cambodia Furthers China's Quest for Military Network. *WSJ*. Recuperado de https://2020.sopawards.com/wp-content/uploads/2020/12/Exposing-China-s-Secret-Base.pdf.

Peck, J. (1973). Revolution versus Modernization and Revisionism: A Two Front Struggle. En V. Nee & J. Peck, *China's Uninterrupted Revolution. From 1840 to the Present*. Pantheon Books.

Poh, A. & Li, M. (2017). A China in Transition: The Rhetoric and Substance of Chinese Foreign Policy under Xi Jinping. *Asian Security*, Recuperado de https://www.tandfonline.com/doi/full/10.1080/14799855.2017.1286163.

Pomonti, J. C. (3 de julio de 2009). Le Vietnam, la Chine et la bauxite. *Le Monde Diplomatique*. Recuperado de http://blog.mondediplo.net/2009-07-03-Le-Vietnam-la-Chine-et-la-bauxite.

Property Guru (30 de junio de 2021). Bandar Malaysia: 7 Things You Should Know About The Mega Project. *Property Guru*. Recuperado de https://www.propertyguru.com.my/property-guides/bandar-malaysia-what-s-there-to-know-15823.

Property Guru (30 de marzo de 2021). HSR (High Speed Rail) Malaysia: What Is This Mega Project About? *Property Guru*. Recuperado de https://www.propertyguru.com.my/property-guides/kl-sg-high-speed-rail-hsr-what-it-means-for-malaysia-16228.

Rabanal, R. (4 de abril de 2016). La Argentina acordó con China ante la amenaza cross default. *Ámbito*. Recuperado de https://www.ambito.com/edicion-impresa/la-argentina-acordo-china-amenaza-cross-default-n3933726.

Ren, X. (4 de octubre de 2013). Modeling a New Type of Great Power relations. A Chinese Viewpoint. *The Asian Forum*. Recuperado de http://www.theasanforum.org/modeling-a-new-type-of-great-power-relations-a-chinese-viewpoint.

Ren, Z. (2012). *The Confucius institutes and China's soft power*. Institute of Developing Economies, Japan External Trade Organization (IDE-JETRO). Recuperado de http://doi.org/10.20561/00037839.

Rim, S. (9 de mayo de 2022). Why Cambodia is leaning towards China and not the US. *Think China*. Recuperado de https://www.thinkchina.sg/why-cambodia-leaning-towards-china-and-not-us.

Ríos, X. (21 de marzo de 2023). La más roja de las líneas. *Observatorio de la Política China*. Recuperado de https://politica-china.org/areas/taiwan/la-mas-roja-de-las-lineas.

Romero Wimer, F. (2023). Imperialismo, dependencia y transición hegemónica ante el ascenso de China. En R. Laufer & F. Romero Wimer (Org.), *China en América Latina y el Caribe: ¿nuevas rutas para una vieja dependencia?* (pp. 19-66). Appris.

Ruckus, R. (2021). *The Communist Road to Capitalism: How Social Unrest and Containment Have Pushed China's (R)evolution since 1949*. PM Press.

Rudyak, M. (9 de noviembre de 2021). The Past in the Present of Chinese International Development Cooperation. *Made in China Journal, 6*(2), Recuperado de https://madeinchinajournal.com/2021/11/09/the-past-in-the-present-of-chinese-international-development-cooperation/.

Schwoob, M. H. (2018). Chinese views on the global agenda for development. En F. Godement *et al.* (abril de 2018), *The United Nations of China: A Vision of the Worl Order*. China Analysis, European Council on Foreign Relations (ECFR). Recuperado de https://ecfr.eu/wp-content/uploads/the_united_nations_of_china_a_vision_of_the_world_order.pdf.

Shambaugh, D. (2013). *China Goes Global. The Partial Power.* Oxford University Press; Lee, Ch. K. (2014). The Spectre of Global China. *New Left Review, 89* Recuperado de https://newleftreview.org/issues/II89/articles/ching-kwan-lee-the-spectre-of-global-china.

Sim, D. (25 de marzo de 2023). Debt fears could hobble China's belt and road plans in Asean, economists warn. SCMP. Recuperado de https://www.scmp.com/news/china/diplomacy/article/3214550/debt-fears-could-hobble-chinas-belt-and-road-plans-asean-economists-warn.

Singh, T. (29 de septiembre de 2022). Zambia's debt crisis: a warning for what looms ahead for Global South. *CETRI*. Recuperado de https://www.cetri.be/Zambia-s-debt-crisis-a-warning-for.

Siow, M. (20 de febrero de 2021). If Laos fell into a Chinese debt trap, would it make a noise?, SCMP. Recuperado de https://www.scmp.com/week-asia/politics/article/3122409/if-laos-fell-chinese-debt-trap-would-it-make-noise.

Solís, M. (20 de enero de 2023). As Kishida meets Biden, what is the state of the US-Japan alliance? *Brookings*. Recuperado de https://www.brookings.edu/blog/order-from-chaos/2023/01/20/as-kishida-meets-biden-what-is-the-state-of-the-us-japan-alliance/?utm_campaign.

Styan, D. (2020). China's Maritime Silk Road and Small States: Lessons from the Case of Djibouti. *Journal of Contemporary China, 29*(122), 191-206. Recuperado de https://doi.org/10.1080/10670564.2019.1637567.

Suryadinata, L. & Negara, S.D. (1 de marzo de 2023). Workers' riot in a Chinese nickel company in Indonesia: Could it have been prevented? *Think China*. Recuperado de https://www.thinkchina.sg/workers-riot-chinese-nickel-company-indonesia-could-it-have-been-prevented.

Taylor, I. & Zajontz, T. (2020). In a fix: Africa's place in the Belt and Road Initiative and the reproduction of dependency. *South African Journal of International Affairs, 27*(3), 277-295. Recuperado de https://doi.org/10.1080/10220461.2020.1830165.

The Diplomat (11 de febrero de 2022). The China Factor in Indonesia's New Capital City Plan. *The Diplomat.* https://thediplomat.com/2022/02/the-china-factor-in-indonesias-new-capital-city-plan/.

The Maritime Executive (27 de abril de 2017). Pakistan Gives China a 40-Year Lease for Gwadar Port. *The Maritime Executive.* Recuperado de https://maritime-executive.com/article/pakistan-gives-china-a-40-year-lease-for-gwadar-port.

Business Recorder (19 de febrero de 2018). The misterious China Overseas Ports Holding Company. BR Research. Recuperado de https://www.brecorder.com/news/399768.

Tritto, A. (31 de marzo de 2021). "Indonesia". *The People's Map.* https://thepeoplesmap.net/country/indonesia/.

Vientiane Times (8 de enero de 2020). Laos, China enhance relations, broaden cooperation. *Vientiane Times.* Recuperado de https://vientianetimes.org.la/freeContent/FreeConten_Laos05.php.

Vignesh, R. (2022). *China's Growing Security Presence in the IOR and its implications for India.* Parliament Library and Reference, Research, Documentation and information service (LARRDIS). Recuperado de https://parliamentlibraryindia.nic.in/lcwing/Chinas_growing_security.pdf.

Wang, H. (2022). *The Ebb and Flow of Globalization. Chinese Perspectives on China's Development and Role in the World.* Springer.

Wang, Y. (20 de septiembre de 2013). Towards a New Model of Major-Country Relations Between China and the United States. Brookings. Recuperado de https://www.brookings.edu/on-the-record/wang-yi-toward-a-new-model-of-major-country-relations-between-china-and-the-united-states/.

Wang, Y. (7 de julio de 2022). Iniciativa Global de Seguridad e Iniciativa Global de Desarrollo. *Reporte Asia.* Recuperado de https://reporteasia.com/opinion/2022/07/07/iniciativa-global-seguridad-desarrollo/.

Weng, B. T. C. (11 de marzo de 2021). La influencia china en Camboya: ¿se está convirtiendo en 'Xihanoukville'? *Política China.* Recuperado de https://politica-china.

org/areas/politica-exterior/la-influencia-china-en-camboya-se-esta-convirtiendo-en-xihanoukville.

Wong, K. (9 de enero de 2018). Deng Xiaoping used only 'carrots', Xi Jinping is now also using 'sticks': Chinese foreign policy expert. *Mothership*. Recuperado de https://mothership.sg/2018/01/china-xi-deng-carrots-sticks-foreign-policy/.

Xi, J. (2014). *The Governance of China*. Foreign Languages Press.

Xinhua (14 de noviembre de 2017). Primer ministro chino pide alinear estrategias de desarrollo de China y Vietnam. *Xinhua*. Recuperado de http://spanish.xinhuanet.com/2017-11/14/c_136749701.htm.

Xinhua (17 de diciembre de 2019). 'China es aún un país en desarrollo', afirma Wang Yi. *Xinhua*. Recuperado de http://spanish.xinhuanet.com/2019-12/17/c_138637148.htm.

Xinhua (17 de noviembre de 2022). China e Indonesia acuerdan construir comunidad de destino chino-indonesia. Recuperado de https://spanish.news.cn/20221117/74ef8992526b4e66baee815d9fc82527/c.html.

Xinhua (21 de febrero de 2023). The Global Security Initiative. Concept Paper. *Xinhua*. https://english.news.cn/20230221/75375646823e4060832c760e00a1ec19/c.html.

Xinhua (23 de novimebre de 2018). China y Kazajistán prometen alinear estrategias de desarrollo. *Xinhua*. Recuperado de http://spanish.xinhuanet.com/2018-11/23/c_137625145.htm.

Xinhua (30 de agosto de 2022). China sigue siendo el mayor socio comercial de ASEAN. *Xinhua en Español*. http://spanish.xinhuanet.com/20220830/29f49fc7c7f8491b873990f19887512d/c.html.

Xinhua (6 de agosto de 2015). China, dispuesta a alinear Franja y Ruta con estrategias de desarrollo de Asean. *Xinhua*. Recuperado de http://spanish.xinhuanet.com/2015-08/06/c_134485100_2.htm.

Xinhua (6 de octubre de 2020). Ciudad Portuaria de Colombo financiada por China es buen ejemplo de asociación público-privada: Ministro de Sri Lanka. Recuperado de http://spanish.xinhuanet.com/2020-10/06/c_139422511.htm.

Yan, X. (2021). Becoming Strong. The New Chinese Foreign Policy. *Foreign Affairs*, Recuperado de https://www.foreignaffairs.com/articles/united-states/2021-06-22/becoming-strong.

Yang, J. (2015). *A New Type of International Relations – Writing A New Chapter of Win-Win Cooperation*, Center for International Relations and Sustainable Development (CIRSD). Recuperado de https://www.cirsd.org/en/horizons/horizons-summer-2015--issue-no4/a-new-type-of-international-relations---writing-a-new-chapter-of-win-win-cooperation.

Yuen Yee, W. (3 de marzo de 2023). Ten Years On, How is the Belt and Road Initiative Faring in Indonesia? *Jamestown*. Recuperado de https://jamestown.org/program/ten-years-on-how-is-the-belt-and-road-initiative-faring-in-indonesia/?mc_cid=6315d6d2a8&mc_eid=a392beea25.

Zeng, J. (2016). Constructing a 'new type of great power relations': the state of debate in China (1998-2014). *The British Journal of Politics and International Relations*. Recuperado de https://journals.sagepub.com/doi/abs/10.1177/1369148115620991.

Zhang, H. (2021). Builders from China: From Third World Solidarity to Globalised State Capitalism. *Made In China Journal*, *6*(2), 87-94. https://madeinchinajournal.com/2021/12/01/builders-from-china-from-third-world-solidarity-to-globalised-state-capitalism/

Zhang, H. (2023). From Contractors to Investors? Evolving Engagement of Chinese State Capital in Global Infrastructure Development and the Case of Lekki Port in Nigeria. *China-Africa Research Initiative*, Working Paper No. 53. https://static1.squarespace.com/static/5652847de4b033f56d2bdc29/t/63ebdaab742ed67a0a96b5f3/1676401324873/WP+53-+Hong+Zhang+-+January+2023+-+V2.pdf.

Zhang, H. (5 de enero de 2019). Beyond 'Debt-Trap Diplomacy': The Dissemination of PRC State Capitalism. *Jamestown*. Recuperado de https://jamestown.org/program/beyond-debt-trap-diplomacy-the-dissemination-of-prc-state-capitalism/.

Zhao, S. (2015). A New Model of Big Power Relations? China–US strategic rivalry and balance of power in the Asia–Pacific. *Journal of Contemporary China*, *24*(93), 377-397. Recuperado de http://dx.doi.org/10.1080/10670564.2014.953808.

Zhou, L. (14 de febrero de 2023). New Chinese trade zones for Philippines, Indonesia to showcase ANSEA 'bridge and bond'. *SCMP*. Recuperado de https://www.scmp.com/news/china/diplomacy/article/3210193/new-chinese-trade-zones-philippines-indonesia-showcase-asean-bridge-and-bond.

3

AMÉRICA LATINA Y CHINA: ASOCIACIÓN ESTRATÉGICA Y DESARROLLO DESIGUAL[241]

Rubén Laufer

Introducción

La expansión de la Organización del Tratado del Atlántico Norte (OTAN) encabezada por Estados Unidos (EE.UU.) hacia el este de Europa y la invasión de Rusia a Ucrania (febrero 2022) generaron realineamientos políticos y disrupciones económicas internacionales con consecuencias a largo plazo y hoy aún imprevisibles. Algo más tarde (principios de agosto del mismo año) el espaldarazo de hecho de parte de la clase dirigente estadounidense al separatismo de Taiwán con la visita de la presidenta de la Cámara de Representantes Nancy Pelosi, y la inmediata reacción nacionalista de China con prácticas militares, permitieron imaginar lo cerca que estuvo el mundo de un 'accidente' o provocación capaz de desembocar en una confrontación bélica extendida o incluso generalizada. El clima político internacional sigue sacudido por la reactivación de la guerra comercial y tecnológica entre Washington y Beijing tras la pandemia de Covid-19, la acentuada marcha hacia políticas estratégicas de 'desacople' económico y formación de bloques geopolíticos, y la 'batalla' internacional de asociaciones y proyectos de alcance planetario como la Iniciativa de la Franja y la Ruta (IFR) de China, el 'Build Back Better World' de EE.UU. y el G7[242], o la promoción por Washington junto a algunas potencias europeas de una "OTAN para el comercio" para contrarrestar a China.[243] Todo ello prefigura un escenario mundial de realineamientos y disrupciones aún

[241] Escrito en noviembre de 2022.

[242] Skobalski, S. (6 de noviembre de 2021). Iniciativa del G7 'Build Back Better World': ¿oportunidad para América Latina? *Reporte Asia*. Recuperado de https://reporteasia.com/opinion/2021/12/06/iniciativa-del-g7-build-back-better-world-oportunidad-para-america-latina/.

[243] Lee, A. & Wong, K. (17 de mayo de 2022). Ukraine war propels 'multilateral momentum' on China-focused 'NATO for trade', experts say. *South China Morning Post (SCMP)*. Recuperado de https://www.scmp.com/economy/global-economy/article/3177929/ukraine-war-propels-multilateral-momentum-china-focused-nato.

más profundos. La región latinoamericana y sus avatares políticos -tanto electorales como golpistas- en los últimos años no pueden comprenderse por fuera de este contexto.

China es ya un socio económico y político crucial para la mayoría de los países de América Latina y el Caribe (ALC). Es el primero o segundo socio comercial y fuente decisiva de inversiones y financiamiento para muchos gobiernos de la región, superando en algunos casos a EE.UU. y a Europa. En el período 2018-2020 el comercio bilateral superó los US$ 300.000 millones anuales. Más de 2.700 empresas chinas operan en ALC, el segundo mayor destino de la inversión extranjera china.[244] El gobierno de Beijing y grandes corporaciones estatales y privadas de China mantienen vínculos sólidos con poderosos grupos empresariales de la industria, el agro, las finanzas, y con la política y crecientemente las fuerzas armadas y de seguridad de los países latinoamericanos, y todo ello se traduce en relaciones e intercambios académicos y culturales. En conjunto, estos lazos constituyen la base material de la creciente influencia económica, política y estratégica de China en la región.

La importancia de China en el escenario latinoamericano es a la vez efecto y causa de la declinación del poderío global y regional de Estados Unidos. Si bien Washington sigue siendo un gran actor en el nuevo orden mundial en gestación, la creciente presencia china le plantea nuevas condiciones de competencia y disputa hegemónica (también la de otras potencias como Rusia y las integrantes de la Unión Europea). Muchos analistas de ALC ven el ascendente rol económico, tecnológico y geopolítico de Beijing como un contrapeso al poderío estadounidense, y estiman que la compleja relación de interdependencia y competencia entre EE.UU. y China constituye un marco favorable para el desarrollo económico regional.[245]

Entre 1993 y 2018 Brasil, Venezuela, México, Argentina, Perú, Chile, Costa Rica, Ecuador y Bolivia establecieron 'asociaciones estratégicas' con China. Entre 2012 y 2019 las asociaciones con Brasil, México, Perú, Argentina, Venezuela, Chile y Ecuador fueron elevadas a la categoría de 'integrales', trascendiendo el marco económico e incluyendo aspectos polí-

[244] Xinhua (17 de noviembre de 2021). China-LAC Business Summit kicks off in Chongqing. *Xinhua*. Recuperado de http://www.china.org.cn/business/2021-11/17/content_77876971.htm.

[245] Borón, A. (2021). Prólogo. En L. Morgenfeld & M. Aparicio Ramírez (Coord.). *El legado de Trump en un mundo en crisis*. CLACSO-Siglo XXI, p. 16; Baisotti, P. (ed.) (2020): *Writing about Latin American Sovereignty: The Latin American Board*. Cambridge Scholars Publishing, p. 1. Recuperado de https://www.chrome-extension://efaidnbmnnnibpcajpcglclefindmkaj/https://www.cambridgescholars.com/resources/pdfs/978-1-5275-5414-6-sample.pdf.

ticos, culturales y de coordinación en temas como el cambio climático, la producción alimentaria y la 'seguridad'. En ambas direcciones se sucedieron visitas gubernamentales del más alto nivel. En 2004 China obtuvo status de observador en la Organización de Estados Americanos (OEA), y en 2008 se integró al Banco Interamericano de Desarrollo (BID). Beijing intensificó sus vínculos con organizaciones regionales como el Mercosur y la Comunidad Andina, y en 2015 se constituyó el Foro China-CELAC (Comunidad de Estados de América Latina y el Caribe). Numerosos foros, consejos y comités empresariales chino-latinoamericanos vinculan y asocian los intereses de parte del empresariado de países de ALC con sus pares y con los círculos gubernamentales de China.[246] El ámbito académico es particularmente receptivo al *soft power*[247] de China, lo que se materializó en numerosas publicaciones de investigación, intercambios culturales, y en la proliferación de Institutos Confucio en la región.[248]

En 2008 y 2016 China puntualizó en dos "Libros Blancos" los objetivos políticos explícitos de Beijing hacia América Latina y el Caribe: el primero expuso la aspiración china de enmarcar las relaciones con ALC en un mundo "multipolar"; el segundo se propuso -a través del Plan de Cooperación China-CELAC 2015-2019- incrementar hacia 2020 el comercio bilateral a US$ 500.000 millones y las inversiones chinas en ALC a US$ 250.000 millones en sectores como energía, infraestructuras, agricultura, manufactura e innovación científica y tecnológica. Bajo términos como "confianza mutua" y "beneficio mutuo", los países de la región anudaron con

---

[246] Conselho Empresarial Brasil-China (2018). *O novo cenário político chinés e a ascensao de Xi Jinping*. Recuperado de https://www.cebc.org.br/arquivos_cebc/carta-brasil-china/Ed_19.pdf; Gobierno Bolivariano de Venezuela. Ministerio del Poder Popular de Petróleo (15 de septiembre de 2018). *Presidente Maduro: Inicia nueva dinámica de aceleración y profundización de las relaciones económicas China-Venezuela*. Recuperado de http://www.minpet.gob.ve/index.php/es-es/comunicaciones/noticias-comunicaciones/29-noticias-2018/478-presidente-maduro-inicia-nueva-dinamica-de-aceleracion-y-profundizacion-de-las-relaciones-economicas-china-venezuela; Cámara Argentino-China de la Producción, la Industria y el Comercio (14 de septiembre de 2021). *Capítulo 1: Comercio Exterior y análisis de la Ruta de la Seda*. Recuperado de https://argenchina.org/wp-content/uploads/2023/05/Capitulo1.pdf

[247] Aunque proviene de un campo teórico alejado del que aquí utilizamos, recurrimos a este concepto (popularizado hace más de dos décadas por el profesor de Harvard Joseph Nye) porque en las relaciones internacionales permite aludir en sentido amplio a acciones políticas, diplomáticas, académicas etc. que promueven la expansión de la influencia de las potencias por fuera o además del llamado "poder duro" con que suele hacerse referencia al plano militar y a la presión económica y política. Ver Nye J. (1990). Bound to Lead: The Changing Nature of American Power. Basic Books; Nye, J. (2004). Soft Power: The Means to Success in World Politics. Public Affairs.

[248] En ALC los Institutos Confucio se han expandido rápidamente desde 2006 y ya cuentan con 41 sedes, por lo general dentro de los campus universitarios (Voz de América (31 de marzo de 2022). Claves para entender el avance de China en las universidades de Latinoamérica. Voz de América. Recuperado de https://www.vozdeamerica.com/a/claves-para-entender-el-avance-de-china-en-las-universidades-de-latinoamerica/6509556.html).

China una relación económica y política cada vez más estrecha, caracterizada por aspectos tanto cooperativos como conflictivos, y marcada por "costos recíprocos aunque no simétricos".[249] La inclusión de ALC en la iniciativa china de la Franja y la Ruta (IFR) cuenta ya con el respaldo de 21 gobiernos latinoamericanos, y puede significar un salto cualitativo en la asociación global de la región con China.[250]

El comercio China-América Latina: una relación desigual

En menos de dos décadas (1999-2017) el comercio total entre China y ALC creció en más de 30 veces, pasando de US$ 8.000 millones anuales a US$ 260.000 millones.[251] En términos de valor, las exportaciones de ALC hacia China se multiplicaron por 40, y las importaciones desde China por 25, aunque ambas declinaron en 2015 debido a las consecuencias de la crisis mundial de 2008 sobre el crecimiento de China y la subsiguiente caída de los precios internacionales de las materias primas.[252] En la década entre 2007 y 2017 el comercio anual China-ALC aumentó un 151,2%; sólo entre 2017 y 2018 creció 20,2%.[253] Incluso en 2020, pese a la abrupta recesión mundial causada por la pandemia de coronavirus, el comercio total de China con la región descendió en forma mínima, de US$ 317.000 millones a US$ 315.000 millones.[254]

Las cifras del comercio bilateral, aunque impresionantes, evidencian un intercambio desequilibrado tanto en valor como en composición. Las exportaciones latinoamericanas a China se concentran en materias primas y manufacturas de origen agropecuario, es decir en productos de bajo valor agregado y altamente dependientes del ciclo económico y de los mercados compradores; a su vez, el rápido crecimiento de las importaciones de bienes industriales y de capital chinos se traduce en un déficit comercial abultado

[249] Aróstica, P. & Granados, U. (15 de enero de 2021). Alcances de una asociación estratégica integral: China y el caso de México. *Redcaem*. Recuperado de http://chinayamericalatina.com/alcances-de-una-asociacion-estrategica-integral-china-y-el-caso-de-mexico/

[250] Laufer, R. (2020). El proyecto chino 'La Franja y la Ruta' y América Latina: ¿otro Norte para el Sur? *Revista Interdisciplinaria de Estudios Sociales, 20*, 9-52.

[251] Lanteigne, M. (2019). *Chinese Foreign Policy. An Introduction.* Routledge.

[252] Jenkins, R. (2019): *How China Is Reshaping the Global Economy. Development Impacts In Africa and Latin America.* Oxford University Press.

[253] Koleski, K. & Blivas, A. (17 de octubre de 2018). *China's Engagement with Latin America and the Caribbean,* US-China Economic and Security Review Commission. Recuperado de https://www.uscc.gov/research/chinas-engagement-latin-america-and-caribbean.

[254] Congressional Research Service, U.S. (2021). *China's Engagement with Latin America and the Caribbean.* Recuperado de https://crsreports.congress.gov/.

y creciente[255] y en un acentuado proceso de "sustitución inversa" (productos industriales locales reemplazados por manufacturas procedentes del país asiático).[256] Entre 2012 y 2020 el pronunciado déficit de la balanza comercial de ALC con China (con México en un notorio primer lugar), implicó una transferencia de recursos desde la región hacia la potencia oriental por US$ 80.000 millones.[257] En los casos de Brasil, Chile, Perú y Venezuela, su balanza comercial con China es superavitaria, pero lo es sobre la base del reforzamiento de la especialización en la exportación de bienes primarios (minería, petróleo, productos agrícolas y pesqueros).[258]

En la actualidad, más de dos tercios de las ventas de ALC a China se componen de productos agrícolas, combustibles, minerales y algunas manufacturas derivadas: mineral de hierro (Brasil) y de cobre (Chile y Perú), poroto de soja (Brasil y Argentina). El crecimiento de las ventas a China de vinos de Chile, y de otras exportaciones no tradicionales como circuitos integrados de Costa Rica (con un temporario auge entre 2004 y 2014) y partes de motor desde Brasil y México, no altera el carácter básicamente primario de las exportaciones latinoamericanas a la potencia asiática, así como de sus producciones en general. En cambio, China diversificó sus ventas a ALC desde manufacturas de baja tecnología a bienes de capital e industriales complejos (maquinaria, computación, telefonía móvil y automóviles).[259] La guerra comercial entre EE.UU. y China iniciada en 2018 impulsó transitoriamente las exportaciones de soja brasileñas y argentinas: un efecto secundario de las restricciones impuestas por EE.UU. a sus propias ventas a China.

Pese a las recurrentes exhortaciones de las dirigencias latinoamericanas a diversificar los productos exportables de la región a China, los intereses locales ligados a la asociación estratégica con Beijing y las mismas dirigencias presionan en favor de mantener y profundizar un tipo de vínculo comercial y financiero que perpetúa la especialización regional extractiva y primario-exportadora[260]; de este modo consolidan el desequilibrio en la compo-

[255] Comisión Económica para América Latina y el Caribe (CEPAL) (2018). *Explorando nuevos espacios de cooperación entre América Latina y el Caribe y China*. Recuperado de https://www.cepal.org/es/publicaciones/43213-explorando-nuevos-espacios-cooperacion-america-latina-caribe-china. p. 39.

[256] *Ibid.*, p. 15.

[257] Dussel-Peters, E. (2020). La reciente participación de China en América Latina y el Caribe: condiciones actuales y desafíos. *China Research Center*, 19(1). Recuperado de https://www.chinacenter.net/2020/china_currents/19-1/chinas-recent-engagement-in-latin-america-and-the-caribbean-current-conditions-and-challenges/.

[258] Conselho Empresarial Brasil-China (2018), *op. cit.*, pp. 23 y 27.

[259] Jenkins (2019), *op. cit.*, pp. 226-7.

[260] Restivo, N. (21 de junio de 2020). La opción del comercio exterior directo de Estado a Estado. YPF Agro con Vicentin y China, nexo clave para el crecimiento. *Página/12*. Recuperado de https://www.pagina12.com.

sición del comercio bilateral. También contribuyen al intercambio desigual las políticas de Beijing dirigidas a promover el desarrollo industrial propio (la harina de soja argentina fue desplazada por el desarrollo de la industria de trituración que el gobierno chino impulsa desde los '90, sustituyendo las importaciones de ese derivado industrial desde Argentina por soja no elaborada). Esto dificulta a los exportadores regionales de bienes elaborados el acceso al mercado chino, y a su vez empuja a los sectores terratenientes y empresariales de la región ligados a la producción de bienes primarios a presionar a los gobiernos para que abran los mercados regionales a las manufacturas chinas, como ha hecho el gobierno de Ecuador atendiendo a las presiones de las compañías bananeras.[261] Ya en 2010 el gobierno de la entonces presidenta Cristina F. de Kirchner en Argentina debió eliminar las restricciones al ingreso de calzado chino para lograr que el país sudamericano pudiera reanudar hacia la potencia oriental los embarques de aceite de soja que las autoridades chinas habían suspendido como forma de presión sobre el gobierno argentino.

De este modo, la asociación comercial de ALC con China ha contribuido en la última década y media a debilitar algunas políticas de sesgo industrialista y el propio proceso de integración regional; Beijing, que enmarca el avance de las corporaciones estatales y privadas de China en una estrategia global[262], aspira a que los gobiernos del Mercosur acuerden colectivamente el libre comercio con China[263], pero paralelamente no desalienta, sino por el contrario estimula a algunos de esos gobiernos a negociar con Beijing acuerdos comerciales por fuera y en contra de las cláusulas de ese organismo regional, precipitando su crisis.[264] De hecho Uruguay, con respaldo chino, avanzaba en julio de 2022 hacia la concreción de un tratado bilateral.[265]

---

ar/273193-ypf-agro-con-vicentin-y-china-nexo-clave-para-el-crecimiento.

[261] Ecuavisa (18 de julio de 2021). Presidente Lasso confirma predisposición para firmar TLC entre Ecuador y China. Ecuavisa. Recuperado de https://www.ecuavisa.com/noticias/ecuador/presidente-lasso-confirma-predisposicion-para-firmar-tlc-entre-ecuador-y-china-MC532925.

[262] Dussel-Peters, E. (2016). Latin America and the Caribbean and China. Socioeconomic debates on Trade and Investment and the case of CELAC. En S. Cui & M. Perez Garcia (Eds.), *China and Latin America in Transition. Policy Dynamics, Economic Commitments, and Social Impacts*. Palgrave-Macmillan, p. 159.

[263] Centro de Estudios para el Desarrollo (CED) (18 de mayo de 2021). *Es urgente la firma de un TLC entre China y el Mercosur*. Recuperado de http://ced.uy/es-urgente-la-firma-de-un-tlc-entre-china-y-el-mercosur/.

[264] EFE (19 de noviembre de 2020). Argentina prefiere un acuerdo bilateral con China que a través del Mercosur. EFE. Recuperado de https://www.efe.com/efe/america/economia/argentina-prefiere-un-acuerdo-bilateral-con-china-que-a-traves-del-mercosur/20000011-4398855; Newton, F. (18 de octubre de 2021). Disonancias en el Mercosur. *NODAL*. Recuperado de https://www.nodal.am/2021/10/disonancias-en-el-mercosur-por-francis-newton/; CED (2021), *op. cit.*

[265] Euronews (26 de julio de 2022). Uruguay avanza hacia el libre comercio con China a pesar de la crisis abierta en el Mercosur. *Euronews*. Recuperado de https://es.euronews.com/2022/07/26/

Pese a la existencia de foros regionales de discusión con China como el Foro China-CELAC, la cooperación regional es muy limitada, y las relaciones de China con los países de la región siguen siendo principalmente bilaterales.

Inversiones y financiamiento: un cambio cualitativo en la relación bilateral

La rápida expansión del comercio bilateral China-ALC -especialmente durante la primera década del siglo XXI - tuvo como correlato un salto notable en el ingreso de capitales chinos en la mayoría de los países de la región. Como sucedió históricamente en la relación de ALC con otras grandes potencias desde fines del siglo XIX, la "complementariedad" comercial (en realidad la complementación de intereses entre las clases dirigentes locales y las de las potencias que les proveen mercado y capitales) no sólo consolida un patrón de intercambio desigual -exportación a China de materias primas, versus importación desde China de bienes industriales y de capital-, sino que también es la puerta para la entrada masiva del capital chino en la región, en forma de inversiones directas, financiamiento para la construcción de infraestructuras, préstamos financieros (*swaps*), cooperación para el desarrollo y otras modalidades.

El financiamiento chino de grandes obras de infraestructura, y los respaldos financieros de Beijing al equilibrio de las balanzas de pagos en ALC, suman su propio peso al endeudamiento de la región con los organismos multilaterales y con las potencias occidentales. El ingreso de esos recursos mejora circunstancialmente las cuentas fiscales del país receptor, pero al mismo tiempo la creciente dependencia financiera hacia Beijing facilita las presiones de China para la apertura de los mercados locales a sus manufacturas. Los préstamos y créditos también ayudan a Beijing a obtener la realización de proyectos con empresas, tecnología y financiamiento chinos, y a asegurarse contratos rentables y la continuidad en el abastecimiento de materias primas y alimentos.

Después de Asia, América Latina es uno de los destinos más importantes de la inversión china en el exterior.[266] Entre 2000 y 2018, corporaciones estatales y privadas de China participaron en casi un centenar de

uruguay-avanza-hacia-el-libre-comercio-con-china-a-pesar-de-la-crisis-abierta-en-mercosur.

[266] Zhen, W. (3 de enero de 2020). Progreso estable y futuro brillante: Revisión y perspectivas de las relaciones entre China y América Latina en 2019. *Observatorio de la Política China*. Recuperado de https:// politica-china.org/areas/politica-exterior/progreso-estable-y-futuro-brillante-revision-y-perspectivas-de-las-relaciones-entre-china-y-america-latina-en-2019.

proyectos de infraestructura en áreas clave de las economías de la región: represas hidroeléctricas (represas Kirchner y Cepernic, Argentina; Coca-Codo Sinclair, Ecuador), puertos (Porto Sul en Ilhéus, Brasil), ferrocarriles (Tinaco-Anaco, Venezuela; Belgrano Cargas, Argentina), oleoductos y refinerías de petróleo y gas (Refinería Cienfuegos, Cuba), líneas de trasmisión eléctrica (Belo Monte, Brasil; Área Metropolitana de Buenos Aires, Argentina), aeropuertos, canales, autopistas, estadios y otros. China manifestó su interés por el proyecto de dragado, balizamiento y explotación de la Hidrovía Paraguay-Paraná, crucial para las exportaciones agrícolas de Argentina, Uruguay, Paraguay, Brasil y Bolivia. Gigantescas corporaciones de China como State Grid, Sinopec, Sinohydro, Gezhouba, China Railway Group, China Railway Construction Corp. y China Harbor son protagonistas centrales de este proceso.[267]

El atraso regional en la construcción de infraestructuras, en sectores clave como transporte, energía y telecomunicaciones -básicamente debido a la insuficiencia de capitales-, así como la disminución o restricción de las capacidades de financiamiento de Estados Unidos y otras potencias occidentales, impulsa a muchos gobiernos y corporaciones de ALC a apoyarse en la disponibilidad de capital y en las capacidades técnicas y de ingeniería de las corporaciones industriales y bancarias de China, e incluso a asociarse con ellas. A su vez, influyentes instituciones académicas de China como la Universidad Tsinghua, y regionales como la Comisión Económica para América Latina y el Caribe (CEPAL), promueven la formación de Asociaciones Público Privadas (Public-Private Partnership, PPP) y la captación de recursos a través de la banca china y de fondos de inversión, compañías de seguros y otras instituciones de China, sin advertir al público de los países receptores sobre el peso de la deuda estatal y privada que así se genera, pese a los numerosos antecedentes de ello en países asiáticos, africanos y latinoamericanos.[268]

---

[267] Jenkins (2019), *op. cit.,* p. 230; Baisotti (Ed.) (2020), *op. cit.*, p. 3; Cesarín, S. (2021). China: política interna y externa en tiempos de Xi Jinping. *Red China y América Latina: Enfoques Multidisciplinarios (REDCAEM), 23.*

[268] Sólo a modo de ejemplo, ver: para el caso de Filipinas, Camba, A. (18 de enero de 2019). Examining Belt & Road 'Debt Trap' Controversies in the Philippines. *Jamestown*. https://jamestown.org/program/examining-belt-and-road-debt-trap-controversies-in-the-philippines/; para Etiopía, Zhou, L. (24 de marzo de 2019). Ethiopia in talks with China to ease 'serious debt pressure' tied to New Silk Road rail link, envoy says, *South China Morning Post*. Recuperado de https://www.scmp.com/news/china/diplomacy/article/3002957/ethiopia-talks-china-ease-serious-debt-pressure-tied-new-silk; para Ecuador, Pérez Izquierdo, L. (28 de febrero de 2021). Una represa tambaleante y una deuda impagable para Ecuador: los negocios de Xi Jinping en América Latina. *Infobae,* Recuperado de https://www.infobae.com/america/america-latina/2021/02/28/una-represa-tambaleante-y-una-deuda-impagable-para-ecuador-los-negocios-de-xi-jinping-en-america-latina/.

La estrategia de 'Go out / Go global' y el salto en las inversiones de China en ALC

El Estado chino impulsó y apoyó, con su gran poderío financiero y especialmente con su política de "Salir afuera y hacerse globales", el rápido avance de la Inversión Extranjera Directa (IED) china en la región. Aunque su monto total está aún muy por detrás de Estados Unidos, las inversiones de empresas chinas crecen aceleradamente. Ello fue parte de un proceso mundial de centralización del capital y la producción, incluidas fusiones monopólicas con participación de grandes corporaciones chinas como -en el caso de Argentina y Uruguay- la adquisición de la petrolera Bridas por parte de la china CNOOC, la de las cerealeras Noble y Nidera por COFCO, la absorción de firmas de origen canadiense o brasileño, y la asociación con los Estados nacionales o subnacionales (provinciales o departamentales). Al mismo tiempo convergió y aprovechó las características propias de las economías de países dependientes como los latinoamericanos que constituyen opciones lucrativas para el capital extranjero: escasez de capital, baja remuneración de la mano de obra, condiciones ventajosas para la apropiación de materias primas y recursos estratégicos.[269]

En correspondencia con las necesidades de financiamiento de las inversiones chinas en la región adquirieron creciente importancia los bancos chinos, principalmente el ICBC, Bank of China y Chinese Development Bank.

Las inversiones chinas se concentraron inicialmente en petróleo, minería, infraestructura de transporte (principalmente ferroviario), insumos agrícolas y compañías exportadoras; más tarde -entre 2012 y 2017- se desplazaron hacia la generación de energía eléctrica y otros proyectos, en línea con los planes de China de apoyar, promover y financiar la construcción de grandes infraestructuras en ALC. En los últimos años creció en Argentina, Bolivia y Chile el interés de las corporaciones chinas por el litio (elemento clave en la batalla por el control de las tecnologías de última generación)[270]; mediante la adquisición total o parcial de grandes compañías chilenas, las

[269] Romero Wimer, F. & Torviso, Pablo S. (2022). Inversiones chinas en Argentina y Uruguay: evolución y actores durante el siglo XXI. *Desenvolvimento em Debate*, Rio de Janeiro, *10*(1), 26-29. Recuperado de chrome-extension://efaidnbmnnnibpcajpcglclefindmkaj/https://inctpped.ie.ufrj.br/desenvolvimentoemdebate/pdf/revista_dd_v10_n1_fernando_wimer.pdf.

[270] Slipak, A. & Urrutia Reveco, S. (2019). Historias de la extracción, dinámicas jurídico-tributarias y el litio en los modelos de desarrollo de Argentina, Bolivia y Chile. En B. Fornillo (Coord.), *Litio en Sudamérica. Geopolítica, energía y territorios*. UNSAM.

corporaciones estatales chinas se aseguraron el control de casi la mitad de la actual producción mundial de litio.[271]

Aunque tanto los acuerdos comerciales y de inversión como las instituciones de coordinación y cooperación China-ALC son calificados como 'bilaterales' y encuadrados en los conceptos de 'cooperación para el desarrollo y beneficio mutuo', los acuerdos de inversión son casi siempre unidireccionales (desde China hacia ALC), y muchas veces conllevan, por parte de los países receptores, concesiones comerciales o la firma de contratos directos (es decir sin licitación previa) para la realización de grandes proyectos de infraestructura por empresas chinas. Este carácter unidireccional de los convenios con China no se diferencia sustancialmente de las modalidades de intercambio, inversión, financiamiento y cooperación de las otras grandes potencias mundiales.[272]

La fuerte presencia del capital chino en la región -en forma individual, o en asociación con grupos económicos locales- refleja, y a la vez potencia, el crecimiento de poderosos sectores empresariales, gubernamentales, políticos y académicos que impulsan la alianza estratégica con China: un conglomerado diverso de intereses locales promueve la 'adaptación estructural' de las producciones y las exportaciones de la región y de muchas infraestructuras locales de energía, transporte y servicios a las necesidades y a la demanda de la potencia asiática.[273] La asociación o alianza con las corporaciones estatales o privadas de China en la realización de grandes emprendimientos convierte a los grupos locales -y a sus socios externos- en un factor interno con influencia decisiva en las esferas vinculadas a la toma de decisiones económicas y políticas dentro de los Estados de la región.

Gobiernos y grupos económicos buscan atraer -a través de concesiones o beneficios- inversiones chinas a algunas ramas industriales, y obtener financiamiento estatal y privado de China para la realización de obras de infraestructura u otros emprendimientos estratégicos, hacia los cuales Beijing canaliza sus excedentes de capital. Muchas veces se trata de

---

[271] Koleski & Blivas (2018), *op. cit.*

[272] González-Vicente, R. (2012). Mapping Chinese Mining Investment in Latin America: Politics or Market? *The China Quarterly, 209*, 35-58. Recuperado de http://journals.cambridge.org/abstract_S0305741011001470.

[273] "El éxito de los países dependerá de la capacidad de diseñar e implementar un proyecto que *adapte* de forma dinámica la estructura productiva a los nuevos contornos de la globalización" (Bustelo, S. & Esteso, D., 15 2019). Hacia una visión de futuro para las relaciones entre Argentina y China. *Cenital.* Recuperado de https://www.cenital.com/2019/12/15/hacia-una-vision-de-futuro-para-las-relaciones-entre-argentina-y-china/64566). Ver también la información sobre la 14ª Cumbre Empresarial China-LAC realizada en la ciudad china de Chongqing el 16-11-2021.

obras destinadas a facilitar en los países receptores las exportaciones de *commodities* o de insumos intermedios hacia las industrias de la potencia oriental, lo que a su vez intensifica la dependencia de las exportaciones regionales respecto del mercado chino.

La inversión china en ALC apunta a intereses no sólo inmediatos sino también estratégicos de mediano o largo alcance. La 'asociación estratégica integral' de Beijing con México permite a las empresas chinas de ingeniería radicadas allí participar en proyectos de infraestructura locales, y a las compañías comerciales mexicanas actuar como punta de lanza hacia el mercado norteamericano en el marco del T-MEC recientemente firmado entre México, Estados Unidos y Canadá.[274] Esta función intermediaria del mercado mexicano podría adquirir importancia estratégica en el caso de persistir las autoridades estadounidenses en su política de 'desacople' de las cadenas productivas y de suministro vinculadas a China. También Chile podría oficiar como puente entre la región Asia-Pacífico y América del Sur.[275]

Con frecuencia, al enumerar los temas bilaterales considerados 'estratégicos', las dirigencias económicas y académicas chinas y latinoamericanas se refieren sólo de modo formal a la diversificación productiva y exportadora de ALC; los marcos y convenios bilaterales y multilaterales con China casi nunca aluden como 'estratégica' a la necesidad de avanzar hacia la independencia industrial, financiera y tecnológica y hacia la democratización productiva y social de las sociedades de la región.[276]Por otra parte, de modo creciente y al igual que sucede con otras grandes potencias, los compromisos comerciales, financieros y de inversión con China se expresan también en el plano geopolítico, incluyendo acuerdos de compra de armamento o desarrollo de proyectos conjuntos en temas de defensa con tecnología y financiamiento chinos.[277]

[274] Aróstica & Granados (2021), *op. cit.*

[275] Schulz, C. A. & Rojas-De-Galarreta, F. (2022). Chile as a transpacific bridge: Brokerage and social capital in the Pacific Basin. *Geopolitics, 27*(1), 309-332.

[276] Alicia Bárcena, secretaria ejecutiva de CEPAL, afirma que "la gran tarea pendiente de ALC es avanzar hacia una mayor integración con una visión más pragmática, para que los 32 países que componen la CELAC puedan actuar en conjunto en temas estratégicos tales como el acceso y producción de vacunas, la economía digital, la protección de la biodiversidad, la acción climática y coordinar sus esfuerzos en torno a las reglas de comercio, propiciar en conjunto una inversión extranjera directa de calidad desde China y lograr mejores condiciones de financiamiento internacional..." (Bárcena, A. (13 de octubre de2021). La cooperación entre China y América Latina y el Caribe ofrece una oportunidad para reducir las asimetrías globales y apoyar una recuperación económica transformadora. *CEPAL*. Recuperado de https://www.cepal.org/es/noticias/la-cooperacion-china-america-latina-caribe-ofrece-oportunidad-reducir-asimetrias-globales).

[277] Télam (20 de enero de 2022). Argentina profundiza la cooperación con China en materia de defensa. *GrupoLaProvincia.com*. Recuperado de https://www.grupolaprovincia.com/politica/argentina-profundiza-la-cooperacion-con-china-en-materia-de-defensa-870346.

Las cifras del gobierno chino suelen subvaluar el monto real de las inversiones de ese origen en ALC, ya que no cuentan como inversiones chinas las que sus corporaciones realizan a través de operaciones de triangulación, o mediante compras o fusiones desde filiales o compañías subsidiarias radicadas en otros países, como la adquisición de la petrolera Repsol-Brasil por parte de Sinopec, realizada desde una subsidiaria de ésta en Luxemburgo.[278] Mientras el Ministerio de Comercio de China estimaba que el *stock* total de IED china en ALC a fines de 2015 era de US$ 12.200 millones, las cifras de otros estudiosos latinoamericanos para el período 2001-2016 ascienden a US$ 113.700 millones, diez veces más.[279] En 2010, según la CEPAL, el 95% de la IED de China en América Latina tenía como destino los paraísos fiscales caribeños de las Islas Caimán y las Islas Vírgenes Británicas (US$ 38.000 millones, de un *stock* global de US$ 41.000 millones a fines de 2009): los tres principales destinos siguientes de las radicaciones chinas (Brasil, Perú y Argentina) totalizaban sólo US$ 781 millones.[280]

Financiamiento chino y condicionamientos al desarrollo regional

También a partir de los vínculos comerciales, en el último período China se convirtió en el principal financista de los gobiernos latinoamericanos; éstos recurren crecientemente al financiamiento chino tanto para la construcción de grandes infraestructuras y de emprendimientos industriales, como para equilibrar sus cuentas fiscales. Durante algo más de una década desde 2005, el Banco Chino de Desarrollo y el Eximbank chino proveyeron a ALC US$ 150.400 millones en financiamiento, un monto superior a los préstamos sumados del Banco Mundial y el BID[281], con una única interrup-

[278] Cronista (27 de enero de 2011). China lideró inversión externa directa en Brasil con el ojo puesto en las commodities. *Cronista*. Recuperado de https://www.cronista.com/valor/China-lidero-inversion-externa-directa-en-Brasil-con-el-ojo-puesto-en-las-commodities-20110127-0032.html.

[279] Jenkins (2019), *op. cit.*, p. 228.

[280] CEPAL (2010). *La República Popular de China y América Latina y el Caribe: hacia una relación estratégica*. Recuperado de https://repositorio.cepal.org/bitstream/handle/11362/2956/1/RP_China_America_Latina_Caribe.pdf; Manrique, L. & Leiteritz, R. J. (2020). The Highest, the Lowest and the In-betweens: Tracing the Map of China's Influence in Latin America. En P. Baisotti (Ed.) (2020), *Writing about Latin American Sovereignty: The Latin American Board*. Cambridge Scholars Publishing, p. 189. Dussel-Peters, E. (31 de marzo de 2019). Monitor de la OFDI china en América Latina y el Caribe 2019. *Red ALC-China*. Recuperado de https://www.redalc-china.org/monitor/images/pdfs/menuprincipal/DusselPeters_MonitorOFDI_2019_Esp.pdf; Jenkins, R. (2019), *op. cit.* pp. 227-228. El País (21 de enero de 2014). El paraíso chino está en el Caribe. *El País*. Recuperado de https://elpais.com/internacional/2014/01/20/actualidad/1390246178_974168.html.

[281] Gallagher, K. & Myers, M. (2017). *China-Latin America Finance Database*. Inter-American Dialogue. Recuperado de https://www.thedialogue.org/map_list/.

ción en los años de la pandemia de Covid-19[282]; sus principales destinos fueron Venezuela, Brasil y Argentina, concentrándose ampliamente en energía (70%) e infraestructura (18%). El financiamiento chino se constituye, así, en un pilar cada vez más necesario para los gobiernos latinoamericanos, y en impulsor de un rumbo de desarrollo muy diferente del camino de independencia y autosostenimiento tecnológico y financiero con que la propia China construyó, en sus años socialistas, las bases materiales de su crecimiento económico.[283]

Algunos analistas políticos y académicos latinoamericanos consideran que, debido a sus condiciones más laxas de financiamiento, China constituye una buena alternativa respecto del modelo hegemónico representado por el capitalismo estadounidense. Ciertamente los préstamos y créditos de China no incluyen los habituales condicionamientos políticos y programas de ajuste fiscal que imponen los planes de las instituciones financieras occidentales, pero sus convenios conllevan sus propias condiciones, en particular la contratación de corporaciones chinas y la adquisición de tecnología e insumos a empresas chinas. Este es el caso del plan de convenios bilaterales con Rusia y China que el gobierno argentino de Alberto Fernández evaluó como parte de su compromiso para pagar la enorme deuda contraída con el Fondo Monetario Internacional (FMI) por su predecesor Mauricio Macri.[284] Del mismo modo, el extenso plan de inversiones chinas con que se cerró la visita del presidente argentino a Beijing en los primeros días de febrero de 2022, fue una manifestación de las condiciones mencionadas: los acuerdos

---

[282] Global Development Policy Center (2021). *China-Latin America Economic Bulletin. 2021 Edition*. Boston University. Recuperado de https://www.bu.edu/gdp/files/2021/02/China-LatAm-Econ-Bulletin_2021.pdf.

[283] Es notable el contraste con las políticas que la China popular mantuvo hacia los países del 'tercer mundo' -incluidos los latinoamericanos- durante la era maoísta. A título de ejemplo: en marzo de 1971 durante su visita a Beijing, Carlos Altamirano, emisario extraoficial de la cancillería de Chile bajo la presidencia del socialista Salvador Allende, recibió seguridades de ayuda financiera que un mes después se concretarían en el acuerdo de intercambio y cooperación firmado con el ministro de Economía Pedro Vuskovic: un convenio muy modesto y acorde con las posibilidades de la China socialista de entonces, complementado posteriormente por varios acuerdos de préstamo y crédito firmados en enero de 1973 con el canciller Clodomiro Almeyda, en condiciones ventajosas y destinados al desarrollo de la pequeña y mediana industria. Durante la negociación de esos apoyos, los funcionarios chinos insistieron en sus consejos de moderación y austeridad, sugiriendo a sus pares chilenos persistir en el camino de la independencia y el autosostenimiento financiero. Por esos años la República Popular China buscaba desarrollar entre los países pobres un nuevo tipo de cooperación, basado no en la concesión de créditos externos sino en la solidaridad económica, comercial y política (Matta, J. E. (1991). Chile y la República Popular China: 1970-1990. *Estudios Internacionales*, 24(95), 347-367; Laufer, R. (2020). China: de la teoría de los tres mundos a la transición hegemónica. *Ciclos*, *55*, 87-125.

[284] Carrillo, C. (24 de noviembre de 2021). Deuda: en qué consiste el plan de acordar con Rusia y China para sacarse de encima al FMI. *El destape*. Recuperado de https://www.eldestapeweb.com/economia/deuda-con-el-fmi/deuda-evaluan-acordar-con-rusia-y-china-para-sacarse-de-encima-al-fmi-20211124232017.

incluyen la construcción por empresas chinas de la cuarta central nuclear de Argentina (por valor de casi US$ 8.000 millones); el renovado impulso de las represas Kirchner y Cepernic en la sureña provincia de Santa Cruz (US$ 4.700 millones); la ampliación del parque fotovoltaico Cauchari en la norteña provincia de Jujuy; y los puentes Chaco-Corrientes y Santa Fe-Paraná, además de gasoductos, acueductos y plantas de tratamiento de agua potable, corredores viales, obras de transmisión y distribución eléctrica, y programas de vivienda y conectividad con fibra óptica.[285]

Condiciones similares rigieron en 2010 para la concreción de la compra argentina de 100 locomotoras, 3.500 vagones, rieles, y hasta durmientes de hormigón a la estatal china CNR Corp. para la renovación de varias líneas ferroviarias.[286] En este último caso, el principal beneficiario del proyecto ferroviario Belgrano Cargas fue la propia corporación china CMEC, encargada del financiamiento, ya que "la línea de crédito de u US$ 10.000 millones que China otorgó a la Argentina fue de hecho para las compañías ferroviarias chinas, de modo que el capital invertido volvería a China", mientras la deuda quedaba como obligación del país contratante. El subdirector chino calificó al proyecto como "un ejemplo de cooperación en el marco de la Iniciativa de la Franja y la Ruta".[287]

Estos acuerdos, por lo general, no incluyen transferencia de tecnología: los créditos son concedidos para importar máquinas y equipos chinos. Según la CEPAL[288], los proyectos de infraestructura respaldados con créditos chinos a países de ALC son 'llave en mano', es decir con financiamiento, empresas, tecnología e insumos chinos, y encadenamientos escasos o nulos con las economías locales. En el caso de Argentina, que junto a Bolivia y Chile constituye el 'triángulo del litio' el interés de China se concentra actualmente en la explotación de este mineral, cuyos precios en el mercado mundial desde principios de 2021 hasta mediados de 2022 se multiplicaron por 6. Promocionada como una escala en el proceso de industrialización, la producción de baterías para electromovilidad en la planta piloto creada en la ciudad de La Plata por Y-Tec (subsidiaria de Yacimientos Petrolíferos

[285] Risso, N. (23 de enero de 2022). El camino hacia China y Rusia. *Página/12*, Recuperado de https://www.pagina12.com.ar/397052-el-camino-hacia-china-y-rusia.

[286] Malena, J. (2018). Cooperación entre China y América Latina dentro de la iniciativa ampliada 'Una Franja, Un Camino': estudio de caso sobre infraestructura ferroviaria". En S. Vaca Narvaja & Z. Zhan, (Eds.), *China, América Latina y la geopolítica de la Nueva Ruta de la Seda*. Universidad Nacional de Lanús.

[287] Gallagher, K. *et. al.* (2013). Un mejor trato. Análisis comparativo de los préstamos chinos en América Latina *apud* Malena (2018), *op. cit.*, p.:172.

[288] CEPAL (2018), *op. cit.*, pp. 67 y 70.

Fiscales, controlada por el Estado), estaría asociada a la provisión de equipos -y previsiblemente también de tecnologías y técnicos- por la empresa china Tmax; la producción estaría dirigida en una proporción menor a la fabricación de vehículos eléctricos en mercados regionales y, muy probablemente, a la exportación con destino a la industria china.[289]

De este modo, el desarrollo industrial así promovido -nuevamente impulsado por la 'complementariedad' de intereses entre las clases dirigentes locales y el de las corporaciones inversoras de China- consistiría en la conformación de industrias locales, pero no necesariamente nacionales, según el modelo 'neodesarrollista' ya frecuentado en la región en la primera y segunda décadas del siglo XXI con los conocidos efectos de endeudamiento externo y reafirmación de la estructura extractivo-exportadora.

Bolivia es otro ejemplo representativo sobre la naturaleza de las relaciones regionales con el gigante asiático. Según un documentado estudio de 2020[290], el acelerado endeudamiento bilateral de la República Plurinacional hacia China en la década 2010-2020 se tradujo principalmente en la contratación de empresas chinas: junto a la compra de productos chinos, ésta sería una de las condicionalidades básicas para la concreción de los préstamos de la potencia asiática, como se observa en el caso de la carretera Rurrenabaque-Riberalta (China Railway Construction Corporation); el desarrollo del emprendimiento minero El Mutún (Sinosteel); la realización de la carretera de El Sillar (Sinohydro); y la construcción del satélite Tupaj Katari (Great Wall). Muchos de los contratos fueron firmados en forma directa, es decir sin licitación internacional.[291]

Como consecuencia del financiamiento de estos contratos, la deuda externa de Bolivia hacia China se multiplicó 12 veces desde fines de la década del 2000 hasta 2020 (de US$ 82,2 millones a US$ 965,8 millones); entre 2010 y 2019 China pasó del 3% a representar el 9% de la deuda externa total -multilateral, bilateral y privada- de Bolivia, pero saltó del 14% al 75% de la deuda bilateral tomada por Bolivia con otros países. Las empresas chinas operan en Bolivia con financiamiento no sólo chino sino también del CAF-Banco de Desarrollo de América Latina (organismo multilateral),

[289] Restivo N. (18 de septiembre de 2022). Aumenta el peso de China en el litio nacional. Las exportaciones mineras permitirían reducir el déficit comercial bilateral. *Página/12* (2022). Recuperado de https://www.pagina12.com.ar/482201-aumenta-el-peso-de-china-en-el-litio-nacional.

[290] Fundación Solón (18 de febrero de 2020). *China & Bolivia. Deuda, comercio, inversiones*. Boletín N° 1. extension://efaidnbmnnnibpcajpcglclefindmkaj/viewer.html?pdfurl=https%3A%2F%2Ffunsolon.files.wordpress.com%2F2022%2F01%2Fchina_bolivia_boletin_final.pdf&clen=1586870&chunk=true.

[291] *Id.*

del Banco Central y del propio Estado boliviano. Así, el financiamiento acordado con China va consolidando una práctica económica del Estado boliviano que intensifica su endeudamiento externo e interno y el carácter dependiente de su desarrollo financiero y tecnológico.

A su vez, estos desarrollos vinieron a reforzar el esquema tradicional del intercambio comercial entre Bolivia y China y, más en general, el de las relaciones económicas entre los países de ALC y las grandes potencias. En 2019 China representaba el 5,1% del total de las exportaciones del país sudamericano a China, pero sumaba el 21% de sus importaciones. Este profundo desequilibrio era también evidente en la composición del intercambio bilateral: los minerales -cinc, plata, plomo, cobre- constituían el 92% de las ventas bolivianas al país oriental, mientras que el 36% de las importaciones provenientes de China eran maquinarias y material eléctrico, manufacturas metálicas, material de transporte, productos químicos y plásticos, y textiles.

La modalidad 'préstamos por productos'

La China de la 'reforma y apertura' ha mostrado en general -y hacia los países latinoamericanos en particular- una gran capacidad adaptativa en sus modalidades tanto comerciales como de inversión y financiamiento para asegurarse los recursos primario-extractivos que ella necesita, o la realización de grandes obras de infraestructura, algunas de ellas ligadas a las capacidades exportadoras de la región hacia China, y otras simplemente como vía de colocación rentable de capitales excedentes en la potencia oriental.

El método de financiamiento de China a los países de ALC con frecuencia compromete anticipadamente las producciones o los recursos naturales de los países receptores para el pago de los créditos. Los convenios de suministro de petróleo firmados por Beijing con Venezuela y Ecuador desde las presidencias de Hugo Chávez y Rafael Correa asumieron la conocida forma de "préstamos por petróleo", un modelo que consolida la especialización monoproductora de esos países y asegura la entrega del vital recurso a un cliente y a precios predeterminados.[292] En julio de 2019, Ecuador aún debía

[292] Esta modalidad de operación de las empresas estatales y privadas de China en ALC es muy similar a los acuerdos del tipo "infraestructuras a cambio de cobre y cobalto" que Beijing implementa en sus convenios mineros en África. Ver, entre otros, The Economist (2016). The evolving role of China in Africa and Latin America. *The Economist Intelligence Unit*. Recuperado de https://www.lampadia.com/assets/uploads_documentos/7ffa7-the-evolving-role-of-china-in-africa-and-latin-america.pdf; Jenkins (2019): *op. cit.*; y Nyabiage, J. (16 de septiembre de 2021). Chinese mining firms told to stop work and leave Democratic Republic of Congo. *SCMP*. Recuperado de https://www.scmp.com/news/china/diplomacy/article/3148897/chinese-mining-firms-told-stop-work-and-leave-democratic.

a China US$ 3.600 millones y 375 millones de barriles de petróleo, por contratos de preventa atada a créditos o anticipos con Petrochina y otras dos compañías asiáticas firmados una década atrás, a cambio de financiamientos por US$ 13.000 millones que Ecuador ya había recibido casi por completo.[293]

En el mismo sentido, recientemente la corporación china Syngenta ofreció al presidente argentino Alberto Fernández llevar a cabo un sistema de canje de "granos por insumos"[294] que esa empresa implementaría en asociación con la importadora Sinograin, también china. Syngenta, actualmente parte de un megagrupo chino de agronegocios liderado por COFCO -el segundo exportador de granos de Argentina detrás del estadounidense Cargill[295]-, incluye a Chemchina, la que a su vez en 2018 compró a COFCO la empresa holando-argentina Nidera Semillas. Las corporaciones exportadoras recibirían de Syngenta semillas tratadas genéticamente, y pagarían su compra con la producción de soja y maíz que demanda Sinograin. La debilidad de las reservas monetarias argentinas, y la consiguiente necesidad del gobierno de incrementar las exportaciones y el ingreso de dólares, refuerza su dependencia de la venta de materias primas y torna probable la aceptación de la propuesta china.

Al igual que las ventas anticipadas de petróleo por Venezuela y Ecuador, esta modalidad de venta de materias primas atada a la provisión de préstamos o de tecnología, consolida la especialización primario-exportadora y extractivista, sustrae las producciones primarias del consumo o la elaboración industrial interna direccionándolas hacia las grandes potencias o hacia los consorcios importadores, y posterga la diversificación y el desarrollo industrial y tecnológico propio y autosostenido. En países como Brasil los estímulos al agronegocio generan, además, fuertes efectos de desertificación.[296]

---

[293] El Comercio (28 de julio de 2019). El país aún debe USD 3 613 millones por créditos y anticipos petroleros. El Comercio. Recuperado de https://www.elcomercio.com/actualidad/negocios/creditos-prestamos-petroleo-china-ecuador.html; El Comercio (19 de agosto de 2021). Petrochina gana segundo concurso para comprar crudo ecuatoriano con precio más favorable que sus contratos a largo plazo. El Comercio. Recuperado de https://www.elcomercio.com/actualidad/negocios/petrochina-gana-concurso-crudo-ecuatoriano.html.

[294] Otero, Y. (2 de septiembre de 2021): Syngenta avanza con su plan exportador: ya vendió a China 140.000 toneladas por u$s 65 millones. *Ámbito*. Recuperado de https://www.ambito.com/economia/empresas/syngenta-avanza-su-plan-exportador-ya-vendio-china-140000-toneladas-us65-millones-n5267868.

[295] DangDai (28 de agosto de 2021). Cofco, segunda mayor exportadora. Recuperado de https://dangdai.com.ar/2021/08/28/cofco-segunda-mayor-exportadora/.

[296] BBC Brasil (27 de agosto de 2021). O grande deserto brasileiro criado pelo agronegócio. *Outras palavras*. Recuperado de https://outraspalavras.net/outrasmidias/o-grande-deserto-brasileiro-criado-pelo-agronegocio/?fbclid=IwAR26Q4N7vBc43VUBuDfwnJGXeWnvwpOdSFfC3ecqEj7-mTrFJKzo9knE6Ds.

Aunque por sus condiciones más flexibles el financiamiento chino suele ser presentado como una alternativa a instituciones financieras internacionales como el FMI y el BID, conviene recordar que Beijing forma parte de esas instituciones, respalda las normas que habitualmente imponen a los receptores de sus créditos, y exige su cumplimiento como precondición para sus propios convenios financieros. En el caso de Argentina, el acuerdo *swap* suplementario de 2018 firmado con China por el ex presidente Mauricio Macri fue condicionado al cumplimiento de los pagos del préstamo *stand by* de US$ 57.000 millones concedido por el FMI (el mayor en la historia del organismo), aunque era previsible que los fondos efectivamente entregados -US$ 46.000 millones- serían destinados a financiar la fuga de capitales en lugar de emprendimientos productivos o sociales. China no planteó objeciones, e incluso medió para que el FMI concediera el préstamo al gobierno argentino.[297]

'Oportunidades' y 'desafíos'

Las alianzas estratégicas de países de ALC con China constituyen ya una verdadera 'política de Estado' a escala regional[298]; algunos autores denominan a esto "Consenso de Beijing".[299] El vínculo estratégico se reforzó durante la oleada de gobiernos reformistas o neodesarrollistas[300] instalados durante la primera década y media del siglo XXI (Hugo Chávez en Venezuela, Luiz Inacio 'Lula' Da Silva y Dilma Rousseff en Brasil, Evo Morales en Bolivia, Rafael Correa en Ecuador, Néstor y Cristina Kirchner en Argentina). Sin embargo, también los gobiernos conservadores integrantes de la llamada 'Alianza del Pacífico' intensificaron sus lazos económicos con Beijing, lazos que luego se consolidaron o ampliaron bajo la nueva hornada de gobiernos 'progresistas' instalados en todos los países de esa Alianza: Andrés Manuel López Obrador en México, Pedro Castillo en Perú, Gabriel Boric en Chile, y Gustavo Petro en Colombia.

[297] Niebieskikwiat, N. (11 de mayo de 2018): China apoyó la decisión de Argentina de negociar con el FMI: 'Tenemos plena confianza'. *Clarín.* Recuperado de https://www.clarin.com/politica/china-apoyo-decision-argentina-negociar-fmi-plena-confianza_0_Byc0eW70z.html. *iProfesional,* Arg. (8 de noviembre de 2021). Mauricio Macri reveló qué hizo con el préstamo otorgado por el FMI. Recuperado de https://www.iprofesional.com/actualidad/351352-mauricio-macri-revelo-que-hizo-con-el-prestamo-del-fmi.

[298] Laufer, R. (2015). ¿Complementariedad o dependencia? Carácter y tendencias de las 'asociaciones estratégicas' entre China y América Latina. *Jiexi Zhongguo, Análisis y pensamiento iberoamericano sobre China. 14,* 43-68. Recuperado de http://www.asiared.com/es/downloads2/jiexi_zhongguo14.pdf.

[299] Slipak, A. (2014). América Latina y China: ¿cooperación Sur-Sur o 'Consenso de Beijing'? *Nueva Sociedad, 250.* Recuperado de https://nuso.org/articulo/america-latina-y-china-cooperacion-sur-sur-o-consenso-de-beijing/.

[300] El concepto alude a los gobiernos de América Latina que aproximadamente entre 2000 y 2015 apuntaron a lograr cierto desarrollo de la industria local apelando masivamente al capital extranjero.

El derechista Jair Bolsonaro inició su gobierno en Brasil a principios de 2019 proclamando una posición pro-EEUU y denunciando que China no pretendía "comprar *en* Brasil", sino "comprar *al* Brasil", pero pronto matizó su posición y reafirmó la alianza con China, el socio comercial más importante del país, a demanda del grupo político y parlamentario representante del sector agrícola brasileño, del que formaba parte el ministro de Economía Paulo Guedes.[301] Por su parte, el conservador expresidente argentino Mauricio Macri se propuso desde su asunción en diciembre de 2015 dar prioridad a las relaciones con EE.UU. y con Europa, modificando la aproximación a China de los anteriores gobiernos de Néstor y Cristina F. de Kirchner (2003-2015). Macri detuvo la realización de varias grandes obras de infraestructura asignadas a empresas chinas por los convenios de 2014, pero la crisis económica y financiera generada por su propia política liberal empujó rápidamente al gobierno a reanudar los acuerdos con algunas modificaciones parciales, ante la amenaza de Beijing de efectivizar la cláusula de "default cruzado" que derribaría todos los convenios bilaterales vigentes.[302]

La nueva "relación privilegiada"[303] con China es sostenida y promovida por sectores y personalidades de peso en diversos ámbitos, quienes en los últimos años subrayan las 'oportunidades' que obtendría la región si se suma al proyecto chino de "Nueva Ruta de la Seda" (o IFR); se admite, sin embargo, que ALC debe afrontar los 'desafíos' planteados por la marcada reprimarización de las exportaciones latinoamericanas hacia China y por el ingreso masivo de bienes industriales chinos en perjuicio de las producciones nacionales. Pese a ello, según destacados académicos chinos, la potente demanda de China, la integración de sus empresas globalizadas en las cadenas mundiales de valor, y un nuevo impulso de la especialización exportadora de América Latina en alimentos y materias primas serían las bases para el "desarrollo común" de China y ALC.[304] Dado que la integra-

---

[301] Koonings, K. (13 de febrero de 2019). Brazil under Bolsonaro: (inter)national re-positioning. *The Spectator*. Recuperado de https://spectator.clingendael.org/en/publication/brazil-under-bolsonaro-international-re-positioning.

[302] Laufer, R. (2019b). La asociación estratégica Argentina-China y la política de Beijing hacia América Latina. CEL-UNSAM. Recuperado de http://www.celcuadernos.com.ar/upload/pdf/4.%20Laufer.pdf.

[303] La expresión se refiere a la alianza comercial, financiera y política de "complementariedad" y "beneficio mutuo" que sectores hegemónicos de las clases dirigentes de muchos países latinoamericanos mantuvieron con el capitalismo europeo desde fines del siglo XIX hasta entrado el siglo XXI; esa alianza está en el trasfondo de la histórica matriz primario-exportadora de los países de ALC, así como de su dependencia y atraso industrial y tecnológico.

[304] Niu, H. (2020). Intereses y percepciones de China en relación con América Latina. En W. Grabendorff & A. Serbin (eds.) (2020): *Los actores globales y el (re)descubrimiento de América Latina*. Icaria Internacional. Recuperado de http://www.cries.org/wp-content/uploads/2020/11/014-niu.pdf.

ción a las cadenas globales de valor con punto terminal o inicial en China conlleva una toma de distancia respecto del hegemón norteamericano, algunos funcionarios y autores académicos conciben esa estrategia como una expresión de autonomía y una vía de desarrollo económico nacional.[305]

El enfoque de la asociación estratégica con China en términos de 'oportunidades'y 'desafíos' elude caracterizar el 'tipo' de países que se asocian, es decir cuáles son las clases o grupos sociales que los gobiernan y son beneficiarios de sus políticas internas y exteriores, qué intereses las mueven y cuál es, en consecuencia, la naturaleza social y política de esas asociaciones. Quienes interpretan a China como un país 'en desarrollo' o perteneciente a un genérico 'Sur', derivan de ello que, habiendo sufrido China en el pasado la dominación del colonialismo y el imperialismo, la actual dirigencia de Beijing comparte intereses comunes con los países llamados 'en desarrollo'. Predomina, así, una visión ahistórica que ignora tanto el cambio revolucionario que desde 1949 y durante tres décadas hizo de la China semicolonial y semifeudal un país independiente integrante del 'tercer mundo' y una sociedad socialista en construcción, como la 'gran reversión' de 1978 en que la nueva burguesía instalada en el poder bajo la dirección de Deng Xiaoping abrió el camino hacia la conversión de China en una gran potencia mundial, que concibe a los países del 'tercer mundo' como gran reservorio para su seguridad alimentaria, energética e industrial y como destino rentable para sus excedentes industriales y de capital, como se manifiesta en las aspiraciones expansivas que hoy Xi Jinping formula como el "sueño chino de revitalización nacional".

Especialmente tras la incorporación de China a la Organización Mundial del Comercio (OMC) a fines de 2001, la inversión masiva en otros países y la "cooperación para el desarrollo" constituyen parte fundamental del llamado 'poder blando' de China.[306] Con el poderoso respaldo de su Estado[307], China tiene una gran capacidad para ofrecer 'paquetes' completos de cooperación que incluyen comercio, financiamiento, inversiones y servicios; esto, a su vez, confiere a Beijing un gran atractivo y capacidad

[305] Vaca Narvaja, S. (29 de agosto de 2021). Es fundamental para nuestra región adoptar una mirada continental para el relacionamiento con China. *Agencia Paco Urondo*. Dossier sobre China. Los desafíos de relacionarse con un gigante. Recuperado de http://visionpais.com.ar/dossier-sobre-china-los-desafios-de-relacionarse-con-un-gigante/. El autor es, desde 2021, embajador de Argentina en Beijing.

[306] Prado Lallande, J. P. & Gachúz Maya, J. C. (Coords.) (2015). El soft power del dragón asiático: la ayuda externa china como instrumento de política exterior. En R. León De la Rosa & J. C. Gachúz Maya (Eds.), *Política exterior china: relaciones regionales y cooperación* (pp. 63-97). Benemérita Univ. Autónoma de Puebla.

[307] Dussel-Peters (2016), *op. cit.*, p. 159.

para conformar asociaciones empresariales con las clases dirigentes locales y para obtener, por intermedio de ellas, contratos gubernamentales y facilidades políticas y académicas para promocionar los proyectos chinos, los créditos asociados a su financiamiento, y asociaciones estratégicas de Estado a Estado con China.

Desindustrialización y reforzamiento de la matriz extractivista y primario-exportadora

América Latina es ya el segundo destino más grande de la inversión china en el extranjero después de Asia. En las últimas dos décadas las corporaciones estatales y privadas de China participaron en áreas clave de las economías de la región con decenas de proyectos de infraestructura, incluyendo represas hidroeléctricas, puertos, ferrocarriles, oleoductos y refinerías de petróleo y gas, líneas de trasmisión eléctrica, aeropuertos, canales y autopistas.

El financiamiento chino se ha constituido en una palanca fundamental de las relaciones económicas de los países de ALC y la potencia asiática. Abarca una amplia gama, desde la construcción de grandes obras de infraestructura hasta el respaldo financiero de las balanzas de pagos regionales.

Para China la inversión en el extranjero en sus variadas formas, así como sus préstamos y créditos, son una vía de creciente importancia para dar salida a sus excedentes de capital, de bienes industriales e incluso de personal técnico y profesional. La abundancia de recursos prestables (una de las formas principales que asume el llamado 'poder blando' de Beijing) ayuda al Estado chino y a sus corporaciones a formar alianzas o constituir empresas conjuntas con poderosos sectores económicos locales. Como sucedió históricamente en las relaciones de ALC con las grandes potencias mundiales desde fines del siglo XIX y a lo largo del siglo XXI, esas asociaciones permiten a China influir en las clases dirigentes y en las esferas de decisión económica de los Estados latinoamericanos para obtener convenios y contratos, a través de los cuales esos recursos son invertidos en la contratación de corporaciones chinas y en la compra de bienes industriales y de capital de ese origen.

Muchas veces los convenios establecen el pago de esos bienes o de los préstamos con materias primas alimentarias o industriales en volúmenes y a precios prefijados, en perjuicio de la diversificación exportadora y productiva de los países de ALC, acentuando en ellos el rumbo de desindustrialización y de reforzamiento de la matriz extractivista y primario-exportadora reabierto por las políticas neoliberales, y alentando caminos de dependencia muy lejanos -como señalamos anteriormente- de las prácticas de la propia China en la época socialista (1949-1978), que hacía del autosostenimiento financiero y tecnológico un pilar esencial de su enfoque sobre el desarrollo.

Por eso, para las naciones latinoamericanas, el financiamiento de China constituye frecuentemente un arma de doble filo, que no alivia, sino que empeora la posición financiera de ALC ante las potencias occidentales. Países de la región como Argentina o Venezuela, sometidos durante la última década a cierres de financiamiento por parte de los organismos internacionales, intensifican una posición de pronunciada dependencia financiera respecto de los bancos políticos y comerciales de China, y los convenios de intercambio monetario provistos por Beijing pasaron a ser una parte relevante en la composición de las reservas locales. Por ejemplo, con los acuerdos tomados para reforzar las reservas internacionales de Argentina en 2014 bajo la segunda presidencia de Cristina Fernández y durante los cuatro años de Mauricio Macri (2015-2019), los *swaps* chinos ascendieron hasta constituir un tercio de las reservas del Banco Central, mostrando un cambio estructural, gradual pero consistente, en la composición de las reservas y del crédito[308]; ello, a su vez, evidencia desplazamientos significativos en el modo de inserción internacional de Argentina, así como de otros países de la región.[309]

Los amplios rubros englobados bajo la denominación de 'cooperación' económica, tecnológica y científica con los llamados 'países en desarrollo', representan también casos bastante típicos de exportación de capitales por parte de China, cuyas diferencias respecto de las potencias de Occidente son más de forma que de fondo. En los últimos años algunos países de ALC, presionados por la escasez de recursos públicos, derivada de las propias estructuras económicas y sociales predominantes en la región o del hostigamiento financiero y político de Estados Unidos o de organismos financieros multilaterales bajo influencia de Washington, han visto en la cooperación financiera de China una oportunidad para apuntalar su desarrollo económico, e incluso para ampliar sus márgenes de autonomía respecto de EEUU

[308] Brenta, N. & Larralde, J. (2018). La internacionalización del renminbi y los acuerdos de intercambio de monedas entre Argentina y China, 2009-2018. *Ciclos*, *51*, 55-84.

[309] DangDai (4 de diciembre de 2021). Dinamismo inédito en la cooperación entre América Latina y el Caribe con China. *DangDai*. Recuperado de https://dangdai.com.ar/2021/12/04/dinamismo-inedito-en-la-cooperacion-entre-america-latina-y-el-caribe-con-china/.

o de las potencias europeas y de la tradicional influencia de ellas en el área. Instituciones regionales como la CEPAL, y los organismos de cooperación bilateral como el Foro China-CELAC, son entusiastas promotores de estas múltiples formas de "cooperación para el desarrollo".[310]

Sin embargo, la inversión y el financiamiento chino no han impulsado cambios significativos en las 'estructuras' económicas y sociales de los países de la región. Aunque por un lado la disponibilidad de esos recursos mejora circunstancialmente las cuentas fiscales del país receptor, por el otro lado la creciente dependencia financiera hacia Beijing y la asociación estratégica de China con las clases dirigentes de ALC suele traducirse en la apertura de los mercados locales a las manufacturas chinas, en proyectos de construcción de infraestructuras con tecnología y financiamiento de China y en facilidades para inversiones y proyectos chinos.

Tales privilegios y concesiones suelen tener implicaciones económicas y aún geopolíticas de largo alcance, como sucede en el caso de Argentina con la puesta en marcha de una estación de observación espacial china con probables connotaciones militares, y con el proyecto de instalación de megagranjas porcinas financiadas por China y centradas en la exportación al país oriental.[311]

Estos caminos no sólo acentúan la reprimarización productiva de ALC, sino consolidan la gravitación de China en las perspectivas del desarrollo latinoamericano, acentúan la inquietud de Washington por el ya pronunciado cuestionamiento a su propia influencia, y contribuyen a hacer de ALC un área problemática en la pugna hegemónica mundial.

Consideraciones finales: viejas dependencias con nuevos socios en un mundo en conflicto

Con la puesta en marcha de la Iniciativa de la Franja y la Ruta en 2013, China se ubica decididamente en el centro de una "globalización

[310] "La cooperación entre China y América Latina y el Caribe ofrece una oportunidad para reducir las asimetrías globales y apoyar una recuperación económica transformadora inclusiva que promueva el desarrollo sostenible". Alicia Bárcena, Secretaria Ejecutiva de la CEPAL, en la clausura del II Foro Académico de Alto Nivel CELAC-China y el VI Foro de Think Tanks China-ALC. Ver: CEPAL (13 de octubre de 2021). La cooperación entre China y América Latina y el Caribe ofrece una oportunidad para reducir las asimetrías globales y apoyar una recuperación económica transformadora. Recuperado de https://www.cepal.org/es/noticias/la-cooperacion-china-america-latina-caribe-ofrece-oportunidad-reducir-asimetrias-globales.

[311] Cámara de Exportadores de la República Argentina (agosto de 2020). Debate sobre el acuerdo porcino. *En Cont@cto China, 144*. Recuperado de https://www.cera.org.ar/new-site/contenidos.php?p_seccion_izq_id=428.

con características chinas".[312] A través de la IFR, Beijing promueve a las corporaciones chinas y a las asociaciones de éstas en el extranjero como motor de inversiones para la construcción de proyectos gigantescos. Éstos abren nuevos mercados para los productos y servicios de China, posibilitan una vía de salida a la sobreproducción industrial del país oriental, y allanan el camino hacia la internacionalización del yuan como moneda global de comercio y de reserva en competencia ya abierta con el dólar. Al mismo fin contribuye la creciente red de acuerdos de intercambio de divisas con bancos centrales, los *swaps*.[313]

Las frecuentes invocaciones a la "gobernanza" mundial son contracara de la creciente competencia y rivalidad comercial, tecnológica y estratégica entre grandes potencias. Entre ellas, principalmente China y EEUU aceleran sus pasos en la búsqueda de alianzas y en la conformación de "áreas de influencia" y bloques, por ahora comerciales, pero con connotaciones claramente estratégicas. Este proceso se aceleró con los efectos de la pandemia de Covid-19 y con la invasión militar de Rusia a Ucrania y la expansión de los socios de la OTAN hacia el este europeo y la región del Indo-Pacífico.

En este escenario mundial, estabilizar a ALC como 'patio trasero' económico y político sigue siendo para Washington de importancia primordial: esto explica la continua política intervencionista estadounidense y las reiteradas injerencias financieras, golpistas y electorales de EEUU, la OEA y el FMI -en Venezuela, Brasil, Honduras, Argentina, Chile, Bolivia...- a fin de bloquear en la región posibles proyectos autonomistas y frenar la amenaza que la presencia de potencias rivales plantea a sus intereses, contribuyendo a convertir a ALC en un campo de batalla en la pugna hegemónica mundial.[314]

El conflictivo escenario internacional acrecentó, en la última década y media, la importancia geopolítica de ALC y, en consecuencia, la injerencia de Washington en los procesos políticos nacionales y el impulso de la dirigencia china para intensificar los lazos con la región a través de TLC's

[312] Dussel-Peters, Enrique (2020). Las 'nuevas relaciones triangulares de América Latina y el Caribe: entre el 'proceso de globalización con características chinas' y tensiones con Estados Unidos. En W. Grabendorf & A. Serbin (Eds.), *Los actores globales y el (re)descubrimiento de América Latina*. Icaria, p. 136.

[313] Correa López, G. (2019). Inversión extranjera directa y la iniciativa china de La Franja y la Ruta. *México y la Cuenca del Pacífico, 8*(22), 69-87. Recuperado de http://www.mexicoylacuencadelpacifico.cucsh.udg.mx/index.php/mc/article/view/563.

[314] Actis, E. & Malacalza, B. (2021). Las políticas exteriores de América Latina en tiempos de autonomía líquida. *Nueva Sociedad, 291*; Sánchez, Y. (31 de mayo de 2019). América Latina, campo de batalla entre Huawei y Estados Unidos. *DW*. Recuperado de https://www.dw.com/es/am%C3%A9rica-latina-campo-de-batalla-entre-huawei-y-estados-unidos/a-48996247.

y asociaciones estratégicas.[315] La base de observación espacial china en la provincia de Neuquén (Argentina); la cooperación tecnológica con Brasil en el sector satelital; el proyecto -hoy en suspenso- de construcción del Canal interoceánico de Nicaragua, y los crecientes vínculos políticos e incluso militares con muchos gobiernos y con poderosos sectores de las clases dirigentes latinoamericanas, sumado a la ya intensa presencia comercial, industrial y financiera de China en la región, indican que ALC está ya notoriamente presente en los cálculos estratégicos de China.

A impulso de las 'oportunidades' que emergen de tales proyectos, y con frecuencia asociados en ellos, poderosos sectores empresariales, gubernamentales, políticos y académicos promueven la adaptación de las producciones de la región a las necesidades y demanda de la potencia asiática, buscando atraer inversiones chinas y financiamiento chino para la realización de obras de infraestructura u otros emprendimientos estratégicos hacia los cuales Beijing canaliza sus excedentes de capital, facilitando en los países receptores las exportaciones de *commodities* o de insumos intermedios hacia el consumo alimentario y la producción industrial de China. La conversión de China en financista privilegiado de los gobiernos latinoamericanos avanza en completar el círculo de la 'adaptación estructural'.

Aunque existen algunos estudios puntuales sobre los efectos prácticos de las asociaciones estratégicas y acuerdos de los países latinoamericanos con China en términos de crecimiento del comercio bilateral y de construcción de infraestructuras con participación y financiamiento chino, poco se sabe sobre si esas asociaciones y convenios han aportado a los países de ALC -y en qué medida- diversificación productiva y exportadora, disminución del endeudamiento externo, desarrollo industrial independiente, expansión del empleo y del mercado interno, y capacidad de autosostenimiento tecnológico y financiero.

En años recientes, la implementación por parte de las dirigencias "progresistas" latinoamericanas de programas neodesarrollistas -facilitados por el boom de precios de los *commodities* y fundados en la atracción masiva de inversiones y financiamiento chino en recursos extractivos y en la construcción de infraestructuras-, no modificó sustancialmente el modo "clásico" de inserción internacional de la región.[316] El llamado 'superciclo' mundial

---

[315] Yu, L. (2015). China's strategic partnership with Latin America: a fulcrum in China's rise. *International Affairs, 91*(5), 1047-1068.

[316] Laufer (2015), *op. cit.*

de las materias primas originado por el *'going out'* chino aproximadamente entre 2002 y 2013, reportó elevados ingresos de exportación a muchos países de ALC por sus ventas a China -básicamente petróleo, minerales, soja-; sin embargo, para la mayoría de los países latinoamericanos esto no se tradujo en diversificación productiva y particularmente industrial sino en reforzamiento de la especialización primario-exportadora, mayor concentración de la propiedad de la tierra y renovada extranjerización del aparato industrial y financiero.

Los sectores industriales, financieros y agrarios de las clases dirigentes de ALC asociados a China gozan de creciente influencia y poder en las esferas estatales vinculadas a las decisiones productivas, comerciales, financieras, diplomáticas, culturales, militares, etc., y son promotores y gestores de una 'asociación subordinada' con la ascendente potencia asiática. A largo o mediano plazo, pese a las buenas intenciones expresadas en las declaraciones oficiales chinas, es poco probable que las relaciones económicas entre China y ALC cambien de naturaleza, ya que este tipo de relaciones refleja el distinto modo en que China y ALC se insertan en la economía global y en el sistema internacional.[317] Dada la persistencia en ALC de las estructuras económico-sociales 'tradicionales', y la consiguiente complementación de intereses entre las clases dirigentes regionales y la gran burguesía china, la inclusión de la región en las estrategias asociadas a la IFR promovidas por funcionarios y académicos chinos[318] tiende a facilitar la perduración de esas estructuras y de esas clases dirigentes, y a consolidar el rol mundial de ALC como una región especializada en producciones primarias, o a lo sumo en industrias subsidiarias dependientes de la inversión extranjera y de la importación de bienes de capital y tecnológicos de las grandes potencias.

La pugna entre las grandes potencias -directamente y a través de socios o alianzas locales- por influencia o control sobre palancas decisivas de las economías y las instituciones estatales, es un rasgo 'estructural' de las formaciones económico-sociales de la región desde fines del siglo XIX y principios del siglo XXI, cuando prevalecían en ella los países europeos.

---

[317] Jenkins (2019), *op. cit.*, p. 344.

[318] "Las empresas chinas con experiencia *y poder* deben ser alentadas a elegir el Shenzhen de América Latina, construir un parque basado en la aglomeración industrial, y *atraer empresas multinacionales de China* y otros países" (énfasis nuestro). Shen Guilong (Academia de Ciencias Sociales de Shanghái), en el Simposio Latinoamericano del Foro Mundial de Estudios Chinos, 3-4 diciembre 2018, en referencia a la Zona Económica Exclusiva con privilegios a las corporaciones locales y extranjeras construida alrededor de la ciudad china de Shenzhen. Ver: Aréchaga, J. I. (12 de diciembre de 2018). América Latina en la globalización china. *NODAL*. Recuperado de https://www.nodal.am/2018/12/america-latina-en-la-globalizacion-china-por-juan-ignacio-arechaga-especial-para-nodal/.

Actualmente la evolución económica y política de los países latinoamericanos es profundamente afectada por la guerra comercial y tecnológica y la rivalidad geopolítica global y regional entre Washington y Beijing.[319] El avance de la presencia de China en ALC compite con la histórica influencia de los intereses económicos, políticos y estratégicos de Estados Unidos -y también de Europa-; algunos analistas describen esta rivalidad de influencias como una nueva inserción 'triangular' de la región.[320]

En años recientes, apoyándose en una parte de las clases dirigentes regionales, el gobierno estadounidense de Donald Trump impulsó una intensa contraofensiva política en la región con el fin de recomponer su influencia, cuestionada por la vasta oleada de rebeldías populares antineoliberales (Chile, Bolivia, Colombia, Argentina, Haití, Honduras), y cuestionada también por el avance de potencias competidoras, principalmente China y Rusia.[321] Para evitar potenciales fricciones, algunos académicos chinos postulan en ALC una "relación trilateral de beneficio mutuo"[322], es decir una especie de reparto pacífico de áreas de influencia entre las grandes potencias. Funcionarios chinos con vasta trayectoria en la región proponen una agenda que incluya "el ajuste de estructuras económicas irracionales, la aceleración de la construcción de infraestructura, la introducción de equipos y tecnologías avanzadas y el fortalecimiento de la captación de fondos"[323]: una agenda que integraría las estrategias de desarrollo de ALC con China en el marco de la IFR de Beijing.

Las rivalidades y acuerdos entre las potencias dificultan las posibilidades de un desarrollo industrial diversificado y autónomo y de una mayor integración de la región, y a la vez, a través de sus vínculos internos dentro

---

[319] Reyes Matta, F. (6 de mayo de 2019). Otra vez la Guerra Fría asoma en América Latina. *Observatorio de la Política China*. Recuperado de https://politica-china.org/areas/politica-exterior/otra-vez-la-guerra-fria-asoma-en-la-america-latina.

[320] Laufer, R. (2011). China: ¿nuestra Gran Bretaña del siglo XXI? Nuevo 'socio privilegiado' de poderosos sectores de las clases dirigentes argentinas. *La Marea, 35*; Soliz Landivar de Stange, A. M. (2019). Triangular relations: China, Latin America, and the United States, Universitat Hamburg. Recuperado de https://www.researchgate.net/publication/347949032_The_Triangular_Relation_between_China_the_United_States_and_Venezuela#fullTextFileContent. Dussel-Peters (2020b), *op. cit.*

[321] Ellis, E. (4 de febrero de 2018). It's time to think strategically about countering Chinese advances in Latin America. *The global americans*. Recuperado de https://theglobalamericans.org/2018/02/time-think-strategically-countering-chinese-advances-latin-america/ *Time* (4 de febrero de 2021). The U.S. and China Are Battling for Influence in Latin America, and the Pandemic has Raised the Stakes. *Time*. Recuperado de https://time.com/5936037/us-china-latin-america-influence/

[322] Niu (2020), *op. cit.*, p. 7.

[323] Zhen (2020). *op. cit.* Zhen Wang es ex vicepresidente del Instituto de Asuntos Exteriores del Pueblo Chino y ex embajador de China en varios países de ALC.

de las clases dirigentes de los diversos países, contribuyen a la inestabilidad del escenario político regional y a la imposibilidad de adoptar políticas conjuntas frente a un escenario mundial disputado.[324] Un potencial desemboque conflictivo de la pulseada en curso entre las grandes potencias precipitaría a su vez en la región las presiones, divisiones y pugnas intra e internacionales en favor de viejos o nuevos alineamientos estratégicos.

Referencias

Actis, E. & Malacalza, B. (2021). Las políticas exteriores de América Latina en tiempos de autonomía líquida. *Nueva Sociedad, 291*; Sánchez, Y. (31 de mayo de 2019). América Latina, campo de batalla entre Huawei y Estados Unidos. *DW*. Recuperado de https://www.dw.com/es/am %C3%A9 rica-latina- campo-de-batalla-entre-huawei-y-estados-unidos/a-48996247.

Aréchaga, J. I. (12 de diciembre de 2018). América Latina en la globalización china. *NODAL*. Recuperado de https://www.nodal.am/2018/12/america-latina-en-la-globalizacion-china-por-juan-ignacio-arechaga-especial-para-nodal/.

Aróstica, P. & Granados, U. (15 de enero de 2021). Alcances de una asociación estratégica integral: China y el caso de México. *Redcaem*. Recuperado de http://chinayamericalatina.com/alcances-de-una-asociacion-estrategica-integral-china-y-el-caso-de-mexico/.

Baisotti, P. (Ed.) (2020). *Writing about Latin American Sovereignty: The Latin American Board*. Cambridge Scholars Publishing. Recuperado de https://www.chrome-extension://efaidnbmnnnibpcajpcglclefindmkaj/https://www.cambridgescholars.com/resources/pdfs/978-1-5275-5414-6-sample.pdf.

Bárcena, A. (13 de octubre de 2021). La cooperación entre China y América Latina y el Caribe ofrece una oportunidad para reducir las asimetrías globales y apoyar una recuperación económica transformadora. *CEPAL*. Recuperado de https://www.cepal.org/es/noticias/la-cooperacion-china-america-latina-caribe-ofrece-oportunidad-reducir-asimetrias-globales.

BBC Brasil (27 de agosto de 2021). O grande deserto brasileiro criado pelo agronegócio. *Outras palavras*. Recuperado de https://outraspalavras.net/outrasmi-

[324] Ominami, C., Fortín, C., & Heine J. (2020). El no alineamiento activo: un camino para América Latina. *Nueva Sociedad*. Recuperado de https://nuso.org/articulo/el-no-alineamiento-activo-una-camino-para-america-latina/?utm_source=email&utm_medium=email.

dias/o-grande-deserto-brasileiro-criado-pelo-agronegocio/?fbclid= IwAR26 Q4 N7vBc4 3VUBuDfwnJG XeWn v wpOdS FfC3ecqEj7-mTrFJKzo9knE 6Ds.

Borón, A. (2021). Prólogo. En L. Morgenfeld & M. Aparicio Ramírez (Coord.), *El legado de Trump en un mundo en crisis* (pp. 15-24). CLACSO-Siglo XXI.

Brenta, N. & Larralde, J. (2018). La internacionalización del renminbi y los acuerdos de intercambio de monedas entre Argentina y China, 2009-2018. *Ciclos, 51,* 55-84.

Bustelo, S. & Esteso, D. (15 de diciembre de 2019). Hacia una visión de futuro para las relaciones entre Argentina y China. *Cenital.* Recuperado de https://www.cenital.com/2019/12/15/hacia-una-vision-de-futuro-para-las-relaciones-entre-argentina-y-china/64566).

Cámara Argentino-China de la Producción, la Industria y el Comercio (14 de septiembre de 2021). *Capítulo 1: Comercio Exterior y análisis de la Ruta de la Seda.* https://argenchina.org/wp-content/uploads/2023/05/Capitulo1.pdf.

Cámara de Exportadores de la República Argentina (agosto de 2020). Debate sobre el acuerdo porcino. *En Cont@cto China, 144.* Recuperado de https://www.cera.org.ar/new-site/contenidos.php?p_seccion_izq_id=428.

Camba, A. (18 de enero de 2019). Examining Belt & Road 'Debt Trap' Controversies in the Philippines. *Jamestown.* Recuperado de https://jamestown.org/program/examining-belt-and-road-debt-trap-controversies-in-the-philippines/.

Carrillo, C. (24 de noviembre de 2021). Deuda: en qué consiste el plan de acordar con Rusia y China para sacarse de encima al FMI. *El destape.* https://www.eldestapeweb.com/economia/deuda-con-el-fmi/deuda-evaluan-acordar-con-rusia-y-china-para-sacarse-de-encima-al-fmi-20211124232017.

Centro de Estudios para el Desarrollo (CED) (18 de mayo de 2021). *Es urgente la firma de un TLC entre China y el Mercosur.* http://ced.uy/es-urgente-la-firma-de-un-tlc-entre-china-y-el-mercosur/.

Cesarín, S. (2021). China: política interna y externa en tiempos de Xi Jinping. *Red China y América Latina: Enfoques Multidisciplinarios (REDCAEM), 23.*

Comisión Económica para América Latina y el Caribe (CEPAL) (13 de octubre de 2021). La cooperación entre China y América Latina y el Caribe ofrece una oportunidad para reducir las asimetrías globales y apoyar una recuperación económica transformadora. *CEPAL.* Recuperado de https://www.cepal.org/es/

noticias/la-cooperacion-china-america-latina-caribe-ofrece-oportunidad-reducir-asimetrias-globales.

Comisión Económica para América Latina y el Caribe (CEPAL) (2010). *La República Popular de China y América Latina y el Caribe: hacia una relación estratégica.* Recuperado de https://repositorio.cepal.org/bitstream/handle/11362/2956/1/RP_China_America_Latina_Caribe.pdf.

Comisión Económica para América Latina y el Caribe (CEPAL) (2018). *Explorando nuevos espacios de cooperación entre América Latina y el Caribe y China*. Recuperado de https://www.cepal.org/es/publicaciones/43213-explorando-nuevos-espacios-cooperacion-america-latina-caribe-china.

Congressional Research Service, U.S. (2021). *China's Engagement with Latin America and the Caribbean.* https://crsreports.congress.gov/.

Conselho Empresarial Brasil-China (2018). *O novo cenário político chinês e a ascensão de Xi Jinping*. Recuperado de https://www.cebc.org.br/arquivos_cebc/carta-brasil-china/Ed_19.pdf.

Correa López, G. (2019). Inversión extranjera directa y la iniciativa china de La Franja y la Ruta. *México y la Cuenca del Pacífico, 8*(22), 69-87. http://www.mexicoy lacuencadel pacifico.cucsh.udg.mx/index.php/mc/article/view/563.

Cronista (27 de enero de 2011). China lideró inversión externa directa en Brasil con el ojo puesto en las commodities. *Cronista*. https://www.cronista.com/valor/China-lidero-inversion-externa-directa-en-Brasil-con-el-ojo-puesto-en-las-commodities-20110127-0032.html.

DangDai (28 de agosto de 2021). Cofco, segunda mayor exportadora. https://dangdai.com.ar/2021/08/28/cofco-segunda-mayor-exportadora/.

DangDai (4 de diciembre de 2021). Dinamismo inédito en la cooperación entre América Latina y el Caribe con China. *DangDai*. https://dangdai.com.ar/2021/12/04/dinamismo-inedito-en-la-cooperacion-entre-america-latina-y-el-caribe-con-china/.

Dussel-Peters, E. (2016). Latin America and the Caribbean and China. Socioeconomic debates on Trade and Investment and the case of CELAC. En S. Cui & M. Perez Garcia (Eds.), *China and Latin America in Transition. Policy Dynamics, Economic Commitments, and Social Impacts*, Palgrave-Macmillan.

Dussel-Peters, E. (2020). La reciente participación de China en América Latina y el Caribe: condiciones actuales y desafíos. *China Research Center*, 19(1). Recuperado de https://www.chinacenter.net/2020/china_currents/19-1/chinas-recent-engagement-in-latin-america-and-the-caribbean-current-conditions-and-challenges/.

Dussel-Peters, E. (31 de marzo de 2019). Monitor de la OFDI china en América Latina y el Caribe 2019. *Red ALC-China*. Recuperado de https://www.redalc-china.org/monitor/images/pdfs/menuprincipal/DusselPeters_MonitorOFDI_2019_Esp.pdf.

Dussel-Peters, Enrique (2020). Las 'nuevas relaciones triangulares de América Latina y el Caribe: entre el 'proceso de globalización con características chinas' y tensiones con Estados Unidos. En W. Grabendorf & A. Serbin (Eds.), *Los actores globales y el (re)descubrimiento de América Latina*. Icaria.

Ecuavisa (18 de julio de 2021). Presidente Lasso confirma predisposición para firmar TLC entre Ecuador y China. Ecuavisa. Recuperado de https://www.ecuavisa.com/noticias/ecuador/presidente-lasso-confirma-predisposicion-para-firmar-tlc-entre-ecuador-y-china-MC532925.

EFE (19 de noviembre de 2020). Argentina prefiere un acuerdo bilateral con China que a través del Mercosur. EFE. Recuperado de https://www.efe.com/efe/america/economia/argentina-prefiere-un-acuerdo-bilateral-con-china-que-a-traves-del-mercosur/20000011-4398855.

El Comercio (19 de agosto de 2021). Petrochina gana segundo concurso para comprar crudo ecuatoriano con precio más favorable que sus contratos a largo plazo. El Comercio. Recuperado de https://www.elcomercio.com/actualidad/negocios/petrochina-gana-concurso-crudo-ecuatoriano.html.

El Comercio (28 de julio de 2019). El país aún debe USD 3 613 millones por créditos y anticipos petroleros. El Comercio. Recuperado de https://www.elcomercio.com/actualidad/negocios/creditos-prestamos-petroleo-china-ecuador.html.

El País (21 de enero de 2014). El paraíso chino está en el Caribe. *El País*. Recuperado de https://elpais.com/internacional/2014/01/20/actualidad/1390246178_974168.html.

Ellis, E. (4 de febrero de 2018). It's time to think strategically about countering Chinese advances in Latin America. *The global americans*. Recuperado de https://theglobalamericans.org/2018/02/time-think-strategically-countering-chinese-advances-latin-america/.

Euronews (26 de julio de 2022). Uruguay avanza hacia el libre comercio con China a pesar de la crisis abierta en el Mercosur. *Euronews.* Recuperado de https://es.euronews.com/2022/07/26/uruguay-avanza-hacia-el-libre-comercio-con-china-a-pesar-de-la-crisis-abierta-en-mercosur.

Fundación Solón (18 de febrero de 2020). *China & Bolivia. Deuda, comercio, inversiones.* Boletín N° 1. Recuperado de extension://efaidnbmnn nibpcajpcgl clefind mkaj/viewer.html?pdfurl =https%3A %2F%2Ffunsolon. files.wordpress .com%2F2 022 %2F01% 2Fchina_bolivia_boletin_final.pdf &clen=158 6870&c hunk=true.

Gallagher, K. y Myers, M. (2017). *China-Latin America Finance Database.* Inter-American Dialogue. https://www.thedialogue.org/map_list/.

Global Development Policy Center (2021). *China-Latin America Economic Bulletin. 2021 Edition.* Boston University. Recuperado de https://www.bu.edu/gdp/files/2021/02/China-LatAm-Econ-Bulletin_2021.pdf.

Gobierno Bolivariano de Venezuela. Ministerio del Poder Popular de Petróleo (15 de septiembre de 2018). *Presidente Maduro: Inicia nueva dinámica de aceleración y profundización de las relaciones económicas China-Venezuela.* Recuperado de http://www.minpet.gob.ve/index.php/es-es/comunicaciones/noticias-comunicaciones/29-noticias-2018/478-presidente-maduro-inicia-nueva-dinamica-de-aceleracion-y-profundizacion-de-las-relaciones-economicas-china-venezuela.

González-Vicente, R. (2012). Mapping Chinese Mining Investment in Latin America: Politics or Market? *The China Quarterly, 209,* 35-58. Recuperado de http://journals.cambridge.org/abstract_S0305741011001470.

iProfesional, Arg. (8 de noviembre de 2021). Mauricio Macri reveló qué hizo con el préstamo otorgado por el FMI. Recuperado de https://www.iprofesional.com/actualidad/351352-mauricio-macri-revelo-que-hizo-con-el-prestamo-del-fmi.

Jenkins, R. (2019). *How China Is Reshaping the Global Economy. Development Impacts In Africa and Latin America.* Oxford University Press.

Koleski, K. & Blivas, A. (17 de octubre de 2018). *China's Engagement with Latin America and the Caribbean,* US-China Economic and Security Review Commission. Recuperado de https://www.uscc.gov/research/chinas-engagement-latin-america-and-caribbean

Koonings, K. (13 de febrero de 2019). Brazil under Bolsonaro: (inter)national re-positioning. *The Spectator*. https://spectator.clingendael.org/en/publication/brazil-under-bolsonaro-international-re-positioning

Lanteigne, M. (2019). *Chinese Foreign Policy. An Introduction.* Routledge.

Laufer, R. (2011). China: ¿nuestra Gran Bretaña del siglo XXI? Nuevo 'socio privilegiado' de poderosos sectores de las clases dirigentes argentinas. *La Marea, 35,* 26-29.

Soliz Landivar de Stange, A. M. (2019). Triangular relations: China, Latin America, and the United States, Universitat Hamburg. Recuperado de https://www.researchgate.net/publication/347949032_The_ Triangular_ Relation_between_China_the_ United_States_ and_Venezuela #fullText FileContent.

Laufer, R. (2015). ¿Complementariedad o dependencia? Carácter y tendencias de las 'asociaciones estratégicas' entre China y América Latina. *Jiexi Zhongguo, Análisis y pensamiento iberoamericano sobre China. 14,* 43-68. Recuperado de http://www.asiared.com/es/downloads2/jiexi_zhongguo14.pdf.

Laufer, R. (2019). La asociación estratégica Argentina-China y la política de Beijing hacia América Latina. CEL-UNSAM. Recuperado de http://www.celcuadernos.com.ar/upload/pdf/4.%20Laufer.pdf.

Laufer, R. (2020). China: de la teoría de los tres mundos a la transición hegemónica. *Ciclos, 55,* 87-125.

Laufer, R. (2020). El proyecto chino 'La Franja y la Ruta' y América Latina: ¿otro Norte para el Sur? *Revista Interdisciplinaria de Estudios Sociales, 20,* 9-52.

Lee, A. & Wong, K. (17 de mayo de 2022). Ukraine war propels 'multilateral momentum' on China-focused 'NATO for trade', experts say. *South China Morning Post (SCMP).* Recuperado de https://www.scmp.com/economy/global-economy/article/3177929/ukraine-war-propels-multilateral-momentum-china-focused-nato.

Malena, J. (2018). Cooperación entre China y América Latina dentro de la iniciativa ampliada 'Una Franja, Un Camino': estudio de caso sobre infraestructura ferroviaria". En S. Vaca Narvaja & Z. Zhan (Eds.), *China, América Latina y la geopolítica de la Nueva Ruta de la Seda*. Universidad Nacional de Lanús.

Manrique, L. & Leiteritz, R. J. (2020). The Highest, the Lowest and the In-betweens: Tracing the Map of China's Influence in Latin America. En P. Baisotti (Ed.), *Writing about Latin American Sovereignty: The Latin American Board*. Cambridge Scholars Publishing.

Matta, J. E. (1991). Chile y la República Popular China: 1970-1990. *Estudios Internacionales, 24*(95), 347-367.

Newton, F. (18 de octubre de 2021). Disonancias en el Mercosur. *NODAL*. Recuperado de https://www.nodal.am/2021/10/disonancias-en-el-mercosur-por-francis-newton/.

Niebieskikwiat, N. (11 de mayo de 2018). China apoyó la decisión de Argentina de negociar con el FMI: 'Tenemos plena confianza'. *Clarín.* Recuperado de https://www.clarin.com/politica/china-apoyo-decision-argentina-negociar-fmi-plena-confianza_0_ Byc0eW70z.html.

Niu, H. (2020). Intereses y percepciones de China en relación con América Latina. En W. Grabendorff & A. Serbin (Eds.), *Los actores globales y el (re)descubrimiento de América Latina*. Icaria Internacional. Recuperado de http://www.cries.org/wp-content/uploads/2020/11/014-niu.pdf.

Nyabyage, J. (16 de septiembre de 2021). Chinese mining firms told to stop work and leave Democratic Republic of Congo. *SCMP*. Recuperado de https://www.scmp.com/news/china/diplomacy/article/3148897/chinese-mining-firms-told-stop-work-and-leave-democratic.

Nye J. (1990). Bound to Lead: The Changing Nature of American Power. Basic Books

Nye, J. (2004). Soft Power: The Means to Success in World Politics. Public Affairs.

Ominami, C., Fortín, C., & Heine J. (2020). El no alineamiento activo: un camino para América Latina. *Nueva Sociedad.* Recuperado de https://nuso.org/articulo/el-no-alineamiento-activo-una-camino-para-america-latina/?utm_ source=email &utm_medium =email.

Otero, Y. (2 de septiembre de 2021): Syngenta avanza con su plan exportador: ya vendió a China 140.000 toneladas por u$s 65 millones. *Ámbito.* Recuperado de https:// www.ambito.com /economia/ empresas /syngenta- avanza-su- plan-exportador- ya-vendio- china-140000- toneladas-us65- millones- n5267868.

Pérez Izquierdo, L. (28 de febrero de 2021). Una represa tambaleante y una deuda impagable para Ecuador: los negocios de Xi Jinping en América Latina. *Infobae,* Recuperado de https://www.infobae.com/america/america-latina/2021/02/28/una-represa-tambaleante-y-una-deuda-impagable-para-ecuador-los-negocios-de-xi-jinping-en-america-latina/.

Prado Lallande, J. P. & Gachúz Maya, J. C. (Coords.) (2015). El soft power del dragón asiático: la ayuda externa china como instrumento de política exterior. En R. León De la Rosa & J. C.Gachúz Maya (Eds.), *Política exterior china: relaciones regionales y cooperación* (pp. 63-97). Benemérita Univ. Autónoma de Puebla.

Restivo N. (18 de septiembre de 2022). Aumenta el peso de China en el litio nacional. Las exportaciones mineras permitirían reducir el déficit comercial bilateral. *Página/12* (2022). https://www.pagina12.com.ar/482201-aumenta-el-peso-de-china-en-el-litio-nacional.

Restivo, N. (21 de junio de 2020). La opción del comercio exterior directo de Estado a Estado. YPF Agro con Vicentin y China, nexo clave para el crecimiento. *Página/12*. Recuperado de https://www.pagina12.com.ar/273193-ypf-agro-con-vicentin-y-china-nexo-clave-para-el-crecimiento.

Reyes Matta, F. (6 de mayo de 2019). Otra vez la Guerra Fría asoma en América Latina. *Observatorio de la Política China*. https://politica-china.org/ areas/politica-exterior/ otra-vez-la-guerra- fria-asoma-en-la-america-latina.

Risso, N. (23 de enero de 2022). El camino hacia China y Rusia. *Página/12*, https://www.pagina12.com.ar/397052-el-camino-hacia-china-y-rusia.

Romero Wimer, F. & Torviso, P. S. (2022). Inversiones chinas en Argentina y Uruguay: evolución y actores durante el siglo XXI. *Desenvolvimento em Debate*, Rio de Janeiro, *10* (1), 26-29. https://inctpped.ie.ufrj.br/ desenvolvimentoemdebate/pdf/revista_dd_ v10_n1_ fernando_wimer.pdf.

Schulz, C. A. & Rojas-De-Galarreta, F. (2022). Chile as a transpacific bridge: Brokerage and social capital in the Pacific Basin. *Geopolitics*, *27*(1), 309-332.

Skobalski, S. (6 de noviembre de 2021). Iniciativa del G7 'Build Back Better World': ¿oportunidad para América Latina? *Reporte Asia*. Recuperado de https://reporteasia.com/opinion/2021/12/06/iniciativa-del-g7-build-back-better-world-oportunidad-para-america-latina/.

Slipak, A. & Urrutia Reveco, S. (2019): Historias de la extracción, dinámicas jurídico-tributarias y el litio en los modelos de desarrollo de Argentina, Bolivia y Chile. En B. Fornillo (Coord.), *Litio en Sudamérica. Geopolítica, energía y territorios*. UNSAM.

Slipak, A. (2014). América Latina y China: ¿cooperación Sur-Sur o 'Consenso de Beijing'? *Nueva Sociedad, 250*. Recuperado de https://nuso.org/articulo/america-latina-y-china-cooperacion-sur-sur-o-consenso-de-beijing/.

Télam (20 de enero de 2022). Argentina profundiza la cooperación con China en materia de defensa. *GrupoLaProvincia.com* Recuperado de https://www.grupolaprovincia.com/politica/argentina-profundiza-la-cooperacion-con-china-en-materia-de-defensa-870346.

The Economist (2016). The evolving role of China in Africa and Latin America. *The Economist Intelligence Unit.* Recuperado de https://www.lampadia.com/assets/uploads_documentos/7ffa7-the-evolving-role-of-china-in-africa-and-latin-america.pdf.

Time (4 de febrero de 2021). The U.S. and China Are Battling for Influence in Latin America, and the Pandemic has Raised the Stakes. *Time*. Recuperado de https://time.com/5936037/us-china-latin-america-influence/.

Vaca Narvaja, S. (29 de agosto de 2021). Es fundamental para nuestra región adoptar una mirada continental para el relacionamiento con China. *Agencia Paco Urondo*. Dossier sobre China. Los desafíos de relacionarse con un gigante. Recuperado de http://visionpais.com.ar/dossier-sobre-china-los-desafios-de-relacionarse-con-un-gigante/.

Voz de América (31 de marzo de 2022). Claves para entender el avance de China en las universidades de Latinoamérica. Voz de América. Recuperado de https://www.vozdeamerica.com/a/claves-para-entender-el-avance-de-china-en-las-universidades-de-latinoamerica/6509556.html.

Xinhua (17 de noviembre de 2021). China-LAC Business Summit kicks off in Chongqing. *Xinhua.* Recuperado de http://www.china.org.cn/business/2021-11/17/content_77876971.htm.

Yu, L. (2015). China's strategic partnership with Latin America: a fulcrum in China's rise. *International Affairs, 91*(5), 1047-1068.

Zhen, W. (3 de enero de 2020). Progreso estable y futuro brillante: Revisión y perspectivas de las relaciones entre China y América Latina en 2019. *Observatorio de la Política China*. Recuperado de https:// politica-china.org/areas/politica-exterior/progreso-estable-y-futuro-brillante-revision-y-perspectivas-de-las-relaciones-entre-china-y-america-latina-en-2019.

Zhou, L. (24 de marzo de 2019). Ethiopia in talks with China to ease 'serious debt pressure' tied to New Silk Road rail link, envoy says, *South China Morning Post*. Recuperado de https://www.scmp.com /news/china/ diplomacy/article/ 3002957/ethiopia- talks-china-ease-serious-debt-pressure-tied-new-silk.

4

¿NUEVO 'MOMENTO' DEL PODERÍO CHINO EN EL MUNDO?

Cédric Leterme
Frédéric Thomas

Introducción

El surgimiento de la superpotencia china, así como la naturaleza y evolución de las relaciones entre China y los países del Sur, han hecho correr mucha tinta en las últimas décadas. Casi diez años después del lanzamiento de las 'Nuevas Rutas de la Seda', y en tanto China se consolida como el segundo socio comercial de América Latina, el peso económico y político internacional del gigante asiático ha aumentado indiscutiblemente y el país es más que nunca un serio rival para la supremacía estadounidense.

Esta nueva dinámica ha dado lugar a muchas controversias, comenzando por los temores acerca de un "nuevo imperialismo chino" en América Latina (y en otras partes del Sur)[325]. Sin embargo, aunque alrededor del año 2019 el continente latinoamericano estuvo atravesado por importantes levantamientos populares de masas, pocos análisis se centran en su articulación con las relaciones con China.

Nuestra contribución propone analizar las razones de este punto ciego a partir de algunas hipótesis. Postularemos también la existencia de un nuevo 'momento' del poderío chino en el mundo, en gran medida sobredeterminado por las consecuencias de la pandemia de Covid-19 y su gestión por las autoridades de Beijing.

En noviembre-diciembre de 2022 estallaron protestas en varias universidades y fábricas de China. ¿Anuncian una nueva ola de protestas como la que incendió Hong Kong en 2019, resonando con los levantamientos populares que sacudieron a muchos países del mundo en ese año, y especialmente a América Latina y el Caribe (ALC)? Son estos dos "momentos", y la visión que se tiene de ellos, los que queremos examinar en las siguientes páginas.

[325] CETRI (2021). Chine : l'autre superpuissance. *Alternatives Sud, 28*(1).

De una crisis a otra

El Covid da un vuelco a cuarenta años de crecimiento ininterrumpido de China y a su *boom* especialmente notorio desde 2008. Probablemente no sea necesario entrar en detalles sobre las condiciones y características del *boom* chino de los últimos cuarenta años, que ya ha sido ampliamente analizado y comentado[326]. Recordemos solo ciertos órdenes de magnitud[327]: en cuarenta años el PIB chino pasó de aproximadamente US$ 195.000 millones (el equivalente al PIB español) a US$ 14 billones (el segundo del mundo, detrás de los 21 billones de Estados Unidos).

En el mismo período, China se convirtió en un socio comercial esencial (si no prioritario) en todas las regiones del planeta: el valor de su comercio con el resto del mundo entre 1999 y 2018 se multiplicó notablemente por 13. Así, en unos años se impuso como segundo socio comercial de ALC[328]. Y en 2015 se anunciaron inversiones chinas en el continente latinoamericano por US$ 250.000 millones (210.000 millones de euros) para los siguientes diez años.

El país asiático está cada vez más a la par -o incluso superando- a Estados Unidos en una serie de indicadores clave, como el número de patentes presentadas ante la Agencia Mundial de la Propiedad Intelectual[329] o el número de empresas presentes en el *ranking* de las 500 multinacionales más importantes del planeta[330].

También podemos identificar varios momentos clave en la historia de este ascenso: la apertura decidida por Deng Xiaoping en 1978, la represión del movimiento de la plaza Tiananmén en 1989 y el aislamiento internacional que resultó de ello, la adhesión a la Organización Mundial de Comercio (OMC) en 2001, o la crisis económica y financiera internacional de 2008. Esta última fue particularmente importante, ya que ofreció a China la oportunidad de desempeñarse como motor de la recuperación, y la clave para consolidar su importancia tanto económica como geopolítica a nivel internacional[331].

[326] Arrighi, G. (2007). *Adam Smith in Beijing: Lineages of the Twenty-First Century*. Verso; Bergsten, C., Freeman, C., Lardy, N., & Mitchell, D. (2009). *China's Rise. Challenges and Opportunities*. Peterson Institute for International Economics, Columbia University Press; Mladenov N. (2021). *China's Rise to Power in the Global Order. Grand Strategic Implications*. Palgrave McMillan.

[327] Las cifras que siguen están tomadas del Banco Mundial (s.f.). *World Integrated Trade Solution*. Recuperado de https://wits.worldbank.org/.

[328] Thomas, F. (2020). *Chine–Amérique latine et Caraïbes: Coopération Sud-Sud ou nouvel impérialisme?* CETRI.

[329] WIPO (2022). *World Intellectual Property Indicators 2022*. WIPO.

[330] Fortune (2022). *Fortune Global 500*.

[331] Cabestan, J. P. (febrero de 2016). Les relations internationales de la Chine après la crise de 2008. *Géoconfluences*; Milmo, C. (1 de enero de 2008). 2008: The year a new superpower is born. *The Independent*.

Crecientes ambiciones bajo Xi Jinping

Esta doble afirmación geoeconómica y geopolítica continuó y se aceleró luego con la llegada al poder de Xi Jinping a partir de 2012[332], en particular a través del lanzamiento de dos programas que habrán suscitado enormes debates y temores -al menos en el campo occidental en general, y en los Estados Unidos en particular-, a saber: las 'Nuevas Rutas de la Seda' y 'Hecho en China 2025'.

El primero consistía en realidad en un vasto (aunque vago) proyecto de 'conectividad' entre China y el resto del mundo, dirigido a reforzar los vínculos entre China y los países socios (principalmente del Sur), absorber el exceso de capacidad productiva, y ofrecer nuevas salidas para los exportadores chinos y, más ampliamente, promover una 'nueva globalización', sinocéntrica y (en teoría) más atenta a los intereses de los países y poblaciones marginados[333]. Veintiún países de ALC se han sumado a esta Nueva Ruta de la Seda.

Por su parte, el programa 'Hecho en China 2025' tenía como objetivo operar una elevación de la gama de la economía china para sacarla de su papel de 'taller del mundo' y convertirla en un actor importante -si no en la primera potencia mundial- en áreas estratégicas clave como la inteligencia artificial, las nuevas tecnologías de la información, la aeronáutica, las energías renovables o incluso la biología farmacéutica y los productos médicos avanzados[334].

Sea por sus objetivos o por la escala de los medios desplegados, estos dos programas cristalizaron los temores de Occidente –y más particularmente de Estados Unidos– que veían en ellos la prueba de una amenaza cada vez más grave e inminente para su propia supremacía. Iniciado ya bajo Obama con su famoso 'pivote a Asia', el reenfoque de la política exterior estadounidense en torno a la lucha contra las ambiciones hegemónicas chinas (reales o supuestas) prosiguió y se intensificó bajo el mandato de Donald Trump y el de su sucesor en la Casa Blanca, el demócrata Joe Biden[335].

---

[332] Frenkiel, E. (16 de octubre de 2015). Le président chinois le plus puissant depuis Mao Zedong. *Le Monde diplomatique*, 4-5.

[333] Bello, W. (2021). Les 'Nouvelles routes de la soie': plan de domination ou stratégie de crise? *Alternatives Sud*, *28*(1), 39-51; Laufer R. (2021). Le projet chinois des 'Nouvelles routes de la soie' et l'Amérique latine: un autre nord pour le sud? *Alternatives Sud*, *28*(1), 83-103; Houben, H. (2018): Volet 3: Made in China. Dossier : 'La rivalité sino-américaine', GRESEA. Recuperado de https://gresea.be/Volet-3-Made-in-China

[334] Houben (2018), *op. cit.*

[335] Leterme, C. (2021). Édito: Au-delà de la 'menace' chinoise. *Alternatives Sud, Alternatives Sud*, *28*(1), 7-20; Manière de voir (abril-mayo 2020). "Chine États-Unis: Le choc du XXIe siècle". *Manière de voir*, 170.

¿Un momento insurreccional (2018-2019)?

En 2018-2019, una ola de levantamientos populares sacudió a la región latinoamericana; desde Haití en el Caribe, hasta Chile en el Cono Sur, pasando por Nicaragua, Colombia y Ecuador. Aunque estos movimientos sociales encuentran sus raíces en situaciones nacionales específicas, se han subrayado sus correspondencias y su doble anclaje en las características regionales y en la globalización neoliberal. Entretanto, no parece haberse planteado la cuestión de los posibles vínculos entre estas insurgencias y la explosión de los intercambios comerciales con China.

Sin embargo, China es el primer o segundo socio comercial de Colombia, Ecuador y Chile. También firmó un tratado de libre comercio con este último país en 2005, y los bancos chinos financiaron, entre 2005 y 2018, préstamos de hasta 18.000 millones de dólares para Ecuador. Además, China es, respectivamente, la segunda y tercera fuente de importaciones para Nicaragua y Haití.

El 'fuera de la pantalla' chino de los levantamientos populares

Tres elementos explican esta reflexión en *off*: el énfasis en el pragmatismo chino, el sesgo analítico de las relaciones chino-latinoamericanas, y la evidencia del enmarque neoliberal. El Estado chino nunca ha dejado de presentar sus intercambios con ALC y, más en general, con el mundo, desde un ángulo original y favorable. No habiendo sido nunca un país colonizador y presentándose como un país del Sur, en desarrollo, China caracteriza su comercio con ALC como de cooperación Sur-Sur y como una relación 'ganar-ganar'.

Otra característica terminaría de diferenciar el comercio con China de las relaciones comerciales 'clásicas': la ausencia de condicionalidades[336]. Y, de hecho, las relaciones del gigante asiático con los países de ALC no dependen de los regímenes políticos vigentes; la expansión de los intercambios se ha verificado tanto con el gobierno neoliberal de Chile, con la derecha dura que está en el poder en Colombia, el Estado Bolivariano de Venezuela y el Brasil durante y después de Lula. Los ataques antichinos de Jair Bolsonaro se diluyeron rápidamente en la 'economía real' del comercio con China[337].

[336] CETRI (2022). Économies du Sud: toujours sous conditions néolibérales? *Alternatives Sud, 29*(3).

[337] CETRI (2020a). Le Brésil de Bolsonaro: le grand bond en arrière. *Alternatives Sud, 27*(2).

A diferencia de las instituciones financieras internacionales, como el Fondo Monetario Internacional (FMI), y los Estados del norte, en particular los europeos, el país asiático no pone condicionalidades a sus relaciones comerciales -ya sea en términos de políticas económicas o de derechos humanos- pero dice abstenerse de toda injerencia en los asuntos internos de los países. Además, consciente de que el continente es un terreno sensible -terreno que Estados Unidos sigue concibiendo como su patio trasero-, China actúa con cautela, tratando de no provocar a Washington. Y lo hace destacando la dimensión "simplemente" económica de su presencia en ALC, desprovista de segundas intenciones políticas y, más aún, militares.

China ha guardado, en consecuencia, silencio sobre los levantamientos populares en ALC. Significativamente, el único discurso que hizo sobre las insurgencias que estallaron en todo el mundo en 2019 fue defensivo. Así, a través de los periódicos y del embajador chino en París, Beijing pretendió justificar la represión de las manifestaciones en Hong Kong, al tiempo que denunciaba el "doble rasero" y la hipocresía de los medios y gobiernos occidentales que apoyaban a los manifestantes en Hong Kong, pero reprimían a los Chalecos amarillos en Francia y a los separatistas en Cataluña[338].

Las rebeliones de 2018-2019 en ALC estallaron en Estados donde predominaban los principios neoliberales, incluso -bajo un barniz sandinista- en Nicaragua, durante mucho tiempo el mejor alumno del FMI[339]. Y, en dos casos, en Haití y Ecuador, el detonante fue la aplicación de una medida -la reducción de los subsidios públicos al precio de los combustibles- impuesta por el FMI. En Nicaragua y Colombia, lo que actuó como detonante fue el intento de los gobiernos de impulsar reformas liberalizadoras. Finalmente, en Chile, el desafío al aumento de treinta centavos en la tarifa del metro se convirtió rápidamente en un rechazo a treinta años de gobierno ultraliberal[340].

Pero la gente no sólo se levantó contra las políticas económicas; también se cuestionó el autoritarismo y la corrupción, las desigualdades y

[338] OBS & AFP (7 de octubre de 2019). Hong Kong: l'ambassadeur de Chine tacle la France en faisant référence aux 'gilets jaunes'. *L'OBS.* Recuperado de https://www.nouvelobs.com/monde/20191007.OBS19451/hong-kong-l-ambassadeur-de-chine-tacle-la-france-en-faisant-reference-aux-gilets-jaunes.html; Qingyun, W. (21 de octubre de 2019). Foreign Ministry points out Western 'double standard'. *China daily.* Recuperado de https://www.chinadaily.com.cn/a/201910/21/WS5 dad985ea310cf 3e35571bce.html; Jin, Z. (22 de octubre de 2019). Western media, politicians have HK double standards. *China daily*. Recuperado de https://www.chinadaily.com.cn/a/201910/22/WS5dae5a 57a310cf3e 35571ce0.html.

[339] Duterme, B. (2017). *Toujours sandiniste, le Nicaragua?* CETRI, Couleurs livres, Bruxelles.

[340] CETRI (2020b). Soulèvements populaires. *Alternatives Sud, 27*(4).

la forma de gobernar, de modo que el repudio afectó muy rápidamente a la clase política y a los regímenes vigentes. Sin embargo, el neoliberalismo parecía ser el denominador común más obvio (o uno de los más obvios). Además, habiendo sido objeto de muchos estudios detallados y variados durante las últimas cuatro décadas, que han identificado sus contornos y dinámicas, se presta (más) fácilmente a la crítica. En cambio, el auge del comercio con China es más reciente, no aparece bajo una luz neoliberal y, en general, se presenta como políticamente neutral.

Un sesgo analítico

¿La presencia china en el continente podría haber alimentado, de forma indirecta o implícita, el descontento en el origen de los levantamientos de 2018-2019? La ausencia de análisis sobre este tema se corresponde con el silencio de Beijing frente a los movimientos sociales. En parte se explica por el perfil políticamente bajo adoptado por el Estado chino en sus intercambios con ALC y por su pretendida cooperación pragmática, desprovista de toda "consideración geopolítica".

El creciente poderío de China en el escenario mundial desdibuja los mapas analíticos, incluidos los del neoliberalismo y el imperialismo. Si bien han surgido temores vinculados a nuevas formas de dependencia y a las crecientes asimetrías que acompañan al ascenso de China, para muchos países de la región Beijing ofreció salidas interesantes y una valiosa alternativa a la hegemonía occidental. Es en este contexto que se han intensificado los debates en torno a la existencia o no de un nuevo "imperialismo chino"[341].

Aunque los investigadores latinoamericanos han desarrollado estudios tan ricos como originales sobre el lugar y el papel del poder chino, el hecho es que, en general, esta nueva situación sigue siendo insuficientemente tenida en cuenta. Plantear la cuestión del comercio con Beijing en términos de 'oportunidad' y/o 'amenaza' es insuficiente; aún hay que preguntarse ¿para quién y según qué proyecto esto constituye una oportunidad o una amenaza? La falta de estrategias nacionales y, más aún, regionales por parte de los gobiernos latinoamericanos contribuye aún más a desorientar el análisis.

Los estudios más interesantes abordan las relaciones China-ALC a través del prisma del neoextractivismo, la matriz productiva tradicional

[341] CETRI (2011). La Chine en Afrique. Menace ou opportunité pour le développement? *Alternatives Sud, 18*(2); Bello, W. (2019). *China: An Imperial Power in the Image of the West?* Focus on the Global South.

del continente y una renovación de la teoría de la dependencia. Pero los posibles vínculos entre este nivel macro y las luchas locales, en primer lugar, los conflictos socioambientales, que se han vuelto mayoritarios en la región, suscitan muy pocas interrogaciones.

Sólo la geopolítica -la guerra comercial (particularmente tecnológica) con los Estados Unidos, las raras dimensiones militares del financiamiento chino, el endeudamiento, la lucha diplomática contra el reconocimiento de Taiwán (que en realidad se está jugando, en gran parte, en ALC[342])- desafiaría las afirmaciones chinas de una cooperación de *ganar-ganar*, desprovista de intereses ideológicos o estratégicos.

La agitación de la amenaza china esgrimida por la Unión Europea (UE) y más aún por Washington, parece demasiado hipócrita y egoísta -que lo es al menos en parte- para ser tenida en cuenta seriamente en los países del sur. Además, a menudo tiene un efecto contraproducente, al mantener la imagen de una China desinteresada, incluso (naturalmente) antiimperialista, opuesta a las potencias imperiales.

¿Un nuevo imperialismo?

No es posible, en el espacio de este artículo, proponer un análisis de los potenciales vínculos entre el exponencial crecimiento de los intercambios con el gigante asiático, por un lado, y los levantamientos populares que estallaron en ALC en 2018-2019, por el otro. Sólo queremos recoger aquí algunas pistas.

El comercio con China está estrechamente ligado al auge de los precios de las materias primas, y luego a su caída, lo que tiene efectos sobre los cambios de gobierno y su margen de maniobra, alimentando la frustración social y la protesta. En relación más específicamente con el caso ecuatoriano, el endeudamiento con los bancos chinos y la explosión del gasto público contribuyeron a empujar al gobierno a solicitar un préstamo al FMI, cuyos condicionamientos prendieron fuego a la pólvora.

Pero, de modo más general y orgánico, el comercio con Beijing ha reforzado la subordinación de los Estados de la región en la división internacional del trabajo. Concluimos en particular en un estudio publicado

[342] China en América latina (3 de agosto de 2022). China vs. Taiwán: qué países de América Latina y el Caribe reconocen a la 'isla rebelde'. *China en América latina*. Recuperado de https://chinaenamericalatina.com/2022/08/03/china-vs-taiwan-que-paises-de-america-latina-y-el-caribe-reconocen-a-la-isla-rebelde/.

en 2020, que "Al final, puede ser legítimo negarse a calificar las relaciones entre China y ALC de imperialistas (...), [siempre y cuando] este rechazo no constituya una negación de la asimetría y dependencia que caracterizan estas relaciones"[343]. Por un lado, efectivamente, no se puede reprochar a China haber "forzado" a los países latinoamericanos a especializarse en la exportación de materias primas, cuando el extractivismo es una vieja realidad en la región y la mayoría de los países han aprovechado el apetito de China en esta zona para atesorar divisas y (parcialmente) librarse de su dependencia frente a Washington.

Sin embargo, es igualmente cierto que "China ha aprovechado la 'periferización' y extractivismo de ALC. La no injerencia china en los asuntos internos, por real y explícita que sea, va acompañada de una reconfiguración igualmente real de la arquitectura económica y política de estos Estados, de las relaciones sociales entre los actores y con la naturaleza. Y de esa reconfiguración, de la subordinación de los países del Sur -con los que se identifica en gran medida por oportunismo- y de un neoliberalismo autoritario vacío de toda promesa de emancipación ".[344]

Sin embargo, esta configuración ha catalizado la polarización de las izquierdas latinoamericanas entre neoextractivistas y postextractivistas. Efectivamente, es claro que existe una correspondencia entre el modelo chino y las posiciones de los gobiernos posneoliberales de la primera década del siglo XXI en ALC: guardando las proporciones, surge la misma tendencia a despolitizar las relaciones económicas, a reforzar la autoridad presidencial, e incluso personal, para fetichizar el Estado y reprimir las disidencias.

Sin embargo, los levantamientos populares de 2018-2019 ¿no señalan el surgimiento de una nueva generación política -en la que tienen especial presencia los movimientos feministas, indígenas y de jóvenes urbanos precarizados- que no sólo rechaza el neoliberalismo sino también el formato de esta izquierda?[345]

Sea como fuere, la dificultad de captar las relaciones comerciales China-ALC a través del prisma de las clases sociales y, más aún, de una crítica a la economía política, como la de Marx, pero incluyendo lo socioambiental, es mucho menos señal de alguna debilidad teórica que del peso sobredeterminante, en el escenario intelectual, de las políticas y narrativas

[343] Thomas, (2020), *op. cit.*, p. 37.

[344] *Ibid.*, p. 38.

[345] CETRI (2020b), *op. cit.*

de los gobiernos -progresistas y neoliberales- de principios del siglo XXI; políticas y narrativas que dependen de elecciones estratégicas basadas en el ocultamiento de estas dimensiones.

¿El nuevo giro a la izquierda producido en los últimos meses en ALC redundará, en un contexto de crisis post-Covid, en una mayor permeabilidad de los gobiernos progresistas a la nueva generación política y en una reconfiguración de las relaciones con Beijing, sobre la base de una estrategia a la vez realista y sin tapujos, centrada en la autonomía y emancipación de los pueblos latinoamericanos? Nada es menos seguro. Pero este es, en todo caso, uno de los principales retos del momento.

¿Un nuevo 'momento' post-Covid?

Sin embargo, las circunstancias han cambiado un poco desde 2020, tanto que nos gustaría cuestionar la existencia de un nuevo "momento" creado (o al menos catalizado) por la pandemia de Covid y sus consecuencias en China y más allá. De hecho, en un primer momento, después de ser criticada por su lenta respuesta y su papel en la propagación global del virus, China rápidamente emergió como el "gran ganador de la pandemia"[346], no sólo porque parecía haber dominado la epidemia mejor que la mayoría de las principales potencias occidentales, sino también porque se involucró en la "diplomacia de las vacunas" que nuevamente contrastó con el egoísmo y el nacionalismo vacunal evidenciado por los países del G7[347].

Dos años después, para Beijing la situación se ha deteriorado ampliamente. De hecho, a mediano plazo, la estrategia "Covid Cero" ha demostrado ser menos efectiva que lo esperado, y sus costos económicos y sociales se han vuelto cada vez más prohibitivos[348]. Mientras que el resto del mundo había decidido gradualmente "vivir con el virus" mediante la combinación de inmunidad grupal y campañas de vacunación dirigidas, la población china continuaba sufriendo repetidos confinamientos draconianos. Como resultado, la economía china experimentó su peor desaceleración desde la apertura a las reformas en 1978 y Xi Jinping tuvo que enfrentar las mayo-

[346] Leterme, C. (abril de 2020). La Chine et le confinement. *GRESEA Échos, 103*. Recuperado de https://gresea.be/Un-enjeu-le-positionnement-geopolitique.

[347] Franco, S. (2020). Chine: (re)naissance d'une puissance sanitaire? *GRESEA*. Recuperado de https://gresea.be/Chine-re-naissance-d-une-puissance-sanitaire.

[348] Nikkei Asia Review (12 de octubre de 2022). The Big Story: Self-isolated: China's lonely zero-COVID battle in spotlight as Xi seeks third term. *Nikkei Asia Review*. Recuperado de https://asia.nikkei.com/Spotlight/The-Big-Story/Self-isolated-China-s-lonely-zero-COVID-battle-in-spotlight-as-Xi-seeks-third-term.

res movilizaciones antigubernamentales desde 1989[349]. Evidentemente, es demasiado pronto para saber si esto podría conducir a una impugnación más amplia del régimen y de sus orientaciones fundamentales, pero en cualquier caso constituye una advertencia que no podría ser más grave y que las autoridades han entendido perfectamente, ya que optaron por responder con una mezcla de represión y levantamiento de las medidas anti-Covid más draconianas. Sin embargo, el regreso a una forma de estabilidad económica y social interna está lejos de ser seguro.

Para peor, la guerra en Ucrania también pone a Bejing diplomática y económicamente en una situación incómoda[350], y todo esto ocurre mientras Estados Unidos continúa intensificando sus esfuerzos para "desacoplar" su economía -y las de sus aliados- de la economía china (especialmente en áreas estratégicas clave como la alta tecnología) con el objetivo de aislar y contener el ascenso de China[351].

Sin embargo, ésta no solo enfrenta un entorno internacional cada vez más hostil desde una situación interna debilitada, sino que la valoración de su principal iniciativa geopolítica y geoeconómica de la última década parece cada vez más decepcionante. A diez años de haberse puesto en marcha, las Nuevas Rutas de la Seda encadenan efectivamente retrasos y controversias y es difícil encontrar algún éxito irrefutable que pueda acreditarse a la iniciativa[352].

Por tanto, parece que en principio ha llegado el momento de resolver los desafíos internos, corregir y reequilibrar la economía fomentando (por fin) el consumo interno y reduciendo las desigualdades, apostando por un crecimiento más cualitativo que cuantitativo[353]. Todo esto en un contexto donde las recientes movilizaciones contra la política 'Covid Cero' han desafiado explícitamente, por primera vez en mucho tiempo, a la tecnocracia autoritaria y arbitraria del PCCh, lo que podría llevar a la formulación de demandas más amplias en términos de democratización.

---

[349] Zhou, C. (28 de noviembre de 2022). China COVID protests mark 'biggest act of resistance' in decades. *Nikkei Asia Review*. Recuperado de https://asia.nikkei.com/Politics/China-COVID-protests-mark-biggest-act-of-resistance-in-decades.

[350] Julienne, M. (2022). Guerre d'Ukraine: un embarras pour Pékin. *Politique Étrangère, 3,* 103-115.

[351] Leterme (2021), *op. cit.*; Bessler M. (16 de noviembre de 2022): Demystifying the Debate on U.S-China Decoupling. *CSIS*. Recuperado de https://www.csis.org/blogs/new-perspectives-asia/debate-decouple.

[352] Aamir, A., Macan-Markar, M., Turton, S., Zhou, C., & Li, G. (10 de agosto de 2022). Road to nowhere: China's Belt and Road Initiative at tipping point. *Nikkei Asia Review*. Recuperado de https://asia.nikkei.com/Spotlight/The-Big-Story/Road-to-nowhere-China-s-Belt-and-Road-Initiative-at-tipping-point.

[353] Leterme, C. (2022). *20e Congrès national du Parti Communiste Chinois: quels enjeux pour le Sud?* CETRI; Qian, N. (11 de octubre de 2022). China's economy after 10 years of Xi Jinping: what worked, what didn't. *South China Morning Post*.

Mientras tanto, Beijing intentará resolver estos desafíos sin descuidar por completo la escena y los problemas internacionales, aunque solo sea para evitar dejar el campo libre a las maniobras estadounidenses y, en general, occidentales. Qué significará esto para los Estados de ALC, pero también y, sobre todo para sus poblaciones en busca de libertad y justicia, queda en gran medida por determinar.

Referencias

Aamir, A.; Macan-Markar, M.; Turton, S.; Zhou, C., & Li, G. (10 de agosto de 2022). Road to nowhere: China's Belt and Road Initiative at tipping point. *Nikkei Asia Review*. Recuperado de https://asia.nikkei.com/Spotlight/The-Big-Story/Road-to-nowhere-China-s-Belt-and-Road-Initiative-at-tipping-point.

Arrighi, G. (2007). *Adam Smith in Beijing: Lineages of the Twenty-First Century*. Verso; Bergsten, C., Freeman, C., Lardy, N., & Mitchell, D. (2009). *China's Rise. Challenges and Opportunities*. Peterson Institute for International Economics, Columbia University Press.

Banco Mundial (s.f.). *World Integrated Trade Solution*. Recuperado de https://wits.worldbank.org/.

Bello, W. (2019). *China: An Imperial Power in the Image of the West?* Focus on the Global South.

Bello, W. (2021). Les 'Nouvelles routes de la soie' : plan de domination ou stratégie de crise? *Alternatives Sud, 28*(1), 39-51.

Bessler M. (16 de noviembre de 2022). Demystifying the Debate on U.S-China Decoupling. *CSIS*. Recuperado de https://www.csis.org/blogs/new-perspectives-asia/debate-decouple.

Cabestan, J. P. (febrero de 2016). Les relations internationales de la Chine après la crise de 2008. *Géoconfluences*; Milmo, C. (1 de enero de 2008). 2008: The year a new superpower is born. *The Independent*.

CETRI (2011). La Chine en Afrique. Menace ou opportunité pour le développement? *Alternatives Sud, 18*(2).

CETRI (2020a). Le Brésil de Bolsonaro: le grand bond en arrière. *Alternatives Sud, 27*(2).

CETRI (2020b). Soulèvements populaires. *Alternatives Sud, 27*(4).

CETRI (2021). *Chine : l'autre superpuissance*. Alternatives Sud, 28(1).

CETRI (2022). Économies du Sud : toujours sous conditions néolibérales? *Alternatives Sud, 29*(3).

China en América latina (3 de agosto de 2022): China vs. Taiwán: qué países de América Latina y el Caribe reconocen a la 'isla rebelde'. *China en América latina*. Recuperado de https://chinaenamericalatina.com/2022/08/03/china-vs-taiwan-que-paises-de-america-latina-y-el-caribe-reconocen-a-la-isla-rebelde/.

Duterme, B. (2017). *Toujours sandiniste, le Nicaragua?* CETRI, Couleurs livres, Bruxelles.

Fortune (2022). *Fortune Global 500*.

Franco, S. (2020). Chine: (re)naissance d'une puissance sanitaire? *GRESEA*, Recuperado de https://gresea.be/Chine-re-naissance-d-une-puissance-sanitaire.

Frenkiel, E. (16 de octubre de 2015). Le président chinois le plus puissant depuis Mao Zedong. *Le Monde diplomatique*, 4-5.

Houben, H. (2018): Volet 3: Made in China. Dossier: 'La rivalité sino-américaine', GRESEA. Recuperado de https://gresea.be/Volet-3-Made-in-China.

Jin, Z. (22 de octubre de 2019). Western media, politicians have HK double standards. *China daily*. Recuperado de https://www.chinadaily.com.cn/a/201910/22/WS5dae5a57a310cf3e35571ce0.html.

Julienne, M. (2022). Guerre d'Ukraine: un embarras pour Pékin. *Politique Étrangère, 3*, 103-115.

Laufer R. (2021). Le projet chinois des 'Nouvelles routes de la soie' et l'Amérique latine: un autre nord pour le sud? *Alternatives Sud, 28*(1), 83-103.

Leterme, C. (2021). Édito: Au-delà de la 'menace' chinoise. *Alternatives Sud, Alternatives Sud, 28*(1), 7-20.

Leterme, C. (2022). *20e Congrès national du Parti Communiste Chinois: quels enjeux pour le Sud?* CETRI.

Leterme, C. (abril de 2020). La Chine et le confinement. *GRESEA Échos, 103*. Recuperado de https://gresea.be/Un-enjeu-le-positionnement-geopolitique.

Mladenov, N. (2021). *China's Rise to Power in the Global Order. Grand Strategic Implications*. Palgrave McMillan.

Manière de voir (2020). "Chine États-Unis: Le choc du XXIe siècle", *Manière de voir*, (170).

Nikkei Asia Review (12 de octubre de 2022). The Big Story: Self-isolated: China's lonely zero-COVID battle in spotlight as Xi seeks third term. *Nikkei Asia Review*. Recuperado de https://asia.nikkei.com/Spotlight/The-Big-Story/Self-isolated-China-s-lonely-zero-COVID-battle-in-spotlight-as-Xi-seeks-third-term.

OBS & AFP (7 de octubre de 2019). Hong Kong: l'ambassadeur de Chine tacle la France en faisant référence aux 'gilets jaunes'. *L'OBS*. Recuperado de https://www.nouvelobs.com/monde/20191007.OBS19451/hong-kong-l-ambassadeur-de-chine-tacle-la-france-en-faisant-reference-aux-gilets-jaunes.html.

Qian, N. (11 de octubre de 2022). China's economy after 10 years of Xi Jinping: what worked, what didn't. *South China Morning Post*.

Qingyun, W. (21 de octubre de 2019). Foreign Ministry points out Western 'double standard'. *China daily*. Recuperado de https://www.chinadaily.com.cn/a/201910/21/WS5dad985ea310cf3e35571bce.html.

Thomas, F. (2020). *Chine–Amérique latine et Caraïbes: Coopération Sud-Sud ou nouvel impérialisme?* CETRI.

WIPO (2022). *World Intellectual Property Indicators 2022*. WIPO.

Zhou, C. (28 de noviembre de 2022). China COVID protests mark 'biggest act of resistance' in decades. *Nikkei Asia Review*. Recuperado de https://asia.nikkei.com/Politics/China-COVID-protests-mark-biggest-act-of-resistance-in-decades.

5

"AL IGUAL QUE 'GLOBALIZACIÓN', EL CONCEPTO DE 'COMUNIDAD DE DESTINO COMÚN' SIRVE PARA LA DOMINACIÓN Y EL IMPERIALISMO"[354]

Feng Leiji[355]

Feng Leiji (风雷激) enseña Estadística en una universidad china. Integró la generación de los Guardias Rojos, trabajó en fábricas durante una docena de años, luego estudió en EE.UU. donde obtuvo su doctorado, y regresó más tarde a China para enseñar.

Este profesor ha escrito extensamente sobre economía política de la China contemporánea, particularmente sobre temas como la historia de la lucha de clases durante la era de Mao, la relación entre la clase obrera y su partido, la dictadura de clase y la democracia, el ascenso internacional de China, etc.

El conglomerado Partido-Estado

1. ¿En qué tipo de país se convirtió China tras las 'reformas' de Deng Xiaoping iniciadas en 1978, y luego en las siguientes cuatro décadas y media hasta la actualidad?

Cuando a fines de la década de 1970 la nueva camada de dirigentes llegó al poder, China se convirtió en un país "capitalista con características chinas". Esos dirigentes impulsaron un camino de desarrollo capitalista en que las necesidades del pueblo fueron reemplazadas -como motor de la producción- por la búsqueda de acumulación de capital, y la clase trabajadora fue nuevamente sometida a una esclavitud asalariada.

El factor clave que hizo que el capitalismo chino fuera diferente al del resto del mundo -es decir, un "capitalismo con características chinas"- es la

[354] Entrevista realizada por Rubén Laufer en noviembre de 2022.

[355] Feng Leiji (风雷激) no es su nombre real sino un seudónimo. Debido a la situación represiva que impera en China, prefiere no revelar su nombre real y no citar sus escritos.

presencia del conglomerado Partido-Estado, heredado del antiguo Estado socialista y convertido en un instrumento para el desarrollo capitalista autóctono.

El conglomerado Partido-Estado, que durante la era de Mao era la base para la construcción de una nación soberana, en la era del imperialismo pudo mantener un desarrollo económico y político independiente, respaldado por un ejército soberano. En consecuencia, ese conglomerado no sólo es dueño o tiene el control de todas las industrias clave de China como energía, transporte, comunicaciones, industria pesada, finanzas, etc., sino también estableció un conjunto de regulaciones en todos los sectores de propiedad o control no gubernamentales.

La naturaleza del capitalismo chino es, por lo tanto, muy diferente a la del resto de los países desarrollados.

Al liberarse del yugo de las potencias occidentales y en búsqueda de su propio desarrollo económico, el conglomerado Partido-Estado pudo durante el último medio siglo acumular bajo su control la mayor concentración de capital, como lo demuestra la posesión -durante la última década o más- de más del 20% de las 500 empresas globales registradas por la revista *Fortune*. Así, el conglomerado chino de Partido-Estado se convirtió en el mayor grupo de capital monopolista individual del mundo.

Ciertamente, el conglomerado Partido-Estado afirma que busca un sistema de 'socialismo de mercado', que según afirma es distinto del capitalismo. Pero la economía de mercado es capitalista por su propia naturaleza, independientemente de los calificativos que se le puedan asignar, como el de 'economía de mercado socialista'. Esto es así porque en una economía de mercado, tanto los compradores como los vendedores se preocupan sólo por sus propios intereses, y nadie se preocupa por los intereses del pueblo en su conjunto, incluidas las empresas del gobierno. La sola propiedad de las empresas por el gobierno no convierte al país en socialista más que lo 'socialista' que pueda ser un prostíbulo propiedad del gobierno[356], al menos no en el sentido marxista.

[356] (Nota del traductor) El autor alude a la observación de Engels respecto de que el carácter nacional o estatal de las empresas no basta para considerar que un país es socialista: "Si no, entre las instituciones socialistas habría que clasificar también a la Real Compañía de Comercio Marítimo, la Real Manufactura de Porcelanas, y hasta a los sastres de compañía del ejército, sin olvidar la nacionalización de los prostíbulos propuesta muy en serio, allá por el año treinta y tantos, bajo Federico Guillermo III, por un hombre muy listo" (Engels, F. (1974 [1880]). *Del socialismo utópico al socialismo científico*. En C. Marx &Engels, F. *Obras escogidas* (pp. 98-160). Progreso, T. III, p. 152, nota a pie de página).

La clave aquí es comprender la naturaleza del Estado, es decir, a quién sirve. Y en este sentido no podemos juzgarlo por lo que dice ser, sino por su comportamiento concreto, en particular si oprime a la clase obrera en el interior y si oprime la lucha de los pueblos en el mundo. Si en un país llamado "socialista" la clase obrera no puede hablar, no puede organizarse, no puede luchar por sus propios intereses y no puede decir nada sobre cómo se conduce el país, sino sólo ser un trabajador asalariado que participa en el mercado de trabajo, ningún arreglo floral puede cambiar la naturaleza burguesa del Estado.

De la unidad antiimperialista con el 'Tercer Mundo' al robo de recursos y conquista de mercados

2. ¿Qué cambios fundamentales señalaría entre las relaciones internacionales de China en la era maoísta, y las que estableció Beijing con las grandes potencias y con los países del 'tercer mundo', a partir de fines de los años 70 y, posteriormente, con la consigna '*Go out / Go global*' ('Salir afuera / Hacerse globales')?

Durante la época de Mao, en sus relaciones internacionales China intentó construir un frente unido mundial contra el imperialismo. Dentro de sus propias y limitadas capacidades apoyaba en todo el mundo, tanto moral como política y económicamente, la lucha de los países por la independencia, la de las naciones por la liberación, y la de los pueblos por la revolución. Esto se demostró ampliamente, por ejemplo, con su apoyo al pueblo coreano durante la guerra de Corea, al pueblo vietnamita en la guerra de Vietnam, y en la construcción del ferrocarril Tanzania-Zambia en la década de 1970.

Todo eso cambió tras la muerte de Mao en 1976. El ascenso de una clase de seguidores del camino capitalista a la dirección central del Partido, representado por Deng Xiaoping, transformó la naturaleza del Estado chino de socialista a capitalista. Ese Estado reprimió la rebelión de la clase obrera contra el camino capitalista, como sucedió en 1989 en la Plaza Tiananmen, y dejó en todo el mundo de apoyar la lucha de los pueblos oprimidos.

Sin embargo, el desarrollo político y económico soberano de China, posibilitado por el socialismo de la época de Mao, permitió al capitalismo chino, en la era post-Mao, desarrollarse sin subordinación a las potencias imperialistas. A diferencia de los demás países del tercer mundo, a quienes el imperialismo les impidió tener un desarrollo económico autóctono, el crecimiento económico de China fue mucho más rápido. En la actualidad se ha convertido en una potencia industrial en ascenso.

Para cualquier grupo capitalista monopolista, la lógica del desarrollo capitalista es gastar o morir. No hay un camino intermedio. Esto es así para cualquier producto, empresa, corporación, fideicomiso, combinado o conglomerado en particular. La libre competencia conduce a la formación de monopolios u oligopolios, y éstos lucharán por la hegemonía en el mundo. Por lo tanto, el ascenso de un país capitalista industrial inevitablemente lo llevará a convertirse en un país imperialista.

Esta lógica del desarrollo capitalista es válida también para el conglomerado chino de Partido-Estado. Una vez que el mercado interno se satura, estalla la crisis de sobreproducción, como sucede en China con el acero, la maquinaria o los equipos de construcción. La necesidad de encontrar nuevos mercados y nuevos recursos, que condujo al capitalismo monopolista hacia el imperialismo, opera de igual modo para el conglomerado Partido-Estado.

Esto es lo que está realmente detrás de las "asociaciones estratégicas" de China con los países del tercer mundo, es decir, la necesidad de encontrar nuevos recursos para extraer. Por el lado del marketing, también están desarrollando más lazos con los países europeos. El impulso combinado se denomina 'Iniciativa de la Franja y la Ruta'(IFR), dirigido a vincular con China tanto los recursos como los mercados.

3. **En un artículo de 2017 del profesor Fred Engst que también trabaja en China, *"Imperialismo, ultraimperialismo y el ascenso de China"*[357], se hace referencia a la naturaleza y las implicaciones de la penetración del comercio, la inversión y los préstamos chinos en África, especialmente para la financiación de infraestructuras. ¿Tiene usted referencias sobre la presencia comercial, inversora y financiera de China en otras regiones? ¿Qué opina de las declaraciones de los funcionarios del gobierno de Beijing de que sus relaciones con el 'tercer mundo' son de tipo 'Sur-Sur', de 'beneficio mutuo', y que buscan establecer una 'comunidad de destino común'?**

En los medios occidentales, especialmente en la prensa económica, hay mucha información sobre las inversiones chinas en el extranjero. Haciendo

[357] Engst, F. (2017). Imperialismo, ultraimperialismo y el ascenso de China. En A. Tuján Jr. (Ed.), *El imperialismo de Lenin en el siglo XXI* (pp. 81-113). IPE.

una búsqueda casual en *Google*, uno queda abrumado por la cantidad de información. A medida que aumentaba la inversión china en todo el mundo, las potencias occidentales se sintieron en la necesidad de reaccionar.

El caso más revelador de la inversión china en el sur de Asia fue quizás el arrendamiento por 99 años del puerto de Hambantota en Sri Lanka. Cuando en 2007 los estadounidenses suspendieron la ayuda militar a Sri Lanka, intervinieron los chinos. La transferencia de equipo militar chino permitió hacia 2009 al gobierno de Sri Lanka aplastar a los Tigres Tamiles y poner fin a una guerra civil que había durado más de un cuarto de siglo.

Esa fue la clave para que China obtuviera el puerto de aguas profundas de Hambantota mediante el financiamiento de infraestructuras. No se trata tanto de que haya habido o no una "diplomacia de trampa de la deuda", como asegura la propaganda occidental; lo que sí hubo es un esfuerzo bien planificado para obtener ese estratégico puerto en el Océano Índico. Incluso ese contrato de arrendamiento a China permite al gobierno de Sri Lanka pagar sus deudas con Occidente, ya que su deuda con China sólo representa un 10% aproximadamente del total de la deuda de Sri Lanka.

Sin embargo, sí hay que resaltar el carácter del tipo de convenios que China establece actualmente con países "en desarrollo" como Sri Lanka, especialmente los que lleva a cabo en el marco de su IFR. La mayor parte de la inversión china en los proyectos IFR se basa en que, una vez completados, es China quien operará o administrará esos proyectos. Es como si China construyera vías férreas, puertos, redes energéticas, redes de comunicación, etc., y luego los chinos operaran esos proyectos y usaran los ingresos provenientes de esa operatoria para pagar a la propia China las deudas de los países receptores. Estos acuerdos inevitablemente interfieren con la soberanía de los países receptores. En sí mismo no se trata de una "*diplomacia* de trampa de la deuda", sino de un "*desarrollo* de trampa de la deuda", es decir un desarrollo en términos de dependencia.

El gobierno chino jamás permitiría que las multinacionales occidentales hicieran este tipo de arreglos dentro de China; ni siquiera fue así la operación del Ferrocarril Oriental de China en Manchuria por la URSS a principios de los años '50. A partir de los '80, Occidente pudo instalarse en China para fabricar casi cualquier cosa, pero ni las corporaciones ni los Estados occidentales pueden operar en China infraestructuras de ningún tipo, ni ningún proyecto que se considere vital para la economía china.

Los proyectos IFR contrastan fuertemente con las asistencias sin intereses que la URSS proporcionó a China a principios de los años '50, en las que no sólo entregaban los planos sino también capacitaban a los chinos en todos los detalles técnicos para que el pueblo chino pudiera operar esos proyectos sin los expertos de la URSS.

Los proyectos IFR también contrastan marcadamente con las asistencias sin intereses que China daba al tercer mundo durante la época de Mao: su objetivo era ayudar a los países del tercer mundo a obtener independencia económica, y no extraer recursos ni fomentar la dependencia.

China desarrolla todo esto bajo la cobertura del comercio 'Sur-Sur'. El problema no es quién comercia con quién, sino los términos del intercambio. Durante la Segunda Guerra Mundial, Japón también se presentaba ante los países asiáticos como una fuerza opuesta al imperialismo occidental y en favor de ampliar los lazos económicos.

El comercio 'Sur-Sur' puede ser cualquier cosa, desde ayuda mutua hasta dominación imperialista. La clave es si ese comercio promueve el desarrollo económico autóctono o si lo que promueve es dependencia. Si el comercio 'Sur-Sur' sólo se limita a la extracción de recursos en lugar de ayudar a los países del tercer mundo a ser más autosuficientes, entonces se trata de una típica forma de comercio imperialista, no muy diferente de lo que han practicado las grandes potencias en el siglo pasado.

El concepto de "comunidad de destino común" no es nada nuevo. Siguiendo con la ejemplificación anterior, durante la Segunda Guerra Mundial, Japón promovió el concepto de la 'Gran Esfera de Co-Prosperidad de Asia Oriental' como forma de cohesionar ideológicamente a Asia, bajo la fachada del beneficio mutuo y del bienestar conjunto del Japón y de las otras naciones incluidas en la 'Esfera'.

La 'comunidad de destino común' no es más que una versión global de lo mismo.

Encontrar socios dispuestos

4. Otros autores también subrayan que la expansión global del capitalismo chino se basa en las empresas estatales, y no en las empresas de capital privado. ¿Qué papel juegan las corporaciones estatales de China en el esfuerzo del gobierno de Beijing por establecer 'asociaciones estratégicas' con los países 'en desarrollo'? Y, ¿cómo ve el desempeño de las clases dominantes y grupos empresariales de esos países en la creación de alianzas o acuerdos con China para la 'cooperación' política, militar, académica, etc.?

Como hemos señalado anteriormente, si la clase obrera no está al mando, las empresas estatales en China no son diferentes de las del occidente imperialista como Airbus, Renault u otras empresas bancarias y energéticas en Europa. En una economía de mercado, todas las empresas tienen que operar más o menos del mismo modo, independientemente de quién las posea.

Como todas las potencias imperialistas, para extraer recursos del tercer mundo China necesita encontrar en esos países socios dispuestos. Sobornar a miembros de las clases dominantes del tercer mundo, o nutrir en ellos a una clase compradora, son medios harto probados para asegurarse allí un punto de apoyo.

El creciente sentimiento contra la penetración del capital chino en el tercer mundo demuestra la verdadera naturaleza del conglomerado partido-estado. En respuesta a esa reacción China ha ampliado enormemente, por ejemplo, sus becas para estudiantes del tercer mundo, buscando crear un núcleo de intelectuales favorables a China y expandir su influencia por medio del llamado 'poder blando'.

La ventaja que tiene el conglomerado Partido-Estado de China sobre sus competidores occidentales es la posibilidad de un mayor grado de concentración del poder político, económico y militar en un grupo capitalista monopolista. Esto le permite enfocarse en objetivos de largo plazo en el dominio tecnológico, en la obtención de recursos, en penetración de mercado, como lo hace a través de la IFR. Esto está poniendo muy nerviosas a las potencias occidentales, y eso resulta en una sanción tras otra impuestas por EE.UU. a China, y en los esfuerzos de EE.UU. para desacoplar los vínculos económicos críticos que las economías que están dentro de la esfera de influencia estadounidense mantienen con China.

5. **Al promover la asociación de sus corporaciones con grupos empresariales de otros países (ya sean de ciertas potencias o de países 'en desarrollo'), ¿China sigue simplemente políticas de 'mercado', o tiene un plan o estrategia centralizada?**

A diferencia de la era temprana del capitalismo de libre competencia, cuando la concentración de capital se convirtió en monopolio u oligopolio, el funcionamiento del mercado ya no es 'libre'. Los monopolios u oligopolios intentarán todo lo posible, utilizando desde su poderío de mercado hasta medios políticos o incluso militares, para destruir la competencia o derrotar a los competidores.

Siendo el grupo monopolista individual más grande del mundo, el conglomerado chino de Partido-Estado no puede hacer nada distinto. Debe apelar a todos los recursos que estén a su mano con el íntimo propósito de derrotar a su rival mundial. A diferencia de las potencias occidentales, dentro de cuya clase dominante existen grupos de interés divergentes con objetivos contrapuestos, el conglomerado de Partido-Estado está mucho más organizado centralmente, con el poder superconcentrado en un pequeño grupo de personas que pueden sofocar cualquier punto de vista disidente e impulsar su agenda con una determinación incomparable.

China puede decidir soportar décadas de pérdidas en busca de su objetivo, como lo demostraron, en la alta tecnología, su fuerte impulso al desarrollo científico y tecnológico, y en las relaciones internacionales el arrendamiento por 99 años del estratégico puerto de Hambantota en el océano Índico.

La 'China global' y la rivalidad mundial entre grupos monopolistas

6. **En el artículo mencionado en una pregunta anterior ("Imperialismo..."), el autor discute las teorías del 'ultraimperialismo' y la existencia de un "sistema mundial" con una estructura de 'centro, semiperiferia y periferia'. ¿Cree usted que el enfoque marxista del imperialismo y la búsqueda de la hegemonía por parte de las grandes potencias es adecuado para describir la relación actual de China con los países 'en desarrollo'? En comparación con Estados Unidos o las potencias europeas, ¿tiene esa relación específicamente "características chinas"?**

El enfoque de 'centro-periferia' para el análisis del mundo actual es como la dicotomía ricos-pobres al analizar las clases dentro de un país. Ambas conceptualizaciones se quedan en lo obvio. Al analizar la estructura de clases dentro de un país, no podemos simplemente señalar que hay personas ricas y pobres: hay que explicar 'por qué' algunos son ricos y otros son pobres. Sin analizar la fuente de sus ingresos, que en el caso de los ricos derivan de la propiedad de los medios de producción, nos quedamos sin la pista sobre las verdaderas causas de la polarización social, de por qué algunos se enriquecen y otros siguen siendo pobres. Lo mismo vale para el análisis de la polarización existente a escala global: 'centro-periferia' no nos dice nada acerca de por qué algunos están en el centro y otros permanecen en la periferia, más allá de una vaga noción de la ley del movimiento, etc.

Para comprender la evolución ya sea en la naturaleza o en la sociedad, debemos comprender las contradicciones internas, que son las fuerzas impulsoras que motivan los cambios. El enfoque marxista del imperialismo proporciona los conocimientos reales del mundo actual. Sin ella, no hay posibilidad de entender lo que está pasando hoy.

En el análisis de Lenin, la fuerza que genera las guerras entre los países imperialistas es la rivalidad entre los grupos capitalistas monopolistas. Es la capacidad de los monopolios para reunir poder económico, político y, en última instancia, militar lo que determina el resultado de su competencia por la dominación mundial. También es la capacidad de los grupos capitalistas monopolistas a través de su control del mercado, los recursos y la tecnología lo que les permite dominar y explotar al tercer mundo.

En resumen, la unidad de análisis no es 'el globo' en su conjunto, o el 'sistema mundial', sino los grupos de capital monopolista. Cuando logramos ir más allá de una visión del mundo que concibe un 'sistema mundial' aparentemente integral, y nos enfocamos en los grupos capitalistas monopolistas, la dinámica interna se vuelve cristalina.

Es la naturaleza parasitaria y decadente del capital monopolista lo que impulsa el desarrollo desigual entre los grupos capitalistas. Vemos esto en la vida cotidiana, desde la quiebra de Kodak hasta el surgimiento de China. Esto conduce a cambios en el equilibrio de poder entre esos grupos. Todo esto no puede ser explicado por el 'sistema mundial' aparentemente 'global', ya que esta visión es ciega a las contradicciones internas entre los grupos monopolistas.

Lo que está en la propia naturaleza del capitalismo es dominar, expandirse, conquistar, y no ceder, ser considerado, luchar por los bienes de la 'causa común'. Por lo tanto, a menos que dejen de ser capitalistas, no hay modo de que pueda haber un 'sistema mundial' en la forma de una gobernanza ultra-imperialista global que mantenga la paz entre los grupos capitalistas-monopolistas competidores.

En cuanto a las características llamadas 'chinas', aplicando el enfoque marxista realmente no hay una diferencia con otras potencias que, como Alemania o Japón, desafiaron anteriormente la posición hegemónica que ocupaba Gran Bretaña en ambas guerras mundiales. Siendo Alemania y Japón recién llegados a las rivalidades entre grandes potencias, su única posibilidad de triunfar era concentrar todos sus recursos bajo el mando de gobernantes tiránicos, más bien que discutir con las sutilezas de la democracia al interior de sus respectivas clases dominantes.

El 'Tercer mundo' puede aprovechar las contradicciones entre las potencias, si mantienen su independencia

7. **También hay teorías actuales que sostienen que, habiendo pasado casi ocho décadas sin nuevas guerras mundiales, la explicación 'clásica' de Lenin sobre el imperialismo ya sería anacrónica. En el contexto actual de disputa comercial y tecnológica entre China y EE.UU., la guerra en Ucrania y el creciente conflicto por la provincia china de Taiwán, ¿cree que existe la posibilidad de una nueva guerra mundial entre grandes potencias? ¿Qué efectos tiene esta disputa entre dos o más 'polos' de poder sobre las clases dominantes y sobre los alineamientos estratégicos de los países del 'tercer mundo'?**

El estudio de Lenin sobre el imperialismo, escrito hace un siglo, sigue siendo relevante hoy. Todo lo que hay que hacer es cambiar la descripción que Lenin hacía en su época sobre las grandes potencias en lucha por el control de las colonias, a la lucha entre ellas por esferas de influencia en el actual mundo globalizado. Todo lo demás se multiplica por cien o por más, independientemente del capital industrial o del capital financiero. No podemos dejar de asombrarnos por la previsión de Lenin.

Otro cambio importante respecto de la situación de hace un siglo es la presencia de armas nucleares, que potencialmente tienen la capacidad de destruir la tierra con toda la gente que vive sobre ella. Sin embargo, a diferencia de la Guerra Fría 1.0, donde las dos partes -Estados Unidos y la Unión Soviética- apenas estaban relacionadas económicamente entre sí, la Guerra Fría actual es entre potencias nucleares que tienen profundas dependencias económicas y vinculaciones mutuas en un mundo globalizado.

La amenaza de una guerra nuclear limitó la posibilidad de una 3ª Guerra Mundial, pero no impide la carrera armamentista, ni la carrera en ciencia y tecnología, ni la lucha por esferas de influencia mediante guerras por delegación. La actual guerra de Ucrania es un buen ejemplo de ello.

La parte 'buena' de las rivalidades imperialistas entre las grandes potencias es que abren oportunidades para que los países del tercer mundo aprovechen las contradicciones entre unas y otras, siempre y cuando puedan mantener su independencia. Por ejemplo, Filipinas pudo enfrentar a China contra EE.UU., obteniendo de China una mayor ayuda económica que la que podía conseguir de EE.UU. Tailandia también pudo contraponer a China con Japón, y obtener ayuda de Japón para construir su propia red de trenes de alta velocidad.

Mirado retrospectivamente, entre la implosión de la URSS en 1990 y el surgimiento de China, el tercer mundo soportó unos 20 años de indiscutible dominación global por parte de Estados Unidos. Como consecuencia de ello, los pueblos del mundo sufrieron mucho. La actual nueva era trae nuevas esperanzas y nuevos desafíos. Mientras los pueblos del mundo puedan comprender cabalmente la verdadera naturaleza del imperialismo de todo tipo, independientemente de las fachadas que utilicen, este podría ser históricamente el siglo en que el imperialismo y el capitalismo sean derrocados.

Referencias

Engels, F. (1974 [1880]). *Del socialismo utópico al socialismo científico*. En C. Marx & F. Engels, *Obras escogidas* (pp. 98-160). Progreso, T. III.

Engst, F. (2018). Imperialismo, ultraimperialismo y el ascenso de China. En A. Tuján Jr. (Ed.), *El imperialismo de Lenin en el siglo XXI* (pp. 81-113). IPE.

6

EL ASCENSO DE CHINA QUE DESAFÍA A OCCIDENTE, PERO AYUDA AL ASCENSO DEL RESTO

Gao Mobo

Introducción

Si bien no se centra en ninguna ubicación geográfica en particular, este documento tiene como objetivo esbozar un contorno general del impacto político-económico que la inversión y las actividades económicas de China en los países en desarrollo no occidentales han tenido y tendrán en la geopolítica mundial. Todos los estudios parecen llegar a la misma conclusión de que la inversión y las actividades económicas de China en los países en desarrollo no occidentales se concentran en los sectores de infraestructura y recursos. Sin embargo, la interpretación varía de un comentarista o erudito a otro, según la posición geopolítica de cada uno. Mientras que aquéllos que quieren colocar las actividades de China bajo la mejor luz admitirán que hay problemas, los críticos que se concentran en los problemas pueden querer o no admitir los beneficios para los países receptores.

Este documento parte de un supuesto principal que debe señalarse desde el principio. Comúnmente se da por sentado, tanto dentro como fuera de China, que el ascenso de China no comenzó hasta la reforma posterior a Mao Zedong. En cambio, este documento asume que el ascenso de China comenzó cuando Mao declaró que el pueblo chino se había levantado. Uno de los primeros hitos de este ascenso fue la Guerra de Corea, iniciada en 1950, en la que China luchó contra todas las potencias occidentales coaligadas y logró sentar a Estados Unidos a la mesa de negociaciones. Indagando sobre el compromiso de China con los países en desarrollo en términos de Tercer Mundo durante la era de Mao, aquí se argumenta que el ascenso de China, con el establecimiento de la República Popular China (RPCh), ha ayudado a promover la tendencia de alterar el panorama geopolítico global y que, independientemente de las intenciones, es probable que como resultado del ascenso de China emerja un orden mundial menos desigual y más democrático.

La teoría de la lucha de clases y el tercer mundo de Mao

El mundo ha sido dominado por las potencias occidentales, comenzando con los españoles, los portugueses y Gran Bretaña, después con Francia y Alemania, y finalmente con la descendencia de los colonialistas anglosajones, los EE.UU. y sus hermanos Canadá y Australia. El Japón, la única excepción al dominio occidental, quería ser parte de Occidente, y efectivamente se ganó el título de 'Occidente' honorario. El dominio occidental comenzó a resquebrajarse en parte con el surgimiento de la Unión de Repúblicas Socialistas Soviéticas (URSS o Unión Soviética); ello dio lugar a la Guerra Fría, que no solo dejó a una Europa dividida sino llevó también a Occidente a perder guerras como la de Vietnam. Pero 'el Fin de la Historia' sólo generó ilusiones sobre el triunfo de Occidente: dejó a la ya dividida Europa aún dividida, aun cuando el Reino Unido y Francia aceptaron la unificación de Alemania. La actual guerra ruso-ucraniana simboliza la asignatura pendiente de la Europa dividida como consecuencia de lo que suele llamarse el movimiento comunista.

El dominio occidental tuvo una nueva grieta cuando la RPCh establecida en 1949 por el Partido Comunista Chino (PCCh) se inclinó hacia la ex Unión Soviética. Peor aún desde la perspectiva de Occidente, China, con la ayuda de la Unión Soviética de Stalin, y junto con los norcoreanos, enfrentó contra viento y marea a Occidente y presionó a las fuerzas occidentales para que aceptaran un acuerdo de paz que permitió que el régimen de Corea del Norte siguiera existiendo. Además, fue la lección de la Guerra de Corea lo que virtualmente contuvo a las fuerzas occidentales de luchar contra el *Vietcong* en Vietnam del Sur y les impidió aventurarse en Vietnam del Norte. La China de Mao alteró aún más el dominio occidental, con su apoyo a los movimientos de independencia nacional y de liberación en los llamados países del Tercer Mundo.

Se atribuye la acuñación del término "tercer mundo" al demógrafo, antropólogo e historiador francés Alfred Sauvy, en un artículo publicado en 1952. En su conceptualización, los países occidentales capitalistas encabezados por los EE.UU. pertenecían al primer mundo, el campo socialista/

comunista encabezado por la Unión Soviética era el segundo mundo, y el resto constituía la categoría del tercer mundo.

Sorprendentemente para algunos, e inaceptablemente para otros, Mao Zedong dio vuelta la mesa de los tres mundos y promovió la teoría de que Estados Unidos y la Unión Soviética -las dos superpotencias- eran el primer mundo, los países occidentales económicamente desarrollados más Japón pertenecían al segundo mundo, y todos los países económicamente explotados o políticamente oprimidos de Asia, África y América Latina, incluidas China y la India, pertenecían al tercer mundo.

Hubiera podido suponerse que Mao estaría naturalmente aliado con la Unión Soviética, ya que ambos pertenecían al campo socialista/comunista, con una ideología análoga y una similar economía centralmente planificada, habían luchado juntos en la guerra de Corea, y por el hecho de que la Unión Soviética había ayudado a China implementando la mayor transferencia a China de capital y tecnología en la historia de la humanidad. La Unión Soviética, junto con los países europeo orientales de su mismo campo, no sólo proporcionó préstamos en condiciones favorables, sino también envió científicos, técnicos y asesores para elaborar planes y anteproyectos técnicos en los llamados "156 grandes proyectos" de infraestructura e industrialización. Fue ese tipo de generosa ayuda la que sentó las primeras bases para el crecimiento industrial de China.

¿Qué motivó a Mao en la década de 1960 a volverse en contra de la Unión Soviética, un aliado tan poderoso y útil? Una de las razones es que Mao no acordó con la torpe denuncia que hizo Jruschov de Stalin en su llamado "discurso secreto", poco después de la muerte de Stalin. El propio Mao no estaba muy conforme con Stalin en vida de este último, en gran parte debido a que Stalin no quería que la Unión Soviética renunciara a los intereses que la Rusia presoviética le había quitado a China en Manchuria. Esto está vívidamente registrado en las memorias de Shi Zhe sobre la primera visita de Mao a Moscú entre fines de 1949 y principios de 1950.[358] Sin embargo, la forma en que Jruschov denunció a Stalin no sólo fue desagradable, sino que también causó un daño irreparable a la causa del movimiento comunista, como había predicho Mao.

Una postulación popular y conveniente es que Mao rompió con la Unión Soviética porque Mao quería dominar el mundo. En otras palabras,

[358] Shi Zhe (1998). 师哲回忆录：在历史的巨人身边，北京：中央文献出版社 [*Shi Zhe Memoirs: Working with the Giants*]. Central Archives Press.

Mao era un monstruo hambriento de poder. Esta interpretación es consistente con la idea de que los conflictos políticos dentro de la élite del PCCh y de la RPCh también tenían que ver con la lucha por el poder personal, es decir, que todo lo que Mao hizo fue por el poder personal. La evidencia circunstancial para apoyar tal teoría de la lucha por el poder incluía el apoyo de China a los partidos comunistas en varios países, e incluso la asistencia con armamento para la guerra de guerrillas en algunos países del Tercer Mundo.

He argumentado anteriormente que tal interpretación es superficial[359], un punto en el que solo puedo detenerme brevemente aquí. Con respecto al apoyo de China a los movimientos de liberación en los países del Tercer Mundo, dada la estructura de la maquinaria estatal en la República Popular China, estaría de acuerdo en que, si Mao hubiera querido detener este tipo de acciones, hubiera podido hacerlo. La prueba es que Deng Xiaoping dejó de hacerlo. En una anécdota ahora bien conocida, el hombre fuerte de Singapur, Lee Kwan Yew, registró en sus memorias que estaba muy impresionado con Deng porque este último siguió su consejo sin un compromiso manifiesto.[360] Deng visitó Singapur en 1978 como parte de sus esfuerzos en busca de asistencia de los países de la ASEAN para apoyar la reforma de China, cuando Lee hizo esa sugerencia. Dos años después, China hizo exactamente lo que le había dicho Lee.[361]

La razón por la que Mao apoyaba la independencia nacional y los movimientos de liberación en los países del Tercer Mundo no era su diabólico deseo de poder; del mismo modo, el lanzamiento de la Gran Revolución Cultural Proletaria no tenía mucho que ver con el poder personal. Se derivaba ante todo de su repulsión hacia las actividades coloniales e imperiales de las potencias occidentales en China. Como muchos chinos aún hoy, fueron los 'cien años de humillación' de China, que comenzaron con las Guerras del Opio hasta el final de la invasión japonesa, lo que impulsó a Mao a apoyar a otros países en similares condiciones. Fue por esta razón que Mao permaneció en Rusia durante meses en su primera visita a la Unión Soviética hasta que Stalin accedió a renunciar al interés de Rusia en Manchuria, y también fue por esta razón que Mao se opuso al intento de Jruschov de establecer una estación de vigilancia por radio en China y

[359] Gao, M. (2008). *The Battle for China's Pasts: Mao and the Cultural Revolution*. Pluto.

[360] Lee Kwan-yew (1998). *The Singapore Story: Memoirs of Lee Kuan Yew*. Prentice Hall.

[361] Koh, T. (12 de noviembre de 2018). Building on Deng Xiaoping and Lee Kuan Yew legacy: Today marks 40th anniversary of Deng's historic visit to Singapore. *Strait Times*. Recuperado de https://www.straitstimes.com/opinion/building-on-deng -xiaoping-and-lee-kuan-yew-legacy.

también a la intención de Jruschov de que China le permitiera tener una flota naval conjunta a lo largo de la costa china. Para Mao, la flota 'conjunta' solo podía ser nominal, ya que China prácticamente no tenía armada.

Otra razón por la que Mao se vuelve contra la Rusia soviética y por su postulación de la fórmula del tercer mundo es ideológica, es decir, la percepción y comprensión de Mao de la lucha de clases. Así como Deng Xiaoping abandonó la ideología de la lucha de clases a nivel nacional, que está vívidamente ilustrada por su propio uso de la metáfora del folclore chino de "no importa el color del gato, mientras pueda atrapar ratones", a nivel internacional Deng renunció a la ayuda de China a los países del tercer mundo. Deng incluso llegó a ordenar a las tropas chinas que invadieran Vietnam, un país dirigido por un partido comunista, para 'darles una lección'.

Examinemos un poco más las políticas internas de China y sus políticas internacionales desde esta perspectiva, y en primer lugar el lado interno. Desde el fracaso del Gran Salto Adelante iniciado en 1958, Mao había comenzado a reflexionar sobre la mejor manera de avanzar en el desarrollo de China, en la línea del crecimiento económico, por un lado, pero políticamente 'correcto' por el otro. A fin de lograr una rápida recuperación de la economía, Mao dejó que Liu Shaoqi, Deng Xiaoping y Chen Yun dirigieran la economía e hicieran "ajustes" como reducir los proyectos industriales, reducir el tamaño de las comunas, e incluso permitir la agricultura familiar por contrato, como un retroceso temporal. Pero nunca fue intención de Mao dejar que el sistema colectivo colapsara. También veía con disgusto la creciente tendencia a la burocratización y a la consolidación de las jerarquías sociales y políticas dentro del sistema. Al ver que Liu Shaoqi, quien juntamente con Deng Xiaoping dirigía el trabajo diario del país, se desplazaba cada vez más hacia la jerarquía burocrática, Mao comenzó a convocar a la revitalización del PCCh, y esa fue la principal motivación de la Revolución Cultural lanzada en 1966. Mao sospechaba que una gran cantidad de funcionarios del partido dentro del PCCh y del gobierno chino se habían desconectado o tenían tendencia a desconectarse de los sectores populares de la sociedad china, convirtiéndose en burócratas que solo querían usar el sistema para beneficiarse ellos mismos y sus familias. Decía que los cuadros que debían servir al pueblo en realidad empezaban a utilizar el sistema para servirse a sí mismos, gozando de todo tipo de privilegios, como guardaespaldas, cocineras, enfermeras, asistentes personales y secretarias trabajando como sirvientas. Mao advirtió que, si no se tomaban medidas, esta gente cambiaría de 'color' e impulsaría el desarrollo capitalista. Por eso los rebeldes de la Revolución Cultural los denominaron seguidores del camino capitalista, y Liu Shaoqi y Deng fueron fueron así designados, respectivamente, los 'seguidores del camino capitalista' N° 1 y N° 2.

La concepción de Mao de un partido comunista en peligro de cambiar de 'color'fue transferida a Jruschov a través del concepto de 'revisionismo'. Este ataque a la desviación de Jruschov de la línea 'correcta'del comunismo puede verse principalmente en los llamados Nueve Comentarios, las nueve cartas del comité central del PCCh a la dirección de la Unión Soviética publicadas entre 1963 y 1964, en las que Mao planteó las diferencias del PCCh con el Partido Comunista ruso en las políticas internas e internacionales. Por eso en los comienzos de la Revolución Cultural se denunció a Liu Shaoqi como el 'Jruschov de China'. Desde el punto de vista de Mao, la distensión sin principios de Jrushchov con EE.UU. y sus políticas internas eran dos caras de la misma moneda: la de una Unión Soviética revisionista que se había alejado de un Estado socialista y que no servía a los intereses de la clase trabajadora a nivel nacional y se había convertido en un poder que hostigaba a los países más débiles, pequeños y pobres a nivel internacional. Mao no estaba en contra de la distensión, especialmente cuando pensaba que China estaba amenazada por la Rusia soviética con motivo de la escaramuza en la isla de Zhenbao (Damansky) en 1969.[362] De hecho, para mejorar la relación con los EE.UU. Mao inició lo que a veces se llama la diplomacia del ping-pong.[363] Sin embargo, Mao no quería abandonar los principios de la distensión. Fue así como entró en juego la teoría del tercer mundo, es decir, China seguiría apoyando a los países del tercer mundo en su lucha tanto contra EE.UU. como contra la URSS.

China en África: el Ferrocarril Tanzania-Zambia

Tras la Segunda Guerra Mundial proliferaron los movimientos de liberación e independencia nacional. Mao quería apoyar esos movimientos anticoloniales de independencia y liberación nacional en lo que él categorizó como países del tercer mundo, a la independencia bajo la forma de desarrollo y construcción económica, y al movimiento liberación bajo la forma de lucha armada. El desarrollo económico y el apoyo a la construcción fueron simbolizados por el monumental esfuerzo de China en la construcción de un ferrocarril entre Tanzania y Zambia.

---

[362] Goldstein, L. J. (2001). Return to Zhenbao Island: Who Started Shooting and Why it Matters. *The China Quarterly, 168*, 985-97. doi:10.1017/S0009443901000572. S2CID 153798597.

[363] Mac Millan, M. (1985). *Nixon and Mao: The Week That Changed the World.* Random House Digital, p. 179.

Aunque desde la década de 1990 la utilidad del ferrocarril ha sido declinante, por razones que exceden lo que exponemos aquí, en ese entonces la construcción del ferrocarril fue notable porque las implicaciones a corto y largo plazo fueron de gran alcance, en relación tanto con la generalizada reticencia de los grandes donantes occidentales de ayuda como con la simultánea declinación de la influencia occidental. Para citar un estudio de Yu:

> el enlace ferroviario Tanzania-Zambia representó, tanto para China como para África, un triunfo psicológico. Con su ventaja tecnológica Occidente había dominado durante mucho tiempo sobre gran parte de Asia y África. El enlace ferroviario a construirse a través de la cooperación chino-africana simbolizaba, por lo tanto, el desarrollo económico y tecnológico y la llegada de China.[364]

Para la China entonces aún pobre y atrasada, comprometerse con la construcción de este ferrocarril fue un proyecto de enormes proporciones; un proyecto que había sido estudiado, pero por varias razones rechazado por el Banco Mundial y por la Unión Soviética. China bajo Mao estaba dispuesta a apoyar este desarrollo ferroviario como una forma de promover el cambio en África, porque entonces, como señala Yu, Tanzania y Zambia estaban en la línea de avanzada en contra de las fuerzas del *statu quo*.

Al comprometerse con ese proyecto China, por supuesto, pugnaba por el reconocimiento internacional. Sin embargo, según el discurso oficial chino, lo que representó el compromiso de China con un emprendimiento tan grande fue -en las elevadas palabras de Mao- la ideología de que "China debe hacer una mayor contribución a la humanidad". El ferrocarril tiene una longitud de 1.860,5 kilómetros y une la antigua capital de Tanzania, Dar es Salaam, al este, con la ciudad de Kapiri Mposhi, en la provincia central de Zambia, al oeste. Según el *Global Times*:

> en febrero de 1965 el entonces presidente de Tanzania, Julius Nyerere, visitó China. Durante su reunión, el presidente Mao Zedong le dijo: 'Usted tiene sus dificultades y nosotros las nuestras. Pero no son del mismo tipo. Le ayudaremos a construir ese ferrocarril, aún si tenemos que dejar de construir el nuestro'.[365]

---

[364] Yu, G. T. (1971). Working on the Railroad: China and the Tanzania-Zambia Railway. *Asian Survey, 11*(11), 1.101-1.117, p. 1.116.

[365] Global Times (22 de junio de 2021). 'China Helped Us When Help Was Most Needed' — The Tanzania-Zambia Railway: A Testament to China-Africa Friendship. *Global Times*. Recuperado de https://www.globaltimes.cn/page/202106/1226766.shtml.

Global Times también revela algunos números concretos involucrados en el proyecto, cuyo acuerdo fue firmado en Beijing en septiembre de 1967 por los gobiernos de China, Tanzania y Zambia. Aparte de un préstamo sin intereses de 988 millones de yuanes (410 millones de dólares según Yu), reembolsable en 30 años, China envió cerca de 1 millón de toneladas de equipos y materiales, así como expertos en la construcción, gestión y mantenimiento de vías férreas y para la formación de técnicos locales. Según *Global Times*, "China envió al proyecto un total de 56.000 ingenieros y trabajadores, con hasta 16.000 trabajadores chinos en el sitio en su punto máximo. La obra implicó la construcción de 320 puentes, 22 túneles y 93 estaciones". En el proceso de construcción, "más de 60 trabajadores chinos quedaron descansando para siempre en aquellas tierras lejos de casa".[366]

Dos interesantes puntos importantes se destacan en Yu (1971). El primero es que China en aquel momento debió comprar algunos equipos avanzados para el proyecto, utilizando sus muy escasas divisas extranjeras. Yu señaló que de las 257 excavadoras de gran tamaño compradas por China durante la Feria Comercial de Cantón de 1969, se pidió a la empresa japonesa que vendió las máquinas que enviara 98 a Tanzania.[367] Otro punto importante es que las negociaciones de TAZARA (Autoridad Ferroviaria de Tanzania y Zambia) se llevaron exitosamente a cabo durante el período de la Revolución Cultural, cuando la estructura estatal china parecía haberse derrumbado entre los disturbios resultantes del llamado de Mao a los rebeldes para que "bombardearan el cuartel central" del gobierno chino a todos los niveles. Yu no ofrece ninguna explicación de por qué la negociación de TAZARA siguió adelante aún en el apogeo de la caótica Revolución Cultural. Mi interpretación es, como se discutió anteriormente, que TAZARA se correspondía con la teoría de la lucha de clases a nivel nacional y con su fórmula relacionada con el Tercer Mundo a nivel internacional.

Para corroborar mi interpretación, citaré a Monson (2013) por otros dos puntos importantes sobre TAZARA. Una es la evidencia de que una generación de trabajadores ferroviarios en Zambia y Tanzania, que trabajaron junto a sus homólogos chinos en la década de 1970, formaron una cohorte de "nuevos hombres industriales", con la promesa de construcción de una nación socialista en África Oriental, pero ahora expresan sentimientos de pérdida y alienación ante los despidos y los retrasos en el pago de sus pensiones.[368]

---

[366] *Idem.*

[367] Yu (1971), *op. cit.*

[368] Monson, J. (2013). Making Men, Making History: Remembering Railway Work in Cold War Afro-Asian solidarity. *Clio, 38*. Recuperado de https://journals.openedition.org/cliowgh/298.

Otro punto es que el TAZARA, que algunos llaman "el Ferrocarril de la Libertad", fue fundamental para fomentar una de las más vastas transiciones de desarrollo en el África poscolonial. Según Monson (2009), TAZARA era uno de los corredores de transporte más vitales de África, uno de esos proyectos que son medios cruciales para movilizar a aldeanos y bienes y para el surgimiento de empresas locales y regionales.[369]

La IFR de China: ¿Qué esperar?

Como se expuso anteriormente, desde su nuevo regreso al poder después de la muerte de Mao, el pragmático Deng detuvo dejó de hablar sobre cuestiones de clase a nivel nacional y, consiguientemente, cesó el apoyo de China a los países del Tercer Mundo a nivel internacional. China comenzó a unirse al mundo capitalista desde la década de 1980. Para usar un término del ámbito de los ferrocarriles, el 接轨 (empalme ferroviario) de China con Occidente resultó no ser lo que esperaban ni China ni Occidente. Al abrir su mercado al capital occidental y permitir que sus trabajadores sean explotados por el capital en el proceso en el que se convirtió en la fábrica del mundo, China esperaba convertirse en un país desarrollado y ser aceptada como miembro del 'club de países avanzados' como Japón, Singapur y Corea del Sur. Por otro lado, Occidente, encabezado por EE.UU., esperaba que la comercialización y capitalización de China llevaría a un cambio de 'color' que sirviera a los intereses capitalistas de Occidente. La admisión de China en la OMC en 2001, después de 13 años de arduas negociaciones, simboliza las esperanzas y expectativas de ambas partes.

Ahora ambas partes están decepcionadas y frustradas. China, porque ve claramente que Occidente no la acepta como miembro del club. Occidente, porque China ya no sirve a los intereses de Occidente, especialmente desde que Xi Jinping llegó al poder en 2013. China se atreve a actualizar su tecnología desafiando el dominio occidental. La prohibición abierta o encubierta de Huawei por parte de todas las potencias occidentales es sólo un ejemplo, por no hablar de todo el paquete de sanciones comerciales de EE.UU. contra China iniciado por Trump y continuado por Biden. Occidente sabe muy bien que cualquier participación del avance tecnológico de China en los mercados significa una fuerte disminución de las ganancias para ellos. Peor aún, China, articulada por Xi Jinping en términos de la Iniciativa de

[369] Monson, J. (2009). *Africa's Freedom Railway: How a Chinese Development Project Changed Lives and Livelihoods in Tanzania.* Indiana University Press.

la Franja y la Ruta (IFR), se atreve a implementar su ambición de invertir y realizar actividades económicas no sólo en Asia y África, y en las Islas del Pacífico -una región que alguna vez fue una simple piscina (o piscinas de ensayo de armas nucleares) de Australia, Francia y EE.UU.-, sino también en el patio trasero de EE.UU., América Latina.

El paso de China a la arena internacional, durante la era de Mao entonces y bajo la dirección de Xi Jinping ahora, debe ser igualmente perturbador para el dominio occidental. Pero hay una diferencia clave. Durante la era de Mao, para usar el ejemplo de TAZARA, los proyectos se pagaban principalmente con la ayuda monetaria del gobierno chino: una inversión significativa de China considerando lo empobrecida que estaba entonces. En cambio, ahora prácticamente todos los proyectos nuevos se financian con préstamos comerciales, sea o no con la marca de la Franja y la Ruta, y sea que el socio involucrado sea una empresa privada o estatal. Claramente, la IFR de China no es desinteresada. La IFR de China también debe estar motivada por su deseo de avance geopolítico, por ejemplo, obtener apoyo en la ONU. Sin embargo, se puede suponer fácilmente, racionalmente, que ahora la IFR también está impulsada por la lógica del capital, es decir: exportar capital, expandir los mercados, y extraer recursos para el desarrollo industrial y tecnológico de China.

¿Qué esperan de la IFR los países receptores de Asia, África, el Pacífico y América Latina? ¿Por qué permiten que China entre en sus territorios si, a diferencia de las potencias coloniales occidentales, China no ha utilizado la fuerza militar para coaccionarlos? Una explicación obvia es que China ofrece una alternativa, a menudo en mejores términos y, a veces, la única oferta disponible. Un ejemplo muy reciente es el anuncio de las autoridades de las Islas Salomón de aceptar a la china Huawei para construir su infraestructura de telecomunicaciones 5G, a pesar de la enorme presión ejercida en contrario por las potencias con intereses creados.[370]

Cuestiones y problemas relacionados con la IFR de China

Por supuesto, hay cuestiones y problemas relacionados con la participación de la IFR de China en los países en desarrollo. Ellos incluyen acusaciones como las frecuentemente invocadas de violación de los derechos

[370] Dziedzic, S. & Grigg, A. (17de agosto de 2022). Solomon Islands moving ahead with contentious plan to build Huawei mobile phone towers with $100 million loan from Beijing. *ABC Net News*. Recuperado de https://www.abc.net.au/news/2022-08-18/huwaei-solomon-islands-mobile-towers-loan-china-beijing-kpmg/101346144.

humanos y corrupción, la llamada trampa de la deuda, el impacto ambiental, y si a largo plazo la IFR beneficia la economía de los países receptores y contribuye al bienestar de su gente, y en qué medida. Finalmente, la cuestión es: si el proyecto TAZARA fue para promover la independencia nacional, ¿los proyectos en términos comerciales de la IFR crean dependencia nacional respecto de China?

En un nivel más conceptual, la cuestión es si la IFR de China es otro tipo de colonialismo, o incluso de imperialismo. En lo que sigue haré una breve discusión de los distintos temas, sin una agenda previa de conclusiones definitivas. En términos generales, debemos tratar las cuestiones y los problemas caso por caso. En algunos casos hay claros beneficios para los países receptores, aunque no sin problemas. En otros casos los problemas pueden ser mayores que los beneficios. Y es probable que en algunos otros casos el jurado aún esté deliberando.

Derechos humanos y corrupción

Los derechos humanos y la corrupción relacionados con la IFR de China generalmente se encaran o se argumentan desde dos perspectivas. La primera es que China hace caso omiso de las violaciones de los derechos humanos y de la corrupción en los países receptores. La segunda es que los propios proyectos IFR de China violan los derechos humanos y fomentan la corrupción.

Examinemos primero la primera perspectiva. En general, se sabe que las actividades de la IFR de China no imponen condiciones políticas a los países receptores; esto es continuidad de un principio de política exterior diseñado en la era de Mao, de que China no interfiere en los asuntos internos de otros países. En aquellos días, cuando la ideología de clase estaba en su apogeo, China apoyaba los movimientos de liberación contra los gobiernos no comunistas. Pero China se defendía afirmando que ese tipo de apoyo era una cuestión que atañía a las relaciones entre partidos políticos de ambos lados, no una cuestión de relaciones entre Estados. Aunque en la práctica la línea de demarcación no era fácil de trazar, conceptualmente parecía sostenible.

Hay dos puntos relacionados con esta perspectiva. El primer punto es que es muy poco probable que las inversiones con condiciones sobre derechos humanos y corrupción impuestas a cualquier país receptor funcionen en la práctica, por razones obvias que realmente no tengo espacio para explicar aquí. Una respuesta obvia es que ni China ni nadie debería invertir en un país corrupto y con problemas de derechos humanos. Se podría decir que esta respuesta tiene buenas intenciones; pero si se presenta como argumento, es espurio si relacionamos este argumento con el segundo punto. Es decir: ¿quién juzgará qué país es corrupto y abusador de los derechos humanos y qué país no lo es? Se podría argumentar que siempre es una cuestión de grado. También se podría argumentar que todos y cada uno de los países tienden a pasar por alto los abusos de los derechos humanos y la corrupción si se trata de un país aliado.

La segunda perspectiva de que la Iniciativa de la Franja y la Ruta de China podría generar abusos contra los derechos humanos y corrupción merece más atención. Es muy posible, por ejemplo, que la práctica china de discriminación contra los trabajadores migrantes rurales en China pueda volver a aplicarse en los países receptores de la IFR. La corrupción en China ha sido frecuente cuando el sector empresarial de China trata de obtener términos favorables de los funcionarios gubernamentales. Sin embargo, incluso para este tema hay preguntas que debemos abordar, no para excusar a China, sino para ser históricos. Una cuestión es si existe una cuestión de derechos humanos históricamente relacionada en los países que se están desarrollando y son relativamente pobres, una teoría que analiza estas cuestiones en relación con la etapa de desarrollo.[371] Por ejemplo, muchas de las discriminaciones contra los trabajadores migrantes rurales ya se han eliminado, o tienden a eliminarse a medida que China se vuelve más rica y los salarios de los trabajadores manuales aumentan sostenidamente. Por lo tanto, se podría argüir que a medida que la sociedad se vuelve más próspera, el resultado final del desarrollo de China es la disminución de los abusos contra los derechos humanos. Lo mismo ocurre con la corrupción, que nuevamente es específica en el tiempo y el espacio, es decir, cierto tipo de corrupción está estrechamente relacionada con cierto tipo de estructura económica y política, como un banquete para lograr un acuerdo comercial favorable en algunas sociedades y electorados, o los lobbies comerciales en otras sociedades. Cualquiera sea el caso, ciertamente se justifica un monitoreo más cercano y que el abuso de los derechos humanos y la corrupción resultantes de los proyectos IFR sean expuestos.

[371] Peerenboom, R. & Ginsburg, T. (Eds.) (2014). *Law and Development of Middle-Income Countries: Avoiding the Middle-Income Trap*. The Cambridge University Press.

La trampa de la deuda y el caso de Sri Lanka

El término fue acuñado por el académico indio Brahma Chellaney como acusación al gobierno chino de aprovechar con fines geopolíticos la carga de la deuda de países más pequeños.[372] Luego, en mayo de 2018, el Departamento de Estado de EE.UU. encargó a Sam Parker y Gabrielle Chefitz[373], ambos estudiantes graduados en defensa y seguridad de la Universidad de Harvard, un informe titulado Diplomacia del libro de deudas chino.[374] Más tarde el informe fue ampliamente citado por medios de comunicación influyentes como *The Guardian* y *The New York Times*, han sido utilizados por otros importantes medios de comunicación como evidencia académica sobre las intenciones de China, y luego se difundieron a lo largo de un año a través de los medios, los círculos de inteligencia y los gobiernos occidentales.[375]

Los críticos de la política exterior china en términos de trampa de la deuda argumentan que ejemplos de esto son los préstamos -el 85% de la financiación de US$ 361 millones, a una tasa de interés anual del 6,3%- a Sri Lanka por parte del Exim Bank estatal chino para construir el Puerto Internacional de Hambantota y el Aeropuerto Internacional Mattala Rajapaksa. Para liberar su carga del servicio de la deuda con China, el gobierno de Sri Lanka decidió arrendar el proyecto a la empresa estatal China Merchants Port mediante un contrato de arrendamiento a 99 años, por US$ 1.120 millones en efectivo. Esto generó preocupación en los Estados Unidos, Japón e India de que el puerto podría usarse como base naval china para contener a los rivales geopolíticos del país.[376]

Chellaney argumenta que, aunque proyectos como el puerto de Hambantota carecen de viabilidad comercial a corto plazo, China otorgará un

[372] Chellaney, B. (9 de mayo de 2021). Colonization by other means: China's debt-trap diplomacy. *The Japan Times*. Zeiger, H. (13 de noviembre de 2020). China and Africa: Debt-Trap Diplomacy? *Mind Matters*. Recuperado de https://mindmatters.ai/2020/11/china-and-africa-debt-trap-diplomacy/.

[373] Parker, S. & Chefitz, G. (2018). Debtbook Diplomacy. Belfer Center for Science and International Affairs, Harvard Kennedy School. Recuperado de https://www.belfercenter.org/sites/default/files/files/publication/Debtbook% 20Diplomacy%20 PDF.pdf

[374] Askary, H. (2022). 'Debunk the 'China's Debt Trap' Myth with Belt and Road Initiative' (entrevista de YouTube con Li Jingjing). Recuperado de https://www.youtube.com/watch?v=8fM_oVXJ-10.

[375] Brautigam, D. (2022). A critical look at Chinese 'debt-trap diplomacy': the rise of a meme. *Area Development and Policy*, *5*(1), 1-14. doi:10.1080/23792949.2019.1689828.

[376] Marlow, I. (17 de abril de 2018). China's $1 Billion White Elephant. *Bloomberg*. Recuperado de https://www.bloomberg.com/news/articles/2018-04-17/china-s-1-billion-white-elephant-the-port-ships-don-t-use#xj4y7vzkg.

préstamo con fines geopolíticos[377]. Es muy probable que se acepte esta interpretación, aunque los países receptores como Sri Lanka declaren lo contrario. Por ejemplo, Karunasena Kodituwakku, el embajador de Sri Lanka en China, dijo que fue el gobierno de Sri Lanka quien inicialmente le pidió a China que arrendara el puerto.[378] Otros representantes de Sri Lanka han señalado que la inversión china en el puerto tenía sentido porque "la mayor parte de su transporte comercial procedía de China".[379]

Zhou señala que los bancos chinos han estado dispuestos a reestructurar los términos de los préstamos existentes. [380] Además, Bräutigam y Rithmire sostienen que no es cierto que el proyecto del puerto no fuera comercial, señalando el hecho de que un estudio de la Agencia Canadiense de Desarrollo Internacional financiado por la empresa canadiense de ingeniería y construcción SNC-Lavalin concluyó en 2003 que la construcción de un puerto en Hambantota era factible, una conclusión respaldada por un estudio similar realizado en 2006 por la empresa de ingeniería danesa Ramboll. Otro punto que a menudo se pasa por alto en los medios occidentales que informan sobre el caso de Sri Lanka es que, en 2015, cuando el presidente Maithripala Sirisena asumió el cargo, Sri Lanka le debía más a Japón, al Banco Mundial y al Banco Asiático de Desarrollo que, a China, y que de los US$ 4.500 millones en servicio de la deuda que Sri Lanka pagó en 2017, solo el 5% era por el puerto de Hambantota.[381]

Chatham House publicó un artículo de investigación en 2020 que concluyó que el problema de la deuda de Sri Lanka no estaba relacionado con los préstamos chinos, sino que se debía más a "decisiones de política interna" facilitadas por políticas crediticias y monetarias occidentales distintas de las políticas del gobierno chino. El periódico se mostró escéptico ante la afirmación de que China podría usar Hambantota como base naval (lo calificó de "claramente erróneo"), y señaló que los políticos y diplomá-

[377] Chellaney (2021), *op. cit.*

[378] Nikkei Asia (20 de mayo de 2021). Cambodia's Hun Sen: 'If I don't rely on China, who will I rely on?' *Nikkei Asia*. Recuperado de https://asia.nikkei.com/Spotlight/The-Future-of-Asia/The-Future-of-Asia-2021/Cambodia-s-Hun-Sen-If-I-don-t-rely-on-China-who-will-I-rely-on.

[379] Klein, N. (25 de octubre de 2018). A String of Fake Pearls? The Question of Chinese Port Access in the Indian Ocean. *The Diplomat*. Recuperado de https://thediplomat.com/2018/10/a-string-of-fake-pearls-the-question-of-chinese-port-access- in-the-indian-ocean/.

[380] Zhou, L. (22 de abril de 2019). Sri Lanka rejects fears of China's 'debt-trap diplomacy'. *South China Morning Post*. Recuperado de https://www.scmp.com/news/china/diplomacy/article/3007175/sri-lanka-rejects-fears-chinas-debt-trap-diplomacy-belt-and.

[381] Brautigam, D. & Rithmire, M. (6 de febrero de 2021), "The Chinese 'Debt Trap' Is a Myth". *The Atlantic*, Recuperado de https://www.theatlantic.com/international/archive/2021/02/china-debt-trap-diplomacy/617953/.

ticos de Sri Lanka han insistido repetidamente en que con Beijing el tema nunca se planteó; no ha habido evidencia de actividad militar china en, o cerca de, Hambantota desde que comenzó el arrendamiento del puerto.[382]

Sin embargo, la deuda de Sri Lanka con China ha sido noticia constante, y en el contexto de una protesta aparentemente popular que condujo a la renuncia del primer ministro Mahinda Rajapaksa, también ha sido noticia de primera plana la acusación de que millones de dólares fueron desviados del proyecto para apoyar la campaña electoral de Rajapaksa. Pero según una estimación, China posee sólo alrededor del 6,2% de la deuda total del gobierno central de Sri Lanka, en total alrededor de US$ 7.000 millones.[383] Según otra estimación, China ocupa el tercer lugar entre los acreedores de Sri Lanka después de Japón y el ADB, y representa el 10% de la deuda.[384]

Bräutigam argumenta que la diplomacia de la trampa de la deuda es un "meme" que se ha vuelto popular debido a un "sesgo de negatividad humana" basado en la inquietud por el ascenso de China. Según Bräutigam, la mayoría de los países deudores aceptaron voluntariamente los préstamos y tuvieron experiencias positivas trabajando con China, y "la evidencia hasta ahora, incluido el caso de Sri Lanka, muestra que la alarma sobre la financiación de infraestructura por parte de los bancos chinos en toda la IFR y más allá es exagerada".[385] Bräutigam y Rithmire dijeron que la teoría de la diplomacia de la deuda carecía de pruebas[386], y criticaron a los medios de comunicación por promover una narrativa que tergiversa erróneamente la relación entre China y los países en desarrollo.[387]

Como señalaron Bräutigam y Askary, la acusación de "diplomacia de la deuda" puede ser sólo una estrategia geopolítica para contrarrestar el ascenso de China.[388] Sí, la dependencia de la deuda es un problema grave.

---

[382] Jones, L. & Hameiri, Sh. (19 de agosto de 2020). Debunking the Myth of 'Debt-trap Diplomacy: How Recipient Countries Shape China's Belt and Road Initiative. *Chatham House*. Recuperado de https://www.chathamhouse.org/2020/08/debunking-myth-debt-trap-diplomacy

[383] Latiff, A. & Anushka, W. (2 de agosto de 2022). Understanding China's Role in Sri Lanka's Debt Restructuring Efforts. *The Diplomat.* Recuperado de https://thediplomat.com/2022/08/understanding-chinas-role-in-sri-lankas-debt-restructuring-efforts/

[384] Mallawarachi, B., Pathi, K. & McDonald, J. (20 de mayo de 2022). China Becomes Wild Card in Sri Lanka's Debt Crisis. *The Diplomat*. Recuperado de https://thediplomat.com/2022/05/china-becomes-wild-card-in-sri-lankas-debt-crisis/.

[385] Brautigam (2022), *op. cit.*

[386] Brautigam & Rithmire (2021), *op. cit.*

[387] Dove, J. (21 de febrero de 2016). Debunking the Myths of Chinese Investment in Africa". *The Diplomat*. Recuperado de https://thediplomat.com/2016/02/debunking-the-myths-of-chinese-investment-in-africa/.

[388] Brautigam (2022), *op. cit.*; Askary (2022), *op. cit.*

Las deudas siempre han sido un problema para los países en desarrollo, al igual que las deudas lo han sido para los pobres en cualquier país. Incluso pese al propio hecho de que China se haya convertido en participante en la inversión y el desarrollo económico a nivel mundial y, por lo tanto, proporcione un mercado más competitivo; aunque los países en desarrollo pueden estar hartos de que sus antiguos amos coloniales les digan qué hacer y qué no hacer, y de que los sermoneen por antidemocráticos y corruptos, China debe ser consciente de que no puede ni debe repetir lo que los colonialistas le hicieron a ella. La cancelación de deudas como la reciente es un paso en la dirección correcta.

Neocolonialismo

La nota de advertencia anterior nos lleva al debate de si los proyectos IFR de China son una forma de neocolonialismo. Antes de su visita a África en marzo, el exsecretario de Estado de EE.UU., Rex Tillerson, acusó a China de prácticas crediticias abusivas; cuando era secretaria de Estado, Hillary Clinton advirtió sobre el "nuevo colonialismo" de China[389]. De hecho, una audiencia de la Cámara de Representantes en 2017 se tituló simplemente "China en África: ¿el nuevo colonialismo?".[390]

Una publicación de Steffanie Urbano[391], oficial de la Fuerza Aérea estadounidense, es un ejemplo típico de esta acusación. En esta sección examinaré las cuestiones planteadas por ella. Este examen mostrará que tal como se percibe que es y será, la IFR de China constituye un factor principal en la alteración de la geopolítica global para el ascenso del resto.

Urbano afirma muy claramente al comienzo que su objetivo es "analizar cómo China está creando relaciones con los países latinoamericanos en el marco del neocolonialismo, y el impacto perjudicial de esta relación en la estabilidad regional y el liderazgo de Estados Unidos"[392]. En otras palabras, declara que su tarea es demostrar que: 1) China es neocolonialista, y 2) desafía el dominio de EE.UU. en la región. Ella ve la entrada de China en

[389] Mead, N. (2018). China in Africa: win-win development, or a new colonialism? *The Guardian* Recuperado de https://www.theguardian.com/cities/2018/jul/31/china-in-africa-win-win-development-or-a-new-colonialism.

[390] Manero, E. (3 de febrero de 017). China's Investment in Africa: The New Colonialism? *Harvard Political Review*. Recuperado de https://harvardpolitics.com/chinas-investment-in-africa-the-new-colonialism/.

[391] Urbano, S. (2021). Chinese Neocolonialism in Latin America. An Intelligence Assessment. *Journal of the Americas*, 3 ed., pp. 183-199. Recuperado de https://www.airuniversity.af.edu/Portals/10/JOTA/Journals/Volume%203%20Issue%203/03-Urbano_eng.pdf

[392] *Id.*

América Latina como una amenaza existencial para EE.UU.: "La presencia física e influyente de China en América Latina representa una amenaza para la seguridad nacional de los EE.UU., dada la proximidad geográfica con EE.UU. Esta proximidad representaría un desafío para la estrategia de EE.UU., implementada durante mucho tiempo, de utilizar la distancia geográfica como una ventaja crítica para la defensa del territorio nacional".[393]

La primera prueba de apoyo de Urbano es que China practica la diplomacia de la deuda en forma de préstamos para ganar influencia, y su ejemplo es Venezuela que, según ella, se vio obligada a tener una relación neocolonialista con China. Sin mucha evidencia para el caso de Venezuela, Urbano se enfoca en el caso de Sri Lanka, que no es necesario repetir aquí.

La segunda prueba de apoyo de Urbano es que China crea nuevas "colonias" mediante el intento de creación de Zonas Económicas Especiales (ZEE) en América Latina, como las seis SEZ de El Salvador. Lo que para Urbano es peor, es que esas zonas "prohibirían a cualquier empresa que ya paga impuestos en El Salvador comprar en la ZEE", lo que significa que "las empresas estadounidenses, como Hanes (uno de los empleadores más grandes de El Salvador) serían excluidas de las operaciones en las ZEE chinas propuestas"[394].

El hecho de que China se haya convertido en el principal socio comercial de Brasil, Chile, Perú y Uruguay es otra evidencia de neocolonialismo. Aquí Urbano ignora convenientemente que China es el mayor socio comercial de más de 100 países en el mundo. Se dice que la relación comercial cada vez más fuerte con China lleva a "muchos países latinoamericanos a aceptar a China, lo que le da a Beijing un margen de maniobra adicional en ambas negociaciones"[395].

Urbano también acusa a China de ser "imperialista cultural" a través del creciente número de chinos en la diáspora que establecen "enclaves de expatriados chinos", del establecimiento de Institutos Confucio y del intercambio cultural, y de la diplomacia de vacunas para aislar a Taiwán. Urbano señala, además, que China tiene "ocupación militar" en América Latina porque hay un "observatorio espacial en Neuquén, Argentina"[396].

---

[393] *Id.*

[394] *Id.*

[395] *Id.*

[396] *Id.*

Si bien Urbano muestra claramente la inquietud de los EE.UU. ante el ascenso de China y su defensa de los intereses estratégicos geopolíticos de EE.UU., otros críticos de los proyectos de inversión y desarrollo de China deben ser tomados muy en serio, especialmente cuando esta línea de crítica proviene de quienes son igualmente críticos del colonialismo occidental. Por ejemplo, Lee, en su artículo de *New Left Review* que revisa su estudio de caso sobre Zambia, sostiene que la inversión china crea dependencia, no independencia. Según Lee, Zambia se queja, entre otras cosas, de la falta de licitación abierta, lo que podría conducir a precios inflados cuando políticos rivales compiten para avanzar en su relación con la potencia emergente de China[397].

Sin embargo, en su bien recibido libro, Lee también argumenta que el término neocolonialismo no es un marco analítico apropiado para categorizar a China en África. [398] Sus estudios empíricos demuestran que el capital estatal chino está más dispuesto a negociar y, por lo tanto, deja formas para que los países anfitriones negocien y promuevan sus intereses. La razón es que además de la maximización de ganancias el capital estatal chino tiene otros objetivos, como obtener el acceso de China a materias primas o influencia política en el escenario global. Sautman y Yan[399], en su estudio de caso también sobre Zambia, comparan el capital chino con el capital no chino respecto del tema laboral y concluyen que los empleadores chinos no son los mejores, pero son mejores en términos de seguridad, salarios y seguridad laboral. Esta conclusión es algo similar a lo que sostiene Lee en el capítulo 3 de su libro de 2017.

Sautman y Yan también reconocen que no están simplemente afirmando que la presencia de China en África es positiva mientras que la de Occidente es negativa. Según su estudio, el análisis de la inversión China-África no debería invocar representaciones distópicas ni de "ganar-ganar". Concluyen que, puesto que China es parte del sistema mundial, es difícil evaluar las ventajas y desventajas de China-en-África como un fenómeno exclusivo. Como actor en el sistema mundial, China puede tener más en común con Occidente de lo que suele reconocerse. Sin embargo, Sautman y Yan argumentan que, no obstante, existen diferencias notables entre

[397] Lee, Ch. K. (2014). The Spectre of Global China. *New Left Review, 89*. Recuperado de https://newleftreview.org/issues/ii89/articles/ching-kwan-lee-the-spectre-of-global-china.

[398] Lee, Ch. K. (2017). *The Specter of Global China Politics, Labor, and Foreign Investment in Africa*. The University of Chicago Press.

[399] Sautman, B. & Yan, H. (2012). *The Chinese are the Worst? Human Rights and Labor Practices in Zambian Mining.* Facultad de Derecho de la Universidad de Maryland.

Occidente y China, derivadas de la "experiencia de China como semicolonia, su legado socialista y su estatus de país en desarrollo, lo que hace que las políticas de la República Popular China presumiblemente sean menos dañinas para las sensibilidades africanas sobre los derechos que los de los Estados occidentales"[400]. Se podría argumentar que la cancelación de deudas recientemente anunciada es un ejemplo de tales sensibilidades.

> Además de aumentar la asistencia alimentaria al continente, Wang [Yi, el Ministro de Relaciones Exteriores de China] se comprometió a dejar de exigir el reembolso de los préstamos concesionales que en el pasado reciente habían alcanzado su vencimiento, pero que 17 estados africanos no habían podido pagar.[401]

Algunas pruebas dispersas sobre la IFR

Que China se haya convertido en un gran jugador es precisamente la razón por la que parece haber un consenso de la élite de EE. UU. en contener a China, como lo formulan Urbano, los republicanos o los demócratas. Sin embargo, para aquellos que realmente se interesan, se debe prestar más atención al impacto de la IFR de China en la gente común de los países receptores. La evidencia, hasta ahora dispersa, parece sugerir que el resultado es mixto. Por un lado, el desarrollo de infraestructura a cuenta de la IFR promueve el crecimiento económico. Por otra parte, el desarrollo de las industrias de recursos puede conducir a la extracción de recursos naturales de los países receptores a expensas de los residentes locales y del medio ambiente. Además, el comercio puede significar una declinación de las industrias locales, ya que las capacidades industriales chinas tienen ventajas competitivas y, por lo tanto, crean una mayor dependencia.

En esta sección examinaré algunas pruebas del impacto de la IFR en la economía de los países receptores, por dispersas que las pruebas puedan ser. En su investigación sobre el impacto de la inversión extranjera directa (IED) china en el desempeño económico de África, en comparación con los socios económicos tradicionales de los países africanos, incluidos EE.UU.,

---

[400] Sautman B. & Yan H. (28 de diciembre de 2009). Trade, Investment, Power and the China-in-Africa Discourse. *The Asia Pacific Journal Japan Focus*, 7(52), 3, pp. 1-22. Recuperado de https://apjjf.org/-Barry-Sautman/3278/article.html.

[401] Verhoeven, H. (31 de agosto de 2022). China has waived the debt of some African countries. But it's not about refinancing. *The Conversation*. Recuperado de https://theconversation.com/china-has-waived-the-debt-of-some-african-countries-but-its-not-about-refinanciancing-189570.

Francia y Alemania, Donou-Adonsou y Lim concluyen que mientras mejoraba los ingresos en África, la IED china desempeñó en África un rol que ahora altera la relación preexistente entre África y sus socios tradicionales. Por ejemplo, el estudio indica que, en África, mientras Francia compite con China, Estados Unidos está siendo desplazado[402].

Otro estudio de Hanauer y Morris[403] sugiere que el desarrollo chino en África crea empleos, desarrolla infraestructura críticamente necesaria, y ha contribuido al crecimiento económico, particularmente en sectores o áreas geográficas en que el resto y Occidente no han estado dispuestos a participar, incluida la formación educativa. En general, el estudio concluye que la participación de China en África contribuyó positivamente al nivel de vida y a las oportunidades económicas de África. Pero no todo es cantar canciones. Su estudio indica que China ayudó a algunos regímenes no democráticos a aferrarse al poder y, lo que es más alarmante, que la inversión china en recursos naturales refuerza la dependencia de los países africanos respecto de las materias primas y la mano de obra no calificada. Peor aún, en industrias como la textil el comercio con China tiende a contribuir a la pérdida de puestos de trabajo.

Según otro estudio[404], los investigadores de la Iniciativa de Investigación de China-África encontraron que la mayor parte de la inversión de China en África se gastó en abordar la brecha de infraestructura. Alrededor del 40% de los préstamos chinos se destinaron a proyectos de energía y otro 30% a la modernización de la infraestructura de transporte. Los préstamos se otorgaron a tasas de interés comparativamente bajas y con largos períodos de reembolso. Mead informa, citando a Bräutigam, que la razón por la que los chinos creen en un desarrollo en el que todos ganan es que estaban copiando lo que hacían en casa desde la década de 1990: para enriquecerse, primero se construye la infraestructura. Mead informa además que Dirk Willem de Vilde, investigador senior y director de Desarrollo Económico Internacional en el Overseas Development Institute (ODI), dijo que los países africanos están muy atrasados en infraestructura en comparación con otros países, y esa enorme brecha de infraestructura está frenando su

---

[402] Donou-Adonsou, F. & Lim, S. (2018). On the importance of Chinese investment in Africa. *Review of Development Finance*, *8*(1), 63-73.

[403] Hanauer, L. & Morris, L. J. (2014). Chinese Engagement in Africa: Drivers, Reactions, and Implications for US Policy. *Rand Corporation*. Recuperado de https://www.rand.org/pubs/research_reports/RR521.html.

[404] Mead, N. (31 de julio de 2018). China in Africa: win-win development, or a new colonialism? *The Guardian*. Recuperado de https://www.theguardian.com/cities/2018/jul/31/china-in-africa-win-win-development-or-a-new-colonialism.

desarrollo económico. Los programas de infraestructura financiados por la asistencia china para el desarrollo han creado caminos, puentes, vías férreas, escuelas y hospitales muy necesarios que están comenzando a cerrar esta brecha. A pesar de las críticas al trato laboral explotador, los chinos salvaron las minas que se habían estado deteriorando con los inversores anteriores, ampliaron las instalaciones, rescataron puestos de trabajo y crearon miles de otros nuevos.[405]

En su estudio sobre la ayuda exterior en un período de observación de 18 años, Jones, Ndofor y Li concluyen que, en el contexto de la creciente influencia de China, el alineamiento africano con EE.UU., que inicialmente era bajo, se tornó cada vez más negativo[406]. Por otro lado, García-Herrero y Xu concluyen que el *stock* de IED de China en África sigue siendo limitado en comparación con el de los países europeos, especialmente el Reino Unido y Francia, y que el valor de las adquisiciones de China en África no es tan grande. Aun así, China parece haber ganado influencia política en África[407]. Un ejemplo es que 51 países, la mitad de ellos africanos, apoyaron el modo en que China manejó en 2019 los disturbios en Hong Kong. Esto se informó a consecuencia de que China es acreedor de esos países.[408] Sin embargo, como argumentan Sautman y Yan[409], es probable que fuera más bien el legado del apoyo de China a la independencia nacional respecto del colonialismo lo que inspiró la voluntad de respaldar el tratamiento de Hong Kong por parte de China, una antigua colonia del Reino Unido.

El hecho de que la presencia de China haya aumentado la apuesta en la geopolítica también se puede ver en los recientes sucesos en las regiones de las Islas del Pacífico. Las islas del Pacífico, lugares olvidados después que las grandes potencias occidentales hicieran sus pruebas nucleares, están recibiendo más atención: delegaciones de alto nivel de Estados Unidos, Japón, Australia y Nueva Zelanda visitaron la región durante los últimos cinco meses. Alarmadas por el ascenso de China, las potencias tradicionales ahora

---

[405] *Id.*

[406] Jones, C., Ndofor, H. & Li, M. (24 de enero de 2022). China's investment in Africa: What the data really says, and the implications for Europe. *African Program, Foreign Policy Research Institute*. Recuperado de https://www.fpri.org/ article/2022/01/chinese-economic-engagement-in-africa/.

[407] García-Herrero, A. & Xu, J. (22 de julio de 2019). China's investment in Africa: What the data really says, and the implications for Europe. *Brueguel*. Recuperado de https://www.bruegel.org/blog-post/chinas-investment-africa-what-data-really-says-and-implications-europe.

[408] The Economist (27 de junio de 2022). China in Africa: should the West be worried? *Facebook*. Recuperado de https://www.facebook.com/watch?v=618296965908771.

[409] Sautman & Yan (2009), *op. cit.*

están intensificando su compromiso con la región en activa competencia con China.[410] El análisis preliminar de datos agregados en América Latina, por ejemplo, muestra que el papel que juega China en la región conduce a la diversificación.[411] Ahora tiene una opción, al igual que el proyecto Bagamoyo en Tanzania propuesto por los chinos, pero archivado y ahora en la agenda, y en el que incluso EE.UU. está interesado.[412]

Otro estudio sugiere que la inversión china en los países latinoamericanos puede conducir a un retorno al modelo de exportación de productos básicos y a la reducción de la actividad industrial, particularmente en los sectores de alta tecnología. De hecho, esto puede ser una mala noticia para los países receptores. Pero el estudio también muestra que el bienestar de las personas en América Latina ha aumentado, principalmente debido a las mejoras debido a que el comercio resultó en un auge de los precios de las materias primas.[413]

Conclusión

La inversión extranjera siempre ha sido un tema delicado, en primer lugar por la propia lógica del capital privado que busca la maximización de ganancias. Sin embargo, el capital estatal de China es diferente porque tiene objetivos geopolíticos. Esto es precisamente lo que alarma a las potencias occidentales. En términos generales, los países anfitriones deben estar en guardia y tratar a los distintos capitales con diferentes enfoques estratégicos. Deben estar en guardia con la explotación del capital privado global, por un lado, y con su soberanía respecto del capital estatal por el otro. He discutido aquí el resentimiento de China contra la Unión Soviética bajo Jruschov pese al hecho de que la frágil y débil RPCh se benefició enormemente de la gran transferencia de capital y tecnología de la Unión Soviética. Esta es una lección que hoy deben aprender los países en desarrollo.

[410] Zhang, D. & O'Keefe, M. (9 de julio de 2022). Pacific Islands benefit from geostrategic competition. *East Asia Forum*. Recuperado de https://www.eastasiaforum.org/2022/07/09/pacific-islands-benefit-from-geostrategic-competition.

[411] Ching, Ch. V. (2021). Joining the Game: China's Role in Latin America's Investment Diversification. Recuperado de https://www.bu.edu/gdp/2021/07/12/joining-the-game-chinas-role-in-latin-americas-investment-diversification/.

[412] Helahela, G. (13 de mayo de 2022). US could play key role in Bagamoyo port construction. *The Citizen*. Recuperado de https://www.thecitizen.co.tz/tanzania/news/national/us-could-play-key-role-in-bagamoyo- port-construction-3814210.

[413] Lopes Afonso, D., Quinet de Andrade Bastos, S., & Salgueiro Perobelli, F. (2021). América Latina y China: ¿beneficio mutuo o dependencia? *CEPAL Review*, *135*, pp. 147-162. Recuperado de https://repositorio.cepal.org/bitstream/handle/11362/47821/RVI135_Lopes.pdf?sequence=1.

Como conclusión, me gustaría en este documento destacar varios temas. Primero, la IFR de China en Asia, África y América Latina no está exenta de problemas, problemas que involucran abusos a los derechos de los trabajadores, corrupción, extracción de materias primas y dependencia económica. En segundo lugar, la evidencia hasta ahora, en gran parte de África, sugiere que la acusación de que China practica deliberadamente la diplomacia de la trampa de la deuda y que China es neocolonialista no es sostenible. En tercer lugar, al citar estudios de académicos de países en desarrollo, he argumentado que la Iniciativa china de La Franja y la Ruta ha tenido en los países receptores efectos tanto buenos como malos, y que el alcance de los efectos negativos y positivos es discutible.

En cuarto lugar, al hacer uso de las pruebas de los estudios empíricos de Lee y de Sautman & Yan, he argumentado que el capital chino tiene una lógica diferente, en el sentido de que busca menos la maximización de las ganancias, aunque buscando aún ganancias, y más el acceso a materias primas y avances geopolíticos. En este punto somos testigos de cierta superposición, así como de una diferencia entre el capital estatal chino en la era de Mao y el de la China después de Mao. El ejemplo de TAZARA muestra que el capital estatal chino en la era de Mao era impulsado por motivaciones geopolíticas e ideológicas, mientras que el de la era post-Mao estaba impulsado por motivaciones geopolíticas, económicas y de ganancias. Un aspecto de la superposición es que en ambas épocas el capital estatal está menos relacionado con las ganancias comerciales que el capital privado. Otro aspecto de la superposición es que el capital estatal chino es más sensible a la cuestión de la soberanía y está más dispuesto a negociar que el capital privado. Finalmente, argumento que, independientemente de la motivación, el capital estatal tanto en la era de Mao como en la China post-Mao activó la declinación del dominio occidental y promovió el ascenso del resto.

Referencias

Askary, H. (2022). 'Debunk the 'China's Debt Trap' Myth with Belt and Road Initiative' (entrevista de YouTube con Li Jingjing). Recuperado de https://www.youtube.com/watch?v=8fM_oVXJ-10.

Brautigam, D. & Rithmire, M. (6 de febrero de 2021), "The Chinese 'Debt Trap' Is a Myth". *The Atlantic*. Recuperado de https://www.theatlantic.com/international/archive/2021/02/china-debt-trap-diplomacy/617953/.

Brautigam, D. (2022). A critical look at Chinese 'debt-trap diplomacy': the rise of a meme. *Area Development and Policy*, *5*(1), 1-14. DOI: 10.1080/23792949.2019.1689828.

Chellaney, B. (9 de mayo de 2021). Colonization by other means: China's debt-trap diplomacy. *The Japan Times*. Zeiger, H. (13 de noviembre de 2020). China and Africa: Debt-Trap Diplomacy? *Mind Matters*. Recuperado de https://mindmatters.ai/2020/11/china-and-africa-debt-trap-diplomacy/.

Ching, Ch. V. (2021). Joining the Game: China's Role in Latin America's Investment Diversification. Recuperado de https://www.bu.edu/gdp/2021/07/12/joining-the-game-chinas-role-in-latin-americas-investment-diversification/.

Donou-Adonsou, F. & Lim, S. (2018). On the importance of Chinese investment in Africa. *Review of Development Finance*, *8*(1), 63-73.

Dove, J. (21 de febrero de 2016). Debunking the Myths of Chinese Investment in Africa". *The diplomat*. Recuperado de https://thediplomat.com/2016/02/debunking-the-myths-of-chinese-investment-in-africa/.

Dziedzic, S. & Grigg, A. (17de agosto de 2022). Solomon Islands moving ahead with contentious plan to build Huawei mobile phone towers with $100 million loan from Beijing. *ABC Net News*. Recuperado de https://www.abc.net.au/news/2022-08-18/huwaei-solomon-islands-mobile-towers-loan-china-beijing-kpmg/101346144.

Gao, M. (2008). *The Battle for China's Pasts: Mao and the Cultural Revolution*. Pluto.

García-Herrero, A. & Xu, J. (22 de julio de 2019). China's investment in Africa: What the data really says, and the implications for Europe. *Brueguel*. Recuperado de https://www.bruegel.org/blog-post/chinas-investment-africa-what-data-really-says-and-implications-europe.

Global Times (22 de junio de 2021). 'China Helped Us When Help Was Most Needed' — The Tanzania-Zambia Railway: A Testament to China-Africa Friendship. *Global Times*. Recuperado de https://www.globaltimes.cn/page/202106/1226766.shtml.

Goldstein, L. J. (2001). Return to Zhenbao Island: Who Started Shooting and Why it Matters. *The China Quarterly*, *168*, 985-97. DOI: 10.1017/S0009443901000572. S2CID 153798597.

Hanauer, L. & Morris, L. J. (2014), Chinese Engagement in Africa: Drivers, Reactions, and Implications for US Policy. *Rand Corporation*. Recuperado de https://www.rand.org/pubs/research_reports/RR521.html.

Helahela, G. (13 de mayo de 2022). US could play key role in Bagamoyo port construction. *The Citizen*. Recuperado de https://www.thecitizen.co.tz/tanzania/news/national/us-could-play-key-role-in-bagamoyo- port-construction-3814210.

Jones, C., Ndofor, H., & Li, M. (24 de enero de 2022). China's investment in Africa: What the data really says, and the implications for Europe. *African Program, Foreign Policy Research Institute*. Recuperado de https://www.fpri.org/article/2022/01/chinese-economic-engagement-in-africa/.

Jones, L. & Hameiri, Sh. (19 de agosto de 2020). Debunking the Myth of 'Debt-trap Diplomacy: How Recipient Countries Shape China's Belt and Road Initiative. *Chatham House*. Recuperado de https://www.chathamhouse.org/2020/08/debunking-myth-debt-trap-diplomacy.

Klein, N. (25 de octubre de 2018). A String of Fake Pearls? The Question of Chinese Port Access in the Indian Ocean. *The Diplomat*. Recuperado de https://thediplomat.com/2018/10/a-string-of-fake-pearls-the-question-of-chinese-port-access-in-the-indian-ocean/.

Koh, T. (12 de noviembre de 2018). Building on Deng Xiaoping and Lee Kuan Yew legacy: Today marks 40th anniversary of Deng's historic visit to Singapore. *Strait Times*. Recuperado de https://www.straitstimes.com/opinion/building-on-deng-xiaoping-and-lee-kuan-yew-legacy.

Latiff, A. & Anushka, W. (2 de agosto de 2022). Understanding China's Role in Sri Lanka's Debt Restructuring Efforts. *The Diplomat.* Recuperado de https://thediplomat.com/2022/08/understanding-chinas-role-in-sri-lankas-debt-restructuring-efforts/.

Lee Kwan-yew (1998). *The Singapore Story: Memoirs of Lee Kuan Yew*. Prentice Hall.

Lee, Ch. K. (2014). The Spectre of Global China. *New Left Review, 89*. Recuperado de https://newleftreview.org/issues/ii89/articles/ching-kwan-lee-the-spectre-of-global-china.

Lee, Ch. K. (2017), *The Specter of Global China Politics, Labor, and Foreign Investment in Africa*. The University of Chicago Press.

Lopes Afonso, D., Quinet de Andrade Bastos, S., & Salgueiro Perobelli, F. (2021). América Latina y China: ¿beneficio mutuo o dependencia? *CEPAL Review, 135*, 147-162. Recuperado de https://repositorio.cepal.org/bitstream/handle/11362/47821/RVI135_Lopes.pdf?sequence=1.

Mac Millan, M. (1985). *Nixon and Mao: The Week That Changed the World.* Random House Digital.

Mallawarachi, B., Pathi, K., & McDonald, J. (20 de mayo de 2022). China Becomes Wild Card in Sri Lanka's Debt Crisis. *The Diplomat*. Recuperado de https://thediplomat.com/2022/05/china-becomes-wild-card-in-sri-lankas-debt-crisis/.

Manero, E. (3 de febrero de 017). China's Investment in Africa: The New Colonialism? *Harvard Political Review*. Recuperado de https://harvardpolitics.com/chinas-investment-in-africa-the-new-colonialism/.

Marlow, I. (17 de abril de 2018). China's $1 Billion White Elephant. *Bloomberg*. Recuperado de https://www.bloomberg.com/news/articles/2018-04-17/china-s-1-billion-white-elephant-the-port-ships-don-t-use#xj4y7vzkg.

Mead, N. (2018). China in Africa: win-win development, or a new colonialism? *The Guardian*. Recuperado de https://www.theguardian.com/cities/2018/jul/31/china-in-africa-win-win-development-or-a-new-colonialism.

Mead, N. (31 de julio de 2018). China in Africa: win-win development, or a new colonialism? *The Guardian*. https://www.theguardian.com/cities/2018/jul/31/china-in-africa-win-win-development-or-a-new-colonialism.

Monson, J. (2009). *Africa's Freedom Railway: How a Chinese Development Project Changed Lives and Livelihoods in Tanzania.* Indiana University Press.

Monson, J. (2013). Making Men, Making History: Remembering Railway Work in Cold War Afro-Asian solidarity. *Clio, 38*. Recuperado de https://journals.openedition.org/cliowgh/298.

Nikkei Asia (20 de mayo de 2021). Cambodia's Hun Sen: 'If I don't rely on China, who will I rely on?' *Nikkei Asia*. Recuperado de https://asia.nikkei.com/Spotlight/The-Future-of-Asia/The-Future-of-Asia-2021/Cambodia-s-Hun-Sen-If-I-don-t-rely-on-China-who-will-I-rely-on.

Parker, S. & Chefitz, G. (2018). Debtbook Diplomacy. Belfer Center for Science and International Affairs, Harvard Kennedy School. Recuperado de https://www.belfercenter.org/sites/default/files/files/publication/Debtbook%20Diplomacy%20PDF.pdf.

Peerenboom, R. & Ginsburg, T. (Eds.) (2014). *Law and Development of Middle-Income Countries: Avoiding the Middle-Income Trap*. The Cambridge University Press.

Sautman B. & Yan H. (28 de diciembre de 2009). Trade, Investment, Power and the China-in-Africa Discourse. *The Asia Pacific Journal Japan Focus, 7*(52), 3, 1-22. https://apjjf.org/-Barry-Sautman/3278/article.html.

Sautman, B. & Yan, H. (2012). *The Chinese are the Worst?: Human Rights and Labor Practices in Zambian Mining*. Facultad de Derecho de la Universidad de Maryland.

Shi Zhe (1998). 师哲回忆录：在历史的巨人身边，北京：中央文献出版社 [*Shi Zhe Memoirs: Working with the Giants*]. Central Archives Press.

The Economist (27 de junio de 2022). China in Africa: should the West be worried? *Facebook*. Recuperado de https://www.facebook.com/watch?v=618296965908771.

Urbano, S. (2021). Chinese Neocolonialism in Latin America. An Intelligence Assessment. *Journal of the Americas*, 3 ed., 183-199. Recuperado de https://www.airuniversity.af.edu/Portals/10/JOTA/Journals/Volume%203%20Issue%203/03-Urbano_eng.pdf.

Verhoeven, H. (31 de agosto de 2022). China has waived the debt of some African countries. But it's not about refinancing. *The Conversation*. Recuperado de https://theconversation.com/china-has-waived-the-debt-of-some-african-countries-but-its-not-about-refinanciancing-189570.

Yu, G. T. (1971). Working on the Railroad: China and the Tanzania-Zambia Railway. *Asian Survey, 11*(11), 1.101-1.117.

Zhang, D. & O'Keefe, M. (9 de julio de 2022). Pacific Islands benefit from geostrategic competition. *East Asia Forum*. Recuperado de https://www.eastasiaforum.org/2022/07/09/pacific-islands-benefit-from-geostrategic-competition.

Zhou, L. (22 de abril de 2019). Sri Lanka rejects fears of China's 'debt-trap diplomacy'. *South China Morning Post*. Recuperado de https://www.scmp.com/news/china/diplomacy/article/3007175/sri-lanka-rejects-fears-chinas-debt-trap-diplomacy-belt-and.

7

¿LA RUTA DE LA PLATA RENACIDA? LA DIPLOMACIA INTEGRAL 'SUR-SUR' DE CHINA EN LA ARGENTINA

Marc Lanteigne

Introducción

En febrero de 2022, el gobierno argentino del presidente Alberto Fernández acordó formalmente sumarse a la Iniciativa de la Franja y la Ruta (IFR) de China en curso, uniéndose a varios de sus vecinos incluidos Chile, Cuba, Ecuador, Panamá, Perú y Venezuela, profundizando los lazos comerciales con Beijing a través de la IFR. Dado el tamaño comparativo de Argentina, su base de recursos y su huella económica regional, el acuerdo fue un acontecimiento significativo en la expansión de las relaciones de China con América Latina y el Caribe (ALC). El acuerdo también reflejó las preocupaciones de Argentina por tomar distancia de la dependencia económica que se percibe respecto de los Estados Unidos y las organizaciones internacionales de crédito como el Fondo Monetario Internacional (FMI)[414]. El acuerdo IFR fue, también, otra señal de que, pese a algunos contratiempos financieros y logísticos, en el hemisferio occidental seguía intensificándose la presencia de las redes de la Franja y la Ruta. Mediante esfuerzos tanto bilaterales como multilaterales, el gobierno del presidente Xi Jinping en Beijing ha estado tratando de aumentar la visibilidad económica de China en ALC y, en muchos casos, aprovechando la percepción de un retroceso de los intereses de Estados Unidos en esa parte del mundo. Las relaciones de Argentina con Washington habían sido especialmente tensas en la última década, especialmente durante los mandatos de la presidenta Cristina Fernández de Kirchner en Buenos Aires (2007-2015) y el presi-

[414] Palmer, D. (26 de marzo de 2012). Obama Says to Suspend Trade Benefits for Argentina. *Reuters*. Recuperado de https://www.reuters.com/article/us-usa-argentina-trade-idUSBRE82P0QX20120326; Goñi, U. (1 de octubre de 2014) Argentina President Claims US Plot to Oust Her. *The Guardian*. Recuperado de https://www.theguardian.com/world/2014/oct/01/argentina-president-claims-us-plot.

dente Barack Obama en Washington (2009-2017), cuando hubo numerosos enfrentamientos diplomáticos sobre la deuda argentina y sobre la ideología de la política exterior[415].

Los lazos bilaterales apenas mejoraron bajo la administración de Donald Trump, que en gran medida ignoró a ALC en su totalidad, y los funcionarios estadounidenses volvieron a hablar sobre la Doctrina Monroe de la hegemonía regional estadounidense e implementaron diversas formas de nacionalismo económico y proteccionismo, a menudo por dudosos motivos de seguridad. Al mismo tiempo, la dura posición sobre los solicitantes de asilo de América Central y del Sur precipitó emergencias humanitarias regionales y nuevas tensiones diplomáticas[416]. Como resultado de las políticas frecuentemente volátiles de la administración Trump de rehacer las reglas comerciales de EE.UU. para favorecer los intereses comerciales estadounidenses, varios antiguos socios económicos fueron acusados de prácticas desleales. Argentina fue un objetivo regional específico de la presión económica estadounidense al ser acusada, junto con Brasil, de ser "manipuladores de divisas" a raíz de políticas monetarias que favorecían sus exportaciones, de resultas de lo cual a fines de 2019 Washington implementó aranceles al acero contra ambos Estados[417].

El gobierno estadounidense de Joseph Biden que le sucedió, en muchos sentidos se vio obligado a ponerse al día en ALC, pero la administración inicialmente trató de apartar sus políticas de las de Trump al tiempo que intentaba hacer malabarismos con la diplomacia latinoamericana en ocasión de otras crisis, incluida la invasión rusa a Ucrania en 2022 y el empeora-

[415] Palmer, D. (26 de marzo de 2012). Obama Says to Suspend Trade Benefits for Argentina. Reuters. Recuperado de https://www.reuters.com/article/us-usa-argentina-trade-idUSBRE82P0QX20120326; Goñi, U. (1 de octubre de 2014) Argentina President Claims US Plot to Oust Her. The Guardian. Recuperado de https://www.theguardian.com/world/2014/oct/01/argentina-president-claims-us-plot.

[416] Taladrid, S. (11 de febrero de 2021). Can Biden Reverse Trump's Damage to Latin America? *New Yorker*. Recuperado de https://www.newyorker.com/news/news-desk/can-biden-reverse-trumps-lasting-damage-in-latin-america.

[417] Scheller, S. (2017). *Nobody Builds Walls Better Than Me- US Policy towards Latin America under Donald Trump*. Federal Academy of Security Policy, Security Policy Working Paper Nº 15. Recuperado de https://www.jstor.org/stable/pdf/resrep22222.pdf; Oliva Campos, C. & Provost, G. (2019). The Trump Administration in Latin America: Continuity and Change. *International Journal of Cuban Studies, 11*(1), 13-23; Morgenfeld, L (2017). Macri, de Obama a Trump. Argentina-Estados Unidos y su impacto en las relaciones interamericanas. En M. A. Gandásegui & J. A. Preciado Coronado (Eds.), *Hegemonía y democracia en disputa: Trump y la geopolítica del neoconservadurismo* (pp. 293-322). Universidad de Guadalajara & Contractor, F. J. (3 de diciembre de 2019). Currency Manipulation and Why Trump is Picking on Brazil and Argentina. *The Conversation*. Recuperado de https://theconversation.com/currency-manipulation-and-why-trump-is-picking-on-brazil-and-argentina-128210; Shalal, A. & Stargardter, G. (2 de diciembre de 2019). Trump, Citing US Farmers, Slaps Metal Tariffs on Brazil, Argentina. *Reuters*. Recuperado de https://www.reuters.com/article/us-usa-trade-trump/trump-citing-us-farmers-slaps-metal-tariffs-on-brazil-argentina-idUSKBN1Y614O.

miento de las relaciones de Washington con Beijing. Además, dado que el gobierno de Biden ha sido sensible a la opinión pública estadounidense respecto a la liberalización comercial, dudó en reavivar cualquier discusión sobre ampliar en ALC el acceso al mercado estadounidense. Las políticas económicas nacionalistas bajo Trump, y su lenta reducción bajo Biden, permitieron a China mejorar su propio status comercial en gran parte de ALC, incluida Argentina, que debido a su precaria situación financiera actual ha estado abierta a nuevas asociaciones económicas.

Los problemas de credibilidad del gobierno de Biden en América Central y del Sur, incluido el combinar las políticas económicas y estratégicas de EE.UU., quedaron evidenciados por la controversia sobre las varias 'ausencias' de gobiernos de ALC durante la Cumbre de las Américas de junio de 2022 organizada por el presidente Biden en Los Ángeles. El asunto ilustró sobre cuánto terreno diplomático necesitaba recuperar EE.UU. tras la administración Trump. El presidente Alberto Fernández asistió a la reunión, pero en su discurso allí criticó duramente la decisión de Washington de no invitar a las representaciones de los gobiernos de Cuba, Nicaragua y Venezuela hostiles a Estados Unidos, y pidió una mayor inclusión, términos regionales de intercambio más justos y apoyo financiero, especialmente porque América Latina estaba saliendo de la pandemia mundial de coronavirus con deudas significativas, incluso en comparación con otras regiones[418].

Además, puesto que la seguridad económica, incluido el peso de la deuda y la inflación, ocupan un lugar destacado en la lista de preocupaciones políticas en todo ALC, la propuesta del gobierno de Biden de 2022 de una 'Asociación de las Américas para la Prosperidad Económica' (APEP) fue ampliamente considerada como insuficiente para satisfacer intereses de ALC, ya que el pacto no permitiría un mayor acceso a los mercados estadounidenses y no actuaría como un catalizador para la expansión de los flujos comerciales regionales[419]. Ni Brasil ni Argentina, pese a su tamaño, fueron

---

[418] Stunkel, O. (13 de noviembre de 2020). Trump Drove Latin America into China's Arms. *Foreign Affairs*. Recuperado de https://www.foreignaffairs.com/articles/south-america/2020-11-13/trump-drove-latin-america-chinas-arms; Widakuswara, P. & Powell, A. (9 de junio de 2022). At Summit of the Americas, Biden Plays Catch-up with China. *VOA News*. Recuperado de https://www.voanews.com/a/at-summit-of-the-americas-biden-plays-catch-up-with-china/6611205.html; Buenos Aires Times (9 de junio de 2022). Before Biden, Fernández Slams Move to 'Exclude' Nations from Key Summit. *Buenos Aires Times*. Recuperado de https://www.batimes.com.ar/news/argentina/before-biden-fernandez-slams-move-to-exclude-nations-from-key-summit.phtml.

[419] The White House (8 de junio de 2022). Fact Sheet: President Biden Announces the Americas Partnership for Economic Prosperity. *Organisation of American States*. Recuperado de http://www.sice.oas.org/TPD/Americas_Partnership/Background/Announces% 20the%20 Americas%20 Partnership%20 for%20 Economic%20Prosperity_e.pdf; Lynch, D. & DeYoung, K. (27 de enero de 2023). US to Launch Talks on Partnership with 11 Western

socios de inicio en el plan APEP. Además, Buenos Aires y otros miembros del Mercosur (Brasil, Paraguay y Uruguay) han pedido a la Unión Europea que reelabore un acuerdo comercial tentativo de 2019 que ofrecería términos más favorables para el lado latinoamericano, en principio sin éxito[420].

Estando las relaciones EE.UU.-ALC aún en terreno incierto, y otras relaciones comerciales menos desarrolladas, Beijing pudo identificar una ventana de oportunidad significativa para expandir su propia diplomacia económica en las Américas, presentándose a menudo a muchas economías de ALC como 'el donante alternativo' y como un socio más responsable. Incluso gobiernos que eran incondicionalmente pro-EE.UU., como el gobierno de extrema derecha de Jair Bolsonaro en Brasil en 2019-22, intentaron evitar la apariencia de aislar a Beijing y verse obligados a elegir un socio económico por sobre el otro, especialmente porque las demandas chinas de materias primas en toda América Latina se mantenían elevadas[421]. Otra ventaja para Beijing fue que los esfuerzos políticos y económicos de China en ALC han representado una forma modificada de diplomacia "Sur-Sur"[422]. Beijing, tomando prestado de las alineaciones ideológicas de la era de la guerra fría y las políticas contemporáneas que reflejan el poder económico chino, a menudo se identificó como solidario con las regiones en desarrollo del 'Sur Global', pese a que China es actualmente la segunda economía más grande del mundo.

Esta construcción de identidad en ALC se logró a través de diversas formas de diplomacia bilateral, entre ellos los acuerdos de libre comercio con Chile, Costa Rica y Perú. En julio de 2018 comenzaron negociaciones de libre comercio entre China y Panamá, y desde 2022 el gobierno de Luis

---

Hemisphere Nations. *Washington Post.* Recuperado de https://www.washingtonpost.com/us-policy/2023/01/27/biden-latin-america-economic-cooperation/; Gámez Torres, N. (27 de enero de 2023). New Economic Alliance is Open to CARICOM and Brazil, US Official Says. *Miami Herald.* Recuperado de https://www.miamiherald.com/news/nation-world/world/americas/article271746372.html.

[420] Stott, M. (7 de diciembre de 2022). Argentina Urges EU to Renegociate South American Trade Pact", *Financial Times.* Recuperado de https://www.ft.com/content/8cb6f626-8f87-47e6-90a4-6cb0e5aa17ad; Council of the European Union (15 de marzo de 2023). *Negotiation of the EU-Mercosur Association Agreement and Agricultural Implications,* 7465/23. Recuperado de https://data.consilium.europa.eu/doc/document/ST-7465-2023-INIT/en/pdf.

[421] Roy, D. (12 de abril de 2022). China's Growing Influence in Latin America. *Council on Foreign Relations.* Recuperado de https://www.cfr.org/backgrounder/china-influence-latin-america-argentina-brazil-venezuela-security-energy-bri; Steunkel, O. (2022) ¿What Does China's Increased Influence in Latin America Mean for the United States?'. En M. A. Carrai; J. Rudolph & M. Szonyi (eds.). *The China Questions 2: Critical Insights into US-China Relations* (pp. 127-143). Harvard University Press.

[422] Ver, Bergamaschi, I. & Tickner, A. B. (2017). Introduction: South-South Cooperation Beyond the Myths- A Critical Analysis. En I. Bergamaschi, P. Moore, & A. B. Tickner (Ed.), *South-South Cooperation Beyond the Myths: Rising Donors, New Aid Practices?* (pp. 1-27). Palgrave MacMillan.

Lacalle Pou en Uruguay también expresó interés en un acuerdo semejante[423]. China también aceleró sus políticas para persuadir a los gobiernos de ALC que habían estado reconociendo a Taiwán para que cambien de bando e inicien relaciones con Beijing. Desde que caducó en 2016 la tregua diplomática de facto entre Beijing y Taipei, cinco naciones de ALC (República Dominicana, El Salvador, Honduras, Nicaragua y Panamá) abandonaron las relaciones con Taiwán en favor de la República Popular -principalmente por motivos financieros- mientras que otros Estados como Guatemala y Paraguay han sido inducidos a hacer lo mismo[424]. Con relaciones cada vez más tensas a través del Estrecho de Taiwán desde la llegada al poder en 2016 de la presidenta Tsai Ing-wen en Taipei, el gobierno de Xi ha estado buscando cortar las vías diplomáticas que le quedan a la isla, incluso en América Latina y el Caribe, donde Taiwán con frecuencia encontraba una recepción amistosa a sus propuestas diplomáticas y económicas.

Además de la diplomacia bilateral concertada en ALC, China también ha estado buscando desarrollar iniciativas multilaterales dirigidas a asegurar una mayor cooperación económica y de desarrollo interregional. El ejemplo más destacado fue el Foro de China y la Comunidad de Estados Latinoamericanos y Caribeños (中国—拉共体论坛*Zhongguó-la gòng ti lùntán*, o Foro China-CELAC), fundado en 2015 y destinado a promover una cooperación económica más estrecha junto con los vínculos bilaterales, y a promover el comercio trans-Pacífico bajo la égida de la IFR, enfatizando que la relación entre China y ALC a través de la Franja y la Ruta no es de naturaleza "centro-periferia" sino más bien entre socios iguales y partes interesadas[425]. China también alcanzó en 2004 el status de observador

[423] Ministry of Commerce of the People's Republic of China (18 de julio de 2018). The First Round of China-Panama FTA Negotiation Held in Panama City. *Ministry of Commerce of the People's Republic of China*. Recuperado de http://fta.mofcom.gov.cn/enarticle/chinapanamaen/chinapanamaennews/201807/38326_1.html; Patrick, I. (18 de marzo de 2023). The Potential China-Uruguay Trade Deal Risks Fracturing Mercosur. *The Diplomat*. Recuperado de https://thediplomat.com/2023/03/the-potential-china-uruguay-trade-deal-risks-fracturing-mercosur/.

[424] Giusto, P. & Harán, J.M. (16 de mayo de 2022). Taiwán lucha por su supervivencia diplomática en América Latina. *The Diplomat*. Recuperado de https://thediplomat.com/2022/05/taiwan-fights-for-its-diplomatic-survival-in-latin-america/; Londoño, E., Carneri, S., Qin, A., & Wee, S. L. (16 de abril de 2021). Overwhelmed by the Virus, Paraguay Considers Ditching Taiwan for China- and its Vaccines. *The New York Times*; Blanchard, B. & Palencia, G. (23 de marzo de 2023). End to Taiwan Ties Nears as Honduras Foreign Minister Goes to China. *Reuters*. Recuperado de https://www.reuters.com/world/taiwan-says-chinas-involvement-honduras-is-very-obvious-2023-03-23/; People's Daily / Xinhua (1 de abril de 2023). El vocero de FM chino insta a Guatemala a tomar la decisión correcta. *People's Daily / Xinhua* Recuperado de http://en.people.cn/n3/2023/0401/c90000-20000094.html.

[425] Foro China-CELAC (5 de febrero de 2016). China-LAC Overall Cooperation Pushes Ahead on a Great Journey-Zhu Qingqiao. *Foro China-CELAC*. Recuperado de http://www.chinacelacforum.org/eng/zgtlgtgx_1/201602/t20160205_6568775.htm; Wang Huizhi (2022) 中国拉共体论坛：进展、挑战及优化路径 [Foro China-

permanente en la Organización de los Estados Americanos (OEA), y manifestó su interés en firmar un acuerdo de libre comercio con Mercosur[426]. Mediante la construcción de un régimen tanto de Estado a Estado como regional, Beijing ha presentado un desafío diplomático significativo en lo que Washington había considerado durante mucho tiempo sus regiones de interés exclusivas.

Estos esfuerzos respaldados por China durante la última década han dado como resultado que numerosas naciones de ALC desarrollen una cooperación más profunda con la IFR, con gran parte de su enfoque en el comercio de materias primas como productos agrícolas, pero también materiales estratégicos, en particular litio pero también cobalto y níquel, que son necesarios tanto para los productos de alta tecnología como para la "tecnología verde", como las baterías de los vehículos eléctricos[427]. Esto en momentos en que, a medida que la competencia económica con Beijing se vuelve más intensa, Occidente ha comenzado a hacer sonar las alarmas sobre el acceso a estos recursos. Beijing, mientras tanto, ha integrado más completamente a ALC en el comercio trans-Pacífico de la IFR.

Puede argumentarse que, en muchos sentidos, la diplomacia económica emergente de China en América Latina y el Caribe se hace eco de la historia de las redes de comercio de plata de los siglos XVI y XVII ('La Ruta de la Plata') entre la entonces América española y la China imperial: una red comercial y un precursor temprano de la moderna globalización

CELAC: Avances, desafíos y caminos de optimización], 《太平洋学报》 [*Pacific Journal*], *30*(6), 64-74; Vadell, J. (2022). La relación bilateral y minilateral de China con América Latina y el Caribe: el caso del Foro China-CELAC. *Área de Desarrollo y Política, 7*(2), 187-203. Xie Wenze (2018). 中国一拉共体共建"一带一路"探析 [Un análisis de la construcción conjunta China-CELAC de la Iniciativa de la Franja y la Ruta], 《太平洋学报》 [*Pacific Journal*] *26*(2), 80-90.

[426] Erikson, D. y Chen, J. (2007). China, Taiwan, and the Battle for Latin America. *Fletcher Forum of World Affairs, 31*(2), 69-89; Reuters (25 de enero de 2023). Brasil's Lula Proposes Mercosur Trade Deal with China after EU Accord. *Reuters*. Recuperado de https://www.reuters.com/world/americas/brazils-lula-eyes-trade-deal-between-mercosur-china-2023-01-25/.

[427] Lu, C. & Fabbro, R. (27 de febrero de 2023). China's Latin American Gold Rush Is All About Clean Energy: Beijing's Not after Gold- but Lithium. *Foreign Policy*. Recuperado de https://foreignpolicy.com/2023/02/27/china-latin-america-lithium-clean-energy-trade-investment/; Lu Yutong, Luo Guoping, Shi Yimin & Denise Jia (14 de febrero de 2023) China's Hunt for Strategic New Energy Minerals. *Caixin / NikkeiAsia*. Recuperado de https://asia.nikkei.com/Spotlight/Caixin/China-s-hunt-for-strategic-new-energy-minerals; Jones, F. (22 de marzo de 2022). Argentinian Lithium Exports Surge 234% in 2022. *Mining Technology*. Recuperado de https://www.mining-technology.com/news/argentina-lithium-exports-234/; Sina.com (25 de octubre de 2022). 锂佩克"渐行渐近？南美洲三国再推动建立锂三角输出国组织" [¿Está cada vez más cerca un "PEC de litio"? Tres países de América del Sur promueven aún más el establecimiento de la Organización de Países Exportadores del Triángulo del Litio]. *Sina.com*. Recuperado de https://news.sina.com.cn/w/2022-10-25/doc-imqqsmrp3661075.shtml.

de las cadenas de suministro[428]. En un aspecto, el comercio de China con ALC refleja la importancia que la diplomacia económica tiene para Beijing, especialmente mientras continúa buscando las materias primas necesarias para fortalecer aún más su desarrollo. Sin embargo, al igual que con la Ruta de la Plata de la antigüedad, los intereses de China en América Latina y el Caribe también reflejan el pensamiento de gran potencia de China y su interés en desafiar el orden económico anterior.

Para desarrollar y ampliar las redes de ALC, el gobierno de Xi Jinping se ha embarcado en una forma de diplomacia integral con las economías regionales que busca incorporar a China como un socio más atractivo, a diferencia de Estados Unidos, en áreas de desarrollo económico mutuo. Estos enfoques han reflejado el interés chino en el desarrollo de un enfoque modificado y modernizado de la cooperación económica que refleje los lazos tradicionales de China con el 'Sur Global', regiones con economías en desarrollo[429]. Si bien Beijing se ha beneficiado de una política errática de EE.UU. hacia ALC, al mismo tiempo, el enfoque más amplio de China para el compromiso regional, que incluye tanto la cooperación de élite como empresas conjuntas específicas por sector, ha dado al gobierno chino muchas oportunidades para mejorar su status diplomático y económico en la región. Argentina, que es un actor económico importante dentro de ALC, proporciona un estudio de caso ideal de este fenómeno, ya que se ha sumado recientemente al marco IFR, y ha buscado alianzas chinas en una variedad de áreas que van desde la agricultura hasta la energía y la industria, además de desempeñar un papel clave en los intereses emergentes de Beijing en la Antártida y el Océano Austral.

¿Qué explica los éxitos de este enfoque, y dónde encaja Argentina en la revisada diplomacia Sur-Sur de China? Las respuestas se pueden encontrar a través de estudios de la diplomacia económica china hacia Buenos Aires, la precariedad de la economía argentina que ha llevado al gobierno a buscar a Beijing como un socio adicional de gran poderío, y las deficiencias en el compromiso estadounidense con Argentina y con

[428] Ver Jin Xi (2017). *Empire of Silver: A New Monetary History of China. Yale* University Press; Gordon, P. & Morales, J. J. (2017). *The Silver Way: China, Spanish America and the Birth of Globalization* Penguin Books Australia; Dean, A. (2020). *China and the End of Global Silver, 1873-1937.* Cornell University Press, Flynn, D. O., & Giráldez, A. (1995). Born with a 'Silver Spoon': The Origin of World Trade in 1571. *Journal of World History, 6*(2), 201-21. Sobre las primeras iniciativas de globalización, ver: Hobson, J.H. (2020). Globalisation. En A. B. Tickner & K. Smith (Eds.), *International Relations of the Global South: Worlds of Difference* (pp. 221-239). Routledge.

[429] Assefa, A. (2020). Capitalist Terminal Crisis and the Rise of China: Global South Relations in Perspective. *African and Asian Studies 19*(1-2), 11-32. DOI: https://doi.org/10.1163/15692108-12341444.

ALC en general. Muchos de estos factores pueden ser estudiados a través del surgimiento del 'Sur Global' comparando los discursos tanto políticos como de relaciones internacionales.

Definiendo las relaciones en evolución de Beijing con ALC dentro del 'Sur global'

En las últimas dos décadas, definir enfoques no europeos/no occidentales de las relaciones internacionales se ha convertido en una de las facetas más visibles de los estudios de relaciones internacionales, y esto incluyó esfuerzos para expandir los estudios de política exterior fuera de 'Occidente' y para determinar qué se entiende por tales políticas dentro del Sur Global, en sí mismo un término que ha estado abierto a muchas interpretaciones[430]. Estos han abarcado estudios de Estados que habían enfrentado anteriormente en variadas formas el colonialismo, así como desafíos históricos y modernos de desarrollo; pero también reflejan divisiones creadas por la política y la economía "globales", así como la creciente visibilidad de los discursos no occidentales en asuntos internacionales. Esto también se refleja en patrones en expansión de cooperación y redes 'Sur-Sur', incluso en asuntos de comercio y finanzas, los cambios en las relaciones entre los Estados en desarrollo y las grandes potencias actuales y emergentes, así como instancias de resistencia a las formas de hegemonía del Norte/Occidente, incluso bajo la forma de instituciones que favorecen los intereses del mundo desarrollado[431].

Sin embargo, las 'fronteras' exactas del Sur Global pueden estar abiertas a discusión, especialmente cuando se trata de grandes economías como China, por lo que existen otras variables, como la historia, la cultura y la identidad, que son relevantes para la comprensión del concepto[432]. Como Estado con una historia previa tanto de subdesarrollo como de colonialismo (así como de conflictos internos), China ha estado tratando de navegar el emergente entorno del Sur Global mientras busca expandir sus intereses de

[430] Shilliam, R. (2011). The Perilous but Unavoidable Terrain of the Non-West. En R. Shilliam (Ed.), *International Relations and Non-Western Thought* (pp. 12-26). Routledge.

[431] Haug, S., Braveboy-Wagner, J., & Maihold, G. (2021). The "Global South" in the Study of World Politics: Examining a Meta Category. *Third World Quarterly, 42*(9), 1923-1944; Liu Debin & Li Dongqi (2023). 全球南方" 研究的兴起及其重要意义 [El origen de la investigación del 'Sur Global' y su importante significado], 《思想理论战线》 [*Frente de Pensamiento y Teoría*] (01), 79-90, p. 141.

[432] Levander, C. & Mignolo, W. (2011). Introduction: The Global South and World Dis/Order. *The Global South 5*(1), 1-11; Gray, K. & Gills, B. K. (2016). South-South Cooperation and the Rise of the Global South. *Third World Quarterly 37*(4), 557-574.

política exterior no solo en términos geográficos, sino como gran potencia y potencia mundial en desarrollo, aunque con distintas conexiones con las regiones en desarrollo. El desarrollo de la diplomacia interregional, así como la IFR, reflejan la creciente importancia de las regiones del Sur Global en el pensamiento de Beijing[433].

Los intereses de la política exterior de China se han ampliado significativamente desde el cambio de siglo, a medida que el país continúa su transición de gran potencia a naciente potencia mundial. Incluso antes del desarrollo de la IFR, Beijing estaba tratando de redefinir sus relaciones con muchas regiones en desarrollo, a menudo en el espíritu de las políticas de compromiso chino de la era de la guerra fría bajo Mao Zedong. Esto estuvo bien definido por el clásico enfoque de los 'tres mundos' (三个世界 *sange shijie*) de China en sus relaciones exteriores. Tras enfrentar el empeoramiento de las relaciones con Moscú durante la ruptura chino-soviética de las décadas de 1960 y 1970, la China maoísta había comenzado a posicionarse como defensora de los intereses de los países en desarrollo y del antiimperialismo. Al construir a mediados de la década de 1970 el concepto de los tres mundos, Mao diferenció el 'primer mundo' representado por las superpotencias, Estados Unidos y la Unión Soviética, el 'segundo mundo' como potencias capitalistas medianas, y siendo el 'tercer mundo' Estados en desarrollo. La separación entre las tres categorías se basaba generalmente en las fortalezas económicas y las capacidades militares (principalmente en armas nucleares), así como en las posiciones sobre, y la resistencia a, la hegemonía de las grandes potencias[434].

Esta rigidez ideológica, sin embargo, desaparecería durante el comienzo de la era de la reforma bajo Deng Xiaoping en la década de 1980, cuando Beijing se concentró en obtener un acceso más amplio al comercio internacional y a las organizaciones financieras globales, afirmando mejores relaciones con Occidente y enfriando las tensiones con los vecinos inmediatos de China en el Asia-Pacífico. Si bien el compromiso entre las grandes potencias, especialmente con los Estados Unidos, ha permanecido al frente de los intereses internacionales de Beijing durante los dos primeros mandatos del gobierno de Xi, sigue existiendo un concepto frecuentemente

[433] Hong Liu (2022). China Engages the Global South: From Bandung to the Belt and Road Initiative. *Global Policy, 13*, 11-22.

[434] Mao Zedong (1998 [24 de febrero de 1974]). Sobre la cuestión de la diferenciación de los 'Tres mundos'. En Mao Zedong. *Sobre la diplomacia.* Foreign Languages Press, p. 454; Jiang An (2013). Mao Zedong's "Three Worlds" Theory: Political Considerations and Value for the Times. *Social Sciences in China, 34*(1), 35-57.

citado en los círculos que formulan las políticas de Beijing de que "los países en desarrollo son la base" (发展中国家是基础 *fazhanzhong guojia shi jichu*) de los modernos intereses internacionales chinos[435]. Bajo los gobiernos de Jiang Zemin y Hu Jintao en las décadas de 1990 y 2000, hubo una marcada expansión geográfica de los intereses de la política exterior de China más allá de Asia-Pacífico, incluso en regiones como ALC, que tradicionalmente era considerada dentro de la esfera de influencia de Washington, reflejando la mayor confianza de Beijing en sus capacidades diplomáticas.

En tiempos de Mao, en comparación con África y el sur de Asia, la región de ALC no tuvo una influencia significativa en los intereses de la política exterior de Beijing, dada la distancia de la región respecto de China y el enfoque del régimen maoísta durante este tiempo en el conflicto ideológico (Cuba bajo Fidel Castro fue una notable excepción, dadas sus propias inclinaciones comunistas)[436]. Al mismo tiempo, ALC se concentraba más en garantizar la seguridad y la estabilidad internas, mientras intentaba abordar un orden global dominado por superpotencias que incluía frecuentes intervenciones; en ese momento, estas preocupaciones se reflejaron en los intereses de las relaciones internacionales[437]. Pero durante la era de reforma posterior a la década de 1980, los intereses diplomáticos chinos en América Latina y el Caribe se habían desplazado hacia consideraciones económicas, y Beijing buscaba nuevos mercados para el comercio, así como fuentes adicionales de productos básicos, especialmente en momentos en que la economía de China necesitaba nuevas líneas de suministro de materias primas para satisfacer la creciente demanda interna, incluso la de una creciente clase media china[438]. En los dos Libros Blancos gubernamentales de China, publicados en 2008 y 2016, que explican específicamente las relaciones de Beijing con ALC, se hacía foco en la solidaridad china con el mundo en desarrollo -incluidos los Estados de América Latina y el Caribe-,

---

[435] Lan Jianxue (10 de junio de 2019). 中国与发展中国家关系趋势 [Tendencias en las relaciones entre China y los países en desarrollo]. *China Institute of International Studies (CIIS)*. Recuperado de https://www.ciis.org .cn/yjcg/sspl/202007/t20200710_907.html.

[436] Hearn, A. H. (2012). China, Global Governance and the Future of Cuba. *Journal of Current Chinese Affairs / China Aktuell, 41*(1), 155-179.

[437] Lagos, G. (1980). Tendencias y perspectivas del estudio de las Relaciones Internacionales: tareas para América Latina. *Estudios Internacionales, 13*(50), 236-51; Tickner, A. B. (2009). Latin America: Still Policy Dependent After All These Years? En A. B. Tickner & O. Wæver (Eds.), *International Relations Scholarship Around the World* (pp. 32-51). Routledge.

[438] Evan Ellis, R. (2009). *China in Latin America: The Whats and Wherefores*. Lynne Reinner, pp. 9-14; Gallagher, K. P. (2016). *The China Triangle: Latin America's China Boom and the Fare of the Washington Consensus*. Oxford University Press, pp. 41-63. Ver también Economy, E. C. & Levi, M. (2014). *By All Means Necessary: How China's Resource Quest is Changing the World*. Oxford University Press, pp. 36-45.

en la profundización de varias vías de cooperación económica, incluido el comercio y políticas de inversión, agricultura, manufactura, turismo y lucha contra la pobreza[439]. Si bien en estos documentos también se discutían otras formas de cooperación, era evidente que las consideraciones económicas permanecerían al frente de la diplomacia China-ALC.

Sin embargo, se ha sostenido que la inversión china en la región no siempre se tradujo con éxito en el fortalecimiento de los vínculos políticos, tanto por preocupaciones locales sobre el dominio económico chino de los mercados locales, como por la acción de contrapeso de Estados Unidos y su poder económico todavía dominante en ALC[440]. Aunque Beijing ha hecho incursiones significativas en los mercados latinoamericanos, sigue habiendo una cuota de cautela en sus operaciones con el área percibida como vecindario sureño de Washington.

China también ha tenido en mente intereses estratégicos en sus compromisos con ALC. Durante gran parte de la guerra fría, e inmediatamente después, ALC había sido un campo de batalla diplomático entre China y Taiwán, a menudo dominado por la "diplomacia del talonario de cheques" de los incentivos financieros. Tras una pausa entre 2008 y 2016, el período de la 'tregua diplomática' de relaciones más cálidas a través del Estrecho, en esta competencia anteriormente feroz, varios gobiernos de ALC que habían reconocido a Taipei tomaron la decisión de entablar relaciones con la República Popular, principalmente debido a incentivos económicos. Cuando en marzo de 2023 el gobierno hondureño de la presidenta Xiomara Castro anunció la decisión de iniciar relaciones diplomáticas con Beijing, el número de amigos diplomáticos de Taiwán se redujo a 13, siete de ellos en la región de ALC[441]. Con la competencia diplomática regional ahora fuertemente a favor de Beijing, el gobierno de Xi ha buscado en ALC consolidar sus logros

[439] USC US China Institute (20 de abril de 2009). China's Policy Paper on Latin America and the Caribbean. *USC US China Institute*. Recuperado de https://china.usc.edu/chinas-policy-paper-latin-america-and-caribbean; The State Council of the People's Republic of China (24 de noviembre de 2016). *China's Policy Paper on Latin America and the Caribbean*. Recuperado de http://english.www.gov.cn/archive/white_paper/2016/11/24/content_281475499069158.htm.

[440] Wang, H. (2015). The Missing Link in Sino-Latin American Relations. *Journal of Contemporary China, 24*(95), 922-942.

[441] Fukuda, M (16 de marzo de 2023). New Strategies of China Regarding the 'One-China' Principle. *Sasakawa Peace Foundation*. Recuperado de https://www.spf.org/japan-us-taiwan-research/en/article/fukuda_01.html; Olcott, E. (15 de marzo de 2023). Taiwan Loses Diplomatic Ally as Honduras Confirms Link to China. *Financial Times*. Recuperado de https://www.ft.com/content/6bdb7947-1457-4 2c0-9504-b6650b6b76cd. Los aliados restantes de Taiwán en ALC a principios de 2023 son Belice, Guatemala, Haití, Paraguay, San Cristóbal y Nieves, Santa Lucía y San Vicente y las Granadinas. Santa Lucía reconoció a la República Popular de 1997 a 2007 antes de volver a reconocer a Taiwán.

políticos y económicos, especialmente durante un período en que EE.UU. redujo su influencia. Además, una presencia diplomática y económica más fuerte en América Latina y el Caribe contribuyó a que los intereses chinos resistan los posibles intentos de contención liderados por Estados Unidos, lo que era una preocupación de Beijing desde que el poder chino comenzó a acercarse a los niveles estadounidenses.

Beijing, también, junto con lazos económicos más fuertes en ALC, ha buscado desarrollar el poder blando para atraer a los gobiernos regionales -especialmente los gobiernos de izquierda y centroizquierda y aquéllos especialmente críticos con las políticas estadounidenses-, entre otras cosas con un modelo económico al que presentó como una alternativa a los modelos neoliberales de Occidente. Además, las prácticas diplomáticas chinas de ayuda y asistencia económica, que con frecuencia abogan por una separación entre la economía y la política, también atrajeron a muchos gobiernos de ALC reticentes a la interferencia occidental en los asuntos internos de la región[442].

La Iniciativa de la Franja y la Ruta, creada para integrar aún más la economía china con regiones económicas clave, incluso en el mundo en desarrollo, ha vinculado aún más los intereses de China y ALC, y desde su creación en 2013 se ha convertido en la manifestación más moderna de las iniciativas diplomáticas 'Sur-Sur' de China. Pese a la diversificación de los intereses de la política exterior china bajo los gobiernos de Hu Jintao y Xi Jinping, todavía hay un enfoque significativo en la participación del Sur Global, en parte basado en la propia historia de China de identificarse a sí misma como un gran país en desarrollo y de expresar su apoyo a la reforma de las instituciones internacionales de desarrollo, financieras y ambientales[443]. Buscando desarrollar un enfoque diplomático que difiera del de Estados Unidos, incluido el énfasis en el antihegemonismo y la diplomacia de asociación, Beijing ha tratado de modernizar sus intereses diplomáticos Sur-Sur, según la idea de China como una gran potencia, pero que por lo general enfatiza la "cooperación ganar-ganar" (*shuangying hezuo*双赢合作) y el beneficio mutuo[444]. Estos intereses se han reflejado en la diplomacia de

[442] Ding, S. (2008). To Build A 'Harmonious World': China's Soft Power Wielding in the Global South. *Journal of Chinese Political Science, 13*(2), 193-213.

[443] Shambaugh, D. (2011). Coping with a Conflicted China. *Washington Quarterly, 34*(1), 7-27.

[444] Yi Zicheng (2014). Chinese Dream and Chinese Diplomacy. President Xi Jinping's Nine New Concepts of Diplomacy. En State Council Information Office of the PRC (Comp.), *Interpretation on New Philosophy Chinese Diplomacy* (pp. 92-123). China Intercontinental Press.

China con Argentina, como un caso emergente significativo de la creciente seguridad de Beijing en sí misma en sus políticas de compromiso en regiones más lejanas que el Asia-Pacífico.

Consideraciones geoestratégicas en la relación chino-argentina

A través de lazos bilaterales y multilaterales, Argentina y China se han estado acercando, especialmente a medida que los intereses económicos de los dos Estados han convergido más plenamente y Buenos Aires buscó socios financieros más diversos a raíz de las frágiles relaciones en curso con Washington. Si bien Argentina había reconocido a la República Popular en 1972, fue recién unos treinta años después que la relación comenzó a evolucionar hasta su forma actual. El creciente poderío económico de China y su continua necesidad de materias primas atrajeron la atención de Buenos Aires, especialmente porque la economía argentina luchaba con un ciclo perpetuo de crisis financieras, incluido el trauma económico que enfrentó el país durante el colapso de 1998-2002 tras las reformas de libre mercado, la caída del peso en 2018 y el shock inflacionario a principios de 2023, cuando las tasas superaron el 100% por primera vez desde la década de 1990[445].

China también ha apoyado tradicionalmente la postura argentina en la disputa de las Islas Malvinas/Falklands. Este punto fue subrayado en febrero de 2022 durante la reunión entre los presidentes Fernández y Xi que culminó con la membresía de Argentina en la IFR. La Declaración Conjunta entre los dos gobiernos incluyó la afirmación "del pleno ejercicio de la soberanía de la parte argentina en el tema de las Islas Malvinas y del reinicio de las negociaciones lo antes posible de acuerdo con las resoluciones pertinentes de las Naciones Unidas con miras a la solución pacífica de disputas" [446]. Esta declaración fue luego repetida por la Embajada de

[445] Cavallo, D. F. & Cavallo Runde, S. (2018). *Historia Económica de la Argentina,* El Ateneo, pp. 405-45; Bambaci, J., Saront, T. & Tommasi, M. (2002). The Political Economy of Economic Reforms in Argentina. *Journal of Policy Reform, 5*(2), 75-88; Elliott, L. (14 de marzo de 2023). Argentina's Inflation Rate Tops 100% For the First Time in Three Decades. *Financial Times*. Recuperado de https://www.ft.com/content/acca94f3-6bad-4832-94fc-563865d4e241; Castillo Ponce, R. A. & Lai, K. S. (2020). Sobre la crisis monetaria argentina de 2018. *Lecturas de Economía, 92,* 225-33.

[446] Government of the People's Republic of China (6 de febrero de 2022). 中华人民共和国和阿根廷共和国关于深化中阿全面战略伙伴关系的联合声明（全文） [Declaración Conjunta de la República Popular China y la República Argentina sobre la profundización de la Asociación Estratégica Integral entre China y Argentina (Texto completo)]. *Xinhua / Government of the People's Republic of China*. Recuperado de http://www.gov.cn/xinwen/2022-02/06/content_5672272.htm.

China en Londres[447]. Además de reflejar lazos más estrechos entre China y Argentina al mismo tiempo que la relación de China con el Reino Unido se estaba volviendo cada vez más gélida, entre otras cosas por la decisión de Gran Bretaña de unirse a Australia y Estados Unidos en septiembre de 2021 para crear el pacto de defensa Aukus en el Pacífico, la postura de Beijing sobre la disputa también refleja otro aspecto de la cooperación del Sur Global de China, incluido el rechazo al neocolonialismo.

El acuerdo de asociación de Argentina con China, firmado por la administración de Néstor Kirchner en 2004, tuvo lugar en un momento en que las relaciones entre Buenos Aires y los gobiernos occidentales y las instituciones financieras globales comenzaban a tambalearse. Las relaciones de Argentina con el Fondo Monetario Internacional se suspendieron temporalmente en 2006 por acusaciones de que las relaciones anteriores con la organización habían empeorado la recesión anterior en el país. Aunque el comercio argentino-estadounidense también había crecido constantemente desde el cambio de siglo, las relaciones políticas bilaterales sufrieron una variedad de reveses, y el ciclo actual de desconfianza a menudo se identifica porque Washington también es culpado por el trauma de la 'gran recesión' argentina de 1998-2002, especialmente porque la administración de George W. Bush se negó a apoyar cualquier tipo de rescate para Buenos Aires. Las medidas económicas que se adoptaron frente a esa crisis, incluida la desvinculación del peso argentino del dólar estadounidense y la posterior devaluación de la moneda, abrieron la puerta para que Beijing no sólo comprara más productos argentinos sino también que se posicionara como un "caballero blanco" para ayudar a la Argentina en su recuperación financiera. Para nada ayudó la relación particularmente fría entre la presidenta argentina Cristina Fernández de Kirchner y el gobierno de Obama, principalmente por diferencias de política económica, y sólo fue posible un deshielo cuando Mauricio Macri asumió el cargo en 2015[448]. Sin embargo, en las últimas dos décadas, pese a la diferencia de las orientaciones políticas

[447] Embassy of the People's Republic of China in the United Kingdom of Great Britain and Northern Ireland (8 de febrero de 2022). *Chinese Embassy Spokesperson's Remarks in Response to UK's Call for 'Respect for Falklands' Sovereignty'*. Recuperado de http://gb.china-embassy.gov.cn/eng/PressandMedia/Spokepersons/202202/t20220208_10639947.htm.

[448] Bernal-Meza, R. (2021). China-Argentina: A New Core-Periphery Relationship. En T. Kellner & S. Wintgens (Eds.), *China-Latin America and the Caribbean* (pp. 112-26). Routledge; Encarnación, O. G. (16 de marzo de 2016). The Argentine Thorn in Obama's Side: The Next Reset. *Foreign Affairs*. Recuperado de https://www.foreignaffairs.com/articles/argentina/2016-03-16/argentine-thorn-obamas-side; Mander, B. (22 de marzo de 2016). Obama Finds a New Friend in Argentina. *Financial Times*. Recuperado de https://www.ft.com/content/07c4000c-ef74-11e5-a609-e9f2438ee05b.

de las administraciones más recientes en Argentina, las relaciones del país con China continuaron desarrollándose a un ritmo constante.

El presidente Néstor Kirchner, tras asumir el cargo en 2003, consideró a Beijing como una forma de equilibrar las relaciones con EE.UU., y el antes mencionado acuerdo bilateral de 2004 alcanzado cuando el líder chino Hu Jintao visitó Buenos Aires resultó en varias mejoras en la relación, incluida la expansión de la cooperación comercial, la afirmación de que Argentina reconocía a China como una economía de mercado (así como que era una economía en desarrollo, lo que ayudó aún más en las interacciones de Beijing con la Organización Mundial del Comercio), y la designación de Argentina como socio estratégico chino. Aunque hubo en las administraciones más recientes en Buenos Aires bandazos hacia el proteccionismo, Beijing encontró que Argentina era un lugar prometedor tanto para mejorar el comercio como para la inversión[449]. Mientras Beijing buscaba integrarse mejor dentro de varios regímenes regionales en ALC, Buenos Aires también observaba el desarrollo del grupo BRICS de grandes economías emergentes, del cual China era un participante importante junto con el vecino de Argentina, Brasil, así como India, Rusia y, finalmente, Sudáfrica.

Los BRICS, fundados en 2009, buscaban construir una organización económica alternativa junto con nuevos grupos financieros como el New Development Bank (NDB), fundado en 2015 como una institución de crédito alternativa para las economías en desarrollo[450]. La membresía BRICS, potencialmente parte de un llamado chino-ruso para una expansión 'BRICS +', podría permitir el desarrollo de un 'polo' alternativo más abierto respecto de Occidente, incluso en asuntos financieros. Durante las reuniones del Grupo de los Veinte (G20) en Indonesia en 2022, el gobierno argentino recibió el apoyo oficial del entonces ministro de Relaciones Exteriores de China, Wang Yi, para una eventual membresía en el BRICS, a la vez que

[449] Ministry of Foreign Affairs of the People's Republic of China (2004). 阿根廷政府承认中国的市场经济地位 [El Gobierno argentino reconoce el estatus de economía de mercado de China]. Recuperado de https://www.mfa.gov.cn/web/ziliao_674904/zt_674979/ywzt_675099/zt2004_675921/hjtlatinamerica_675923/200411/t20041118_9289256.shtml; Dreyer, J. T. (2006). From China With Love: PRC Overtures in Latin America. *Brown Journal of World Affairs, 12*(2), 85-98; Oviedo, E. D. (2006). China: visión y práctica de sus llamadas 'relaciones estratégicas'. *Estudios de Asia y África, 51*(3), 385-404; Bernal-Meza, R. & Zanabria, J.M. (2020). A Goat's Cycle: Argentina and the People's Republic of China During the Kirchner and Macri Administrations (2003–2018). En R. Bernal-Meza & Li Xing (Eds.), *China-Latin America Relations in the 21st Century: The Dual Complexities of Opportunities and Challenges* (pp. 111-145). Springer Nature / Palgrave Macmillan.

[450] Heine, J. (26 de agosto de 2022). Argentina y los BRICS: ¿Puerto en una tormenta o plataforma de lanzamiento geopolítica? *Wilson Center.* Recuperado de https://www.wilsoncenter.org/blog-post/argentina-and-brics-port-storm-or-geolytic-launching-pad.

Beijing también apoyaba la membresía argentina en el NDB. En enero de 2023, los dos gobiernos también concluyeron un acuerdo de intercambio de divisas que permitiría a Buenos Aires reponer sus reservas de divisas que en ese momento se estaban agotando, pero también promover un uso más amplio del renminbi tanto en Argentina como en ALC en general, en la medida en que Beijing se tornaba más crítica hacia el dominio regional del dólar estadounidense[451].

Incluso antes de que Argentina se uniera formalmente a la IFR, se habían completado y planificado muchas iniciativas bilaterales que profundizaron la relación tanto económica como, en muchos sentidos, la estratégica entre los dos Estados. Algunas de estas iniciativas han tenido fuertes implicaciones militares. Desde 2018, la China Satellite Launch and Tracking Control General (CLTC), firma vinculada al Ejército Popular de Liberación y específicamente a la Fuerza de Apoyo Estratégico del EPL, ha operado una estación de seguimiento espacial, Espacio Lejano, en la provincia de Neuquén, en el sur de la región patagónica argentina. Pese a la disposición de que las instalaciones sean de uso civil, los críticos han expresado su preocupación acerca de que la estación podría tener beneficios de uso dual, sirviendo también a los intereses del EPL chino, así como por la falta de supervisión del gobierno argentino sobre la estación[452]. También fueron de importancia estratégica las intermitentes negociaciones para la posible compra, por el gobierno de Fernández, de aviones de combate chinos JF-17 (FC-1 *Xiaolong*) y otros materiales militares de China, que en marzo de 2023

[451] Reuters (7 de julio de 2022). Argentina Says has China's Support to Join BRICS Group. *Reuters*. Recuperado de https://www.reuters.com/world/americas/argentina-says-has-chinas-support-join-brics-group-2022-07-07/; Zabelin, D. (1 de marzo de 2023). Here's What Talks about a Common Currency for Latin America Mean for Globalization. *Foro Económico Mundial*. Recuperado de https://www.weforum.org/agenda/2023/03/what-do-talks-about-a-south-american-common-currency-say-about-globalization/; González Levaggi, A. (23 de mayo de 2022). Argentina's Embrace of China Should Be a Wake-Up Call. *Foreign Policy*. Recuperado de https://foreignpolicy.com/2022/05/23/argentina-china-us-imf-BRI-debt-economy-summit-americas/; Reuters (8 de enero de 2023). Argentina and China Formalize Currency Swap Deal. *Reuters*. https://www.reuters.com/markets/currencies/argentina-china-formalize-currency-swap-deal-2023-01-08/; Ma Jingjing (9 de enero de 2023). China, Argentina Expand Currency Swap Scale as Closer Economic Ties Boost Yuan's Use in Latin America. *Global Times*. Recuperado de https://www.globaltimes.cn/page/202301/1283483.shtml.

[452] Londoño, E. (18 de julio de 2018). From a Space Station in Argentina, China Expands Its Reach in Latin America. *The New York Times*. Recuperado de https://www.nytimes.com/2018/07/28/world/americas/ china-latin-america.html; Funaiole, M. P., Kim, D., Hart, B., & Bermudez Jr., J. S. (2 de octubre de 2022). Eyes on the Skies: China's Growing Space Footprint in South America. *Centre for Strategic and International Studies*. Recuperado de https://features.csis.org/hiddenreach/china-ground-stations-space/; Garrison, C. (31 de enero de 2019). China's Military-run Space Station in Argentina is a 'Black Box'. *Reuters*. Recuperado de https://www.reuters.com/article/us-space-argentina-china-insight-idUSKCN1PP0I2; Lu, S., Boland, B., & McElwee, L. (enero de 2023). CCP Inc. in Argentina: China's International Space Industry Engagement. *Centre for Strategic and International Studies*. Recuperado de https://www.csis.org/analysis/ccp-inc-argentina-chinas-international-space-industry-engagement.

supuestamente se estaban acercando a su materialización[453]. A fines de 2022 también surgieron informes de que China buscaba establecer una base naval en Ushuaia, en el extremo sur de Argentina. Varios sitios, incluidos Guinea Ecuatorial y Namibia, habían sido citados anteriormente como ubicaciones potenciales para las instalaciones del EPL en el Océano Atlántico, pero una base de Ushuaia también colocaría los intereses estratégicos chinos cerca de la costa de la Antártida.[454]

La Antártida y el Océano Austral circundante a menudo se han visto como un desafío de seguridad en cámara lenta, no sólo por el cambio climático sino también por el futuro status de las instituciones legales internacionales en el Polo Sur -en primer lugar, el Sistema del Tratado Antártico (STA)- que regulan las actividades políticas, económicas y de seguridad en la región. El Libro Blanco de China de 2017 sobre la Antártida expresó su apoyo al STA, que incluye restricciones a las actividades económicas en el continente[455], pero Beijing ha procurado prepararse para cuando las condiciones legales cambien potencialmente para permitir empresas más amplias, incluyendo posiblemente la extracción de recursos, así como desarrollar sectores que en el Polo Sur están permitidos, como el turismo. Argentina tiene un reclamo de tierras en la Antártida y, junto con otros gobiernos reclamantes, ha sido sensible a los intentos de China de eludir el STA, y un ejemplo de ello son los permanentes esfuerzos de Beijing para establecer una "Zona Antártica

[453] De Vedia, M. (12 de octubre de 2021). El ministro Jorge Taiana anticipó que 'dará un salto' la relación con China en materia militar. *La Nación*. Recuperado de https://www.lanacion.com.ar/politica/el-ministro -jorge-taiana-anticipo-que-dara-un-salto-la-relacion-con-china-en-materia-militar-nid21102021/; Wang, A. (16 de marzo de 2023). Argentina Revives Possibility of Chinese Fighter Jet Purchase, Renewing Beijing's Hopes for JF-17 in South America. *South China Morning Post*. Recuperado de https://www.scmp.com/news/china/diplomacy/article/3213774/argentina-revive-possibility-chinese-fighter-jet-purchase-renewing-beijings-hopes-jf-17-south.

[454] Intelligence Online (3 de noviembre de 2022). Beijing Takes Action Behind the Scenes for Control of Ushuaia Naval Base. *Intelligence Online*. Recuperado de https://www.intelligenceonline.com/international-dealmaking/2022/11/03/beijing-takes-action-behind-the-scenes-for-control-of-ushuaia-naval-base,109841359-art; Singh, A. (11 de enero de 2023). China Looks set to Build Naval Base in Argentina, a 'Gateway' to Antarctica: Reports. *WION*. Recuperado de https://www.wionews.com/world/china-looks-set-to-build-naval-base-in-argentina-a-gateway-to-antarctica-reports-551446; Murphy, D.C. (febrero de 2023). Strategic Competition for Overseas Basing in sub-Saharan Africa. *Brookings*. Recuperado de https://www.brookings.edu/research/strategic-competition-for-overseas-basing-in-sub-saharan-africa/; Phillips, M.M. (11 de febrero de 2022). US Aims to Thwart China's Plan for Atlantic Base in Africa", *Wall Street Journal*. Recuperado de https://www.wsj.com/articles/u-s-aims-to-thwart-chinas-plan-for-atlantic-base-in-africa-11644607931.

[455] State Oceanic Administration of the People's Republic of China (22 de mayo de 2017). 中国的南极事 [Actividades antárticas de China]. Recuperado de http://www.gov.cn/xinwen/2017-05/23/content_5196076.htm; Liu, N. (2019). The Rise of China and the Antarctic Treaty System? *Australian Journal of Maritime and Ocean Affairs, 11*(2), 120-31; Lanteigne, M. (24 de abril de 2018). Interlude: The Arctic's Mirror Image? Juggling Politics and Climate Change in Antarctica. *Over the Circle*. Recuperado de https://overthecircle.com/2018/04/24/interlude-the-arctics-mirror-image-juggling-politics-and-climate-change-in-antarctica/.

Especialmente Administrada" (ASMA en sus siglas en inglés) alrededor de una de sus instalaciones científicas antárticas, la estación Kunlun, para, según las autoridades chinas, garantizar la protección ambiental de la zona. Una ASMA puede estar legalmente permitida bajo el Sistema de Tratados[456], pero esta solicitud fue considerablemente observada por Buenos Aires y otros actores importantes del STA, por la preocupación de que la propuesta represente un intento de China de eludir tácitamente el Sistema de Tratados mediante el establecimiento 'de facto' de una cabeza de playa soberana[457].

Desde un punto de vista económico Argentina también estaba buscando, antes de la pandemia, ser un punto de partida para más turistas chinos que buscaban visitar la Antártida, con la esperanza de que, a través de diálogos bilaterales, los visitantes combinarían sus visitas al Polo Sur con recorridos también por sitios argentinos. Para 2019, China se había convertido en el segundo mercado turístico más grande de la Antártida después de los EE.UU., y existe el interrogante de cómo afectarán los números futuros el cierre de la pandemia y sus consecuencias[458].

Si bien China ha tratado de evitar cualquier apariencia de desafío directo a los estándares y normas legales en la Antártida, el país ha sido sensible al "comportamiento de monopolio" entre las naciones reclamantes y otros actores importantes dentro del STA, incluido Estados Unidos[459], y ha buscado políticas para garantizar que sus intereses económicos y estratégicos allí se mantienen y potencialmente se expanden, siendo Argentina un factor importante en estos cálculos.

Otros acuerdos económicos entre China y Argentina, algunos de los cuales se han relacionado con la IFR, tuvieron resultados menos definidos. Estos incluyen la incierta participación china en los proyectos de oleoduc-

---

[456] Chen, J. & Liu, N. (2021). China y el Protocolo de Madrid: pasado, presente y futuro. *Asuntos antárticos, 8*, 53-61. El Anexo V, Artículo 4.1 del Protocolo de Madrid de 1991, dentro del ATS, establece: "*Cualquier área, incluyendo cualquier área marina, donde se estén realizando actividades o se puedan realizar en el futuro, podrá ser designada como Área Antártica Especialmente Administrada para asistir en la planificación y coordinación de actividades, evitar posibles conflictos, mejorar la cooperación entre las Partes o minimizar los impactos ambientales*".

[457] Chen, S. (29 de abril de 2019). Are China and the US Jostling for Position at the Highest Point in Antarctica? *South China Morning Post*; Liu, N. (11 de julio de 2019). The Heights of China's Ambition in Antarctica. *The Interpreter*. Recuperado de https://www.lowyinstitute.org/the-interpreter/heights-china-s-ambition-antarctica.

[458] Entrevistas del autor con funcionarios de la Embajada de la República Popular China en Argentina, Buenos Aires, abril de 2018; Yang Feiyue (12 de enero de 2019). Chinese Tourists Take to Antarctica in a Big Way. *China Daily*. Recuperado de http://www.chinadaily.com.cn/a/201901/12/WS5c395cb3a3106c65c34e4092.html.

[459] Deng Beixi & Zhang Xia (2021). 南极事务 "垄断" 格局：形成、实证与对策 [Bloque monopólico en asuntos antárticos: formación, análisis empírico y contramedidas de China], 《太平洋学报》 [*Pacific Journal*], *29*(7), 79-92.

tos y gasoductos de Vaca Muerta planificados desde hace mucho tiempo en la cuenca de Neuquén (en 2020la compañía energética china Sinopec dejó la empresa), la construcción de la planta de energía nuclear Atucha III, utilizando un reactor de agua ligera chino Hualong One (华龙一号) , las mejoras a la red ferroviaria de Argentina y los proyectos de represas de Santa Cruz respaldados por China, que con frecuencia se han estancado[460]. La pesca también ha sido un punto delicado entre los dos países, ya que los informes sugieren que los barcos chinos han pescado ilegalmente en aguas argentinas durante la última década, lo que culminó en un incidente diplomático en marzo de 2016 cuando un arrastrero mercante chino, el Lu Yan Yuan Yu-10 (鲁烟远渔010号) fue hundido por la Guardia Costera argentina (sin bajas), luego de ser rastreado dentro de la zona económica exclusiva de Argentina[461]. Las actividades de pesca ilegal siguen siendo una complicación en la relación entre China y Argentina, pero no se ha demostrado que sean un impedimento significativo para una mayor cooperación bilateral.

Aunque el estado de los vínculos económicos entre Argentina y China ha tenido un historial sinuoso, los dos Estados continúan manteniendo una relación cercana, que ha sido un escaparate para la actual diplomacia de Beijing hacia ALC. El comercio bilateral en general continúa creciendo, alcanzando en 2022 US$ 21.000 millones, siendo China el mayor socio comercial de Argentina después de Brasil. A principios de 2023 también se informó que durante el período 2008-21 Argentina fue uno de los principales beneficiarios de los fondos de rescate de la IFR, por un total de aproximadamente US$ 112.000 millones[462]. Además, a medida que China busca cabezas de puente económi-

[460] Giusto, P. & Harán, J. M. (28 de febrero de 2023). Argentina's Failed China Policy. *The Diplomat*, Recuperado de https://thediplomat.com/2023/02/argentinas-failed-china-policy/; Stott, M. (3 de junio de 2022) Global Energy Upheaval Offers Argentina's 'Dead Cow' a New Lease of Life. *Financial Times*. Recuperado de https://www.ft.com/content/e8c4b618-0093-4bc1- ade5-81bd4bf1cbb0; Bernhard, I. (14 de diciembre de 2022). Why Argentina's Nuclear Power Project with China Has Stalled. *The Diplomat*. Recuperado de https://thediplomat.com/2022/12/why-argentinas-nuclear-power-project-with-china-has-stalled/.

[461] Lew, L. (5 de junio de 2016). Chinese Boats Caught Up in Suspicions of Illegal Fishing in Argentina's Waters. *South China Morning Post*. Recuperado de https://www.scmp.com/news/china/diplomacy/article/3136138/chinese-boats-caught-suspicions-illegal-fishing-argentinas; Sohu (2016). 阿根廷海警击沉中国渔船 '鲁烟远渔010号'. [Guardacostas argentinos hunden pesquero chino 'Lu Yanyuan Fishing No. 010']. *Sohu.com*. Recuperado de https://www. sohu.com/a/63962853_106413.

[462] Ministry of Foreign Affairs of the People's Republic of China (febrero de 2023). 中国同阿根廷的关系 [Relaciones entre China y Argentina]. Recuperado de https://www.mfa.gov.cn/web/gjhdq_676201/gj_676203/nmz_680924/1206_680926/sbgx_680930/; Horn, S., Parks, B. C., Reinhart, C. M., & Trebesch, C. (marzo de 2023). China as an International Lender of Last Resort. *AidData*, Documento de trabajo 124. Recuperado de https://www.aiddata.org/publications/china-as-an-international-lender-of-last-resort; Savage, R. (28 de marzo de 2023). China Spent $240 Billion Bailing Out 'Belt and Road' Countries-Study. *Reuters*. Recuperado de https://www.reuters.com/markets/china-spent-240-bln-bailing-out-belt-road-countries-study-2023-03-27/.

cas más fuertes en el hemisferio occidental las implicancias estratégicas de esta asociación también se han vuelto más visibles. Participando en diversas formas de diplomacia económica a través de vínculos 'Sur-Sur', China se ha establecido con éxito como un socio clave y una alternativa a los Estados Unidos en Argentina y en otras partes de América Latina. Sin embargo, a medida que en muchas partes del mundo cambian las prioridades económicas, es evidente que los sectores de materias primas se perfilan como un escenario importante para la cooperación del Sur Global de China con ALC.

Diplomacia de recursos en marcha

Desde la apertura de China a fines de la década de 1970 y especialmente desde el período de 'reforma profunda' en el decenio de 1990, el país ha requerido fuentes externas de materias primas para respaldar su expansión económica, incluido el crecimiento de una clase media china y el viraje de concentrarse en la fabricación para la exportación a hacerlo hacia los sectores terciario y de alta tecnología. Las economías de América Latina y el Caribe han sido clave para estos intereses, como lo demuestra la rápida inclusión de la región dentro de la IFR y el crecimiento general del comercio entre China y ALC, que totalizaba US$ 12.000 millones en 2000 y aumentó a más de US$ 350.000 millones hacia 2020, con estimaciones que sugieren que la cifra podría alcanzar los US$ 700.000 millones ya en 2035[463] superando con creces el comercio de ALC con los Estados Unidos.

Las materias primas, los productos alimenticios y la energía han definido gran parte de esta relación comercial, y Argentina ha sido un actor principal de la diplomacia de recursos china tanto antes como después de la pandemia mundial, cuando China buscó reabrir su economía después de tres años de casi aislamiento. Además de esos desafíos económicos, China ha tenido que lidiar con los intentos encabezados por EE.UU. de frenar el acceso al mercado chino en 2018 tras el inicio de la "guerra comercial" bilateral[464], una situación que colocó a Argentina en una posición aún más difícil, tratando de maniobrar entre Estados Unidos y los vínculos comerciales chinos, además de lidiar con sus traumas financieros internos.

[463] Zhang, P. & Lacerda Prazeres, T. (17 de junio de 2021). China's Trade with Latin America is Bound to Keep Growing. Here's Why that Matters. *World Economic Forum*. Recuperado de https://www.weforum.org/agenda/2021/06/china-trade-latin-america-caribbean/.

[464] Bown, C. P. & Wang, Y (2023). "Five Years into the Trade War, China Continues its Slow Decoupling from US Exports", *Peterson Institute for International Economics*, 16-03-2023. Recuperado de https://www.piie.com/blogs/realtime-economics/five-years-trade-war-china-continues-its-slow-decoupling-us-exports.

La carne vacuna y los productos agrícolas han sido el pilar de las relaciones comerciales entre China y Argentina, y Beijing espera aumentar aún más las importaciones a pesar de algunas complicaciones, incluida una controvertida decisión argentina en 2021 de implementar un impuesto a la exportación de carne de res para ayudar a mantener bajos los precios locales[465]. Un ejemplo notable de cómo Argentina ha influido en los conflictos comerciales chino-estadounidenses es el sector de la soja argentina, que incluye porotos y subproductos como harina de soja, biodiesel y aceite de soja, y que ha dominado el comercio chino-argentino. En julio de 2018, en represalia por una serie de aranceles sobre productos chinos implementados por la administración Trump, Beijing anunció un arancel del 25% sobre la soja estadounidense y comenzó a buscar proveedores alternativos. China sigue dependiendo en gran medida de las importaciones de productos de soja para satisfacer la demanda interna, habiendo llamado anteriormente a aumentar los cultivos propios y mejorar el control de las condiciones del mercado externo[466]. Argentina, un importante exportador de soja, pronto fue considerada, junto con Australia y Brasil, una posible fuente complementaria.

Incluso antes de que comenzara la guerra comercial, China había estado considerando la soja argentina para satisfacer la demanda local, y ese interés a menudo se extendió a disputas comerciales bilaterales. En 2010, en apariencia por motivos sanitarios, Beijing impuso una prohibición temporal a las importaciones de aceite de soja argentino como una posible respuesta a los intentos del gobierno de Cristina Fernández de Kirchner de prohibir las importaciones de calzado y textiles chinos. Cuando Macri asumió la presidencia en 2015, sus intentos iniciales de reducir la cooperación económica con Beijing tuvieron como resultado que China redujera a corto plazo sus importaciones de soja. Beijing también ha buscado alentar a Argentina a diversificar los tipos de soja cultivados, ya que muchos de los principales

[465] Entrevistas del autor con funcionarios de la Embajada de la República Popular China en Argentina, Buenos Aires, abril de 2018; Gillespie, P. (3 de enero de 2022). Argentina Extends Export Ban on Popular Beef Cuts to Tame Local Prices. *Bloomberg*. Recuperado de https://www.bloomberg.com/news/articles/2022-01-03/export-ban-on-popular-argentine-beef-cuts-extended-for-two-years.

[466] Baryshpolets, A., Devadoss, S., & Sabala, E. (28 de abril de 2022). Consequences of Chinese tariff and US MFP payments on world soybean-complex markets. *Journal of the Agricultural and Applies Economics Association*. Recuperado de https://onlinelibrary.wiley.com/ doi/completo/10.1002/jaa2.12; Hu, X., Zhang, Y., & Kevin, C. (2021). 中国大豆产业应对国际风险因素的对策模拟研究 [Un estudio de simulación de contramedidas para que la industria de la soja de China haga frente a los riesgos internacionales] 《华中农业大学学报（社会科学版）》 [*Journal of Huazhong Agricultural University (Social Sciences Edition)*] *156*(6), 35-43; Wu Jianzhai; Hu Jiaxuan; Xing Li Wei; Shen Chen; Chi Liang; Zhang Jing & Liu Jifang (2023). 中国与主要大豆进口来源国价格关联和政策应对 [Dependencia espacial del precio de la soja y respuestas políticas entre China y los principales países importadores de soja] 《中国农业大学学报》 [*Journal of China Agricultural University*], *28*(4), 227-237.

cultivos del país no eran aptos para la producción de aceites vendidos en China[467]. Al fracturarse después de la pandemia y la guerra comercial las cadenas de suministro tradicionales, Beijing está tratando de garantizar su acceso a los productos básicos necesarios; teniendo en cuenta las presiones de los Estados Unidos, en el sector agrícola China se ha vuelto más directamente hacia el Sur Global, incluida ALC, para satisfacer sus necesidades de importación en un entorno global más competitivo.

Otro caso ejemplificador del desarrollo bilateral de recursos ha sido la omnipresencia de China en la extracción y el procesamiento de litio, en la medida en que crece la demanda de ese elemento para baterías (de iones de litio), así como para componentes electrónicos y ópticos y otras aplicaciones de tecnología verde, pero también para armas nucleares. Como se señaló anteriormente, el litio ha sido identificado como un material estratégico y con el aumento de la demanda de baterías de iones de litio China ha dominado el mercado. Una empresa con sede en Fujian, Contemporary Amperex Technology Co. Limited, o CATL (conocida localmente como Ningde Shidai 宁德时代), es el fabricante de baterías más grande del mundo y, aunque la empresa está buscando productos alternativos, como las más viables baterías de iones de sodio, el litio sigue teniendo una gran demanda para las industrias de baterías chinas, incluidos los vehículos eléctricos[468]. A medida que aumentaron las ventas de vehículos eléctricos, varios países recurrieron, para realizar inversiones, a la región del 'triángulo de litio' (Argentina, Bolivia y Chile, que en conjunto albergan la mitad de los suministros mundiales de litio conocidos). La creciente demanda de litio llevó al gobierno chileno del presidente Gabriel Boric, a anunciar la nacionalización de la industria en mayo de 2023, en contraste con el enfoque más orientado al mercado favorecido por Buenos Aires.[469] China ha identificado el acceso a los suministros de litio en América del Sur -y en otras regiones clave como África- como esencial para mantener

---

[467] Entrevistas del autor con funcionarios de la Embajada de la República Popular China en Argentina, Buenos Aires, abril de 2018; Maciel, C. (13 de julio de 2018). La guerra comercial entre EE. UU. y China puede beneficiar a la soja brasileña. *Agência Brasil*; Larmer, B. (30 de enero de 2019). What Soybean Politics Tell Us About Argentina and China. *The New York Times*. Recuperado de https://www.nytimes.com/2019/01/30/magazine/what-soybean-politics-tell-us-about-argentina-and-china.html; Luque, J. (2019). Chinese Foreign Direct Investment and Argentina: Unraveling the Path. *Journal of Chinese Political Science, 24*, 605-622.

[468] Wang, D. (2023). China's Hidden Tech Revolution: How Beijing Threatens U.S. Dominance. *Foreign Affairs, 102* (2), 65-77; Nikkei Asia (3 de abril de 2023). China Leads Global Battery Patent Race for Post-Lithium-Ion Era. *Nikkei Asia*. Recuperado de https://asia.nikkei.com/Business/China-tech/China-leads-global-battery-patent-race-for-post-lithium-ion-era.

[469] Vásquez, P. I. (enero de 2023). Lithium Production in Chile and Argentina: Inverted Roles. *Wilson Center*. Recuperado de https://www.wilsoncenter.org/sites/default/files/media/uploads/documents/Lithium%20 Production%20 in%20 Chile%20 and%20Argentina_ Inverted%20 Roles_JAN% 202023.pdf; De la Fuente, A. (21 de abril de 2023). Gabriel Boric lanza su nueva política del litio con una apuesta por el control estatal: 'No más

su propia posición dominante en el mercado y desarrollar una gama más amplia de innovaciones tecnológicas ecológicas, de acuerdo con los llamados de Beijing, incluido el del presidente Xi durante el 20° Congreso Nacional del gobierno de octubre de 2022, en el que consolidó su tercer mandato, en favor de alternativas bajas en carbono a los combustibles fósiles[470].

Para 2022, China se había convertido en el mayor mercado para el carbonato de litio argentino, y las empresas chinas buscaban mayores oportunidades de inversión en ese sector. Estados Unidos, que solo tiene alrededor del 4% de las reservas mundiales de litio, ha expresado su preocupación por el dominio de China en los mercados de baterías de litio y vehículos eléctricos, especialmente porque en los próximos años la demanda de ellos se ampliará aún más en los Estados Unidos y Europa. Los gobiernos occidentales están preocupados por un eventual cuasi monopolio de China en el mercado del litio, y EE.UU. bajo la administración de Biden pide mejoras en los suministros estadounidenses por razones estratégicas[471], al tiempo que el propio Beijing está atento a cualquier intento externo de erosionar por la fuerza el acceso chino en el sector. Como afirmaba un documento de 2022, el consumo de litio dentro de China es vulnerable a los shocks de suministro y a la generalizada tendencia hacia la "antiglobalización" (逆全球化/*niquanqiuhua*), por lo que el acceso a los suministros debe entenderse no solo en relación con el crecimiento económico sino también como una preocupación de seguridad[472].

---

una minería para unos pocos'. *El País*. Recuperado de https://elpais.com/chile/2023-04-21/gabriel-boric-lanza-su-nueva-politica-del-litio-con-una-apuesta-por-el-control-estatal-no-mas-una-mineria-para-unos-pocos.html.

[470] Graham, T. (17 de octubre de 2022). ¿Can South America Take Advantage of the Lithium Boom? *Foreign Policy*. Recuperado de https://foreignpolicy.com/2022/10/17/lithium-triangle-mining-prices-electric-batteries-south-america-economy/; Tang Yao (2014). 阿根廷锂开发利用及我国未来锂资源发展策略建议 [Estado de utilización y desarrollo de los recursos de litio de Argentina y recomendaciones para la futura estrategia de desarrollo de recursos de litio de China], 《国土资源情报》[*Land and Resources Information*], 44-8; González Jáuregui, J. (22 de diciembre de 2021).How Argentina Pushed Chinese Investors to Help Revitalize Its Energy Grid. *Carnegie Endowment for International Peace*. Recuperado de https://carnegieendowment.org/2021/12/22/how-argentina-pushed-chinese-investors-to-help-revitalize-its-energy-grid-pub-86062; Dempsey, H. & Cotterill, J. (3 de abril de 2023). How China is Winning the Race for Africa's Lithium. *Financial Times*. Recuperado de https://www.ft.com/content/02d6f35d-e646-40f7-894c-ffcc6acd9b25; Xi Jinping (16 de octubre de 2022). *Mantener en alto la gran bandera del socialismo con peculiaridades chinas y luchar en unidad para construir una democracia moderna en todos los aspectos. Informe al 20° Congreso Nacional del Partido Comunista de China*. Foreign Languages Press, pp. 67-70.

[471] Katwala, A. (30 de junio de 2022). The World Can't Wean Itself Off Chinese Lithium. *Wired*. Recuperado de https://www.wired.com/story/china-lithium-mining-production/; S&P Global (28 de Febrero de 2023). US Lithium-ion Battery Imports, Mostly from China, Skyrocket in 2022. *S&P Global*. Recuperado de https://www.spglobal.com/marketintelligence/en/news-insights/latest-news-headlines/us-lithium-ion-battery-imports-mostly-from-china-skyrocket-in-2022-74474788.

[472] Liao Qiumin & Sun Minghao (2022). 全球化" 背景下中国锂资源供应安全评 [Evaluación de la seguridad del suministro de recursos de litio en China en el contexto de la 'antiglobalización'] 《矿业研究与开发》[*Mining Research and Development*], *4*, 179-86.

Aunque a principios de 2023 surgió el desafío de que China era aparentemente víctima de sus propios éxitos en el mercado del litio -porque las tensiones económicas -a medida que el país emergía de sus bloqueos por la política de Covid-cero frenaron las ventas de vehículos eléctricos dentro de China, y eso a su vez ejerció presiones a la baja sobre el precio global del litio[473]-, este caso es otra efectiva ilustración de cómo Argentina está teniendo en cuenta las estrategias de diversificación económica de China en el Sur Global.

Conclusiones: nuevos Caminos de la Plata

A medida que el Sur Global continúa emergiendo como un actor político y socioeconómico en el discurso internacional, China, bajo el gobierno de Xi, ha buscado ampliar y profundizar su presencia en las regiones en desarrollo enfocando sus asociaciones de modo integral. Usando formas tradicionales de solidaridad 'Sur-Sur', incluida la oposición al colonialismo y la hegemonía, que se remontan a la guerra fría, en combinación con enfoques más nuevos que reflejan el poder internacional moderno de Beijing, China trata de posicionarse en muchas partes del mundo como una alternativa a los Estados Unidos y Occidente. La cooperación económica ha sido esencial para estas políticas, como se refleja en la Iniciativa de la Franja y la Ruta, ya que Beijing busca nuevos mercados y las fuentes necesarias de materias primas, al mismo tiempo que intenta en muchas formas evitar la contención, en la medida en que las relaciones con Washington se han deteriorado durante la última década. Presentando varias versiones de "cooperación ganar-ganar" (合作共赢/*hezuo gongying*) para alcanzar la prosperidad conjunta, Beijing también ha promovido la idea de la ganancia mutua para quienes se asocien con China, no solo respecto al aumento del comercio sino también a los beneficios diplomáticos de alinearse con los intereses chinos.

Las regiones de América Latina y el Caribe han sido un crucial caso testigo para la diplomacia Sur-Sur de China, dada la falta de experiencia diplomática de Beijing en esa parte del mundo en comparación con otras áreas en desarrollo, y la presencia de los Estados Unidos como poderoso e influyente gran vecino de ALC. El resurgimiento pospandémico de Beijing y los esfuerzos por reactivar varias áreas de comercio e inversión interregionales

[473] Lee, A. (6 de abril de 2023). China's Lithium Hub Cuts Back Production After Price Collapse. *Bloomberg*. Recuperado de https://www.bloomberg.com/news/articles/2023-04-06/china-s-lithium-hub-cuts-back-production-after-price-collapse.

afectarán a muchas áreas del Sur Global que también buscaban alejarse del trauma de las crisis del coronavirus. Argentina fue y seguirá siendo, en varios sentidos, un notable caso testigo de la diplomacia integral Sur-Sur de China.

En primer lugar, Beijing seguirá buscando un equilibrio con la potencia estadounidense en la región de ALC, como medio para evitar la contención económica y estratégica, pero también para consolidar aún más su naciente status de potencia global. Esto puede llevar a que Argentina y sus vecinos se vean obligados a tomar decisiones más precisas sobre el alineamiento entre China y Occidente. La región del Cono Sur también influye en los intereses de China en el Océano Austral y la Antártida, que debido al cambio climático también pueden convertirse en un escenario de competencia directa entre potencias.

En segundo lugar, Beijing buscará impulsar la Franja y la Ruta donde sea posible, después de los años de estancamiento -y en algunos casos reversiones- de la pandemia, y aún podrían surgir numerosas iniciativas chino-argentinas bajo los auspicios de la IFR a medida que Beijing busca profundizar sus inversiones en América Latina.

En tercer lugar, pese a las inciertas previsiones económicas para China en el período post Covid-cero, y a un proceso desalentador de mayor desarrollo del comercio en un mercado global cada vez más propenso al pensamiento proteccionista, la economía china seguirá necesitando una fuente constante y confiable de materias primas para satisfacer sus necesidades inmediatas (como la agricultura y los productos alimentarios), pero también seguirá con la mirada puesta en las tecnologías emergentes, como lo mostró la "diplomacia del litio" de China en Argentina.

También está la cuestión de si Buenos Aires y otras economías de ALC, dada su propia precaria situación económica en la pos-pandemia, verán a China como un salvavidas aún más necesario. Mientras la administración de Alberto Fernández debe concluir en octubre de 2023, la economía argentina enfrenta la renovada amenaza de deudas impagables, tasas de inflación que alcanzaban los tres dígitos, estrés por el cambio climático y elevados niveles de pobreza[474]. Las inciertas respuestas estadounidenses y europeas a estas tribulaciones pueden abrir nuevos caminos para el compromiso de China con Argentina y ALC en general.

---

[474] Guzmán, J. A. (16 de enero de 2023). China's Latin American Power Play. *Foreign Affairs*. Recuperado de https://www.foreignaffairs.com/central-america-caribbean/chinas-latin-american-power-play; Gillespie, P. (6 de abril de 2023). Why Argentina's Inflation Is Up Over 100% Again. *Washington Post*. Recuperado de https://www.washingtonpost.com/business/2023/04/06/why-70-inflation-is-just-one-of-argentina-s-problems-quicktake/0d56242a-d499-11ed-ac8b-cd7da05168e9_story.html.

La resurrección por China de la cooperación económica de la "Ruta de la Plata", tanto a través de la IFR como mediante esfuerzos bilaterales, en Argentina y sus vecinos, refleja tanto el interés de Beijing en la diplomacia económica como la promoción de una cooperación percibida como de 'ganar-ganar' mediante el comercio; pero también la creciente influencia de China en la economía global a medida que completa su transición de gran potencia a potencia global. Las relaciones de China con Argentina y con toda la región ALC deben, entonces, ser estudiadas como una nueva faceta de las relaciones internacionales Sur-Sur de China, con la economía en primer plano, pero también como medio para definir las identidades y parámetros del Sur Global como parte de un sistema internacional potencialmente más fragmentado y complejo.

Referencias

Assefa, A. (2020). Capitalist Terminal Crisis and the Rise of China: Global South Relations in Perspective. *African and Asian Studies 19*(1-2), 11-32. DOI: https://doi.org/10.1163/15692108-12341444.

Bambaci, J., Saront, T., & Tommasi, M. (2002). The Political Economy of Economic Reforms in Argentina. *Journal of Policy Reform* 5(2), 75-88.

Baryshpolets, A., Devadoss, S., & Sabala, E. (28 de abril de 2022). Consequences of Chinese tariff and US MFP payments on world soybean-complex markets. *Journal of the Agricultural and Applies Economics Association*. Recuperado de https://onlinelibrary.wiley.com/ doi/completo/10.1002/jaa2.12.

Bergamaschi, I. & Tickner, A. B. (2017). Introduction: South-South Cooperation Beyond the Myths- A Critical Analysis. En I. Bergamaschi, P. Moore, & A. B. Tickner (Ed.), *South-South Cooperation Beyond the Myths: Rising Donors, New Aid Practices?* (pp. 1-27). Palgrave MacMillan.

Bernal-Meza, R. & Zanabria, J. M. (2020). A Goat's Cycle: Argentina and the People's Republic of China During the Kirchner and Macri Administrations (2003–2018). En R. Bernal-Meza & Li Xing (Eds.), *China-Latin America Relations in the 21st Century: The Dual Complexities of Opportunities and Challenges* (pp. 111-145). Springer Nature/Palgrave Macmillan.

Bernal-Meza, R. (2021). China-Argentina: A New Core-Periphery Relationship. En T. Kellner & S. Wintgens (Eds.), *China-Latin America and the Caribbean* (pp. 112-26). Routledge.

Bernhard, I. (14 de diciembre de 2022). Why Argentina's Nuclear Power Project with China Has Stalled. *The Diplomat*. Recuperado de https://thediplomat.com/2022/12/why-argentinas-nuclear-power-project-with-china-has-stalled/.

Binetti, B. (17 de febrero de 2022). ¿Qué significa ser parte de la Franja y la Ruta de China? *La Nación*. Recuperado de https://www.lanacion.com.ar/opinion/que-significa-ser-parte-de-la-franja-y-la-ruta-de-china-nid17022022/.

Blanchard, B. & Palencia, G. (23 de marzo de 2023). End to Taiwan Ties Nears as Honduras Foreign Minister Goes to China. *Reuters*. Recuperado de https://www.reuters.com/world/taiwan-says-chinas-involvement-honduras-is-very-obvious-2023-03-23/.

Bown, C. P. & Wang, Y. (2023). "Five Years into the Trade War, China Continues its Slow Decoupling from US Exports". *Peterson Institute for International Economics*, 16-03-2023. Recuperado de https://www.piie.com/blogs/realtime-economics/five-years-trade-war-china-continues-its-slow-decoupling-us-exports.

Buenos Aires Times (9 de junio de 2022). Before Biden, Fernández Slams Move to 'Exclude' Nations from Key Summit. *Buenos Aires Times*. Recuperado de https://www.batimes.com.ar/news/argentina/before-biden-fernandez-slams-move-to-exclude-nations-from-key-summit.phtml.

Castillo-Ponce, R. A. & Lai, K. S. (2020). "Sobre la crisis monetaria argentina de 2018", *Lecturas de Economía, 92*, 225-233.

Cavallo, D. F. & Cavallo Runde, S. (2018). *Historia Económica de la Argentina*. El Ateneo.

Chen, J. & Liu, N. (2021). China y el Protocolo de Madrid: pasado, presente y futuro. *Asuntos antárticos, 8*, 53-61.

Chen, S. (29 de abril de 2019). Are China and the US Jostling for Position at the Highest Point in Antarctica? *South China Morning Post*.

Contractor, F. J. (3 de diciembre de 2019). Currency Manipulation and Why Trump is Picking on Brazil and Argentina. *The Conversation*. Recuperado de https://theconversation.com/currency-manipulation-and-why-trump-is-picking-on-brazil-and-argentina-128210.

Council of the European Union (15 de marzo de 2023). *Negotiation of the EU-Mercosur Association Agreement and Agricultural Implications*, 7465/23. Recuperado de https://data.consilium.europa.eu/doc/document/ST-7465-2023-INIT/en/pdf.

De la Fuente, A. (21 de abril de 2023). Gabriel Boric lanza su nueva política del litio con una apuesta por el control estatal: 'No más una minería para unos pocos'. *El País*. Recuperado de https://elpais.com/chile/2023-04-21/gabriel-boric-lanza-su-nueva-politica-del-litio-con-una-apuesta-por-el-control-estatal-no-mas-una-mineria-para-unos-pocos.html.

De Vedia, M. (12 de octubre de 2021). El ministro Jorge Taiana anticipó que 'dará un salto' la relación con China en materia militar. *La Nación*. Recuperado de https://www.lanacion.com.ar/politica/el-ministro-jorge-taiana-anticipo-que-dara-un-salto-la-relacion-con-china-en-materia-militar-nid21102021/

Dean, A. (2020). *China and the End of Global Silver, 1873-1937*. Cornell University Press.

Dempsey, H. & Cotterill, J. (3 de abril de 2023). How China is Winning the Race for Africa's Lithium. *Financial Times*. Recuperado de https://www.ft.com/content/02d6f35d-e646-40f7-894c-ffcc6acd9b25.

Deng Beixi & Zhang Xia (2021). 南极事务 "垄断" 格局：形成、实证与对策 [Bloque monopólico en asuntos antárticos: formación, análisis empírico y contramedidas de China], 《太平洋学报》 [*Pacific Journal*], *29*(7), 79-92.

DeYoung, K. (27 de enero de 2023). US to Launch Talks on Partnership with 11 Western Hemisphere Nations. *Washington Post*. Recuperado de https://www.washingtonpost.com/us-policy/2023/01/27/biden-latin-america-economic-cooperation/.

Ding, S. (2008). To Build A 'Harmonious World': China's Soft Power Wielding in the Global South. *Journal of Chinese Political Science, 13*(2), 193-213.

Dreyer, J. T. (2006). From China With Love: PRC Overtures in Latin America. *Brown Journal of World Affairs, 12*(2), 85-98.

Econom, E. C. & Levi, M. (2014). *By All Means Necessary: How China's Resource Quest is Changing the World.* Oxford University Press.

Elliott, L. (14 de marzo de 2023). Argentina's Inflation Rate Tops 100% For the First Time in Three Decade. *Financial Times*. Recuperado de https://www.ft.com/content/acca94f3-6bad-4832-94fc-563865d4e241.

Embassy of the People's Republic of China in the United Kingdom of Great Britain and Northern Ireland (8 de febrero de 2022). *Chinese Embassy Spokesperson's Remarks in Response to UK's Call for 'Respect for Falklands' Sovereignty'*. Recuperado de http://gb.china-embassy.gov.cn/eng/PressandMedia/Spokepersons/202202/t20220208_10639947.htm.

Encarnación, O. G. (16 de marzo de 2016). The Argentine Thorn in Obama's Side: The Next Reset. *Foreign Affairs*. Recuperado de https://www.foreignaffairs.com/articles/argentina/2016-03-16/argentine-thorn-obamas-side.

Entrevistas del autor con funcionarios de la Embajada de la República Popular China en Argentina, Buenos Aires, abril de 2018.

Erikson, D. & Chen, J. (2007). China, Taiwan, and the Battle for Latin America. *Fletcher Forum of World Affairs, 31*(2), 69-89

Evan Ellis, R. (2009). *China in Latin America: The Whats and Wherefores*. Lynne Reinner.

Flynn, D. O. & Giráldez, A. (1995). orn with a 'Silver Spoon': The Origin of World Trade in 1571. *Journal of World History, 6*(2), 201-221.

Foro China-CELAC (5 de febrero de 2016). China-LAC Overall Cooperation Pushes Ahead on a Great Journey- Zhu Qingqiao. *Foro China-CELAC*. Recuperado de http://www.chinacelacforum.org/eng/zgtlgtgx_1/201602/t20160205_6568775.htm.

Fukuda, M (16 de marzo de 2023). New Strategies of China Regarding the 'One-China' Principle. *Sasakawa Peace Foundation*. Recuperado de https://www.spf.org/japan-us-taiwan-research/en/article/fukuda_01.html.

Funaiole, M. P., Kim, D., Hart, B., & Bermudez Jr., J. S. (2 de octubre de 2022). Eyes on the Skies: China's Growing Space Footprint in South America. *Centre for Strategic and International Studies*. Recuperado de https://features.csis.org/hiddenreach/china-ground-stations-space/

Gallagher, K.P. (2016). *The China Triangle: Latin America's China Boom and the Fare of the Washington Consensus*. Oxford University Press.

Gámez Torres, N. (27 de enero de 2023). New Economic Alliance is Open to CARICOM and Brazil, US Official Says. *Miami Herald*. Recuperado de https://www.miamiherald.com/news/nation-world/world/americas/article271746372.html.

Garrison, C. (31 de enero de 2019). China's Military-run Space Station in Argentina is a 'Black Box'. *Reuters*. Recuperado de https://www.reuters.com/article/us-space-argentina-china-insight-idUSKCN1PP0I2.

Gillespie, P. (3 de enero de 2022). Argentina Extends Export Ban on Popular Beef Cuts to Tame Local Prices. *Bloomberg*. Recuperado de https://www.bloomberg.

com/news/articles/2022-01-03/export-ban-on-popular-argentine-beef-cuts-extended-for-two-years.

Gillespie, P. (6 de abril de 2023). Why Argentina's Inflation Is Up Over 100% Again. *Washington Post*. Recuperado de https://www.washingtonpost.com/business/2023/04/06/why-70-inflation-is-just-one-of-argentina-s-problems-quick-take/0d56242a-d499-11ed-ac8b-cd7da05168e9_story.html.

Giusto, P. & Harán, J. M. (16 de mayo de 2022). Taiwán lucha por su supervivencia diplomática en América Latina. *The Diplomat*. Recuperado de https://thediplomat.com/2022/05/taiwan-fights-for-its-diplomatic-survival-in-latin-america/

Giusto, P. & Harán, J. M. (28 de febrero de 2023). Argentina's Failed China Policy. *The Diplomat*. Recuperado de https://thediplomat.com/2023/02/argentinas-failed-china-policy/

Goñi, U. (1 de octubre de 2014) Argentina President Claims US Plot to Oust Her. *The Guardian*. Recuperado de https://www.theguardian.com/world/2014/oct/01/argentina-president-claims-us-plot.

González Jáuregui, J. (22 de diciembre de 2021).How Argentina Pushed Chinese Investors to Help Revitalize Its Energy Grid. *Carnegie Endowment for International Peace*. Recuperado de https://carnegieendowment.org/2021/12/22/how-argentina-pushed-chinese-investors-to-help-revitalize-its-energy-grid-pub-86062.

González Levaggi, A. (23 de mayo de 2022). Argentina's Embrace of China Should Be a Wake-Up Call. *Foreign Policy*. Recuperado de https://foreignpolicy.com/2022/05/23/argentina-china-us-imf-BRI-debt-economy-summit-americas/.

Government of the People's Republic of China (6 de febrero de 2022). 中华人民共和国和阿根廷共和国关于深化中阿全面战略伙伴关系的联合声明（全文） [Declaración Conjunta de la República Popular China y la República Argentina sobre la profundización de la Asociación Estratégica Integral entre China y Argentina (Texto completo)]. *Xinhua / Government of the People's Republic of China*. Recuperado de http://www.gov.cn/xinwen/2022-02/06/content_5672272.htm.

Graham, T. (17 de octubre de 2022). ¿Can South America Take Advantage of the Lithium Boom? *Foreign Policy*. Recuperado de https://foreignpolicy.com/2022/10/17/lithium-triangle-mining-prices-electric-batteries-south-america-economy/.

Gray, K. & Gills, B. K. (2016). South-South Cooperation and the Rise of the Global South. *Third World Quarterly 37*(4), 557-574.

Guzmán, J. A. (16 de enero de 2023). China's Latin American Power Play. *Foreign Affairs*. Recuperado de https://www.foreignaffairs.com/central-america-caribbean/chinas-latin-american-power-play.

Haug, S., Braveboy-Wagner, J., & Maihold, G. (2021). The "Global South" in the Study of World Politics: Examining a Meta Category. *Third World Quarterly, 42*(9), 1923-1944.

Hearn, A. H. (2012). China, Global Governance and the Future of Cuba. *Journal of Current Chinese Affairs / China Aktuell, 41*(1), 155-179.

Heine, J. (26 de agosto de 2022). Argentina y los BRICS: ¿Puerto en una tormenta o plataforma de lanzamiento geopolítica? *Wilson Center.* Recuperado de https://www.wilsoncenter.org/blog-post/argentina-and-brics-port-storm-or-geolytic-launching-pad.

Hobson, J. H. (2020). Globalisation. En A. B. Tickner & K. Smith (Eds.), *International Relations of the Global South: Worlds of Difference* (pp. 221-239). Routledge.

Hong Liu (2022). China Engages the Global South: From Bandung to the Belt and Road Initiative. *Global Policy, 13*, 11-22.

Horn, S., Parks, B. C., Reinhart, C. M., & Trebesch, C. (marzo de 2023). China as an International Lender of Last Resort. *AidData*, Documento de trabajo 124. Recuperado de https://www.aiddata.org/publications/china-as-an-international-lender-of-last-resort.

Hu, X., Zhang, Y., & Kevin, C. (2021). 中国大豆产业应对国际风险因素的对策模拟研究 [Un estudio de simulación de contramedidas para que la industria de la soja de China haga frente a los riesgos internacionales] 《华中农业大学学报（社会科学版）》 [*Journal of Huazhong Agricultural University (Social Sciences Edition)*] *156*(6), 35-43.

Intelligence Online (3 de noviembre de 2022). Beijing Takes Action Behind the Scenes for Control of Ushuaia Naval Base. *Intelligence Online*. Recuperado de https://www.intelligenceonline.com/international-dealmaking/2022/11/03/beijing-takes-action-behind-the-scenes-for-control-of-ushuaia-naval-base,109841359-art.

Jiang An (2013). Mao Zedong's "Three Worlds" Theory: Political Considerations and Value for the Times. *Social Sciences in China, 34*(1), 35-57.

Jin Xi (2017). *Empire of Silver: A New Monetary History of China. Yale* University Press; Gordon, P. & Morales, J. J. (2017). *The Silver Way: China, Spanish America and the Birth of Globalization* Penguin Books Australia.

Jones, F. (22 de marzo de 2022). Argentinian Lithium Exports Surge 234% in 2022. *Mining Technology*. Recuperado de https://www.mining-technology.com/news/argentina-lithium-exports-234/.

Katwala, A. (30 de junio de 2022). The World Can't Wean Itself Off Chinese Lithium. *Wired*. Recuperado de https://www.wired.com/story/china-lithium-mining-production/.

Lagos, G. (1980). Tendencias y perspectivas del estudio de las Relaciones Internacionales: tareas para América Latina. *Estudios Internacionales, 13*(50), 236-51.

Lan Jianxue (10 de junio de 2019). 中国与发展中国家关系趋势 [Tendencias en las relaciones entre China y los países en desarrollo]. *China Institute of International Studies (CIIS)*. https://www.ciis.org .cn/yjcg/sspl/202007/t20200710_907.html.

Lanteigne, M. (10 de febrero de 2022). Argentina Joins China's Belt and Road, *The Diplomat*. Recuperado de https://thediplomat.com/2022/02/argentina-joins-chinas-belt-and-road/

Lanteigne, M. (24 de abril de 2018). Interlude: The Arctic's Mirror Image? Juggling Politics and Climate Change in Antarctica. *Over the Circle*. https://overthecircle.com/2018/04/24/interlude-the-arctics-mirror-image-juggling-politics-and-climate-change-in-antarctica/.

Larmer, B. (30 de enero de 2019). What Soybean Politics Tell Us About Argentina and China. *The New York Times*. Recuperado de https://www.nytimes.com/2019/01/30/magazine/what-soybean-politics-tell-us-about-argentina-and-china.html.

Lee, A. (6 de abril de 2023). China's Lithium Hub Cuts Back Production After Price Collapse. *Bloomberg*. https://www.bloomberg.com/news/articles/2023-04-06/china-s-lithium-hub-cuts-back-production-after-price-collapse.

Levander, C. & Mignolo, W. (2011). Introduction: The Global South and World Dis/Order. *The Global South, 5*(1), 1-11.

Lew, L. (5 de junio de 2016). Chinese Boats Caught Up in Suspicions of Illegal Fishing in Argentina's Waters. *South China Morning Post*. Recuperado de https://www.scmp.com/news/china/diplomacy/article/3136138/chinese-boats-caught-suspicions-illegal-fishing-argentinas.

Liao, Q. & Sun, M. (2022). 全球化"背景下中国锂资源供应安全评 [Evaluación de la seguridad del suministro de recursos de litio en China en el contexto de la 'anti-globalización'] 《矿业研究与开发》 [*Mining Research and Development*], *4*, 179-86.

Liu, D. & Li, D. (2023). 全球南方"研究的兴起及其重要意义 [El origen de la investigación del 'Sur Global' y su importante significado], 《思想理论战线》 [*Frente de Pensamiento y Teoría*] (01), 79-90.

Liu, N. (11 de julio de 2019). The Heights of China's Ambition in Antarctica. *The Interpreter*. Recuperado de https://www.lowyinstitute.org/the-interpreter/heights-china-s-ambition-antarctica.

Liu, N. (2019). The Rise of China and the Antarctic Treaty System? *Australian Journal of Maritime and Ocean Affairs, 11*(2), 120-31

Londoño, E. (18 de julio de 2018). From a Space Station in Argentina, China Expands Its Reach in Latin America. *The New York Times*. Recuperado de https://www.nytimes.com/2018/07/28/world/americas/ china-latin-america.html

Londoño, E., Carneri, S., Qin, A., & Wee, S. L. (16 de abril de 2021). Overwhelmed by the Virus, Paraguay Considers Ditching Taiwan for China- and its Vaccines. *The New York Times.*

Lu, C. & Fabbro, R. (27 de febrero de 2023). China's Latin American Gold Rush Is All About Clean Energy: Beijing's Not after Gold- but Lithium. *Foreign Policy*. Recuperado de https://foreignpolicy.com/2023/02/27/china-latin-america-lithium-clean-energy-trade-investment/.

Lu, S., Boland, B., & McElwee, L. (enero de 2023). CCP Inc. in Argentina: China's International Space Industry Engagement. *Centre for Strategic and International Studies* Recuperado de https://www.csis.org/analysis/ccp-inc-argentina-chinas-international-space-industry-engagement.

Lu, Y., Luo, G., Shi, Y., & Denise, J. (14 de febrero de 2023) China's Hunt for Strategic New Energy Minerals. *Caixin / NikkeiAsia*. Recuperado de https://asia.nikkei.com/Spotlight/Caixin/China-s-hunt-for-strategic-new-energy-minerals

Luque, J. (2019). Chinese Foreign Direct Investment and Argentina: Unraveling the Path. *Journal of Chinese Political Science, 24*, 605-622.

Ma Jingjing (9 de enero de 2023). China, Argentina Expand Currency Swap Scale as Closer Economic Ties Boost Yuan's Use in Latin America. *Global Times*. Recuperado de https://www.globaltimes.cn/page/202301/1283483.shtml.

Maciel, C. (13 de julio de 2018). La guerra comercial entre EE. UU. y China puede beneficiar a la soja brasileña. *Agência Brasil.*

Mander, B. (22 de marzo de 2016). Obama Finds a New Friend in Argentina. *Financial Times*. Recuperado de https://www.ft.com/content/07c4000c-ef74-11e5-a609-e9f2438ee05b.

Mao, Z. (1998 [24 de febrero de 1974]). Sobre la cuestión de la diferenciación de los 'Tres mundos'. En M. Zedong, *Sobre la diplomacia.* Foreign Languages Press.

Ministry of Commerce of the People's Republic of China (18 de julio de 2018). The First Round of China-Panama FTA Negotiation Held in Panama City. *Ministry of Commerce of the People's Republic of China*. Recuperado de http://fta.mofcom.gov.cn/enarticle/chinapanamaen/chinapanamaennews/201807/38326_1.html.

Ministry of Foreign Affairs of the People's Republic of China (2004). 阿根廷政府承认中国的市场经济地位 [El Gobierno argentino reconoce el estatus de economía de mercado de China]. Recuperado de https://www.mfa.gov.cn/web/ziliao_674904/zt_674979/ywzt_675099/zt2004_675921/hjtlatinamerica_675923/200411/t20041118_9289256.shtml.

Ministry of Foreign Affairs of the People's Republic of China (febrero de 2023). 中国同阿根廷的关系 [Relaciones entre China y Argentina]. Recuperado de https://www.mfa.gov.cn/web/gjhdq_676201/gj_676203 /nmz_680924/1206_680926/sbgx_680930/.

Morgenfeld, L (2017). Macri, de Obama a Trump. Argentina-Estados Unidos y su impacto en las relaciones interamericanas. En M. A. Gandásegui & J. A. Preciado Coronado (Eds.), *Hegemonía y democracia en disputa: Trump y la geopolítica del neoconservadurismo* (pp. 293-322). Universidad de Guadalajara.

Murphy, D. C. (febrero de 2023). Strategic Competition for Overseas Basing in sub-Saharan Africa. *Brookings*. Recuperado de https://www.brookings.edu/research/strategic-competition-for-overseas-basing-in-sub-saharan-africa/.

Nikkei Asia (3 de abril de 2023). China Leads Global Battery Patent Race for Post-Lithium-Ion Era. *Nikkei Asia*. Recuperado de https://asia.nikkei.com/Business/China-tech/China-leads-global-battery-patent-race-for-post-lithium-ion-era.

Olcott, E. (15 de marzo de 2023). Taiwan Loses Diplomatic Ally as Honduras Confirms Link to China. *Financial Times*. https://www.ft.com/content/6bdb7947-1457-42c0-9504-b6650b6b76cd.

Oliva Campos, C. & Provost, G. (2019). The Trump Administration in Latin America: Continuity and Change. *International Journal of Cuban Studies, 11*(1), 13-23.

Oviedo, E. D. (2006). China: visión y práctica de sus llamadas 'relaciones estratégicas'. *Estudios de Asia y África, 51*(3), 385-404.

Palmer, D. (26 de marzo de 2012). Obama Says to Suspend Trade Benefits for Argentina. *Reuters*. Recuperado de https://www.reuters.com/article/us-usa-argentina-trade-idUSBRE82P0QX20120326.

Patrick, I. (18 de marzo de 2023). The Potential China-Uruguay Trade Deal Risks Fracturing Mercosur. *The Diplomat*. Recuperado de https://thediplomat.com/2023/03/the-potential-china-uruguay-trade-deal-risks-fracturing-mercosur/.

People's Daily / Xinhua (1 de abril de 2023). El vocero de FM chino insta a Guatemala a tomar la decisión correcta. *People's Daily / Xinhua* http://en.people.cn/n3/2023/0401/c90000-20000094.html.

Phillips, M.M. (11 de febrero de 2022). US Aims to Thwart China's Plan for Atlantic Base in Africa", *Wall Street Journal*. Recuperado de https://www.wsj.com/articles/u-s-aims-to-thwart-chinas-plan-for-atlantic-base-in-africa-11644607931.

Reuters (7 de julio de 2022). Argentina Says has China's Support to Join BRICS Group. *Reuters*. Recuperado de https://www.reuters.com/world/americas/argentina-says-has-chinas-support-join-brics-group-2022-07-07/.

Reuters (8 de enero de 2023). Argentina and China Formalize Currency Swap Deal. *Reuters*. Recuperado de https://www.reuters.com/markets/currencies/argentina-china-formalize-currency-swap-deal-2023-01-08/.

Reuters (25 de enero de 2023). Brasil's Lula Proposes Mercosur Trade Deal with China after EU Accord. *Reuters*. https://www.reuters.com/world/americas/brazils-lula-eyes-trade-deal-between-mercosur-china-2023-01-25/.

Roy, D. (12 de abril de 2022). China's Growing Influence in Latin America. *Council on Foreign Relations*. Recuperado de https://www.cfr.org/backgrounder/china-influence-latin-america-argentina-brazil-venezuela-security-energy-bri.

Sina.com (25 de octubre de 2022). 锂佩克" 渐行渐近？南美洲三国再推动建立锂三角输出国组织" [¿Está cada vez más cerca un "PEC de litio"? Tres países de América del Sur promueven aún más el establecimiento de la Organización de Países Exportadores del Triángulo del Litio]. *Sina.com*. https://news.sina.com.cn/w/2022-10-25/doc-imqqsmrp3661075.shtml.

S&P Global (28 de Febrero de 2023). US Lithium-ion Battery Imports, Mostly from China, Skyrocket in 2022. *S&P Global*. https://www.spglobal.com/marketintelligence/en/news-insights/latest-news-headlines/us-lithium-ion-battery-imports-mostly-from-china-skyrocket-in-2022-74474788.

Savage, R. (28 de marzo de 2023). China Spent $240 Billion Bailing Out 'Belt and Road' Countries-Study. *Reuters*. Recuperado de https://www.reuters.com/markets/china-spent-240-bln-bailing-out-belt-road-countries-study-2023-03-27/.

Scheller, S. (2017). *Nobody Builds Walls Better Than Me- US Policy towards Latin America under Donald Trump*. Federal Academy of Security Policy, Security Policy Working Paper Nº 15. Recuperado de https://www.jstor.org/stable/pdf/resrep22222.pdf

Shalal, A. & Stargardter, G. (2 de diciembre de 2019). Trump, Citing US Farmers, Slaps Metal Tariffs on Brazil, Argentina. *Reuters*. https://www.reuters.com/article/us-usa-trade-trump/trump-citing-us-farmers-slaps-metal-tariffs-on-brazil-argentina-idUSKBN1Y614O.

Shambaugh, D. (2011). Coping with a Conflicted China. *Washington Quarterly, 34*(1), 7-27.

Shilliam, R. (2011). The Perilous but Unavoidable Terrain of the Non-West. En R. Shilliam (Ed.), *International Relations and Non-Western Thought* (pp. 12-26). Routledge.

Singh, A. (11 de enero de 2023). China Looks set to Build Naval Base in Argentina, a 'Gateway' to Antarctica: Reports. *WION*. Recuperado de https://www.wionews.com/world/china-looks-set-to-build-naval-base-in-argentina-a-gateway-to-antarctica-reports-551446.

Sohu (2016). 阿根廷海警击沉中国渔船 '鲁烟远渔010号'. [Guardacostas argentinos hunden pesquero chino 'Lu Yanyuan Fishing No. 010']. *Sohu.com*. Recuperado de https://www. sohu.com/a/63962853_106413.

State Oceanic Administration of the People's Republic of China (22 de mayo de 2017). 中国的南极事 [Actividades antárticas de China]. http://www.gov.cn/xinwen/2017-05/23/content_5196076.htm.

Steunkel, O. (2022). ¿What Does China's Increased Influence in Latin America Mean for the United States?'. En M. A. Carrai, J. Rudolph, & M. Szonyi (Eds.), *The China Questions 2: Critical Insights into US-China Relations* (pp. 127-143). Harvard University Press.

Stott, M. (3 de junio de 2022). Global Energy Upheaval Offers Argentina's 'Dead Cow' a New Lease of Life. *Financial Times*. Recuperado de https://www.ft.com/content/e8c4b618-0093-4bc1-ade5-81bd4bf1cbb0.

Stott, M. (7 de diciembre de 2022). Argentina Urges EU to Renegociate South American Trade Pact", *Financial Times*. Recuperado de https://www.ft.com/content/8cb6f626-8f87-47e6-90a4-6cb0e5aa17ad.

Stunkel, O. (13 de noviembre de 2020). Trump Drove Latin America into China's Arms. *Foreign Affairs*. Recuperado de https://www.foreignaffairs.com/articles/south-america/2020-11-13/trump-drove-latin-america-chinas-arms.

Taladrid, S. (11 de febrero de 2021). Can Biden Reverse Trump's Damage to Latin America? *New Yorker*. Recuperado de https://www.newyorker.com/news/news-desk/can-biden-reverse-trumps-lasting-damage-in-latin-america.

Tang Yao (2014). 阿根廷锂开发利用及我国未来锂资源发展策略建议 [Estado de utilización y desarrollo de los recursos de litio de Argentina y recomendaciones para la futura estrategia de desarrollo de recursos de litio de China], 《国土资源情报》 [*Land and Resources Information*], 44-8.

Telam (6 de febrero de 2022). Argentina se sumó a la Nueva Ruta de la Seda y obtiene un financiamiento millonario. *Télam*. Recuperado de https://www.telam.com.ar/notas/202202/582826-argentina-china-ruta-de-la-seda-fernandez-xi-jinping.html.

The State Council of the People's Republic of China (24 de noviembre de 2016). *China's Policy Paper on Latin America and the Caribbean*. Recuperado de http://english.www.gov.cn/archive/white_paper/2016/11/24/content_281475499069158.htm.

The White House (8 de junio de 2022). FACT SHEET: President Biden Announces the Americas Partnership for Economic Prosperity. *Organisation of American States*. http://www.sice.oas.org/TPD/Americas_Partnership/Background/Announces%20the%20Americas%20Partnership%20for%20Economic%20Prosperity_e.pdf.

Tickner, A. B. (2009). Latin America: Still Policy Dependent After All These Years? En A. B. Tickner & O. Wæver (Eds.), *International Relations Scholarship Around the World* (pp. 32-51). Routledge.

USC US China Institute (20 de abril de 2009). China's Policy Paper on Latin America and the Caribbean. *USC US China Institute*. Recuperado de https://china.usc.edu/chinas-policy-paper-latin-america-and-caribbean.

Vadell, J. (2022). La relación bilateral y minilateral de China con América Latina y el Caribe: el caso del Foro China-CELAC. *Área de Desarrollo y Política, 7*(2), 187-203.

Vásquez, P. I. (enero de 2023). Lithium Production in Chile and Argentina: Inverted Roles. *Wilson Center*. Recuperado de https://www.wilsoncenter.org/sites/default/files/media/uploads/documents/Lithium%20Production%20in%20Chile%20and%20Argentina_Inverted%20Roles_JAN%202023.pdf.

Wang Huizhi (2022) 中国拉共体论坛：进展、挑战及优化路径 [Foro China-CELAC: Avances, desafíos y caminos de optimización], 《太平洋学报》 [*Pacific Journal*], *30*(6), 64-74.

Wang, A. (12 de febrero de 2022). As Argentina Signs up to China's Belt and Road, Beijing Finds Itself on a New Path in Latin America", *South China Morning Post (SCMP)*. Recuperado de https://www.scmp.com/news/china/diplomacy/article/3166744/argentina-signs-chinas-belt-and-road-beijing-finds-itself-new.

Wang, A. (16 de marzo de 2023). Argentina Revives Possibility of Chinese Fighter Jet Purchase, Renewing Beijing's Hopes for JF-17 in South America. *South China Morning Post*. https://www.scmp.com/news/china/diplomacy/article/3213774/argentina-revive-possibility-chinese-fighter-jet-purchase-renewing-beijings-hopes-jf-17-south.

Wang, D. (2023). China's Hidden Tech Revolution: How Beijing Threatens U.S. Dominance. *Foreign Affairs, 102*(2), 65-77

Wang, H. (2015). The Missing Link in Sino-Latin American Relations. *Journal of Contemporary China, 24*(95), 922-942.

Widakuswara, P. & Powell, A. (9 de junio de 2022). At Summit of the Americas, Biden Plays Catch-up with China. *VOA News*. Recuperado de https://www.voanews.com/a/at-summit-of-the-americas-biden-plays-catch-up-with-china/6611205.html.

Wu, J., Hu, J.; Xing, L. W., Shen, C., Chi, L., Zhang, J., & Liu, J. (2023). 中国与主要大豆进口来源国价格关联和政策应对 [Dependencia espacial del precio de la soja y respuestas políticas entre China y los principales países importadores de soja] 《中国农业大学学报》 [*Journal of China Agricultural University*]. *28*(4), 227-237.

Xi, J. (16 de octubre de 2022). *Mantener en alto la gran bandera del socialismo con peculiaridades chinas y luchar en unidad para construir una democracia moderna en todos los aspectos. Informe al 20º Congreso Nacional del Partido Comunista de China*. Foreign Languages Press.

Xie, W. (2018). 中国一拉共体共建“一带一路”探析 [Un análisis de la construcción conjunta China-CELAC de la Iniciativa de la Franja y la Ruta], 《太平洋学报》 [*Pacific Journal*] *26*(2), 80-90.

Yang, F. (12 de enero de 2019). Chinese Tourists Take to Antarctica in a Big Way. *China Daily*. Recuperado de http://www.chinadaily.com.cn/a/201901/12/WS5c395cb3a3106c65c34e4092.html.

Yi, Z. (2014). Chinese Dream and Chinese Diplomacy. President Xi Jinping's Nine New Concepts of Diplomacy. En State Council Information Office of the PRC (Comp.), *Interpretation on New Philosophy Chinese Diplomacy* (pp. 92-123). China Intercontinental Press.

Zabelin, D. (1 de marzo de 2023). Here's What Talks about a Common Currency for Latin America Mean for Globalization. *Foro Económico Mundial*. Recuperado de https://www.weforum.org/agenda/2023/03/what-do-talks-about-a-south-american-common-currency-say-about-globalization/.

Zhang, P. & Lacerda Prazeres, T. (17 de junio de 2021). China's Trade with Latin America is Bound to Keep Growing. Here's Why that Matters. *World Economic Forum*. Recuperado de https://www.weforum.org/agenda/2021/06/china-trade-latin-america-caribbean/.

8

RELACIONES DE PODER Y CONTROL DE LA NATURALEZA EN EL FINANCIAMIENTO CHINO EN HIDROELECTRICIDAD EN ARGENTINA: LAS REPRESAS SOBRE EL RÍO SANTA CRUZ

Sol Mora

Introducción

Las mega-represas[475] constituyen un pilar del protagonismo de China en el desarrollo de infraestructura a nivel global, expresado actualmente en la ambiciosa Iniciativa de la Franja y la Ruta (IFR). Luego de que la ejecución de represas se paralizara a nivel mundial desde 1990 debido a la controversia generada por sus efectos ambientales y sociales[476], la demanda de energía asociada al crecimiento económico y demográfico, así como la necesidad de disminuir las emisiones de dióxido de carbono provocaron un *boom* del sector[477]. La particularidad de este renacimiento global de la hidroelectricidad es que ha sido impulsado por China[478], que no sólo transformó a sus empresas en las principales constructoras de represas del mundo, sino que además se posicionó como el mayor financista de estos proyectos, desplazando al Banco Mundial.

A pesar del énfasis en las energías verdes[479] que acompañó el liderazgo global de China en hidroelectricidad, este agudizó los problemas socioam-

[475] Las mega-represas son aquellas que poseen una altura mayor a los 15 metros desde la base hasta la cresta, o almacenan más de 3 millones de metros cúbicos. Ver: Buckley, L., Wang, H., Zhou, X., & Norton, A. (2022). What drives safeguarding for China's hydropower projects in LDCs? IIED. Recuperado de http://pubs.iied.org/20721iied.

[476] La mega-represas son aquellas que poseen una altura mayor a los 15 metros desde la base hasta la cresta, o almacenan más de 3 millones de metros cúbicos. Ver: Buckley, L., Wang, H., Zhou, X., & Norton, A. (2022). *What drives safeguarding for China's hydropower projects in LDCs?* IIED. Recuperado de http://pubs.iied.org/20721iied.

[477] World Commission on Dams (WCD) (2000). *Dams and development. A new framework for decision-making*. Recuperado de http://awsassets.panda.org/downloads/wcd_dams_final_report.pdf.

[478] Zarfl, C., Lumsdon, A., Berlekamp, J., Tydeck L., & Tockner, K. (2014). A global boom in hydropower dam construction. *Aquatic Science,* (77), 161-170.

[479] Tan-Mullins, M., Urban, F., & Mang, G. (2017). Evaluating the Behaviour of Chinese Stakeholders Engaged in Large Hydropower Projects in Asia and Africa. *The China Quarterly*, (230), 464-488.

bientales. Diversos trabajos subrayaron las implicancias de las mega-represas chinas en áreas naturales protegidas y el uso y acceso al agua y la tierra de las comunidades locales en Asia[480], África[481] y América Latina[482]. Sin embargo, se dirigió menor atención a las relaciones de poder que se despliegan entre China y los gobiernos receptores durante el diseño y la ejecución de esos proyectos y el modo en que éstas condicionan el control de la naturaleza, lo que genera un consecuente impacto ambiental.

Este trabajo reflexiona sobre las implicancias políticas de los préstamos de China para el desarrollo de infraestructura en el sector hidroeléctrico argentino y los efectos socioambientales de esas obras. Con ese fin, se estudian las relaciones de poder entre China y Argentina, con especial atención en la esfera financiera, que se despliegan durante el diseño y la ejecución de las represas sobre el río Santa Cruz. El análisis se extiende desde la firma del acuerdo por el financiamiento de la obra en 2014, hasta agosto de 2022, cuando se firma una enmienda a ese documento. Este proyecto, motivado por la urgencia argentina por diversificar la matriz energética, no sólo es la obra pública más grande licitada por Argentina en los últimos 25 años, sino también la mayor inversión realizada por China en el extranjero en ese momento[483]. Al mismo tiempo, este proyecto ha sido calificado como un emblema de la alianza estratégica integral entre Argentina y China, lo que lo torna especialmente relevante para comprender la naturaleza de este vínculo.

Este capítulo argumenta que las relaciones de poder que emergen entre los capitales chinos y el gobierno argentino confieren a los primeros una influencia decisiva en el diseño e implementación del proyecto. Como resultado, los objetivos financieros de China, vinculados a garantizar el cumplimiento de las condiciones del préstamo, adquieren preponderancia en la obra. Ello reconfigura las formas de control de la naturaleza, lo que es acompañado de severas implicancias ambientales que ponen en cuestión el aporte de la iniciativa hacia la transformación de la matriz energética, al tiempo que se acentúan las asimetrías de poder.

---

[480] Buckley *et al.* (2022), *op. cit.*

[481] Urban, F., Siciliano, G., & Nordensvard, J. (2018). China's dam-builders: their role in transboundary river management in South-East Asia. *International Journal of Water Resources Development, 34*(5),747-770. DOI: 10.1080/07900627.2017.1329138.

[482] Owusu, K., Yankson, P.W.K., Asiedu, A.B. & Obour, P.B. (2017). Resource utilization conflict in downstream non-resettled communities of the Bui Dam in Ghana. *Natural Resources Forum,* (41), 234-243.

[483] Del Bene, D. (2018). El expansionismo hidroeléctrico chino en América Latina. Ecología Política (56), 116-120; Garzón, P. (2018). Implicaciones de la relación entre China y América Latina. Una mirada al caso ecuatoriano. *Ecología Política,* (56), 80-88; Gerlak, A., Saguier, M., Mills-Novoa, M., Fearnside, P., & Albrecht, T. (2020). Dams, Chinese investments, and EIAs: A race to the bottom in South America? *Ambio* (46), 156-164.

La primera sección caracteriza la expansión global de China en el sector hidroeléctrico y desarrolla los aspectos teóricos. Luego se analizan los intereses que impulsaron ese avance y el poder que adquirió China en el desarrollo de mega-represas. El tercer apartado estudia el caso de las represas en el río Santa Cruz, enfatizando en la amenaza de aplicación de la cláusula de *cross-default* en las presidencias de Mauricio Macri y Alberto Fernández.

La expansión global de China en el sector hidroeléctrico

La demanda de energía para alimentar el crecimiento económico estimuló un extraordinario desarrollo y expansión del sector hidroeléctrico en China. Con la mitad de las represas construidas en el mundo ubicadas dentro de su territorio[484], China adquirió un liderazgo en hidroelectricidad que progresivamente se extendió más allá de sus fronteras. Mientras que en la década del 2000 las fuentes fósiles fueron el destino prioritario de las inversiones chinas en energía en el exterior, desde 2012 se aceleran los proyectos en energías renovables, encabezados por la hidroelectricidad. Muestra de ello es que en 2016 el 60% de las inversiones chinas en energía en todo el mundo se concentraron en carbón, gas y petróleo, en tanto que el sector hidroeléctrico recibió un 23% de ese total. Tras él se ubicaron las energías eólica (9%) y solar (4%)[485].

Otro indicador del avance de China en el desarrollo hidroeléctrico en el mundo es que antes del 2000 sólo había tres represas de construcción china fuera de ese país. En cambio, en 2019 las empresas chinas estaban invirtiendo y construyendo alrededor de 320 represas en 140 países[486]. Estos proyectos se concentraron en el sudeste asiático, seguidos de África, América Latina, Europa y Asia Central, con una predilección por los países de bajos ingresos que ingresaron a la IFR.

La expansión global de China en el sector hidroeléctrico fue incentivada a través de dos políticas oficiales estrechamente vinculadas. Desde el año 2001 la estrategia de *Going Out* promueve las inversiones de las empresas chinas en otros países con el objetivo de incrementar la compe-

[484] Uriburu Quintana, J. (2017). El déficit argentino en infraestructura y el rol de China. Grandes proyectos en revisión. En E. Oviedo (Comp.), *Inversiones de China, Corea y Japón en Argentina: análisis general y estudio de casos* (pp. 104-117). UNR Editora.

[485] Tan-Mullins *et al.* (2017), *op. cit.*

[486] Li, Z., Gallagher, K., & Mauzerall, D. (2020). China's global power: Estimating Chinese foreign direct investment in the electric power sector. *Energy Policy, 136.* Recuperado de https://doi.org/10.1016/j.enpol.2019.111056.

titividad global de esas compañías e integrar esas inversiones a la estrategia de desarrollo nacional[487]. El impulso gubernamental a la internacionalización de la industria hidroeléctrica china se profundizó desde el año 2013 con el lanzamiento de la IFR, ya que no sólo incluyó entre sus objetivos la expansión de las inversiones hidroeléctricas, sino que las consideró como una prioridad. Más aún, en documentos acerca de la implementación de la IFR[488] el Consejo de Estado propuso acelerar la expansión de la hidroelectricidad mediante la participación en proyectos de energía y el incremento de las exportaciones de equipos y tecnologías chinas[489].

China consolidó su presencia en el desarrollo de represas mediante diversas modalidades que incluyen las inversiones; la provisión de ayuda; la exportación de equipos energéticos; y los préstamos y financiamientos realizados por bancos estatales chinos para el desarrollo de infraestructura[490]. Este trabajo se concentra en la última modalidad, los préstamos para la ejecución de proyectos de infraestructura. En general estos proyectos son negociados directamente por los Estados receptores y las empresas constructoras, aunque también pueden surgir de acuerdos gubernamentales que son acompañados de licitaciones. Una vez adjudicadas las obras, las empresas constructoras negocian el financiamiento con los bancos chinos[491].

Ahora bien, este trabajo parte del supuesto que la construcción de mega-represas no es un proceso políticamente neutro, sino que expresa diversas relaciones de poder[492] en torno a cómo, quién y para qué utilizar los ríos. Para explorar las implicancias políticas de los proyectos hidroeléctricos de China, en base al enfoque neogramsciano de Robert Cox (2013)[493], se asume que el diseño e implementación de esas iniciativas refleja y promueve relaciones de poder entre el Estado y los capitales chinos. Esas relaciones de poder no sólo condensan asimetrías de poder material entre las partes, sino también ideas y discursos que permiten construir consensos

[487] Buckley *et al.* (2022), *op. cit.*

[488] Mora, S. (2019). El Going Global agrícola de China. Un análisis de su desarrollo en Argentina". *Sí Somos Americanos. Revista de Estudios Transfronterizos, XIX*(2), 89-113.

[489] Entre esos documentos se encuentra "Guiding Opinions on Promotion of International Production Capacity and Manufacturing Cooperation" (Kong, B. (2021). *Domestic Push meets Foreign Pull. The Political Economy of Chinese Development Finance for Hydropower Worldwide*. Global Development Policy Center. GCI Working Paper 017).

[490] *Id.*

[491] Li, Gallagher & Mauzerall (2020), *op. cit.*

[492] Tan-Mullins *et al.* (2017), *op. cit.*

[493] Romero Toledo, H. (2014). Ecología política y represas: elementos para el análisis del Proyecto HidroAysén en la Patagonia chilena. *Revista de Geografia Norte Grande*, (57), 161-175.

sobre los proyectos. Como resultado, esas relaciones de poder confieren la capacidad de capturar el control o relocalizar los recursos hídricos de acuerdo a intereses particulares[494]. Este proceso subraya el creciente poder de los capitales a gran escala en el manejo del agua, lo que conlleva graves implicancias sociales y ambientales, y, por ende, la emergencia de nuevas relaciones de poder.

Los intereses y el poder de China en el sector hidroeléctrico

La expansión global de China en hidroelectricidad responde a una confluencia de intereses económicos y políticos. Un objetivo prioritario es el acceso a oportunidades de inversión en el exterior que incrementen los márgenes de ganancia de las constructoras chinas[495]. Ese interés es una consecuencia directa de la saturación del mercado de mega-represas doméstico provocado por el descenso de la demanda energética resultante de la desaceleración del crecimiento desde 2014 y la competencia con otras fuentes de energía renovable. Igualmente importante es que los principales ríos ya fueron represados, por lo que no sólo escasean las áreas aptas para nuevas represas, sino que las condiciones geológicas, sismológicas y socioambientales de esas zonas incrementan los costos[496]. Esas circunstancias convirtieron el desarrollo del potencial hidroeléctrico en otros países, principalmente de la IFR, en altamente atractivo para las empresas chinas[497].

Vale destacar que esa meta de las constructoras contó con el respaldo de los bancos chinos. Por una parte, el otorgamiento de créditos a países en desarrollo para la construcción de represas ha sido un objetivo central de los bancos políticos, como el Banco de Desarrollo de China (CDB) y el Eximbank, a fin de cumplir con su mandato organizacional de apoyar las estrategias de desarrollo del gobierno, entre ellas el *Going Out* y la IFR. Además, aunque la ausencia de condicionalidades similares a las exigidas por los prestamistas occidentales ha sido subrayada como una característica distintiva de los préstamos de China, lo cierto es que sus bancos suelen exigir

[494] Esta interpretación se basa en la noción de estructura histórica, definida como una configuración particular de fuerzas, consistentes en capacidades materiales, ideas e instituciones, que imponen presiones sobre las acciones. Esas fuerzas son aplicables a las fuerzas sociales, las formas de Estado y el orden mundial. Ver: Cox, R. (2013). Fuerzas sociales, estados y órdenes mundiales: Más allá de la Teoría de las Relaciones Internacionales. *Relaciones Internacionales,* (24), 129-162.

[495] Mehta, L., Veldwisch, G. J., & Franco, J. (2012). Introduction to the Special Issue: Water grabbing? Focus on the (re)appropriation of finite water resources. *Water Alternatives, 5*(2), 193-207.

[496] Tan-Mullins *et al.* (2017), *op. cit.*

[497] Kong (2021), *op. cit.*

como condición para el financiamiento la exportación de equipamientos, materiales y servicios chinos y la contratación de empresas constructoras chinas, lo que facilita la internacionalización de estas[498].

Por otra parte, los intereses financieros de los bancos también son centrales en el avance de China en hidroelectricidad. La razón es que los bancos políticos, cuyos fondos provienen de la venta de bonos en el mercado mayorista, dependen altamente de los préstamos para obtener ingresos[499]. Eso explica que el otorgamiento de un crédito del CDB para un proyecto de energía está sujeto a un análisis de indicadores financieros y técnicos, entre ellos la rentabilidad y la capacidad de pago de la deuda[500]. La preocupación por la solvencia de los prestatarios ha llevado además a la inclusión de cláusulas de incumplimiento cruzado (*cross-default)* en los contratos de crédito. Estas cláusulas protegen a los acreedores de la inobservancia de las obligaciones que derivan de la aprobación de un crédito, ya que extienden el incumplimiento a todos los proyectos financiados por el mismo banco[501]. De ese modo, facilitan tanto los intereses financieros de los bancos como el rol de estos en el desarrollo nacional, lo que también relativiza la supuesta ausencia de condicionalidades de los préstamos chinos.

Las finalidades políticas también alientan la internacionalización de China en hidroelectricidad. China considera a la hidroelectricidad fundamental no sólo para el desarrollo nacional, sino además para su ambición de reducir la contaminación y las emisiones provenientes de las energías basadas en el carbón. El 14° Plan Quinquenal fijó la meta de construir un sistema energético limpio, bajo en carbón, seguro y eficiente[502]. Para ello, al igual que en el 13° Plan Quinquenal, la hidroelectricidad es considerada prioritaria. Más aún, China incluye la capacidad hidroeléctrica instalada dentro de sus cálculos de reducción de emisiones en el marco del Acuerdo de París[503]. De ese modo, demuestra su compromiso contra el cambio climático al tiempo que se consolida como un líder en

---

[498] Buckley *et al.* (2022)*, op. cit.*

[499] Kong (2021)*, op. cit.*

[500] *Id.*

[501] Kong, B., & Gallagher, K. (2021). The globalization of China's coal industry: The role of Development Banks. *Journal of East Asian Studies, 21*(2), 219-235.

[502] Lui, K. & Chen, Y. (2021). The evolution of China's lending practices on the Belt and Road. *ODI Emerging analysis*. Recuperado de https://odi.org/en/publications/the-evolution-of-chinaslending-practices-on-the-belt-and-road.

[503] People's Republic of China (2021). *14th Five-Year Plan (2021-2025) for National Economic and Social Development and Vision 2035 of the People's Republic of China*. Recuperado de https://en.ndrc.gov.cn/policies/202207/P020220706584719425648.pdf

la cooperación para el desarrollo de infraestructuras en los países del Sur[504], lo que va unido al establecimiento de nuevas relaciones de poder tecnológico y financiero.

Los intereses señalados apuntalaron el poder material de China en el sector hidroeléctrico a nivel global. Ese poder se sustenta en la experiencia y la superioridad técnica adquirida por las constructoras chinas en el desarrollo hidroeléctrico del país, incluyendo Tres Gargantas, la mayor represa del mundo[505]; así como los menores costos de las construcciones en comparación con otros países[506]. Otra expresión de esa capacidad material es que las empresas chinas se tornaron las principales constructoras de mega-represas en el mundo, representando el 70% del mercado hidroeléctrico global[507]. Entre ellas se destacan empresas de propiedad estatal (SOE), tales como Sinohydro, la mayor constructora de represas del mundo, seguida por China International Water & Electric Corporation y Gezhouba[508].

Ese liderazgo en hidroelectricidad se fundamenta asimismo en el amplio respaldo financiero mediante préstamos preferenciales de bancos estatales[509]. Actualmente el CDB y el Eximbank son los mayores financistas de obras hidroeléctricas en el mundo[510]. La expansión hidroeléctrica fue financiada asimismo a través de bancos multilaterales como El Fondo de la Ruta de la Seda y el Banco Asiático de Inversiones en Infraestructura[511].

La superioridad china en la construcción y financiamiento de represas contrasta fuertemente con la debilidad técnica y financiera de los países en desarrollo con problemas de seguridad energética. Justamente, los países de bajos y medianos ingresos son los que concentraron las adiciones de capacidad hidroeléctrica a nivel global, lo que demuestra el atractivo que

[504] Buckley *et al.* (2022), *op. cit.*

[505] Siciliano, G., Del Bene, D., Scheidel, A., Liu, J., & Urban, F. (2019). Environmental justice and Chinese dam-building in the global South. *Current Opinion in Environmental Sustainability,* (37), 20-27.

[506] La represa de Tres Gargantas asimismo batió récords en desplazamientos forzados de personas, número de pueblos y ciudades inundadas y la longitud del embalse (International Rivers (2012). *China's Three Gorges Dam: A Model of the Past*. Recuperado de https://archive.internationalrivers.org/resources/china-s-three-gorges-dam-a-model-of-the-past-2638). Por esa razón, ha estado envuelta en controversias vinculadas a sus impactos en el ambiente y los derechos humanos, así como la corrupción y las demoras en la obra. Incluso, en el año 2011, el gobierno chino reconoció el deterioro ecológico y el riesgo geológico que involucra la obra. Ver: Qiu, J. (2011). China admits problems with Three Gorges Dam. *Nature*. Recuperado de https://doi.org/10.1038/news.2011.315).

[507] McDonald, K., Bosshard, P., & Brewer, N. (2009). Exporting dams: China's hydropower industry goes global. *Journal of Environmental Management*, *90*(3), 294-302.

[508] Buckley *et al.* (2022), *op. cit.*

[509] Urban & Nordensvard (2018), *op. cit.*

[510] Tan-Mullins *et al.* (2017), *op. cit.*

[511] Kong (2021), *op. cit.*

despierta China para estos actores[512]. Vale destacar que esta situación fue allanada por el discurso de China acerca de la hidroelectricidad que combina supuestos respecto a la búsqueda del crecimiento económico con ideas de protección ambiental.

Influida por la retórica presente en organismos internacionales y acuerdos multilaterales que destacan el rol de la hidroelectricidad en el contexto de la actual crisis climática, China presenta a las represas como una fuente limpia y renovable de energía, compatible con los principios de desarrollo sostenible, que es clave para el desarrollo económico[513]. Esos argumentos, acompañados por un énfasis en las nociones de Cooperación Sur-Sur y los principios de igualdad, beneficio mutuo y desarrollo conjunto[514] encontraron una alta aceptación en los países latinoamericanos, interesados en la reducción de la dependencia de hidrocarburos y el aprovechamiento del caudal de los ríos[515].

Como resultado de este discurso, la construcción de represas queda reducida a una visión técnica y es presentada como incuestionable bajo el imperativo de disminuir las emisiones de carbono, lo que enmascara las complejas implicancias políticas y socioambientales de estas mega-obras. En otros términos, esas narrativas esconden las relaciones de poder y dominación, así como los intereses políticos de los promotores de los proyectos, el afán comercial de las constructoras y las visiones desarrollistas de China[516]. Al mismo tiempo refuerza en los países latinoamericanos la idea de que los vínculos con China son la única vía para el desarrollo, esto es, el Consenso de Beijing[517].

El poder material y discursivo de China en la construcción de represas cuenta con un fuerte respaldo institucional. El gobierno chino coordina y supervisa las actividades de las SOE en el exterior a través de un entramado institucional encabezado por el Consejo de Estado, que establece los objetivos de las inversiones en el exterior a largo plazo. Además, el Ministerio de Comercio y la Comisión Nacional de Desarrollo y Reforma tienen la responsabilidad de aprobar los proyectos hidroeléctricos en el exterior;

---

[512] Siciliano *et al.* (2019), *op. cit.*

[513] Kong (2021), *op. cit.*

[514] Lee, Y. (2013). Water Power: The 'Hydropower Discourse' of China in an Age of Environmental Sustainability. *ASIA Network Exchange, 21*(1). Recuperado de file:/// C:/Users/Anon/ Downloads/ane- 7784-lee.pdf.

[515] Gobierno de la República Popular China (2016). *Documento sobre la Política de China hacia América Latina y el Caribe.*

[516] Del Bene (2018), *op. cit..*; Siciliano *et al.* (2019), *op. cit.*

[517] Lee (2013), *op. cit.*

mientras que la Comisión de Supervisión y Administración de Activos Estatales evalúa el desempeño de las SOE's[518]. Esto sugiere que, además del lucro, las actividades de las SOE pueden orientarse por objetivos políticos. Las directivas del gobierno también influyen en las decisiones de los bancos políticos, aunque los criterios económicos dominan el otorgamiento de los préstamos[519]. A esto se agrega el andamiaje institucional para el relacionamiento de China con otras regiones. En América Latina, estos incluyen el Foro China-CELAC, el establecimiento de alianzas estratégicas y la consecuente firma de acuerdos bilaterales en diversas áreas.

Las relaciones de poder entre China y Argentina en las represas en el río Santa Cruz

Pese a estar presente por décadas en los planes provinciales, la construcción de las represas en el río Santa Cruz, actualmente denominadas represas Kirchner y Cepernic[520], tuvo su impulso definitivo durante la reunión de los presidentes Xi Jinping y Cristina Fernández en Buenos Aires en 2014. En ese encuentro, además de establecerse la Asociación Estratégica Integral, los mandatarios ratificaron el acuerdo por el financiamiento de las represas mediante el otorgamiento de un préstamo de 4.714.350.000 dólares[521], canalizado a través del CBD, el Banco Industrial y Comercial de China (ICBC), y el Banco de China (BOC). Ese financiamiento fue clave para viabilizar la ejecución de la obra, puesta en licitación en 2012 y adjudicada a Represas Patagonia, una Unión Transitoria de Empresas (UTE) conformada por la estatal china Gezhouba y las argentinas Electroingeniería e Hidrocuyo. Esto quedó formalizado en 2013 con la suscripción del Contrato de Obra Pública[522].

El involucramiento de China en la obra respondió a una convergencia de intereses en el Estado argentino. El principal acicate fue la urgencia del gobierno nacional por solucionar la crisis energética provocada por el

[518] Slipak, A. (2014). América Latina y China: ¿cooperación Sur-Sur o 'Consenso de Beijing'? *Nueva Sociedad*, (250), 102-113.

[519] Mora (2019), *op. cit.*

[520] Tan-Mullins *et al.* (2017), *op. cit.*

[521] El nombre de las represas experimentó varias modificaciones a lo largo de los años. Con la firma de los acuerdos con China, las represas se bautizaron Néstor Kirchner-Jorge Cepernic. Sin embargo, en 2017 su denominación cambió a Cóndor Cliff-La Barrancosa, nombre asignado históricamente en la provincia. En 2021, el gobierno nacional las renombró como represas Kirchner y Cepernic.

[522] República Argentina (7 de julio de 2014). *Decreto 1091 del Poder Ejecutivo Nacional. Acuerdo de crédito. Aprobación.*

incremento de las importaciones de gas y petróleo, lo que llevó a la incorporación de esta obra al Programa Nacional de Obras Hidroeléctricas[523]. Esto confluyó con las expectativas de Santa Cruz, que tiene a la explotación de hidrocarburos como un pilar de su economía, por profundizar su rol de productora de energía para el país[524], y crear puestos de trabajo en el sector privado. En esta situación, el liderazgo de Gezhouba en construcciones hidroeléctricas y la superioridad financiera de los bancos chinos, en claro contraste con la escasa experiencia argentina en el desarrollo de represas y las restricciones de acceso a financiamiento a causa del *default*, inclinaron el proyecto hacia la potencia.

En paralelo, la nación forjó un amplio consenso en torno a las represas en Santa Cruz mediante un énfasis en la narrativa de la electricidad como la base del desarrollo y la presentación de aquellas como la obra hidroeléctrica más importante de la historia del país, que contribuiría a diversificar la matriz energética y el autoabastecimiento[525]. Más aún, el proyecto quedó firmemente alineado al Consenso de Beijing desde que fue calificado, junto al complejo Belgrano Cargas, como "dos disparadores emblemáticos" de la alianza estratégica integral con China.

La desigualdad de poder material y la aceptación de los discursos expuestos sentaron las bases para que los intereses de China adquirieran una influencia decisiva en el desarrollo del proyecto que se expresó de dos formas. Primero, en la construcción, realizada bajo un contrato de ingeniería, procura y construcción (EPC por sus siglas en inglés) usualmente llamados contratos 'llave en mano', que implican que la empresa es contratada para la construcción de la totalidad de la represa, y una vez finalizada la construcción, cede la propiedad de la obra a las autoridades locales[526]. En este marco, Represas Patagonia se responsabilizó de la elaboración del proyecto ejecutivo; la provisión de los materiales, equipamientos y la contratación de la mano de obra; y la construcción, operación y el mantenimiento por 15 años[527]. Una característica de los proyectos EPC es que la empresa sólo

---

[523] *Id.*

[524] República Argentina. Ministerio de Planificación Federal (2012). *Programa nacional de obras hidroeléctricas 2025.*

[525] Casa Rosada (2015). *Discurso de la Presidenta al término de la firma de acuerdos bilaterales con la República Popular China*. Recuperado de https://www.casarosada.gob.ar/informacion/archivo/28355-palabras-de-la-presidenta-en-el-acto-de-inicio-de-las-represas-nestor-kirchner-y-jorge-cepernic.

[526] Tan-Mullins *et al.* (2017), *op. cit.*

[527] Telam (18 de junio de 2014). La construcción de las represas Kirchner-Cepernic permitirá mejorar la matriz energética del país. *Telam*. Recuperado de http://www.telam.com.ar/notas/201407/71614-la-construccion-de-las-represas-nestor-kirchner-y-jorge-cepernic-permitira-mejorar-la-matriz-energetica-del-pais.html.

se responsabiliza por la construcción de la obra, mientras que los estudios de factibilidad, la evaluación de impacto ambiental (EIA), la prevención y gestión de los riesgos y demás requisitos legales recaen en los Estados receptores[528]. Como resultado, las constructoras chinas tienen poco involucramiento con las comunidades locales.

Segundo, el acuerdo por el financiamiento, que condensó de modo más explícito las asimetrías de poder desde que los bancos introdujeron una cláusula de *cross-default*[529]. Esta cristalizó el limitado margen de maniobra de Argentina frente a los bancos, ya que implica que cualquier riesgo a la ejecución de las represas comprometerá el financiamiento del ferrocarril Belgrano Cargas, otro proyecto clave en el país[530].

El gobierno de Macri y la primera muestra de poder de China en torno a las represas

Tras la firma de los contratos de obra pública y financiamiento, la construcción de las represas se tornó una prioridad para el gobierno argentino, que se esforzó explícitamente por impulsar la obra. Esto condujo a que esos convenios hayan sido concluidos omitiendo realización de un EIA y una audiencia pública previos, esenciales para aprobar la ejecución de una mega-obra sobre un río de origen glacial en un área de alto valor ambiental, en la zona de influencia del Parque Nacional Los Glaciares[531]. Tampoco la presentación de un recurso de amparo ante la Corte Suprema de Justicia de la Nación por parte de una ONG ambiental que solicitaba la suspensión de las obras hasta la realización del EIA logró evitar que los presidentes Cristina Fernández y Xi Jinping firmaran el acta de inicio de obra en 2015. Ante la ausencia de un EIA, otra ONG interpuso un nuevo amparo ante la Corte Suprema en octubre de 2015[532].

Sin embargo, los esfuerzos argentinos por allanar la ejecución de la obra no impidieron que el peso de los intereses financieros y el poder de los bancos chinos sobre el proyecto quedaran expuestos cuando, al asumir la presidencia, Mauricio Macri declaró su intención de detener la represas

[528] Del Bene (2018), *op. cit.*

[529] República Argentina (7 de julio de 2014), *op. cit.*, Anexo, art. 20.4, 230.

[530] Uriburu Quintana (2017), *op. cit.*

[531] FARN (2016). *Represas sobre el río Santa Cruz: una decisión que demanda un debate participativo, informado y estratégico*. Recuperado de https://farn.org.ar/represas-rio-santa-cruz/.

[532] Mora, S. (2018). Resistencias sociales a la cooperación de China en infraestructura: las represas Kirchner-Cepernic en Argentina. *Colombia Internacional*, (94), 53-81.

argumentando preocupaciones ambientales y vinculadas a la transparencia[533]. Ante la perspectiva de una interrupción de la obra, el CDB envió tres cartas al Ministerio de Hacienda y Finanzas Públicas que hicieron comprender al gobierno que era imposible tomar esa decisión sin activar el *default* con el Belgrano Cargas. Esa amenaza dejó al descubierto el creciente control de China sobre el curso de agua. Por esa razón, durante la Cumbre de Seguridad Nuclear en Washington en 2016, Macri, en un tono más conciliador, solicitó a Xi Jinping la revisión de los aspectos técnicos y financieros de la obra[534].

Los cambios al proyecto, que consistieron en la disminución del número de turbinas de 11 a 8, la reducción de la potencia total, la disminución de la cota de la presa Kirchner y la reducción del costo de la obra a 4.000 millones de dólares[535] reafirmaron el compromiso de Argentina con la asociación estratégica integral[536].

De todos modos, el fallo de la Corte Suprema de Justicia de la Nación (2016) en diciembre de 2016[537] que ordenó la suspensión de las obras principales hasta que el Estado nacional implemente el EIA y la audiencia pública coartó todas las expectativas de avance en la construcción de las represas. El temor a la reacción china ante la nueva interrupción del proyecto, que además coincidía con la cumbre entre Macri y Xi a celebrarse en 2017, forzó al gobierno a realizar un gesto señalando su predisposición al restablecimiento de la iniciativa. Este consistió en la publicación en el Boletín Oficial de la resolución del Ministerio de Finanzas[538] que aprobó el Plan Quinquenal Integrado China-Argentina para la Cooperación en Infraestructura (2017-2021). Ese documento es de especial importancia porque declara a las represas Kirchner y Cepernic como un proyecto prioritario en los esfuerzos conjuntos de implementación.

---

533 Sánchez, G. (28 de diciembre de 2015). Represas en Santa Cruz: Macri analiza parar su construcción. *Clarín*. Recuperado de https://www.clarin.com/politica/represas_hidroelectricas-parar_la_construccion-mauricio_macri-nestor_kirchner-jorge_cepernic_0_ryQn0dvQg.html.

534 Lugones, P. (1 de abril de 2016). En medio de la polémica por las represas, Macri se reunió con el presidente de China. *Clarín*. Recuperado de https://www.clarin.com/politica/polemica-represas-macri-presidente-china_0_E1ETE_DRl.html.

535 Uriburu Quintana (2017), *op. cit.*

536 República Argentina. MRECIC (19 de mayo de 2016). *Desde Beijing, Malcorra ratificó el comienzo de una nueva etapa en la relación bilateral con China* (Información Para La Prensa N°: 143/16).

537 República Argentina. Corte Suprema de Justicia de la Nación (21 de diciembre de 2016). Asociación Argentina de Abogados Ambientalistas de la Patagonia c/ Provincia de Santa Cruz, y otros s/ amparo ambiental.

538 República Argentina. Ministerio de Finanzas (2017). *Resolución 74-E/2017 Plan Quinquenal Integrado China-Argentina para la Cooperación en Infraestructura (2017-2021). Aprobación.*

Posteriormente, el gobierno argentino aceleró el cumplimiento de lo dispuesto por el fallo, aunque su intención no era más que lograr la pronta reanudación de la obra y evitar un *cross default*. Prueba de ello son las objeciones a las irregularidades y falencias del EIA que signaron la Audiencia Pública celebrada en 2017, que exponen que el estudio estuvo atravesado por la sujeción del gobierno a los intereses de la UTE y los bancos chinos. Diversos sectores sociales denunciaron deficiencias en la evaluación de los riesgos de las represas sobre los glaciares, flora, fauna y sitios arqueológicos. También se omitió el examen de los peligros sísmicos, del impacto ambiental del tendido eléctrico y las alternativas de proyectos de energías renovables[539]. Tampoco se incluyó la opinión de organismos técnicos. Más aún, el responsable de la aprobación del EIA, el subsecretario de Energía Hidroeléctrica, era al mismo tiempo el director la empresa autora del estudio[540].

En su urgencia por reanudar el emprendimiento, gobierno desestimó los vicios presentes en el EIA y a fines de agosto de 2017, publicó en el Boletín Oficial la resolución conjunta del Ministerio de Energía y Minería y del Ministerio de Ambiente y Desarrollo Sustentable que aprobó el proyecto. Esto fue seguido por la decisión de la Justicia Federal de ordenar el levantamiento de las cautelares a la obra.

El reinicio de las obras en 2018 no eliminó el temor del gobierno argentino ante el poder de coerción de China, y por lo tanto, el deseo de demostrar su compromiso con el proyecto. De ahí que el gobierno intentara compensar las dilaciones mediante la firma de una adenda con la UTE que adelantó un año el cronograma de finalización de la obra[541]. Ese objetivo se vio favorecido cuando la Justicia desestimó las apelaciones de las ONG ambientalistas a la reanudación de la obra[542]. Sin embargo, la detención del vicepresidente de Electroingeniería por acusaciones de corrupción vinculadas a la denominada *causa de los cuadernos* reintrodujo la incertidumbre en el proyecto, al punto de que, para evitar nuevas demoras en la obra, el gobierno

---

[539] República Argentina. Cámara de Senadores de la Nación (2017). *Audiencia Pública. Aprovechamientos hidroeléctricos del Río Santa Cruz.*

[540] Parrilla, J. (11 de julio de 2017). Represas de Santa Cruz: la historia del funcionario que aprobó su propio estudio de impacto ambiental. *Infobae*. Recuperado de https://www.infobae.com/politica/2017/07/11/represas-de-santa-cruz-la-historia-del-funcionario-que-aprobo-su-propio-estudio-de-impacto-ambiental/.

[541] Desarrollo Energético (14 de enero de 2018). Electroingeniería y CGGC reanudan la construcción de las represas en Santa Cruz. *Desarrollo Energético*. Recuperado de https://desarrolloenergetico.com.ar/electroingenieria-y-cggc-reanudan-la-construccion-de-las-represas-en-santa-cruz/.

[542] Foro Ambiental (18 de septiembre de 2018). Sin amparo ambiental, la Justicia ratifica la construcción de las represas del Río Santa Cruz. *Foroambiental.net*. Recuperado de https://www.foroambiental.net/sin-amparo-ambiental-la-justicia-ratifica-la-construccion-de-las-represas-del-rio-santa-cruz/.

le solicitó al embajador de China en Argentina el retiro de esa empresa de la UTE[543]. Esa idea fue reiterada por Macri a Xi durante la reunión bilateral en el marco de la cumbre del G-20 en Buenos Aires, en la que las partes además se comprometieron a continuar implementando "debidamente"[544] los proyectos de cooperación, entre ellos, en hidroelectricidad.

Lo anterior condujo a un movimiento que apuntó a amplificar aún más el control y el poder de decisión de China sobre el río Santa Cruz. A fines de 2018, se anunció que Gezhouba compró un 16% del paquete accionario de Electroingenieria, que conservó un 20% de las acciones. De esa forma, la SOE pasó a tener el 70% de las acciones, que es el máximo de acciones que puede poseer de acuerdo al contrato, mientras que Hidrocuyo mantuvo el 10%[545]. Aunque esa operación finalmente no se concretó y las partes recuperaron su participación inicial, reafirma el nivel de concesiones que Argentina está dispuesta a realizar a fin de no obstaculizar las represas y la alianza con China.

El gobierno de Alberto Fernández: nuevas tensiones en las represas y la reaparición del cross-default

Pese a que con la llegada a la presidencia de Alberto Fernández se esperaba un impulso definitivo al emprendimiento, surgieron nuevas fuentes de tensión que condicionaron los avances en obra. Por empezar, la pandemia de COVID-19 condujo a una ralentización de la obra. Sin embargo, mayor impacto tuvieron los movimientos de tierra registrados en la zona de la represa Kirchner, que provocaron una grieta de 20 metros en uno de los taludes de contención del vertedero[546]. Ese deslizamiento del suelo obligó a detener los trabajos en esa presa mientras se puso en evaluación el rediseño

[543] TiempoSur (6 de agosto de 2018). Represas: el Ministerio de Energía le pidió a China que negocie la salida de Electroingeniería. TiempoSur. Recuperado de https://www.tiemposur.com.ar/politica/154870-represas-el-ministerio-de-energia-le-pidio-a-china-que-negocie-la-salida-de-electroingenieria.

[544] República Argentina. Casa Rosada (2 de diciembre de 2018). *Los presidentes Mauricio Macri y Xi Jinping consolidaron los vínculos entre la Argentina y China.* Recuperado de https://www.casarosada.gob.ar/slider-principal/44311-macri-recibio-en-olivos-al-presidente-de-china.

[545] Gaffoglio, L. (22 de febrero de 2019). A pedido del Gobierno, los chinos adquirieron parte del paquete accionario de Electroingeniería en las represas patagónicas. *Infobae*. Recuperado de https://www.infobae.com/politica/2019/02/22/a-pedido-del-gobierno-los-chinos-adquirieron-parte-del-paquete-accionario-de-electroingenia-en-las-represas-patagonicas/.

[546] Gandini, N. (5 de noviembre de 2019). Represas de Santa Cruz: escándalo por un grave error en la construcción. *Econojournal*. Recuperado de https://econojournal.com.ar/2019/11/represas-de-santa-cruz-escandalo-por-un-grave-error-en-la-construccion/.

en base el asesoramiento de expertos[547]. La parálisis de la represa Kirchner es una prueba clara de los riesgos provocados por el afán del gobierno por concretar la obra y evitar la presión de China, desestimando las evaluaciones necesarias para un emprendimiento de esta escala, incluido un estudio riguroso de las condiciones geológicas.

De todos modos, las falencias técnicas de la obra no fueron la única preocupación durante la presidencia de Fernández. El acuerdo de financiamiento planteó un período de gracia de 66 meses para el repago, que sería saldado a través de la venta de la energía generada por las hidroeléctricas. Ese período de gracia finalizó en julio de 2022, cuando era imposible para Argentina, en medio de una crisis económica, iniciar el repago a causa de que las represas no habían entrado en funcionamiento. En esa situación, los bancos hicieron manifiesto nuevamente su poder mediante la suspensión del envío de fondos a la obra.

Para evitar una nueva interrupción de los trabajos a causa de la falta de financiamiento que desencadenara un *cross-default*, el ministro de Economía Martín Guzmán inició negociaciones por una nueva adenda financiera que postergara el plazo para el repago[548]. Con todo, los problemas geológicos representaban un obstáculo, ya que la firma de la adenda quedó sujeta a la realización de los estudios técnicos que determinen no sólo la aptitud del suelo para la nueva ubicación de la represa Kirchner, sino además los costos asociados[549]. La necesidad de alcanzar un acuerdo con el FMI para refinanciar la deuda contraída en 2018 también condicionó el financiamiento chino. Esta situación obligó al gobierno a salir al rescate de la obra mediante un DNU que reasignó 17.290 millones de pesos del presupuesto 2021 a las represas[550].

Mientras se negociaba esa adenda, dos hechos colocaron nuevamente en primer plano los riesgos derivados de los deficientes estudios técnicos y

[547] Winfo (6 de noviembre de 2019). Deslizamiento de suelos. Confirman que la represa Cóndor Cliff está en revisión por problemas técnicos. *Winfo*. Recuperado de https://winfo.ar/calafate/2019/11/confirman-que-la-represa-condor-cliff-esta-en-revision-por-problemas-tecnicos/amp/.

[548] EconoJournal (2 de julio de 2021). China suspendió el crédito para las represas de Santa Cruz y la Argentina negocia una prórroga para no caer en default. *EconoJournal*. Recuperado de https://econojournal.com.ar/2021/07/china-suspendio-el-credito-para-las-represas-de-santa-cruz-y-la-argentina-negocia-una-prorroga-para-no-caer-en-default/.

[549] Heredia, F. (28 de junio de 2021). Crecen los problemas en las represas de Santa Cruz y surgen versiones de replantear el proyecto. *Energía Online*. Recuperado de https://www.energiaonline.com.ar/crecen-los-problemas-en-las-represas-de-santa-cruz-y-surgen-versiones-de-replantear-el-proyecto/.

[550] Infobae (11 de agosto de 2021). El Gobierno destinará casi $18.000 millones para continuar la construcción de las represas de Santa Cruz. *Infobae*. Recuperado de https://www.infobae.com/economia/2021/08/11/el-gobierno-destinara-casi-18000-millones-para-continuar-la-construccion-de-las-represas-de-santa-cruz/.

ambientales de las represas realizados por Argentina. Primero, un sismo de magnitud 5.5 ocurrido en El Calafate en octubre de 2021 avivó el reclamo por una evaluación certera de los peligros sísmicos de las represas. Vale mencionar que en paralelo, la Cámara de Apelaciones en lo Contencioso Administrativo Federal N° 5 exigió al Estado Nacional y la UTE informes acerca de la reubicación de la presa Kirchner, a fin de asegurar que el impacto ambiental sea evaluado de modo serio y científico[551]. Segundo, en respuesta a un requerimiento de la Corte Suprema, el Instituto Argentino de Nivología, Glaciología y Ciencias Ambientales (IANIGLA) presentó un informe técnico sobre el EIA del año 2017 en que subrayó la falta de información científica que determine el impacto que tendrán las represas sobre los glaciares Perito Moreno, Upsala y Speghazzini[552]. Esto se suma a informes similares presentados previamente por el Instituto Nacional de Previsión Sísmica (INPRES), que subrayó la ausencia de información sobre el peligro sísmico de las represas[553] y la Administración de Parques Nacionales (APN), que expresó la ausencia de información para ponderar los riesgos ambientales[554].

No obstante, la visita de Alberto Fernández a China en febrero de 2022 a fin de suscribir la adhesión argentina a la Franja y la Ruta fue percibida como una ocasión clave para destrabar la obra. No sólo días antes del encuentro el gobierno anunció el logro de la adenda financiera[555], sino que la obra fue incluida como el primero de 10 proyectos de infraestructura a los que se aprobó un financiamiento de 14 mil millones de dólares en el marco del mecanismo Diálogo Estratégico para la Cooperación y Coordinación Económica[556]. De todos modos, recién en mayo de 2022 se publicó en el

---

[551] Ahora Calafate (28 de octubre 2021). Emplazan al Estado Nacional y a la UTE para que informen sobre el rediseño de la represa Cóndor Cliff. *Ahora Calafate*. Recuperado de https://ahoracalafate.com.ar/contenido/8462/emplazan-al-estado-nacional-y-a-la-ute-para-que-informen-sobre-el-rediseno-de-la.

[552] Winfo (9 de enero de 2022). Documento oficial: las razones por las cuales el IANIGLA considera que a la obra de las represas le falta información sobre los glaciares. *Winfo* Recuperado de https://winfo.com.ar/actualidad/2022/01/documento-oficial-las-razones-por-las-cuales-el-ianigla-considera-que-a-la-obra-de-las-represas-le-falta-informacion-sobre-los-glaciares/.

[553] Ahora Calafate (21 de mayo 2021). El INPRES hace fuertes observaciones sobre las Represas. *Ahora Calafate*. Recuperado de https://ahoracalafate.com.ar/contenido/5860/el-inpres-hace-fuertes-observaciones-sobre-las-represas.

[554] FARN (2021). Solicitamos a la Corte Suprema la aplicación del principio precautorio en el marco del reclamo 'Río Santa Cruz Sin Represas'. *FARN*. Recuperado de https://farn.org.ar/solicitamos-a-la-corte-suprema-la-aplicacion-del-principio-precautorio-en-el-marco-del-reclamo-rio-santa-cruz-sin-represas/.

[555] República Argentina. MRECIC (17 de enero de 2022). *Importante reunión con Energy China por las represas Néstor Kirchner y Jorge Cepernic*. (Información para la Prensa N° 030/22). Recuperado de https://www.cancilleria.gob.ar/es/actualidad/noticias/importante-reunion-con-energy-china-por-las-represas-nestor-kirchner-y-jorge.

[556] República Argentina. Casa Rosada (6 de febrero de 2022). *El presidente Alberto Fernández se reunió con Xi Jinping en el Gran Palacio del Pueblo y acordaron la incorporación de la Argentina a la Franja y la Ruta de la Seda*. Recuperado de

Boletín Oficial el decreto que aprueba el "Modelo de Acuerdo de Enmienda y Restablecimiento al Contrato de Línea de Crédito"[557]. Los dos principales cambios de este documento son que extendió el período para el repago y que incrementó el costo de la obra en 500 millones para construir una estructura subterránea que remedie la falla geológica[558]. Esa adenda, que fue finalmente firmada en agosto de 2022, garantizó el financiamiento de China, aunque ello no elimina la presencia de las tensiones en torno a los impactos ambientales y la viabilidad técnica de la obra.

Conclusión

El avance de China en la construcción de infraestructura hidroeléctrica es una manifestación más del poder global de la potencia. Incentivados por el *Going Out* y la IFR, estos proyectos son esenciales para el interés de China de superar la saturación del mercado de represas doméstico y crear nuevas oportunidades de acumulación mediante una expansión de su capacidad técnica y financiera a todo el mundo. De ese modo, estos proyectos crean nuevas relaciones de poder entre la potencia y los países en desarrollo, que ponen en juego el control de los recursos hídricos y el ambiente.

Las represas en el Río Santa Cruz exponen claramente que las asimetrías de poder entre el nuevo líder en el desarrollo y financiamiento hidroeléctrico y un país en crisis, dependiente del financiamiento externo, permean la ejecución del emprendimiento. La principal expresión de esto es la amenaza del *cross-default*, que somete a Argentina a los intereses financieros y las presiones de China, a través de sus bancos. No obstante, vale destacar que la asimetría entre las partes se evidencia asimismo en el esfuerzo activo de Argentina, guiada por el consenso de Beijing, en facilitar la ejecución de las represas, incluso desestimando cualquier evaluación ambiental que pudiera obstaculizar la obra. Con todo, como expuso este trabajo, la voluntad de Argentina no ha sido suficiente para evitar la coerción de China.

---

https://www.casarosada.gob.ar/slider-principal/48443-el-presidente-alberto-fernandez-se-reunio-con-xi-jinping-en-el-gran-palacio-del-pueblo-y-acordaron-la-incorporacion-de-la-argentina-a-la-franja-y-la-ruta-de-la-seda.

[557] República Argentina. Jefatura de Gabinete de Ministros (27 de mayo de 2022). Avanza el contrato por las represas Néstor Kirchner y Jorge Cepernic en Santa Cruz. Recuperado de https://www.argentina.gob.ar/noticias/avanza-el-contrato-por-las-represas-nestor-kirchner-y-jorge-cepernic-en-santa-cruz.

[558] EconoJournal (3 de agosto 2022). Pese a que estaba de salida, Batakis firmó una adenda al contrato de las represas que avala un endeudamiento adicional de US$ 550 millones. *EconoJournal.* Recuperado de https://econojournal.com.ar/2022/08/pese-a-que-estaba-de-salida-batakis-fue-a-rio-gallegos-para-firmar-una-adenda-al-contrato-de-las-represas-que-avala-un-endeudamiento-adicional-de-us-550-millones/.

Justamente, la persistencia de la amenaza del *cross-default* en los gobiernos de Macri y Fernández, a veces más explícitamente y otras veces de modo más sutil, confirma el poder de decisión y control que adquirió China sobre el río Santa Cruz, ya que es altamente difícil para Argentina alterar la obra sin enfrentar graves consecuencias económicas. Ese temor y la presión de China explican las irregularidades que signaron al EIA de 2017 y la prisa del gobierno por reanudar la obra tras el fallo de la Corte Suprema. Este hecho resulta sumamente importante porque expone que las represas suponen una reconfiguración del control de la naturaleza más amplio, que no se limita al río. La razón es que los altos costos ambientales de la obra ponen en serio riesgo los glaciares, la flora, la fauna, patrimonio paleontológico e información arqueológica[559].

En definitiva, como señalan otros trabajos[560], los graves impactos socioambientales que conllevan las mega-represas financiadas por China en diferentes países latinoamericanos ponen en cuestión su sustentabilidad y su contribución a una matriz energética verde. Más aún, en Argentina, la endeblez de los estudios no sólo permitió el avance de una obra potencialmente destructiva para el ambiente, sino que paradójicamente ocultó los riesgos geológicos y sísmicos que amenazan la obra. El desplazamiento del suelo y la grieta en una de las represas exponen que las tensiones en la obra están lejos de desaparecer, y por lo tanto, que el poder de China continuará expresándose.

Referencias

Ahora Calafate (21 de mayo 2021). El INPRES hace fuertes observaciones sobre las Represas. *Ahora Calafate.* Recuperado de https://ahoracalafate.com.ar/contenido/5860/el-inpres-hace-fuertes-observaciones-sobre-las-represas.

Ahora Calafate (28 de octubre 2021). Emplazan al Estado Nacional y a la UTE para que informen sobre el rediseño de la represa Cóndor Cliff. *Ahora Calafate.* Recuperado de https://ahoracalafate.com.ar/contenido/8462/emplazan-al-estado-nacional-y-a-la-ute-para-que-informen-sobre-el-rediseno-de-la.

[559] FARN (2016), *op. cit.*

[560] Del Bene (2018), *op. cit.*; Garzón (2018), *op. cit.*

Buckley, L., Wang, H., Zhou, X., & Norton, A. (2022). *What drives safeguarding for China's hydropower projects in LDCs?* IIED. Recuperado de http://pubs.iied.org/20721iied.

Casa Rosada (2015). *Discurso de la Presidenta al término de la firma de acuerdos bilaterales con la República Popular China*. Recuperado de https://www.casarosada.gob.ar/informacion/archivo/28355-palabras-de-la-presidenta-en-el-acto-de-inicio-de-las-represas-nestor-kirchner-y-jorge-cepernic.

Cox, R. (2013). Fuerzas sociales, Estados y órdenes mundiales: Más allá de la Teoría de las Relaciones Internacionales. *Relaciones Internacionales,* (24), 129-162.

Del Bene, D. (2018). El expansionismo hidroeléctrico chino en América Latina. Ecología Política (56), 116-120; Garzón, P. (2018). Implicaciones de la relación entre China y América Latina. Una mirada al caso ecuatoriano. *Ecología Política* (56), 80-88.

Desarrollo Energético (14 de enero de 2018). Electroingeniería y CGGC reanudan la construcción de las represas en Santa Cruz. *Desarrollo Energético.* Recuperado de https://desarrolloenergetico.com.ar/electroingenieria-y-cggc-reanudan-la-construccion-de-las-represas-en-santa-cruz/.

EconoJournal (2 de julio de 2021). China suspendió el crédito para las represas de Santa Cruz y la Argentina negocia una prórroga para no caer en default. *EconoJournal.* Recuperado de https://econojournal.com.ar/2021/07/china-suspendio-el-credito-para-las-represas-de-santa-cruz-y-la-argentina-negocia-una-prorroga-para-no-caer-en-default/.

EconoJournal (3 de agosto 2022). Pese a que estaba de salida, Batakis firmó una adenda al contrato de las represas que avala un endeudamiento adicional de US$ 550 millones. *EconoJournal.* Recuperado de https://econojournal.com.ar/2022/08/pese-a-que-estaba-de-salida-batakis-fue-a-rio-gallegos-para-firmar-una-adenda-al-contrato-de-las-represas-que-avala-un-endeudamiento-adicional-de-us-550-millones/.

FARN (2016). *Represas sobre el río Santa Cruz: una decisión que demanda un debate participativo, informado y estratégico*. Recuperado de https://farn.org.ar/represas-rio-santa-cruz/.

FARN (2021). Solicitamos a la Corte Suprema la aplicación del principio precautorio en el marco del reclamo 'Río Santa Cruz Sin Represas'. *FARN.* Recuperado de https://farn.org.ar/solicitamos-a-la-corte-suprema-la-aplicacion-del-principio-precautorio-en-el-marco-del-reclamo-rio-santa-cruz-sin-represas/.

Foro Ambiental (18 de septiembre de 2018). Sin amparo ambiental, la Justicia ratifica la construcción de las represas del Río Santa Cruz. *Foroambiental.net.* Recuperado de https://www.foroambiental.net/sin-amparo-ambiental-la-justicia-ratifica-la-construccion-de-las-represas-del-rio-santa-cruz/.

Gaffoglio, L. (22 de febrero de 2019). A pedido del Gobierno, los chinos adquirieron parte del paquete accionario de Electroingeniería en las represas patagónicas. *Infobae*. Recuperado de https://www.infobae.com/politica/2019/02/22/a-pedido-del-gobierno-los-chinos-adquirieron-parte-del-paquete-accionario-de-electroingenia-en-las-represas-patagonicas/.

Gandini, N. (5 de noviembre de 2019). Represas de Santa Cruz: escándalo por un grave error en la construcción. *Econojournal*. Recuperado de https://econojournal.com.ar/2019/11/represas-de-santa-cruz-escandalo-por-un-grave-error-en-la-construccion/.

Gerlak, A., Saguier, M., Mills-Novoa, M., Fearnside, P., & Albrecht, T. (2020). Dams, Chinese investments, and EIAs: A race to the bottom in South America? *Ambio*, (46), 156-164.

Gobierno de la República Popular China (2016). *Documento sobre la Política de China hacia América Latina y el Caribe.*

Gobierno de Santa Cruz (7 de noviembre de 2017). Álvarez destacó la capacidad de poner los recursos de la Provincia al servicio de la gente. Recuperado de http://noticias.santacruz.gov.ar/index.php/gestion/produccion/item/7753-alvarez-destaco-la-capacidad-de-poner-los-recursos-de-la-provincia-al-servicio-de-la-gente.

Heredia, F. (28 de junio de 2021). Crecen los problemas en las represas de Santa Cruz y surgen versiones de replantear el proyecto. *Energía Online*. Recuperado de https://www.energiaonline.com.ar/crecen-los-problemas-en-las-represas-de-santa-cruz-y-surgen-versiones-de-replantear-el-proyecto/.

Infobae (11 de agosto de 2021). El Gobierno destinará casi $18.000 millones para continuar la construcción de las represas de Santa Cruz. *Infobae*. Recuperado de https://www.infobae.com/economia/2021/08/11/el-gobierno-destinara-casi-18000-millones-para-continuar-la-construccion-de-las-represas-de-santa-cruz/.

International Rivers (2012). *China's Three Gorges Dam: A Model of the Past*. Recuperado de https://archive.internationalrivers.org/resources/china-s-three-gorges-dam-a-model-of-the-past-2638.

Kong, B. & Gallagher, K. (2021). The globalization of China's coal industry: The role of Development Banks. *Journal of East Asian Studies, 21*(2), 219-235.

Kong, B. (2021). *Domestic Push meets Foreign Pull. The Political Economy of Chinese Development Finance for Hydropower Worldwide*. Global Development Policy Center. GCI Working Paper 017.

Lee, Y. (2013). Water Power: The 'Hydropower Discourse' of China in an Age of Environmental Sustainability. *ASIA Network Exchange, 21*(1). file:///C:/Users/Anon/Downloads/ane-7784-lee.pdf.

Li, Z., Gallagher, K., &Mauzerall, D. (2020). China's global power: Estimating Chinese foreign direct investment in the electric power sector. *Energy Policy, 136*. Recuperado de https://doi.org/10.1016/j.enpol.2019.111056.

Lugones, P. (1 de abril de 2016). En medio de la polémica por las represas, Macri se reunió con el presidente de China. *Clarín*. Recuperado de https://www.clarin.com/politica/polemica-represas-macri-presidente-china_0_E1ETE_DRl.html.

Lui, K. & Chen, Y. (2021). The evolution of China's lending practices on the Belt and Road. *ODI Emerging analysis*. Recuperado de https://odi.org/en/publications/the-evolution-of-chinaslending-practices-on-the-belt-and-road.

McDonald, K., Bosshard, P & Brewer, N. (2009). Exporting dams: China's hydropower industry goes global. *Journal of Environmental Management, 90*(3), 294-302.

Mehta, L.; Veldwisch, G.J. & Franco, J. (2012). Introduction to the Special Issue: Water grabbing? Focus on the (re)appropriation of finite water resources. *Water Alternatives, 5*(2), 193-207.

Mora, S. (2018). Resistencias sociales a la cooperación de China en infraestructura: las represas Kirchner-Cepernic en Argentina. *Colombia Internacional*, (94), 53-81.

Mora, S. (2019). El Going Global agrícola de China. Un análisis de su desarrollo en Argentina". *Sí Somos Americanos. Revista de Estudios Transfronterizos, XIX*(2), 89-113.

Owusu, K., Yankson, P. W. K., Asiedu, A. B., & Obour, P. B. (2017). Resource utilization conflict in downstream non-resettled communities of the Bui Dam in Ghana. *Natural Resources Forum*, (41), 234-243.

Parrilla, J. (11 de julio de 2017). Represas de Santa Cruz: la historia del funcionario que aprobó su propio estudio de impacto ambiental. *Infobae*. Recuperado de https://www.infobae.com/politica/2017/07/11/represas-de-santa-cruz-la-historia-del-funcionario-que-aprobo-su-propio-estudio-de-impacto-ambiental/.

People's Republic of China (2021). *14th Five-Year Plan (2021-2025) for National Economic and Social Development and Vision 2035 of the People's Republic of China* Recuperado de https://en.ndrc.gov.cn/policies/202207/P020220706584719425648.pdf.

Qiu, J. (2011). China admits problems with Three Gorges Dam. *Nature*. Recuperado de https://doi.org/10.1038/news.2011.315.

República Argentina (7 de julio de 2014). *Decreto 1091 del Poder Ejecutivo Nacional. Acuerdo de crédito. Aprobación.*

República Argentina. Cámara de Senadores de la Nación (2017). *Audiencia Pública. Aprovechamientos hidroeléctricos del Río Santa Cruz.*

República Argentina. Casa Rosada (2 de diciembre de 2018). *Los presidentes Mauricio Macri y Xi Jinping consolidaron los vínculos entre la Argentina y China.* Recuperado de https://www.casarosada.gob.ar/slider-principal/44311-macri-recibio-en-olivos-al-presidente-de-china.

República Argentina. Casa Rosada (6 de febrero de 2022). *El presidente Alberto Fernández se reunió con Xi Jinping en el Gran Palacio del Pueblo y acordaron la incorporación de la Argentina a la Franja y la Ruta de la Seda*. Recuperado de https://www.casarosada.gob.ar/slider-principal/48443-el-presidente-alberto-fernandez-se-reunio-con-xi-jinping-en-el-gran-palacio-del-pueblo-y-acordaron-la-incorporacion-de-la-argentina-a-la-franja-y-la-ruta-de-la-seda.

República Argentina. Corte Suprema de Justicia de la Nación (21 de diciembre de 2016). Asociación Argentina de Abogados Ambientalistas de la Patagonia c/ Provincia de Santa Cruz, y otros s/ amparo ambiental.

República Argentina. Jefatura de Gabinete de Ministros (27 de mayo de 2022). Avanza el contrato por las represas Néstor Kirchner y Jorge Cepernic en Santa Cruz. Recuperado de https://www.argentina.gob.ar/noticias/avanza-el-contrato-por-las-represas-nestor-kirchner-y-jorge-cepernic-en-santa-cruz.

República Argentina. Ministerio de Finanzas (2017). *Resolución 74-E/2017 Plan Quinquenal Integrado China-Argentina para la Cooperación en Infraestructura (2017-2021). Aprobación.*

República Argentina. Ministerio de Planificación Federal. (2012). *Programa nacional de obras hidroeléctricas 2025.*

República Argentina. MRECIC (17 de enero de 2022). *Importante reunión con Energy China por las represas Néstor Kirchner y Jorge Cepernic.* (Información para la Prensa N° 030/22). Recuperado de https://www.cancilleria.gob.ar/es/actualidad/noticias/importante-reunion-con-energy-china-por-las-represas-nestor-kirchner-y-jorge.

República Argentina. MRECIC (19 de mayo de 2016). *Desde Beijing, Malcorra ratificó el comienzo de una nueva etapa en la relación bilateral con China* (Información Para La Prensa N°: 143/16).

Romero Toledo, H. (2014). Ecología política y represas: elementos para el análisis del Proyecto HidroAysén en la Patagonia chilena. *Revista de Geografía Norte Grande,* (57), 161-175.

Sánchez, G. (28 de diciembre de 2015). Represas en Santa Cruz: Macri analiza parar su construcción. *Clarín.* Recuperado de https://www.clarin.com/politica/represas _hidroelectricas-parar_la_construccion-mauricio_macri-nestor_kirchner-jorge_cepernic_0_ryQn0dvQg.html.

Siciliano, G., Del Bene, D., Scheidel, A., Liu, J., & Urban, F. (2019). Environmental justice and Chinese dam-building in the global South. *Current Opinion in Environmental Sustainability,* (37), 20-27.

Tan-Mullins, M., Urban, F., & Mang, G. (2017). Evaluating the Behaviour of Chinese Stakeholders Engaged in Large Hydropower Projects in Asia and Africa. *The China Quarterly,* (230), 464-488.

Telam (18 de junio de 2014). La construcción de las represas Kirchner-Cepernic permitirá mejorar la matriz energética del país. *Telam.* Recuperado de http://www.telam.com.ar/notas/201407/71614-la-construccion-de-las-represas-nestor-kirchner-y-jorge-cepernic-permitira-mejorar-la-matriz-energetica-del-pais.html.

TiempoSur (6 de agosto de 2018). Represas: el Ministerio de Energía le pidió a China que negocie la salida de Electroingeniería. TiempoSur. Recuperado de https://www.tiemposur.com.ar/politica/154870-represas-el-ministerio-de-energia-le-pidio-a-china-que-negocie-la-salida-de-electroingenieria.

Urban, F., Siciliano, G., & Nordensvard, J. (2018). China's dam-builders: their role in transboundary river management in South-East Asia. *International Journal of Water Resources Development, 34*(5),747-770, DOI: 10.1080/07900627.2017.1329138.

Uriburu Quintana, J. (2017). El déficit argentino en infraestructura y el rol de China. Grandes proyectos en revisión. En E. Oviedo (Comp.), *Inversiones de China, Corea y Japón en Argentina: análisis general y estudio de casos* (pp. 104-117). UNR Editora.

Winfo (6 de noviembre de 2019). Deslizamiento de suelos. Confirman que la represa Cóndor Cliff está en revisión por problemas técnicos. *Winfo*. Recuperado de https://winfo.ar/calafate/2019/11/confirman-que-la-represa-condor-cliff-esta-en-revision-por-problemas-tecnicos/amp/.

Winfo (9 de enero de 2022). Documento oficial: las razones por las cuales el IANIGLA considera que a la obra de las represas le falta información sobre los glaciares. *Winfo*. Recuperado de https://winfo.com.ar/actualidad/2022/01/documento-oficial-las-razones-por-las-cuales-el-ianigla-considera-que-a-la-obra-de-las-represas-le-falta-informacion-sobre-los-glaciares/.

World Commission on Dams (WCD) (2000). *Dams and development. A new framework for decision-making*. Recuperado de http://awsassets.panda.org/downloads/wcd_dams_final_report.pdf.

Zarfl, C., Lumsdon, A., Berlekamp J., Tydeck L., & Tockner, K. (2014). A global boom in hydropower dam construction. *Aquatic Science,* (77), 161-170.

9

ALIANZAS ESTRATÉGICAS CON CHINA EN EL SECTOR DEL LITIO: IMPLICACIONES PARA EL DESARROLLO Y LA INSERCIÓN GLOBAL DE ARGENTINA

Juliana González Jáuregui

Introducción

La estrategia de modernización económica de China está teniendo múltiples consecuencias para los países de América Latina. Dada su dotación de múltiples *commodities*, los países de la región han adquirido un rol estratégico en el proceso de desarrollo chino en tanto proveedores de esos productos, pero también como destino de las inversiones y los préstamos que China despliega para ampliar su presencia en sectores clave para su propio desarrollo. Argentina es un reflejo de estas dinámicas, no sólo porque es un importante receptor de las inversiones de China en América Latina[561], sino también porque se ubica entre los cuatro principales destinos del financiamiento provisto por los bancos de desarrollo chinos a países de la región entre 2005 y 2019.[562]

Desde principios del siglo XXI, China ha incrementado la provisión global de financiamiento e inversiones en el sector energético. Esta tendencia se aceleró tras la crisis financiera internacional de 2007-2008 y constituye parte de la estrategia de modernización más amplia de parte de China, que integra tanto el plano doméstico como el exterior. Más recientemente, como parte de sus programas para dar respuesta al cambio climático, China también ha acelerado la provisión de inversiones y préstamos para el desarrollo de

---

[561] Dussel Peters, E. (31 de mayo de 2022). Monitor de la OFDI china en América Latina y el Caribe 2021. *Red Académica de América Latina y el Caribe Sobre China*. Recuperado de https://www.redalc-china.org/monitor/images/pdfs/menuprincipal/DusselPeters_MonitorOFDI_2022_Esp.pdf.

[562] Myers, M. & Ray, R. (marzo de 2022). What Role for China's Policy Banks in LAC? *Inter-American Dialogue y Boston University Global Development Policy Center*. Recuperado de https://thedialogue.wpenginepowered.com/wp-content/uploads/2022/03/Chinas-policy-banks-final-mar22.pdf.

proyectos de energías renovables y alternativas, especialmente en los países en desarrollo en África, América Latina y Asia. En Argentina, a diferencia del financiamiento provisto por los bancos de desarrollo y comerciales chinos a sectores como infraestructura energética y de transporte, el sector del litio dista de haber recibido préstamos directos por parte de China, aunque ha sido un importante receptor de inversiones de empresas de ese origen.

En el marco de la lucha por el cambio climático y la transición energética a nivel mundial, China se ha propuesto objetivos ambiciosos para reducir su dependencia de los combustibles fósiles. En lo que respecta al litio, ocupa una posición de liderazgo tanto en la etapa de refinado, como en la fabricación de productos industriales (baterías y celdas), y de vehículos eléctricos. Ese rol explica su creciente interés en aumentar la presencia de sus empresas en los países que conforman el denominado 'Triángulo del litio', compuesto por Argentina, Bolivia y Chile.

En este capítulo se analiza cómo la estrategia de modernización china afecta los procesos de desarrollo e inserción internacional de Argentina. El objetivo es explicar de qué manera la presencia de firmas chinas en el sector del litio argentino, mediante diversas alianzas estratégicas establecidas con actores socioeconómicos predominantes a escala nacional y subnacional, se ha expandido en proyectos de litio con distinto grado de avance. El capítulo analiza por qué, a pesar del establecimiento de acuerdos orientados al agregado de valor, la presencia de empresas chinas dista de involucrar posibilidades concretas de industrialización del litio que incluyan participación de empresas argentinas, esquemas de transferencia tecnológica, y/o requisitos de utilización de capacidades nacionales científico-tecnológicas. Se evidencia cómo dichas alianzas no sólo contribuyen a dificultar el desarrollo productivo del sector del litio, sino, de manera más amplia, a favorecer y fortalecer el perfil primario-exportador de la Argentina y, por lo tanto, a condicionar su inserción internacional. Las conclusiones abordan los desafíos del vínculo entre Argentina y China en el sector del litio, y en otros sectores estratégicos en general.

El lugar del 'Triángulo del litio' en el mercado global

Recientemente, el litio se ha convertido en un recurso estratégico para la transición energética a escala global, por ser un insumo clave para la fabricación de baterías de ion-litio y su respectiva aplicación en diversos dispositivos y productos, entre ellos, los vinculados a la electromovilidad, pero también por su capacidad de almacenamiento de energía renovable. La mayor parte de la producción para obtener litio en el mundo se distribuye entre cuatro minas de extracción de litio a partir de minerales graníticos de pegmatitas o roca dura en Australia, dos plantas de extracción de litio concentrado en salares en Argentina y en Chile, respectivamente, y dos plantas de extracción en salares y una mina de extracción a partir de pegmatitas en China.[563]

En lo que respecta a China y su posicionamiento global en las etapas extractivas del litio, dos empresas se destacan: Ganfeng Lithium y Tianqi Lithium, que representan el 26% de dicho mercado; el liderazgo de China se completa con la existencia de una amplia gama de compañías que, además de extraer el mineral, participan en el proceso de refinado (representan el 80% del mercado global), en el de elaboración de celdas y componentes (dan cuenta del 77% y 60% del mercado mundial, respectivamente), y otros procesos industriales.[564] El rol de liderazgo global en las diferentes etapas de industrialización y en la producción de vehículos eléctricos explican el creciente interés por incrementar su presencia en los países que conforman el 'Triángulo del litio'.

El mercado mundial del litio está estratificado: China (55%), Corea del Sur (20%) y Japón (12%) concentran el 87% de la demanda de litio a nivel mundial.[565] El eje Asia-Pacífico comprende a los principales tenedores de la tecnología para la producción que, a su vez, controlan dicho mercado.

Los dos principales productores de litio a nivel mundial son Australia (52,5%) y Chile (24,8%), en ese orden, seguidos por China (13,4%) en tercer lugar y Argentina (5,9%) en cuarto puesto.[566] En las próximas décadas, se espera que Argentina desplace a Chile como segundo productor mundial de litio. En el "Triángulo del litio" se concentra casi el 56% de los recursos mundiales de litio, es decir, aquellos que han sido probados como viables de explotación en términos económicos y técnicos, y el 50,8% de las reservas globales; el mineral que se encuentra en el "Triángulo" se condensa en

[563] USGS (United States Geological Survey) (enero de 2022). *Mineral Commodity Summaries 2022.* Recuperado de https://pubs.usgs.gov/periodicals/mcs2022/mcs2022.pdf.

[564] Ministerio de Desarrollo Productivo de Argentina (octubre de 2021). *Informe Litio.* Recuperado de https://www.argentina.gob.ar/sites/default/files/informe_l itio_-_ octubre_2021.pdf.

[565] Secretaría de Minería de Argentina (diciembre de 2022 a). *Litio y su potencial para el desarrollo minero argentino.* Recuperado de https://www.argentina.gob.ar/sites/default/files/litio_y_ su_potencial_ para_el_desarrollo_ minero_argentino._ vf._2021.pdf.

[566] USGS (2022), *op. cit.*

salares.[567] En el Cuadro 1 se muestran los porcentajes de participación de los países del Triángulo en términos de recursos, y de producción comercial a nivel mundial.

Cuadro 1. Recursos y participación de los países del Triángulo del Litio en la producción mundial

País	Recursos a escala global	Producción comercial
Argentina	21,30%	5,90%
Bolivia	23,50%	-
Chile	11%	24,80%
TOTAL	55,80%	30,70%

Fuente: Elaboración propia en base a United States Geological Survey (USGS) (2022)[568]

En el caso de Bolivia, la producción es a escala piloto, es decir que carece aún de elaboración de compuestos de litio de grado industrial. Recientemente, la empresa estatal Yacimientos de Litio Bolivianos (YLB) y el consorcio chino CBC (compuesto por las firmas Contemporary Amperex Technology Co Limited, CATL, Guangdong Brunp Recycling Technology Co. Ldt., BRUNP, y CMOC Group Limited) firmaron un acuerdo por seis meses (con posibilidad de extensión a un año) para realizar los estudios de ingeniería y factibilidad correspondientes a la instalación de dos complejos industriales de litio en Oruro y en Potosí. Una vez cumplida esa fase, se definirán los términos de los contratos para la construcción de los complejos, que incluyen dos plantas con la tecnología de Extracción Directa de Litio (EDL), con sus respectivas plantas de salmuera, de agua cruda, y de producción industrial de carbonato de litio de grado batería.

Argentina cuenta con salares de elevada concentración de litio, que posibilitan su explotación a costos relativamente bajos y la realización del proceso químico *in-situ*; además, el litio que se concentra en los salares argentinos presenta un alto grado de pureza. Australia, en cambio, exporta el concentrado de espodumeno a China (donde se localiza la mayor parte de las plantas de conversión), y sólo recientemente lo ha comenzado a refinar. Estos rasgos han impulsado la llegada de empresas extranjeras al

[567] Secretaría de Minería de Argentina (diciembre de 2022a), *op. cit.*

[568] USGS (United States Geological Survey) (enero de 2022). *Mineral Commodity Summaries 2022*. Recuperado de https://pubs.usgs.gov/periodicals/mcs2022/mcs2022.pdf.

sector del litio en Argentina, muchas de ellas de origen chino. El gobierno nacional y los gobiernos de las provincias productoras han promovido ese desembarco, mediante el establecimiento de alianzas estratégicas con las empresas chinas que, como se explica más adelante, implican el otorgamiento de ciertos beneficios y garantías de acceso al litio por parte de esas firmas.

Cabe agregar que el potencial posicionamiento de Argentina en el mercado global del litio tiene lugar en un contexto de pujas geopolíticas y geoeconómicas que involucra no sólo el acceso al recurso, sino también el control de los saberes y las patentes para su extracción, procesamiento e industrialización. Las grandes firmas multinacionales, y sus laboratorios, que dominan los eslabones más altos de la cadena de valor de las baterías de ion-litio, disputan por espacios y predominio en el mercado mundial. A su vez, los Estados de los países de origen de dichas empresas cumplen un rol fundamental: promueven las capacidades productivas mediante diversas regulaciones e incentivos vinculados a la electromovilidad (otorgamiento de subsidios y financiamiento a las actividades de I+D, incentivos impositivos, requisitos de contenido local y restricciones a las importaciones, entre otros). El apoyo estatal ha jugado un papel significativo, en especial en Corea del Sur y Japón y, más recientemente, en China, mediante la promoción al establecimiento de asociaciones público-privadas para proyectos de I+D para la fabricación de baterías de ion-litio, y el financiamiento a bajo costo para la construcción de plantas manufactureras. En ese contexto global, los países del 'Triángulo del litio' han emergido como 'territorios de disputa' entre las grandes empresas líderes del sector, que están presentes en Argentina y Chile, y están pujando por ingresar a Bolivia. En la sección que sigue se presentan dos ejemplos que evidencian los impactos de ese contexto en Argentina.

La presencia de empresas chinas en el sector del litio argentino: rasgos diferenciales

Las empresas chinas de litio están participando activamente en múltiples proyectos en Argentina; algunos de ellos iniciarán operaciones próximamente. Según el último relevamiento de la Secretaría de Energía de Argentina, el país cuenta con unos 38 proyectos de explotación de litio que están en distinto grado de avance. Hace tan sólo un año, ese conteo sumaba 23.[569] Las empresas chinas tienen participación en 16 proyectos, la mayoría de ellos se encuentran en fases avanzadas, es decir que los recursos han sido

[569] Secretaría de Minería de Argentina (agosto de 2022b). *Portfolio of Advanced Projects: Lithium*. Recuperado de https://www.argentina.gob.ar/sites/default/files/portfolio_lithium.pdf.

identificados y probados como factibles para la extracción, y cuentan con la aprobación para iniciar la fase de construcción, o ya la han empezado. Sin embargo, esa no siempre es la lógica.

En Argentina, los salares son desarrollados por pequeños propietarios o empresas *junior*, que sólo llevan adelante las fases iniciales (no cuentan con la capacidad técnica ni de inversión para llevar adelante etapas más complejas), y se fondean con capital de riesgo, en general en Australia y Canadá. Una vez que cumplen con las fases de exploración, buscan un comprador de mayor tamaño; ahí es cuando aparecen las grandes operadoras chinas, y de otros orígenes.

Al igual que las grandes operadoras de otros países, las empresas chinas han tomado control de varios proyectos en Argentina a través de la adquisición de compañías *junior*. A diferencia de otras grandes operadoras, en algunos casos, ingresan en proyectos con pequeña participación inicial, pero progresivamente se hacen del control, en general, mayoritario o total de los proyectos e, incluso, de salares completos donde se desarrollan varios proyectos. No les interesa ser accionistas, sino ir adquiriendo participación para controlar la producción.[570] Como se evidencia más adelante, este ha sido el caso del arribo de Ganfeng Lithium al proyecto Mariana, ubicado en la provincia de Salta y en fase de construcción; en este proyecto, la empresa china aumentó su participación progresivamente hasta hacerse con el control total. En otros casos, adquieren la totalidad del proyecto en una transacción inicial; tal fue el caso de Ganfeng en el proyecto Pozuelos-Pastos Grandes (PPG), ubicado en la provincia de Salta y en fase de evaluación económica preliminar, y de Zijin en el proyecto Tres Quebradas, ubicado en la provincia de Catamarca y en etapa de construcción. Varios proyectos que avanzaron más allá de las etapas iniciales fueron quedando en manos de firmas chinas. Estas empresas invierten, principalmente, vía realización de fusiones y adquisiciones.

Las grandes operadoras, sean chinas, como Ganfeng Lithium, o de otros orígenes, como Río Tinto, sólo intervienen en las fases de exploración cuando ya controlan otro proyecto, es decir para expandir su negocio, y extender, progresivamente, su dominio a todo el salar.[571] Los salares en Argentina están compartidos por varias empresas, pero existe una creciente tendencia hacia la concentración entre grandes operadoras, sea vía compra

[570] Entrevista de la autora con informante clave. Buenos Aires, anónimo, 15 de diciembre de 2022.

[571] *Id.*

de otras empresas, o a través de la adquisición de salares completos. La estrategia es "intentar no tener vecinos", es decir minimizar el riesgo de "compartir" el salar con otra empresa; por eso, buscan el control total.[572]

Otro de los rasgos que distingue a las empresas chinas es el acceso al financiamiento estatal. El financiamiento internacional para el sector del litio ha aumentado para las empresas en general en los últimos tres años.[573] Sin embargo, a diferencia de las occidentales, las firmas chinas distan de acudir al financiamiento en el mercado de capitales, sino que cuentan con financiamiento implícito de los bancos estatales nacionales y provinciales chinos. El financiamiento es tácito porque esta información no se publica abiertamente, pero los sectores vinculados a energía y al desarrollo tecnológico son considerados estratégicos para el Estado chino; por lo tanto, no sólo acceden a subsidios y otros programas de promoción, sino también al apoyo financiero de los bancos. Casos como el proyecto PPG evidencian que las empresas chinas adquieren proyectos por sumas elevadas de dinero, que otras empresas no están dispuestas a ofrecer; de esa manera, se aseguran el control de diversos proyectos, y/o avanzan hacia el control de salares completos. Su visión es diferente porque su interés no radica en el negocio meramente financiero o en la rentabilidad a corto o mediano plazo, sino en hacerse del futuro control del carbonato de litio de grado batería que producirán las plantas próximas a entrar en operaciones, para exportarlo y utilizarlo en la fabricación de baterías y otros productos vinculados.[574]

Los datos publicados por la Secretaría de Minería de Argentina dan cuenta del creciente interés de China por la obtención del litio. Como se expone en el Cuadro 2, en 2021 y 2022 China se ubicó como el principal destino de exportación del litio argentino que, junto con Corea del Sur y Japón, predominan como destino de las ventas externas de litio argentino.

Cuadro 2. Exportaciones argentinas de litio 2021 y 2022

País de destino	% de exportaciones totales 2021	% de exportaciones totales primeros 11 meses 2022
China	42,29	40
Estados Unidos	19,12	9

[572] Entrevista realizada por la autora con informante clave. Buenos Aires, anónimo, 12 de enero de 2023.

[573] *Id.*

[574] Entrevista realizada por la autora con informante clave. Buenos Aires, 16 de diciembre de 2022 a.

País de destino	% de exportaciones totales 2021	% de exportaciones totales primeros 11 meses 2022
Japón	16,49	32
Corea del Sur	7,41	13

Fuente: Elaboración propia en base a datos de la Secretaría de Minería de Argentina (2022c y 2022d)[575]

De las exportaciones mineras totales de Argentina a China, el carbonato de litio representó el 98,2% en 2021, equivalente a un monto aproximado de 87 millones de dólares, el resto estuvo compuesto por boratos (0,9%) y cloruro de litio (0,8%).[576] Las provincias de Catamarca, Jujuy y Salta explican el 99,8% de las exportaciones argentinas de dichos productos a China.[577] En lo que respecta al cambio progresivo de los principales destinos de las exportaciones argentinas de litio y a cómo China fue adquiriendo protagonismo, en el Cuadro 3 se exhibe que, en 2017, Japón estaba en primer lugar, seguido por Estados Unidos y, luego, por China. En 2018, China se convierte en el primer destino, posición que prevalece hasta la actualidad, con excepción de 2019.

Cuadro 3. Exportaciones argentinas de litio 2017-2021 (en millones de dólares)

País de destino	2017	2018	2019	2020	2021
China	44,6	104,6	51,8	53,9	88,03
Estados Unidos	54,5	59,2	51,4	39,79	39,8
Japón	84,4	40,8	52,6	7,49	34,3
Corea del Sur	24,5	39	S/D	S/D	15,4
Otros	223,8	274,5	195,4	128,8	208,1

Fuente: Elaboración propia en base a datos de la Secretaría de Minería de Argentina (2022 f)[578]

[575] Secretaría de Minería de Argentina (2022c). Panorama minero de China en Argentina. Recuperado de https://www.google.com/url?sa= t&rct= j&q=& esrc=s&source= web&cd= &ved= 2ahUKEwi1 3bn7vr_7 AhXdRL gEHZ21 DY8QFnoECAgQAQ &url=https %3A%2F% 2Fwww.argentina.gob. ar%2Fsite s%2Fdefaul t%2Ffiles%2F presentacion- china_22.p ptx&usg= AO vVaw17 sJbu0HefdxG-NFf-tBcj. Secretaría de Minería de Argentina (2022d). *Informe Mensual. Exportaciones mineras de Argentina*, diciembre. Recuperado de https://www.argentina.gob.ar/sites/default/f iles/2022.12_exportaciones_ mineras_de_argentina.pdf.

[576] Secretaría de Minería de Argentina (diciembre de 2022 e). *Informe. Comercio Bilateral de Minerales: República Argentina – República Popular China 2019-2021*. Recuperado de https://www.argentina.gob.ar/sites/default/files/china_2.pdf.

[577] *Id.*

[578] Secretaría de Minería de Argentina (4 de noviembre de 2022f). *Exportaciones de minerales, última actualización 4 de noviembre de 2022.*

El posicionamiento de China como destino más importante de las exportaciones de litio de Argentina coincide con el incremento de su demanda, a partir de 2018; previamente, el cobre predominaba en las exportaciones mineras de la Argentina hacia China. Este nuevo escenario doméstico, en un contexto global donde China es un jugador clave, explica también el aumento de las inversiones en los últimos años; el litio ha sido el recurso que ha captado mayor inversión de empresas de origen chino en el sector minero argentino.

Como se analiza más adelante, las alianzas estratégicas establecidas entre actores socioeconómicos predominantes en Argentina, es decir el conjunto de empresarios individuales o grupos empresarios nacionales que poseen mayor peso económico[579] y sus contrapartes chinas, han sido clave para el arribo y la consolidación de la presencia de firmas chinas en el sector. En las próximas secciones se evidencia cómo dichos actores locales operan como eslabones internos de la cadena de intereses de sus contrapartes externas; ello se traduce en requerimientos, pugnas y/o alianzas políticas con las clases dirigentes, en el marco de un entramado asociativo que incide en las políticas públicas, y dificulta senderos de desarrollo durable.[580] El rol de los actores socioeconómicos predominantes en ese proceso es central porque, a través de las alianzas entre empresarios locales y de capitales chinos, se contribuye a favorecer y fortalecer el patrón de inserción y el modelo de desarrollo vigente en el país; dichas alianzas también impulsan a sostener, o bien modificar, el desarrollo productivo de determinados sectores considerados estratégicos, entre ellos el del litio.

En el Cuadro 4 se resumen los proyectos de litio en fase de construcción y evaluación económica preliminar donde intervienen empresas chinas, sea mediante control completo o parcial, los montos de inversión CAPEX (*capital expenditure* o inversión en capital o inmovilizado fijo que realiza una empresa), los montos de anuncios de inversiones y de inversiones vía fusiones y adquisiciones (en los casos en que hay datos disponibles), junto con otra información relevante.

[579] Sidicaro, R. (2001). *La crisis del Estado y los actores políticos y socioeconómicos en la Argentina (1989-2001)*. Libros del Rojas.

[580] Castellani, A. & Heredia, M. (2016). Introducción. En A. Castellani (coord.). *Radiografía de la elite económica argentina. Estructura y organización en los años noventa*. UNSAM Edita. Schorr, M. (2021). *El viejo y el nuevo poder económico en la Argentina. Del siglo XIX a nuestros días*. Siglo XXI.

Cuadro 4. Inversiones CAPEX (capital expenditure o inversión en capital), y montos de fusiones y adquisiciones de empresas chinas en Argentina

Proyectos de litio y empresas chinas intervinientes	Inversiones CAPEX (en millones de dólares)	Anuncios de inversiones (en millones de dólares)	Fusiones y adquisiciones (en millones de dólares)	Grado de avance	Posible inicio de operación comercial	Capacidad productiva anual estimada (en toneladas de carbonato de litio equivalente -LCE)
Cauchari-Olaroz (Minera Exar, conformada por Ganfeng Lithium 46,7%, Lithium Americas 44,8% y JEMSE 8,5%). Ubicación: Jujuy	852	S/D	263,5 (adquisición de la participación mayoritaria proyecto de parte de Ganfeng entre 2018 y 2020)	En construcción	Durante 2023	40.000
Centenario-Ratones (Eramine Sudamérica -subsidiaria de Eramet- 50,1% y Tsingshan 49,9%). Ubicación: Salta	595	770	S/D	En construcción	Principios 2024	24.000

Mariana I, II, III (Ganfeng Lithium). Ubicación: Salta	243	580	13,16 (adquisición del 8,58% restante en el proyecto a International Lithium en 2021)	En construcción	Durante 2023	20.000
Tres Quebradas (Liex S.A., subsidiaria de Zijin Mining). Ubicación: Catamarca	380	380	770	En construcción	Fines 2023	25.000
Pozuelos (PPG) (Ganfeng Lithium). Ubicación: Salta	338	S/D	962 (adquisición a Pluspetrol en julio 2022)	Evaluación económica preliminar	-	25.000
TOTAL	**2408**	**1730**	**2008,66**			**139.000**

Fuente: Elaboración propia en base a Secretaría de Minería de Argentina (2022b; 2022g)[581], y sitios de internet de las empresas

[581] Secretaría de Minería de Argentina (agosto de 2022b). *Portfolio of Advanced Projects: Lithium*, agosto. Recuperado de https://www.argentina.gob.ar/sites/default/files/portfolio_lithium.pdf; Secretaría de Minería de Argentina (2022 g). *Anuncios de Inversión del Sistema de Información Abierta a la Comunidad de la Actividad Minera en Argentina (SIACAM)*. Recuperado de https://datos.produccion.gob.ar/dataset/anuncios-de-inversion-en-el-sector-minero-de-argentina-siacam.

Argentina cuenta con dos proyectos de litio en operación y expansión, y seis proyectos en construcción. Como se indica en el Cuadro 4, hay presencia de empresas chinas en cuatro de los seis proyectos en construcción, ya sea como controlantes totales, o mediante participación junto con otras empresas. El caso de Centenario-Ratones es distintivo porque la francesa Eramet había iniciado el proyecto en 2019, pero en abril de 2020 decidió detener la construcción a raíz del inicio de la crisis económica global por la pandemia; sólo se mantuvieron las tareas de exploración. La interrupción se produjo por razones externas, pero principalmente, por causas internas. A nivel externo, incidió la crisis económica y la consecuente caída de los precios internacionales de las *commodities*. A nivel interno, fueron determinantes el incremento de las restricciones cambiarias en Argentina, y la incertidumbre ante la posibilidad de que el país entrara en un proceso de cesación de pagos internacionales como consecuencia de la crisis global. Este hecho refleja la vulnerabilidad a la que se enfrenta Argentina al depender exclusivamente de inversiones extranjeras para el desarrollo de sectores que son considerados estratégicos. En otros sectores, como el de renovables, se evidencian casos similares, aunque en contextos diferentes. En el marco del Programa Generación Renovable, lanzado en 2009, por ejemplo, solo se concretó el 10% de los proyectos adjudicados, debido al elevado endeudamiento y al escaso acceso al financiamiento extranjero; además, dada la incertidumbre económica, no se concretaron las inversiones esperadas.[582]

En 2021, Eramet evaluó múltiples propuestas de asociación con otras compañías para continuar con el proyecto. En noviembre de ese año, se anunció la alianza con la firma china Tsingshan, que negoció el financiamiento para la construcción de la planta por un valor aproximado de 375 millones de dólares a cambio de la participación del 49,9%.[583] En diciembre de 2022, la empresa china anunció que finalmente invertirá 770 millones de

[582] González Jáuregui, J. (diciembre de2021). How Argentina Pushed Chinese Investors to Help Revitalize Its Energy Grid. *Carnegie Endowment for International Peace*. Recuperado de https://carnegieendowment.org/files/Jauregui_Argentina_China_final.pdf.; González Jáuregui, J. (2022). Financiamiento e inversiones de China en energías renovables en Argentina: implicaciones para la transición energética y el desarrollo. *Revista Ciencias Sociales (segunda época), 13* (42), 177-198. Recuperado de https://ediciones.unq.edu.ar/661-revista-de-ciencias-sociales-segunda-epoca-no-42.html

[583] Eramet (2021). *Eramet in Argentina. Lithium Project*. Recuperado de https://www.eramet.com/sites/default/files/2021-11/Eramet-Press-kit-Lithium-project-Argentina-November2021.pdf. Skidmore, Z. (21 de noviembre de 2021). Eramet teams up with Tsingshan to build $400m lithium plant. *Mining Technology*. Recuperado de https://www.mining-technology.com/news/eramet-teams-up-tsingshan-lithium-plant/.

dólares en el proyecto.[584] La firma Tsingshan tiene intenciones de replicar la estrategia de Ganfeng en el proyecto Mariana, es decir ir adquiriendo participación progresiva hasta hacerse con el control total.[585]

Los dos proyectos que ya producen litio (Fénix en el Salar del Hombre Muerto, en Catamarca, y Olaroz en el Salar de Olaroz, en Jujuy) no cuentan con inversiones chinas. El proyecto Fénix tiene como operadora a la empresa estadounidense Livent, y Olaroz está a cargo de Sales de Jujuy S.A., una asociación entre la australiana Allkem, la japonesa Toyota Tsusho, y la empresa estatal provincial, Jujuy Energía y Minería Sociedad del Estado (JEMSE). El proyecto Fénix exporta, primero, a sus plantas en Estados Unidos, China, India y el Reino Unido, y luego a clientes externos, mientras Olaroz destina sus exportaciones a Japón. Ambos proyectos han iniciado ampliaciones para aumentar su capacidad de producción. El *modus operandi* de las empresas que controlan estos dos proyectos evidencia que, como se detalla más adelante, el gobierno nacional y los gobiernos provinciales en Argentina brindan las condiciones necesarias para que las firmas extranjeras se instalen en el país, extraigan el recurso, y luego lo exporten para procesarlo en sus plantas manufactureras. El Estado argentino, a nivel nacional y subnacional, promueve la consolidación de un perfil primario-exportador.

Entre los proyectos en fase de construcción que no involucran participación de empresas chinas se destaca Sal de Oro, en el Salar de Hombre Muerto; está en manos de la empresa surcoreana POSCO. La presencia de una firma coreana en un proyecto en construcción se alinea el posicionamiento de Corea del Sur como líder en la producción global de baterías; de ahí también que, junto con Japón y China, ocupe un lugar destacado como destino de las exportaciones argentinas de litio.

Entre los cinco proyectos en fase de evaluación económica preliminar, sólo PPG está en manos chinas; el resto están a cargo de firmas australianas y canadienses. El proyecto PPG unifica los proyectos Pastos Grandes y Pozuelos, en Salta; estaba a cargo de la empresa argentina Lítica, subsidiaria de Pluspetrol, y pasó a manos de la firma china Ganfeng Lithium en julio de 2022. Esta operación fue calificada como "estratégica", no sólo por el elevado monto de la transacción, sino porque comparte dos salares,

[584] MRECIC (Ministerio de Relaciones Exteriores, Comercio Internacional y Culto de Argentina) (28 de diciembre de 2022a). *La empresa china Tsingshan Holdings duplica su inversión en la Argentina*. Recuperado de https://cancilleria.gob.ar/es/actualidad/noticias/la-empresa-china-tsingshan-holdings-duplica-su-inversion-en-la-argentina.

[585] Entrevista realizada por la autora a informante clave, anónimo. Buenos Aires, 12 de enero de 2023.

Pozuelos y Pastos Grandes.[586] Al hacerse cargo del proyecto, Ganfeng consolidó presencia en ambos. Como se explica abajo, este proyecto es clave en el marco de la disputa de poder entre Ganfeng y Lithium Americas en el Salar de Pastos Grandes.

En los dos proyectos en fase de factibilidad y los tres en etapa de pre-factibilidad, sólo en Pastos Grandes (en etapa de factibilidad) hay participación de una firma china. En base a las estrategias que han seguido las empresas chinas hasta el presente, únicamente en los proyectos Cauchari y Kachi (en fase de pre-factibilidad), a cargo de la *junior* Lake Resources, se puede intuir una futura maniobra de parte de firmas chinas para su adquisición; el resto están a cargo de grandes operadoras, presentes también en otros proyectos.

El proyecto Pastos Grandes es distintivo por su importancia para la puja de poder entre dos grandes operadoras en el Salar de Pastos Grandes. En diciembre de 2022, la firma canadiense Lithium Americas acordó comprar todas las acciones que aún no posee de otra empresa canadiense, Arena Minerals.[587] Se espera que la fusión finalice durante el tercer trimestre de 2023 y que los inversores de Arena Minerals retengan un 5,7% de participación en Lithium Americas. Así, Lithium Americas pasará a ser tener a cargo dos proyectos en el Salar de Pastos Grandes (el proyecto Pastos Grandes, en manos de Lithium Americas, y el proyecto Sal de la Puna, hasta ahora en manos de Arena Minerals, en fase exploratoria). En el caso de Ganfeng, tiene participación del 16% en Arena Minerals, y acordó deshacerse de esa participación previo a la fusión. Como se señaló, Ganfeng y Lithium Americas son propietarias del proyecto Cauchari-Olaroz, que está geográficamente próximo al proyecto Pastos Grandes. Mediante los acuerdos recientes, estas dos empresas se convertirán en las "dos grandes fuerzas" en control del Salar de Pastos Grandes.[588]

A los dieciséis proyectos mencionados, se suman unos veinte en etapa de exploración avanzada; entre ellos, también hay firmas chinas involucradas. Cabe mencionar que, en los presupuestos exploratorios de 2021, predominó Canadá (19,6 millones de dólares), luego Australia (18,6 millones

---

[586] Entrevistas realizadas por la autora a informantes claves, anónimos, realizadas en Buenos Aires: 15 de diciembre de 2022; 16 de diciembre de 2022a; 12 de enero de 2023.

[587] Arena Minerals (20 de diciembre de 2022). Lithium Americas to Acquire Arena Minerals to Consolidate the Highly Prospective Pastos Grandes Basin. Recuperado de https://arenaminerals.com/lithium-americas-to-acquire-arena-minerals-to-consolidate-the-highly-prospective-pastos-grandes-basin/.

[588] Entrevista realizada por la autora a informante clave, anónimo. Buenos Aires, 12-01-2023.

de dólares) y, en tercer lugar, China (7,6 millones de dólares); junto con el resto de los países, el monto total presupuestado para exploración fue de 55,3 millones de dólares.[589] Estos datos corroboran que, por el momento, China interviene en proyectos más avanzados, y que las empresas *junior*, encargadas de las fases de exploración inicial, cuentan principalmente con fondeo australiano y canadiense.

Entre los proyectos en exploración se destaca Solaroz (90% está a cargo de la empresa australiana Lithium Energy Limited, y 10% en manos de la firma china Hanaq), en el Salar de Olaroz en Jujuy. Este caso es particular porque, si bien la firma china es pequeña comparada con las grandes operadoras del mismo origen, se trata de una compañía que está presente en Argentina hace años, y cuenta con vasta experiencia: tuvo participación en una unión temporal de empresas (UTE) que se conformó para el proyecto Sal de los Ángeles, en el Salar de Diablillos en Salta, que vendió. Esa experiencia es distintiva respecto de las grandes operadoras, como Ganfeng o Zijin, que no han avanzado en proyectos exploratorios hasta no tener a cargo otros proyectos. Es probable que, como ha ocurrido con otros casos de firmas chinas, Hanaq aumente su participación en el proyecto una vez que éste avance, o bien que éste sea adquirido por una gran operadora. Hanaq también tiene a cargo el proyecto Doncella en el Salar de Arizaro en Salta, y el proyecto Pocitos en Salta; ambos se encuentran en fase de exploración.[590]

Dos casos de proyectos en etapa exploratoria demuestran que las tensiones geopolíticas y geoeconómicas por el control del litio están teniendo un impacto directo en Argentina, que ha devenido en un 'territorio de disputa' entre las empresas que lideran el mercado global del recurso. En junio de 2022, la empresa Zangge Mining y la canadiense Ultra Lithium habían anunciado un acuerdo para invertir en el proyecto Laguna Verde en la provincia de Catamarca. En noviembre de 2022, el convenio fue cancelado a raíz de la orden del gobierno canadiense de que la empresa china se deshiciera de sus intereses en firmas canadienses involucradas en proyectos de minerales críticos. Un caso similar aconteció con la empresa estatal de origen ruso Uranium One, que había acordado en diciembre de 2021 la adquisición del 15% del proyecto Salar de Tolillar, en Salta, a cargo de la empresa canadiense Alpha Lithium. Una vez iniciada la guerra entre Rusia y Ucrania, la firma canadiense decidió suspender el acuerdo.

---

[589] Secretaría de Minería de Argentina (2022a), *op. cit.*

[590] Panorama Minero (2022). Litio en Sudamérica 2022. Un llamado a la acción ante una ventana de oportunidad. *XLV* (509), 11-20. *Panorama Minero*. Recuperado de https://issuu.com/diegocasale/docs/pm_edicion_509_final_2.

Otros cuatro proyectos en exploración pasaron a manos de empresas chinas entre agosto y octubre de 2022. Se trata de Laguna Caro, en Catamarca, que fue adquirido por la firma china JinYuan EP Co. Dicha empresa también anunció la adquisición de los derechos para explotar una sección del proyecto Cauchari-Olaroz, en Salta.[591] Por su parte, la firma china Tibet Summit Resources anunció inversiones por un monto total aproximado de 2.200 millones de dólares; una parte se destinará a construir una planta piloto en el Salar de Diablillos, en Salta, y la otra a una explotación en el Salar de Arizaro, en Salta.[592]

Marcos normativos, pujas de poder entre Estado nacional y provincias, y limitantes para la industrialización

Las empresas chinas han logrado posicionarse entre los principales inversores en el sector del litio en Argentina. Su arribo se ha impulsado a través de interacciones con las autoridades nacionales, con los gobiernos subnacionales y con las compañías locales, es decir mediante alianzas estratégicas entre actores socioeconómicos predominantes locales y de origen chino. El marco normativo argentino establece que el dominio de los recursos le pertenece a las provincias. Bajo ese esquema, las tres provincias argentinas con mayores recursos de litio (Catamarca, Jujuy y Salta) han alentado la colocación de inversiones en litio en sus territorios. Por su parte, las empresas chinas han entendido que el "juego" del litio tiene lugar a escala provincial; se reúnen con las autoridades nacionales, pero también con las subnacionales, al tiempo que hacen la debida diligencia correspondiente y se acercan a las firmas privadas.

En Argentina, de acuerdo con el artículo 124 de la Constitución nacional, los Estados subnacionales poseen el dominio originario de los recursos naturales, lo que implica que tienen capacidad de administrar los recursos mineros en sus territorios, es decir que regulan la actividad y otorgan las concesiones. Por su carácter federal, esta normativa se distingue del tratamiento legal de carácter centralizado que se le brinda al recurso en

[591] Tang, S. (31 de agosto de 2022). China's Jinyuan get local gov't to develop lithium salt project in Argentina. *Yicai Global*. Recuperado de https://www.yicaiglobal.com/news/china-jinyuan-gets-local-govt-support-to-develop-salt-lake-project-in-argentina

[592] MRECIC (Ministerio de Relaciones Exteriores, Comercio Internacional y Culto de Argentina) (4 de noviembre de 2022b). *Empresa china anuncia inversiones en litio en Argentina por más de 2.000 millones de dólares*. Recuperado de https://www.cancilleria.gob.ar/es/actualidad/noticias/empresa-china-anuncia-inversiones-en-litio-en-argentina-por-mas-de-2000-millones.

Bolivia y Chile. Sin embargo, las provincias no cuentan con plena autonomía para administrar el litio: tienen la "propiedad" sobre el recurso originario, pero bajo un esquema de reglas que define el Estado nacional que, además, controla políticas específicas como las de desarrollo de infraestructura y de ciencia y tecnología. En esta sección se explica por qué el esquema normativo piramidal argentino condiciona las posibilidades de desarrollo productivo y tecnológico de las provincias, y se analiza cómo los actores socioeconómicos predominantes locales, en las alianzas estratégicas que establecen con sus contrapartes chinas, contribuyen a dificultar la transformación de la estructura productiva y el ascenso en la cadena global de valor del litio.

A diferencia de Bolivia y Chile, el litio no es considerado un recurso estratégico en Argentina; Catamarca (mediante el artículo 66 de la Constitución provincial) y Jujuy (a través de la Ley 5.674) le han dado esa clasificación. El gobierno de Salta declaró "de interés público" el proyecto de la compañía privada Bolera Minera S.A. para la exploración, explotación e industrialización de siete minas en el salar de Salinas Grandes.[593] En enero de 2023, la provincia de La Rioja promulgó la Ley 10.608, que declara al litio un recurso estratégico y "de interés provincial"; otorga preponderancia a las empresas del Estado, que gozarán de un derecho de preferencia y/o prioridad de descubrimiento y/o de cualquier otro derecho minero, al tiempo que suspende por 120 días los permisos otorgados de exploración y concesiones relacionadas con el mineral. Asimismo, le otorga al Poder Ejecutivo la facultad de determinar las "zonas de interés de investigación", mientras que todas las actividades vinculadas al litio deberán realizarse con participación de la empresa pública Energía y Minerales Sociedad del Estado (EMSE). Desde la perspectiva de los actores más representativos del sector privado minero, es decir la Cámara Argentina de Empresarios Mineros, la Unión Industrial Argentina y la Cámara de la Construcción, la medida dispuesta por La Rioja, que aún no cuenta con proyectos de litio, tiene impactos negativos para las empresas que ya operan en la provincia, al tiempo que desalienta futuras inversiones. Los gobiernos de las provincias productoras también se han opuesto a la decisión unilateral del gobierno de La Rioja. Otras voces, como el gobierno riojano, e investigadores abocados a la temática, resaltan que la ley marca un punto de inflexión en el abordaje provincial porque potencia el rol del Estado en el aprovechamiento

[593] Gobierno de Salta (22 de septiembre de 2010). *El Gobierno declaró de interés público una iniciativa de extracción de litio en la Puna*. Recuperado de https://www.salta.gob.ar/prensa/noticias/el-gobierno-declaro-de-interes-publico-una-iniciativa-de-extraccion-de-litio-en-la-puna-7860.

del litio.[594] No obstante, algunos investigadores se interrogan acerca de la capacidad de EMSE de poner en marcha proyectos de litio, no sólo en términos técnicos sino también financieros.[595] Las voces disonantes reflejan las tensiones existentes entre los actores socioeconómicos predominantes en Argentina: para el sector privado, la rentabilidad que está generando la explotación del litio debe continuar en manos de las empresas, sin impedir el libre acceso que permite la normativa argentina. Para el gobierno nacional y los gobiernos subnacionales, aunque con miradas disímiles sobre cómo hacerlo, el "boom" del litio debe ser aprovechado como una vía de expansión del dinero disponible para las arcas estatales. Las diferentes orientaciones que han tomado las provincias evidencian ausencia de coordinación entre ellas, y con el Estado nacional, respecto a qué estrategia seguir en torno al litio.

Además de la Constitución, el Código de Minería, enmarcado en la Ley 24.585, también regula la actividad minera a nivel nacional. El Código considera al litio como mineral de primera categoría, junto con el cobre, el oro y la plata, y establece que el Estado provincial tiene dominio originario de las minas, pero asigna diferencias entre la propiedad superficial y la propiedad del subsuelo; esta última la retiene el que la descubre, que puede explotarlas previo al otorgamiento de una concesión por parte de la autoridad competente. Por lo tanto, la propiedad de las minas de primera categoría es del Estado provincial, pero no puede explorarlas ni disponer de ellas. En cambio, las personas físicas o jurídicas pueden adquirirlas a través de concesiones legales que otorga la autoridad provincial competente. Para poder disponer de la propiedad del subsuelo, el particular debe abonar un canon minero, invertir un capital mínimo y realizar la explotación.

El Código también establece que un Estado provincial puede realizar actividades mineras mediante personas jurídicas, por ejemplo, empresas públicas, que pueden ser compañías del Estado, o sociedades anónimas con participación mixta o 100% estatal. En esa línea, Catamarca, Jujuy y Salta han incluido mecanismos de participación en los proyectos de litio mediante sus empresas provinciales; Catamarca Minera y Energética Sociedad del Estado (CAMYEN S.E.) en Catamarca, JEMSE en Jujuy, y Recursos Energéticos y Mineros Salta (REMSa) en Salta. En el caso de JEMSE, integra el 8,5% del

[594] Lehman, J. (21 de enero de 2023). El enorme potencial del litio en Argentina: La clave es no ser un mero exportador del recurso. *Sputniknews*. Recuperado de https://sputniknews.lat/20230121/el-enorme-potencial-del-litio-en-argentina-la-clave-es-no-ser-un-mero-exportador-del-recurso-1134885673.html.

[595] Risso, N. (12 de enero de 2023). En La Rioja, el litio ya es un recurso natural estratégico. *Página 12*. Recuperado de https://www.pagina12.com.ar/515126-la-rioja-cerca-de-declarar-al-litio-recurso-estrategico.

capital accionario del proyecto Olaroz de Sales de Jujuy S.A. y del proyecto Cauchari-Olaroz de Minera Exar, y tiene un integrante en el directorio de cada sociedad mixta que conforma. JEMSE también dispone de una cuota del 5% de la producción de las empresas en operación para industrialización local en la provincia. Por su parte, REMSa es propietaria del 5% de las futuras ventas que genere el proyecto Centenario-Ratones, es decir que, a diferencia de JEMSE, comercializa las pertenencias mineras y atrae a empresas privadas para que lleven a cabo el negocio. En el caso de CAMYEN, al presente no cuenta con acuerdos con empresas privadas que le permitan participar en los proyectos. En estas empresas, la participación accionaria se ha limitado a funciones administrativas; sólo en el caso de Jujuy se ha incluido la posibilidad de participar en actividades productivas, pero ha sido principalmente en el segmento "aguas abajo", es decir en los procesos de explotación.[596] Cabe agregar que la cuota de carbonato de litio que tiene a disposición JEMSE para avanzar en el objetivo de industrialización es reducida en relación a la producción promedio que genera el proyecto Olaroz; por ello, más allá del discurso oficial, es difícil que logre avanzar en el agregado de valor. En esta misma sección se analiza por qué, a nivel nacional y subnacional, está aún lejos la posibilidad de industrializar el litio mediante iniciativas locales.

Por su parte, la Ley 24.196 de Inversiones Mineras regula la actividad minera en general, comprendida en el Código de Minería. Es menester recordar que las tres normativas nacionales que reglamentan la actividad fueron adaptadas al esquema neoliberal de los años noventa. La Ley 24.196 está orientada a atraer inversiones; las empresas se ven alentadas por los beneficios tributarios (entre ellos, el otorgamiento de estabilidad fiscal por treinta años, que se contabiliza a partir de la presentación del estudio de factibilidad al Estado nacional). La estabilidad tributaria incluye la deducción de impuestos directos, tasas y contribuciones impositivas, derechos, aranceles y/u otros gravámenes a la importación o exportación en el ámbito nacional, provincial o municipal. La Ley también permite la posibilidad de requerir la devolución anticipada o el financiamiento del Impuesto al Valor Agregado (IVA) en la adquisición de bienes y/o servicios y otros gastos que se destinen a la fase de exploración, al tiempo que fija un tope del 3% a las regalías. Las regalías son la principal fuente de recaudación directa por parte de las provincias, pero al aplicarse al valor en boca de mina, es decir

[596] Freytes, C., Obaya, M., & Delbuono, V. (octubre de 2022). Federalismo y desarrollo de capacidades productivas y tecnológicas en torno al litio. *Fundar*. Recuperado de https://fund.ar/wp-content/uploads/2022/10/Fundar_Litio- y-Federalismo.pdf.

el valor de la salmuera, finalmente sólo reciben cerca del 0,6%. En Chile, en cambio, las regalías responden a un esquema escalonado que parte de una alícuota de casi 7% y, una vez que la tonelada de LCE supera los 10 mil dólares, puede ascender proporcionalmente hasta un tope de 40%. A lo anterior se suma que el Estado nacional argentino aplica un 4,5% por derechos de exportación, que no son coparticipables (a diferencia del Impuesto a las Ganancias, y del IVA) y que, desde enero de 2023, dejó sin efecto el reintegro a las exportaciones de entre 2,5% y 5% por las ventas de litio.[597]

El tope de recaudación por regalías afecta la posibilidad de incentivar políticas de desarrollo productivo de la minería del litio en las provincias. En base a ello, además de la participación accionaria en las operaciones y la percepción de cuotas de producción, los gobiernos provinciales proclaman que exigen la aplicación de la política de "compre local" como incentivo al desarrollo. Esta política propone sujetar el acceso al recurso o el mantenimiento de las concesiones otorgadas a ciertas condiciones de contratación de empleo local y/o de adquisición de bienes y servicios producidos localmente. Sin embargo, la complejidad aumenta a medida que los proyectos avanzan en sus etapas de desarrollo, y se requieren bienes más sofisticados, al igual que recursos humanos con mayor calificación. Para contrarrestar esas limitaciones, se suelen establecer UTE, o bien contratar empresas de otras provincias, y cubrir la falta de recursos humanos calificados. Pero en el caso del equipamiento sofisticado y ciertos insumos, al no producirse localmente, deben importarse. Los requerimientos de "compre local" varían en cada provincia; en general, no se cumple con los requisitos mínimos de integración de la industria nacional establecidos por la normativa.

Así, mediante múltiples herramientas, el marco normativo argentino fomenta que las grandes empresas multinacionales estén a cargo de la puesta en marcha definitiva de los proyectos de extracción. Esto ocurre más allá de los diferentes modelos de regulación provincial, y de las diversas categorizaciones que las provincias le otorgan al litio. En las provincias productoras, aunque las legislaturas han declarado al litio como "recurso estratégico", esos pronunciamientos distan de poseer valor jurídico ante el Código de Minería porque no tienen capacidad de modificar ni suspender el esquema de libres concesiones. En esa línea, de acuerdo con el Instituto Argentino de Derecho para la Minería, la Ley que promulgó La Rioja es inconstitucional.[598]

[597] Ámbito (16 de enero de 2023). Economía dejó sin efecto el reintegro a las exportaciones de litio. *Ámbito.* Recuperado de https://www.ambito.com/economia/litio/dejo-efecto-el-reintegro-las-exportacioes-n5629737.

[598] Mining Press (23 de enero de 2023). IADEM: Inconstitucionalidad de la Ley del Litio en La Rioja. *Mining Press.* Recuperado de https://miningpress.com/nota/352976/iadem-inconstitucionalidad-de-la-ley-del-litio-en-la-rioja.

Además de contar con un clima propicio para realizar inversiones, las firmas multinacionales son sujetas a escasos requisitos de vinculación con el sistema de producción local. Los impuestos que recauda la Nación distan de tener asignación específica para construir capacidades tecno-productivas. Según información recabada en las entrevistas, la creación de empresas públicas ha sido una estrategia de las provincias para captar renta de los emprendimientos privados mineros, centrada en una perspectiva economicista antes que en visiones que potencien la capacidad científico-tecnológica, o de desarrollo productivo.[599] La participación accionaria de las empresas públicas ha implicado nulo involucramiento en el proceso productivo, con excepción del caso de JEMSE que, de todos modos, sólo lo hace en las etapas iniciales.

También es inexistente la exigencia de compromisos de participación conjunta entre empresas extranjeras y locales vía *joint ventures*, o esquemas de transferencia tecnológica donde las firmas extranjeras posibiliten el aprendizaje de su *know how*, o bien incorporen capacidades científico-tecnológicas argentinas. Se han firmado acuerdos entre YPF Tecnología (Y-TEC, una empresa pública orientada a la investigación, conformada en un 51% por Yacimientos Petrolíferos Fiscales, YPF, y en un 49% por el Consejo Nacional de Investigaciones Científicas y Técnicas, CONICET) y la firma china Tianqi Lithium, por un lado, y entre YPF Litio (la unidad de negocios del litio de Y-TEC) y la empresa china CATL, por otro.[600] Esos acuerdos sólo enuncian una "potencial" colaboración, sin especificaciones de montos de inversión, ni de cómo, cuándo y bajo qué condiciones se concretarán los proyectos para industrialización del litio.

Respecto al potencial que posee Argentina para avanzar en la industrialización del litio, se ha instalado en el debate público la discusión acerca de las posibilidades concretas de que eso ocurra. El gobierno nacional, incluidos presidencia y los ministerios de Ciencia y Tecnología y de Economía, comenzó a promover la posibilidad de fabricar baterías de litio en Argentina durante el primer mandato de Cristina Fernández, con varios intentos

[599] Entrevistas realizadas por la autora a informantes clave, anónimos. Buenos Aires, 16 de diciembre de 2022 a y 16 de diciembre de 2022b.

[600] Ministerio de Desarrollo Productivo de Argentina (24 de noviembre de 2021b). *YPF se Reunió con el Mayor Fabricante de Baterías de Litio*. Recuperado de https://www.argentina.gob.ar/noticias/ypf-se-reunio-con-el-mayor-fabricante-de-baterias-de-litio; Ámbito (18 de agosto de 2022). La estatal Y-TEC y una empresa china industrializarán en conjunto el litio argentino. *Ámbito*. Recuperado de https://www.ambito.com/economia/litio/la-estatal-y-tec-y-una-empresa-china-industrializaran-conjunto-el-argentino-n5513535.

fallidos y estrategias contrapuestas desde entonces.[601] Como se analiza más adelante, esa posibilidad sigue siendo impulsada mediante iniciativas inter-institucionales, con Y-TEC como protagonista, pero los requisitos concretos para lograr el agregado de valor están lejos de concretarse.

A diferencia de la visión gubernamental, para el sector privado automotriz y minero, el agregado de valor ya está teniendo lugar mediante el proceso químico que se lleva a cabo para obtener el carbonato de litio de grado batería que, como se muestra en el Gráfico 1, consta de cuatro etapas. Las entrevistas realizadas con representantes del sector minero privado avalaron la idea de que el "valor agregado" tiene lugar mediante la obtención del carbonato de litio.[602]

Gráfico 1. Proceso de obtención del carbonato de litio

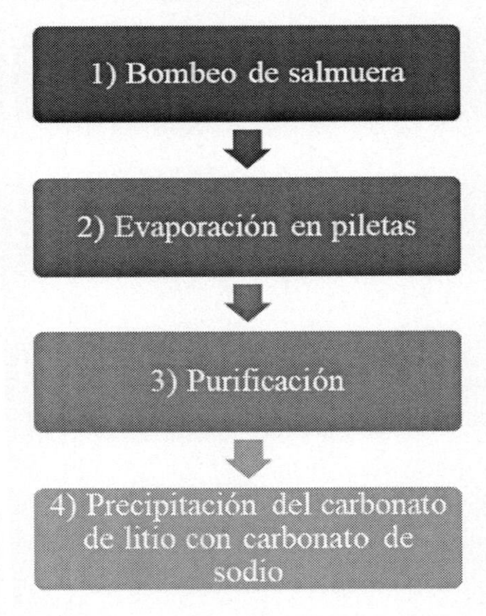

Fuente: Elaboración propia

El gobierno nacional anunció a fines de 2022 que Argentina ya cuenta con la primera planta de fabricación de celdas y baterías de ion-litio (UniLiB), producto de un consorcio integrado por la Universidad Nacional de La Plata

[601] Fornillo, B. (2015). "Del salar a la batería": Política, ciencia e industria del litio en la Argentina. En B. Fornillo (Coord.), *Geopolítica del Litio: Industria, Ciencia y Energía en Argentina* (pp. 57-89). El Colectivo.

[602] Entrevistas realizadas por la autora a informantes clave, anónimos. Buenos Aires, 15 de diciembre de 2022; 16 de diciembre de 2022a; 16 de diciembre de 2022b; 03 de enero de 2023; 11 de febrero de 2023; 12 de enero de 2023.

(UNLP), CONICET e Y-TEC, y localizada en el Centro de Transferencia Tecnológica de la UNLP. De acuerdo con los anuncios, se realizaron inversiones por 770 millones de pesos. Para su puesta en marcha, en diciembre de 2022, la planta recibió 70 máquinas provenientes de China. Se espera que la planta empiece a producir celdas para baterías en marzo de 2023. Tendrá una capacidad de producción anual (medida en energía almacenada) equivalente a 1000 baterías para almacenamiento estacionario de energías renovables, o unas 50 para colectivos eléctricos.[603] A partir de un acuerdo reciente entre Y-TEC y Livent, el carbonato de litio de grado batería necesario para la planta será provisto por la empresa estadounidense, a cargo del proyecto Fénix en Catamarca. A fines de 2022, el gobierno de Santiago del Estero firmó un convenio similar con la UNLP e Y-TEC para fabricar baterías destinadas a la electromovilidad, mientras el gobierno de Catamarca e Y-TEC suscribieron un acuerdo para construir una planta de fabricación de baterías destinadas a almacenamiento eólico y solar.[604] Cabe aclarar que la planta UniLiB es una planta piloto, de pequeña escala, y con el sector de Defensa como destinatario específico para el almacenamiento de energía.

Existen otras iniciativas, como la de CONICET, junto a la Universidad Nacional de Jujuy y el gobierno de esa provincia, que en 2015 establecieron el Centro de Investigación y Desarrollo en Materiales Avanzados y Almacenamiento de Energía de Jujuy (CIDMEJU). Entre las actividades, se ha avanzado en investigación sobre las etapas de extracción y procesamiento, el desarrollo de subproductos, y la I+D en baterías y sus componentes; sin embargo, la vinculación con el sector privado ha sido limitada.

Lo cierto es que, aunque el litio resulta un insumo esencial para la elaboración de baterías, sólo representa el 1% de su contenido y cerca de un 3% del costo final, por lo que disponer del recurso no implica tener la capacidad de fabricar celdas o baterías. En las redes globales de producción especializadas en los distintos segmentos de la producción de baterías de ion-litio, quienes ejercen el control y la coordinación (las industrias que demandan las baterías, bien se trate de automotrices, las que producen elec-

[603] Periferia (22 de enero de 2023). Salvarezza: "En marzo comienza la producción de baterías de litio en Argentina". *Periferia*. Recuperado de https://periferia.com.ar/Audio/salvarezza-en-marzo-comienza-la-produccion-de-baterias-de-litio-en-argentina/.

[604] Universidad Nacional de La Plata (UNLP) (27 de noviembre de 2022). *Acuerdo para replicar el modelo de fábrica de baterías de litio en Santiago del Estero*. Recuperado de https://unlp.edu.ar/institucional/acuerdo-pare-replicar-el-modelo-de-fabrica-de-baterias-de-litio-en-santiago-del-estero-54317/. Gobierno de Catamarca (27 de diciembre de 2022). *Catamarca firmó convenio con Y-TEC YPF para instalar fábrica de baterías de litio*. Recuperado de https://portal.catamarca.gob.ar/ui/noticias/catamarca-firmo-convenio-con-y-tec-ypf-para-instalar-fabrica-de-baterias-de-litio.

trónica de consumo, o las mismas fabricantes de baterías), han establecido la estrategia de aproximación geográfica entre las fases de procesamiento de los insumos y las industrias que utilizan las baterías, o las que demandan el producto final. La mayor parte del proceso de agregación de valor ocurre en Asia Pacífico. Estados Unidos es el único país con capacidad productiva importante fuera del continente asiático, gracias a la fábrica de Tesla. Europa, por su parte, inició en 2017 un programa de desarrollo de la industria de baterías para poder competir con los países asiáticos y con Estados Unidos.

Además, para fabricar baterías se necesita equipamiento sofisticado. En Argentina existen restricciones a la importación de equipos y ciertos insumos, que no sólo demoran su arribo o lo impiden, sino que lo encarecen. También se requiere de capacidad técnica, y del uso, creación, o bien "ingeniería inversa" de patentes, que son de dominio de las grandes corporaciones de los países que controlan la industria.[605] La elaboración de componentes de baterías de ion-litio, como los cátodos, aparece como alternativa, pero requiere de minerales que no están disponibles en el país, como cobalto, níquel, o manganeso, que deben ser importados para su utilización. Una situación similar se presenta en el caso de las celdas: para fabricarlas, se precisa de insumos clave, como los separadores. Por lo tanto, a pesar de los discursos de los gobiernos nacional y subnacionales, el contexto global y doméstico condiciona las posibilidades de que Argentina ascienda en el agregado de valor en el corto o mediano plazo.

Algunos entrevistados del sector privado minero resaltaron que el foco de atención debe estar en el proceso químico de obtención de carbonato de litio.[606] Sugieren, por ejemplo, continuar avanzando en técnicas para lograr altos grados de pureza, al igual que en la mejora de las técnicas de extracción (en Argentina se emplea, mayoritariamente, el método que se indica en el Gráfico 1 de evaporación en piletas y precipitación mediante utilización de carbonato de sodio).

Entre las propuestas de aplicación de métodos más limpios y eficientes, sobresale el desarrollado por el equipo encabezado por el científico argentino Ernesto Calvo, que plantea reemplazar la evaporación por el uso de electrodos para extraer el litio.[607] Al presente, su método no está siendo

[605] Fornillo (2015), *op. cit.*

[606] Entrevistas realizadas por la autora a informantes clave, anónimos. Buenos Aires, 15 de diciembre de 2022; 11 de enero de 2023; y 12 de enero de 2023.

[607] Calvo, E. (8 y 9 de octubre de 2020). "Extracción de litio en Sudamérica: actualidad y futuro. Argentina". *IV Seminario Internacional ABC del Litio Sudamericano*. Recuperado de https://www.innovat.org.ar/wp-content/

utilizado por las empresas que operan en el país. En el proyecto Olaroz, se utiliza un método de extracción directa desde 2016. En Fénix, Livent está utilizando una técnica de extracción directa mediante columnas de absorción, mientras Erament planifica utilizar una técnica similar en Centenario-Ratones. Por su parte Río Tinto empleará un método de extracción directa en el proyecto Rincón, y Lake Resources ha propuesto técnicas similares en el proyecto Kachi. Este panorama evidencia la ausencia de sinergias entre los gobiernos nacional y subnacionales y el sistema científico argentino. Además, corrobora que no se exige a las empresas extranjeras un requisito mínimo para que, en sus proyectos, se empleen los aportes científicos argentinos sobre técnicas de extracción más limpias.

Respecto a la cooperación con China para la industrialización, en simultáneo a las iniciativas de Y-TEC, desde principios de 2021, se han firmado una serie de acuerdos entre el gobierno nacional argentino, algunos gobiernos provinciales, y empresas argentinas y chinas.[608] A pesar de manifestar la intención de desarrollar proyectos de industrialización del litio en Argentina en cooperación con empresas chinas, dista de estar claro hasta qué punto incluyen esquemas de cooperación conjunta y/o transferencia de tecnología con el Estado argentino, con la comunidad científica y/o con las empresas locales, donde las firmas chinas permitan acceso a su *know how* en materia de industrialización (por ejemplo, para fabricar celdas o baterías), o bien utilicen capacidades científico-tecnológicas argentinas.

El reciente anuncio de inversiones por parte de la firma china Chery (presente en Argentina desde fines de la primera década de los años 2000, y socia del Grupo Macri) para construir una planta de fabricación de vehículos eléctricos y desarrollar baterías de ion-litio en asociación con la empresa china Gotion Tech evidencia la ausencia de requisitos de transferencia tecnológica y/o utilización de capacidades científico-tecnológicas argentinas. Según los anuncios, Chery se abastecerá de las celdas de baterías que

uploads/2020/plt_files/ABC %20Litio% 201%20-% 20%20 Panel1%20 Ernesto%20 Calvo.pdf.

[608] Para más información sobre los convenios, ver: Télam (3 de febrero de 2021). Argentina y una empresa china firman acuerdo para producir vehículos eléctricos en el país. *Télam*. Recuperado de https://www.telam.com.ar/notas/202102/543541-argentina-y-empresa-chinafirman-acuerdo-para-producir-vehiculos-electricos-en-el-pais.html; Télam (24 de junio de 2022a). Fernández celebró un acuerdo con una empresa china para aprovechar el "privilegio" del litio. *Télam*. Recuperado de https://www.telam.com.ar/notas/202206/596545-fernandez-acuerdo-empresa-china-inversion-litio.html; Télam (29 de agosto de 2022b). Catamarca anunció la industrialización del litio de la mano de inversores chinos. *Télam*. Recuperado de https://www.telam.com.ar/notas/202208/603171-catamarca-industrializacion-litio-inversores-chinos.html; Sánchez Molina, P. (19 de mayo de 2021). Ganfeng Lithium Plans Battery Factory in Argentina. *PV Magazine*. Recuperado de https://www.pv-magazine.com/2021/05/19/ganfeng-lithium-plans-battery-factory-in-argentina.

producirá Gotion Tech en la planta que está construyendo en Perico, Jujuy, mediante una asociación estratégica con JEMSE.[609] Aparte de ser utilizadas por Chery, las celdas se exportarán a Alemania, Estados Unidos, India, España y Vietnam. Si bien Chery anunció que incorporará un 46% de autopartes producidas en Argentina, no se explicitó si dichos componentes provendrán de empresas argentinas; tampoco se explicita qué proyecto proveerá el carbonato de litio de grado batería para elaborar las celdas, aunque se intuye que será uno al que esté vinculado JEMSE. En trabajos previos de la autora se planteó que el caso de las energías renovables representa una instancia de aprendizaje importante porque la provisión de financiamiento e inversiones por parte de China a la Argentina se produjo mediante contratos "llave en mano", con nula transferencia de tecnología y/o posibilidades de colaboración conjunta entre empresas chinas y locales, sin posibilidades de adquirir experiencia de la larga trayectoria china en la materia, o bien de incorporación de capacidades nacionales argentinas.[610]

Existe falta de coordinación entre los gobiernos nacional y subnacionales, y entre los gobiernos provinciales, en torno a qué estrategia seguir respecto al litio, y cómo se podría avanzar en el agregado de valor. La creación de la "Región Minera del Litio" entre Catamarca, Jujuy y Salta evidencia una mirada contrapuesta a la del nivel nacional; el acuerdo propone delinear e implementar medidas conjuntas para la investigación, extracción, producción, industrialización y comercialización del litio y sus productos y derivados.[611] Mientras dichos gobiernos buscan coordinar herramientas que les permitan mantener el dominio sobre el recurso y, con él, la renta que se deriva a las arcas provinciales, el gobierno nacional puja por convertir al litio en un "recurso natural estratégico" y nacionalizarlo (no ha logrado concretarlo porque la Constitución nacional lo impide). La visión de La Rioja es similar a la que posee el gobierno nacional, es decir potenciar el aprovechamiento estatal del litio. Así, el Estado nacional y los gobiernos de las provincias productoras disputan por retener el dominio del litio, no sólo por la renta que genera, sino porque dicha potestad implica conservar la "llave" de las alianzas estratégicas con las empresas extranjeras, entre ellas las de origen chino.

---

[609] Ministerio de Economía de Argentina (16 de febrero de 2023). *Con una inversión internacional, Argentina liderará la producción de autos eléctricos en la región*. Recuperado de https://www.argentina.gob.ar/noticias/con-una-inversion-internacional-argentina-liderara-la-produccion-de-autos-electricos-en-la

[610] González Jáuregui (2021), *op. cit.*; González Jáuregui (2022), *op. cit.*

[611] Télam (22 de agosto de 2022c). La Mesa del Litio aprobó la reglamentación para el funcionamiento de un comité regional. *Télam*. Recuperado de https://www.telam.com.ar/notas/202208/602486-mesa-litio-aprobo-reglamentacion-comite-regional.html.

Más allá de los desarrollos particulares de Y-TEC junto con la UNLP, y otras iniciativas, Argentina carece de un plan estratégico a largo plazo. Con la nueva Constitución nacional, que establece que los recursos son provinciales, se perdió la capacidad de negociar a nivel nacional con las empresas extranjeras. Argentina precisa contar con una política nacional para el sector, que reduzca la vulnerabilidad frente a las empresas multinacionales, involucre las capacidades nacionales científico-tecnológicas, y promueva el desarrollo productivo y tecnológico en las provincias. En el caso particular del vínculo con China, desde Nación se busca operar como eje articulador entre las empresas de ese origen y los gobiernos subnacionales. Por su parte, los gobiernos provinciales prefieren negociar sin la intermediación de Nación. En el mantenimiento de esa relación directa, subyace el interés por sostener las alianzas estratégicas establecidas por los actores socioeconómicos predominantes con sus contrapartes chinas. Pero la autonomía subnacional no es absoluta y, en cuestiones centrales para el desarrollo y la inserción internacional de Argentina, recae en el Estado nacional la potestad de negociar requisitos concretos en materia de transferencia tecnológica, cooperación conjunta con China e incorporación de capacidades nacionales a los proyectos; potestad que no se ejerce, pues también existen intereses del gobierno nacional por sostener las alianzas estratégicas con China.

La conexión entre litio y renovables: la transición energética como discurso

La presencia china en el sector del litio argentino se ha expandido en simultáneo al arribo de empresas chinas al sector de energía solar. Para las empresas chinas, los proyectos de energía solar son una forma de ampliar las operaciones en el país y de continuar avanzando en su posicionamiento global como líderes del sector, pero también una alternativa de abastecimiento energético para los proyectos de litio. Para Argentina, a nivel nacional y provincial, el impulso a las inversiones chinas en el sector del litio se vincula con la atracción de inversiones en el sector solar, y la meta de "avanzar hacia la transición energética". Como se muestra en esta sección, el propósito de la eficiencia energética es sólo parte de la ecuación.

La participación de empresas chinas en el sector solar en Jujuy y Salta se enmarca en un contexto de interacciones directas a nivel subnacional, promovidas por los actores socioeconómicos predominantes. Delegaciones oficiales y de empresarios provinciales han viajado a China en varias oportunidades, y sus contrapartes chinas han visitado estas provincias para negociar tanto el desarrollo de proyectos como las posibilidades de financiamiento. Entre los hitos de esas asociaciones estratégicas se destaca el hermanamiento entre Jujuy y la provincia china de Guizhou en 2018, entre la ciudad de Salta y la ciudad china de Xuzhou en 2021.

La provincia de Jujuy fue pionera en el desarrollo de una relación directa con China. El proyecto que signa la creación de una alianza estratégica es el de infraestructura de seguridad pública "Jujuy Seguro e Interconectado" (el acuerdo fue establecido en 2016). En 2016 también se estableció una UTE entre JEMSE (que había ganado la licitación en el marco del Plan RenovAr), Shanghai Electric, y Power China para la instalación del complejo solar Cauchari I, II y III, con financiamiento de un banco de desarrollo chino, el Exim Bank de China. El acuerdo involucró la provisión de los paneles solares por parte de la firma china Talesun. En 2022, se firmó el contrato para su ampliación, mediante la construcción de Cauchari IV y V, cuyo financiamiento también estaría a cargo del Exim Bank de China.[612] El complejo solar Cauchari I, II y III abastece de energía solar al proyecto de litio Cauchari-Olaroz.[613] La construcción de Cauchari IV y V busca incrementar la capacidad de suministro a la población local, y aumentar el abastecimiento de energía a Cauchari-Olaroz.[614]

Esas primeras alianzas estratégicas promovidas por los actores socioeconómicos predominantes en Jujuy allanaron el camino para la participación de firmas chinas en los proyectos de litio detallados previamente. Además, el gobernador ha firmado acuerdos con Ganfeng y Gotion Tech para la potencial industrialización del litio en la provincia.[615] El convenio de asociación entre JEMSE y Gotion será central en el marco del reciente anuncio de Chery para la instalación de una planta de vehículos eléctricos; es probable que el carbonato de litio para las baterías sea provisto por JEMSE, a través de su participación en Minera Exar.

---

[612] Bellato, R. (4 de octubre de 2022). Firman contrato con China para ampliar un parque solar en Jujuy, pero por la demora del gobierno se perdió la chance de instalar el primer complejo de baterías del país. *Econo Journal*. Recuperado de https://econojournal.com.ar/2022/10/oficializaron-la-ampliacion-de-un-parque-solar-en-jujuy-pero-por-la-demora-del-gobierno-se-perdio-la-chance-de-instalar-un-complejo-de-baterias-por-us-30-millones/.

[613] Entrevista realizada por la autora a informante clave, anónimo. Buenos Aires, 12 de enero de 2023.

[614] BNAmericas (10 de septiembre de 2021). Cauchari solar park looks to supply lithium projects. *BNAmericas*. Recuperado de https://www.bnamericas.com/en/news/cauchari-solar-park-looks-to-supply-lithium-projects.

[615] Télam (29 de agosto de 2022b), *op. cit.*

El gobierno de Salta también ha desarrollado un vínculo directo con China en los sectores del litio y solar; en este caso, los actores socioeconómicos predominantes locales han promovido la colocación de inversiones de empresas chinas. En 2018, la firma chino-canadiense Canadian Solar adquirió el proyecto del parque solar Cafayate. Para el desarrollo del proyecto, se contó con financiamiento del CAF-Banco de Desarrollo de América Latina, donde el Banco de China es aportante.[616] Es probable que Cafayate contribuya al abastecimiento energético de las plantas de litio en la provincia.

El impulso a la relación con China de parte de los actores socioeconómicos predominantes en Catamarca es más reciente. Además de los proyectos de litio arriba descritos, CAMYEN y Power China firmaron un acuerdo en 2022 para construir cuatro parques solares.[617] Las obras estarán a cargo de Shanghai Electric, que proveerá el equipamiento mediante la modalidad "llave en mano". Hasta ahora, no existía participación china en proyectos solares en la provincia. Aparte de abastecer a la población local, los parques persiguen el objetivo de suministrar energía al proyecto Tres Quebradas.

En cuanto a los proyectos de litio en Jujuy y Salta que serán abastecidos con energía solar, se listan el proyecto Mariana, que contará con una planta de autogeneración,[618] y el proyecto Centenario-Ratones, que se abastecerá mitad mediante energía solar, y mitad vía gas natural. Por su parte, Minera Exar, además de contar con el abastecimiento del parque Cauchari, estableció un acuerdo con YPF Luz para que el 20% del suministro energético provenga de energías renovables. De acuerdo con uno de los informantes clave, todos los proyectos de litio que se iniciaron luego de 2015 han introducido la posibilidad de un cierto porcentaje de abastecimiento energético con energía solar.[619] Si bien las empresas chinas están avanzando rápidamente en este sentido, hay una tendencia general hacia ese objetivo; Livent, por ejemplo, incorporará energía fotovoltaica

[616] Energías Renovables (18 de diciembre de 2018). Cafayate: Un proyecto fotovoltaico de 100 MWp recibe financiación por 50 millones de dólares. *Energías Renovables*. Recuperado de https://www.energias-renovables.com/fotovoltaica/cafayate-un-proyecto-fotovoltaico-de-100-mwp-20181212.

[617] News ArgenChina (8 de septiembre de 2022). Power China financia cuatro parques solares en Catamarca. *News ArgenChina*. Recuperado de https://newsargenchina.ar/contenido/3808/power-china-financia-cuatro-parques-solares-en-catamarca.

[618] Lewkowicz, J. (13 de mayo de 2022). Mineras apuestan a la energía solar para extraer litio en Argentina. *Diálogo Chino*. Recuperado de https://dialogochino.net/es/actividades-extractivas-es/53927-mineras-apuestan-a-la-energia-solar-para-extraer-litio-en-argentina/.

[619] Entrevista realizada por la autora a informante clave, anónimo. Buenos Aires, 12 de enero de 2023.

para abastecer al proyecto Fénix.[620] Más allá de la necesidad de "mejorar la imagen" vía eficiencia energética, las empresas están identificando una oportunidad en términos de costos: la inversión inicial para plantas solares es alta, pero la operación resulta comparativamente más rentable que los combustibles fósiles.

Sin embargo, al depender de condiciones climáticas, la generación de energía de las fuentes renovables no es constante y, por ello, las plantas de litio no pueden abastecerse completamente con energía solar, sino que deben acudir a un esquema híbrido.[621] En el caso del abastecimiento eléctrico a través de gas natural, existe un importante déficit de infraestructura el sistema de transporte de gas en la región donde se ubican los proyectos de litio. Un informante clave señaló que deberán transcurrir, al menos, entre 5 y 7 años para que se logre transportar gas a esa zona.[622] En enero de 2023, se acordó el financiamiento de CAF-Banco de Desarrollo de América Latina para la obra de infraestructura que permitirá abastecer gas a las provincias del norte a través de Vaca Muerta.[623] Hasta que la obra culmine, las empresas del sector de litio deberán utilizar fueloil o gasoil para el suministro energético. Aunque están incorporando la participación de energía solar, ese escenario dista de estar exento de desafíos en el corto y mediano plazo.

El aumento del uso de energías renovables está generando un incremento de la demanda de baterías de ion-litio en el mercado global. Como se señaló, la utilización de baterías como forma de almacenamiento estacionario de energía renovable resulta otra vía de industrialización del litio; pueden ser empleadas para almacenar energía a escala residencial, o en unidades más grandes, y así controlar las fluctuaciones que ocurren en la fase de generación. Ese agregado de valor podría incluirse como un requisito adicional de colaboración conjunta con las empresas chinas, por ejemplo, solicitando la incorporación del desarrollo científico-tecnológico argentino en la materia. Más allá de los anuncios, dista de estar claro hasta qué punto las baterías que producirá UniLib, o los potenciales desarrollos

---

[620] Energías Renovables (1 de febrero de 2022). La minera Ganfeng instalará un parque solar de 150 MW en Argentina. Energías Renovables. Recuperado de https://www.energias-renovables.com/fotovoltaica/la-minera-ganfeng-instalara-un-parque-solar-20220201#.

[621] Entrevistas realizadas por la autora a informantes clave, anónimos. Buenos Aires, 16 de diciembre de 2022 b y 23 de diciembre de 2022.

[622] Entrevista realizada por la autora a informante clave, anónimo. Buenos Aires, 12 de febrero de 2023.

[623] Télam (25 de enero de 2022d). Aprobaron un plan de obras para construir un gasoducto en el norte argentino. *Télam*. Recuperado de s://www.telam.com.ar/notas/202301/618312-banco-desarrollo-america-latina-massa-acuerdo.html.

que se lleven a cabo en Santiago del Estero y Catamarca, serán utilizados para almacenar energía renovable. La decisión de promover este tipo de procesos depende del nivel nacional y, al discutir sus potencialidades, la coordinación con las provincias resulta central. Ese escenario implicaría romper con las alianzas estratégicas establecidas, y exigir condiciones que al momento no se han requerido.

A fines de 2022, el Ministerio de Ciencia y Tecnología de Argentina anunció que financiará el proyecto "Centro Nacional de Baterías de Litio para el Almacenamiento de Energías Renovables y Soluciones de Movilidad (CENBLIT)". El CENBLIT busca crear un consorcio asociativo de carácter público-privado entre el Instituto Nacional de Tecnología Industrial (INTI) y la Asociación de Industriales Metalúrgicos de la República Argentina (ADIMRA); se ocupará de brindar servicios tecnológicos para el diseño y la evaluación de desempeño de baterías y sistemas con baterías de litio. A pesar de ser un proyecto incipiente, representa un avance para el desarrollo de capacidades nacionales sobre el almacenamiento estacionario de energías renovables. Al igual que en el caso del método desarrollado por el equipo que lidera el Dr. Ernesto Calvo, depende de Nación requerir a las empresas extranjeras que dichas capacidades sean incorporadas y utilizadas en sus proyectos.

Conclusiones

A medida que China ha profundizado sus lazos económicos con países en desarrollo como Argentina, también ha impulsado la internacionalización de sus empresas y tecnologías. En materia de transición energética, esa estrategia se evidencia en la provisión de financiamiento e inversiones para la construcción de infraestructura en energías renovables, y en la realización de inversiones en el sector del litio.

Las empresas chinas involucradas en proyectos de extracción de litio en Argentina están presentes en las tres provincias productoras: Catamarca, Jujuy y Salta. En general, la participación tiene lugar en proyectos en fases avanzadas de desarrollo, y aumenta de forma progresiva, hasta lograr el control mayoritario o total de los proyectos y, en algunos casos, de salares completos. Las empresas chinas suelen intervenir en proyectos en etapa exploratoria sólo cuando el proyecto pertenece a un salar donde están presentes, de manera de ampliar su control en el mismo. Existen casos aislados de empresas más pequeñas, como Hanaq, que ha intervenido en proyectos en la etapa exploratoria, pero cuenta con vasta experiencia en la actividad, en contraste con las grandes operadoras chinas. A diferencia de las firmas de otros orígenes, las empresas chinas, en vez de acudir al mercado de capitales, en general cuentan con el financiamiento implícito de los bancos estatales y provinciales chinos.

La inversión de empresas chinas en el sector del litio, en el marco de las alianzas estratégicas establecidas entre actores socioeconómicos predominantes locales y sus contrapartes chinas, contribuye a dificultar el desarrollo productivo del sector del litio y, de forma más amplia, a consolidar el perfil primario-exportador de la Argentina, condicionando su inserción internacional. Más allá de los acuerdos marco que declaran las intenciones de cooperar en materia de transferencia tecnológica[624], dista de evidenciarse un esquema que paute un compromiso concreto al respecto. Al presente, sólo existen convenios entre YPF Litio y CATL, e Y-TEC y Tianqi Lithium, sin especificaciones de montos a invertir, ni de las condiciones. En trabajos previos de la autora, se constató que la participación de empresas chinas en el sector de energías renovables no incluyó requisitos de transferencia tecnológica, desarrollo conjunto de tecnologías, ni involucramiento de empresas locales y/o capacidades científico-tecnológicas desarrolladas en Argentina.[625]

Las empresas chinas han entendido muy bien que el "juego" acontece a nivel provincial. Aparte de mantener una fluida interacción con Nación, las firmas chinas tienen amplio conocimiento del funcionamiento del sistema argentino, y saben que el recurso es de dominio provincial. No sólo interactúan con los gobiernos provinciales, sino también con las empresas locales públicas y privadas. Por su parte, los gobiernos provinciales están sacando provecho de las alianzas estratégicas con las empresas chinas, y de los beneficios de negociar mano a mano. Los actores socioeconómicos predominantes a escala nacional y subnacional promueven un esquema de vinculación estratégico con China que favorece la rentabilidad, e impulsa el aumento de la presencia de empresas de ese origen en Argentina. La

---

[624] MRECIC (Ministerio de Relaciones Exteriores, Comercio Internacional y Culto de Argentina) (4 de febrero de 2022c). *Memorando de Entendimiento entre el gobierno de la República Argentina y el gobierno de la República Popular China en materia de cooperación en el marco de la Iniciativa de la Franja Económica de la Ruta de la Seda y de la Ruta Marítima de la Seda del siglo XXI*. Recuperado de https://www.boletinoficial.gob.ar/detalleAviso/primera/260777/20220411; MRECIC (Ministerio de Relaciones Exteriores, Comercio Internacional y Culto de Argentina) (28 de enero de 2022d). *Memorando de Entendimiento sobre la Cooperación en Parque Científicos y Tecnológicos, la Innovación y el Espíritu Empresarial entre el Ministerio de Ciencia y Tecnología de la República Popular China y el Ministerio de Ciencia, Tecnología e Innovación de la República Argentina*. Recuperado de https://tratados.cancilleria.gob.ar/tratado_ficha.php?id=kp6qlps=

[625] González Jáuregui, J. (2021), *op. cit.*; González Jáuregui (2022), *op. cit.*

potestad de las políticas vinculadas al desarrollo de infraestructura, y a ciencia y tecnología recae en el Estado nacional; en este aspecto, distan de registrarse requisitos de transferencia tecnológica, participación conjunta de empresas chinas y argentinas, y/o incorporación del acervo científico argentino en los proyectos. En el caso de los gobiernos provinciales, la lógica está centrada en incrementar la participación de empresas extranjeras, entre ellas las de origen chino, en el sector del litio. Existe falta de coordinación entre el Estado nacional y las provincias, y entre las propias provincias en torno a qué estrategia seguir respecto al litio. Sobresale la ausencia de una visión sobre el desarrollo productivo del sector, y de un plan a largo plazo que incluya posibilidades concretas de industrialización motorizadas desde la larga trayectoria científica con la que cuenta el país.

Argentina necesita nuevos esquemas de relacionamiento con las empresas extranjeras que operan en su territorio. En el caso de la colaboración con China, la participación conjunta y equitativa de empresas y tecnologías sólo está presente en el discurso. El vínculo con China en renovables y litio puede ser un caso testigo para modificar el patrón de alianzas estratégicas, y servir de base para promover una vinculación que abandone la lógica actual, que contribuye a obstaculizar las posibilidades de desarrollo productivo de ciertos sectores estratégicos en Argentina y a consolidar una inserción internacional basada en un perfil primario-exportador.

Referencias

Ámbito (16 de enero de 2023). Economía dejó sin efecto el reintegro a las exportaciones de litio. *Ámbito.* Recuperado de https://www.ambito.com/economia/litio/dejo-efecto-el-reintegro-las-exportacioes-n5629737.

Ámbito (18 de agosto de 2022). La estatal Y-TEC y una empresa china industrializarán en conjunto el litio argentino. *Ámbito*. Recuperado de https://www.ambito.com/economia/litio/la-estatal-y-tec-y-una-empresa-china-industrializaran-conjunto-el-argentino-n5513535.

Arena Minerals (20 de diciembre de 2022). Lithium Americas to Acquire Arena Minerals to Consolidate the Highly Prospective Pastos Grandes Basin. Recuperado de https://arenaminerals.com/lithium-americas-to-acquire-arena-minerals-to-consolidate-the-highly-prospective-pastos-grandes-basin/.

Bellato, R. (4 de octubre de 2022). Firman contrato con China para ampliar un parque solar en Jujuy, pero por la demora del gobierno se perdió la chance de instalar el primer complejo de baterías del país. *Econo Journal*. Recuperado de https://econojournal.com.ar/2022/10/oficializaron-la-ampliacion-de-un-parque-solar-en-jujuy-pero-por-la-demora-del-gobierno-se-perdio-la-chance-de-instalar-un-complejo-de-baterias-por-us-30-millones/.

BNAmericas (10 de septiembre de 2021). Cauchari solar park looks to supply lithium projects. *BNAmericas*. Recuperado de https://www.bnamericas.com/en/news/cauchari-solar-park-looks-to-supply-lithium-projects.

Calvo, E. (8 y 9 de octubre de 2020). "Extracción de litio en Sudamérica: actualidad y futuro. Argentina". *IV Seminario Internacional ABC del Litio Sudamericano*. Recuperado de https://www.innovat.org.ar/wp-content/uploads/2020/plt_files/ABC%20Litio%201%20-%20%20Panel1%20Ernesto%20Calvo.pdf.

Castellani, A. & M. Heredia (2016). Introducción. En A. Castellani (Coord.), *Radiografía de la elite económica argentina. Estructura y organización en los años noventa.* UNSAM Edita.

Dussel Peters, E. (31 de mayo de 2022). Monitor de la OFDI china en América Latina y el Caribe 2021. *Red Académica de América Latina y el Caribe Sobre China*. Recuperado de https://www.redalc-china.org/monitor/images/pdfs/menuprincipal/DusselPeters_MonitorOFDI_2022_Esp.pdf.

Energías Renovables (1 de febrero de 2022). La minera Ganfeng instalará un parque solar de 150 MW en Argentina. Energías Renovables. Recuperado de https://www.energias-renovables.com/fotovoltaica/la-minera-ganfeng-instalara-un-parque-solar-20220201#.

Energías Renovables (18 de diciembre de 2018). Cafayate: Un proyecto fotovoltaico de 100 MWp recibe financiación por 50 millones de dólares. *Energías Renovables* Recuperado de https://www.energias-renovables.com/fotovoltaica/cafayate-un-proyecto-fotovoltaico-de-100-mwp-20181212.

Entrevista de la autora con informante clave. Buenos Aires, anónimo, 15 de diciembre de 2022.

Entrevista realizada por la autora con informante clave. Buenos Aires, 16 de diciembre de 2022a.

Entrevistas realizadas por la autora a informantes clave, anónimos. Buenos Aires, 16 de diciembre de 2022 a y 16 de diciembre de 2022b.

Entrevistas realizadas por la autora a informantes clave, anónimos. Buenos Aires, 23 de diciembre de 2022.

Entrevistas realizadas por la autora a informantes clave, anónimos. Buenos Aires, 03 de enero de 2023

Entrevista realizada por la autora a informante clave, anónimo. Buenos Aires, 11 de enero de 2023.

Entrevista realizada por la autora a informante clave, anónimo. Buenos Aires, 12 de enero de 2023.

Entrevista realizada por la autora a informante clave, anónimo. Buenos Aires, 11 de febrero de 2023

Entrevista realizada por la autora a informante clave, anónimo. Buenos Aires, 12 de febrero de 2023.

Eramet (2021). *Eramet in Argentina. Lithium Proyect.* Recuperado de https://www.eramet.com/sites/default/files/2021-11/Eramet-Press-kit-Lithium-project-Argentina-November2021.pdf.

Fornillo, B. (2015). "Del salar a la batería": Política, ciencia e industria del litio en la Argentina. En B. Fornillo (Coord.), *Geopolítica del Litio: Industria, Ciencia y Energía en Argentina* (pp. 57-89). El Colectivo.

Freytes, C.; Obaya, M. & Delbuono, V. (octubre de 2022). Federalismo y desarrollo de capacidades productivas y tecnológicas en torno al litio. *Fundar*. Recuperado de https://fund.ar/wp-content/uploads/2022/10/Fundar_Litio-y-Federalismo.pdf.

Gobierno de Catamarca (27 de diciembre de 2022). *Catamarca firmó convenio con Y-TEC YPF para instalar fábrica de baterías de litio*. Recuperado de https://portal.catamarca.gob.ar/ui/noticias/catamarca-firmo-convenio-con-y-tec-ypf-para-instalar-fabrica-de-baterias-de-litio.

Gobierno de Salta (22 de septiembre de 2010). *El Gobierno declaró de interés público una iniciativa de extracción de litio en la Puna*. Recuperado de https://www.salta.gob.ar/prensa/noticias/el-gobierno-declaro-de-interes-publico-una-iniciativa-de-extraccion-de-litio-en-la-puna-7860.

González Jáuregui, J. (2022). Financiamiento e inversiones de China en energías renovables en Argentina: implicaciones para la transición energética y el desarrollo. *Revista Ciencias Sociales (segunda época), 13*(42), 177-198. Recuperado de https://ediciones.unq.edu.ar/661-revista-de-ciencias-sociales-segunda-epoca-no-42.html.

González Jáuregui, J. (diciembre de 2021). How Argentina Pushed Chinese Investors to Help Revitalize Its Energy Grid. *Carnegie Endowment for International Peace*. Recuperado de https://carnegieendowment.org/files/Jauregui_Argentina_China_final.pdf.

Lehman, J. (21 de enero de 2023). El enorme potencial del litio en Argentina: La clave es no ser un mero exportador del recurso. *Sputniknews*. Recuperado de https://sputniknews.lat/20230121/el-enorme-potencial-del-litio-en-argentina-la-clave-es-no-ser-un-mero-exportador-del-recurso-1134885673.html.

Lewkowicz, J. (13 de mayo de 2022). Mineras apuestan a la energía solar para extraer litio en Argentina. *Diálogo Chino*. Recuperado de https://dialogochino.net/es/actividades-extractivas-es/53927-mineras-apuestan-a-la-energia-solar-para-extraer-litio-en-argentina/.

Mining Press (23 de enero de 2023). IADEM: Inconstitucionalidad de la Ley del Litio en La Rioja. *Mining Press*. Recuperado de https://miningpress.com/nota/352976/iadem-inconstitucionalidad-de-la-ley-del-litio-en-la-rioja.

Ministerio de Desarrollo Productivo de Argentina (24 de noviembre de 2021b). *YPF se Reunió con el Mayor Fabricante de Baterías de Litio*. Recuperado de https://www.argentina.gob.ar/noticias/ypf-se-reunio-con-el-mayor-fabricante-de-baterias-de-litio.

Ministerio de Desarrollo Productivo de Argentina (octubre de 2021). *Informe Litio*. Recuperado de https://www.argentina.gob.ar/sites/default/files/informe_litio_-_octubre_2021.pdf.

Ministerio de Economía de Argentina (16 de febrero de 2023). *Con una inversión internacional, Argentina liderará la producción de autos eléctricos en la región*. Recuperado de https://www.argentina.gob.ar/noticias/con-una-inversion-internacional-argentina-liderara-la-produccion-de-autos-electricos-en-la.

MRECIC (Ministerio de Relaciones Exteriores, Comercio Internacional y Culto de Argentina) (28 de diciembre de 2022a). *La empresa china Tsingshan Holdings duplica su inversión en la Argentina*. Recuperado de https://cancilleria.gob.ar/es/actualidad/noticias/la-empresa-china-tsingshan-holdings-duplica-su-inversion-en-la-argentina.

MRECIC (Ministerio de Relaciones Exteriores, Comercio Internacional y Culto de Argentina) (4 de noviembre de 2022b). *Empresa china anuncia inversiones en litio en Argentina por más de 2.000 millones de dólares*. Recuperado de https://www.cancilleria.gob.ar/es/actualidad/noticias/empresa-china-anuncia-inversiones-en-litio-en-argentina-por-mas-de-2000-millones.

MRECIC (Ministerio de Relaciones Exteriores, Comercio Internacional y Culto de Argentina) (4 de febrero de 2022c). *Memorando de Entendimiento entre el gobierno de la República Argentina y el gobierno de la República Popular China en materia de cooperación en el marco de la Iniciativa de la Franja Económica de la Ruta de la Seda y de la Ruta Marítima de la Seda del siglo XXI*. Recuperado de https://www.boletinoficial.gob.ar/detalleAviso/primera/260777/20220411.

MRECIC (Ministerio de Relaciones Exteriores, Comercio Internacional y Culto de Argentina) (28 de enero de 2022d). *Memorando de Entendimiento sobre la Cooperación en Parque Científicos y Tecnológicos, la Innovación y el Espíritu Empresarial entre el Ministerio de Ciencia y Tecnología de la República Popular China y el Ministerio de Ciencia, Tecnología e Innovación de la República Argentina*. Recuperado de https://tratados.cancilleria.gob.ar/tratado_ficha.php?id=kp6qlps=.

Myers, M. & Ray, R. (marzo de 2022). What Role for China's Policy Banks in LAC? *Inter-American Dialogue y Boston University Global Development Policy Center*. Recuperado de https://thedialogue.wpenginepowered.com/wp-content/uploads/2022/03/Chinas-policy-banks-final-mar22.pdf.

News ArgenChina (8 de septiembre de 2022). Power China financia cuatro parques solares en Catamarca. *News ArgenChina.* Recuperado de https://newsargenchina.ar/contenido/3808/power-china-financia-cuatro-parques-solares-en-catamarca.

Panorama Minero (2022). Litio en Sudamérica 2022. Un llamado a la acción ante una ventana de oportunidad. *XLV* (509), 11-20. *Panorama Minero*. Recuperado de https://issuu.com/diegocasale/docs/pm_edicion_509_final_2.

Periferia (22 de enero de 2023). Salvarezza: "En marzo comienza la producción de baterías de litio en Argentina". *Periferia*. Recuperado de https://periferia.com.ar/Audio/salvarezza-en-marzo-comienza-la-produccion-de-baterias-de-litio-en-argentina/.

Risso, N. (12 de enero de 2023). En La Rioja, el litio ya es un recurso natural estratégico. *Página 12*. Recuperado de https://www.pagina12.com.ar/515126-la-rioja-cerca-de-declarar-al-litio-recurso-estrategico.

Sánchez Molina, P. (19 de mayo de 2021). Ganfeng Lithium Plans Battery Factory in Argentina. *PV Magazine*. Recuperado de https://www.pv-magazine.com/2021/05/19/ganfeng-lithium-plans-battery-factory-in-argentina.

Schorr, M. (2021). *El viejo y el nuevo poder económico en la Argentina. Del siglo XIX a nuestros días*. Siglo XXI.

Secretaría de Minería de Argentina (diciembre de 2022 a). *Litio y su potencial para el desarrollo minero argentino*. Recuperado de https://www.argentina.gob.ar/sites/default/files/litio_y_su_potencial_para_el_desarrollo_minero_argentino._vf._2021.pdf.

Secretaría de Minería de Argentina (agosto de 2022b). *Portfolio of Advanced Projects: Lithium*, agosto. Recuperado de https://www.argentina.gob.ar/sites/default/files/portfolio_lithium.pdf.

Secretaría de Minería de Argentina (2022c). Panorama minero de China en Argentina. Recuperado de https://www.google.com/url?sa=t&rct=j&q=&esrc=s&source=web&cd=&ved=2ahUKEwi13bn7vr_7AhXdRLgEHZ21DY8QFnoECAgQAQ&url=https%3A%2F%2Fwww.argentina.gob.ar%2Fsites%2Fdefault%2Ffiles%2Fpresentacion-china_22.pptx&usg=AOvVaw17sJbu0HefdxG-NFf-tBcj.

Secretaría de Minería de Argentina (2022 d). *Informe Mensual. Exportaciones mineras de Argentina*, diciembre. Recuperado de https://www.argentina.gob.ar/sites/default/files/2022.12_exportaciones_mineras_de_argentina.pdf.

Secretaría de Minería de Argentina (diciembre de 2022 e). *Informe. Comercio Bilateral de Minerales: República Argentina – República Popular China 2019-2021*. Recuperado de https://www.argentina.gob.ar/sites/default/files/china_2.pdf.

Secretaría de Minería de Argentina (4 de noviembre de 2022 f). *Exportaciones de minerales, última actualización 4 de noviembre de 2022.*

Secretaría de Minería de Argentina (2022 g). *Anuncios de Inversión del Sistema de Información Abierta a la Comunidad de la Actividad Minera en Argentina (SIACAM)*. Recuperado de https://datos.produccion.gob.ar/dataset/anuncios-de-inversion-en-el-sector-minero-de-argentina-siacam.

Sidicaro, R. (2001). *La crisis del Estado y los actores políticos y socioeconómicos en la Argentina (1989-2001)*. Libros del Rojas.

Skidmore, Z. (21 de noviembre de 2021). Eramet teams up with Tsingshan to build $400m lithium plant. *Mining Technology*. Recuperado de https://www.mining-technology.com/news/eramet-teams-up-tsingshan-lithium-plant/.

Tang, S. (31 de agosto de 2022). China's Jinyuan get local gov't to develop lithium salt project in Argentina. *Yicai Global.* https://www.yicaiglobal.com/news/china-jinyuan-gets-local-govt-support-to-develop-salt-lake-project-in-argentina.

Télam (22 de agosto de 2022c). La Mesa del Litio aprobó la reglamentación para el funcionamiento de un comité regional. *Télam* https://www.telam.com.ar/notas/202208/602486-mesa-litio-aprobo-reglamentacion-comite-regional.html.

Télam (24 de junio de 2022a). Fernández celebró un acuerdo con una empresa china para aprovechar el "privilegio" del litio. *Télam*. Recuperado de https://www.telam.com.ar/notas/202206/596545-fernandez-acuerdo-empresa-china-inversion-litio.html.

Télam (25 de enero de 2022d). Aprobaron un plan de obras para construir un gasoducto en el norte argentino. *Télam*. Recuperado de https://www.telam.com.ar/notas/202301/618312-banco-desarrollo-america-latina-massa-acuerdo.html.

Télam (29 de agosto de 2022b). Catamarca anunció la industrialización del litio de la mano de inversores chinos. *Télam*. Recuperado de https://www.telam.com.ar/notas/202208/603171-catamarca-industrializacion-litio-inversores-chinos.html.

Télam (3 de febrero de 2021). Argentina y una empresa china firman acuerdo para producir vehículos eléctricos en el país. *Télam*. Recuperado de https://www.telam.com.ar/notas/202102/543541-argentina-y-empresa-chinafirman-acuerdo-para-producir-vehiculos-electricos-en-el-pais.html.

Universidad Nacional de La Plata (UNLP) (27 de noviembre de 2022). *Acuerdo para replicar el modelo de fábrica de baterías de litio en Santiago del Estero*. Recuperado de https://unlp.edu.ar/institucional/acuerdo-pare-replicar-el-modelo-de-fabrica-de-baterias-de-litio-en-santiago-del-estero-54317/.

USGS (United States Geological Survey) (enero de 2022). *Mineral Commodity Summaries 2022*. Recuperado de https://pubs.usgs.gov/periodicals/mcs2022/mcs2022.pdf.

USGS (United States Geological Survey) (enero de 2022). *Mineral Commodity Summaries 2022*. Recuperado de https://pubs.usgs.gov/periodicals/mcs2022/mcs2022.pdf.

10

¿POR QUÉ Y CÓMO CHINA ESTÁ TRANSFORMANDO EL RÉGIMEN ALIMENTARIO? EL COMPLEJO CARNE-SOJA BRASIL-CHINA Y LA ESTRATEGIA GLOBAL DE COFCO EN EL CONO SUR [626]

Valdemar João Wesz Junior
Fabiano Escher
Tomaz Mefano Fares

Introducción

El resurgimiento de China como gran potencia está a la vanguardia de las principales transformaciones comerciales, de inversión, financieras, tecnológicas y geopolíticas del siglo XXI. Como resultado, la división internacional del trabajo y la dinámica global de acumulación de capital han gravitado rápidamente hacia el Este[627]. Además de las narrativas en disputa sobre la responsabilidad del brote de COVID-19 y los logros en la lucha contra la pandemia[628], esta es posiblemente la motivación subyacente de la actual guerra comercial entre EE.UU. y China, las propuestas para "desacoplar" sus economías y las discusiones sobre la posibilidad de una "nueva guerra fría"[629]. En América del Sur, el auge y la caída de los gobiernos de centro-izquierda de la "marea rosa" estuvo estrechamente relacionado con el auge (y la caída) de las *commodities*, impulsado principalmente por la

[626] Una versión de este artículo fue publicada en *The Journal of Peasant Studies.* Doi: https://doi.org/10.1080/03066150.2021.1986012.

[627] Hung, H. F. (2016). *The China Boom: Why China Will Not Rule the World.* Columbia University Press; Jenkins, R. (2019). *How China is Reshaping the Global Economy: Development Impacts in Africa and Latin America.* Oxford University Press.

[628] Brown, K. & Wang, R. C. (2020). Politics and science: The case of China and the coronavirus. *Asian Affairs, 51*(2), 247-264.

[629] Dupont, A. (2020). *Mitigating the New Cold War: Managing the US-China Trade, Tech and Geopolitical Conflict.* The Centre for Independent Studies. Recuperado de https://www.cis.org.au/app/uploads/2020/05/ap8.pdf.

demanda china de recursos energéticos, minerales y agroalimentarios y el efecto alcista en sus precios. Las exportaciones primarias a China permitieron el crecimiento económico y las políticas distributivas en la región desde mediados de la década de 2000, contradiciendo, en cierta medida, el proceso de neoliberalización vigente desde la década de 1990. Sin embargo, con la caída de los precios de las materias primas a partir de 2012, que acompañó la desaceleración de las tasas de crecimiento de China, las tasas de crecimiento de América del Sur también se hundieron, junto con la reducción del espacio fiscal para que sus gobiernos continuaran aplicando las políticas progresistas que los sustentaron hasta ahora[630].

Brasil, en particular, enfrenta un conjunto contradictorio de impactos asociados con el llamado "efecto China". La economía brasileña ha sido crónicamente afectada por el proceso de "especialización regresiva" cuyo origen se remonta a las reformas neoliberales llevadas a cabo por los gobiernos del *Partido da Social Democracia Brasileira* (PSDB, 1994-2002). Este proceso continuó durante los gobiernos del *Partido dos Trabalhadores* (PT, 2003-2016) y ganó contornos aún más dramáticos con el "golpe de 2016" y el posterior ascenso del gobierno de extrema derecha de Bolsonaro (2019-2022). La especialización regresiva está marcada por la reprimarización de las exportaciones, dominadas por las materias primas y los productos basados en recursos naturales, y por la desindustrialización prematura, con una pérdida de la participación de la industria manufacturera en las estructuras del PIB y del empleo, ambas acompañadas de integración financiera e inversión extranjera directa complementaria a estos patrones regresivos. Las relaciones comerciales Brasil-China, ancladas en las exportaciones de soja y mineral de hierro y las importaciones de maquinaria, equipos y electrónica, así como la pérdida de competitividad de las manufacturas brasileñas en los mercados fuera de China, solo refuerzan esta tendencia. Además, China está cada vez más presente en América del Sur, mientras que Brasil retrocede, lo que es otro factor que compromete la ya frágil integración regional[631]. Por

[630] Ellner, S. (Ed.) (2019). Pink-tide Governments: Pragmatic and Populist Responses to Challenges from the Right. *Latin American Perspectives, 46*(1), (special issue); Kay, C., Vergara-Camus L. (Eds.) (2017). Peasants, Agribusiness, Left-wing Governments, and Neo-developmentalism in Latin America: Exploring the Contradictions. *Journal of Agrarian Change, 17*(2), (Special Issue); Tilzey, M. (2019). A análise dos regimes alimentares e a dinâmica 'pós-liberal': o nexo Estado-capital, China e ascensão e declínio dos Estados da 'onda rosa' na América Latina. En S. Sauer (Org.) (2019), *Desenvolvimento e transformações agrárias*: BRICS, competição e cooperação no Sul Global. São Paulo: Outras Expressões.

[631] Hiratuka, C. (2018). Changes in the Chinese Development Strategy After the Global Crisis and its Impacts in Latin America. *Revista de Economia Contemporânea, 22*(1), 1-25. Saad-Filho, A., Grigera, J., & Colombi, A. P. (2020). The nature of the PT governments: a variety of neoliberalism? Parts 1-2. *Latin American Perspectives, 47*, 1-2.

lo tanto, no es casualidad que las relaciones entre China y América del Sur se hayan interpretado como la reproducción de una estructura centro-periferia o una nueva situación de dependencia, aunque la propia China no sea necesariamente vista como una nueva potencia imperialista[632].

En este contexto, los debates recientes sobre la economía política de la agricultura y la alimentación han cobrado fuerza. Un conjunto de contribuciones, más teóricamente orientadas, abordan las continuidades, contradicciones y cambios provocados por el ascenso de China en el régimen alimentario internacional. Belesky y Lawrence analizan el papel del Estado y el capital chino en la configuración de un sistema agroalimentario mundial cada vez más multipolar, que facilita nuevos flujos de comercio, inversión, tecnología y finanzas Este-Sur y Sur-Sur. Para ellos, el régimen alimentario contemporáneo vive un período de transición o interregno cuyos contornos no pueden entenderse adecuadamente sin reconocer la variedad estatal del capitalismo chino y su estrategia agroalimentaria neomercantilista.[633] Eso es demostrado por las fusiones y adquisiciones (mergers and acquisitions - M&As, en inglés) por medio de las cuales las empresas estatales centrales (state-owned enterprises - SOEs, en inglés) como COFCO, su mayor procesadora de alimentos y comerciante de commodities, y ChemChina, su mayor industria agroquímica y de semillas, están "saliendo" (going out). McMichael[634], por su parte, ofrece un análisis del sistema alimentario de China a partir de la Iniciativa de la Franja y la Ruta (Belt and Road Initiative - BRI, en inglés) como una estrategia global que refleja su creciente poder político-económico en un momento de desorden internacional. Este autor examina como China estableció requisitos futuros de seguridad alimentaria por medio del abastecimiento doméstico e internacional de alimentos y sitúa su reciente política de going out en la transición del régimen alimentario. Para él, ChemChina reformula las relaciones de poder en las semillas comerciales y en las industrias agroquímicas. Sin embargo, COFCO está mejor posicionada para aprovechar

---

[632] Bernal-Meza, R. & Li, X. (2020). China-Latin American Relations in the 21th Century: The Dual Complexities of Opportunities and Challenges. Palgrave Macmillan; Rodrigues, B. S. & Moura, R. S. (2019). De la Ilusión de las Commodities a la Especialización Regresiva: América del Sur, China y la Nueva Etapa de la Dependencia em el Siglo XXI. *Papel Político, 24*(2), 1-27; Stallings, B. (2020). *Dependency in the Twenty-first Century? The Political Economy of China-Latin America Relations*. Cambridge University.

[633] Belesky, P. & Lawrence, G. (2019). Chinese State Capitalism and Neomercantilism in the Contemporary Food Regime: Contradictions, Continuity and Change. *Journal of Peasant Studies, 46*(6), 1119-1141.

[634] McMichael, P. (2020). Does China 'Going Out' Strategy Prefigures a New Food Regime? *Journal of Peasant Studies, 57*(1), 116-154.

y liderar los intereses agroalimentarios de China en la BRI. No obstante, si el neomercantilismo chino prefigura un "modelo" subsecuente de régimen alimentario, esta todavía es una cuestión abierta.[635]

Otro conjunto de contribuciones, de orientación más empírica pero no meramente descriptiva, analiza las crecientes relaciones comerciales, de inversión y de financiación agroalimentaria entre China y América del Sur. Escher y Wilkinson[636] documentan el surgimiento del complejo soja-carne Brasil-China y argumentan que representa un cambio policéntrico en las relaciones agroalimentarias globales hacia el Sur/Este, desafiando el poder corporativo del Atlántico Norte. Oliveira[637] explica por qué la mayoría de las empresas chinas que intentaron comprar tierras para cultivo directo y anunciaron prematuramente inversiones *greenfield* en gran escala en Brasil fallaron, mientras que COFCO y algunas otras empresas que realizaron M&As de empresas con operaciones regionales bien establecidas tuvieron éxito. Wilkinson, Wesz Jr. y Lopane[638] afirman que, debido a la escala de su demanda por alimentos y materias primas, China adopta estrategias "más allá del mercado" ("*more-than-market*"), avanzando para el control "práctico" de recursos en Brasil, Argentina y Paraguay, con COFCO como su principal comerciante global y gerente de la cadena de valor. Mientras tanto, McKay et al. (2017) sugieren que las relaciones económicas y políticas entre China y países como Argentina y Brasil están reemplazando el "Consenso de Washington" por un nuevo "Consenso de Beijing" para el control de los recursos. Mefano Fares propone que, más allá de suministrar materias primas a la industria china de piensos y acceder a mercados lucrativos en el extranjero, la expansión financiera de COFCO a través de fusiones y

[635] La noción de neomercantilismo, que remonta a la crítica al liberalismo clásico por pensadores como Alexander Hamilton y Friedrich List, es empleada en la bibliografía del régimen alimentario por Belesky & Lawrence (2019) *op. cit.* y McMichael (2020) *op. cit.* para analizar la estrategia agroalimentaria china basada en protección y control del mercado doméstico e internacionalización de las empresas nacionales. El nacionalismo económico y las preocupaciones con la seguridad nacional presentes em las estrategias "*going out*" y BRI, bien como en la política de seguridad alimentaria de China, pueden ser comprendidos por esa interpretación. El argumento clave es que, en la actual coyuntura de transición del sistema alimentario, en vez de depender exclusivamente de la "regla del mercado neoliberal", la intervención del Estado ha sido cada vez más implantada para asegurar y garantizar el acceso directo a las cadenas globales de abastecimiento de alimentos, raciones y combustibles por medio de inversiones extranjeras directas.

[636] Escher, F. & Wilkinson, J. (2019). A Economia Política do Complexo Soja-carne Brasil-China. *Revista de Economia e Sociologia Rural, 57*(4), 656-678.

[637] Oliveira, G. L. T. (2017). *The South-south Question: Transforming Brazil-China Agroindustrial Partnerships.* University of California (PhD diss.).

[638] Wilkinson, J., Wesz Jr., V. J., & Lopane, A. R. M. (2016). Brazil and China: the Agribusiness Connection in the Southern Cone Context. *Third World Thematics, 1*(5), 726-745.

adquisiciones también actúa como una salida para el exceso de capacidad industrial de China, brindando condiciones ventajosas para la exportación de capital excedente.[639] Giraudo advierte, como corolario, que la creciente presencia china en los complejos sojeros de Brasil y Argentina reproduce una satelización Norte-Sur y profundiza la dependencia de América del Sur, limitando la capacidad de desarrollo autónomo de la región.[640]

A pesar de la importancia de esos dos conjuntos de contribuciones para una agenda de investigación renovada en la economía política global de la agricultura y la alimentación, el diálogo entre ellos todavía está relativamente poco desarrollado. En cuanto el primero ofrece una estructura conceptual robusta construida sobre generalizaciones teóricas empíricamente fundamentadas y los mecanismos de funcionamiento de las empresas chinas que están going out en nuevos contextos nacionales y regionales son generalmente abordados de forma un tanto rápida y genérica. Ya los análisis de orientación más empírica, por su parte, caracterizan las especificidades, detallan los mecanismos de funcionamiento de las empresas chinas en los territorios sudamericanos e interpretan su significado más amplio. De todos modos, poco fue hecho para construir un relato teórico más completo con abundantes hallazgos empíricos y analíticos. Nuestro propósito es contribuir a llenar este vacío en la literatura. ¿Por qué y cómo China está reordenando el régimen alimentario internacional? ¿Cómo encajan Brasil y los demás principales países productores de soja del Cono Sur de América Latina en este proceso? ¿Cuáles son las implicaciones globales de la actuación de COFCO en la región para transformar el sistema alimentario?

Este artículo plantea la hipótesis de que la estrategia global de COFCO en el Cono Sur, especialmente en el complejo carne-soja Brasil-China, juega un papel clave en la transformación del actual régimen alimentario internacional. Luego de completar las adquisiciones de Noble Agri, con sede en Hong Kong, y Nidera, con sede en los Países Bajos, en 2016, COFCO se unió a la lista de los principales traders agrícolas en los principales países exportadores, como Brasil, Argentina, Paraguay y Uruguay. Con sus estrategias operativas y de inversión asertivas pero flexibles, COFCO no solo favorece la integración de la economía china al capitalismo global, sino que también establece relaciones diferenciadas e interconectadas con el Cono

[639] Mefano Fares, T. (2019). The Rise of State-transnational Capitalism in the Xi Jingping Era: A Case Study of China's International Expansion in the Soybean Commodity Chain. *Journal of Development Studies (JEP)*, *35*(4), 86-106.

[640] Giraudo, M. E. (2020). Dependent development in South America: China and the soybean nexus. *Journal of Agrarian Change*, *20*(1), 60-78.

Sur, independientemente del poder corporativo del Atlántico Norte. Su expansión internacional ofrece una plataforma para disponer del exceso de capacidad nacional mediante la exportación de excedentes de capital y, imitando los métodos de las empresas recién adquiridas, acumulando capital en el exterior adaptado a las especificidades de cada país receptor. Además, COFCO implementa la política de seguridad alimentaria autosuficiente de China a través de una estrategia neomercantilista para el compromiso global de agronegocios. La expansión del mercado de consumo de China hacia dietas cada vez más ricas en proteínas animales se ve facilitada por el suministro de materias primas de COFCO a las industrias nacionales de piensos y ganado. Así, esta estrategia neomercantilista funciona como un mecanismo de transición que conlleva elementos tanto de continuidad como de ruptura con las características neoliberales del régimen alimentario internacional. No es un fin en sí mismo, sino un medio para que COFCO gane posiciones más ventajosas en el mercado mundial y para que China gane las actuales disputas por la hegemonía. Finalmente, al expandirse globalmente, COFCO proyecta los intereses chinos en el extranjero, no solo contrarrestando la influencia estratégica de EE. UU., sino también contribuyendo a un mayor reordenamiento del régimen alimentario en una dirección multipolar. Así lo demuestra la observación de que, si bien COFCO opera de acuerdo a los imperativos del mercado, también actúa en coordinación con el Estado chino, jugando un papel estratégico en línea con las políticas implementadas por el gobierno en medio de las tensiones geopolíticas en curso.

Metodológicamente, nuestro análisis se basa en la investigación previa de los autores y en un conjunto de datos nuevos. Junto con la literatura relevante, utilizamos una gran cantidad de fuentes primarias y secundarias, como informes de prensa de China, Brasil, Argentina, Paraguay, Uruguay y Estados Unidos; informes institucionales de COFCO y otras empresas; e información recopilada del trabajo de campo realizado en China, Brasil y Paraguay, con entrevistas a actores clave. También utilizamos bases de datos estadísticas oficiales de China, Brasil, Argentina, Paraguay, Uruguay y Estados Unidos. Como los datos oficiales de comercio exterior por empresa y producto no siempre están disponibles anualmente, construimos una serie histórica más detallada combinando datos de diferentes fuentes.

El artículo se divide en seis secciones, incluida la Introducción. La segunda sección analiza algunos debates teóricos vitales en los estudios agroalimentarios y arroja luz sobre por qué y cómo China está en el centro del reordenamiento del régimen alimentario contemporáneo. La tercera sección hace un recuento de la historia corporativa de COFCO, analizando su estrategia de crecimiento y los principales determinantes de su expansión internacional. La cuarta sección evalúa la dinámica reciente del complejo de carne-soja Brasil-China en el contexto del Cono Sur y los flujos comerciales agroalimentarios globales en constante cambio en medio de las tensiones geopolíticas actuales. La quinta sección analiza la estrategia global de COFCO en el Cono Sur y sus implicaciones para el poder corporativo del Atlántico Norte. La sección final resume nuestros principales hallazgos y extrae algunas conclusiones.

China y la transformación del sistema alimentario

La fructífera colaboración entre Friedmann y McMichael dio origen a un nuevo programa de investigación destinado a explorar el papel de la agricultura en la evolución de la economía mundial capitalista y del sistema interestatal.[641] Su núcleo analítico gira en torno al concepto de régimen alimentario, que vincula las relaciones internacionales de producción y consumo de alimentos a las formas de acumulación de capital, distinguiendo ampliamente períodos sucesivos. El primero, el régimen colonial-diaspórico (1870-1914/30), se basó en la hegemonía del Imperio Británico y el sistema monetario del patrón oro. Bajo la ideología del imperialismo de libre comercio, los dominios y las periferias (coloniales o dependientes) de las Américas, Oceanía, Asia y África fueron alentados u obligados a suministrar alimentos y materias primas baratas a las metrópolis en vías de industrialización para ayudar a mantener bajo el valor del salario de la reproducción de su fuerza de trabajo. El segundo, el régimen mercantil-industrial (1945-1973/85), se construyó sobre la hegemonía de Estados Unidos y el sistema monetario de Bretton Woods. Durante el período de la Guerra Fría, sus características definitorias fueron el flujo de excedentes agrícolas estadounidenses hacia el 'tercer mundo' a través de programas de 'ayuda alimentaria' y la difusión mundial de los paquetes tecnológicos de la revolución verde. Sin embargo, mientras para McMichael el tercer régimen (1995-hoy) es un "régimen alimentario corporativo" consolidado, para Friedmann es un

[641] Friedmann, H. & P. McMichael (1989). Agriculture and the State System: the Rise and Fall of National Agricultures, 1870 to the Present. *Sociologia Ruralis, 29*(2), 93-117. Friedmann, H. (2005). From colonialism to green capitalism: Social movements and the emergence of food regimes. En F. H. Buttel & P. McMichael (Eds.), *New directions in the sociology of global development*. Elsevier; McMichael, P. (2005). Global development and the corporate food regime. En F.H. Buttel & P. McMichael (Eds.), *New directions in the sociology of global development*. Elsevier.

"régimen alimentario corporativo-ambiental" emergente. Ambos todavía están de acuerdo en que la hegemonía estadounidense restaurada basada en el sistema monetario de tipos de cambio flexibles posterior a Bretton Woods es intrínsecamente inestable. También indican que la Organización Mundial del Comercio (OMC) y el Acuerdo sobre la Agricultura creado en 1995 proporcionaron el marco institucional que impuso la liberalización del comercio agrícola y alimentario, una menor intervención y regulación del Estado sobre las políticas rurales y agroalimentarias, y la proliferación de estándares de calidad privados[642].

A pesar de cierta controversia sobre cómo caracterizar e interpretar el nuevo período[643], la noción de un tercer régimen alimentario ha servido como paraguas para una amplia gama de temas interrelacionados cubiertos por estudios agroalimentarios críticos.[644] La articulación de la hegemonía

[642] Friedmann, H. (2009). Discussion: Moving Food Regimes Forward: Reflections on Symposium Essays. *Agriculture and Human Values, 26*(4), 335-344; McMichael, P. (2009). A food Regime Genealogy. *Journal of Peasant Studies, 36*(1), 139-169.

[643] Por ejemplo: Pritchard ve el colapso de la Ronda de Doha de la OMC como la crisis del segundo régimen alimentario y cuestiona la existencia misma de un tercer régimen alimentario; Pechlaner y Otero argumentan que paralelamente a la difusión de la biotecnología surgió un "régimen alimentario neoliberal"; y Burch y Lawrence ven en las crisis gemelas financiera y alimentaria de 2008 el callejón sin salida de un "régimen alimentario financiarizado" hecho posible por la difusión de las nuevas tecnologías de la información y la comunicación. Ver: Pritchard, B. (2009). The Long Hangover from the Second Food Regime: a World-historical Interpretation of the Collapse of the WTO Doha Round. *Agriculture and Human Values, 26*(4), 297-307; Pechlaner, G, & G. Otero (2008). The Third Food Regime: Neoliberal Globalism and Agricultural Biotechnology in North America. *Sociologia Ruralis, 48*(4), 1-21; Burch, D. & Lawrence. G. (2009). Towards a Third Food Regime: Behind the Transformation. *Agriculture and Human Values, 26*, 257-279.

[644] Por ejemplo: la intensa financiarización de la tierra, la agricultura y las actividades relacionadas con la alimentación (Isackson S. R. (2014). Food and Finance: The Financial Transformation of Agro-food Supply Chains. *The Journal of Peasant Studies, 41*(5),749-775) y la concentración de la propiedad y el control corporativos (Clapp, J. (2019). The Rise of Financial Investment and Common Ownership in Global Agri-food Firms. *Review of International Political Economy, 26*(4), 604-629); la expansión de la revolución del comercio al por menor de alimentos (Arboleda, M. (2020). Towards an agrarian question of circulation: Walmart's expansion in Chile and the agrarian political economy of supply chain capitalism. *Journal of Agrarian Change, 20*(3), 345-363) y la transición nutricional en los países en desarrollo (Otero, G., Gürcan, E. C., Pechlaner, G., Liberman, G. (2018). Food Security, Obesity, and Inequality: Measuring the Risk of Exposure to the Neoliberal Diet. *Journal of Agrarian Change, 18*, 536-554); el auge del acaparamiento global de tierras (Edelman, M., Oya, C., & Borras Jr., S. M. (Eds.) (2015). *Global Land Grabs: History, Theory and Method*. Routledge) y la expansión de los "cultivos flexibles" (Borras Jr., S. M., Franco, J. C., Isakson, R. C., Levidow, L., & Vervest, P. (2015). The Rise of Flex Crops and Commodities: Implications for Research. *Journal of Peasant Studies*, 1-24); el reposicionamiento de la alimentación y la agricultura dentro de una ontología política ecológica (Moragues-Faus, A. & Marsden, T. (2017). The Political Ecology of Food: Carving 'Spaces of Possibility' in a New Research Agenda. *Journal of Rural Studies, 55*, 275-288) y el surgimiento de nuevos movimientos sociales comprometidos con el activismo alimentario, tanto a través de la política como de los mercados (Holt-Giménez, E. & Shattuk, A. (2011). Food crises, food regimes and food movements: rumblings of reform or tides of transformation? *Journal of Peasant Studies, 38*(1), 109-144); y el papel continuo del Estado, incluso durante la era neoliberal, tanto en la promoción de políticas de desarrollo rural y seguridad alimentaria como en el apoyo a la expansión de los agronegocios (Escher, F. (2021). BRICS Varieties of Capitalism and Food Regime Reordering: A Comparative Institutional Analysis. *Journal of Agrarian Change, 21*(1), 46-70).

internacional y los sistemas monetarios, las reglas de gobernanza, las ideologías legitimadoras, los cambios tecnológicos y los movimientos de contestación entran en el análisis. A raíz del reciente debate entre Bernstein[645], McMichael[646]y Friedmann[647], se ha reavivado el interés por cuestiones de teoría, método y evidencia empírica en el análisis del régimen alimentario. Reuniendo una serie de instancias históricas poco estudiadas de diferentes países y regiones de los tres regímenes, Wilkinson y Goodman[648] argumentan que el análisis de los regímenes alimentarios pone demasiado énfasis en las rupturas sistémicas y hace generalizaciones excesivas e imprecisas basadas estrictamente en la historia de poderes hegemónicos. En consecuencia, la multipolaridad y las continuidades históricas en las estrategias de acumulación agroalimentaria seguidas por las potencias emergentes en el sistema capitalista mundial en evolución, como los BRICS, a menudo se presentan poco claras. Niederle[649] y Niederle y Wesz Jr.[650] también argumentan que el análisis del régimen alimentario ha manejado mal la heterogeneidad y la transición al enmarcar los poderes hegemónicos en el centro del sistema capitalista mundial, siendo una fuente de restricciones estructurales homogéneamente extendidas a las periferias y semiperiferias. Al escudriñar la historia del sistema agroalimentario brasileño, estos autores llaman la atención sobre la necesidad de un recuento empírico más cuidadoso de las especificidades de los países no del Norte/Occidente en el marco del régimen. En la misma línea, Gaudreau[651] señala que, a pesar de que China está incluida en el análisis del régimen alimentario contemporáneo, el país está notablemente ausente de su narrativa histórica más amplia, a pesar de la participación no desdeñable de China en el comercio agroalimentario internacional y su relevancia para las políticas exteriores de Gran Bretaña y Estados Unidos durante el Primer y Segundo Régimen Alimentario.

---

[645] Bersntein, H. (2016). Agrarian political economy and modern world capitalism: the contributions of food regime analysis. *Journal of Peasant Studies, 43*(3), 611-647.

[646] McMichael, P. (2016). Commentary: Food Regime for Thought. *Journal of Peasant Studies*, 43(3), 648-670.

[647] Friedmann, H. (2016). Commentary: Food Regime Analysis and Agrarian Questions: Widening the Conversation. *Journal of Peasant Studies, 43*(3), 671-692.

[648] Wilkinson, J. & Goodman, D. (2017). Les Analyses en Terms de 'Food Regime': Une Relecture. En G. Allaire & B. Daviron (Eds.), *Transformation Agricoles et Agroalimentaires: Entre Écologie et Capitalisme* (pp. 275-290). Quae.

[649] Niederle, P. A. (2018). A Pluralist and Pragmatist Critique of Food Regime's Genealogy: Varieties of Social Orders in Brazilian Agriculture. *Journal of Peasant Studies, 45* (7), 1460-1483.

[650] Niederle, P. A. & Wesz Jr., V. J. (2020). *Agrifood System Transitions in Brazil*: New Food Orders. Routledge.

[651] Gaudreau, M. (2019). *Constructing China's National Food Security: Power, Grain seed Markets, and the Global Political Economy*. University of Waterloo (PhD diss.).

Sin embargo, con respecto al régimen alimentario contemporáneo se han debatido oportunamente las cuestiones de hegemonía, multipolaridad y transición. Belesky y Lawrence[652] suponen que los períodos de transición entre regímenes alimentarios sucesivos se caracterizan precisamente por la fluidez y la multipolaridad creciente, con la proliferación de empresas estatales, campeones nacionales y fondos soberanos (*sovereign wealth funds*, SWF en inglés) de potencias emergentes (especialmente China y otros países BRICS) tomando posiciones de poder en el sistema agroalimentario mundial. COFCO y ChemChina destacan así la estrategia neomercantilista empleada por China en respuesta a su desconfianza en los mercados agroalimentarios globales controlados por las grandes corporaciones transnacionales del Atlántico Norte para brindar seguridad alimentaria al país. Escher[653], en un análisis comparativo de las variedades de capitalismo en los BRICS, también muestra que algunas empresas transnacionales agroalimentarias apoyadas por el Estado en estos países (especialmente China y Brasil) están desafiando el dominio de larga data del Atlántico Norte. A medida que entran en la competencia oligopólica mundial por los recursos, los mercados, las ganancias y el poder, se está produciendo un reordenamiento internacional del régimen alimentario. El autor también sostiene que, para comprender el papel de estos países en el reordenamiento del régimen alimentario, es fundamental analizar sus procesos internos de cambio agrario y dinámicas de clase en las áreas rurales, sus cambios en los patrones de consumo urbano de alimentos en medio de la transición nutricional y el carácter ambiguo y cambiante de las políticas agroalimentarias implementadas por cada Estado.

Siguiendo estas líneas de investigación, las razones por las que China está reordenando el régimen alimentario internacional se explican en gran medida por cambios internos en su propio sistema agroalimentario, sin perder de vista el contexto externo. El aumento de los ingresos y la rápida urbanización están provocando cambios estructurales en los patrones de consumo de alimentos chinos, que han pasado de una proporción de 8:1:1 de cereales y aceites: frutas y verduras: carne, pescado, huevos y leche a una proporción de 4:3:3[654]. En el corazón de este proceso está la "carnificación" de las dietas chinas, más pronunciada entre las clases media y alta, pero

[652] Belesky & Lawrence (2019), *op. cit.*

[653] Escher (2021), *op. cit.*

[654] Huang, P. C. C. (2016). The Three Models of China's Agricultural Development: Strengths and Weaknesses of the Administrative, Laissez Faire, and Co-op Approaches. *Rural China, 14*(2), 488-527.

también visible entre los trabajadores y campesinos[655]. Como resultado, el consumo promedio de carne en China aumentó de solo 16 kg per cápita (excluyendo pescados y mariscos) en 1990 a 49 kg en 2018. La carne de cerdo simboliza este cambio en la dieta: de 15 kg en 1990 a 31 kg per cápita en 2018[656]. Al mismo tiempo, la producción ganadera de China ha experimentado una especialización industrial y una expansión sin precedentes en forma de operaciones concentradas de alimentación animal[657]. Hasta 1987, el 75% de los hogares campesinos producía prácticamente toda la carne de cerdo de China. En 2012, sin embargo, poco más del 20% de los hogares producían cerdos, y surgió una clara diferenciación entre los productores: alrededor del 35% de los cerdos sacrificados provienen de la producción de "traspatio", o sea, de productores que tienen de 1 a 49 cerdos/año; 29% provienen de "unidades de producción familiares especializadas", los cuales disponen de 50 a 499 cerdos/año; y el 36% proviene de "granjas comerciales a gran escala", con más de 500 cerdos/año[658].

Tales cambios están en línea con la consolidación de los complejos agroindustriales nacionales. En particular, la propiedad y el control de las operaciones de las industrias de la carne y los piensos de China son predominantemente nacionales, dominados por las llamadas "empresas cabeza de dragón" ("*dragon-head enterprises*"- DHE, por su sigla en inglés): empresas de procesamiento y distribución que cumplen una serie de criterios operativos y financieros para obtener financiación del gobierno (crédito y subsidios) a nivel nacional para la compra de productos primarios a los productores rurales a través de la integración vertical y la agricultura por contrato. Hasta 2011, los DHE integraban la operación de alrededor del 70% de la producción pecuaria (cerdos y pollos). Entre las 10 principales empresas por ventas, el 60 % de la cría de cerdos, el 80 % del sacrificio de cerdos, el 90 % del procesamiento de cerdos, el 80 % de las marcas de carne de cerdo al por menor y el 50 % de la fabricación de piensos estaban controlados por DHE. Shanghui -que tras la adquisición de la estadounidense Smithfield en 2013 cambió su nombre a WH Group y se convirtió en el procesador y distribuidor de carne de cerdo más grande del mundo-, Jinluo y Yurun,

---

[655] Schneider, M. (2014). Developing the Meat Grab. *Journal of Peasant Studies, 41*(4), 613-633.

[656] A modo de comparación, el consumo de carne de cerdo per cápita en EE. UU. y Brasil en 2018 fue de 23 kg y 13 kg, respectivamente (OCDE-FAO (2020). *Base de dados online*. Recuperado de http://www.agri-outlook.org/data/.

[657] Schneider, M. (2017). Dragon Head Enterprises and the State of Agribusiness in China. *Journal of Agrarian Change, 17*(1), 3-21.

[658] Qiao, F., Huang, J., Wang, D., Liu, H., & Lohmar, B. (2016). China's hog production: From backyard to large-scale. *China Economic Review, 38,* 199-208.

son las principales DHE de la industria[659]. En la industria de piensos, las 10 principales empresas, todas DHE, generaron el 50 % de la producción total en 2014[660]. En la lista de las 100 empresas de piensos más grandes del mundo, 21 son chinas, de las cuales ocho se encuentran entre las 20 principales, lo que representa el 31% de la producción total. New Hope, Wen's y Muyuan ocupan respectivamente el segundo, quinto y sexto lugar en la lista[661].

Todos estos cambios en el consumo de alimentos, la producción ganadera y la industria cárnica de China no serían posibles sin aumentar la cantidad de soja importada, un ingrediente básico en la alimentación animal. En 1996, el gobierno chino redujo temporalmente el arancel de importación de soja del 114 % al 3 % para estimular la producción nacional de piensos y ganado en las regiones costeras[662]. Cuando China se unió a la OMC en 2001, la liberalización de las importaciones de soja se hizo permanente, mientras que el arroz, el trigo y el maíz, los tres "cultivos estratégicos" que sustentan la política de seguridad alimentaria de China, se mantuvieron bajo la "línea roja" para el autoabastecimiento de granos, que actualmente exige que el 95% del consumo total se produzca internamente. La conversión de la soja de un cultivo alimentario a alimento para animales y su liberalización ha permitido al gobierno chino mantener la narrativa política oficial que equivale a "seguridad alimentaria" ((shipin fangyu anquan - 食品防御安全) con "autosuficiencia en granos" (liangshi anquan - 粮食安全) bajo el slogan político "9-21 Challenge", según el cual China alimenta al 21% de la población mundial con solo el 9% de su tierra cultivable (y el 7% de su agua dulce)[663].

La explicación de cómo China está reordenando el régimen alimentario internacional radica precisamente en las relaciones comerciales y de inversión de China con los principales países exportadores, así como en sus implicaciones globales de gran alcance. McMichael (2020) argumenta que la participación de China en el comercio agrícola mundial, como el mayor importador (semillas oleaginosas, granos, azúcar, carne, leche) y el tercer exportador más grande (pescado, frutas, verduras, alimentos procesados), adopta y remodela el sistema liberal establecido por la OMC. Trazando un

[659] Schneider (2017), *op. cit.*

[660] Sharma, S. (2014). *The Need for Feed: China's Demand for Industrialized Meat and its Impacts*. Institute for Agriculture and Trade Policy - IATP.

[661] WATT (2020). The world's leading feed producers. *WATT.* Recuperado de https://www.wattagnet.com/directories/81-the-world-s-leading-feed-producers/W.

[662] Yan, H.; Chen, Y.; Ku, H. B. (2016). China's Soybean Crisis: The Logic of Modernization and Its Discontents. *Journal of Peasant Studies*, *43*(2), 373-395.

[663] Schneider (2014), *op. cit.*

paralelo histórico, sugiere que China puede emerger como un polo de mando de un nuevo régimen dietético, análogo al primer régimen dietético centrado en Gran Bretaña, aunque en un mundo muy diferente al del siglo XIX.

> Los británicos y los estadounidenses implementaron el régimen alimentario para abaratar los alimentos-salario y subsidiar las relaciones económicas (taller del mundo) y político-económicas (alianzas de la Guerra Fría). En el siglo XXI, con la política y las depredaciones de la (continua) crisis alimentaria que revelan la fragilidad de la gobernanza multilateral neoliberal de la OMC (en un sistema estatal asimétrico), los principios mercantilistas han resurgido para proteger/asegurar el suministro de comida -no simplemente por salarios- y alimentos de consumo adinerado, sino también para estabilizar los órdenes políticos. El mercantilismo de la agroseguridad también se alinea con la aparición de una divergencia posterior al "consenso de Washington", que informa la noción de un "consenso de Beijing" como antídoto contra la crisis del neoliberalismo y el peso creciente de la economía china en el mercado mundial.[664]

Por lo tanto, la actual política de seguridad alimentaria neomercantilista de China sigue el principio de "autosuficiencia". China protege su industria agroalimentaria nacional, regula los agronegocios globales que operan en el mercado interno y cultiva su propio agronegocio para "go out" y competir con ellos en el mercado mundial[665]. Esto incluye las SOEs centrales encomendadas y supervisadas por la Comisión de Supervisión y Administración de Bienes del Estado (State-Owned Assets Supervision and Administration Commission, SASAC por su acrónimo en inglés) como COFCO, ChemChina, Sinograin e CNADC, así como varias haciendas estatales y DHEs[666]. La dinámica de concentración e internacionalización de estas empresas sigue aproximadamente los mismos propósitos definidos en el alcance de los proyectos de la BRI: expandir las redes globales de comercio e inversión; garantizar el acceso a los recursos naturales y materias primas; exportar exceso de capacidad doméstica y capital excedente; obtener ventajas tecnológicas y promover la actualización em las cadenas globales de valor; crear canales para internacionalizar el renminbi (RMB); y reequilibrar las relaciones de poder en un escenario geopolítico inestable e incierto[667].

[664] McMichael. (2020), *op. cit.*, p. 20-21, traducción del editor.

[665] Gaudreau (2019), *op. cit*

[666] Zhang, H. (2018). *Securing the 'Rice Bowl': China and Global Food Security*. Palgrave Macmillan.

[667] Li, X. (Ed). (2019). *Mapping China's 'One Belt, One Road' Initiative*. Palgrave Macmillan.

El análisis del régimen alimentario nos permite mapear el poder corporativo, la división internacional del trabajo y las relaciones interestatales conectadas a "complejos de productos básicos agroalimentarios" históricamente específicos[668]. Con la escalada de la guerra comercial entre Estados Unidos y China, el llamado complejo de carne-soja Brasil-China ha experimentado una tendencia al alza[669]. Sin embargo, las empresas chinas han hecho esfuerzos para aumentar su presencia en la agricultura en los demás países del Cono Sur en medio de la hostilidad diplomática del gobierno brasileño de Jair Bolsonaro contra China. Las siguientes secciones muestran que el complejo soja-carne Brasil-China ha jugado un papel fundamental en las tensiones neomercantilistas en curso y toman la trayectoria de COFCO en el Cono Sur como parámetro para analizar las principales características del reordenamiento del régimen alimentario.

Estrategia de Crecimiento y Expansión Internacional de COFCO

Desde la liberalización de las importaciones de soja en China, las Empresas Transnacionales (ETN) con sede en el Atlántico Norte han reforzado su hegemonía mundial al poner bajo su control el complejo chino de la soja, estableciendo una división global del trabajo descrita como "La América del Sur produce soja, China compra soja y los EE.UU. venden soja" (Yan, Chen e Ku, 2016, p. 375). Con la "crisis de la soja" de 2005, estas empresas y las asiáticas Wilmar[670] y Noble se beneficiaron de la mayoría de los segmentos de la cadena de *commodities* de la soja, controlando las exportaciones a China y usando mecanismos financieros –principalmente por medio de la especulación de precios – para expandir su capacidad de adquisición y procesamiento dentro de China[671]. Sin embargo, desde 2008, la intervención estatal y los esfuerzos del gobierno para proteger la propiedad nacional en la industria de alimentos y ganado han permitido

---

[668] Friedmann, H. (2009). Discussion: Moving Food Regimes Forward: Reflections on Symposium Essays. *Agriculture and Human Values, 26*(4), 335-344.

[669] Nuestra noción del "complejo de carne-soja Brasil-China" se basa en el análisis de McMichael (2013) de los mercados agroalimentarios globales articulados por diferentes "polos importadores" y "polos exportadores", así como en la conceptualización de Weis del "complejo industrial grano-oleaginoso-ganadero", que explica cómo los paisajes agroalimentarios de todo el mundo se comparan cada vez más con "islas ganaderas concentradas en mares de monocultivos". Ver, Weis, T. (2013). The Meat of the Global Food Crisis. *Journal of Peasant Studies, 40*(1), 65-85; McMichael, P. (2013). *Food Regime and Agrarian Questions*. Fernwood.

[670] Wilmar es una empresa radicada en Singapur que, en asociación estratégica con la estadounidense ADM, opera en el mercado chino como uno de los principales importadores de productos agrícolas en el país.

[671] Oliveira, G. L. T. & Schneider, M. (2016). The politics of Flexing Soybeans: China, Brazil and Global Agroindustrial Restructuring. *Journal of Peasant Studies, 43*(1), 167-194.

que las corporaciones agroalimentarias chinas como COFCO recuperen su posición crucial como importadores y procesadores de soja[672]. Como resultado, el poder de mercado de las corporaciones del Atlántico Norte fue contenido y, en 2018, COFCO se tornó el principal importador de China al lado de Wilmar/ADM. Aunque las empresas ABCD -ADM, Bunge, Cargill y Dreyfus- siguen siendo *players* importantes, perdieron la centralidad que tuvieron en el mercado chino (Gráfico 1). En medio a la recuperación doméstica, la creciente presencia de COFCO y de otras empresas chinas en el sector agrícola sudamericano remodeló la distribución global de mercados, ganancias y poder. Para entender ese proceso, analizamos la dinámica que sustentó el crecimiento de COFCO en el mercado interno y abrió camino para su expansión en el exterior.

Gráfico 1. Participación en las importaciones de soja de China por empresa, 2018.

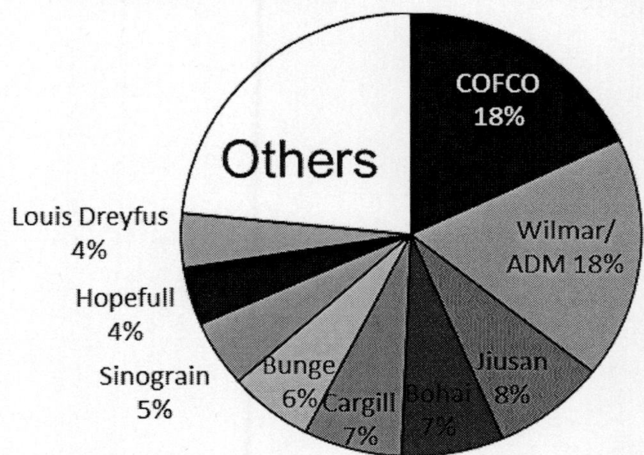

Fuente: COFEED (2019)[673], elaborado por los autores.

COFCO se creó a partir de North China Foreign Trade Company, establecida en Tianjin en septiembre de 1949 y convertida en una empresa comercial nacional un año después. En la década de 1990, COFCO pasó por reformas corporativas, tornándose un conglomerado nacional orientado al mercado con operaciones comerciales diversificadas. De 2004 a 2016, la empresa fusionó y adquirió 15 empresas nacionales e internacionales de

[672] Sharma (2014), *op. cit.*

[673] COFEED (Cofeed China Soybean Report) (2019). Recuperado de https://www.cofeed.com.

diferentes sectores, convirtiéndose en un actor agroalimentario de referencia (Cuadro 1). Por medio de esas M&As, se integró totalmente al *upstream* (concesión de crédito y semillas y distribución de insumos) y *downstream* (producción de piensos y ganado, procesamiento de carne, fabricación y marca de bebidas, plataformas de ventas, almacenamiento técnico, servicios financieros y de seguros, distribución de productos, venta minorista de alimentos online) de las cadenas de valor agroalimentarias, así como de otras ramas (desde la bioenergía hasta la hotelería).

Cuadro 1. Principales fusiones y adquisiciones de la COFCO.

Año	Fusiones	Adquisiciones
2004	China Native Produce & Animal By-Products Import & Export Corporation (TUHSU)	
2005	Xinjiang Tunhe Investment Co., Ltd.	37,03% del capital de China Resources Biochemical
	Xinjiang Sifang Sugar (Grupo) Co., Ltd.	100% del capital da China Resources Alcohol
		20% del capital da Jilin Fuel Ethanol
2006	Grupo de Granos y Aceites de China	BBCA Bioquímica
2010		Château de VIAUD
2011		Tully Sugar
2013	Corporación de Granos y Logística de China	
2014	China Huafu Trade & Development Group Corporation	Noble Agri (concluido en 2016)
		Nidera (concluido en 2016)
2016	Corporación Chinatex	

Fuente: COFCO Intl (2020)[674], elaborado por los autores.

COFCO contó con una larga trayectoria de internacionalización, lo que le permitió sentar las bases para su posterior expansión global. Hasta principios de la década de 1990, COFCO se encontraba entre las pocas agencias comerciales chinas que operaban el comercio transfronterizo de

[674] COFCO International (2020). Recuperado de https://www.cofcointernational.com.

commodities agrícolas[675]. Además, sirvió como puerta de entrada a China para empresas transnacionales como Coca-Cola (poseyendo a la fecha COFCO el 65% de las acciones de la empresa conjunta que abastece el mercado interno) y suscribió acuerdos anticipados para el suministro y procesamiento de soja con la estadounidense ADM y la singapurense Wilmar International[676]. Durante las décadas de 1990 y 2000, las reformas corporativas impulsadas por el mercado en el sector estatal chino han permitido a COFCO expandir sus operaciones y estructuras de gestión en el extranjero. COFCO ha establecido subsidiarias que cotizan en la Bolsa de Valores de Hong Kong, abrió muchas oficinas de representación en el extranjero para establecer sus redes comerciales y se integró en otros segmentos comerciales, como bienes raíces y valores. A mediados de los años 2000, COFCO transfirió su *core business* para las subsidiarias de Hong Kong (un trampolín para negociar contratos comerciales y atraer inversores extranjeros), incluyendo su Departamento de Aceites y Grasas, responsable por la mayor parte de sus operaciones aguas abajo del complejo soja chino[677]. Por medio de *joint ventures* con sus contrapartes extranjeras y adquisiciones de concurrentes menores, COFCO construyó una infraestructura de procesamiento de soja en gran escala. Entre 2013 y 2019, evolucionó de tercer mayor procesador de soja de China a líder (Gráfico 2).

[675] McCorriston, S. & MacLaren D. (2010). The Trade and Welfare Effects of State Trading in China with Reference to COFCO. *World Economy*, *33*(4), 615-32.

[676] Mefano Fares (2019), *op. cit.*

[677] Yu, X. 2009. *China Agri 2008 Annual Report*. Hong Kong Exchanges and Clearing.

Gráfico 2. Capacidad de procesamiento de soja de las 5 mayores empresas de China, 2012-2019.

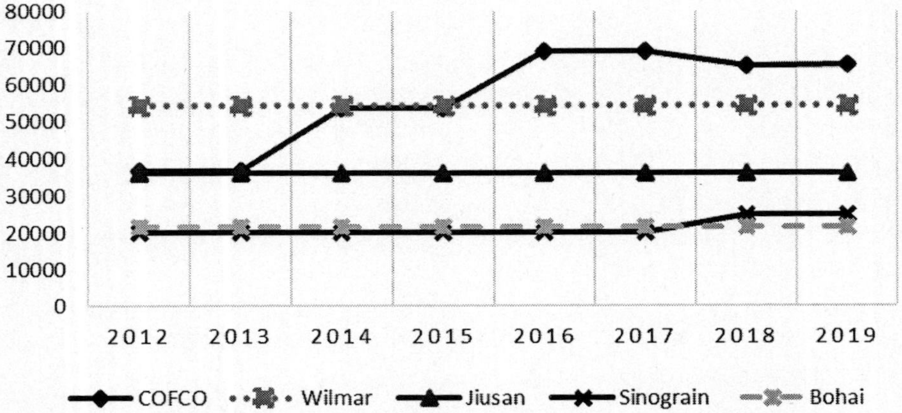

80000
70000
60000
50000
40000
30000
20000
10000
0

2012 2013 2014 2015 2016 2017 2018 2019

COFCO Wilmar Jiusan Sinograin Bohai

Fuente: Qichacha (2019); Sublime China Database (2018) [678], elaborado por los autores.

Para manejar las complejas operaciones financieras del Grupo COFCO, China Agri-Industries Holdings Limited fue establecida en un acuerdo con China Investment Corporation (CIC), con el fondo soberano chino controlando 19,9% de sus participaciones y COFCO reteniendo 80,1%[679]. Hasta 2013, COFCO creó 164 subsidiarias *offshore*, nueve de ellas listadas en bolsas de valores y más de una centena en paraísos fiscales –con gran parte de sus patrimonios con gran parte de sus activos acreditados a fondos de inversión intermediarios y participaciones financieras[680]. Aunque generalmente controlada por la sede en Beijing, la estructura de propiedad de COFCO ya había desarrollados mecanismos para levantar capital en el exterior e integrarse al agronegocio global. En 2014, antes de adquirir Noble Agri y Nidera, 41% de los activos de molienda de soja de COFCO eran controlados por fondos de inversión con sede en Hong Kong, 24% por subsidiarias offshore, 17% por China Agri, 15% por inversionistas extranjeros y 3% por el propio Grupo COFCO[681].

---

[678] Qichacha (2019). *Base de datos online*. Recuperado de https://www.qichacha.com/ ; Sublime China Database. Start-up rate of soybean oil processing since August 2013. Recuperado de https://intl.sci99.com.

[679] Escher, F., Wilkinson, F., & Pereira, P. (2018). Causas e Implicações Dos Investimentos Chineses No Agronegócio Brasileiro. En A. Jaguaribe (Ed.), *Direction of Chinese Global Investments – Implications for Brazil* (pp. 289-336). Alexandre de Gusmão Foundation.

[680] Mefano Fares (2019), *op. cit.*

[681] *Id.*

Además, las reconfiguraciones económicas y políticas de China luego de la crisis financiera mundial de 2008 estimularon aún más la reciente expansión internacional de COFCO. Por un lado, el papel de COFCO en los mercados agrícolas globales no solo le permitió beneficiarse del comercio de productos básicos, sino que también aseguró el control estratégico sobre los recursos para el consumo interno de China, ya que el gobierno chino fortaleció los mecanismos macroeconómicos para impulsar el mercado doméstico[682]. Por otro lado, la expansión de COFCO a través de M&A representa una forma eficiente de exportación de capital, que funciona como una salida para el exceso de capacidad industrial y la sobreacumulación de China.[683] Respecto a este último factor, en el complejo sojero chino, la tasa de utilización de la capacidad de molienda cayó de 56% en 2010 a 47% en 2018 (gráfico 3). Al mismo tiempo, los préstamos tomados por COFCO y otras empresas estatales centrales aumentaron rápidamente, con una relación de pasivos a activos de un promedio de 66,7 % en 2016[684].

[682] Escher, Wilkinson, Pereira (2018), *op. cit.*; Gaudreau (2019), *op. cit.*

[683] Ver: Mefano Fares (2019), *op. cit.*; McKay, B., Fradejas, A. A., Brent Z., Sauer, S., & Xu, Y. (2017). China and Latin America: Towards a New Consensus of Resource Control. *Third World Thematics, 1*(5), 592-611. A medida que el nivel de deuda de toda la economía alcanzó el 230 % del PIB en 2015, las tasas de rendimiento de los proyectos de inversión se redujeron progresivamente. Así, aunque las inversiones estatales en capital productivo –para lo que se utilizaron la mayoría de los préstamos– protegieron a China de los impactos negativos de la crisis, también elevaron el volumen del *stock* de capital en la economía, agravando el exceso de capacidad industrial (Kroeber, A. R. (2016). *China's Economy What Everyone Needs to Know*. Oxford University Pres).

[684] Xiao, Y. (20 de julio de 2018). *SASAC Chairman's Answers to Reporters during 2018 Two Sessions (Part).* State-Owned Assets Supervision and Administration Commission of the State Council. Recuperado de http://en.sasac.gov.cn/2018/07/20/c_314.htm.

Gráfico 3. Capacidad y producción de soja molida en China (1.000 toneladas).

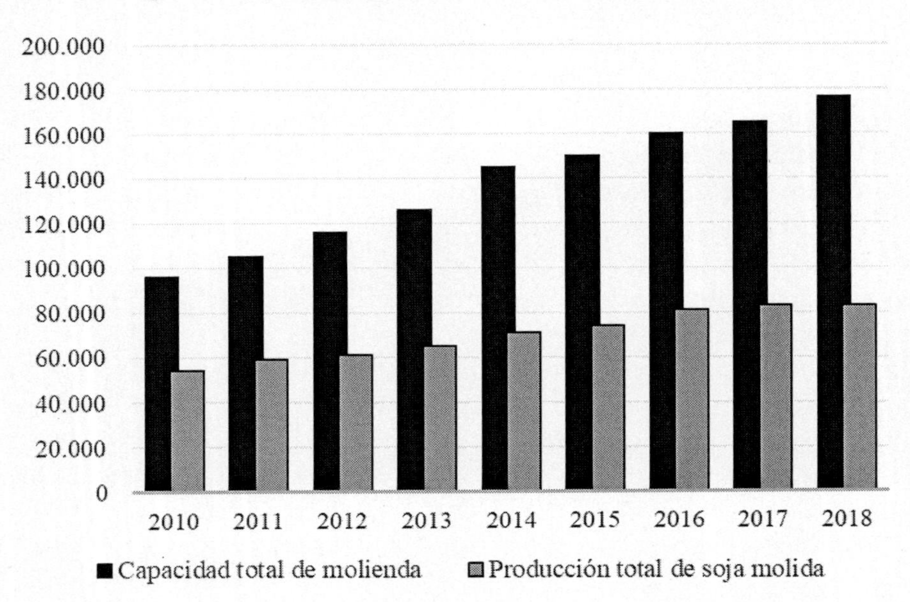

Fuente: BRIC Agri Consulting (2019)[685], elaborado por los autores.

Con la necesidad de asegurar el suministro de materias primas a niveles de precios estables y hacer frente a la sobreacumulación interna, COFCO encontró un fuerte apoyo del Estado para desarrollar mecanismos financieros para su expansión global. Bajo Xijinping la empresa recibió un número récord de subsidios y créditos bancarios.[686] Además, el Consejo de Estado reorganizó parte del patrimonio estatal bajo el control de COFCO: China Grains & Oils Group en 2006, China Grains & Logistics Corporation en 2013 y Chinatex en 2016. En 2014, la empresa estableció un grupo multinacional de inversiones con sede en Ginebra, denominado COFCO International Corporation (CIL), cuyos activos envolvían una variedad de financiadores internacionales. Además del 48% de las acciones de la CIL propiedad de la empresa matriz de Beijing, COFCO Corp. y el fondo de inversiones del Banco Mundial -International Finance Corporation (IFC)- poseía el 40% de las acciones de CIL. Después de adquirir Noble y Nidera, el negocio de COFCO ha llegado a más de 140 países en todo el mundo, y

[685] BRIC Agri-Info Consulting (2019). *Base de datos online*. Recuperado de http://www.chinabric.com.

[686] Mefano Fares (2019), *op. cit.*

el 50 % de todas sus ganancias en 2018 se obtuvieron en el extranjero[687]. Este impulso de exportación de capital ha significado que alrededor de un tercio de la capacidad de molienda de soja de COFCO se encuentra actualmente en el extranjero (30 millones de 90 millones de toneladas). Mientras tanto, la empresa comenzó a enarbolar el lema "compre del mundo, venda al mundo" como referente de su participación en las redes globales de compras y comercio[688]. En el proceso, China redujo su dependencia del oligopolio formado por ABCD, desafiando las corporaciones del Atlántico Norte y cambiando la dinámica del régimen alimentario.

Cambios en el comercio agroalimentario mundial en medio de tensiones geopolíticas

El mercado de la soja es el segmento más grande y concentrado del comercio agrícola mundial[689]. La producción mundial de soja en la temporada 2019/20 alcanzó casi 340 millones de toneladas, de las cuales aproximadamente el 44% se destinó al comercio internacional. En particular, la dinámica del comercio mundial de soja ha sufrido cambios radicales a través de reordenamientos regionales en las últimas dos décadas. El flujo de exportación e importación de soja se ha desplazado hacia el nexo entre América del Sur y China. Por ejemplo, hace mucho tiempo que China reemplazó a la Unión Europea como el mayor importador de soja, reuniendo el 60% de las compras mundiales. Simultáneamente, Brasil superó el liderazgo de EE. UU. tanto en exportaciones de soja en 2011 como en producción en 2016. A partir de 2018, Brasil representa casi la mitad de las exportaciones mundiales, mientras que EE. UU. representa menos de un tercio. El resto lo ocupa en su mayoría el resto de los países del Cono Sur, especialmente Argentina (Cuadro 2), además de pequeñas fracciones proporcionadas por países como Canadá, Ucrania (antes de la guerra), Rusia y algunos otros[690].

La guerra comercial entre Estados Unidos y China ha reorganizado aún más el mercado mundial de soja. Después de que EEUU. anunció una segunda ronda de aranceles en junio de 2018, China impuso un conjunto

[687] *Id.*

[688] COFCO International (2020), *op. cit.*

[689] Gale, F., Valdes, C., & Ash, M. (2019). *Interdependence of China, United States, and Brazil in soybean trade.* OCS-19F-01. USDA Economic Research Service.

[690] USDA (2020). Agricultural Projections to 2029. *United States Department of Agriculture - USDA.* Recuperado de https://www.ers.usda.gov/webdocs/outlooks/95912/oce-2020-1.pdf?v=3082.

de aranceles del 25 %, dirigidos principalmente a la soja estadounidense[691]. Además, con la propagación de la peste porcina africana (PPA) en China, se tuvo que sacrificar alrededor del 32 % de los rebaños porcinos del país para impedir la propagación de la enfermedad. El nivel de precios de los alimentos al consumidor aumentó del 0,7 % en febrero de 2019 al 22 % en febrero de 2020, impulsado principalmente por el precio de la carne de cerdo, que aumentó un 154 % en este período[692]. Ambos factores contribuyeron a la caída de las exportaciones de soja estadounidense a China. Mientras tanto, el complejo sojero brasileño parece consolidarse como el mayor beneficiario de la guerra comercial. Así, mientras el valor de las importaciones de soja de China desde EE.UU. cayó casi un 50 % en comparación con 2017, sus importaciones desde Brasil aumentaron un 38 %, siendo el valor brasileño cuatro veces mayor que el de EE. UU. (Gráfico 4).[693]

---

[691] Cowley, C. (2020). Reshuffling in soybean markets following Chinese tariffs. *Economic Review*, *105*(1): 57-82; Zhong, Y., Pu, M., & Lv, X. (2019). Futuro do comércio de soja dos países do Brics na disputa comercial entre Estados Unidos e China. En S. Sauer (Org.), *Desenvolvimento e transformações agrárias: BRICS, competição e cooperação no Sul Global*. Outras Expressões.

[692] Chen, C., Xiong, T., & Zhang, W. (2020). Large hog companies gain from China's ongoing African Swine Fever. *Agricultural Policy Review*, (2), 7-15.

[693] Las importaciones totales de soja de China en 2020 cerraron en US$ 38.800 millones (por debajo de los US$ 39.600 millones en 2017), con Brasil representando el 64,2 % (frente al 65,1 % en 2019) y EE. UU. el 27,4 % (frente al 18,9 % en 2019) de este total (General Administration of Customs People's Republic of China (GACC) (2020). *Base de datos online*. Recuperado de http://english.customs.gov.cn/). Esto indica que el impacto efectivo de la Fase 1 del Acuerdo Comercial EE.UU.-China, que entró en vigor en febrero de 2020, fue bastante positivo para EE.UU., pero no tan perjudicial para Brasil, mientras que la pandemia de Covid-19, en sentido estricto, no afectó la demanda china de soja.

Cuadro 2. Producción y comercio mundial de soja, 2010/11-2019/20 (MMT).

Año	Mundo (total)		EEUU (%)		Brasil (%)		Argentina (%)		Paraguay (%)		Uruguay (%)	
	Prod.	Exp.	Prod.	Exp.	Prod.	Exp.	Prod.	Exp.	Prod.	Exp.	Prod.	Exp.
2010/11	264.180	92.420	34,3	44,3	28,5	36,6	18,5	11,2	2,7	5,7	0,7	2,0
2011/12	240.427	92.186	35,1	40,3	27,7	34,6	16,7	6,6	1,7	3,9	1,1	2,8
2012/13	268.824	100.802	30,8	35,8	30,5	42,5	18,3	7,8	3,1	5,5	1,4	3,5
2013/14	283.115	112.769	32,3	39,5	30,6	40,6	18,9	6,6	2,9	4,3	1,1	2,8
2014/15	319.001	125.962	33,5	39,8	30,5	43,4	19,3	9,3	2,6	3,6	1,0	2,5
2015/16	315.897	132.232	33,8	40,0	30,5	39,4	18,6	6,8	2,8	3,8	0,7	1,6
2016/17	348.298	146.933	33,6	40,1	32,9	46,8	15,8	4,9	2,6	3,7	0,9	2,2
2017/18	341.744	153.076	35,1	37,9	35,7	54,7	11,1	2,5	3,1	3,9	0,4	0,8
2018/19	360.257	148.300	33,5	32,1	33,0	49,5	15,4	6,9	2,5	3,3	0,8	1,9
2019/20	338.971	153.976	28,4	31,4	36,3	49,7	15,6	5,2	2,9	3,8	0,6	1,2

Fuente: USDA (2020), elaborado por los autores.

Gráfico 4. Importaciones de soja de China por país, 2010-2019 (billones de US$).

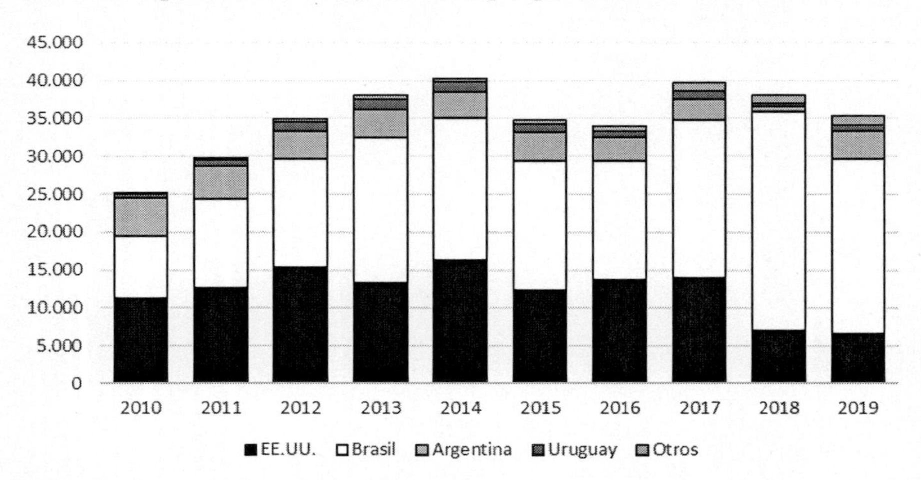

Fuente: GACC (2020)[694], elaborado por los autores.

Sin embargo, la situación inestable de la política brasileña también trae incertidumbre sobre su actual dinámica comercial con China. El crecimiento de la deforestación y los incendios en los biomas de la Amazonía, el Cerrado y el Pantanal, coincidiendo con el desmantelamiento de las instituciones ambientales por parte del gobierno de Bolsonaro, coloca los intereses de los productores de soja y la agroindustria brasileña en una posición difícil frente al mercado europeo. Incluso puede dificultar la firma del Tratado de Libre Comercio Unión Europea-Mercosur, actualmente en negociación[695]. Además, las sucesivas tensiones diplomáticas con China provocadas por declaraciones hostiles del hijo del expresidente y sus ministros han creado vergüenza para los líderes de la agroindustria brasileña, aunque la mayoría son aliados de Bolsonaro.[696] No por casualidad, el asesor especial del Ministerio de Agricultura y Asuntos Rurales (*Ministry of Agriculture and*

[694] General Administration of Customs People's Republic of China (GACC) (2020), *op. cit.*

[695] Rajão, R., Soares-Filho, B., Nunes, F., Börner, J., Machado, L., Assis, D., Oliveira A., Pinto, L., Ribeiro, V., Rausch, L., Gibbs, H., & Figueira, D. (2020). The Rotten Apples of Brazil's Agribusiness: Brazil's Inability to Tackle Illegal Deforestation Puts the Tuture of its Agribusiness at Risk. *Science, 369*(6501), 246-248.

[696] Cabe señalar que, a pesar de las duras declaraciones públicas al estilo 'guerrero lobo' del embajador chino en Brasil, Yang Wanming, contra las infames manifestaciones del diputado federal Eduardo Bolsonaro y de los entonces ministros Abraham Weintraub y Ernesto Araújo -resultado de la lucha ideológica derrotado el alineamiento de la política exterior con el trumpismo- el gobierno chino, siempre pragmático y atento a las relaciones de largo plazo y al principio de no injerencia en los asuntos internos, no promovió ningún tipo de represalia comercial, aunque este caso haya creado una situación incómoda y de desconfianza (Ibañez, P. (2020). Geopolítica e diplomacia em tempos de COVID-19: Brasil e China no limiar de um contencioso. *Espaço e Economia, 18,* 1-26).

Rural Affairs- MARA, por su sigla en inglés) de China y el superintendente de Relaciones Internacionales de la Confederación Nacional de Agricultura (CNA) dejaron una clara advertencia a su audiencia en la prensa empresarial brasileña. Señalaron que las empresas y los bancos chinos que operan en el mercado agrícola internacional están adoptando criterios de sostenibilidad debido a preocupaciones sobre su propia reputación (ver la siguiente sección). También enfatizaron que, a pesar de las dificultades para medir los impactos inmediatos en las exportaciones de soja brasileña, ignorar las crecientes preocupaciones ambientales de China no es una opción[697].

Sintomáticamente, en medio de la guerra comercial con EE. UU. y los disturbios diplomáticos con Brasil, China ha buscado múltiples estrategias para reducir su condicionamiento de estos países para el suministro de soja. O China Agricultural Outlook 2020-2029, divulgado por el MARA proyecta que la producción nacional de soja crecerá a una tasa promedio anual de 2,1% durante la próxima década, de 18,1 a 22,2 millones de toneladas, un incremento de 22,7%. Estas proyecciones están ancladas en un conjunto de políticas gubernamentales previstas en el Plan de Revitalización de la Soja, incluida la promoción de diversas técnicas de mejoramiento y cultivo de alta calidad para expandir el área sembrada y aumentar la productividad[698]. En octubre de 2018, China Feed Industry Association lanzó nuevos estándares para alimentación de cerdos y aves, reduciendo los niveles de proteína bruta en 1,5% y 1%, respectivamente -lo cual, de acuerdo con el MARA, podría reducir el uso anual de soja de China en 14 millones de toneladas métricas[699]. En diciembre de 2019 se otorgaron certificados de bioseguridad para variedades transgénicas de maíz y soja desarrolladas por Beijing Dabeinong Technology Group Co Ltd, así como para un maíz *double-stacked* desarrollado por la Hangzhou Ruifeng Biotech Co Ltd y por la Universidad de Zhejiang, y una soja transgénica desarrollada por la Shanghai Jiaotong University. En junio de 2020, el MARA aprobó la importación de productos de soja transgénica desarrollados por la Dabeinong para uso industrial, que desde febrero de 2019 tuvo sus semillas aprobadas para cultivo comercial en Argentina[700]. Además, el gobierno chino lanzó un plan

[697] Wachholz, L. & Dutra, L. (2021). A agenda ambiental da China e a agropecuária brasileira. *Valor*, 18 de janeiro de 2021. Recuperado de https://valor.globo.com/opiniao/coluna/a-agenda-ambiental-da-china-e-a-agropecuaria-brasileira.ghtml.

[698] MARA (2020). *China agricultural outlook 2020-2019*. Beijing: Ministry of Agriculture and Rural Affairs - China Agricultural Science and Technology Press.

[699] Cowley, C. (2020), *op. cit.*

[700] Global Times (20 de junio de 2020). China approves import of Chinese GM soybeans for the first time. *Global Times*. Recuperado de https://www.globaltimes.cn/content/1192850.shtml.

en 2016 con el objetivo principal de disminuir el consumo de carne del país en un 50% para 2030 para reducir las emisiones de carbono y prevenir la obesidad. Mientras tanto, se espera que el mercado de la carne de origen vegetal alcance los US$12 mil millones para 2023 en China, cuyo valor fue de US$10 mil millones en 2018[701].

China también aceleró la implementación de medidas que ya estaban siendo adoptadas para promover las inversiones agrícolas internacionales y la cooperación con socios comerciales estratégicos, buscando hallar nuevos proveedores de alimentos, diversificar sus importaciones y mejorar su poder de fijación de precios[702]. Por ejemplo, China ha flexibilizado las regulaciones aduaneras para los envíos de soja desde Kazajstán, Rusia y (antes de la guerra) Ucrania, que ya son los principales proveedores de maíz de China[703]. Xi Jinping también anunció una alianza de la industria de la soja con Rusia para eventualmente representar el 10% de las importaciones totales de China y un acuerdo agrícola con Tanzania para promover la producción y exportación de soja a China[704]. Por último, Syngenta (ChemChina) y Sinograin firmaron un acuerdo para estimular la inversión y aumentar las importaciones de soja y derivados de Argentina hasta en un 25%[705], además de un contrato de US$ 3.800 millones para construir 25 plantas en Argentina para producir 900.000 toneladas de carne de cerdo para exportar exclusivamente a China, entre una amplia gama de inversiones en otros sectores[706].

Si estas iniciativas prosperan y ganan escala, podrían aliviar la demanda de soja para hacer alimento para cerdos y pollos en China y reforzar los cambios policéntricos en el comercio agroalimentario mundial. [707] Dadas

---

[701] Vegconomist (11 de Agosto de 2020). China: Government to reduce meat consumption by 50%, vegan market to pass $12bn by 2023. *Vegconomist*. Recuperado de https://vegconomist.com/market-and-trends/china-government-to-reduce-meat-consumption-by-50-vegan-market-to-pass-12bn-by-2023/.

[702] Zhang (2019), *op. cit.*

[703] Reuters (2 de enero de 2020). China eases customs curbs for soy imports through northern border. *Reuters*. Recuperado de https://fr.reuters.com/article/us-china-soybean-imports/china-eases-customs-curbs-for-soy-imports-through-northern-border-idUSKBN1Z10O8.

[704] Nyabiage, J. (29 de octubre de 2020 a). China to Start Buying Soybeans from Tanzania as it Seeks New Suppliers." *South China Morning Post - SCMP*. Recuperado de https://www.scmp.com/news/china/diplomacy/article/3107445/china-start-buying-soybeans-tanzania-it-seeks-new-suppliers.

[705] Valor (20 diciembre de 2020). Syngenta Fecha Acordo com Sinograin para Garantir Venda de Soja Argentina à China. *Valor Econômico*. Recuperado de https://valor.globo.com/agronegocios/noticia/2020/12/07/syngenta-fecha-acordo-com-sinograin-para-garantir-venda-de-soja-argentina-china.ghtml.

[706] Di Natale, M. (2021). Argentina y China apuran un plan de inversiones por US$ 30.000 millones. *Cronista*. Recuperado de https://www.cronista.com/economia-politica/argentina-y-china-apuran-un-plan-de-inversiones-por-us-30-000-millones/

[707] Sin embargo, con la caída de la oferta nacional de carne de cerdo, China se ha convertido en el mayor importador de carne de cerdo del mundo. En 2020, España se ubicó como el principal proveedor de carne de cerdo de China,

estas medidas, los sectores de soja y proteína animal de Brasil se encuentran en una situación menos confiada y gloriosa de lo que podrían haber anticipado sus élites agroindustriales[708], como apuntan Wachholz y Dutra[709]. En el corto a mediano plazo, es probable que EEUU siga siendo esencial, pero en declive en el mercado mundial de soja. Por otro lado, Brasil probablemente seguirá siendo el centro mundial de producción y exportación de soja, seguido por los demás países del Cono Sur. Sin embargo, si bien China continuará, sin duda, representando la mayor parte de la demanda, el complejo de soja brasileño puede enfrentar desafíos a largo plazo.

Independientemente de las especificidades nacionales y las tensiones geopolíticas, los principales beneficiarios de esta "sojización" de la agricultura en el Cono Sur han sido los grandes productores capitalistas orientados a la exportación y las corporaciones transnacionales cuya mirada se dirigió inicialmente a Europa y ahora a China, aunque en el caso de Brasil, el mercado interno también es muy relevante.[710] Si bien sus trayectorias de expansión son, en diferentes formas y grados, inseparables del rol activo del Estado debido a un variado conjunto de políticas vinculantes[711], la liberalización económica y la desregulación financiera de la década de 1990 integraron a los países de la región en cadenas globales de valor controladas por ABCD, tanto que todo el Cono Sur pasó a ser conocido con el sobrenombre de "República Unida de la Soja"[712].

---

seguido de EE. UU., Alemania, Brasil y Dinamarca, y Brasil fue el principal proveedor de carne de res, seguido de Argentina, Australia, Nueva Zelanda, Uruguay y EE. UU. (GACC (2020). *op. cit.*).

[708] Consultado sobre la presión de la Unión Europea para comprometerse a eliminar la deforestación en el complejo sojero, el presidente de la Asociación Brasileña de Productores de Soja (Aprosoja), cercano a Bolsonaro, insinuó que al mercado chino no le preocupan los problemas ambientales que afectan a sus principales proveedores. Enfatizó que "esto no afectará de ninguna manera nuestro negocio. Nuestro mercado es asiático. La demanda europea es insignificante" (Valor (7 de noviembre de 2019). Governo e agricultores unem forças contra a moratória da soja na Amazônia. *Valor*. Recuperado de https://valor.globo.com/agronegocios/noticia/2019/11/07/governo-e-agricultores-unem-forcas-contra-moratoria-da-soja-na-amazonia.ghtml. Traducción del editor).

[709] Wachholz, L. & Dutra, L. (2021), *op. cit.*

[710] Ver: Escher, F. & Wilkinson, J. (2019), *op. cit.;* Oliveira, G. L. T. & Schneider, M. (2016), *op. cit.*; Wesz Jr., V. J. (2016). Strategies and Hybrid Dynamics of Soy Transnational Companies in the Southern Cone. Journal of Peasant Studies, 43(2), 286-312. Para ilustrar: en 2018, la soja cubría el 65% del total de la tierra cultivable en Brasil, el 44% en Argentina, el 74% en Paraguay y el 55% en Uruguay, mientras que el valor agregado del complejo sojero (granos, salvado y aceite) en las exportaciones agrícolas totales representaron el 17% en Brasil, el 21% en Argentina, el 40% en Paraguay y el 7% en Uruguay (Faostat (s.f.). *Banco de datos estadístico*. Recuperado de http://www.fao.org/faostat/en/#data).

[711] Giraudo, M. E. (2021). Taxing the 'Crop of the Century': the Role of Institutions in Governing the Soy Boom in South America. *Globalizations*, *18*(4), 516-532; Wesz, V. (2016), *op. cit.*

[712] Turzi, M. (2017). The Political Economy of Agricultural Booms: Managing Soybean Production in Argentina, Brazil, and Paraguay. Cham: Palgrave Macmillan. Aquí, es importante destacar la interconexión del complejo sojero entre los países del Cono Sur a través de la polémica expansión de las megaempresas agrícolas brasileñas

El compromiso chino con el Cono Sur, por lo tanto, reproduce relaciones de dependencia anteriores y, al mismo tiempo, introduce una nueva gama de empresas diversas. Siguiendo la estela del Atlántico Norte y de las ETN con sede en Japón, las empresas chinas también comenzaron a hacerse cada vez más presentes en el complejo sojero de Brasil, Argentina, Paraguay y Uruguay. Además de las relaciones comerciales, emplearon distintas estrategias de inversión en la región. Varias empresas estatales, haciendas estatales y DHE chinas han hecho intentos previos de comprar tierras para la agricultura sin labranza, sobre todo en Brasil y Argentina, a veces también con la promesa de realizar inversiones totalmente nuevas en capacidad de procesamiento. Sin embargo, la falta de familiaridad de la mayoría de los inversionistas chinos con las condiciones de producción locales, las regulaciones ambientales y laborales, así como su excesiva confianza en los funcionarios del gobierno local y el empleo insuficiente de equipos de gestión con experiencia local, contribuyeron a atraer una cobertura mediática negativa y una reacción política desproporcionada, frustrando la mayoría de sus intentos[713]. Para evitar grandes contratiempos, COFCO y otras empresas apuestan por inversiones brownfield a través de fusiones y adquisiciones de activos estratégicos de empresas con operaciones regionales bien establecidas. Su objetivo era controlar y gestionar las cadenas de valor del complejo de la soja y otras commodities vitales en las principales regiones exportadoras del Cono Sur, en ocasiones acompañado de la construcción de infraestructura logística (como terminales portuarias) y de almacenamiento (silos y depósitos). Aun así, las mayores expectativas de inversión relacionadas con el agronegocio chino se refieren a varios proyectos de construcción de vías férreas en Brasil y América del Sur, la mayoría de los cuales aún no se han materializado[714].

En la mayoría de estos esfuerzos, COFCO está a la vanguardia como parte interesada clave. La dinámica reciente del complejo soja-carne Bra-

en Paraguay y Bolivia y los pools de semillas en Argentina en la búsqueda directa y/o indirecta de control sobre tierras, recursos y mercados en la región (Oliveira, G. L. T. & Hecht, S. (2017). Sacred groves, sacrifice zones and soy production: Globalization, intensification and neo-nature in South America. *Journal of Peasant Studies, 43*(2), 251-285; Wesz Jr., V. J. (2015). Cruzando Fronteiras: O Mercado da Soja no Cone Sul. *Teoria e Cultura, 10*(2), 15-33; Gras, C., Hernández, V. (2014). Agribusiness and Large-Scale Farming: Capitalist Globalisation in Argentine Agriculture. *Canadian Journal of Development, 35*(3), 339-357.

[713] Oliveira, G. L. T. (2017), *op. cit.*

[714] Oliveira, G. L. T., Myers, M. (2020). The tenuous Co-production of China's Belt and Road Initiative in Brazil and Latin America. *Journal of Contemporary China*; Escher, F. & Wilkinson, J. (2019). A Economia Política do Complexo Soja-carne Brasil-China. *Revista de Economia e Sociologia Rural, 57*(4), 656-678; Giraudo, M. E. (2019). Dependent Development in South America: China and the Soybean Nexus. *Journal of Agrarian Change*, 1-19.

sil-China y de las operaciones de COFCO en el Cono Sur son parte integral de los cambios policéntricos que están ocurriendo en el comercio internacional agroalimentario, las inversiones y las relaciones de poder. Por lo tanto, el reordenamiento en curso del régimen alimentario está estrechamente relacionado con la política de seguridad alimentaria autosuficiente de China y su capacidad para eludir el oligopolio de la agroindustria del Atlántico Norte. Esta trayectoria corrobora la caracterización de Belesky y Lawrence (2019) del ascenso de China como la proyección de una variedad estatal de capitalismo y neomercantilismo agroalimentario. De hecho, como discutiremos, la estrategia global de COFCO se está volviendo cada vez más sensible a las preocupaciones geopolíticas y, hasta cierto punto, ambientales de China, así como a los estrechos intereses económicos estrechos. Además, como una de las primeras empresas internacionalizadas, COFCO adopta métodos operativos flexibles con un amplio alcance global, lo que instiga aún más el debate sobre la prominencia de China en el reordenamiento del régimen alimentario.

La Estrategia Global de COFCO en el Cono Sur y sus Implicaciones

Pasamos ahora a las implicaciones globales de la operación de COFCO en el Cono Sur en la reestructuración de los mercados agrícolas históricamente controlados por ABCD. COFCO ingresó rápidamente a toda la región al adquirir Noble y Nidera, la primera con mayor presencia en Brasil y Paraguay, la segunda en Argentina y Uruguay. En 2013, antes de las adquisiciones, las dos empresas juntas representaban el 2,9% de la capacidad de molienda y el 6,1% de las exportaciones de soja de Brasil[715]. En Paraguay, donde no trabajaban en molienda, exportaban el 11% de la soja[716]. En cuanto a Argentina, representaban el 12,8% de la capacidad de molienda del país y exportaban el 2% de salvado, el 15% de aceite y el 15% de soja[717]. En Uruguay, en menor medida, representaron solo el 1,9% de la soja exportada[718]. Con base en esto, COFCO ingresó a la región ya controlando la quinta mayor participación de mercado en el complejo de la

[715] Trase (2020). *Base de datos online*. https://trase.earth

[716] Dirección Nacional de Aduanas (s.f.). *Base de datos online*. Recuperado de https://datos.aduana.gov.py/datos/index2020bb.php.

[717] Ministerio de Agricultura, Ganadería y Pesca (MAGYP) (s.f.). *Base de datos online*. Recuperado de https://datos.magyp.gob.ar/dataset/estimaciones-agricolas

[718] Uruguay XXI (2020), *op. cit.*

soja, solo detrás de ABCD[719]. Debido a la densa red de activos estratégicos ubicados en las principales áreas productoras de soja (Cerrado brasileño, Pampa argentina, Oriente paraguayo y Costa uruguaya) y puntos logísticos (Rosario, Santa Fe y Buenos Aires en Argentina, Nueva Palmira en Uruguay, Villeta y Encarnación en Paraguay, Río Grande, Santos y São Luiz en Brasil), la región pronto concentró la mayor parte de las operaciones globales de COFCO (Gráfico 5).

Gráfico 5. Ubicación de los activos estratégicos de COFCO International en todo el mundo.

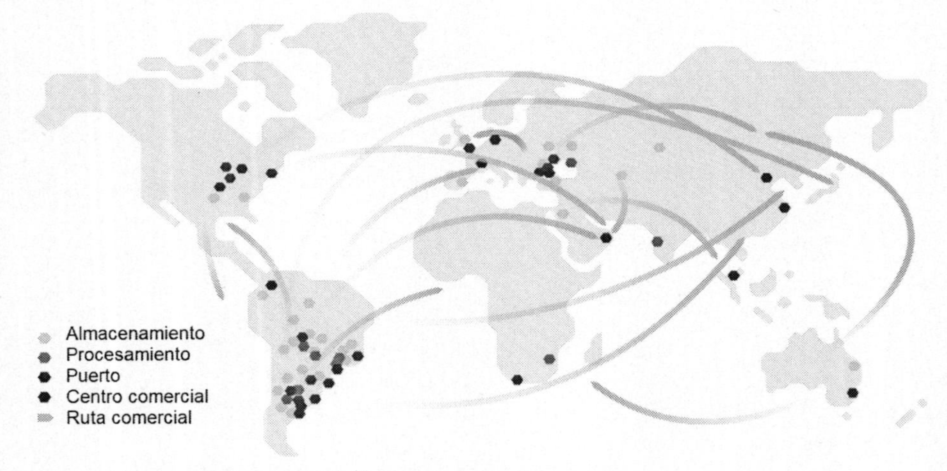

Fuente: COFCO Intl (2020)[720], adaptado por los autores.

Dentro de su enfoque neomercantilista centrado en la oferta de soja *in natura* para el mercado interno chino, la estrategia global de COFCO en el Cono Sur es muy flexible y adaptable a las especificidades de cada país. Al respecto, informes de prensa muestran que, de 2014 a 2020, COFCO no realizó inversiones y reorganizaciones operativas significativas, pero aprovechó al máximo la estructura heredada de Noble y Nidera y fortaleció algunos vínculos estratégicos.[721] Al mismo tiempo, COFCO optó por

---

[719] Wilkinson, J., Wesz Jr., V. J., & Lopane, A. R. M. (2016). Brazil and China: the Agribusiness Connection in the Southern Cone Context. *Third World Thematics*, *1*(5), 726-745.

[720] *Op. cit.*

[721] En cuanto a logística de transporte y almacenamiento, COFCO cuenta con diez terminales portuarias en los cuatro países (Atomic Agro (25 de septiembre de 2019). Isenção de tarifas da China para a soja Americana promove reação positiva do mercado, mas sem euforia. *Atomic Agro*. Recuperado de https://atomicagro.com.br/isencao-de-tarifas-da-china-para-soja-americana-promove-reacao-positiva-do-mercado-mas-sem-euforia/),

reducir su tamaño y concentrar su capacidad de procesamiento, ya que tiene mucha capacidad ociosa en China. Por ejemplo: interrumpió la construcción de nuevas unidades de trituración que estaban en los planes de Noble y Nidera (Villeta en Paraguay y Canoas en Brasil); paralizó operaciones y redujo su capacidad instalada en Brasil un 2,1% en 2020[722]; redujo en un 10% su capacidad de procesamiento de aceite refinado con la paralización de la producción en la planta de Valentín Alsina, en Argentina; y cerró las instalaciones de procesamiento no rentables de Noble en China[723]. Con eso, contribuye con el refuerzo de la especialización en la exportación de soja in natura en Brasil y en la región.[724] Sin embargo, como la empresa no

además de 22 silos en Brasil, 14 en Argentina y siete en Paraguay y Uruguay (Cronista (10 de octubre de 2018). La comercializadora agrícola COFCO busca crecer en Latinoamérica. *Cronista*. Recuperado de https://www.cronista.com/financialtimes/La-comercializadora-agricola-COFCO-busca-crecer-en-Latinoamerica-20181022-0061.html). El presidente de COFCO en Brasil informó que, entre 2017 y 2019, se invirtieron US$ 30 millones en cuatro silos en Mato Grosso, que aumentarán su capacidad de almacenamiento en 300 mil toneladas. Comentó que "hubo mucha ganancia de eficiencia, y hoy hay capacidad ociosa en puertos como Santos (SP), Paranaguá (SP), São Francisco do Sul (SC) y Tubarão (SC), entre otros. Rio Grande (RS) es una excepción, pero la situación es mucho mejor [que antes]" (Biodiesel BR (7 de junio de 2019). Cofco investe em silos e logística e vê avanço na área de grãos no Brasil. *Biodiesel BR*. Recuperado de https://www.biodieselbr.com/noticias/usinas/info/cofco-investe-em-silos-e-logistica-e-ve-avanco-na-area-de-graos-no-brasil-070619). También explicó que, hasta el momento, COFCO no tiene planes de invertir en los puertos del Arco Norte (en el Valle del Tapajós, en la región amazónica), ya que la empresa tiene un contrato a largo plazo con la operadora de transporte fluvial Hidrovias do Brasil. La prioridad es invertir en puertos de la región sur. En Argentina, la compañía también duplicó su capacidad operativa en el puerto de Rosario (Netnews. (10 de octubre de 2016). El puerto de Rosario recibirá una inversión de U$S 27 millones del grupo chino Cofco. *Netnews*. Recuperado de https://netnews.com.ar/nota/915-El-puerto-de-Rosario-recibira-una-inversion-de-US-27-millones-del-grupo-chino-Cofco). COFCO está interesado en invertir en vías férreas en grandes áreas productoras de soja en Brasil (como Ferrogrão y Ferrovias do Cerrado). Sin embargo, hay pocos resultados concretos hasta el momento (Oliveira, G. L. T. & Myers, M. (2020), *op. cit.*).

[722] Associação Brasileira de Óleos Vegetais (ABIOVE). *Base de datos online*. Recuperado de https://abiove.org.br/estatisticas/.

[723] Infopymes (3 de marzo de 2019). COFCO International, grupo de capitales chinos, cambia de plan de negocios en Argentina y achica operaciones. *Infopymes*. Recuperado de https://www.infopymes.info/2019/03/cofco-internacional-grupo-de-capitales-chinos-cambia-plan-de-negocios-en-argentina-y-achica-operaciones/.

[724] Junto a la continuidad de la demanda china, la especialización de las exportaciones brasileñas está condicionada por otros dos factores interrelacionados: la devaluación del tipo de cambio, que entre enero de 2002 y diciembre de 2014 se mantuvo en un promedio mensual de 2,24 US$BRL, momento en el que oscila, con una tasa constante tendencia a la baja, hasta que en marzo de 2020 superó el nivel de 5 US$/BRL (Banco Central do Brasil (BCB) (2021) Conversão. https://www.bcb.gov.br/conversao); y el precio de la soja, que alcanzó un máximo de US$ 42,8 por saco en septiembre de 2012, oscilando en una tendencia a la baja hasta alcanzar un mínimo de US$ 19,6 en mayo de 2020, cuando comienza a subir, manteniéndose por encima de los US$ 33 por bolsa desde mayo de 2021 (Centro de Estudos Avançados em Economia Aplicada (CEPEA) (2020) Soja. Recuperado de https://cepea.esalq.usp.br/br/consultas-ao-banco-de-dados-do-site.aspx). Tales condiciones han llevado a Brasil a exportar más del 70% de toda la soja producida en el país desde 2018 (ver más abajo), cuando comenzaron a aparecer escaseces esporádicas en el mercado interno, lo que obligó a importar soja de EE. UU., libre de impuestos, a compensar la caída de la oferta interna. Esto ha generado especulaciones en Brasil y en otros lugares, que no podemos evaluar aquí debido a limitaciones de espacio, sobre la posibilidad de un "nuevo auge de las *commodities*".

eliminó unidades de procesamiento rentables, también puede aprovechar oportunidades en el mercado interno brasileño, así como en otros mercados europeos y asiáticos, además de China.[725]

En el corazón de la estrategia global de COFCO está el esfuerzo por fortalecer los lazos con los productores directos, con el objetivo de fortalecer su propia capacidad de originación[726] para superar la dependencia de los competidores globales. "Necesitamos ganar escala en originación para seguir atendiendo la demanda china y crecer como proveedores dentro de nuestra empresa", declaró el Presidente de COFCO para Sudamérica[727]. Para ello, la empresa busca ampliar su *expertise* en el mercado de cada país, construir relaciones de confianza con productores y clientes y fortalecer su inserción local. Un paso claro en esta dirección pasa por mantener la plantilla de Noble y Nidera y contratar técnicos y directivos de otras empresas que ya operaban en la región. Sin embargo, lo más decisivo fue la intensidad con la que COFCO integró verticalmente el complejo de la soja y otras cadenas de *commodities* en los cuatro países. Ha estado suministrando fertilizantes (marca propia, importados de China), semillas y agroquímicos (principalmente de Syngenta y Nidera Semillas, de propiedad de la ChemChina), así como financiamiento y asistencia técnica a los productores a cambio del acceso directo a su producto, práctica conocida como "*barter*".[728]

Con esta estrategia asertiva pero flexible, en la que los complejos agroalimentarios de los diferentes países del Cono Sur conservan sus características propias y desarrollan vínculos interconectados, COFCO logró incrementar su participación de mercado en relación con la mayoría de

[725] A lo largo de 2018 y 2019, alrededor del 60% de las exportaciones de COFCO desde Brasil y Argentina se dirigieron a China, mientras que el 40% restante se dirigió a otros lugares, lo que demuestra la gran importancia de los terceros mercados (Trase, *op. cit.*).

[726] "Originación" es una forma específica que las *traders* agrícolas globales encontrarán para llevar a cabo estrategias de integración vertical dentro de los límites impuestos por el mercado de granos, organizándolo activamente para direccionar la producción y garantizar el suministro del producto por medio de financiación de insumos y prestación de asistencia técnica, contractualizando las relaciones con los productores directos y acordando el precio del resultado de la cosecha en el inicio de la zafra.

[727] Bloomberg (2 de Febrero de 2018). Chinesa COFCO supera rivais e mira aquisições por soja do Brasil. *Bloomberg*. Recuperado de https://www.bloomberg.com.br/blog/chinesa-cofco-supera-rivais-e-mira-aquisicoes-por-soja-brasil/.

[728] Entrevista 8, COFCO, 13 de julio de 2017, Brasil; Entrevista 114, COFCO, 29 de junio de 2018, Paraguay. Es importante aclarar que el control de COFCO sobre la producción de soja en el Cono Sur se da principalmente a través de la gestión de la cadena de valor, más que de la compra o arrendamiento de tierras por parte de la propia empresa para el cultivo directo. Esta estrategia ya ha sido observada por Wilkinson, Wesz Jr. & Lopane (2016), *op. cit.*; Oliveira (2017), *op. cit.* y Escher & Wilkinson (2019). Para obtener más detalles sobre las transacciones contractuales entre comerciantes, proveedores de insumos y productores que implican relaciones de "trueque" en el mercado brasileño de soja, ver Escher; Wilkinson; Pereira (2018), *op. cit.*

sus competidores globales (Gráfico 6). "Todos los ABCD perdieron *market share* con la entrada de COFCO y otras empresas [principalmente asiáticas], aunque básicamente mantuvieron el mismo volumen", sostuvo el gerente comercial de Bunge[729]. En suma, si los mecanismos por los cuales COFCO integra verticalmente y controla el complejo soja no difieren sustancialmente de las estrategias de ABCD en el Cono Sur[730], la disponibilidad de recursos financieros posibilitó mayor agresividad en la originación de la soja. Esto se refleja en el mayor poder de mercado de las exportaciones de soja, que alcanzó el 13% en la región en 2018, mientras que Noble y Nidera juntas nunca superaron el 7% (Gráfico 6).

Gráfico 6. *Market share* de las exportaciones de soja en el Cono Sur, 2010-2019.

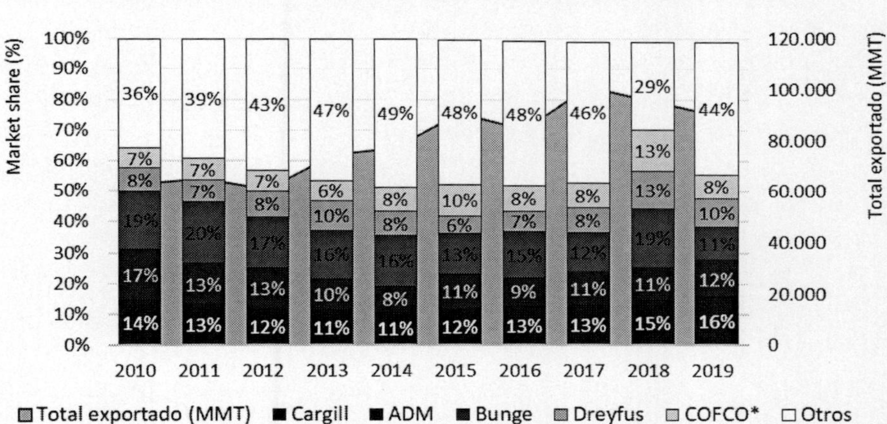

Fuente: MAGYP (2020), Aduanas (2020), Capeco (2020), Trase (2020), Reuters (2020), Uruguay XXI (2020)[731], elaborado por los autores.

* Hasta 2013, Noble y Nidera; a partir de 2014, COFCO.

[729] Entrevista 3, Bunge, 7 de julio de 2017, Brasil (Traducción del editor).

[730] Wesz Jr., V. J. (2016). Strategies and Hybrid Dynamics of Soy Transnational Companies in the Southern Cone. Journal of Peasant Studies, 43(2), 286-312.

[731] Ministerio de Agricultura, Ganadería y Pesca (MAGYP) (2020). *Base de datos online*. Recuperado de https://datos.magyp.gob.ar/dataset/estimaciones-agricolas; Dirección Nacional de Aduanas (2020). Informe estadístico -Cierre Año 2020. Recuperado de https://www.aduana.gov.py/Informes/Recaudacion/Informe-Estadistico-Cierre-2020.pdf; Cámara Paraguaya de Exportadores y Comercializadores de Granos y Oleaginosas (CAPECO) (2020). *Base de datos online*. Recuperado de http://capeco.org.py/exportaciones-por-destino-final-es/; Reuters (2 de enero de 2020), *op. cit.*; Trase (2020).*Base de datos online*. https://trase.earth; Uruguay XXI (2020). *Informe anual de exportaciones de bienes del Uruguay*. Uruguay XXI - Cámara de Industrias del Uruguay.

Esto aseguró a COFCO la tercera posición en las exportaciones de la región, detrás de Bunge y Cargill y por delante de Dreyfus y ADM. Otras empresas medianas (y cooperativas) que operan a nivel nacional, regional e incluso mundial, como Amaggi, Coamo, ECTP (Brasil), Gavilon/Marubeni (Japón), Glencore (Suiza), CHS (EUA), Sodrugestvo (Rusia), NNC (Argentina), seguidos por varios más pequeños, también tienen una participación de mercado significativa a lo largo de los años. Sin embargo, las exportaciones de COFCO desde Brasil cayeron un 66,2% entre 2018 y 2019 (de 10,9 a 3,7 millones de toneladas), colocando a la empresa en la séptima posición en el *ranking* de soja (y maíz), detrás del ABCD, Amaggi y Gavilon[732]. El jefe de la división de granos y oleaginosas de COFCO en Brasil ya había advertido sobre este escenario al afirmar que "si China y EE. UU. llegan a un acuerdo, las exportaciones de soja de Brasil podrían caer"[733]. En 2019, Brasil exportó el 73,5% de los 124 millones de toneladas de soja producida (60% en grano y el resto en salvado y aceite), equivalente a US$ 32,6 mil millones: 63,2% a China, 15,5% a la Unión Europea y 21,3% a otros destinos. Aun así, en 2018, bajo el efecto de la guerra comercial, Brasil exportó el 84,6% de los 119 millones de toneladas de soja que produjo, equivalentes a US$ 40.700 millones, y China compró el 67,4%.[734] Esto significa que las exportaciones totales de soja de Brasil a China solo disminuyeron un 15,5% entre 2018 y 2019, mucho menos que la disminución de la participación de mercado de COFCO. Una posible explicación es que la reducción de la participación de mercado de COFCO en el Cono Sur se debió a la disminución de sus envíos desde Brasil para ampliar sus compras de soja de los Estados Unidos.[735] Este episodio muestra que las operaciones de COFCO también son sensibles a preocupaciones políticas y estratégicas más allá de los cálculos puramente financieros, lo que corrobora la estrategia "más allá del mercado" reportada por Wilkinson, Wesz Jr. y Lopane[736] .

Lo mismo se aplica a las preocupaciones sobre la sostenibilidad ambiental, ya que esto se refleja tanto en la reputación de COFCO como

[732] Reuters (2 de enero de 2020), *op. cit.*

[733] UOL (1 d enero de 2019). Demanda da China por soja brasileira está caindo, afirma COFCO. *UOL*. Recuperado de https://economia.uol.com.br/noticias/bloomberg/2019/01/11/demanda-da-china-por-soja-brasileira-esta-caindo-afirma-cofco.htm.

[734] Ministerio da Agricultura, Pecuária e Abastecimento (MAPA). *Agrostat* (base de datos online). Recuperado de http://indicadores.agricultura.gov.br/agrostat/index.htm.

[735] De hecho, COFCO se ha asociado con la cooperativa agrícola estadounidense Growmark Inc. para facilitar el acceso directo de China a las importaciones de soja de EEUU sin depender de ABCD (Reuters (2017). China's COFCO forms U.S. grain supply partnership with Growmark. *Reuters*, 18 August 2017. Recuperado de https://www.reuters.com/article/us-growmark-cofco-idUSKCN1AY2HC).

[736] Wilkinson, Wesz Jr. & Lopane (2016), *op. cit.*

en la imagen internacional de China, ya que Xi Jinping ha ampliado su liderazgo en este campo en relación con la retirada de EE.UU. de los Acuerdos de París de 2015 bajo Trump[737] . El 1º de julio de 2020, el jefe global de sustentabilidad de COFCO prometió rastrear más del 50% de la soja comprada en Brasil en 2020 y alcanzar la rastreabilidad total de la soja originada directamente de los productores hasta 2023. Según él, "es interés directo de COFCO desempeñar un papel de liderazgo en la lucha contra la deforestación y la creación de una base de suministro sostenible para las generaciones venideras"[738]. En particular, la empresa tiene una búsqueda financiera vital para tal iniciativa: en julio de 2019, COFCO International firmó un Préstamo Verde, Social y de Sostenibilidad (GSS) de US$ 2.300 millones. La tasa de interés de este préstamo está vinculada a metas de desempeño ambiental, social y de gobierno corporativo y debe convertirse en uno de los principales mecanismos de financiamiento de la empresa en los próximos años[739]. Sin embargo, el comportamiento innovador de COFCO contrasta fuertemente con la política ambiental del gobierno de Bolsonaro y las suposiciones de las élites agroindustriales brasileñas (especialmente en el sector de la soja) sobre China, como se vio en la sección anterior. Por lo tanto, la expansión global de China y la agenda ambiental cada vez más proactiva resaltan el papel político-estratégico de COFCO al utilizar el mercado interno como trampolín para expandirse y acceder a los mercados extranjeros, convirtiendo la estrategia neomercantilista en un medio para adaptar el régimen alimentario a los propósitos de China.

Sin embargo, a pesar de la incomodidad diplomática entre China y el ultraderechista gobierno brasileño, así como concesiones a EE.UU. en plena Fase Uno del Acuerdo de 2020 en detrimento de las exportaciones brasileñas, COFCO no ha abandonado su foco estratégico en el Cono Sur. En cambio, aumentó su participación de mercado y consolidó su posición entre los principales exportadores agroalimentarios de la región. Así, Argentina exportó el 18,5% de los 55,2 millones de toneladas de soja producidas en 2019, equivalentes a US$ 3.400 millones. De esta cantidad, el 87,2% se

[737] Kuhn, B. M. (2018). China's commitment to the Sustainable Development Goals: An analysis of push and pull factors and implementation challenges. *China Political Science Review, 3,* 359-388.

[738] Environmental Finance (2020). Green, social and sustainability (GSS) loan of the year - COFCO International. *Environmental Finance*. Recuperado de https://www.environmental-finance.com/content/awards/green-social-and-sustainability-bond-awards-2020/winners/green-social-and-sustainability-gss-loan-of-the-year-cofco-international.html?pf=print (Traducción del editor).

[739] *Id.*

dirigió a China, el 0,6% a la Unión Europea y el 12,2% a otros destinos.[740] Hasta 2016, COFCO era el tercer exportador agrícola del país (incluyendo cebada, maíz, trigo y sorgo, soja y girasol, así como sus derivados), detrás de Cargill y Bunge y por delante de ADM y Dreyfus. Sin embargo, de 2017 a 2019, COFCO superó a la mayoría de ABCD y a las argentinas Vicentín y AGD, aún por detrás de ADM en soja y maíz[741]. Paraguay exportó el 57,5% de los 8,5 millones de toneladas de soja producidas en 2019, equivalentes a US$ 1.700 millones, con 69% a Argentina, 8% a la Unión Europea y 23% a otros destinos [742]. Según el ministro de Industria de Paraguay, aunque el país reconoce a Taiwán y no mantiene relaciones diplomáticas oficiales con China, la mayoría de sus exportaciones van indirectamente a China continental[743]. COFCO lidera las ventas de soja en Paraguay desde 2016, por delante de las rusas Sodrugestvo y ABCD[744] . Uruguay produjo 2,8 millones de toneladas de soja en 2019. Como receptor y reexportador de soja de otros países, exportó casi 3 millones de toneladas, equivalentes a más de US$ 1.000 millones: el 50% de las ventas de Uruguay fueron a China, 5% a la Unión Europea y 45% a otros destinos. COFCO evolucionó de una posición marginal en el país a registrar exportaciones de soja en 2019, solo superada por Cargill, pero por delante de la uruguaya Barraca Jorge W Erro, Dreyfus y CHS[745].

Los logros de COFCO en términos de originación, verticalización y poder de mercado son impresionantes. Sin embargo, estos logros no pueden interpretarse simplemente como el resultado de una exitosa estrategia de expansión internacional para conquistar nuevos mercados en el exterior y garantizar la seguridad alimentaria interna de China. Volviendo a la discusión anterior, es razonable afirmar que también son resultado de las contradicciones de la economía china, que recurrió a altas dosis de apalancamiento financiero y endeudamiento, principalmente a partir de la crisis económica de 2008, reflejada en el aumento de la relación de pasivos a activos, sobrecapacidad industrial y sobreacumulación. Los datos compilados a continuación (Gráfico 7) corroboran esta línea de análisis,

[740] Sin embargo, en el mismo año, Argentina exportó US$ 12 500 millones en aceite y harina de soja, y solo una pequeña porción de esa cantidad se destinó a China (MAGYP (2020), *op. cit.*

[741] *Id.*

[742] Cámara Paraguaya de Exportadores y Comercializadores de Granos y Oleaginosas (CAPECO) (s.f.). Base de datos online.. Recuperado de http://capeco.org.py/exportaciones-por-destino-final-es/.

[743] Valor Agro (4 de abril de 2018). La Soja Paraguaya Sigue Saliendo Hacia el Mercado Chino. *Valor agro*. Recuperado de http://www.valoragro.com.py/mercados/la-soja-paraguaya-sigue-saliendo-hacia-el-mercado-chino/.

[744] Dirección Nacional de Aduanas (s.f), *op. cit.*

[745] Uruguay XXI (2020), *op. cit*

desarrollada con mayor detalle por Mefano Fares[746]. Entonces, si bien los ingresos anuales de COFCO superaron a Bunge, ADM y Dreyfus (solo por detrás de Cargill) entre 2014 y 2019, dados los altos costos operativos y fijos de China, sus márgenes de utilidad han estado significativamente por debajo del promedio ABCD, a pesar de mostrar una tendencia al alza.

Gráfico 7. Ingresos y utilidades de COFCO y ABCD, 2010-2019 (millones de US$).

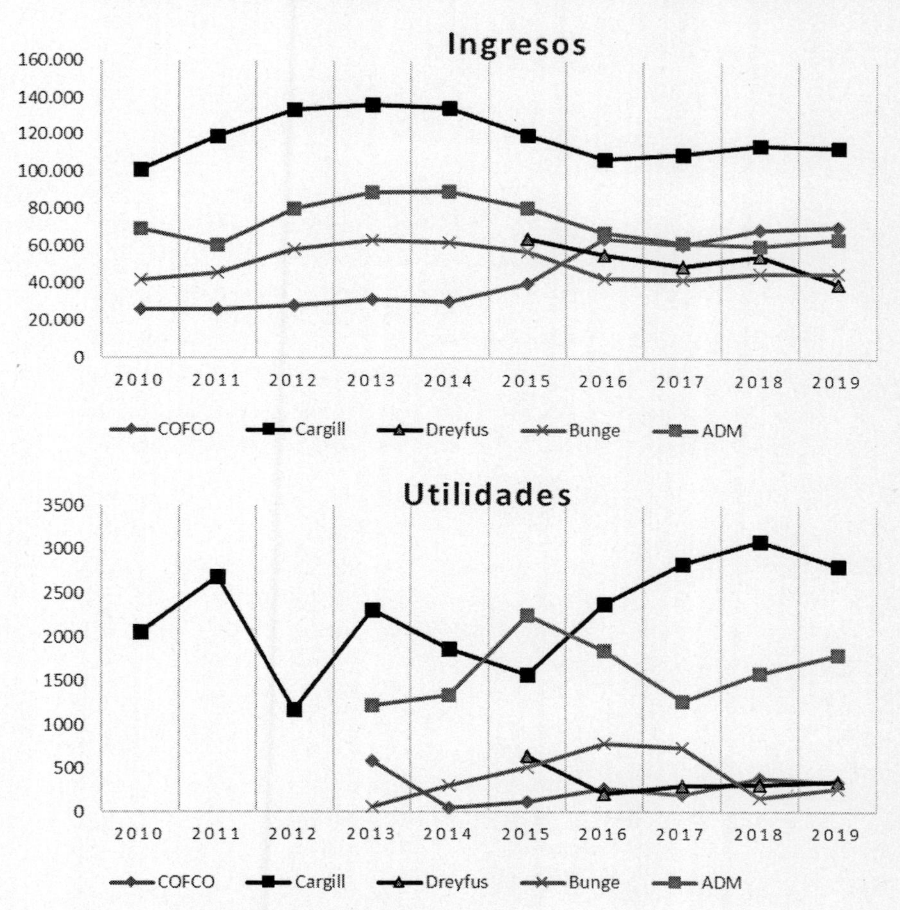

Fuente: Fortune (2019); Shahbandeh (2019)[747].

[746] Mefano Fares (2019), *op. cit.*

[747] Fortune - Global 500. *Base de datos online*. Recuperado de https://fortune.com/global500/; Shahbandeh, M. (2019). Cargill's revenue and profit. *Statista*. Recuperado de https://www.statista.com/statistics/274778/revenue-and-profit-of-cargill-agricultural-company/.

Que la internacionalización de COFCO sirva como plataforma para la exportación de excedentes de capital no es mencionado directamente por los directores de la empresa ni tampoco por sus competidores globales. Sin embargo, lo que todos enfatizan es que la empresa tiene abundantes recursos y no renuncia a utilizarlos para ganar poder de mercado, confiando tanto en el inmenso mercado interno de China como en el apoyo total del Estado chino para tal emprendimiento. Un ejecutivo de ECTP -*trading* brasileña fundada por Ricardo Lehman, expresidente de Noble y socio del banco BTG Pactual– elaboró ese punto con precisión impresionante.

> COFCO entró muy agresivamente. La diferencia es que están en China, donde además de tener fábricas con una gran capacidad de trituración, conocen muy bien el mercado y, como empresa estatal, tienen acceso directo al gobierno y sus fondos soberanos. Esto se nota en los precios que paga COFCO, que son más altos, sobre todo cuando quieren cerrar cargas. Trabajan más durante todo el año, llenan más barcos y cierran más volúmenes: el efecto escala[748]

El testimonio de un ejecutivo de Bunge va en la misma dirección: "Su cálculo es diferente. Son especialmente agresivos cuando quieren cerrar una carga, pagando más que los demás"[749]. Por lo tanto, los efectos del enfoque comercial de COFCO son significativos, como dijo a los autores un ejecutivo de ADM en Brasil:

> Muchas empresas entraron en el mercado. Luchan por centavos sobre el precio que pagan para obtener o comprar volumen. COFCO es la principal, tanto en el mercado interno como externo. Esto condujo a una redistribución de la cuota de mercado y una disputa sobre la originación entre las empresas. Del volumen exportado [en 2017], el 30% es originado y el 70% es FOB. Antes del ingreso de China, era 50% originado y 50% FOB. La diferencia de precio entre originado y FOB ronda el 10%. Debido a este menor control y nivel de precios más estricto, el margen [general] de utilidad disminuyó.[750]

El propio gerente comercial de COFCO expresó sus reservas al afirmar que la empresa es más agresiva o está dispuesta a operar con menores márgenes que sus competidores. Aun así, termina por confirmar estas per-

[748] Entrevista 11, ECTP, 14 de julio de 2017, Brasil. Traducción del editor.

[749] Entrevista 3, Bunge 7 de julio de 2017, Brasil. Traducción del editor.

[750] Entrevista 6, ADM, 12 de julio de 2017, Brasil. Traducción del editor.

cepciones. Sugiere que, dado que la empresa tiene vastos recursos disponibles para lograr sus objetivos en el extranjero, puede reducir efectivamente sus márgenes de ganancia y pagar un precio más alto para cerrar más envíos para aumentar su competitividad frente a los competidores globales o garantizar la seguridad alimentaria de China.

> En China, COFCO es la empresa con mayor capacidad de almacenamiento y molienda. La tendencia [en el exterior] es que primero se sostenga, consolidando la competitividad en un entorno de mercado. Una vez asegurada ésta, el objetivo fundamental es la seguridad alimentaria. Pero el cálculo de la formación del margen es el mismo para COFCO y otras empresas. COFCO no es más agresivo que los demás. Quemamos márgenes cuando necesitamos cerrar cargas, lo que también hacen otras empresas. Tienen más miedo de lo que está por venir que de lo que realmente está sucediendo. Más miedo potencial que real. En todo caso, el dinero chino no faltará para nuestra expansión.[751]

Todas estas evidencias demuestran que COFCO se ha consolidado como un *trader* global. Aunque el mercado chino sigue siendo una prioridad, la empresa comercializa *commodities* entre los países del Cono Sur y actúa en todos los continentes. Al igual que sus competidores, COFCO emplea estrategias de verticalización y control del complejo de la soja, quizás incluso con mayor eficacia. Esta forma de expansión solo es posible gracias al mercado chino como base de demanda garantizada desde la cual COFCO puede apalancar sus operaciones globales, así como el apoyo institucional y la inmensa disponibilidad de recursos del Estado chino. Por un lado, esto paradójicamente hace que COFCO sea menos dependiente de las operaciones domésticas chinas y más susceptible a cuestiones externas como la obligación de comprar soja estadounidense con fines geopolíticos. Por otro lado, le da a COFCO una mayor capacidad para influir en la dinámica del mercado mundial, ya sea respondiendo a sus propios intereses de acumulación y búsqueda de ganancias, o a los intereses nacionales de China en relación con la seguridad alimentaria y los compromisos ambientales.

[751] Entrevista 8, COFCO, 13 de julio de 2017, Brasil. Traducción del editor.

Conclusión

El papel crucial de China en el reordenamiento internacional del régimen alimentario se deriva de los cambios que se están produciendo en su propio sistema agroalimentario, como la expansión del consumo de carne en las dietas, la especialización y verticalización de la producción ganadera, la concentración en las industrias de raciones y carne, y la liberalización de las importaciones de soja. Como principal conglomerado agroalimentario estatal de China, la internacionalización de COFCO combina intereses nacionales estratégicos basados en una política de seguridad alimentaria autosuficiente con una integración plena en el mercado mundial. En este contexto, el complejo soja-carne Brasil-China ocupó un lugar central. Sin embargo, en medio de las tensiones geopolíticas actuales, China parece querer reducir su dependencia de las importaciones de soja y diversificar sus fuentes de suministro. En este contexto, Argentina, Paraguay y Uruguay son aún más importantes. Nuestros hallazgos de una extensa recopilación y análisis de datos nos permitieron sacar al menos tres conclusiones teóricamente relevantes sobre las principales características del proceso actual de reordenamiento del régimen alimentario.

Primero, como COFCO se adapta a las especificidades de cada país del Cono Sur, reproduciendo las prácticas y métodos heredados de Noble y Nidera, corrobora la consolidación de complejos agroalimentarios globales distintos pero interconectados. Hasta el momento, COFCO no ha podido imponer una fórmula rígida a otros países ni cambiar los patrones de acumulación en todo el mundo. Dada la tendencia actual, el proceso de reprimarización en el Cono Sur, particularmente en Brasil, tiende, sin embargo, a continuar. Por tanto, aunque el régimen alimentario atraviesa un momento de transición desde la situación neoliberal[752], su reordenamiento tiene más que ver con continuidad que con ruptura. A través de una estrategia asertiva y flexible, COFCO amplió su influencia y desafió el oligopolio comercial de ABCD. Estos últimos son vitales en la región, pero sus exportaciones a China han disminuido. Como COFCO vende principalmente a China, ABCD está bajo presión para reorientar sus mercados de exportación. Sin embargo, es poco probable que esto resulte en una estructura bipolar. Teniendo en cuenta la gran cantidad de pequeñas empresas nacionales, regionales y globales que operan en el mercado agroalimentario mundial junto con ABCD y COFCO, una dinámica policéntrica es el escenario más probable.

[752] Belesky & Lawrence (2019), op. cit.; McMichel (2020), op. cit.

En segundo lugar, dado que COFCO utiliza el mercado interno de China como trampolín para acceder a los mercados mundiales, asumimos que la estrategia neomercantilista detrás de la política de seguridad alimentaria de China no es un punto final, sino el medio por el cual China logra prominencia mundial. Aunque este es actualmente el tono del compromiso global de agronegocios de China, más que caracterizar la ideología legitimadora de un nuevo régimen alimentario, el neomercantilismo funciona como un mecanismo transitorio para reordenar el régimen alimentario contemporáneo. El complejo soya-carne Brasil-China y la operación de COFCO en el Cono Sur ciertamente están allanando el camino para esta transición. Sin embargo, sus rumbos futuros descansan en las disputas hegemónicas que se dan precisamente en el contexto histórico actual.

En tercer lugar, con la creciente presencia de China en el sistema agroalimentario global, las SOEs desempeñan papeles cada vez más importantes y se tornan particularmente sensibles a la estrategia geopolítica de China, a pesar de la internacionalización de COFCO orientada al mercado e impulsada financieramente. Al suscribir estándares privados y de gobernanza corporativa, las SOEs como COFCO operan concomitantemente como instrumentos del poderoso Estado chino. Como dice McMichael (2020), China adopta y reescribe, al mismo tiempo, las normas de la OMC que regulan el comercio agroalimentario mundial. También se observa una tendencia similar, quizás en menor medida, con empresas estatales o campeonas nacionales en otros países emergentes como los BRICS[753]. De esta forma, COFCO asumirá un rol cada vez más político y estratégico, y su trayectoria dependerá tanto de los determinantes internos de China y de los países del Cono Sur, como de los próximos movimientos de sus competidores globales y de la evolución de las actuales inestabilidades geopolíticas.

Los impactos de la caída en el nivel de ingresos de las poblaciones más pobres sobre la (in)seguridad alimentaria por los efectos del aislamiento social y la falta de asistencia social son alarmantes. Del mismo modo, las demandas inevitables de acción estatal a la luz de la reciente crisis del coronavirus como marcador de la transición histórica que se aleja de la globalización neoliberal tienen un significado global de gran alcance. Si China será capaz de liderar la digitalización, la biotecnología, las carnes alternativas y otras innovaciones agroalimentarias, o incluso convertir el yuan en una moneda de reserva internacional, estos también son temas

[753] Ver Escher (2021), *op. cit.*

críticos en los procesos de transición hegemónica que merecen una mayor investigación. Lo que ya está claro es que China avanza cada vez más hacia la incorporación de compromisos ambientales en su agenda internacional y toma un mayor liderazgo en la formulación de convenciones de sostenibilidad. Si este comportamiento encontrará correspondencia con políticas internas más conducentes a la "revitalización ecológica" de la agricultura campesina o si se convertirá en un referente para proyectos de inversión y cooperación en el exterior es otra cuestión. En todo caso, en la medida en que COFCO asuma una mayor "responsabilidad ambiental", podría tener importantes repercusiones para la regulación del complejo sojero en Brasil y en el Cono Sur -que ha sido objeto recurrente de cuestionamientos por parte de ONG de defensa del consumidor, organizaciones y movimientos sociales y académicos críticos- y generar nuevas contradicciones en las relaciones de poder en el régimen alimentario internacional.

Referencias

Arboleda, M. (2020). Towards an agrarian question of circulation: Walmart's expansion in Chile and the agrarian political economy of supply chain capitalism. *Journal of Agrarian Change, 20*(3), 345-363.

Associação Brasileira de Óleos Vegetais (ABIOVE). *Base de datos online.* Recuperado de https://abiove.org.br/estatisticas/.

Atomic Agro (25 de septiembre de 2019). Isenção de tarifas da China para a soja Americana promove reação positiva do mercado, mas sem euforia. *Atomic Agro.* Recuperado de https://atomicagro.com.br/isencao-de-tarifas-da-china-para-soja-americana-promove-reacao-positiva-do-mercado-mas-sem-euforia/.

Banco Central do Brasil (BCB) (2021). Conversão. Recuperado de https://www.bcb.gov.br/conversao.

Belesky, P. & Lawrence, G. (2019). Chinese State Capitalism and Neomercantilism in the Contemporary Food Regime: Contradictions, Continuity and Change. *Journal of Peasant Studies, 46*(6), 1119-1141.

Bernal-Meza, R. & Li, X. (2020). China-Latin American Relations in the 21th Century: The Dual Complexities of Opportunities and Challenges. Palgrave Macmillan.

Bernstein, H. (2016). Agrarian political economy and modern world capitalism: the contributions of food regime analysis. *Journal of Peasant Studies, 43*(3), 611-647.

Biodiesel BR (7 de junio de 2019). Cofco investe em silos e logística e vê avanço na área de grãos no Brasil. *Biodiesel BR*. Recuperado de https://www.biodieselbr.com/noticias/usinas/info/cofco-investe-em-silos-e-logistica-e-ve-avanco-na-area-de-graos-no-brasil-070619.

Bloomberg (2 de Febrero de 2018). Chinesa COFCO supera rivais e mira aquisições por soja do Brasil. *Bloomberg*. Recuperado de https://www.bloomberg.com.br/blog/chinesa-cofco-supera-rivais-e-mira-aquisicoes-por-soja-brasil/.

Borras Jr., S. M., Franco, J. C., Isakson, R. C., Levidow, L., &Vervest, P. (2015). The Rise of Flex Crops and Commodities: Implications for Research. *Journal of Peasant Studies*, 1-24.

BRIC Agri-Info Consulting (2019). *Base de datos online*. Recuperado de http://www.chinabric.com.

Brown, K., & Wang, R. C. (2020). Politics and science: The case of China and the coronavirus. *Asian Affairs, 51*(2), 247-264.

Burch, D. & Lawrence. G. (2009). Towards a Third Food Regime: Behind the Transformation. *Agriculture and Human Values, 26*, 257-279.

Cámara Paraguaya de Exportadores y Comercializadores de Granos y Oleaginosas (CAPECO) (2020). *Base de datos online*. Recuperado de http://capeco.org.py/exportaciones-por-destino-final-es/

Cámara Paraguaya de Exportadores y Comercializadores de Granos y Oleaginosas (CAPECO) (s.f.). Base de datos online. Recuperado de http://capeco.org.py/exportaciones-por-destino-final-es/.

Centro de Estudos Avançados em Economia Aplicada (CEPEA) (2020). Soja. Recuperado de https://cepea.esalq.usp.br/br/consultas-ao-banco-de-dados-do-site.aspx.

Chen, C., Xiong, T., & Zhang, W. (2020). Large hog companies gain from China's ongoing African Swine Fever. *Agricultural Policy Review*, (2), 7-15.

Clapp, J. (2019). The Rise of Financial Investment and Common Ownership in Global Agri-food Firms. *Review of International Political Economy, 26*(4), 604-629.

COFCO International (2020). Recuperado de https://www.cofcointernational.com.

COFEED (Cofeed China Soybean Report) (2019). Recuperado de https://www.cofeed.com.

Cowley, C. (2020). Reshuffling in soybean markets following Chinese tariffs. *Economic Review, 105*(1), 57-82

Cronista (10 de octubre de 2018). La comercializadora agrícola COFCO busca crecer en Latinoamérica. *Cronista*. Recuperado de https://www.cronista.com/financialtimes/La-comercializadora-agricola-COFCO-busca-crecer-en-Latinoamerica-20181022-0061.html.

Di Natale, M. (7 de febrero de 2021). Argentina y China apuran un plan de inversiones por US$ 30.000 millones. *Cronista*. Recuperado de https://www.cronista.com/ economia-politica/ argentina-y-china-apuran- un-plan-de-inversiones-por-us-30-000-millones/.

Dirección Nacional de Aduanas (2020). Informe estadístico -Cierre Año 2020. Recuperado de https://www.aduana.gov.py/Informes/Recaudacion/Informe-Estadistico-Cierre-2020.pdf.

Dirección Nacional de Aduanas. (s.f.). *Base de datos online.* Recuerado de https://datos.aduana.gov.py/datos/index2020bb.php.

Dupont, A. (2020). *Mitigating the New Cold War: Managing the US-China Trade, Tech and Geopolitical Conflict*. The Centre for Independent Studies. Recuperado de https://www.cis.org.au/app/uploads/2020/05/ap8.pdf.

Edelman, M., Oya, C., & Borras Jr., S. M. (Eds.) (2015). *Global Land Grabs: History, Theory and Method*. Routledge.

Ellner, S. (Ed.) (2019). Pink-tide Governments: Pragmatic and Populist Responses to Challenges from the Right. *Latin American Perspectives, 46*(1), (special issue).

Entrevista 11, ECTP, 14 de julio de 2017, Brasil.

Entrevista 3, Bunge 7 de julio de 2017, Brasil.

Entrevista 3, Bunge, 7 de julio de 2017, Brasil.

Entrevista 6, ADM, 12 de julio de 2017, Brasil.

Entrevista 8, COFCO, 13 de julio de 2017, Brasil.

Entrevista 8, COFCO, 13 de julio de 2017, Brasil.

Entrevista 114, COFCO, 29 de junio de 2018, Paraguay.

Environmental Finance (2020). Green, social and sustainability (GSS) loan of the year - COFCO International. *Environmental Finance*. Recuperado de https://www.environmental-finance.com/content/awards/green-social-and-sustainability-bond-awards-2020/winners/green-social-and-sustainability-gss-loan-of-the-year-cofco-international.html?pf=print.

Escher, F. & Wilkinson, J. (2019). A Economia Política do Complexo Soja-carne Brasil-China. *Revista de Economia e Sociologia Rural, 57*(4), 656-678.

Escher, F. (2021). BRICS Varieties of Capitalism and Food Regime Reordering: A Comparative Institutional Analysis. *Journal of Agrarian Change, 21*(1), 46-70.

Escher, F., Wilkinson, F., & Pereira, P. (2018). Causas e Implicações Dos Investimentos Chineses No Agronegócio Brasileiro. En A. Jaguaribe (Ed.), *Direction of Chinese Global Investments – Implications for Brazil* (pp. 289-336). Alexandre de Gusmão Foundation.

Faostat (s.f.). *Banco de datos estadístico*. Recuperado de http://www.fao.org/faostat/en/#data.

Fortune - Global 500. *Base de datos online*. Recuperado de https://fortune.com/global500/.

Friedmann, H. & P. McMichael (1989). Agriculture and the State System: the Rise and Fall of National Agricultures, 1870 to the Present. *Sociologia Ruralis, 2*(2), 93-117.

Friedmann, H. (2005). From colonialism to green capitalism: Social movements and the emergence of food regimes. En F. H. Buttel & P. McMichael (Eds.), *New directions in the sociology of global development*. Elsevier.

Friedmann, H. (2009). Discussion: Moving Food Regimes Forward: Reflections on Symposium Essays. *Agriculture and Human Values, 26*(4), 335-344.

Friedmann, H. (2009). Discussion: Moving Food Regimes Forward: Reflections on Symposium Essays. *Agriculture and Human Values, 26*(4), 335-344.

Friedmann, H. (2016). Commentary: Food Regime Analysis and Agrarian Questions: Widening the Conversation. *Journal of Peasant Studies, 43*(3), 671-692.

Gale, F., Valdes, C. & Ash, M. (2019). *Interdependence of China, United States, and Brazil in soybean trade.* OCS-19F-01. USDA Economic Research Service.

Gaudreau, M. (2019). *Constructing China's National Food Security: Power, Grain seed Markets, and the Global Political Economy*. University of Waterloo (PhD diss.).

General Administration of Customs People's Republic of China (GACC) (2020). *Base de datos online*. Recuperado de http://english.customs.gov.cn/.

Giraudo, M. E. (2019). Dependent Development in South America: China and the Soybean Nexus. *Journal of Agrarian Change*, 1-19.

Giraudo, M. E. (2020). Dependent development in South America: China and the soybean nexus. *Journal of Agrarian Change*, *20*(1), 60-78.

Giraudo, M. E. (2021). Taxing the 'Crop of the Century': the Role of Institutions in Governing the Soy Boom in South America. *Globalizations*, *18*(4), 516-532.

Global Times (20 de junio de 2020). China approves import of Chinese GM soybeans for the first time. *Global Times*. Recuperado de https://www.globaltimes.cn/content/1192850.shtml.

Gras, C. & Hernández, V. (2014). Agribusiness and Large-Scale Farming: Capitalist Globalisation in Argentine Agriculture. *Canadian Journal of Development*, *35*(3), 339-357.

Hiratuka, C. (2018). Changes in the Chinese Development Strategy After the Global Crisis and its Impacts in Latin America. *Revista de Economia Contemporânea*, *22*(1), 1-25.

Holt-Giménez, E. & Shattuk, A. (2011). Food crises, food regimes and food movements: rumblings of reform or tides of transformation? *Journal of Peasant Studies*, *38*(1), 109-144.

Huang, P. C. C. (2016). The Three Models of China's Agricultural Development: Strengths and Weaknesses of the Administrative, Laissez Faire, and Co-op Approaches. *Rural China*, *14*(2), 488-527.

Hung, H. F. (2016). *The China Boom: Why China Will Not Rule the World*. Columbia University Press.

Ibañez, P. (2020). Geopolítica e diplomacia em tempos de COVID-19: Brasil e China no limiar de um contencioso. *Espaço e Economia*, 18, 1-26.

Infopymes (3 de marzo de 2019). COFCO International, grupo de capitales chinos, cambia de plan de negocios en Argentina y achica operaciones. *Infopymes*. Recuperado de https://www.infopymes.info/2019/03/cofco-internacional-grupo-de-capitales-chinos-cambia-plan-de-negocios-en-argentina-y-achica-operaciones/.

Isackson S. R. (2014). Food and Finance: The Financial Transformation of Agro-food Supply Chains. *The Journal of Peasant Studies, 41*(5), 749-775.

Jenkins, R. (2019). *How China is Reshaping the Global Economy: Development Impacts in Africa and Latin America.* Oxford University Press.

Kay, C. & Vergara-Camus L. (Eds) (2017). Peasants, Agribusiness, Left-wing Governments, and Neo-developmentalism in Latin America: Exploring the Contradictions. *Journal of Agrarian Change, 17*(2), (Special Issue).

Kroeber, A. R. (2016). *China's Economy What Everyone Needs to Know*. Oxford University Pres.

Kuhn, B. M. (2018). China's commitment to the Sustainable Development Goals: An analysis of push and pull factors and implementation challenges. *China Political Science Review, 3,* 359-388.

Li, X. (Ed) (2019). *Mapping China's 'One Belt, One Road' Initiative.* Palgrave Macmillan.

MARA (2020). *China agricultural outlook 2020-2019.* Beijing: Ministry of Agriculture and Rural Affairs - China Agricultural Science and Technology Press.

McCorriston, S. & MacLaren D. (2010). The Trade and Welfare Effects of State Trading in China with Reference to COFCO. *World Economy, 33*(4), 615-32.

McKay, B., Fradejas, A. A., Brent Z., Sauer, S., & Xu, Y. (2017). China and Latin America: Towards a New Consensus of Resource Control. *Third World Thematics, 1*(5), 592-611.

McMichael, P. (2005). Global development and the corporate food regime. En F. H. Buttel & P. McMichael (Eds.), *New directions in the sociology of global development.* Elsevier.

McMichael, P. (2009). A food Regime Genealogy. *Journal of Peasant Studies, 36*(1), 139-169.

McMichael, P. (2016). Commentary: Food Regime for Thought. *Journal of Peasant Studies, 43*(3), 648-670.

McMichael, P. (2020). Does China 'Going Out' Strategy Prefigures a New Food Regime? *Journal of Peasant Studies, 57*(1), 116-154.

Mefano Fares, T. (2019). The Rise of State-transnational Capitalism in the Xi Jingping Era: A Case Study of China's International Expansion in the Soybean Commodity Chain. *Journal of Development Studies (JEP), 35*(4), 86-106.

McMichael, P. (2013). *Food Regime and Agrarian Questions*. Fernwood.

Ministerio da Agricultura, Pecuária e Abastecimento (MAPA). *Agrostat* (base de datos online). Recuperado de http://indicadores.agricultura.gov.br/agrostat/index.htm.

Ministerio de Agricultura, Ganadería y Pesca (MAGYP) (2020). *Base de datos online*. Recuperado de https://datos.magyp.gob.ar/dataset/estimaciones-agricolas.

Ministerio de Agricultura, Ganadería y Pesca (MAGYP) (s.f.). *Base de datos online.* Recuperado de https://datos.magyp.gob.ar/dataset/estimaciones-agricolas.

Moragues-Faus, A. & Marsden, T. (2017). The Political Ecology of Food: Carving 'Spaces of Possibility' in a New Research Agenda. *Journal of Rural Studies, 55,* 275-288.

Netnews (10 de octubre de 2016). El puerto de Rosario recibirá una inversión de U$S 27 millones del grupo chino Cofco. *Netnews*. Recuperado de https://netnews.com.ar/nota/915-El- puerto-de-Rosario- recibira-una-inversion-de- US-27-millones-del-grupo-chino-Cofco.

Niederle, P. A. & Wesz Jr., V. J. (2020). *Agrifood System Transitions in Brazil*: New Food Orders. Routledge.

Niederle, P. A. (2018). A Pluralist and Pragmatist Critique of Food Regime's Genealogy: Varieties of Social Orders in Brazilian Agriculture. *Journal of Peasant Studies, 45*(7), 1460-1483.

Nyabiage, J. (29 de octubre de 2020). China to Start Buying Soybeans from Tanzania as it Seeks New Suppliers. *South China Morning Post (SCMP)*. Recuperado de https://www.scmp.com/news/china/diplomacy/article/3107445/china-start-buying-soybeans-tanzania-it-seeks-new-suppliers.

OECD-FAO (2020). *Base de dados online*. Recuperado de http://www.agri-outlook.org/data/.

Oliveira, G. L. T. & Schneider, M. (2016). The politics of Flexing Soybeans: China, Brazil and Global Agroindustrial Restructuring. *Journal of Peasant Studies, 43*(1), 167-194.

Oliveira, G. L. T. (2017). *The South-south Question*: *Transforming Brazil-China Agroindustrial Partnerships*. University of California (PhD diss.).

Oliveira, G. L. T. & Myers, M. (2020). The tenuous Co-production of China's Belt and Road Initiative in Brazil and Latin America. *Journal of Contemporary China*, 30 (129), 481-499. 10.1080/10670564.2020.1827358.

Oliveira, G. L. T. & Hecht, S. (2017). Sacred groves, sacrifice zones and soy production: Globalization, intensification and neo-nature in South America. *Journal of Peasant Studies*, *43*(2), 251-285.

Otero, G., Gürcan, E. C., Pechlaner, G., Liberman, G. (2018). Food Security, Obesity, and Inequality: Measuring the Risk of Exposure to the Neoliberal Diet. *Journal of Agrarian Change*, 18, 536-554.

Pechlaner, G, & G. Otero (2008). The Third Food Regime: Neoliberal Globalism and Agricultural Biotechnology in North America. *Sociologia Ruralis*, *48*(4), 1-21.

Pritchard, B. (2009). The Long Hangover from the Second Food Regime: a World-historical Interpretation of the Collapse of the WTO Doha Round. *Agriculture and Human Values*, *26*(4), 297-307.

Qiao, F., Huang, J., Wang, D., Liu, H., & Lohmar, B. (2016). China's hog production: From backyard to large-scale. *China Economic Review*, 38, 199-208.

Qichacha (2019). *Base de datos online*. Recuperado de https://www.qichacha.com/; Sublime China Database. Start-up rate of soybean oil processing since August 2013. Recuperado de https://intl.sci99.com.

Rajão, R., Soares-Filho, B., Nunes, F., Börner, J., Machado, L., Assis, D., Oliveira A., Pinto, L., Ribeiro, V., Rausch, L., Gibbs, H., & Figueira, D. (2020). The Rotten Apples of Brazil's Agribusiness: Brazil's Inability to Tackle Illegal Deforestation Puts the Tuture of its Agribusiness at Risk. *Science*, 369(6501), 246-248.

Reuters (2 de enero de 2020). China eases customs curbs for soy imports through northern border. *Reuters*. Recuperado de https://fr.reuters.com/article/us-china-soybean-imports/china-eases-customs-curbs-for-soy-imports-through-northern-border-idUSKBN1Z10O8.

Reuters (2017). China's COFCO forms U.S. grain supply partnership with Growmark. *Reuters*, 18 August 2017. Recuperado de https://www.reuters.com/article/us-growmark-cofco-idUSKCN1AY2HC.

Rodrigues, B. S. & Moura, R. S. (2019). De la Ilusión de las Commodities a la Especialización Regresiva: América del Sur, China y la Nueva Etapa de la Dependencia em el Siglo XXI. *Papel Político*, *24*(2), 1-27.

Saad-Filho, A., Grigera, J., & Colombi, A. P. (2020). The nature of the PT governments: a variety of neoliberalism? Parts 1-2. *Latin American Perspectives, 47*, 1-2.

Schneider, M. (2014). Developing the Meat Grab. *Journal of Peasant Studies, 41*(4), 613-633.

Schneider, M. (2017). Dragon Head Enterprises and the State of Agribusiness in China. *Journal of Agrarian Change, 17*(1), 3-21.

Shahbandeh, M. (2019). Cargill's revenue and profit. *Statista*. Recuperado de https://www.statista.com/statistics/274778/revenue-and-profit-of-cargill-agricultural-company/.

Sharma, S. (2014). *The Need for Feed: China's Demand for Industrialized Meat and its Impacts*. Institute for Agriculture and Trade Policy - IATP.

Stallings, B. (2020). *Dependency in the Twenty-first Century? The Political Economy of China-Latin America Relations*. Cambridge University.

Tilzey, M. (2019). A análise dos regimes alimentares e a dinâmica 'pós-liberal': o nexo Estado-capital, China e ascensão e declínio dos Estados da 'onda rosa' na América Latina. En S. Sauer (Org.), *Desenvolvimento e transformações agrárias*: BRICS, competição e cooperação no Sul Global. São Paulo: Outras Expressões.

Trase (2020).*Base de datos online*. Recuperado de https://trase.earth.

Turzi, M. (2017). The Political Economy of Agricultural Booms: Managing Soybean Production in Argentina, Brazil, and Paraguay. Cham: Palgrave Macmillan.

UOL (1 d enero de 2019). Demanda da China por soja brasileira está caindo, afirma COFCO. *UOL*. Recuperado de https://economia.uol.com.br/noticias/bloomberg/2019/01/11/demanda-da-china-por-soja-brasileira-esta-caindo-afirma-cofco.htm.

Uruguay XXI (2020). *Informe anual de exportaciones de bienes del Uruguay*. Montevideo: Uruguay XXI - Cámara de Industrias del Uruguay.

USDA (2020). Agricultural Projections to 2029. *United States Department of Agriculture - USDA*. Recuperado de https://www.ers.usda.gov/webdocs/outlooks/95912/oce-2020-1.pdf?v=3082.

Valor (20 diciembre de 2020). Syngenta Fecha Acordo com Sinograin para Garantir Venda de Soja Argentina à China. *Valor Econômico*. Recuperado de https://valor.

globo.com/agronegocios/noticia/2020/12/07/syngenta-fecha-acordo-com-sinograin-para-garantir-venda-de-soja-argentina-china.ghtml.

Valor (7 de noviembre de 2019). Governo e agricultores unem forças contra a moratória da soja na Amazônia. *Valor*. Recuperado de https://valor.globo.com/agronegocios/noticia/2019/11/07/governo-e-agricultores-unem-forcas-contra-moratoria-da-soja-na-amazonia.ghtml.

Valor Agro (4 de abril de 2018). La Soja Paraguaya Sigue Saliendo Hacia el Mercado Chino. *Valor agro*. Recuperado de http://www.valoragro.com.py/mercados/la-soja-paraguaya-sigue-saliendo-hacia-el-mercado-chino/.

Vegconomist (11 de Agosto de 2020). China: Government to reduce meat consumption by 50%, vegan market to pass $12bn by 2023. *Vegconomist*. Recuperado de https://vegconomist.com/market-and-trends/china-government-to-reduce-meat-consumption-by-50-vegan-market-to-pass-12bn-by-2023/.

Wachholz, L. & Dutra, L. (2021). A agenda ambiental da China e a agropecuária brasileira. *Valor,* 18 de janeiro de 2021. Recuperado de https://valor.globo.com/opiniao/coluna/a-agenda-ambiental-da-china-e-a-agropecuaria-brasileira.ghtml.

WATT (2020). The world's leading feed producers. *WATT.* Recuperado de https://www.wattagnet.com/directories/81-the-world-s-leading-feed-producers/W.

Weis, T. (2013). The Meat of the Global Food Crisis. *Journal of Peasant Studies, 40*(1), 65-85.

Wesz Jr., V. J. (2015). Cruzando Fronteiras: O Mercado da Soja no Cone Sul. *Teoria e Cultura, 10*(2), 15-33.

Wesz Jr., V. J. (2016). Strategies and Hybrid Dynamics of Soy Transnational Companies in the Southern Cone. Journal of Peasant Studies, 43(2), 286-312.

Wilkinson, J. & Goodman, D. (2017). Les Analyses en Terms de 'Food Regime': Une Relecture. En G. Allaire & B. Daviron (Eds.), *Transformation Agricoles et Agroalimentaires: Entre Écologie et Capitalis*me (pp. 275-290). Quae.

Wilkinson, J., Wesz Jr., V. J., & Lopane, A. R. M. (2016). Brazil and China: the Agribusiness Connection in the Southern Cone Context. *Third World Thematics, 1*(5), 726-745.

Xiao, Y. (20 de julio de 2018). *SASAC Chairman's Answers to Reporters during 2018 Two Sessions (Part)*. State-Owned Assets Supervision and Administration Commission of the State Council. Recuperado de http://en.sasac.gov.cn/2018/07/20/c_314.htm.

Yan, H., Chen, Y., Ku, H. B. (2016). China's Soybean Crisis: The Logic of Modernization and Its Discontents. *Journal of Peasant Studies, 43*(2), 373-395.

Yu, X. 2009. *China Agri 2008 Annual Report*. Hong Kong Exchanges and Clearing

Zhang, H. (2018). *Securing the 'Rice Bowl': China and Global Food Security*. Palgrave Macmillan.

Zhong, Y., Pu, M., & Lv, X. (2019). Futuro do comércio de soja dos países do Brics na disputa comercial entre Estados Unidos e China. En S. Sauer (Org.), *Desenvolvimento e transformações agrárias: BRICS, competição e cooperação no Sul Global*. Outras Expressões.

11

LOS CAPITALES CHINOS Y LA BURGUESÍA PERUANA: RELACIONES ECONÓMICAS Y POLÍTICAS (2001-2021)

Sebastián Sarapura Rivas
Fernando Romero Wimer

Introducción

La relevancia económica y geopolítica de la República Popular China (RPCh) es un hecho incontestable en los días actuales. El complejo proceso por el cual pasó de ser uno de los faros de la revolución proletaria mundial a presentarse como la principal *world's factory*, estuvo mediado por las transformaciones históricas del modo de producción capitalista y el desarrollo de lucha de clases que le es constitutivo. Su integración plena a la división internacional del trabajo capitalista supuso la incorporación de decenas de millones de proletarios y campesinos como fuerza de trabajo disponible para el capital. Con eso contribuyó sustantivamente al rebajamiento de salarios en otras regiones del planeta[754] y al cierre de fábricas para su relocalización en los nuevos cuarteles de obreros regentados por el Partido Comunista Chino (PCCh).

Atrás quedaron las muestras de solidaridad internacionalista con los países del entonces llamado "tercer mundo"[755] y las denuncias a la dinámica imperialista en que se vieron inmersas las grandes potencias -incluida la Unión de Repúblicas Socialistas Soviéticas (URSS)[756]-. En adelante, la dirección del PCCh se encargó de garantizar condiciones favorables para la valorización del capital extranjero al interior de sus fronteras y la promoción del enriquecimiento acelerado de sus capitalistas y burócratas locales. Esta

[754] Majerowicz, E. G. (2016). *The Globalization of China's Industrial Reserve Army: its formation and impacts on wages in advanced countries*. UFRJ (Tesis de Doctorado en Economía Política Internacional)

[755] Aludimos al término ampliamente difundido que, originariamente, fue elaborado por el economista francés Alfred Sauvy en 1952 para referirse a los países no alineados con los Estados Unidos ni con la URSS, aunque posteriormente fue redefinido y caracterizado por numerosos autores. Ver: Mejía, M. C. (1996). *El tercer mundo: sociedad, economía, política y cultura. Una bibliografía temática*. UNAM.

[756] Laufer, R. (2020). China: de la teoría de los tres mundos a la transición hegemónica. *Ciclos*, (5), 87-125.

orientación exigió simultáneamente el desarrollo de una política exterior pragmática, tendiente a resguardar su condición de espacio privilegiado para la acumulación de capital. Lo que paulatinamente significó garantizar la ampliación de mercados para la realización de sus mercancías y la inserción de sus capitales, bien como mantener un aprovisionamiento continuo de materias primas y productos alimentarios.

En simultáneo a la consolidación de la RPCh como uno de los principales centros productores de mercancías en el capitalismo mundializado, la región latinoamericana sufrirá un proceso 'aparentemente' contrario desde finales de la década de 1970. Si en el gigante asiático asistimos a un acelerado proceso de industrialización basado en la producción de bienes de capital; en América Latina se constata un proceso de desindustrialización. Este implicó el reposicionamiento de capitales dedicados a las actividades primario exportadoras como ejes principales del proceso de acumulación[757].

Aunque en medio de la euforia ideológica neoliberal que caracterizó el final del siglo XX, la relación orgánica entre ambos procesos pasó desapercibida, la tesis según la cual el subdesarrollo no es más que la contracara necesaria del desarrollo[758], se mostró más vigente que nunca[759].

Considerando el conjunto de estos procesos, en la presente investigación tenemos por objetivo avanzar en la caracterización de las relaciones entre la RPCh y el Perú, teniendo en cuenta la imbricación entre las relaciones políticas que subyacen al rápido incremento de la presencia de los capitales chinos en el país andino en lo que va del siglo XXI. Esto implica atender a la articulación entre los capitales chinos, las fracciones de la burguesía peruana y sus respectivos representantes políticos y empresariales.

Para ello recurrimos al examen de documentación publicada por entidades gubernamentales y no gubernamentales y empresas privadas. De manera simultánea serán discutidos datos cuantitativos referidos al intercambio comercial y la inversión de capitales. Nuestro análisis se nutre de la crítica de la economía política, razón por la cual aprehendemos el despliegue del capital imperialista y del capital local -sea bajo las formas de

---

[757] Osorio, J. (2012). El nuevo patrón exportador de especialización productiva. *Revista da Sociedade Brasileira de Economia Política*, (31), 31-64.

[758] Frank, A.G. (2005 [1966]). El desarrollo del subdesarrollo. El nuevo rostro del capitalismo. *Montlhy Review* (Selecciones en Castellano), (4), 144-157.

[759] Las relaciones económicas entre China y América Latina son bastante expresivas en ese sentido. No por casualidad algunos autores se refieren a la misma como una "nueva relación especial" (Laufer, R. (2008). China y las clases dirigentes de América Latina: gestación y bases de una 'relación especial'. *Revista Mexicana de Política Exterior*, (83), 137-182) equiparando el papel de la China capitalista con el de otras potencias hegemónicas en la reproducción de la dependencia latinoamericana.

capital productivo, comercial o portador de interés- como un movimiento unitario y contradictorio, cuyo fin último, en todos los casos, es la valorización del valor a partir de la explotación del trabajo vivo.

Nuestra exposición se dividirá en tres acápites además de esta introducción. En la primera parte realizaremos una descripción de los principales trazos de la reproducción del capital en el Perú entre los años 2001 y 2021, considerando el papel que cumple en ese proceso la profundización y establecimiento de relaciones económicas con potencias capitalistas como la RPCh. En el segundo apartado presentamos una aproximación al flujo de capitales chinos que operan en el Perú, así como sus principales rubros de actividad y localización geográfica. En la tercera sección, exponemos el crecimiento de los gremios empresariales vinculados a la RPCh y sus nexos con partidos y operadores políticos en Perú. Finalmente plantearemos nuestras conclusiones.

La reproducción del capital en Perú y el rol de las potencias capitalistas

Así como la mayoría de países latinoamericanos, la formación social peruana tiene entre sus trazos definitorios insertarse en la división internacional del trabajo cumpliendo la función de satisfacer la demanda metropolitana[760] de materias primas y productos alimentarios[761]. A pesar de las tentativas frustradas de superar esta condición, la misma se ha reproducido hasta los días actuales, siendo agudizada con la consolidación de un patrón de reproducción de capital exportador y el predominio de la estrategia de desarrollo neoliberal[762].

---

[760] Utilizamos la noción de "demanda metropolitana" únicamente como un símil que denota la asimetría en términos de producción y apropiación de valor entre los países avanzados y las formaciones sociales dependientes procedentes de procesos de dominación colonial. Nos distanciamos de las posturas que ven una continuidad sin transformaciones cualitativas entre las relaciones de dominación coloniales y las que pasan a operar con la formación de la división internacional del trabajo propiamente capitalista. Entendemos que "la situación colonial no es lo mismo que la situación de dependencia. Aunque se dé una continuidad entre ambas, no son homogéneas [...] La dificultad del análisis teórico está precisamente en captar esa originalidad y, sobre todo, en discernir el momento en que la originalidad implica un cambio de cualidad" (Marini, R. M. (1981 [1973]). *Dialéctica de la dependencia*. Era, p. 19).

[761] "Desde la época de la conquista, tras distintos momentos de reformulación con la economía mundial y aun cuando algunos países han logrado diversificar sus estructuras productivas y acceder a mercados internacionales de manufacturas y servicios, el grueso de las naciones de América Latina no ha logrado superar un patrón de especialización productiva basado en la explotación de recursos naturales. Más allá de fluctuaciones y coyunturas diversas para diferentes bienes, ese patrón de especialización productiva no ha permitido a América Latina tener acceso a los segmentos más dinámicos del mercado mundial, ya sea desde el punto de vista tecnológico o de la expansión de la demanda" (Bértola, L. & Ocampo, J. (2012). *El desarrollo económico de América Latina desde la Independencia*. FCE, p. 13).

[762] Carcanholo, M. (2019). Neoliberalismo y dependencia contemporánea: alternativas de desarrollo en América Latina. En P. Vidal Molina (Coord.). *Neoliberalismo, neodesarrollismo y socialismo bolivariano. Modelos de desarrollo*

De esta manera, principalmente desde finales de la década de 1990 hasta los días actuales, se constata un crecimiento económico sostenido en gran medida en la exportación de materias primas, cumpliendo un papel especial la exportación de productos tradicionales entre los cuáles se destaca la minería. La participación de las exportaciones tradicionales[763] es superior al 60% para todos los años durante el periodo 2001-2022 (Gráfico 1).

Gráfico 1. Perú: exportaciones por grupo de productos en porcentajes. Años: 2001-2022.

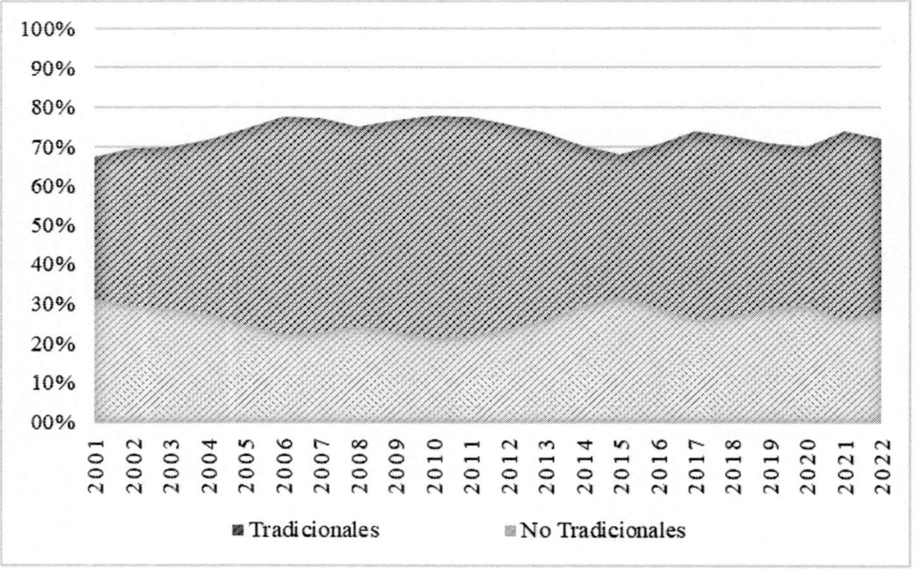

Fuente: Elaboración propia sobre la base de datos del Banco Central de Reserva del Perú (2023)[764].

Como ya indicamos, las mercancías mineras son las que tendrán el papel más sobresaliente de entre el conjunto de las exportaciones. La participación de estas en el total de productos tradicionales exportados entre

y políticas públicas en América Latina (pp. 34-50). Ariadna Ediciones.

[763] El Banco Central de Reserva del Perú (BCRP) clasifica las exportaciones en dos tipos fundamentales: tradicionales y no tradicionales. Entre las primeras se encuentran las mercancías mineras, agrícolas, pesqueras e hidrocarburíferas. Las exportaciones no tradicionales tienden a tener un mayor valor agregado y son agrupados en agropecuarios, textiles, pesqueros, maderas y papeles, químicos, minería no metálica, metal-mecánicos, joyería, sidero-metalúrgicos y otros. Aun cuando estos productos tengan un nivel de procesamiento mayor, continúan siendo mercancías que no participan de las ramas de la producción con mayor capacidad productiva a nivel mundial.

[764] Perú. Banco Central de Reserva del Perú (2023). Recuperado de https://www.bcrp.gob.pe/.

2001 y 2021, ascendió a más de US$ 411.236 millones. O sea, un valor 741% mayor que el segundo grupo de productos (Petróleo y Gas Natural) y 393% que el conjunto de productos hidrocarburíferos, pesqueros y agrícolas sumados (Gráfico 2).

Gráfico 2: Perú: total de exportaciones tradicionales por producto en millones de US$. Años: 2001-2021.

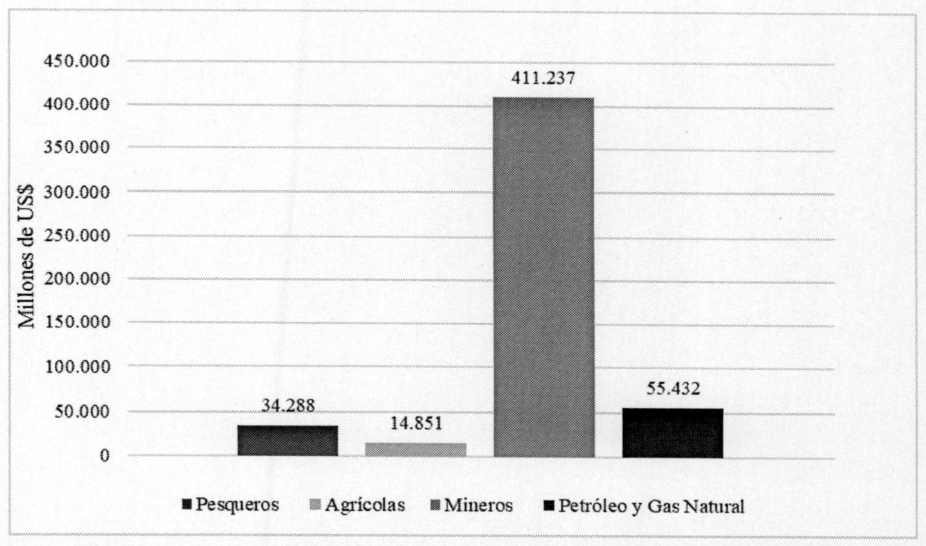

Fuente: Elaboración propia sobre la base de datos del Perú. Banco Central de Reserva del Perú (2023).

El sostenido crecimiento de este sector puede verificarse para otras coyunturas, aunque ha sido durante el período neoliberal en que su protagonismo se tornó más patente[765]. La minería es seguida por la exportación productos no tradicionales (entre los que se destacan tanto pesqueros como aquellos provenientes de la gran agricultura de frutas y hortalizas) y las ventas al exterior de hidrocarburos.

[765] La estrategia de desarrollo neoliberal se terminó de consolidar en el Perú entre los años 1990 y 2000 durante el gobierno presidido por Alberto Fujimori y mantiene plena vigencia en los días actuales. Esta gestión se caracterizó por culminar la adecuación de la acción estatal a las nuevas condiciones de valorización mundiales. La eliminación de los controles de precios, el avance de las privatizaciones, la liberalización de la tasa de interés y el tipo de cambio, la desregulación del mercado de trabajo y la liberalización comercial y financiera, fueron medidas impuestas en paralelo a una represión sistemática contra la clase obrera peruana. Las nuevas condiciones facilitaron la inserción de los capitales dedicados al procesamiento y comercialización de materias primas y productos alimentarios. Así, el auge de la minería peruana o del llamado *boom* agroexportador tuvieron como premisa dicho proceso.

Además de la importancia de la exportación de productos primarios, el proceso de acumulación en el Perú tiene como uno de sus pilares a la superexplotación de la fuerza de trabajo. Este proceso se desarrolla como un mecanismo de compensación frente a las transferencias de valor que devienen de su baja productividad en términos de la competencia mundial. Así, es posible identificar en las principales ramas de la producción que la productividad tiene como fundamento jornadas laborales prolongadas, el pago de la fuerza de trabajo por debajo de su valor y la intensificación creciente de los procesos de trabajo[766].

La pérdida de relevancia del sector manufacturero, además de la reducción de la participación económica del Estado, amplió de forma acelerada el número de trabajadores desocupados. En consecuencia, por el incremento de oferta de fuerza de trabajo disponible en el mercado, se dieron condiciones para recrudecimiento de la explotación de los trabajadores ocupados. El resultado de esto es que en muchas ramas de la producción se registran trabajadores que muestran un desgaste prematuro de su capacidad laboral[767].

Como señalamos, la constitución de una estructura productiva orientada a la satisfacción de la demanda de los mercados metropolitanos, configura otro trazo secular de la reproducción del capital en Perú. Este se ve agudizado con la consolidación de la estrategia de desarrollo neoliberal que tiene como premisas la implementación de reformas de carácter estructural, tendientes a la liberalización de los principales sectores económicos y una progresiva desregulación del mercado de trabajo para abaratar los gastos que se dispensan en salarios.

Tales condiciones permitieron un protagonismo cada vez mayor del capital extranjero en la configuración de la estructura productiva. De ahí que sus modificaciones recientes no puedan comprenderse considerando

---

[766] Esta condición implica el predominio (pero no la exclusividad) de la plusvalía absoluta como fundamento de la reproducción capitalista. En palabras de Marini: "Lo que importa señalar es que, para incrementar la masa de valor producida, el capitalista debe necesariamente echar mano de una mayor explotación del trabajo, ya a través del aumento de su intensidad, ya mediante la prolongación de la jornada de trabajo, ya finalmente combinando los dos procedimientos" (Marini, R. M. (1981 [1973), *op. cit.*, p. 36)

[767] Uno de los ejemplos más claros al respecto del papel de la superexplotación se registra en la agricultura de exportación costeña. De acuerdo con los cálculos realizados por para el año 2018, la remuneración mensual promedio de los asalariados agrícolas hombres sería de 1.558 nuevos soles o US$ 410 en 2018 y de 1.213 nuevos soles o US$ 322 en el caso de las trabajadoras mujeres. Esta remuneración es obtenida por jornadas de trabajo extenuantes que llegan a sobrepasar las 13 horas y donde la modalidad de pago a destajo es una de las más utilizadas, siendo, además, recurrentes los accidentes laborales y las enfermedades relacionadas a los ritmos de trabajo. Ver: Araujo, A. L. (2021). *Condiciones laborales en la agroindustria costeña. El caso de los trabajadores de la provincia de Virú: una mirada crítica*. CEPES.

apenas la creciente demanda internacional de productos primarios. Vinculado estrechamente a esto, adquieren un papel especialmente relevante los flujos de capital extranjero que refuerzan la tendencia primario-exportadora en función de las nuevas oportunidades de valorización. A la luz de este proceso deben analizarse el incremento de los tratados comerciales ocurridos en los últimos años[768], así como las tendencias del intercambio comercial que establece el país andino con sus principales socios[769].

Gráfico 3. Perú: IED por sector de destino, en millones de US$. Años: 2001-2021.

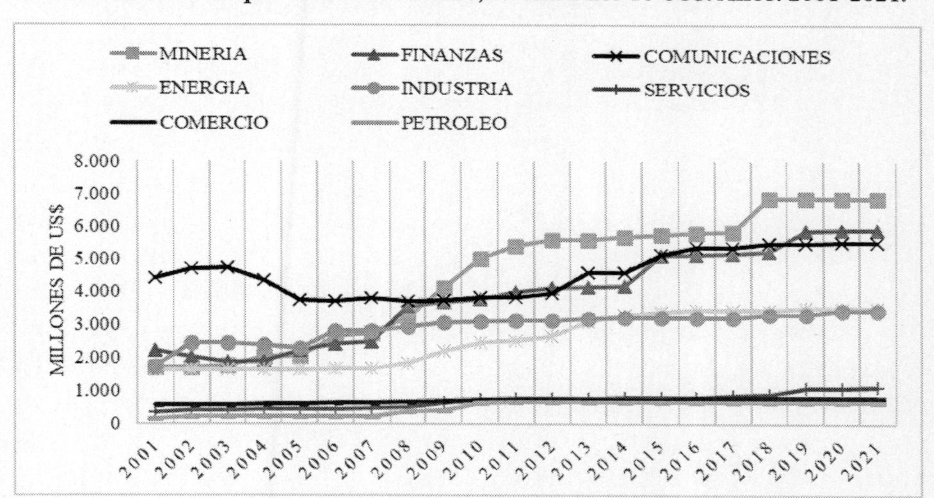

Fuente: Elaboración propia sobre la base de datos de Proinversión (2022)[770]

[768] Entre los más importantes se destacan los acuerdos suscritos con EEUU y la RPCh en 2009. En ambos, la exportación de productos primarios se corresponde con la importación de productos manufacturados.

[769] No casualmente los dos principales destinos de las exportaciones peruanas son EEUU y la RPCh, con una amplia ventaja para esta última desde, por lo menos, 2017. Otro dato relevante es que China es el principal destino de las exportaciones mineras, siendo responsable por el 40% del total para el periodo de tiempo estudiado, con amplia ventaja frente a otros importantes demandantes como Canadá y Suiza (ITC (2023). *Trade Map*. Recuperado de https://www.trademap.org/).

[770] Proinversión, Agencia de Promoción de la Inversión Privada (2022). Recuperado de https://www.proinversion.gob.pe/modulos/jer/PlantillaPopUp.aspx?ARE= 0&PFL=0&JER=5975.

Gráfico 4. Perú: principales destinos de exportación, en miles de millones de US$. Años: 2001-2021.

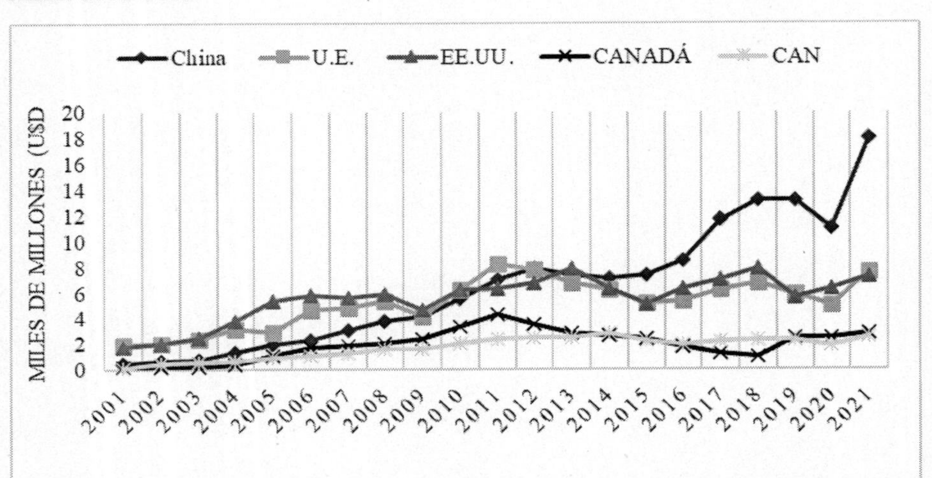

Fuente: elaboración propia sobre la base de datos de ITC (2023) y Mincetur/Promperú (2023)[771].

China pasó a colocarse por primera vez como principal destino de las exportaciones peruanas a partir de 2012, perdió su posición en 2013 y la recuperó en 2014 continuando hasta la actualidad, superando a los otros principales destinos: la Unión Europea, los Estados Unidos (EE.UU.), Canadá y el conjunto de la Comunidad Andina de Naciones (CAN). En 2021, la diferencia de las ventas peruanas a China con respecto a las realizadas tanto a la Unión Europea como a EE.UU. superaba los US$ 10.000 millones (Gráfico 4). Como ocurre con el intercambio comercial con otros socios comerciales, el grueso de exportaciones peruanas hacia países desarrollados son fundamentalmente materias primas y productos alimentarios. En el caso de China, los productos minerales y los provenientes de la pesca industrial se encuentran entre los principales productos importados[772]. En contrapartida, las importaciones peruanas de sus principales socios comerciales son fundamentalmente de productos manufacturados (aparatos electrónicos, vehículos terrestres y aparatos de telecomunicaciones).[773]

[771] Comisión de Promoción del Perú para la Exportación y el Turismo, MINCETUR/PROMPERÚ (2023). Recuperado de https://exportemos.pe/promperu-stat

[772] Entre las principales partidas exportadas a China encontramos, minerales de cobre y sus concentrados; harina de pescado; minerales de hierro y sus concentrados sin aglomerar; y minerales de plomo y sus concentrados.

[773] ITC (2023), *op. cit.*

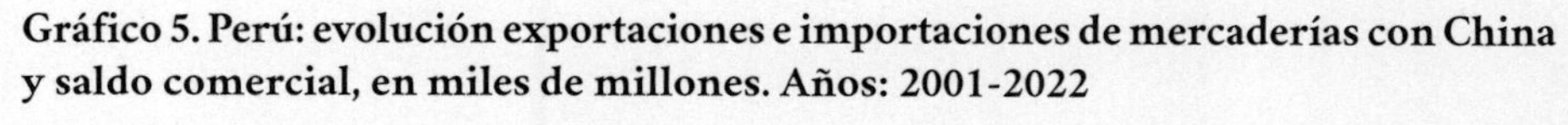

Gráfico 5. Perú: evolución exportaciones e importaciones de mercaderías con China y saldo comercial, en miles de millones. Años: 2001-2022

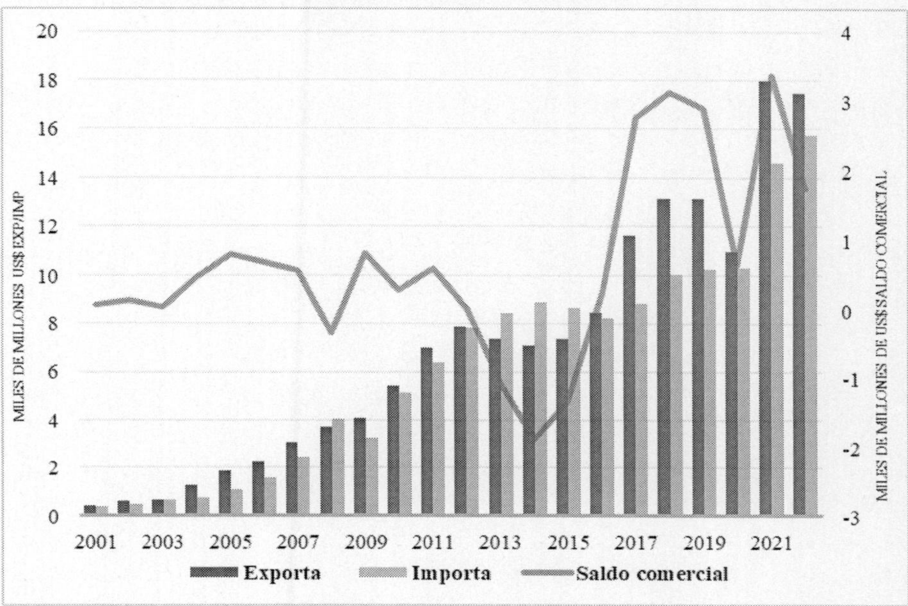

Fuente: Elaboración propia a partir de ITC (2023).

En el período 2001-2022, la evolución del comercio bilateral entre Perú y China verifica la existencia de un saldo comercial negativo para Perú entre 2013 y 2015, con una caída de US$ 1.872 millones en 2014 (Gráfico 5).

La típica relación centro-periferia que fue objeto de discusión y debate en la teoría social latinoamericana desde inicios del siglo XX parece reeditarse. Esta vez en las condiciones de una economía mundial en crisis estructural, y con el gigante asiático como principal promotor económico de la manutención de la condición primario-exportadora de formaciones sociales como las latinoamericanas[774].

[774] Aunque puede plantearse un paralelismo con la estructura productiva primario-exportadora que predominó en América Latina desde finales del siglo XIX hasta, por lo menos, la segunda mitad década del siglo XX, no nos parece adecuado sostener que el actual proceso latinoamericano se caracterice por ser una "reversión neocolonial" (Arruda Sampaio, P. (2007). Globalização e reverão neocolonial: o impasse brasileiro. En G. Hoyos Vásquez (Coord.), *Filosofía y teorías políticas entre la crítica y la utopía* (pp. 143-155). CLACSO). Por ello, consideramos fundamental prestar atención a la crisis estructural del capital y a procesos como el de la industrialización de territorios antes considerados periféricos. Estas determinaciones imposibilitan hablar de una regresión porque son rasgos cualitativamente diferentes a los del período que permitió la consolidación de las potencias capitalistas occidentales.

El relevante papel de potencias capitalistas como China o EE.UU. no implica, por otro lado, un papel subsidiario de los capitalistas locales en la reproducción de la condición rezagada que caracteriza a la economía peruana en la división internacional del trabajo. Capitalistas nacionales y extranjeros no expresan antagonismos sustantivos entre sí, y más bien tienden a organizar la estructura de dominación clasista para mantener el patrón de reproducción de capital vigente que tiene como fundamento la explotación redoblada de la fuerza de trabajo.

La integración total de los capitalistas locales y extranjeros se ha tornado un hecho del que caben pocas dudas, principalmente por el carácter mundializado del capitalismo contemporáneo. Pero esta condición no es precisamente una característica de la fase histórica en la que nos encontramos. La burguesía peruana erigió su estructura de dominación clasista de la única forma posible dadas las particularidades de su proceso histórico; es decir, en vinculación orgánica a las grandes potencias capitalistas.

El carácter rector de esas formaciones sociales sobre otras que pasarán a cumplir un papel subordinado se manifiesta, antes que nada, por la capacidad productiva de los primeros; condición que precede y expone su importancia en el terreno geopolítico y militar. El nulo margen de la burguesía peruana para trastocar la especificidad de su proceso de acumulación se explica por lo anterior y no por alguna deficiencia cultural frente a otras burguesías. En cualquier parte del mundo y como imperativo de la propia dinámica de la competencia, el capitalista individual pretende valorizar su capital en forma constante. No obstante, las condiciones para la realización de ese propósito no son iguales para todos pues el despliegue histórico del modo producción capitalista se caracteriza por la constante recreación de asimetrías nacionales.

Los capitales chinos en Perú

Como señalamos en otras exposiciones, no existen elementos que posibiliten caracterizar las relaciones económicas que establece la RPCh con países como el Perú, como un tipo de relación cualitativamente diferente de la que es habitual entre un país altamente desarrollado y uno dependiente[775]. Esta perspectiva solo puede sostenerse mistificando la basta documentación disponible sobres la cuestión[776].

[775] Romero Wimer, F. & Sarapura Rivas, S. (2021). El extractivismo chino en América Latina: una aproximación a partir del caso Shougang Hierro Perú. *Antagónica. Revista de investigación y crítica social,* 2 (4), 117-148.

[776] Un llamado a aprovechar las oportunidades históricas de las relaciones latinoamericanas con China puede verse en: Bruckmann, M. (2014). La unidad latinoamericana como proyecto histórico. *América Latina en Movimiento,*

Frente al abrumador peso de la evidencia, emerge un razonamiento más realista que, aun cuando reconoce las asimetrías internacionales que engendra la acumulación de capital en China, se resiste a identificar en esta nación un papel similar al desempeñado por otras potencias capitalistas a lo largo de la historia. Escindiendo la especificidad de la formación económica china de la lógica contradictoria que rige el sistema del capital, esta posición termina disociando las formas económicas de las políticas[777]. Así, si por un lado se pueden llegar a reconocer las tendencias imperialistas del gigante asiático a nivel internacional, de otro, se renuncia a descubrir el nexo existente entre esa dinámica y las particularidades de la reproducción del capital fronteras adentro[778]. Ese proceder implica una aproximación parcial que se muestra impotente para explicar de forma consistente las determinaciones de su dinámica política y económica a nivel doméstico y en las relaciones que establece a nivel del mercado mundial. El resultado no puede ser más que abrir un margen para el encubrimiento ideológico del papel que desempeña la potencia capitalista como portadora de las principales tendencias disruptivas del capitalismo contemporáneo.

De ahí que en vez de avanzar en el reconocimiento del papel que desempeña la reproducción del capital en China en el conjunto del sistema capitalista, buena parte de los análisis realizados desde perspectivas supuestamente críticas tengan como recurso argumentativo recurrente la comparación engañosa de la trayectoria china con la de otras potencias capitalistas, particularmente con la del imperialismo estadounidense.

Por más bien intencionados que sean, estos análisis terminan reduciendo la crítica del capitalismo a la crítica de la política exterior de una potencia en particular. Aunque pretendan situarse como críticos del imperialismo, quienes sostienen esta postura, con su ambigüedad, abren margen a la defensa de una forma aparentemente menos nociva en que se realiza la acción del capitalismo imperialista.

(500). Recuperado de https://www.alainet.org/es/articulo/166413.

[777] Este es el caso del economista Claudio Katz quien afirma que "China incuba en forma sólo embrionaria los rasgos de un imperio en formación" (Katz, C. (2021). China: tan distante del imperialismo como del sur global. Recuperado de https://katz.lahaine.org/china-tan-distante-de-imperialismo-como/), únicamente porque su intervencionismo no es idéntico al que históricamente caracterizó a EE.UU. y porque su sistema de gobierno difiere del de otras potencias. Todo su razonamiento se basa en una constante escisión entre lo económico y lo político, dejando de lado que las formas políticas son indisociables de las relaciones sociales de producción pues son momentos de un mismo proceso organizado por el movimiento del capital.

[778] Un proceder como el que defendemos, por ejemplo, prestaría atención a la relación entre la elevada productividad del trabajo y el disciplinamiento de la clase obrera para avanzar en la comprensión de las particularidades del sistema de dominación político chino.

El examen de las relaciones económicas entre China y Perú, si bien no deja de ser un movimiento analítico parcial, permite constatar la existencia de una relación asimétrica, pasible de ser identificada con los trazos característicos de la más típica relación centro-periferia. El apologeta del capitalismo chino no tardará en señalar que ese juicio debe matizarse, basándose en el histórico de injerencias políticas abiertas y solapadas que caracterizaron al accionar del imperialismo estadounidense en América Latina y en el Perú de manera particular.

La comparación rasa, como no podría ser de otra manera, solo puede realizarse haciendo abstracción de las transformaciones históricas del propio modo de producción capitalista y del papel de China en la división internacional del trabajo. Las obvias diferencias requieren de una explicación que no puede significar apartar a la RPCh de las relaciones de producción y circulación en las que está inmersa.

El modo de ser específico del imperialismo chino en la división internacional del trabajo es indesligable de su papel uno de los principales centros de la producción industrial mundial. Tal condición significa, en las condiciones del capitalismo contemporáneo, un aliciente para la totalidad de la economía mundial, dada la caída de la tasa de ganancia que se registrará desde la década de 1970 y para la cual la incorporación plena de millones de trabajadores y campesinos como fuerza de trabajo será de una importancia inestimable para el capital global.

Esa especificidad, como es claro, no deja de estar vinculada de forma inmanente a la dinámica automática e impersonal que supone la valorización del valor a escala planetaria. Al fin y al cabo, aun cuando la competencia intercapitalista sea un proceso que genera constantes fricciones nacionales, la única forma de valorización de las distintas formas de capital — más allá de su procedencia nacional o actividad particular— es participando de la apropiación del valor producido por el trabajo vivo mediante el proceso de formación de la tasa general de ganancia.

Los capitales chinos, como los capitales de cualquier otro espacio nacional, procuran garantizar una escala ampliada de acumulación, para la obtención de ganancias extraordinarias. Si no operasen bajo esa lógica, quedarían rezagados en la concurrencia intercapitalista, lo que a su vez reverberaría en su relevancia en el sistema interestatal. Garantizar la reproducción ampliada, no obstante, también implica el establecimiento de relaciones de cooperación y asociación intercapitalista, que demandan modalidades diversas de acción estatal en el plano internacional.

Así pues, constatar que, hasta el momento, la RPCh no se caracteriza por desplegar acciones militares al nivel de otras potencias occidentales, no debería derivar en su caracterización como formación social regida por lógicas cualitativamente diferentes a las de cualquier país capitalista. No solo por su evidente contribución al funcionamiento del sistema capitalista en su conjunto, sino porque en tanto participa de la competencia intercapitalista, desarrolla tendencias que son propias de cualquier potencia. Tal es así que en años recientes se asiste al incremento de su gasto militar y a una clara estrategia de expansión que busca disputarle regiones y mercados al imperialismo estadounidense.

La cuestión pasa, entonces, por analizar como la formación social china coadyuva a la reproducción del sistema del capital en su conjunto. Ese movimiento analítico es fundamental para comprender la acción de su Estado y el mayor o menor margen de maniobra que tiene en la salvaguarda de sus intereses nacionales; es decir, para garantizar la realización de los intereses de sus capitalistas y los burócratas que regentan el Estado. El que la RPCh priorice mecanismos de cooperación internacional con otras burguesías, no hace menos nocivo su papel como promotora de la explotación redoblada de la fuerza de trabajo o de la de la profundización de asimetrías nacionales, particularmente con regiones dependientes.

Priorizar al análisis de los procesos fundamentales que subyacen al crecimiento económico de la potencia asiática, torna evidente que su proceder no dista del que caracteriza a la generalidad de Estados capitalistas, quienes se relacionan en el mercado mundial accionando simultáneamente mecanismos de cooperación y enfrentamiento.

Un caso evidente de colaboración intercapitalista, en el que la RPCh participa de manera activa, se da, como ya mencionamos, en torno a la profundización de la condición primario-exportadora de las regiones periféricas. Por una exigencia de su proceso de acumulación, forma parte de la comunidad de intereses metropolitanos y periféricos que afianzan a la producción de materias primas como un eje central de la reproducción del capital en países dependientes.

Existe numerosa evidencia empírica que demuestra que los espacios nacionales con una elevada productividad del trabajo tienen que garantizar una apropiación intensiva de materias primas y productos alimentarios para la reproducción ampliada de sus capitales. De ahí que, por cuenta de las diferencias nacionales de producción y apropiación de valor, existan trazos similares en el tipo de relaciones económicas que las potencias capitalistas establecen con espacios nacionales rezagados en términos de productividad a lo largo de la historia.

Esa es la razón que subyace a la lógica con que operan los capitales y el comercio exterior entre potencias capitalistas y países dependientes. Mientras que aquellos que consiguieron desarrollar una productividad del trabajo mayor tienden a exportar capitales y productos manufacturados de manera más intensiva, aquellos cuya productividad es más bien rezagada para los parámetros mundiales, tienden a especializarse como productores de materias primas y otras mercancías que no requieren de un desarrollo científico-técnico de vanguardia.

Considerar los elementos señalados anteriormente nos permite constatar el sentido general con el que operan los capitales chinos en países como el Perú, así como el sentido de las relaciones entre la clase dominante peruana y los representantes políticos del Estado chino. De la misma manera, es posible esclarecer que el despliegue de la acción estatal China no tendría por qué ser análoga al tipo de intervención que ha caracterizado la política exterior de los EE.UU. a lo largo de la historia para poder ser identificada como imperialista.

Una aproximación al tipo de inserción de los capitales chinos en territorio peruano, para el periodo de tiempo estudiado, permite corroborar que las inversiones del gigante asiático tienden a afianzar el lugar subordinado del país andino en la división internacional del trabajo, así como su especialización productiva en ramas de la producción que participan en la competencia mundial explotando prioritariamente materias primas y otras mercancías que se caracterizan por ser producidas con una composición orgánica de capital que es intensiva en capital variable (fuerza de trabajo). Así, tenemos que los principales sectores de inversión se dan en los sectores dedicados a la extracción de productos minero-energéticos y en el procesamiento y exportación de productos alimentarios (particularmente de aquellos provenientes de la pesca industrial).

La primera gran inversión de capital de origen chino realizada en Perú se dio con la llegada de la Shougang Corporation en 1992. Esta inversión, con todos los problemas que implicó desde el proceso de licitación, expresará una dinámica conflictiva que es común a la mayoría de capitales dedicados a la extracción y procesamiento de productos minerales en general y a los capitales chinos de manera particular.

En años posteriores a la llegada de la Shougang no se registran inversiones de capital chino significativas en el Perú. Recién a partir del 2006 verificamos un aumento considerable de la Inversión Extranjera Directa (IED) de origen chino.[779] Ese año, llegaron al Perú tres inversiones provenientes del país asiático. Con una inversión de US$ 186 millones, Zijin Mining Group Ltd., se incorporó como accionista del proyecto minero Río Blanco, dedicado a la extracción de oro. El proyecto en cuestión está ubicado en la provincia de Huancabamba, en el departamento de Piura. La segunda gran inversión de ese año fue realizada por el grupo Pacific Andes International Holdings Ltd. Esta inversión se realizó en asociación al grupo local Alexandra SAC, dedicado a la pesca y elaboración de conservas de pescado. El monto invertido fue de US$ 103 millones y las actividades de procesamiento se ubicaban en el departamento de Lima. Con un monto bastante menor, durante el mismo año, el grupo China Fishery Group dedicado a la pesca industrial, invirtió US$ 13,7 millones. Es importante recalcar que, de las tres empresas, las dos primeras son capitales de propiedad del Estado chino.

En el año 2007, la Zijin Mining Group volvió a invertir en el proyecto minero Rio Blanco. El monto invertido fue de US$ 186 millones. Por su parte el grupo China Fishery Group Ltd invirtió US$ 10,5 millones en el sector alimentación en asociación con las empresas locales La Candelaria S.A. y Altoreal S.A, ambas dedicadas a la pesca industrial. La misma transnacional china en asociación con la Chimbote S.A. invirtió US$ 18 millones para la producción de pesquera y el procesamiento de alimentos derivados de esa actividad. En este mismo año, la Shougang Corporation invirtió US$ 1.500 millones en sus plantas de procesamiento y extracción de hierro ubicadas en el distrito de Marcona, en la región de Ica. Tanto Zijin Mining Group como Shougang son empresas públicas pertenecientes al Estado chino.

Al siguiente año, el grupo China Minmetals Group invirtió, en asociación a la empresa local Jiangxi Cooper, US$ 2.500 millones en la región de Cajamarca para el desarrollo de proyectos de extracción de minerales. También en 2008, el grupo Chinalco, mediante su subsidiaria Perú Cooper, invirtió en la región de Junín US$ 860 millones en el sector minero. En noviembre de ese año, la Jiangsu Sujia Group invirtió US$ 2,1 millones en el mismo sector en la región de Lima. Ambas inversiones fueron realizadas por empresas públicas chinas.

[779] Red ALC-China (2022). *Monitor de la OFDI china en América Latina y el Caribe.* Recuperado de https://www.redalc-china.org/monitor/. En adelante referimos a esta fuente para el análisis de los flujos de capital chino en Perú.

En 2009 se registra una única inversión. Se trata de la realizada por el grupo Chinalco Mining Corporation International, nuevamente en la región de Junín, con la finalidad de ampliar la extracción y procesamiento de cobre en el proyecto Toromocho. En 2010, Pacific Andes International Holdings, en asociación con la Dorbes Holding Group, dueña de la pesquera Alejandria SAC, invirtió US$ 95 millones para el desarrollo de actividades de pesca industrial en el litoral de Lima. La misma empresa local recibió ese año, de parte de China Fishery Group, otros US$ 95 millones. China Fishery Group, también fue responsable por colocar US$ 56 millones en asociación con las empresas locales Deep Sea Fishing SAC, Pesquera Islaya SAC, Epecsa Pisco SAC y Pesquera Pocoma San. En la segunda mitad de este año, se hizo efectiva la primera gran inversión de capital chino en el sector financiero, a manos del Industrial and Commercial Bank of China (ICBC), con un monto de US$ 50 millones. Tanto Pacific Andes International Holdings como el ICBC son empresas públicas pertenecientes al Estado chino.

En 2011, se registró otra inversión de China Fishery Group, esta vez vinculada a las empresas locales Negocios Rafmar SAC y Consorcio Vollmatch SAC. El monto invertido ascendió a US$ 26,2 millones y, así como en los emprendimientos anteriores, se trató de una iniciativa dirigida hacia el sector pesquero.

En enero del año 2012 se registra la segunda inversión en el sector financiero peruano, proveniente de la RPCh. Con una inversión de US$ 34,7 millones inició sus operaciones Bank of China. En la segunda mitad de este año, el grupo Tiens, dedicado a la venta de suplementos alimentarios, invirtió US$ 2 millones en la región de Lima, con la finalidad de ampliar sus operaciones. Bank of China es también de propiedad estatal.

El año siguiente, en 2013, la China Fishery Group volvió a realizar una inversión en el sector pesquero de la mano de la empresa local Copeinca ASA. Esta vez el monto ascendió a US$ 800 millones. China Construction Bank también ingresó al sector financiero peruano este año, con una inversión inicial de US$ 30,9 millones. Por su parte, la Chinalco Mining Corporation International invirtió en el sector de electrónicos US$ 385 millones. En asociación con la empresa pública brasilera Petrobras, la China National Petroleum Corporation invirtió US$ 2600 millones para la extracción de petróleo. De todas estas inversiones, la única que no se origina en una empresa pública china es la de China Fishery Group.

En 2014, esta última compañía invirtió nuevamente en Perú. En esta oportunidad con un monto de US$ 555,8 millones, en vínculo con la empresa local Copeinca. De la misma forma, la China National Petroleum Corporation (CNPC) de propiedad pública realizó durante este año una nueva inversión por el monto de US$ 555,8 millones de US$. Por su parte, la China Minmetals Group, también de propiedad pública, en asociación con la Glencore Xstrata Peru S.A., invirtió en el proyecto minero Las Bambas una cuantiosa inversión de US$ 5.900 millones. En este año, una inversión bastante menor también fue realizada por la empresa Hytera Mobilfunk, por un monto de apenas US$ 3,9 millones en el sector comunicaciones.

Durante los años 2015 y 2016 se registran solamente dos inversiones. La primera realizada por la Nanjinzhao Group, en asociación con la empresa local Jinzhao Mining Perú S.A., por un monto de US$ 2.500 millones, destinados a la extracción de hierro en yacimiento minero "Pampa de Pongo", ubicado en la región de Arequipa. La inversión del año siguiente, se dio por parte de Ingram Micro Inc en el sector de electrónicos por un monto de US$ 6 millones. En ambos casos estamos delante de iniciativas privadas.

En 2017 se registraron tres grandes inversiones de capital. La primera fue realizada por Advent International Corporation en el sector comunicaciones por un monto de US$ 84 millones. La segunda fue realizada por China Three Gorges Corporation en asociación con Odebrecht Latinvest Peru, por un monto de US$ 1.400 millones. También se registra una inversión de capital realizada por la Shougang Corporation en su filial peruana, ubicada en la región de Marcona, por un monto de US$ 150 millones. De estas empresas, solo Advent International Corporation no es de propiedad pública. Además, en septiembre de 2017, el Estado peruano -a través del Ministerio de Transporte y Comunicaciones- estableció un contrato de concesión con la empresa Concesionaria Hidrovía Amazónica S.A -compuesta con participación accionaria igualitaria por la firma china Sinohydro y la peruana CASA Construcción y Administración (que pertenece al grupo H&H), proyecto con un costo estimado de US$ 95 millones[780].

En 2018, la Fosun International Ltd, realizó una inversión de US$ 211 millones en el sector financiero, mediante la empresa local La Positiva Vida Seguros y Reaseguros SA. En este mismo año también se registra una nueva inversión de la Shougang Corporation en sus plantas de Marcona,

[780] Collyns, D. (2019). Hidrovía Amazónica respaldada por China inmersa en información turbia. *Diálogo Chino*. Recuperado de https://dialogochino.net/es/infraestructura-es/30190-hidrovia-amazonica-respaldada-por-china-inmersa-en-informacion-turbia/.

esta vez por un monto de US$ 1.100 millones. Ese mismo año, la empresa CNPC anunció una inversión de US$ 4.400 millones para la exportación de gas en el lote 58 del departamento de Cusco[781].

El año 2019, se registran tres grandes inversiones de capital. La primera por parte de la empresa China Ocean Shipping Company (COSCO), en el sector comunicaciones por un monto de US$ 1.300 millones. La filial peruana de COSCO inició en 2020 la construcción del Megapuerto de Chancay proyectado para convertirse en un *hub* regional que conecte mercaderías sudamericanas con los puertos asiáticos con una inversión estimada en US$ 3.000 millones[782].

Otra inversión fue a manos de la China Three Gorges Corporation, en el sector energía, por un monto de US$ 1.400 millones. Finalmente, la Almunia Corporation of China (CHINALCO), invirtió en sus actividades de extracción de mineral ubicados en la región de Junín, US$ 59 millones. En 2020, la misma empresa realizó una nueva inversión, esta vez por US$ 1,355 millones. Todas estas inversiones fueron realizadas por empresas de propiedad pública.

---

[781] Espinosa, M. L. (2021). Los lazos entre Perú y China se fortalecen a pesar de la crisis política. *Diálogo Chino*. Recuperado de https://dialogochino.net/es/actividades-extractivas-es/49789-los-lazos-comerciales-entre-peru-y-china-se-fortalecen-a-pesar-de-la-crisis-politica/.

[782] Moreno Custodio, L. (2021). Chancay: el megapuerto peruano que sacude un pueblo. *Diálogo Chino*. Recuperado de https://dialogochino.net/es/infraestructura-es/43228-chancay-el-megapuerto-peruano-que-hace-temblar-a-un-pueblo/.

Mapa 1. Ubicación geográfica de las inversiones chinas en Perú por sector económico. Años: 2006-2020.

Ubicación geográfica de las inversiones chinas en Perú por sector económico

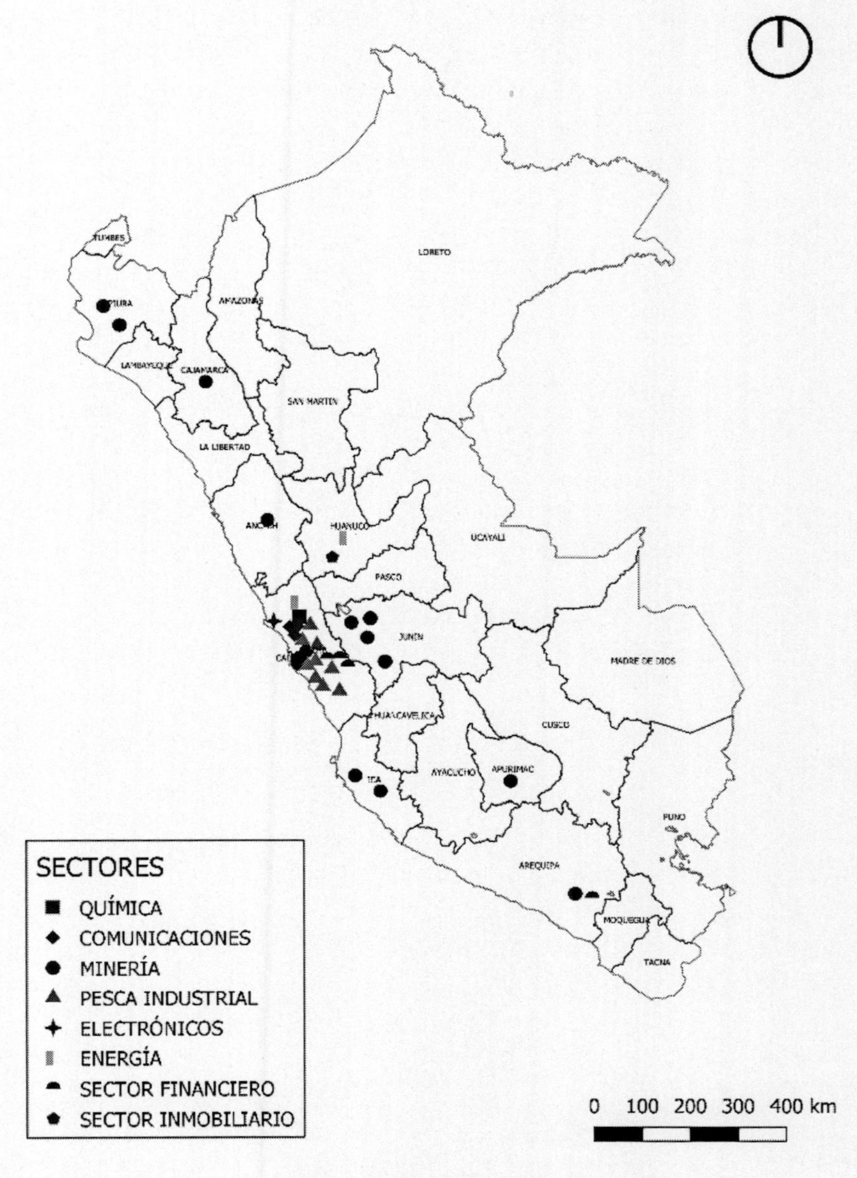

Fuente: Elaboración propia sobre la base de datos de Red ALC-China (2022)

Como puede notarse, en el período 2006-2020, el grueso de las inversiones destinadas a la pesca industrial se concentra en la costa de la región Lima. Los flujos de capital orientados a la extracción de minerales, por su parte, tienden a ubicarse a lo largo de la Cordillera de los Andes, y en la región de la Sierra Central (Mapa 1).

Esta ubicación territorial permite verificar que el capital chino refuerza la contraposición entre la capital del Perú y las regiones del interior del país. Mientras que en la capital verificamos mayor diversidad de actividades de destino, el interior del país se caracteriza por un evidente sesgo extractivista. Si además consideramos que la minería tiene una capacidad de absorción laboral más bien precaria y que la capacidad de apropiación de renta del Estado peruano es bastante reducida, queda claro que la profundización de relaciones entre China y Perú, en las condiciones actuales, no puede hacer más que profundizar la transferencia de valor que deviene de la baja productividad que caracteriza al capitalismo peruano.

Gremios empresariales, partidos políticos y agentes gubernamentales

La profundización de relaciones económicas entre países tiene como un correlato necesario la profundización de relaciones entre operadores foráneos y locales del mundo empresarial y político. En el caso de la formación social peruana, la presencia de capitales chinos tiende a desarrollarse mediante los mecanismos habituales de cooperación intercapitalista (mediante relaciones diplomáticas, *lobbies* empresariales, consolidación de gremios empresariales, etc.).

Por sus características, las relaciones Perú-China, son consustanciales al rol subsidiario de la economía peruana en la división internacional del trabajo y su nivel rezagado en términos de producción y apropiación de valor. Por eso, los vínculos intercapitalistas entre ambas naciones son indisociables de la forma en que reproduce su poder de clase la burguesía peruana en general, y las fracciones capitalistas con participación en la minería, las finanzas y la pesca industrial[783] en particular.

La RPCh confluye con la acción de otras potencias capitalistas que promueven la profundización de las regularidades vigentes de la repro-

[783] "A raíz de la firma del TLC entre China y Perú aproximadamente 56 empresas se han posicionado en diferentes actividades económicas, especialmente en la minería, y están afiliadas a la Asociación de Empresas Chinas en el Perú, que mantiene vínculos y coordina actividades con la Sociedad Central de Beneficencia China y con las Asociaciones de Tusanes en Perú" (Tamagno, C. & Velásquez, N. (2016). Dinámicas de las asociaciones chinas en Perú: hacia una caracterización y tipología. *Migración y Desarrollo, 14*(16), p. 150).

ducción del capital en el Perú. Así, identificamos que las contradicciones con otros países imperialistas, en lo que respecta a la disputa de recursos y mercados son menores o se desarrollan de forma no antagónica[784]. La inserción de la economía peruana la división internacional del trabajo determina que sus relaciones con países desarrollados -más allá de las particularidades de cada caso- tienda a la manutención de la estrategia de desarrollo neoliberal y del patrón de reproducción de capital vigente desde mediados de la década de 1990.

Una aproximación a los vínculos que a nivel empresarial y político se han tejido en torno al afianzamiento de la presencia china en el Perú, corrobora la postura que sostenemos. Como es ampliamente conocido, la primera gran inversión de capital chino en Perú se dio en 1992, con la compra de la minera estatal Hierro Perú SAC[785]. Esta pasó a manos de la Shougang Corporation, una transnacional perteneciente al Estado chino, mediante un proceso de licitación que ha sido objeto de investigaciones por su evidente carácter desventajoso para el Estado peruano.

Una hipótesis levantada por la Comisión de Investigación de Delitos Económicos y Financieros[786], perteneciente al Congreso de la República del Perú, señala a Víctor Joy Way como un posible promotor de la venta subvaluada de la Hierro Perú a la transnacional china. A pesar de que Joy no fue sentenciado por este caso, sí registra una sentencia que compromete a empresarios chinos y al Estado peruano.

En 2005, Joy fue condenado a ocho años de cárcel por recibir sobornos millonarios de la corporación Catic, perteneciente al Estado chino, cuando se desempeñaba en el cargo de ministro de economía, durante la dictadura de Alberto Fujimori. De acuerdo con el informe periodístico que citamos:

> La sentencia, leída ayer en el penal Miguel Castro Castro, establece que Joy Way recibió un donativo (coima) de US$ 1'100.000 [1 millón cien mil dólares] de la corporación estatal china Catic el año 2000, cuando era ministro de Economía, por la venta de tractores al Ministerio de Defensa[787].

[784] A diferencia de lo que ocurre con otros países de la región como Brasil o Venezuela, en el caso peruano no se registran elementos para identificar una confrontación directa con otras potencias capitalistas.

[785] Otra inversión relevante en la década de 1990 fue la realizada por la CNPC, la cual adquirió los lotes petrolíferos VI y VII de Talara (Departamento de Piura) en 1993.

[786] Perú. Congreso de la República. Comisión Investigadora de los Delitos Económicos y Financieros cometidos entre 1990 y 2001 (2002). *Primer Informe de Investigación. Caso: El proceso de privatización de Hierro Perú*. Recuperado de https://www4.congreso.gob.pe/comisiones/2002/cidef/oscuga/informehierro.pdf.

[787] La República (25 de febrero de 2005). Condenan a Joy Way a ocho años de cárcel, pero recuperará 10 millones de dólares. *La República*. Recuperado de https://larepublica.pe/

El escabroso hecho de corrupción se dio en un contexto en el que las relaciones sino-peruanas se encontraban en un estado aun germinal. A partir del 2006 esta situación se modificó. Como señalamos en la sección anterior, se registra un alza sustantiva de las inversiones chinas en territorio peruano. Al mismo tiempo se verificará un incremento sostenido del intercambio comercial que, más allá de oscilaciones, es estable desde inicios del siglo XXI hasta los días actuales y que tiende a agrandarse, aun con la ralentización de la economía china.

La intensificación de estas relaciones permitirá que el favorecimiento a los capitales de origen chino trascienda los mecanismos subrepticios que caracterizan los actos de corrupción. El carácter casi ocasional de los negocios entre ambos países dará lugar a una relación intensa, con montos de capital e intereses superiores en juego y que, por eso mismo, requerirá una participación activa del personal político de ambos Estados nacionales y sus instituciones.

Algunos hechos que dan cuenta de esto son la apertura de gremios dedicados a promover actividades empresariales, la subordinación del marco que regula la actividad económica donde se insertan los capitales de origen chino a los intereses de estos últimos, así como los tratados comerciales que tienden a profundizar la asimetría entre ambas naciones.

El 23 de agosto del 2001 inició sus actividades la Cámara de Comercio Peruano China (CAPECHI). Según información disponible en su sitio web oficial, su función es "incentivar el intercambio comercial entre Perú y China, asistiendo a empresas de ambos países en la promoción de negocios"[788]. Esta institución es la única reconocida por la embajada de la RPCh como oficina binacional en el Perú. Además, cuenta con más de 500 empresas asociadas.

A partir del 1° de marzo de 2010 entró en vigencia el Tratado de Libre Comercio (TLC) entre Perú y China[789], motorizando aún más los intercambios y fortaleciendo tanto el patrón primario exportador peruano como la condición dependiente del país andino. El TLC contribuyó a que en 2011 China desplazara a EE.UU. como principal destino de las exportaciones peruanas; el cobre pasó a tener un papel dominante entre los productos mineros exportados[790].

politica/308780-condenan-a-joy-way-a-ocho-anos-de-carcel-pero-recuperara-10-millones-de-dolares/.

[788] Cámara de Comercio Peruano China (CAPECHI) (2022). Recuperado de https://capechi.org.pe/

[789] Perú. Ministerio de Comercio Exterior y Turismo (2023). *Acuerdos comerciales. TLC Perú-China*. Recuperado de http://www.acuerdoscomerciales.gob.pe/En_Vigencia/China/Sobre_Acuerdo.html.

[790] Espinosa (2021), *op. cit.*

Vale destacar que el camino para la firma del TLC se gestó esencialmente durante el siglo XXI, ya con el gigante asiático en condición de potencia. Tiene como antecedentes algunos hitos importantes como las declaraciones del presidente Alejandro Toledo, quién afirmó la voluntad del Estado peruano en reconocer a China como una economía de mercado, en el marco de la cumbre del Foro de Cooperación Asia-Pacífico (APEC, por sus siglas en inglés) realizada en Chile en 2004[791]. Otro momento significativo fue el acuerdo para el establecimiento de una asociación cooperativa integral entre ambos países durante la visita del Vice-Presidente de China Zeng Qinghong al Perú en 2005. Así mismo, en marzo del 2007 Li Changchun, miembro del Buró Político del Comité Central de PCCh, anunció junto al presidente Alan García el lanzamiento del Estudio Conjunto de Factibilidad para el TLC Perú-China.

Las negociaciones del TLC se dividieron en las siguientes mesas de trabajo: acceso a mercados, reglas de origen, defensa comercial, servicios, inversiones, medidas sanitarias y fitosanitarias, obstáculos técnicos al comercio, solución de controversias, procedimientos aduaneros, asuntos institucionales, propiedad intelectual y cooperación. Las mesas de trabajo realizaron negociaciones a lo largo del 2008, teniendo como resultado que el 19 de noviembre del mismo año, el presidente Hu Jintao anuncie, durante su visita al Perú, la finalización de las negociaciones para el acuerdo comercial; el mismo que será finalmente suscrito por ambas partes 28 de abril del 2009 en Beijing[792].

Como ya mencionamos, el acuerdo entró en vigencia en 2010, facilitando con ello el intercambio comercial entre ambos países. Sin lugar a dudas, los mayores beneficiados con el acuerdo fueron las fracciones del capital que operan en la exportación de productos mineros, dada la centralidad que adquirió el cobre en años posteriores, así como la minería en general y la exportación de productos derivados de la pesca industrial. La desgravación arancelaria facilitó el comercio[793] de mercancías demandadas por el proceso de acumulación de capital en el gigante asiático.

---

[791] La Nación (20 de noviembre de 2004). Perú anuncia que reconocerá a China como "Economía de mercado". *La Nación.* Recuperado de https://www.nacion.com/economia/peru-anuncia-que-reconocera-a-china-como-economia-de-mercado/WVX5MCYKEVFHZN PQHNGEB3YWXI/story/.

[792] Chan, J. (2019). Los nueve años del TLC Perú-China. Su negociación y sus resultados. *Agenda Internacional, 26*(37), 89-117. Recuperado de https://doi.org/10.18800/agenda.201901.003.

[793] "A partir del 1 de enero de 2019, fecha de la décima rebaja tarifaria, el 93,6% de las líneas arancelarias de la China (7.259) están totalmente desgravadas para exportaciones originarias del Perú. Asimismo, China otorgó

La firma del TLC contribuyó a la profundización negocios y relaciones entre los capitalistas locales y extranjeros. Una muestra de esto es la formación de la Asociación de Empresas Chinas en Perú (AECP). Según su sitio web oficial, el gremio empresarial se autodefine como "una organización sin ánimo de lucro fundada en el agosto de 2011 por 43 empresas chinas en el Perú"[794]. Su propósito es: "el fortalecimiento de comunicación y vínculo del círculo comercial con el gobierno peruano, así como la profundización de cooperaciones e intercambios entre miembros asociados"[795].

En la actualidad cuenta con más de 80 miembros asociados que operan en los principales rubros económicos del interés chino en Perú, a saber; minería, finanzas, pesquería y comercio. Esta institución cuenta, además, con el amparo de la Oficina del Consejero Económico y Comercial de la Embajada China. Entre las empresas que conformaron su consejo directivo encontramos a ICBC Perú Bank S.A., Shougang Hierro Perú S.A.A., CNPC Perú S.A.C., Wanxin Group, Minera Las Bambas S.A., Minera Chinalco Perú S.A., CCCC Del Perú S.A.C., Bank of China (Perú) S.A., Huawei del Perú, Rio Blanco Copper, China International Water and Electric Corp, China Railway Tunnel Group co., Minera Shouxin Perú, China Gezhouba Group Company.

En paralelo al desarrollo de actividades en el ámbito empresarial, también se ha hecho evidente la estrecha relación entre representantes del Estado chino y partidos políticos peruanos o sus representantes. En consonancia con el pragmatismo que caracteriza su actuación en la escena internacional, representantes del PCCh no han tenido problemas en reunirse con relativa frecuencia con miembros y dirigentes del Partido Comunista Peruano – Unidad (PCP-UNIDAD) y el Partido Comunista del Perú – Patria Roja (PC del P – PR). Al mismo tiempo, existe evidencia de que mantiene muy buenas relaciones con el Partido Aprista Peruano (PAP), de orientación abiertamente neoliberal[796].

---

a los productos originarios del Perú la desgravación arancelaria total de manera inmediata o hasta un plazo máximo de 17 años (hasta el 1 de enero de 2027) al 94,5% (7336) de sus líneas arancelarias" (Chan (2019), *op. cit.*).

[794] Asociación de Empresas Chinas en Perú (2022). https://asociacionchina.net/.

[795] *Id.*

[796] En la página oficial del PC del P – PR puede encontrarse el registro fotográfico de reuniones entre representantes del PCCh y los militantes de la organización peruana entre los años 2016 y 2022. Ver: Recuperado de https://www.facebook.com/pcdelp.patriaroja/photos. En 2020 la página oficial de Facebook del PAP publicó una carta del Departamento Internacional del Comité Central del PCCh (IDCPC) que agradece sus muestras de solidaridad durante la emergencia sanitaria. Ver: https://www.facebook.com/PartidoApristaPeruanoAPRA/posts/pfbid02B5 o7CrFy922j7J 4mn3Cdsh7Kpge2 W6avZ9Cpb8ECxMNLpECq p4RpR87aJk PUXQcal. Así mismo, el PAP recibió una donación de US$ 100 mil por parte del PCCh en un acto público el 19 de febrero de

En septiembre de 2016, el presidente peruano Pedro Pablo Kuczynski visitó China, teniendo como objetivo el fortalecimiento de los intercambios económicos y las inversiones del gigante asiático fundamentalmente en las áreas de infraestructura, energía e industrialización de la minería[797]. Vale destacar que este fue el primer viaje al exterior que realizó Kuczynski como presidente. El conocido lobista no dudó en destacar los logros del país asiático:

> Lo que más les ha gustado a las autoridades chinas es que el primer viaje al exterior del presidente del Perú se haya hecho aquí. Por eso estamos aquí, en admiración con lo que ha logrado China en los últimos 40 años. Saliendo de una pobreza aguda a una sociedad progresista, de clase media, con mucha inversión en infraestructura, inmensas ciudades, inmensa agricultura. Realmente ha valida la pena estar aquí, desde todo punto de vista[798].

En noviembre del mismo año, el presidente Xi Jinping realizó una visita de Estado a Perú aprovechando el marco de la XX° Reunión anual del Foro de Cooperación Asia-Pacífico (APEC, por sus siglas en inglés). En ese evento Xi dio un discurso en el Congreso peruano donde, al igual que lo hizo en su visita a Brasil en 2014, utilizó la idea fuerza de "Comunidad de futuro compartido China-América Latina y Caribe"[799], concepto que refiere a un eslogan de la política exterior china -comunidad de futuro compartido para la humanidad- que sigue las ideas de "comunidad de destino" de los planteos en el libro blanco "El desarrollo pacífico de China"[800] y de los planteamientos del XVIII° Congreso Nacional del Partido Comunista de China (PCCh) de 2012[801].

2008. Ver: Andina (19 de febrero de 2008). Partido Comunista chino realizo importante donación al partido aprista. *Andina. Agencia Peruana de Noticias.* Recuperado de https://andina.pe/agencia/noticia-partido-comunista-chino-realizo-importante-donacion-al-partido-aprista-161942.aspx.

[797] Perú. Presidencia (17 de septiembre de 2016). *Presidente Kuczynski: visita de Estado a China ha sido una "Misión Exitosa".* Recuperado de https://www.gob.pe/institucion/presidencia/noticias/9466-presidente-kuczynski-visita-de-estado-a-china-ha-sido-una-mision-exitosa.

[798] RPP (17 de septiembre de 2016). PPK sobre su visita a China: "Ha sido una misión exitosa". Recuperado de https://rpp.pe/politica/gobierno/ppk-sobre-su-visita-a-china-ha-sido-una-mision-exitosa-noticia-995531?ref=rpp.

[799] Yan, S. (2022). Foro Sobre Relaciones Entre China y América Latina en el Contexto de la Comunidad de Futuro Compartido para la Humanidad. *Interacción Sino-Iberoamericana / Sino-Iberoamerican Interaction, 2*(2), 173-180.

[800] China. The State Council (2011). China's Peaceful Development. Recuperado de http://english.www.gov.cn/archive/white_paper/2014/09/09/content_281474986284646.htm.

[801] Ding, J. & Cheng, H. (2017). China's Proposition to Build a Community of Shared Future for Mankind and the Middle East Governance. Asian Journal of Middle Eastern and Islamic Studies, 11(4), 1-14.

Además de esto, el presidente chino mantuvo una reunión con su homólogo peruano, donde el tema central de discusión habría sido "el ofrecimiento chino para financiar en Sudamérica un tren que una el Atlántico y el Pacífico, uniendo a Brasil, Bolivia y Perú juntos"[802]. En esta reunión fueron firmados 18 acuerdos, entre los que se destacan el Memorando de entendimiento para la optimización del libre comercio entre el Ministerio de Comercio de China y el Ministerio de Comercio Exterior y Turismo del Perú; el Memorando de entendimiento sobre el fortalecimiento de la inversión en el sector minero y el Convenio marco sobre cooperación en el ámbito de hidrocarburos entre el Ministerio de Energía y Minas del Perú y la CNPC.[803]

En abril de 2019, Edgar Vásquez -ministro de Comercio Exterior y Turismo de Perú- asistió al Foro de la Franja y la Ruta que desarrolló en Beijing. En ese marco, Perú y China firmaron un Memorando de Entendimiento en el Marco de la Iniciativa de la Franja y la Ruta[804]. La participación del Perú en este acuerdo se explica no solo por la importancia que tiene la exportación de productos minerales a China, sino también por su ubicación geográfica. De esta manera, el Perú estaría en condiciones de convertirse en un "*hub* del comercio internacional entre los dos lados de la cuenca del Pacífico y, en particular, entre China y América del Sur"[805].

A pesar del optimismo con el que algunos académicos ven estas iniciativas, no existen elementos para esperar un cambio cualitativo de las relaciones económicas entre países como China y el Perú. La Iniciativa de la Franja y la Ruta debe ser comprendida como la proyección de los intereses económicos de la RPCh en el mundo, en el contexto de una creciente disputa por mercados y espacios de influencia con el imperialismo norteamericano. La participación del Estado peruano dirigido por la burguesía, en las iniciativas de la potencia asiática, contribuye a la reproducción de esta

---

[802] Gestión (21 de noviembre de 2016). PPK y Xi Jinping suscriben acuerdos para mejoras comerciales y fortalecer el TLC entre el Perú y China. Recuperado de https://gestion.pe/economia/ppk-xi-jinping-suscriben-acuerdos-mejoras-comerciales-fortalecer-tlc-peru-china-121336-noticia/?ref=gesr.

[803] Andina (21 de noviembre de 2016). Conoce todos los acuerdos suscriptos entre Perú y China. *Andina. Agencia Peruana de Noticias*. Recuperado de https://andina.pe/agencia/noticia-conoce-todos-los-acuerdos-suscritos-entre-peru-y-china-641367.aspx.

[804] Perú. Ministerio de Comercio Exterior y Turismo (25 de abril de 2019). *Perú participa activamente en la Franja y la Ruta de China*. Recuperado de https://www.gob.pe/institucion/mincetur/noticias/27795-ministro-vasquez-peru-participa-activamente-en-la-franja-y-la-ruta-de-china.

[805] Santa Gadea, R. (25 de septiembre de 2019). La iniciativa china de la Franja y la Ruta y el Perú, 2019. *El Peruano, 70° Aniversario de la Fundación de la República Popular China (1949-2019)*. Suplemento Especial, p. 14. Recuperado de https://www.up.edu.pe/documents/La-Iniciativa-China-de-la-Franja-y-la-Ruta-y-el-Peru-70-Aniversario.pdf.

y por tanto a la manutención de las condiciones de acumulación vigentes en el mundo y en el Perú. Esto implica necesariamente contribuir a la reproducción ampliada del capital dedicado a la exportación de materias primas y, por tanto, a la manutención de la condición subsidiaria que tiene la economía peruana en la división internacional del trabajo.

Síntesis y conclusiones

La RPCh al convertirse en uno de los principales centros de acumulación de capital a nivel mundial fue paulatinamente profundizando sus relaciones económicas y diplomáticas con países altamente competitivos en la producción de materias primas y productos alimentarios. Es en este contexto que la potencia asiática ahondó sus vínculos empresariales y políticos en América Latina, teniendo al Perú como uno de sus principales socios a nivel regional.

En esta investigación revelamos la imbricación entre las relaciones que subyacen al rápido incremento de la presencia de los capitales chinos en el país andino en lo que va del siglo XXI y su articulación con fracciones de la burguesía peruana y sus respectivos representantes políticos y empresariales. Este proceso expresa la profundización de la estrategia de desarrollo neoliberal y del patrón de reproducción de capital vigente, en tanto la firma de acuerdos comerciales se realiza en claro favorecimiento de las fracciones del capital dedicadas a la exportación de productos primarios. En ese sentido, consideramos que existen suficientes elementos para descartar los planteamientos que señalan que una eventual asociación con China permitiría mejores condiciones para el "desarrollo" de países como el Perú.

El intercambio comercial bilateral entre ambos países superó los US$ 32.500 millones en 2021, posicionándose de forma indiscutida como primer socio comercial desde, por lo menos, una década. A pesar de que Perú respecto a China cuenta con un saldo comercial favorable desde 2016, el carácter nítidamente desventajoso para la economía peruana se verifica en tanto nada indica que se pueda alterar la tendencia predominante a un comercio basado en la exportación de materias primas. Un trazo que se replica en la lógica que subyace a la inversión de capitales chinos en territorio peruano. Estos además de profundizar la estructura productiva primario-exportadora, acrecientan sus ganancias en función de ventajas tributarias y los bajos costos de la fuerza de trabajo que son garantizados por el Estado peruano.

El análisis de las relaciones económicas y políticas entre Perú y China permite una aproximación a algunas características de la especificidad del desarrollo capitalista en el Perú. Por su lugar en la división internacional del trabajo, la burguesía peruana tiene un margen limitado de acción, que determina la forma subordinada en la que participará de la competencia mundial capitalista. Incapaz de desarrollar las fuerzas productivas, sólo le resta nada más que reproducirse en ramas de la producción requeridas, fundamentalmente, por el mercado mundial o facilitando la penetración del capital extranjero en territorio local y asociándose a este de forma recurrente.

Estas tendencias tienen como correlato una acción estatal que se presenta en plena correspondencia a los intereses de las grandes potencias capitalistas. Tal hecho, no obstante, está arraigado en la dinámica general de la acumulación de capital que recrea constantemente y a escala ampliada asimetrías nacionales. La impotencia de la burguesía peruana en desarrollar las fuerzas productivas y su asociación subordinada a los capitales de las grandes potencias, no es el resultado de una anomalía exterior al capitalismo, sino la forma específica que toma el desarrollo capitalista en las condiciones históricas peruanas. Como se verifica en la recurrente firma de acuerdos comerciales desventajosos, el Estado peruano se muestra incompetente para desarrollar una estrategia de desarrollo capaz de alterar la condición subsidiaria en el mercado mundial y su especificidad como exportador de productos primarios.

Un cambio radical en la estructura productiva peruana implicaría necesariamente un cuestionamiento a la propiedad y los intereses de los capitalistas locales y extranjeros que operan en las principales ramas productivas del país sudamericano; es decir, en la minería, la agricultura de exportación, la pesca industrial y el sector financiero. En el mismo sentido, las controversias en torno a de las condiciones de miseria que caracterizan a la sociedad peruana son indisociables de las luchas sociales y políticas contra la dominación capital-imperialista. Su resolución involucra trascender la apropiación privada de la riqueza producida por los trabajadores, dado el antagonismo de intereses de clase de tales transformaciones.

No obstante, por las correlaciones de fuerza que impone el capital en general, el horizonte que supone que -por medio de la lucha de clases- se expropie a las minorías explotadoras no está presente como una posibilidad palpable en el corto plazo. Aunque de forma similar, las medidas reformistas

-tributarias, arancelarias. laborales, etc.- que paliarían los efectos del lugar rezagado de la formación social peruana involucrarían contradecir el tipo de relación entre China y Perú, generando reacciones negativas por parte de la potencia asiática y las fracciones de clases dominantes locales asociadas.

Referencias

Andina (19 de febrero de 2008). Partido Comunista chino realizo importante donación al partido aprista. *Andina. Agencia Peruana de Noticias.* Recuperado de https://andina.pe/agencia/noticia-partido-comunista-chino-realizo-importante-donacion-al-partido-aprista-161942.aspx.

Andina (21 de noviembre de 2016). Conoce todos los acuerdos suscriptos entre Perú y China. *Andina. Agencia Peruana de Noticias.* Recuperado de https://andina.pe/agencia/noticia-conoce-todos-los-acuerdos-suscritos-entre-peru-y-china-641367.aspx.

Araujo, A. L. (2021). *Condiciones laborales en la agroindustria costeña. El caso de los trabajadores de la provincia de Virú: una mirada crítica.* CEPES.

Arruda Sampaio, P. (2007). Globalização e reverão neocolonial: o impasse brasileiro. En G. Hoyos Vásquez (Coord.), *Filosofía y teorías políticas entre la crítica y la utopía* (pp. 143-155). CLACSO.

Asociación de Empresas Chinas en Perú (2022). Recuperado de https://asociacionchina.net/.

Bértola, L. & Ocampo, J. (2012). *El desarrollo económico de América Latina desde la Independencia.* FCE.

Bruckmann, M. (2014). La unidad latinoamericana como proyecto histórico. *América Latina en Movimiento*, (500). Recuperado de https://www.alainet.org/es/articulo/166413

Cámara de Comercio Peruano China (CAPECHI) (2022). Recuperado de https://capechi.org.pe/.

Carcanholo, M. (2019). Neoliberalismo y dependencia contemporánea: alternativas de desarrollo en América Latina. En P. Vidal Molina (Coord.), *Neoliberalismo, neodesarrollismo y socialismo bolivariano. Modelos de desarrollo y políticas públicas en América Latina* (pp. 34-50). Ariadna Ediciones.

Chan, J. (2019). Los nueve años del TLC Perú-China. Su negociación y sus resultados. *Agenda Internacional, 26*(37), 89-117. Recuperado de https://doi.org/10.18800/agenda.201901.003.

China. The State Council (2011). China's Peaceful Development. Recuperado de http://english.www.gov.cn/archive/white_paper/2014/09/09/content_281474986284646.htm

Collyns, D. (2019). Hidrovía Amazónica respaldada por China inmersa en información turbia. *Diálogo Chino*. Recuperado de https://dialogochino.net/es/infraestructura-es/30190-hidrovia-amazonica-respaldada-por-china-inmersa-en-informacion-turbia/

Comisión de Promoción del Perú para la Exportación y el Turismo, MINCETUR/PROMPERÚ (2023). Recuperado de https://exportemos.pe/promperu-stat

Ding, J. & Cheng, H. (2017). China's Proposition to Build a Community of Shared Future for Mankind and the Middle East Governance. Asian Journal of Middle Eastern and Islamic Studies, 11(4), 1-14.

Espinosa, M. L. (2021). Los lazos entre Perú y China se fortalecen a pesar de la crisis política. *Diálogo Chino*. Recuperado de https://dialogochino.net/es/actividades-extractivas-es/49789-los-lazos-comerciales-entre-peru-y-china-se-fortalecen-a-pesar-de-la-crisis-politica/.

Frank, A.G. (2005 [1966]). El desarrollo del subdesarrollo. El nuevo rostro del capitalismo. *Montlhy Review* (Selecciones en Castellano), (4), 144-157.

Gestión (21 de noviembre de 2016). PPK y Xi Jinping suscriben acuerdos para mejoras comerciales y fortalecer el TLC entre el Perú y China. Recuperado de https://gestion.pe/economia/ppk-xi-jinping-suscriben-acuerdos-mejoras-comerciales-fortalecer-tlc-peru-china-121336-noticia/?ref=gesr.

ITC (2023). *Trade Map*. Recuperado de https://www.trademap.org/.

Katz, C. (2021). China: tan distante del imperialismo como del sur global. Recuperado de https://katz.lahaine.org/china-tan-distante-de-imperialismo-como/.

La Nación (20 de noviembre de 2004). Perú anuncia que reconocerá a China como "Economía de mercado". *La Nación.* Recuperado de https://www.nacion.com/economia/peru-anuncia-que-reconocera-a-china-como-economia-de-mercado/WVX5MCYKEVFHZNPQHNGEB3YWXI/story/.

La República (25 de febrero de 2005). Condenan a Joy Way a ocho años de cárcel, pero recuperará 10 millones de dólares. *La República*. Recuperado de https://larepublica.pe/politica/308780-condenan-a-joy-way-a-ocho-anos-de-carcel-pero-recuperara-10-millones-de-dolares/.

Laufer, R. (2008). China y las clases dirigentes de América Latina: gestación y bases de una 'relación especial'. *Revista Mexicana de Política Exterior*, (83), 137-182.

Laufer, R. (2020). China: de la teoría de los tres mundos a la transición hegemónica. *Ciclos*, (5), 87-125.

Majerowicz, E.G. (2016). *The Globalization of China's Industrial Reserve Army: its formation and impacts on wages in advanced countries*. UFRJ (Tesis de Doctorado en Economía Política Internacional)

Marini, R.M. (1981 [1973]). *Dialéctica de la dependencia*. Era.

Mejía, M. C. (1996). *El tercer mundo: sociedad, economía, política y cultura. Una bibliografía temática*. UNAM.

Moreno Custodio, L. (2021). Chancay: el megapuerto peruano que sacude un pueblo. *Diálogo Chino*. Recuperado de https://dialogochino.net/es/infraestructura-es/43228-chancay-el-megapuerto-peruano-que-hace-temblar-a-un-pueblo/.

Osorio, J. (2012). El nuevo patrón exportador de especialización productiva. *Revista da Sociedade Brasileira de Economia Política*, (31), 31-64.

Partido Aprista Peruano (Facebook) (2020). Recuperado de https://www.facebook.com/ PartidoAprista Peruano APRA/posts/pfbid02 B5o7 CrFy92 2j7J4mn 3Cdsh 7Kpg e2 W6avZ9 Cpb8EC xMNLpEC qp4RpR 87aJkP UXQcal.

PC del PR (Facebook) (s.f.). Recuperado de https://www.facebook.com/pcdelp.patriaroja/photos.

Perú. Presidencia (17 de septiembre de 2016). *Presidente Kuczynski: visita de Estado a China ha sido una "Misión Exitosa"*. Recuperado de https://www.gob.pe/institucion/presidencia/noticias/9466-presidente-kuczynski-visita-de-estado-a-china-ha-sido-una-mision-exitosa.

Perú. Banco Central de Reserva del Perú (2023). Recuperado de https://www.bcrp.gob.pe/.

Perú. Congreso de la República. Comisión Investigadora de los Delitos Económicos y Financieros cometidos entre 1990 y 2001 (2002). *Primer Informe de Investigación.*

Caso: El proceso de privatización de Hierro Perú. Recuperado de https://www4.congreso.gob.pe/comisiones/2002/cidef/oscuga/informehierro.pdf

Perú. Ministerio de Comercio Exterior y Turismo (2023). *Acuerdos comerciales. TLC Perú-China*. Recuperado de http://www.acuerdoscomerciales.gob.pe/En_Vigencia/China/Sobre_Acuerdo.html.

Perú. Ministerio de Comercio Exterior y Turismo (25 de abril de 2019). *Perú participa activamente en la Franja y la Ruta de China*. Recuperado de https://www.gob.pe/institucion/mincetur/noticias/27795-ministro-vasquez-peru-participa-activamente-en-la-franja-y-la-ruta-de-china.

Proinversión, Agencia de Promoción de la Inversión Privada (2022). Recuperado de https://www.proinversion.gob.pe/modulos/jer/PlantillaPopUp. aspx? ARE= 0&PFL= 0&JER= 5975.

Red ALC-China (2022). *Monitor de la OFDI china en América Latina y el Caribe*. Recuperado de https://www.redalc-china.org/monitor/.

Romero Wimer, F. & Sarapura Rivas, S. (2021). El extractivismo chino en América Latina: una aproximación a partir del caso Shougang Hierro Perú. *Antagónica. Revista de investigación y crítica social, 2*(4), 117-148.

RPP (17 de septiembre de 2016). PPK sobre su visita a China: "Ha sido una misión exitosa". Recuperado de https://rpp.pe/politica/gobierno/ppk-sobre-su-visita-a-china-ha-sido-una-mision-exitosa-noticia-995531?ref=rpp.

Santa Gadea, R. (25 de septiembre de 2019). La iniciativa china de la Franja y la Ruta y el Perú, 2019. *El Peruano, 70° Aniversario de la Fundación de la República Popular China (1949-2019)*. Suplemento Especial, p. 14. Recuperado de https://www.up.edu.pe/ documents/La- Iniciativa- China-de-la- Franja-y- la-Ruta-y-el-Peru-70-Aniversario.pdf.

Tamagno, C. & Velásquez, N. (2016). Dinámicas de las asociaciones chinas en Perú: hacia una caracterización y tipología. *Migración y Desarrollo, 14*(16), 145-166.

Yan, S. (2022). Foro Sobre Relaciones Entre China y América Latina en el Contexto de la Comunidad de Futuro Compartido para la Humanidad. *Interacción Sino-Iberoamericana / Sino-Iberoamerican Interaction, 2*(2), 173-180.

12

POR LAS RUTAS CANALERAS: RELACIONES ECONÓMICAS DE CHINA CON NICARAGUA Y PANAMÁ

Paula Fernández Hellmund
Fernando Romero Wimer

Introducción

Las primeras décadas del siglo XXI han visto erigirse a la República Popular China (RPCh) como gran potencia y una de las principales economías a nivel global. El peso de la economía china es enorme, ubicándose como segunda potencia económica, liderando el *ranking* de las naciones industriales y registrándose como uno de los principales exportadores de capitales del planeta. A esto se suma que su poderío financiero se ha convertido en una referencia considerable para América Latina y el Caribe.

Estas condiciones derivaron en un incremento de las relaciones diplomáticas de China, que en los últimos años consiguió desplazar a la República de China (Taiwán) en diferentes países de la región debido a la política de "una sola China". Sólo si consideramos a partir del inicio del siglo XXI, la potencia asiática estableció relaciones diplomáticas con los siguientes países latinoamericanos y caribeños: Dominica (2004), Granada (2005), Costa Rica (2007), Panamá (2017), El Salvador (2018), República Dominicana (2018), Nicaragua (2021) y Honduras (2023). Este proceso derivó en que, en la actualidad, sólo 12 naciones reconocen diplomáticamente a Taiwán, de las cuales siete se encuentran en América Latina y Caribe.

El incremento acelerado de inversiones de capitales chinos a nivel global también se manifestó en Panamá y Nicaragua, abonando los vínculos económicos entre los mencionados países centroamericanos y el gigante asiático.

Sobre la base de lo señalado, en el presente capítulo nos proponemos describir los antecedentes históricos de las relaciones China-Nicaragua y China-Panamá; analizar la penetración del capital chino en Panamá y Nicaragua; y examinar los intercambios comerciales de Nicaragua y Panamá con la potencia asiática.[806]

Las relaciones de China con América Central

Las relaciones entre China y América Central se remontan, por lo menos, al siglo XIX a través de los procesos migratorios y el arribo de trabajadores chinos a la región. No obstante, en términos de relaciones diplomáticas, las mismas remiten a comienzos del siglo XX y el establecimiento de vínculos entre el entonces Imperio Chino (Dinastía Qing) y algunos países centroamericanos.

Desde entonces, los lazos entre el país asiático y las naciones del istmo fueron cambiando y sufriendo interrupciones conforme el desarrollo de los acontecimientos en China y la posterior conformación de la RPCh y la República de China (Taiwán). De este modo, "los gobiernos de la región, aliados de los Estados Unidos, siguieron el enfoque de Washington de mantener relaciones con el régimen de Chiang Kai Shek, que se estableció en Taiwán e ignorar la República Popular China"[807].

Si bien en 1971, la Organización de Naciones Unidas (ONU) y luego la mayoría de los Estados pasaron a reconocer a la RPCh, los países centroamericanos, con excepción de Nicaragua durante la Revolución Sandinista (1979-1990), siguieron considerando a Taiwán -en los hechos una provincia china sustraída al resto del país con apoyo militar estadounidense- como el legítimo gobierno de China. Esta situación se mantuvo durante varios años debido al importante apoyo económico y financiero del Estado insular asiático para con los países del istmo[808], incluyendo el otorgamiento de donaciones y algunas colaboraciones poco transparentes como la "entrega de recursos financieros para campañas políticas o para el uso discrecional de presidentes y jefes de Estado"[809]. Al respecto, Aleksander Aguilar destaca que la cooperación de Taiwán se ejecutaba bajo condiciones muy favorables:

---

[806] Los datos sobre los préstamos de la República Popular China hacia Nicaragua y Panamá han sido analizados en forma mínima en función de, hasta el momento, estar ausentes en los acervos consultados. Ver: The Dialogue (2023). *China -Latin America Finance Databases*. Recuperado de https://www.thedialogue.org/map_list/.

[807] Aguilar, A. (2014). América Central entre dos Chinas: De la historia al pragmatismo. En W. Soto Acosta, (Ed.), *Política Internacional e Integración Regional Comparada en América Latina* (pp. 257-267). FLACSO. p. 259

[808] *Id.*

[809] Gabriel Aguilera Peralta, exministro de Relaciones Exteriores de Guatemala, en Aguilar (2014), *op. cit.*, p. 262; Colin, R. A. (2014). *China and Taiwan in Central America: engaging foreign publics in diplomacy*. New York,

> Sus categorías son la financiera no reembolsable, la reembolsable y la técnica. La financiera atiende la demanda de los Estados, generalmente para infraestructura y desarrollo, además de construcción de emergencias oriundas de desastres naturales. La cooperación técnica consiste en el envío de especialistas en proyectos de desarrollo, entre los cuales se destacan los proyectos agrícolas, un tema en lo cual Taiwán posee reconocida experiencia.[810]

Pese a ello, a comienzos del siglo XXI, y frente al crecimiento y ascenso de China como potencia mundial, la región pasó a ser un área de interés para el gigante asiático por dos cuestiones centrales: la posición geoestratégica y la cuestión de Taiwán. Sobre el primer punto es importante destacar que la región se destaca por su proximidad con América del Norte, y Estados Unidos (EE.UU.) específicamente, lo que ha promovido el intercambio comercial -en los últimos años facilitado por Tratados de Libre Comercio (TLC)- entre las economías centroamericanas y ese mercado[811]. Además, la cercanía del istmo con EE.UU. también es relevante en términos militares en caso de potenciales conflictos. De igual modo, no podemos desconsiderar, dentro de la importancia geopolítica de la región, la cuestión del tránsito interoceánico entre el Atlántico y el Pacífico y la presencia de una rica biodiversidad y de recursos naturales que están en relación con los intereses de China en el corto, mediano y largo plazo[812]. Estos intereses "responden a factores internos y externos, entre los que destaca la política del Gobierno

---

Palgrave Macmillan.

[810] Aguilar (2014), *op. cit.*, p. 261.

[811] En 2006, entró en vigor el *Central American Free Trade Agreement* (CAFTA) entre EE.UU., El Salvador, Honduras, Guatemala y Costa Rica. En 2007, se incorporó República Dominicana, pasando a denominarse *Dominican Republic* (DR)-CAFTA o Tratado de Libre Comercio (TLC) entre República Dominicana, Centroamérica y los Estados Unidos de América. Este TLC consolidó las condiciones tributarias abiertas por la Iniciativa de la Cuenca del Caribe (ICC) en la década de 1980. Ver: Ghiotto, L. (2021). Tratados de comercio e inversión en América Latina: un balance necesario a 25 años. En A. Guamán *et al.* (Org.), *Lex Mercatoria, Derechos Humanos y Democracia: Un Estudio Del Neoliberalismo Autoritario y Las Resistencias en América Latina* (pp. 45-62). CLACSO; Vásquez, R. O. P. (2022). Impacto del DR-CAFTA sobre los flujos de inversión extranjera directa hacia Centroamérica y la República Dominicana. *Ciencia, Economía y Negocios, 6*(1), 85-130. Además, en 2012, entró en vigencia el TLC Panamá-Estados Unidos. Ver: Embajada de Estados Unidos en Panamá (30 de mayo de 2019). *Tratado de Promoción Comercial EE.UU.-Panamá*. Recuperado de https://pa.usembassy.gov/es/u-s- panama-tpa-es /#:~:text= Fue%20 aprobado%20 por%20Panam%C3% A1%20el,los% 20servicios%20 financieros%20y%20 otros.

[812] Romero Wimer, F. & Fernández Hellmund, P. (2016). Las relaciones argentino-chinas: historia, actualidad y prospectiva. Revista Andina de Estudios Políticos, VI(2), 60-91. DOI: https://doi.org/10.35004/raep. v6i2.118; Fernández, P. & Romero Wimer, F. (2018). El proyecto del canal interoceánico en Nicaragua y la incidencia de capitales chinos en América Central. *Conjuntura Austral, 9*(46), 83-99. Recuperado de https://doi.org/ 10.22456/2178-8839.82287); Evan Ellis, R. (2009). *China in Latin America. The whats & wherefores*. Lynne Ryenner.

de China favorable a la expansión internacional de sus empresas"[813] y sus pretensiones de acceso a recursos vitales para su condición de gran potencia. Tampoco podemos menospreciar a los actores locales que forman parte también de la dinámica capitalista mundial: las clases dominantes centroamericanas que observaron el ascenso de China y adoptaron posiciones pragmáticas de asociación.

De esta manera, los vínculos entre Taiwán y los países del istmo comenzaron a resquebrajarse y, paralelamente, con un efecto dominó, las naciones de América Central fueron reconociendo a China y estableciendo relaciones diplomáticas con este país.

El primer país en romper vínculos con Taiwán y establecer relaciones con China fue Costa Rica, en 2007, durante el segundo gobierno de Oscar Arias (2006-2010). Este acontecimiento hacía prever que progresivamente eso iría ocurriendo con los otros países del istmo centroamericano. Sin embargo, el regreso del *Kuomintang*[814] al frente del gobierno taiwanés de la mano de Ma Ying-jeou (2008-2016) abrió una política de acercamiento entre Beijing y Taipéi.

Algunos años después, en 2017, ya durante la presidencia de Tsai Ingwen (2016-actual) al frente de Taiwán, Panamá siguió el mismo camino. Un año más tarde, lo hizo El Salvador, durante el gobierno de Salvador Sánchez Cerén (2014-2018) del Frente Farabundo Martí para la Liberación Nacional (FMLN).

Tras la aproximación de China y El Salvador durante el gobierno del FMLN se esperaba que Nicaragua, bajo la dirección de Daniel Ortega (2007-actual) hiciera lo mismo. No obstante, el establecimiento de lazos diplomáticos con China se demoró un poco más y recién en 2021 Nicaragua rompió relaciones con Taiwán y estableció vínculos diplomáticos con el gigante asiático.

En marzo de 2023, el triunfo de Xiomara Castro como presidenta de Honduras (2022-actual) por el partido Libertad y Refundación (LIBRE) llevó a este país a seguir el mismo camino que sus vecinos. [815]

---

[813] Comisión Económica para América Latina (CEPAL) (2010). *La inversión extranjera directa en América Latina y Caribe*. CEPAL, p. 17.

[814] Sun Yat-sen y Song Jiaoren fundaron el Partido Nacionalista Chino (*Zhōngguó Guómíndǎng*/中国国民党), más conocido en Occidente como *Kuomintang*.

[815] DW (26 de marzo de 2023). China y Honduras establecen relaciones diplomáticas. *DW*. Recuperado de https://www.dw.com/es/china-y-honduras-establecen-relaciones-diplom%C3%A1 ticas/a-65124206

Relaciones China-Panamá. El devenir histórico de las relaciones diplomáticas

Las relaciones diplomáticas entre Panamá y el imperio chino (Dinastía Qing) se establecieron en 1910, siendo el primer país de Centroamérica en estrechar lazos formales[816]. Sin embargo, la dinastía Qing no se prolongó mucho más durante el siglo XX, ya que comenzó un proceso revolucionario liderado por Sun Yat-Sen y el *Kuomintang* que dio origen a la República de China en 1912. De este modo, las relaciones diplomáticas entre Panamá y el gobierno republicano de China comenzaron en 1922, diez años después de la conformación de la República de China.

A partir de 1927, los nacionalistas chinos se enfrentaron con el Partido Comunista de China (PCCh), liderado por Mao Zedong, iniciando una guerra civil que quedó temporalmente frenada por la invasión japonesa y la Segunda Guerra Mundial (1939-1945).

Tras la derrota de Japón y el fin de la Segunda Guerra, el conflicto entre nacionalistas y comunistas tuvo como desenlace el triunfo de la Revolución en 1949, la instauración de la RPCh ese mismo año y la instalación de un gobierno nacionalista en Taiwán con la denominación de República de China.

Pese a estos acontecimientos históricos, las relaciones diplomáticas entre Panamá y la República de China (a partir de ahora Taiwán), como ya señalamos, se mantuvieron.

A partir de la década 1950, Panamá y Taiwán establecieron embajadas en cada uno los países, pero tras el reconocimiento de la RPCh por parte de las Naciones Unidas en 1971, comenzaron las aproximaciones entre Panamá y China.

Durante esa última década, y en medio del conflicto entre EE.UU. y la Unión de Repúblicas Socialistas Soviéticas (URSS), se produjo un acercamiento entre Panamá y la RPCh, en especial por el apoyo de los asiáticos en la lucha por la recuperación del canal, pero no se avanzó en el establecimiento de relaciones formales entre ambos países.

Pese a ello, tras la muerte de Mao Zedong en 1976, con el ascenso de Deng Xiaoping al liderazgo del PCCh y del Estado de la RPCh y el inicio del proceso de restauración capitalista en el país, comenzaron a realizarse exposiciones comerciales en Panamá y aumentaron los contactos y negocios[817].

---

[816] Chen, P. B. (2018). *Panamá y China - una relación de tres siglos*. MDC, p. 68.

[817] *Ibid.*, p. 57.

Posteriormente, durante la presidencia de Arístides Royo (1978-1982), se buscó establecer relaciones diplomáticas con la RPCh y la URSS, pero esas gestiones no prosperaron por presión estadounidense. Sin embargo, en la década de 1980 las tentativas continuaron y, en 1987, tras varios meses de diálogos y tratativas, la primera delegación de parlamentarios de China viajó a Panamá lo cual dio inicio a ulteriores visitas por representantes de ambas naciones.[818]

A finales de esa década, el embajador chino en Colombia, Wang Yusheng viajó a Panamá, para que el gobierno encabezado por Francisco Rodríguez -presidente provisional entre septiembre y diciembre de 1989- y el general Manuel Antonio Noriega (quien ejercía el liderazgo en los hechos) reconociera a la RPCh, pero la invasión de EE.UU. a Panamá en 1989 frustró esa nueva tentativa.

Durante la década de 1990, las negociaciones para establecer relaciones diplomáticas continuaron, no sin tropiezos. De esta forma, en 1994 el presidente electo Ernesto Pérez Balladares, le dijo al primer ministro chino Li Peng que en cuanto tomara posesión del cargo reconocería a la RPCh[819]. Estas negociaciones empezaron con la firma, en 1995, de un acuerdo sobre el establecimiento recíproco de representaciones comerciales no gubernamentales y continuaron tras el acuerdo de recuperación de Hong Kong a partir del 1 de enero de 1997. Este marco propició un espacio para dar continuidad a las negociaciones entre Panamá y China. Sin embargo, en 1996 el país centroamericano extendió una invitación a Taiwán para participar del Congreso Universal del canal, lo cual trabó nuevamente los diálogos.

En 1997, Panamá, tras la recuperación del control del canal, le concedió a la empresa china Panamá Ports Company (PPC)[820] la operación de los puertos de Balboa y Colón, y entre 1998 y 1999 fueron retomadas las conversaciones para fortalecer las relaciones entre ambas naciones y promover nuevos acuerdos.

En los primeros años del siglo XXI, delegaciones de la Asamblea Legislativa de Panamá y miembros de la Asamblea Popular de China comenzaron a visitar ambos países respectivamente. Además, en el año 2000 se

---

[818] *Ibid.*, p. 60.

[819] *Ibid.*, p. 66.

[820] Esta empresa pertenece a la Hutchinson Ports, una compañía miembro de CK Hutchinson Holdings con sede en Hong Kong. Hutchinson Ports originariamente se especializaba en la construcción de barcos. En la actualidad, la firma posee negocios diversificados que abarcan desde la logística y el transporte marítimo hasta manejos de puertos y sistemas ferroviarios.

estableció la Cámara China-Panamá de Comercio e Industrias y a lo largo de la década continuaron los diálogos para el reconocimiento de la RPCh.

Sin embargo, las relaciones entre China y Taiwán y la aproximación entre ambos países -sustentados en el Consenso de 1992[821]- congelaron temporariamente el reconocimiento diplomático. Por este motivo, en 2009, cuando el presidente Ricardo Martinelli (2009-2014) expresó su intención de reconocer a China, el ministro de Relaciones Exteriores de China, Yang Jeichi, les informó a las autoridades panameñas que "sus países no aceptaban las relaciones diplomáticas para evitar problemas con el acercamiento que se estaba dando con Taiwán" [822].

Entre 2010 y el reconocimiento de China en 2017 continuaron -además de los negocios y las visitas de delegaciones- los diálogos para avanzar en el establecimiento de relaciones diplomáticas entre ambos países; hecho que fue finalmente anunciado el 12 de junio de 2017 por el presidente Juan Carlos Varela (2014-2019). Un día después, se firmó en Beijing el comunicado conjunto por medio del cual ambas naciones establecían relaciones diplomáticas.

Tras el reconocimiento diplomático a la RPCh en 2017, cuando el país centroamericano adhirió al principio de "una sola China", el presidente Varela viajó a Beijing señalando antes de su retorno a Panamá que el país

> ofrece varias ventajas: su posición geográfica, su sistema de servicios logísticos y financieros, el canal de Panamá, y las Zonas Libres para el establecimiento de empresas chinas y que, desde allí, puedan expandirse hacia otros países americanos[823].

[821] El Consenso de 1992 se refiere a una serie de reuniones y negociaciones entre autoridades de la RCPh y Taiwán en la cual ambos países seguirían el "Principio de una sola China". No obstante, China y Taiwán tienen interpretaciones diferentes sobre cómo sería el principio de una sola China y quién tiene legitimidad sobre la soberanía, lo cual pone en duda tal consenso. En los últimos años, la tensiones entre ambos países han ido creciendo y la RCPh ha insistido en la reunificación. Así, a través del *Libro Blanco* de 2022 la potencia asiática ha buscado legitimar su posición argumentando que "Taiwan has belonged to China since ancient times" [Taiwán ha pertenecido a China desde la antigüedad] (The state Council The People's Republic of China/Xinhua (10 de agosto de 2022). China releases white paper on Taiwan question, reunification in new era. Recuperado de https://english.www.gov.cn/archive/whitepaper/202208/10/content_ WS62f34f46c6d02 e533532f0ac.html; The state Council the People's Republic of China (2022). *The Taiwan Question and China's reunification in the New Era.*

[822] Chen (2018), *op. cit.*, p. 76.

[823] CGTN (13 de junio de 2022). Las visitas de Estado entre China y Panamá refuerzan las relaciones bilaterales tras el establecimiento de lazos diplomáticos. *CGTN en español.* Recuperado de https://espanol.cgtn.com/n/2022-06-13/HCbfEA/Las-visitas-de-Estado-entre-China-y-Panama-refuerzan-las-relaciones-bilaterales-tras-el-establecimiento-de-lazos-diplomaticos/index.html.

Por otro lado, su par Xi Jinping realizó una visita oficial al país centroamericano en 2018 donde los presidentes firmaron varios acuerdos conjuntos y "Panamá reafirmó su apoyo a la iniciativa de la Franja y la Ruta".[824]

Los elogios y acuerdos no concluyeron ahí y un conjunto de 47 memorandos y acuerdos fueron firmados en 2017 y 2018. Si bien los acuerdos involucran diferentes dimensiones sociales (como las relaciones exteriores, la supresión de visados, cultura, educación, ciencia y tecnología, prensa, cooperación agrícola, etc.) y sectores económicos (tales como el turismo, transporte, agricultura, etc.) podemos destacar los referentes a la facilitación y promoción de los intercambios comerciales, financieros y de inversiones entre los dos países. De este modo, a partir de una correlación de fuerzas favorable al gigante oriental se acentuaba el papel subordinado de Panamá en relación a la capacidad expansiva de los capitales chinos. Dos empresas públicas panameñas -la Empresa de Transmisión Eléctrica S.A de Panamá (ETESA) y el Banco Nacional de Panamá-emergieron como los principales agentes oficiales de los vínculos económicos con la potencia asiática (Cuadro 1).

Cuadro 1. Principales acuerdos y memorandos entre Panamá y China (2017-2018)

Acuerdo o memorando entre Panamá y China	Fecha	Descripción
Memorando de entendimiento para la promoción del comercio e inversiones	17 de noviembre de 2017	Acuerdo de promoción comercial que formaliza una política de intercambio comercial entre ambos países, facilitando la apertura de las exportaciones panameñas a China.
Acuerdo entre el Ministerio Economía y Finanzas de Panamá (MEF) y el China Development Bank	17 de noviembre de 2017	Panamá y el Banco de Desarrollo de China establecen una plataforma de colaboración en materia económica, comercial y asuntos financieros, que sientan las bases para la financiación de grandes proyectos de infraestructura en Panamá y el establecimiento de una sede de este reconocido banco en el país.

[824] *Id.*

Acuerdo o memorando entre Panamá y China	**Fecha**	**Descripción**
Memorando de entendimiento entre el Exim Bank y el MEF.	17 de noviembre de 2017	Panamá promueve inversión de la banca china en proyectos de infraestructura en el país, y sienta las bases para el establecimiento de oficinas regionales de Exim Bank
Memorando de entendimiento de factibilidad de Tratado de Libre Comercio (TLC)	17 de noviembre de 2017	Panamá y China inician estudio de factibilidad para negociar un TLC
Acuerdo entre la ETESA y el Exim Bank de China.	17 de noviembre de 2017	El Exim Bank otorgará financiamiento a ETESA para la compra directa o indirecta de productos y servicios chinos para proyectos del plan energético nacional.
Memorando de entendimiento en el marco de la Franja Económica de la Ruta de la Seda y la iniciativa marítima de la Ruta de la Seda del siglo XXI.	17 de noviembre de 2017	Panamá se adhiere a la iniciativa china de la Ruta de la Seda, potenciando su rol como “la gran conexión” con el Canal de Panamá y un posible ferrocarril hasta la frontera occidental.
Acuerdo marco entre el MEF de la República de Panamá y la Comisión Nacional de Desarrollo y Reforma de la República Popular China para promover la capacidad de producción y la cooperación para la inversión	17 de noviembre de 2017	Panamá y China promoverán la capacidad de producción y la cooperación en áreas de interés común, especialmente: construcción y operación de infraestructura, industria de servicios, incluida la navegación de buques; Zonas industriales y de cooperación económica; fabricación; agricultura y procesamiento de alimentos; entre otros.

Acuerdo o memorando entre Panamá y China	Fecha	Descripción
Memorando de Entendimiento entre el Banco Nacional de Panamá y el Banco de Desarrollo de China	3 de diciembre de 2018	Facilitación de servicios financieros para proyectos en que participen empresas chinas y panameñas y que sean de interés de ambas partes.
Memorando de Entendimiento entre el Banco Nacional de Panamá y el Bank of China	3 de diciembre de 2018	Las partes proponen explorar relaciones comerciales y la cooperación en asuntos estratégicos.
Acuerdo marco entre la ETESA de la República de Panamá y China Export & Insurace Corporation	3 de diciembre de 2018	Promover proyectos de electricidad y energía iniciados por ETESA con la participación de empresas chinas en Panamá.

Fuente: elaboración propia a partir del Resumen de acuerdos suscritos entre la República de Panamá y la República Popular China.[825]

Relaciones China-Nicaragua. Un largo camino hacia el reconocimiento diplomático

Las relaciones diplomáticas entre Nicaragua y la República de China se establecieron en 1930, cuando el Estado asiático instaló un Consulado General en Managua, el cual recibió el estatus de Embajada en 1967[826].

La dictadura de los Somoza que prevaleció en el poder entre 1936 y 1979 siguió una política anticomunista y de alineamiento a EE.UU. que posibilitó la continuidad de las relaciones con Taiwán luego de que la ONU reconociera a la RPCh. En 1974, Anastasio Somoza realizó una visita de

[825] Panamá. Ministerio de Relaciones Exteriores (MIRE) (2017*). Resumen de acuerdos suscritos entre la República de Panamá y la República Popular China.* Recuperado de https://www.mire.gob.pa/images/PDF/resumen_de_aceurdos.pdf; Panamá. MIRE (2018). *Acuerdos Panamá-China*. Recuperado de https://mire.gob.pa/acuerdos-panama-china/.

[826] Embajada de la República de China (Taiwán) en Nicaragua (2008). *Organizaciones* Recuperado de https://web.archive.org/web/20130908085406/http://www.taiwanembassy.org/ni/ct. asp?x Item= 54166& CtNode= 4202& mp=337&xp1=.

Estado a Taiwán como agradecimiento por la política de cooperación al desarrollo de la agricultura y la asistencia taiwanesa brindada tras el terremoto que asoló Managua en 1972.[827]

En la década de 1980, en un contexto de hostilidades llevadas adelante por el gobierno estadounidense de Ronald Reagan (1981-1989) contra la Revolución Sandinista, Nicaragua envió misiones secretas a Beijing a fin de establecer acercamientos partidarios y estatales con la RPCh. Pese a las manifestaciones de interés entre las partes, este contacto no generó efectos inmediatos en ninguno de los dos países. Por entonces, existía cierto resquemor en el campo socialista por la aproximación de China con los EE.UU. y el distanciamiento entre la URSS y los dirigentes chinos. Además, las relaciones estaban lejos de ofrecer a ambos Estados alguna ventaja política y económica significativa[828].

Las dificultades del establecimiento de vínculos diplomáticos entre la Nicaragua sandinista y China estuvieron marcadas inicialmente por las tensiones que provocaron la invasión del gigante asiático a Vietnam en 1979 -país hacia el cual los revolucionarios nicaragüenses presentaban gran admiración por su larga lucha antiimperialista- y los resquemores de la parte China en evitar tensiones excesivas con los EE.UU.[829] Recién en 1985, el gobierno de Nicaragua estableció relaciones con la RPCh.

Sin embargo, en 1990, bajo la presidencia de Violeta Barrios de Chamorro (1990-1997), el país centroamericano volvió a reconocer diplomáticamente a Taiwán. El Estado insular pasó a reforzar la política de donaciones y cooperación al país centroamericano, a fin de legitimar su presencia internacional. Los gobiernos liberales de Arnoldo Alemán (1997-2002) y Enrique Bolaños (2002-2007) continuaron en la misma línea que Barrios de Chamorro. En 2006, se firmó un Tratado de Libre Comercio (TLC) entre Nicaragua y Taiwán, pero la significancia comercial de Asia siguió siendo relativamente baja en los intercambios comerciales nicaragüenses.

El regreso de Daniel Ortega al poder en 2007 no significó, inicialmente, un giro en torno a las relaciones con Taiwán; Nicaragua siguió recibiendo

---

[827] Grau Vila, C. (2016). Entre China y Taiwán: el caso de Nicaragua y el Gran Canal Interoceánico / Between China and Taiwan: the case of Nicaragua and the Grand Interoceanic Canal. *Revista CIDOB d'Afers Internacionals, 114*, 207-231.

[828] López Campos, J. (16 de diciembre de 2021). Una misión secreta a China durante la Revolución Sandinista. *Confidencial*. Recuperado de https://www.confidencial.com.ni/opinion/una-mision-secreta-a-china-durante-la-revolucion-sandinista/.

[829] Esteban, M. (2013). ¿China o Taiwán? Las paradojas de Costa Rica y Nicaragua (2006-2008). *Revista de Ciencia Política, 33*(2), 513-532.

los fondos provenientes de Taipei. Además, el contexto en que Ortega llegó al gobierno coincidió con el regreso del *Kuomintang* a la presidencia taiwanesa a través de Ma Ying-jeou (2008-2016) y el inicio de una tregua diplomática entre Beijing y Taipéi.

Según un informe del Banco Central de Nicaragua, Taiwán fue durante todo el 2020 uno de los mayores cooperantes internacionales (y el mayor donante bilateral) con el sector público nicaragüense (unos US$ 27,9 millones) a los que se suman unos modestos US$ 100.000 destinados al sector privado[830].

No obstante, el 9 de diciembre de 2021, en un contexto marcado por el aumento de amenazas de sanción por parte de la Organización de Estados Americanos (OEA) y el gobierno de los EE.UU., el canciller nicaragüense Denis Moncada Colindres anunció que su país rompía relaciones diplomáticas con Taiwán y reconocía al gobierno de la RPCh como el único legítimo. Asimismo, Moncada dio un discurso donde destacaba "la entrañable amistad" y "la afinidad ideológica" y recordó que las relaciones con la RPCh fueron "interrumpidas por gobiernos neoliberales" en 1990[831].

El domingo 26 de diciembre de 2021, Nicaragua anunció que todos los bienes de Taiwán en Nicaragua pasarían a dominio del Estado de la RPCh. Paralelamente, el gobierno de Ortega bloqueó la transferencia de los bienes inmuebles de la Embajada taiwanesa en Nicaragua con destino a la Iglesia Católica[832], cuando Taipéi pretendía con esa medida, al menos, no favorecer patrimonialmente a Beijing. Cinco días después, el 31 de diciembre, China reabrió su embajada en Managua.

Tras el restablecimiento de las relaciones entre ambos países, Nicaragua "firmó su adhesión a la Iniciativa de la Franja y la Ruta, a la vez que pasó a compartir la Iniciativa para el Desarrollo Global (IDG) y la Iniciativa para la Seguridad Global (ISG) propuestas por China"[833]. De esta manera,

---

[830] Banco Central de Nicaragua (2021). *Informe de Cooperación Oficial Externa 2020*. Recuperado de https://www.bcn.gob.ni/sites/default/files/documentos/ICOE_2020.pdf.

[831] DW (1 de enero de 2021). China reabre su embajada en Nicaragua tras ruptura con Taiwán. *DW*. Recuperado de https://www.dw.com/es/china-reabre-su-embajada-en-nicaragua-tras-ruptura-con-taiw%C3%A1n/a-60306088.

[832] Ministry of Foreign Affairs, Republic of China (27 de diciembre de 2021). *Regarding the announcement by the Nicaraguan government that based on the "one China principle," the former premises of the Republic of China (Taiwan) Embassy in Nicaragua will be confiscated and transferred to the People's Republic of China (PRC), the Ministry of Foreign Affairs (MOFA) responds as follows*. Recuperado de https://en.mofa.gov.tw/News_Content.aspx? n=1328&sms=273&s= 97035.

[833] Xinhua (9 de octubre de 2021). Entrevista: Profundización de relación China-Nicaragua ha sido "muy eficiente", dice Laureano Ortega. *China-CELAC Forum*. Recuperado de http://www.chinacelacforum.org/esp/zgtlmjlbgjgx_2/202210/t20221009_10779980.htm.

el país centroamericano se ajustaba a la estrategia exterior del gigante asiático confluyendo subordinadamente en sus proyectos de inversión en infraestructura, la búsqueda de legitimación china en torno a su política de expansión de sus intereses a través de la "causa del desarrollo global" [834] -en confluencia con la Agenda 2030 para el Desarrollo Sostenible de la ONU- y de "salvaguardar" la "paz mundial"[835].

Siguiendo con esta tendencia de aproximaciones, en septiembre de 2022 el canciller nicaragüense, Denis Moncada Colindres se reunió en Nueva York con su par chino, el consejero de Estado y ministro de Relaciones Exteriores, Wang Yi[836].

Ese mismo año, tras el anuncio de la reapertura de embajadas, China donó más de un millón de dosis de vacunas contra el Corona Virus, insumos médicos, pertrechos antimotines para la policía, instrumentos musicales y el anuncio de una financiación de US$ 60 millones para la construcción de viviendas en Managua por medio de la Agencia de Cooperación Internacional para el Desarrollo de China[837].

Inversión Extranjera Directa (IED) y comercio exterior en Nicaragua y Panamá

En las últimas décadas, las diferencias en la recepción de Inversión Extranjera Directa (IED) entre Nicaragua y Panamá son notorias. Dentro de los países centroamericanos, el primero se ubicó en el último lugar en

[834] Según el gobierno chino, la IDG es "un llamamiento a la comunidad internacional para que conceda más importancia a la cuestión del desarrollo, fortalezca la cooperación internacional para el desarrollo y acelere la implementación de la Agenda 2030 de la ONU para el Desarrollo Sostenible" (Ministry of Foreign Affairs of the People's Republic of China (25 de abril de 2022). *Wang Yi: La Iniciativa para el Desarrollo Global goza de amplio apoyo en todas las partes*. Recuperado de https://www.fmprc.gov.cn/esp/zxxx/202204/t20220426_10673905.html.

[835] Oficialmente China argumenta que la ISG establece "claramente las prioridades de cooperación y las plataformas y mecanismos de cooperación, y demuestra el sentido de responsabilidad de China respecto a la defensa de la paz mundial, así como su firme determinación de salvaguardar la seguridad global". (Ministry of Foreign Affairs of the People's Republic of China (21 de febrero de 2023). *Qin Gang: Documento conceptual sobre Iniciativa para Seguridad Global demuestra firme determinación de China de salvaguardar Seguridad Global*. https://www.fmprc.gov.cn/esp/zxxx/202302/t20230222_11029526.html.

[836] Embassy of the People's Republic of China (20 de septiembre de 2022). Wang Yi se reúne con Ministro de Relaciones Exteriores de Nicaragua Denis Moncada Colindres. http://cr.china-embassy.gov.cn/esp/zgyw/202209/t20220921_10769010.htm.

[837] Confidencial (10 de diciembre de 2022). Las "grandes promesas" de China no se materializan: Daniel Ortega sigue esperando. *Confidencial*. Recuperado de https://confidencial.digital/especiales/las-grandes-promesas-de-china-no-se-materializan-daniel-ortega-sigue-esperando/ (consultado el 22 de mayo de 2023); Triviño, A. (6 de septiembre de 2022). Nicaragua y China iniciarían negociaciones para crear un TLC a finales de septiembre. *France24*. Recuperado de https://www.france24.com/es/américa-latina/20220906-nicaragua-y-china-iniciarán-negociaciones-para-crear-un-tlc-a-finales-de-septiembre.

la década de 2000 y anteúltimo en la década de 2010 (superando sólo a El Salvador). Por el contrario, Panamá se ha destacado como el de mayor recepción de los países centroamericanos en lo que va del siglo XXI, con valores que significaron el 44,7% y el 51,2% del total de IED dirigido a América Central[838] durante 2018 y 2019 respectivamente (Gráfico 1).

De todos modos, en 2020 ese liderazgo se perdió y se registraron "entradas negativas de capitales en todos los componentes de la IED, aunque el mayor peso en la cifra total se debió a las entradas negativas en préstamos entre empresas"[839]. Sobre ello, el informe de la Comisión Económica para América Latina y el Caribe (CEPAL) señala que:

> En 2020, Panamá registró la mayor caída de IED de la subregión, con un saldo negativo de 2.388 millones de dólares. Este resultado se debe principalmente a la devolución de préstamos entre filiales (63%). Los aportes de capital y las inversiones de utilidades también fueron negativos, pero tuvieron contribuciones menores (18% y 19%, respectivamente).[840]

En 2021, se recuperó otra vez el crecimiento del volumen de inversiones que ingresaron a Panamá, alcanzando un alza interanual de 163%, aunque se ubicó por debajo de las inversiones recibidas por Costa Rica y Guatemala. La mayor parte de los US$ 1.350 millones en IED que recibió se debió a reinversión de utilidades, las cuales consiguieron compensar las salidas por préstamos entre empresas. [841]

En el mismo año, Nicaragua ocupó el cuarto lugar en Centroamérica como destino de las IED; ingresaron a este país inversiones por US$ 1.220 millones, lo que constituye un incremento del 63% respecto a 2020. El aumento significó superar en un 18% el nivel máximo de inversiones recibidas en 2017 (que hasta entonces representaba el mayor volumen contabilizado desde 2005), alcanzando los US$ 1.220 millones (de los cuales aproximadamente el 50% fue en concepto de reinversión de utilidades). De todas maneras, en los últimos años no está disponible la información de inversiones por sectores por lo que no se pueden precisar los datos.[842]

---

[838] Los seis países que componen la subregión Centroamericana para la CEPAL son Panamá, Costa Rica, Nicaragua, El Salvador, Honduras y Guatemala.

[839] Comisión Económica para América Latina y el Caribe (CEPAL) CEPAL (2021). *La Inversión Extranjera Directa en América Latina y el Caribe, 2021.* Naciones Unidas, p. 11.

[840] *Ibid.*, p.71

[841] CEPAL (2022). *La Inversión Extranjera Directa en América Latina y el Caribe, 2022.*

[842] *Id.*

A continuación, podemos observar las entradas de IED en Nicaragua, Panamá y Centroamérica en el período comprendido entre 2005 y 2021.

Gráfico 1. Nicaragua, Panamá y subregión de Centroamérica. Entradas de IED en millones de dólares. Años: 2005-2021.

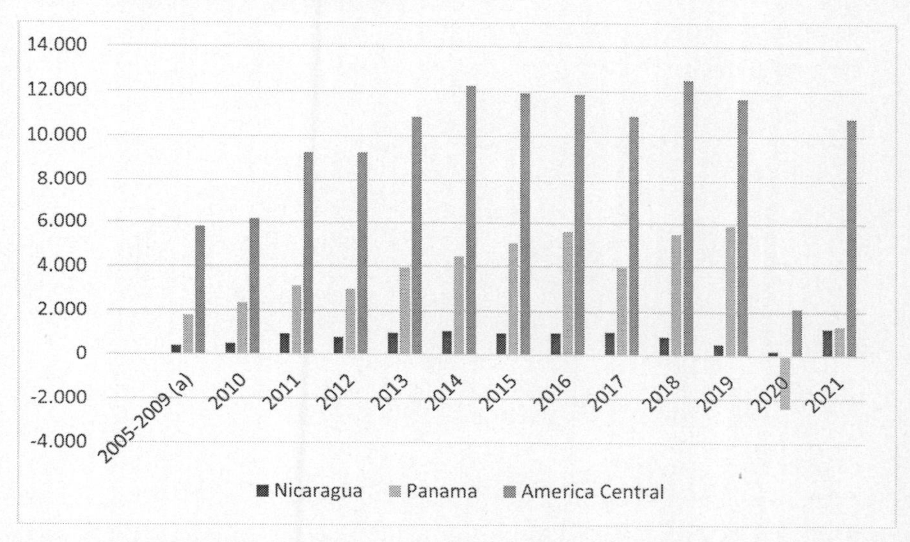

Fuente: Elaboración propia sobre la base de la CEPAL (2022)[843].

(a) Corresponde a un promedio simple anual de entradas de IED.

Asimismo, en cuanto el acervo de IED en ambas economías también se presentan trayectorias diferentes. Mientras que el *stock* de Panamá llegó en 2021 a US$ 62.517 millones, en Nicaragua fue de US$ 11.206 millones (Gráfico 2); este valor era equivalente al 98% y el 80% del PBI respectivo de esas economías. Respecto al total de acervo de IED en América Latina y Caribe, el *stock* de Panamá simbolizó el 2,55 % y el de Nicaragua un 0,45%.[844]

[843] *Id.*

[844] *Id.*

Gráfico 2. Nicaragua y Panamá: acervos de IED, en millones de US$. Años: 2001, 2005, 2012-2021.

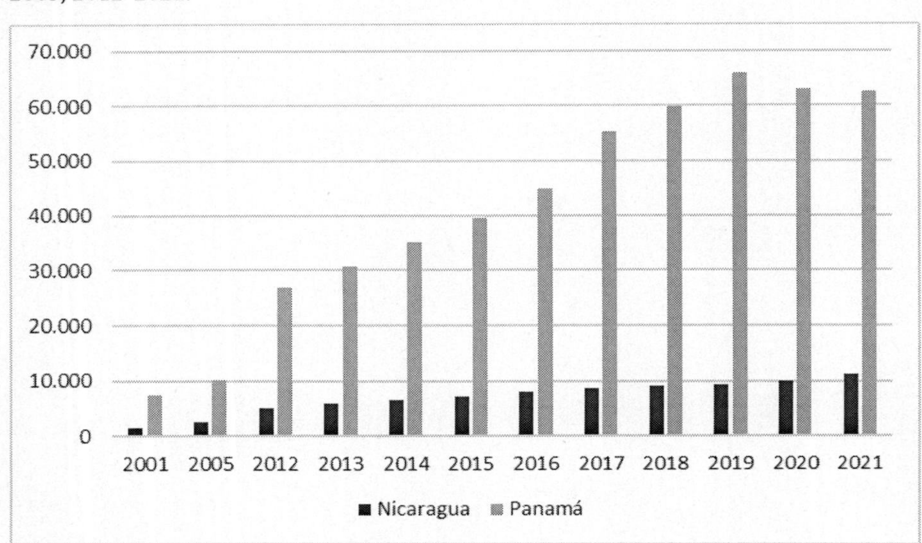

Fuente: Elaboración propia sobre la base de la CEPAL (2022).

En referencia al comercio exterior también se presentan diferencias y similitudes en los perfiles y volúmenes entre Panamá y Nicaragua. Ambos países son mercados relativamente reducidos en cuanto al número de población; aproximadamente unos 4.351.000 habitantes en Panamá y unos 6.851.000 habitantes en Nicaragua. De este modo, Panamá es el país con menos población de América Central y Nicaragua el tercero con mayor población (detrás de Guatemala y Honduras).

Sin embargo, presentan notorias diferencias en cuanto a otras variables. En 2021, el PBI a precios actuales de Panamá alcanzó los US$ 63.610 millones y los de Nicaragua los US$ 14.010 millones. Es decir, el tamaño de la economía del primero es un 454% mayor que la del segundo. Además, entre 2019 y 2021, el comercio exterior de Panamá representó un 39,3% de su PBI; por su parte, para el mismo período, los intercambios comerciales de Nicaragua representaron un 47,9%.

Por otra parte, en cuanto a la composición de las exportaciones de mercaderías, según valores de 2020, en Panamá predominaron las manufacturas con 60,7% de las exportaciones (barcos y embarcaciones, manufacturas de hierro y acero, maquinarias eléctricas y no eléctricas) y los productos agropecuarios (principalmente, bananas y plátanos) representan el 5% de las ventas. Además, en 2021, el mineral de cobre representó el principal producto de exportación; alcanzando los US$ 2.931 millones.

En Nicaragua, en 2020, prevalecieron los productos agropecuarios con un 49,5% de las exportaciones (destacándose el café, las carnes bovinas, los cigarros y los quesos) y las manufacturas reúnen un 36,1% (principalmente, prendas de vestir). Asimismo, en 2021, el oro fue el principal producto de exportación US$ 868 millones. En 2021, Panamá ocupó el puesto 86° y Nicaragua la posición 109° como exportadores de mercaderías a nivel mundial. [845]

En cuanto a las importaciones de mercaderías, en 2020, la composición de ambas economías presenta mayores semejanzas. Para Nicaragua es la siguiente: manufacturas 70,7%, productos agropecuarios 18%, combustibles y productos extractivos 10,2%. Para Panamá, las adquisiciones se estructuraron con: manufacturas 75%, productos agropecuarios 16,3% y combustibles y productos extractivos 8,7%. En 2021, Panamá ocupó el puesto 81° y Nicaragua la posición 104° como importadores de mercaderías a nivel global. [846]

En ese último año, siguiendo una tendencia general a lo largo del siglo XXI (Gráficos 3 y 4), las dos economías se presentan como deficitarias en el comercio de mercaderías: Panamá con US$ 7.435 millones y Nicaragua US$ 3.331 millones[847]. Según datos de ITC, en 2022, el déficit de Panamá fue de US$ 50.121 millones y el de Nicaragua de US$ 3.887 millones (Gráficos 3 y 4).

[845] OMC (2022) Perfiles comerciales. Ginebra: OMC.

[846] *Id.*

[847] *Id.*

Gráfico 3. Nicaragua y Panamá volumen de exportaciones de mercaderías totales, en miles de US$. Años: 2001-2022.

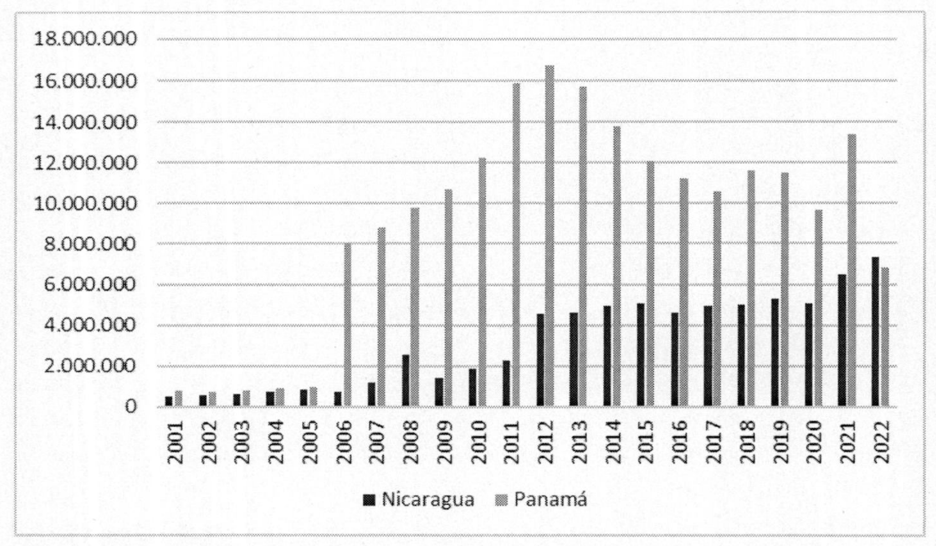

Fuente: Elaboración propia sobre la base de ITC (2023)[848]

Gráfico 4. Nicaragua y Panamá volumen de importaciones de mercaderías totales, en miles de US$. Años: 2001-2022.

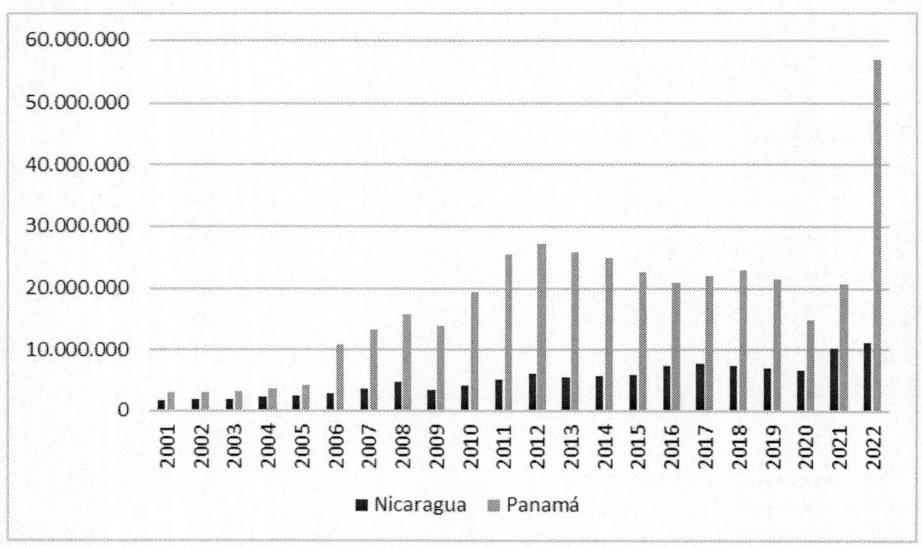

Fuente: Elaboración propia sobre la base de ITC (2023).

[848] International Trade Center (ITC) (2023). *Trade Map*. Recuperado de https://www.trademap.org.

En cuanto a las exportaciones de servicios comerciales, en 2021, Nicaragua ocupó la posición 116° con un volumen de US$ 978 millones de ventas, siendo los servicios relacionados con las mercancías los que prevalecieron sobre el total con un 41,9%. Mientras tanto Panamá se ubicó en la posición 54° con US$ 10.678 millones de exportaciones, destacándose la venta de servicios de transporte por un 60,4% del total[849]. Dicha diferencia de valores como de composición de exportaciones de servicios está en relación directa con el significado estructural que representa para Panamá contar en su territorio con el canal interoceánico.

En cuanto a las importaciones de servicios comerciales, el mismo año, Panamá ocupó la posición 86° con compras por US$ 4.199 millones, destacándose también la adquisición de servicios de transporte en un 53% del total de las adquisiciones. Nicaragua se posicionó en el puesto 146° con compras de US$ 843 millones, siendo un 62% en concepto de transporte.

Es de notar que, en el comercio de servicios, en ambos casos, se trata de balanzas con superávit. Sin embargo, mientras que para Panamá fue de US$ 6.479 millones (lo que le sirve para compensar su saldo comercial desfavorable), para Nicaragua representó unos escasos US$ 135 millones.

Estas referencias a la inserción financiera y comercial de Panamá y Nicaragua a nivel mundial otorgan elementos sobre el carácter dependiente de la formación económica y social de ambos países. Lo cual contribuye a entender el tipo de relaciones que establecen con China.

Capitales chinos en Panamá

Panamá se destaca, dentro de América Latina y el Caribe como uno de los principales países que absorbe más IED en relación a su PBI (sólo superada por algunas pequeñas economías del Caribe); aproximadamente un 10%[850]. Además, la posición geográfica de esta nación resulta estratégica para la instalación de zonas francas[851], el desarrollo de infraestructura de transporte y actividades comerciales para América Central y Caribe.

---

[849] *Id.*

[850] Comisión Económica para América Latina y el Caribe (CEPAL) (2018) La Inversión Extranjera Directa en América Latina y el Caribe, 2018. Naciones Unidas, p. 47.

[851] Los regímenes de zonas francas tienen la finalidad de alentar las exportaciones y atraer inversiones. Las zonas francas abarcan áreas geográficas específicas que gozan de reglamentación especial en relación a la regulación aduanera del país. En la actualidad, en Panamá existen 15 zonas francas operativas y 7 en desarrollo. Las mismas, están amparadas por la Ley 32 del 5 de abril de 2011 y reglamentadas por el Decreto Ejecutivo N° 62 del 11 de abril de 2017. Ver: Panamá. Ministerio de Comercio e Industrias (s.f). *Papel de Zonas Francas.* Recuperado

A partir de 2017 se produjeron cambios importantes en las relaciones entre China y Panamá, destacándose el ya mencionado establecimiento de relaciones diplomáticas entre ambos países. Además, Panamá fue el primer país de América Latina y el Caribe a unirse a la *Belt and Road Initiative*, a la que posteriormente se sumarían otros países de la región. Esas decisiones posibilitaron a Panamá la atracción de inversiones chinas en diferentes sectores[852] .

En junio de ese mismo año, se dio inició la construcción de la terminal de contenedores Panamá Colón Container Port (PCCP)[853] diseñado para recibir buques Panamax, Neopanamax, Super Post-Panamax y Buques Multipropósitos. Este proyecto fue adjudicado a empresas de capitales chinos -la Shanghai Gorgeous Investment Development Co. Ltd en asociación con Landbrige Group- y la construcción quedó a cargo de la compañía China Communications Construction Co. Ltd. (CCCC), la cual pretende integrar en un mismo espacio la terminal portuaria, zona franca y parque logístico.

Además, Shanghai Gorgeous anunció un proyecto de generación de electricidad con gas natural[854]. En 2019, esta empresa china firmó un acuerdo a través de su subsidiaria Sinolam LNG Terminal, con la compañía Shell para producir gas natural licuado a través de una planta de generación de electricidad ubicada en Puerto Pilón, provincia de Colón[855].

En diciembre de 2018, la licitación de un cuarto puente sobre el Canal de Panamá fue ganada por compañías de capitales chinos[856]. El megaproyecto de US$ 1.420 millones fue concedido a China Communications Construction Company (CCCC) y China Harbour Enginieering Company LTD y tenía plazo de entrega para mediados de 2022. No obstante, recientes modificaciones al proyecto y en el contrato dilataron la obra, motivo por la cual aún no fue inaugurada[857].

---

de https://mici.gob.pa/zf-papel-de-las-zonas-francas/#:~: text=Las%20Z onas%20 Francas%20 en%20Panam %C3%A1, desarrollo%20 dentro%20 del%20territorio%20 nacional.

[852] Comisión Económica para América Latina y el Caribe (CEPAL) (2019). La Inversión Extranjera Directa en América Latina y el Caribe, 2019. Naciones Unidas, p. 45.

[853] Comisión Económica para América Latina y el Caribe (CEPAL) (2017). La Inversión Extranjera Directa en América Latina y el Caribe, 2014. Naciones Unidas, p. 72.

[854] *Ibid.*, p.72.

[855] Lasso, M. (12 de marzo de 2019). Shanghai Gorgeous Group garantiza suministro de GNL para Panamá por 15 años. *La Estrella de Panamá.* Recuperado de https://www.laestrella.com.pa/economia/190302/group-shanghai-gorgeous-garantiza-suministro

[856] CEPAL (2019), *op. cit.*, p. 68.

[857] ANPanamá (29 de marzo de 2023). Cuarto puente sobre el canal tendrá algunas modificaciones en su diseño y construcción". *ANPanamá*. Recuperado de https://www.anpanama.com/13989-Cuarto-Puente-sobre-el-Canal-

Además, el Consorcio creado por estas empresas forma parte de la *Ciudad del Saber*[858], un complejo de innovación -ubicado en la antigua ocupación militar estadounidense de Fuerte Clayton en la Zona del Canal cercana a Ciudad de Panamá- en el que participan empresas, actores gubernamentales, Organizaciones No Gubernamentales (ONG's), organismos internacionales, científicos y académicos.

Los capitales de origen chino también tienen una participación activa en el canal a través de las empresas Hutchinson–Whampoa (Hutchinson Ports) y COSCO, esta última, la segunda mayor compañía naviera del mundo y la segunda en lo que respecta al uso del canal panameño. En la actualidad, la empresa Hutchinson -Whampoa -a través de su subsidiaria Panamá Ports Company (PPC)- tiene la concesión de dos de los cuatro principales puertos del Canal de Panamá: Balboa (en el Pacífico) y Cristóbal (en el Atlántico). COSCO participó en el proyecto de ampliación del canal de Panamá.

Vale destacar que un total de 20 empresas transnacionales cuyo origen de capital procede de la RPCh forma parte de la lista de 189 empresas acogidas mediante el régimen especial de "Sedes de Empresas Multinacionales"[859], es decir, representan el 10,5 % de total. Entre las compañías se destacan siete vinculadas a distintas áreas de la construcción y las dedicadas al sector "Transporte y Logística", "Telecomunicaciones", y "Tecnología" que reúnen tres empresas cada una (Cuadro 1).

A continuación, observamos las empresas originarias de la RPCh acogidas bajo el régimen de SEM.

---

tendra-algunas-modificaciones-en-su-diseno-y-construccion.note.aspx.

[858] Ciudad del Saber. Recuperado de https://ciudaddelsaber.org/que-es-ciudad-del-saber/.

[859] Este régimen especial -aprobado por la Ley 41 del 24 de agosto de 2007- favorece el establecimiento de sedes regionales o sedes de empresas multinacionales. A su vez, el 31 de agosto de 2020 se creó mediante la Ley N° 159 (Ley EMMA) un régimen especial para el "establecimiento y operación de Empresas Multinacionales para la prestación de Servicios Relacionadas con la manufactura". En el sitio web oficial de la Dirección de Sedes de Empresas Multinacionales, esta última ley está publicada sólo en tres idiomas (español, inglés y chino) (Panamá. Sedes de Empresas Multinacionales (SEM) (2022). Recuperado de https://sem.gob.pa/.

Cuadro 1. Panamá: Empresas de origen chino acogidas al régimen de SEM, sector de actividad económica y año de acogida al régimen. Años: 2010-2023.

Empresa	Año	Sector
ZTE	2010	Telecomunicaciones
Huawei Technologies	2011	Telecomunicaciones
China Harbour Engineering Company Limited	2012	Construcción y dragado
China State Construction Corporation LTD	2013	Construcción
Sinohydro Corporation Limited	2015	Energía
Cosco Container Lines Co. LTD	2016	Transporte y logística
Shanghai Gorgeous Investment Development	2017	Generación Eléctrica y Constucción
Shanghai Zhehua Heavy Industies Co. LTD (ZPMC)	2017	Transporte y logística (Puertos)
Triangle Tyre Co. LLT	2017	Manufactura (Neumáticos)
CRRC Hong Kong Capital Management Co LTD	2017	Transporte y logística (Ferroviario)
China Railway International Group Co. LTD	2018	Construcción
Baoshan Iron & Steel Co. LTD	2018	Productos de Hierro y Acero
China National Complete Plant Import & Export	2019	Ingeniería y Construcción
CCCC Dredging (Group) Co. LTD	2020	Ingeniería y Construcción
Hangzhu Hikvision Digital Technology	2020	Tecnología
Dashang Group Co. LTD	2020	Alimentos y bebidas
Zhejiang Dahua Technology Co. LTD	2021	Tecnología
ZKTECO Panama S.A.	2022	Tecnología y Semiconductores
China Mobile International Limited	2022	Telecomunicaciones
CRCC International Investment CO. Limited	2023	Ingeniería y construcción de infraestructuras

Fuente: Elaboración propia sobre la base de datos de SEM[860].

[860] *Id.*

Además, en 2020, se destacó la adquisición de los activos en Panamá de la compañía farmacéutica y de biotecnología Beijing Biocytogen Biotechnology de capitales chinos por parte de la transnacional del mismo origen Eucure Biopharma[861].

Según el China Global Investment Tracker, que documenta las grandes inversiones y construcciones de capitales chinos a nivel mundial, entre 2005 y 2022, de las 8 (ocho) mayores registradas en Panamá, 6 (seis) se refieren a grandes construcciones. [862] Las dos restantes son inversiones de Landbridge Groupe por un total de US$ 310 millones. El total de estas inversiones alcanzó un volumen de US$ 2.500 millones, siendo la mayor la de China Communications Construction por US$ 1.520. Desagregadas por sector, US$ 1.930 millones fueron para Transporte, US$ 330 millones hacia Bienes Raíces, US$ 130 millones a Servicios Públicos y US$ 110 millones al sector Energía. Según el mismo *ranking*, Panamá se ubicaría, en términos de volumen de capital, en 1° lugar de recepción de inversiones y grandes construcciones de empresas chinas en la subregión de América Central, pero en 12° posición en el conjunto de los países latinoamericanos y caribeños.[863]

Los datos procedentes de la Red ALC-China, si bien no son congruentes con los anteriores, complementan el relevamiento de inversiones chinas. Esta base de datos documentó 8 transacciones de inversión de capitales de la potencia asiática en Panamá entre 2000-2022, de las cuales la mitad son en el sector Telecomunicaciones y a nombre de Huawei Technologies, las restantes corresponden a los sectores de alimentación, energía, electrónica y servicios. Estas actividades suman una inversión total de US$ 749 millones, de los cuales la mayor es realizada por la empresa de energía Solar Power con sede en Hong Kong por US$ 378 millones[864].

Comercio bilateral Panamá-China

Aun cuando las negociaciones por un TLC entre Panamá y China siguen abiertas, el gigante asiático se ha erigido en los últimos años como el principal socio comercial de la nación centroamericana (el principal destino

[861] CEPAL (2021), *op. cit.,* p. 71

[862] American Enterprise Institute. China Global Investment Tracker (2021). Recuperado de https://www.aei.org/china-global-investment-tracker/

[863] *Id.*

[864] RedALC-China (2023). *OFDI de China en América Latina y Caribe*. Recuperado de http://www.redalc-china.org/monitor/.

de las exportaciones panameñas y el segundo origen de las importaciones). En 2021, la RPCh concentró el 31,7% de las ventas panameñas, seguida de la Unión Europea (21%), Japón (13,2%), Corea del Sur (10,2%) e India (5,1%). En el mismo año, China participó del 11,9% de las importaciones de Panamá, sólo superado por los EE.UU. que reunió el 25,5% de las compras de ese país centroamericano.[865]

De todos modos, hasta 2021, según los guarismos de los intercambios comerciales entre Panamá y China, siguen siendo altamente deficitarios para la nación centroamericana. Recién a partir de 2019, las ventas panameñas al gigante asiático comenzaron a ser significativas alcanzando los US$ 534 millones y que nuevamente marcarían un récord en 2021 cuando superaron los US$ 1.076 millones (Gráfico 5).

Ese último año, el mineral de cobre y sus concentrados fueron el principal producto de las exportaciones panameñas a la nación asiática representando el 95% de las ventas, seguido por las carnes bovinas congeladas y la harina de animales y gránulos. Desde 1995 a 2021, el promedio de crecimiento anual de las exportaciones panameñas a China fue de 20,8%.[866]

En cuanto a las importaciones de origen chino, las compras de Panamá estuvieron compuestas por petróleo refinado (18%), barcos de pasajeros y de cargas (12%) y computadores (2,55%). Desde 1995 hasta 2021, el promedio de crecimiento anual de las importaciones panameñas al gigante asiático fue de un 11%.[867]

---

[865] OMC (2022), *op. cit.*

[866] Simoes, A. J. G. & Hidalgo, C. A. (2023). *The Economic Complexity Observatory*. Recuperado de https://oec.world/es/resources/about.

[867] *Id.*

Gráfico 5. Panamá: intercambio comercial con China, en millones de US$. Años: 2001-2021.

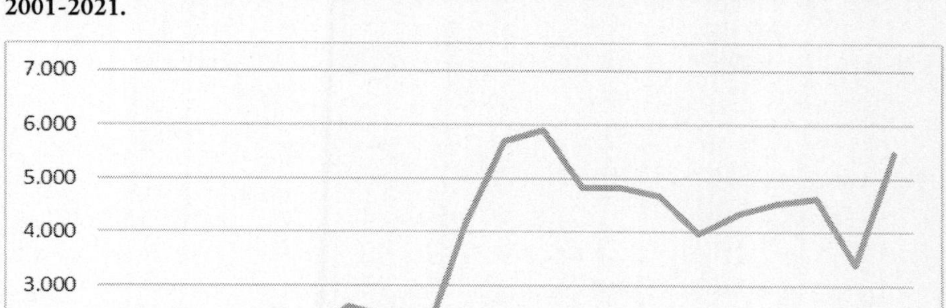

Fuente: Elaboración propia sobre la base de ITC (2023).

De este modo, se observa una oferta más diversificada por parte de China, a la vez que este país vende a la nación centroamericana principalmente productos con mayor valor agregado. Por el contrario, Panamá presenta un perfil exportador fuertemente concentrado y donde prevalecen los productos primarios y manufacturas de origen agropecuario.[868] Así, a través del intercambio comercial se puede observar una relación en la que, si bien las ventas a China crecieron, también se entreteje una condición en la que la economía panameña subordina su desarrollo a los estímulos de los intereses de la potencia asiática.

Capitales chinos en Nicaragua

Para el caso nicaragüense, nuestros estudios venían observando que, tras el retorno de Daniel Ortega a la presidencia (2007-actual) y, en especial, a partir de la segunda década del siglo XXI, el establecimiento de vínculos diplomáticos formales y el incremento de los intercambios comerciales y

[868] Simoes; Hidalgo (2023), *op. cit.*

las IED entre China y Nicaragua podían darse en cualquier momento.[869] Algunos indicios de ello fueron: la ruptura de las relaciones entre varios países de Centroamérica y el Caribe y Taiwán desde el inicio del siglo XXI; el crecimiento de las inversiones y el comercio de China con la región; el establecimiento de "relaciones comerciales directas a través del Consejo Chino para el Fomento del Comercio Internacional (CCPIT)"[870]; el triunfo de un gobierno políticamente más afín a la RPCh; las inversiones en materia de telecomunicaciones[871]; y el intento de abrir una ruta canalera a través de Nicaragua, lo cual ofreció a los capitales chinos una oportunidad singular de ampliar su presencia económica en la región.

De esta manera, en mayo de 2012, la Asamblea Nacional aprobó la Ley Nº 800 denominada "Ley del Régimen Jurídico de El Gran Canal Interoceánico de Nicaragua y de creación de Autoridad de El Gran Canal Interoceánico de Nicaragua", que declaraba que el canal es prioridad e interés supremo nacional.

En julio de 2013, la Asamblea Nacional de Nicaragua aprobó la Ley Nº 840, denominada "Ley especial para el desarrollo de infraestructura y transporte nicaragüense atingente al canal, zonas de libre comercio e infraestructuras asociadas".

Si bien la RPCh nunca se manifestó oficialmente por el proyecto canalero y en la actualidad no hay indicios de que se esté dando continuidad a las obras para su concreción[872]; el Acuerdo Marco involucraba la participación de la compañía HKND, fundada en 2012 y radicada en Hong Kong. La ley N° 840 posibilitaba la realización de otros proyectos, independientemente del canal, así como la expropiación de tierras colindantes a la ruta canalera sobre las cuales habitan campesinos e indígenas. Esta situación desencadenó un abierto conflicto social y acciones de movilización frente al impacto social, económico y ambiental que abrió la intervención extranjera en el megaproyecto. [873]

---

[869] Fernández & Romero Wimer (2018), *op. cit.*; Fernández Hellmund, P. & Romero Wimer, F. (2019). Crisis política en Nicaragua. Un análisis para su comprensión. *Tensões Mundiais, 15* (28), 273-298.

[870] Dussel Peters, E. (2018). *Comercio e inversiones: la relación de Centroamérica y China. ¿Hacia una relación estratégica en el largo plazo?* Naciones Unidas, p. 15.

[871] *Ibid.*, pp. 29-30.

[872] Varios proyectos de infraestructura desarrollados por compañías chinas nunca fueron concluidos. Cardenal, J. P. & Araújo, H. (2012). *La silenciosa conquista china. Una investigación por 25 países para descubrir como la potencia del siglo XXI está forjando su futura hegemonía.* Crítica, pp. 151-152.

[873] Hernández, A. S. (2019). Nexus of rivalry: Nicaragua's grand canal and inter-American relations. *Caribbean Studies, 47*(1), 37-65.

En 2014, la compañía comenzó a operar en el país centroamericano. El costo estimado del proyecto era de US$ 50.000 millones[874]. Asimismo, en 2015 la CEPAL informaba que participarían de la construcción del canal varias de las principales empresas chinas en materia de infraestructura[875]. No obstante, la posterior ampliación del Canal de Panamá, por el consorcio liderado por la empresa española SACYR, repercutió en el relativo estancamiento de la iniciativa en Nicaragua.

Además de las propuestas para la construcción de la ruta canalera, en 2012, fue anunciado el acuerdo entre la empresa hidrocarburífera Alba de Nicaragua S.A (ALBANISA)[876] y la China National Machinery Industry para la construcción de la primera fase de una refinería en Nicaragua, a cargo de la compañía china y financiada con fondos venezolanos[877]. En 2013, el gobierno de Nicaragua inició negociaciones para el otorgamiento de permisos de telefonía móvil al Xinwei Telecom Enterprise Group[878]. Posteriormente, el Estado nicaragüense concedió licencias de telefonía fija y móvil e internet a HKND, empresa asociada a Xinwei.

En 2015, la Empresa Nicaragüense de Telecomunicaciones (ENITEL), vinculada al empresario mexicano Carlos Slim del grupo América Móvil,

[874] Para tener un parámetro de comparación, tanto del significado estratégico como del condicionamiento de la economía nicaragüense, vale recordar que, en 2018, el préstamo inicial negociado por Argentina -una economía mucho mayor- durante el gobierno de Mauricio Macri con el Fondo Monetario Internacional (FMI). El monto acordado inicialmente también era de US$ 50.000 millones (ampliado en septiembre de ese año a US$ 57.000); esto representó 127 veces la capacidad de endeudamiento argentino y actuó de forma adversa como una enorme limitación económica para ese país sudamericano.

[875] CEPAL (2015). La Inversión Extranjera Directa en América Latina y el Caribe, 2015. Naciones Unidas, p. 48.

[876] Según informaciones del extinto diario nicaragüense, *El Nuevo Diario*, ALBANISA es una *joint venture* entre la estatal Petróleos de Nicaragua (PETRONIC) y Petróleos de Venezuela (PDVSA). Asimismo, el sitio *CentralAmerica Data* señala, siguiendo al desaparecido periódico, que Petronic "es propietaria del 49%, perteneciendo a Petróleos de Venezuela (PDVSA), el restante 51%. Fue creada en 2007, como consecuencia del ingreso de Nicaragua a la Alianza Bolivariana para los Pueblos de Nuestra América (ALBA). Desde su creación, Albanisa ha diversificado rápidamente sus actividades, y a su propósito inicial de distribución del petróleo llegado desde Venezuela, ha agregado, a través de la creación de distintas empresas, operaciones e intereses en sectores como maquinaria de construcción, generación de energía, servicios de seguridad, hoteles, ganadería, transporte, préstamos, manejo portuario y distribución de gas". CentralAmerica Data (29 de septiembre de 2009). Albanisa de Nicaragua Sociedad Anónima. *Central America Data.* Recuperado de https://www.centralamericadata.com/es/article/home/Alba_de_Nicaragua_Sociedad_Anonima.

[877] La Información (27 de abril de 2012). Empresa china construirá primera fase de refinería en Nicaragua. La información. Recuperado de https://www.lainformacion.com/economia-negocios-y-finanzas/empresa-china-construira-primera-fase-de-refineria-ennicaragua_0izh8K ppQ9 QqXSChiU4V m3/?autoref=true

[878] Olivares, I. (6 de junio de 2013). A cuatro meses del anuncio de Telcor, nadie sabe nada de 'los chinos'. Xinwei, ¿otro 'cuento chino'?" Confidencial. https://archivo.confidencial.com.ni/articulo/12157/xinwei- iquest-otro-quot-cuento-chino-quot-n.

que opera localmente la marca Claro, se asoció a la Xinwei[879], y para 2016, las inversiones de Xinwei -que opera bajo la marca Cootel- ascendían a US$ 200 millones.

No obstante, a partir de 2015 diversos medios de comunicación informaron sobre la debacle económica sufrida por el empresario Wang Jing y su grupo Xinwei: en octubre de ese año, tras la caída del mercado bursátil chino, las acciones de su empresa y su fortuna cayeron estrepitosamente. En 2019, el Grupo Xinwei fue suspendido de la Bolsa de Shanghái[880]; y en mayo de 2021, la Bolsa de Shanghái le impuso sanciones a la empresa y a su presidente:

> the Shanghai Stock Exchange (SSE) imposed disciplinary sanctions on the Beijing Xinwei Technology Group Co. (Xinwei Group) and its chairman, Wang Jing. The sanctions included the delisting of the company's shares and disallowing Wang to serve in any managerial capacity of listed companies for 10 years[881].

Pese a esta sanción a una empresa asociada a HKND y su presidente (Wang Jing), el proyecto canalero no fue derogado y Nicaragua estableció relaciones diplomáticas con China en diciembre de 2021, lo cual permite mejores condiciones para el aumento de las inversiones chinas, y/o el otorgamiento de préstamos para el desarrollo de infraestructura en las zonas aledañas al posible canal. Vale recordar que la Ley Nº 840, permite el desarrollo de zonas de libre comercio e infraestructuras asociadas.

Igualmente, el interés por un canal (seco o húmedo)

> se corresponde no solo con las necesidades del comercio mundial y el transporte marítimo, sino también con la relevancia geopolítica de América Central y el Caribe, tanto

[879] Martínez, M. (14 de noviembre de 2015). Enitel le abre las puertas a Xinwei". *La Prensa*. Recuperado de https://www.laprensani.com/2015/11/14/nacionales/1936555-enitel-le-abre-las-puertas-a-xinwei.

[880] BBC Mundo (6 de octubre de 2015). Las impresionantes pérdidas del multimillonario chino que aumentan las dudas sobre el canal de Nicaragua. BBC News. https://www.bbc.com/mundo/noticias/2015/10/151006_canal_nicaragua_ wang_jing_ perdidas_impacto_ aw; Olivares, I. (29 de septiembre de 2021). Wang Jing and Xinwei expelled from Shanghai Stock Exchange. *Confidencial*. Recuperado de https://confidencial.digital/english/wang-jing-and-xinwei-expelled-from-shanghai-stock-exchange/.

[881] "La Bolsa de Valores de Shanghai (SSE) impuso sanciones disciplinarias a Beijing Xinwei Technology Group Co. (Grupo Xinwei) y a su presidente, Wang Jing. Las sanciones incluyeron la exclusión de la lista de las acciones de la empresa y la prohibición de que Wang ocupe cualquier puesto directivo en empresas que cotizan en bolsa durante 10 años." (Traducción de los autores). Ye, J. (24 de septiembre de 2021). The $31 billion bubble scam and the Nicaraguan Canal Myth. *The Epoch Times*. Recuperado de https://www.theepochtimes.com/the-31-billion-bubble-scam-and-the-nicaraguan-canal-myth_4011212.html.

> como espacio clave en el tránsito y acceso a recursos vitales (energía, materias primas, biodiversidad), como parte de la disputa entre las principales potencias -en especial con EE.UU.- y con la estrategia de defensa y el desarrollo del complejo industrial militar del Estado chino.[882]

Según el China Global Investment Tracker, en términos de volumen de capital, Nicaragua se ubicaría en 4° lugar en la recepción de inversiones y grandes construcciones de empresas chinas en la subregión de Centroamérica y en 18° posición considerando el conjunto de países de América Latina y Caribe. La suma de estas operaciones arriba a US$ 530 millones, destacándose la inversión de la empresa Xinwei por US$ 300 millones[883]. La Red ALC-China registra una sola transacción de inversiones chinas en Nicaragua.[884]

Comercio bilateral Nicaragua-China

En 2021, el perfil comercial de Nicaragua asumía una orientación con predominio de los mercados del continente americano. Los EE.UU. concentraban el 56,5% de las ventas y 24,9% de las importaciones del país centroamericano. Le seguían en importancia México (que concentraba el 11,8% de sus exportaciones y el 8,8 % de sus importaciones) y la Unión Europea (con 5,7% sus exportaciones y 11,5% de sus compras). Otros mercados de relieve de los intercambios comerciales fueron: El Salvador y Honduras que fueron el 5,9 % y el 5,2% de las ventas nicaragüenses y Guatemala con un 7,3 % de las importaciones de Nicaragua. La relevancia de China en esa estadística sólo se presenta en cuanto segundo mercado de compra para Nicaragua, con un 12,5% de las importaciones del país centroamericano[885]; las exportaciones nicaragüenses a dicho país se mantenían muy bajas en términos internacionales con aproximadamente un 0,3% de las exportaciones de ese país[886].

En julio de 2022, autoridades chinas y nicaragüenses firmaron el acuerdo "Cosecha Temprana", considerado como la antesala de la firma de un TLC entre los dos países. Siguiendo la información procedente

---

[882] Fernández; Romero Wimer (2018), *op. cit.*, p. 94.

[883] American Enterprise Institute (2021), *op. cit.*

[884] RedALC-China (2023), *op. cit.*

[885] OMC (2022). Nicaragua. En OMC (2022). *Perfiles comerciales 2022* (pp. 262-263). OMC.

[886] UN Comtrade Data (2023). Recuperado de https://dit-trade-vis.azurewebsites.net/? reporter= 558&partner= 156&type=C&year= 2021&flow=

del Ministerio de Fomento, Industria y Comercio (MIFIC) de Nicaragua, diversas fuentes coinciden en que este acuerdo

> permitirá a Nicaragua exportar algunos productos sin aranceles a China, independiente de la firma del TLC, entre estos, despojos bovinos, mariscos, hortalizas, frijoles rojos, cacahuete crudo, ron, textil vestuario y arneses automotrices (...)
>
> Por su parte, China tendrá el mismo trato para exportar a Nicaragua plantas y flores, ajos, maíz dulce, sardinas y atunes, productos de confitería, plantas, productos de panadería, alimentos para peces, insecticidas, fungicidas, herbicidas, productos de plástico, neumáticos para autobuses y camiones, materias primas para textiles, y juguetes, de acuerdo con el Mific[887].

No obstante, desde el establecimiento de lazos diplomáticos entre los dos países, las relaciones comerciales continuaron manteniendo la misma asimetría que tenía antes de 2021[888]. En el año 2022, Nicaragua exportó a China productos por US$ 39 millones e importó productos de la nación asiática por US$ 1.392 millones (Gráfico 6). De esta manera, China se mantenía como el segundo mercado de importación para Nicaragua y el lugar 28º como mercado exportación, con un crónico déficit para el país centroamericano.[889]

En 2021, el principal producto exportado por Nicaragua a China fue el aceite de maní que reunió el 29% del total, seguido por la chatarra de cobre (20,4%) y la madera aserrada (14,3%); de esta forma, tres productos dan cuenta del 63,7% de las ventas nicaragüenses a la potencia asiática. Entre 1995 y 2021, el crecimiento promedio anual de las ventas del país centroamericano a China fue de 30,2%.[890]

---

[887] Swiss info (8 de septiembre de 2022) Parlamento de Nicaragua aprueba acuerdo previo a TLC con China. *Swiss info*. Recuperado de https://www.swissinfo.ch/spa/nicaragua-china_parlamento-de-nicaragua-aprueba-acuerdo-previo-a-tlc-con-china/47886982; Triviño (2022), *op. cit.*; Confidencial (2022), *op. cit.*

[888] Mcfield Yescas, A. (15 de diciembre de 2022). China y Nicaragua: el dragón perdona, pero no olvida. *El Economista*. Recuperado de https://www.eleconomista.com.mx/opinion/China-y-Nicaragua-el-dragon-perdona-pero-no-olvida-20221215-0001.html.

[889] OMC (2022), *op. cit.* El déficit crónico de la balanza comercial (y de pagos) de Nicaragua está registrado en las principales bases de datos internacionales que reúnen información a partir de la segunda mitad del siglo XX (Banco Mundial, CEPAL y UN Comtrade). Los estudios históricos también registran ese fenómeno -común a los otros países centroamericanos- a finales del siglo XIX e inicios del siglo XX cuando la formación social nicaragüense se basaba en el predominio de la exportación cafetalera. Wheelock Román, J. (1975). *Imperialismo y dictadura: crisis de una formación social*. Siglo XXI; Samper, K. M. (1993). Café, trabajo y sociedad en Centroamércia, (1870-1930): una historia común y divergente. En V. Acuña Ortega (Coord.), *Las repúblicas agroexportadoras (1870-1945)* (pp. 11-110). FLACSO. Para estudios sobre la década de 1980, ver: Garnier, L. (1993). La economía centroamericana en los ochenta: ¿nuevos rumbos o callejón sin salida? En E. Torres-Rivas (Coord.), *Historia inmediata (1979-1991)* (pp. 89-162). FLACSO; Vilas, C. (1994). *Mercado, Estados y Revoluciones. Centroamérica (1950-1990)*. UNAM.

[890] Simoes & Hidalgo (2023), *op. cit.*

En paralelo, el gigante asiático exportó a Nicaragua principalmente telas de punto de goma ligera (15,6%), equipos de transmisión (4,17%) y motocicletas (3,58%). Es decir, que tres productos representaron el 23,3% de las ventas de la potencia asiática al país centroamericano. Entre 1995 y 2021, el promedio de crecimiento anual de las exportaciones chinas a Nicaragua fue del 22%.[891]

De este modo, al igual que en el comercio bilateral entre Panamá-China, las exportaciones de Nicaragua son de menor nivel de elaboración y de bajo valor agregado si se comparan con las vendidas por la potencia asiática. Además, las exportaciones de China a Nicaragua se presentan con un nivel mayor de diversificación.

Gráfico 6. Nicaragua: intercambio comercial con China, en millones de US$. Años: 2001-2022.

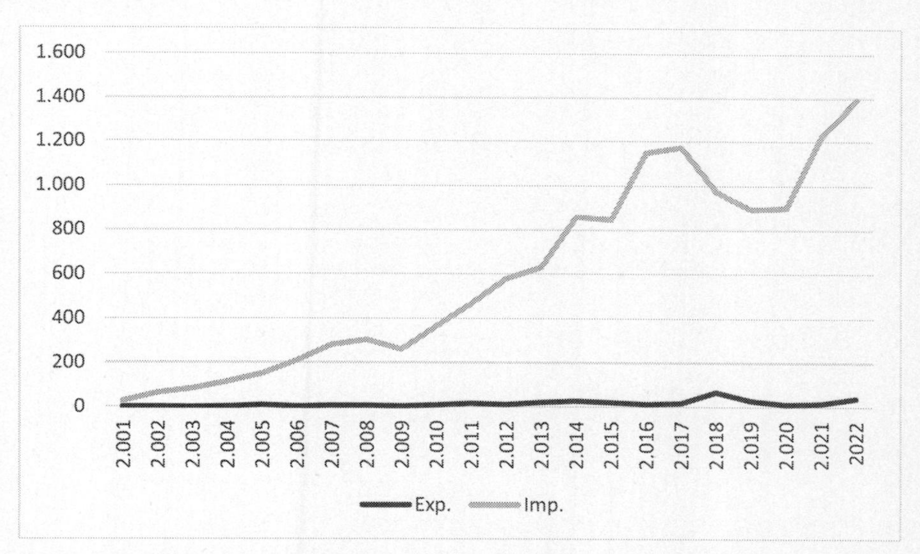

Fuente: Elaboración propia sobre la base de ITC (2023).

Mientras tanto, en 2022, los EEUU -favorecidos por los intercambios comerciales en el marco del TLC con América Central- se mantuvieron en el primer lugar tanto en términos de mercado de importación como de exportación. Más concretamente, Nicaragua exportó productos a los EE.UU. por US$ 3.800 millones e importó por US$ 3.000 millones; o sea

[891] *Id.*

una balanza comercial con superávit para Nicaragua, aunque consolidando su estructura primario-exportadora. [892]

Síntesis y conclusiones

A partir de lo examinado se observa que el progresivo establecimiento de relaciones diplomáticas entre los países de América Central y China siguió un ritmo desparejo, atravesados por contexto políticos y económicos en los que las prioridades desde las partes fueron modificándose.

En el mismo sentido, tanto las inversiones como los intercambios comerciales evolucionaron marcadas por el ritmo de los intereses chinos; es decir, de la economía más fuerte. De esta manera, se registra una elevada participación de las empresas chinas en las concesiones otorgadas en los sectores transporte, logística y construcción; un claro superávit estructural del intercambio comercial de China respecto a Panamá y Nicaragua; una fuerte concentración de la demanda china hacia determinados productos bajo valor agregado de las economías de estos dos países centroamericanos (el mineral de cobre de Panamá y los productos agropecuarios para el caso de Nicaragua); y una fuerte preponderancia por intercambiar manufacturas chinas por productos primarios o de bajo valor agregado de Nicaragua y Panamá.

Asimismo, vale destacar que, en el caso de Panamá y Nicaragua las grandes inversiones y concesiones al capital chino fueron otorgadas en sectores estratégicos ligados a la comunicación interoceánica, inclusive antes del establecimiento de relaciones diplomáticas entre estos países y China.

De esta manera, tanto la búsqueda de asociación de las clases dominantes panameña y nicaragüense con capitales chinos como la política exterior de China favorable a la expansión internacional de sus empresas en Centroamérica se han mantenido como una tendencia en ascenso durante el siglo XXI. Dada la importancia que tiene la región en términos geopolíticos y como espacio clave en el tránsito y acceso a recursos vitales para las grandes potencias, nos permitimos considerar que existe fuertes probabilidades que esta propensión continuará en los próximos años.

Todo lo cual reconfigura a América Central como parte de los escenarios clave -tanto en su dimensión geopolítica como para el tránsito y el

[892] UN Comtrade. (2023) Recuperado de https://dit-trade-vis.azurewebsites.net/? reporter= 558&partner= 842&type=C&year= 2022&flow=2.

transporte del comercio de mercaderías- en el marco de la disputa internacional entre EE.UU. y China.

Referencias

Aguilar, A. (2014). América Central entre dos Chinas: De la historia al pragmatismo. En W. Soto Acosta, (Ed.). *Política Internacional e Integración Regional. Comparada en América Latina* (pp. 257-267). FLACSO.

American Enterprise Institute. China Global Investment Tracker (2021). Recuperado de https://www.aei.org/china-global-investment-tracker/

ANPanamá (29 de marzo de 2023). Cuarto puente sobre el canal tendrá algunas modificaciones en su diseño y construcción". *ANPanamá*. Recuperado de https://www.anpanama.com/13989-Cuarto-Puente-sobre-el-Canal-tendra-algunas-modificaciones-en-su-diseno-y-construccion.note.aspx.

Banco Central de Nicaragua (2021). *Informe de Cooperación Oficial Externa 2020*. Recuperado de https://www.bcn.gob.ni/sites/default/files/documentos/ICOE_2020.pdf.

BBC Mundo (6 de octubre de 2015). Las impresionantes pérdidas del multimillonario chino que aumentan las dudas sobre el canal de Nicaragua. BBC News. Recuperado de https://www.bbc.com/mundo/noticias/2015/10/151006_canal_nicaragua_wang_jing_perdidas_impacto_aw.

Cardenal, J. P. & Araújo, H. (2012). *La silenciosa conquista china. Una investigación por 25 países para descubrir como la potencia del siglo XXI está forjando su futura hegemonía*. Crítica.

CentralAmerica Data (29 de septiembre de 2009). Albanisa de Nicaragua Sociedad Anónima. *Central America Data*, Recuperado de https://www.centralamericadata.com/es/article/home/Alba_de_Nicaragua_Sociedad_Anonima.

CEPAL (2015). La Inversión Extranjera Directa en América Latina y el Caribe, 2015. Naciones Unidas.

CGTN (13 de junio de 2022). Las visitas de Estado entre China y Panamá refuerzan las relaciones bilaterales tras el establecimiento de lazos diplomáticos. *CGTN en español*. Recuperado de https://espanol.cgtn.com/n/2022-06-13/HCbfEA/Las-visitas-de-Estado-entre-China-y-Panama-refuerzan-las-relaciones-bilaterales-tras-el-establecimiento-de-lazos-diplomaticos/index.html.

Chen, P. B. (2018). *Panamá y China - una relación de tres siglos*. MDC..

Ciudad del Saber. Recuperado de https://ciudaddelsaber.org/que-es-ciudad-del-saber/.

Colin R., A. (2014). *China and Taiwan in Central America: engaging foreign publics in diplomacy*. New York, Palgrave Macmillan.

Comisión Económica para América Latina (CEPAL) (2010). *La inversión extranjera directa en América Latina y Caribe*. CEPAL.

Comisión Económica para América Latina y el Caribe (CEPAL) (2017). La Inversión Extranjera Directa en América Latina y el Caribe, 2014. Naciones Unidas.

Comisión Económica para América Latina y el Caribe (CEPAL) (2018) La Inversión Extranjera Directa en América Latina y el Caribe, 2018. Naciones Unidas.

Comisión Económica para América Latina y el Caribe (CEPAL) (2019). La Inversión Extranjera Directa en América Latina y el Caribe, 2019. Naciones Unidas.

Comisión Económica para América Latina y el Caribe (CEPAL) (2021). *La Inversión Extranjera Directa en América Latina y el Caribe, 2021.* Naciones Unidas.

Comisión Económica para América Latina y el Caribe (CEPAL) (2022). *La Inversión Extranjera Directa en América Latina y el Caribe, 2022.*

Confidencial (10 de diciembre de 2022). Las "grandes promesas" de China no se materializan: Daniel Ortega sigue esperando. *Confidencial.* Recuperado de https://confidencial.digital/especiales/las-grandes-promesas-de-china-no-se-materializan-daniel-ortega-sigue-esperando/.

Dussel Peters, E. (2018). *Comercio e inversiones: la relación de Centroamérica y China. ¿Hacia una relación estratégica en el largo plazo?* Naciones Unidas.

DW (1 de enero de 2021). China reabre su embajada en Nicaragua tras ruptura con Taiwán. *DW.* Recuperado de https://www.dw.com/es/china-reabre-su-embajada-en-nicaragua-tras-ruptura-con-taiw%C3%A1n/a-60306088.

DW (26 de marzo de 2023). China y Honduras establecen relaciones diplomáticas. *DW*. Recuperado de https://www.dw.com/es/china-y-honduras-establecen-relaciones-diplom%C3%A1ticas/a-65124206.

Embajada de Estados Unidos en Panamá (30 de mayo de 2019). *Tratado de Promoción Comercial EE.UU.-Panamá*. Recuperado de https://pa.usembassy.gov/es/u-s-panama-tpa-es/#:~:text=Fue%20aprobado%20por%20Panam%C3%A1%20el,los%20servicios%20financieros%20y%20otros.

Embajada de la República de China (Taiwán) en Nicaragua (2008). *Organizaciones* Recuperado de https://web.archive.org/web/20130908085406/http://www.taiwanembassy.org/ni/ct.asp?xItem=54166&CtNode=4202&mp=337&xp1=.

Embassy of the People's Republic of China (20 de septiembre de 2022). Wang Yi se reúne con Ministro de Relaciones Exteriores de Nicaragua Denis Moncada Colindres. Recuperado de http://cr.china-embassy.gov.cn/esp/zgyw/202209/t20220921_10769010.htm.

Esteban, M. (2013). ¿China o Taiwán? Las paradojas de Costa Rica y Nicaragua (2006-2008). *Revista de Ciencia Política, 33(2),* 513-532.

Evan Ellis, R. (2009). *China in Latin America. The whats & wherefores*. Lynne Ryenner.

Fernández, P. & Romero Wimer, F. (2018). El proyecto del canal interoceánico en Nicaragua y la incidencia de capitales chinos en América Central. *Conjuntura Austral, 9*(46), 83-99. Recuperado de https://doi.org/10.22456/2178-8839.82287.

Fernández Hellmund, P. & Romero Wimer, F. (2019). Crisis política en Nicaragua. Un análisis para su comprensión. *Tensões Mundiais, 15*(28), 273-298.

Garnier, L. (1993). La economía centroamericana en los ochenta: ¿nuevos rumbos o callejón sin salida? En E. Torres-Rivas (Coord.), *Historia inmediata (1979-1991).* (pp. 89-162). FLACSO.

Ghiotto, L. (2021). Tratados de comercio e inversión en América Latina: un balance necesario a 25 años. En A. Guamán *et al.* (Org.), *Lex Mercatoria, Derechos Humanos y Democracia: Un Estudio Del Neoliberalismo Autoritario y Las Resistencias en América Latina.* (pp. 45-62). CLACSO.

Grau Vila, C. (2016). Entre China y Taiwán: el caso de Nicaragua y el Gran Canal Interoceánico / Between China and Taiwan: the case of Nicaragua and the Grand Interoceanic Canal. *Revista CIDOB d'Afers Internacionals, 114,* 207-231.

Hernández, A. S. (2019). Nexus of rivalry: Nicaragua's grand canal and inter-American relations. *Caribbean Studies, 47*(1), 37-65.

International Trade Center (2023). *Trade Map*. Recuperado de https://www.trademap.org.

La Información (27 de abril de 2012). Empresa china construirá primera fase de refinería en Nicaragua. La información. Recuperado de https://www.lainformacion.com/economia-negocios-y-finanzas/empresa-china-construira-primera-fase-de-refineria-ennicaragua_0izh8KppQ9QqXSChiU4Vm3/?autoref=true.

Lasso, M. (12 de marzo de 2019). Shanghai Gorgeous Group garantiza suministro de GNL para Panamá por 15 años. *La Estrella de Panamá.* Recuperado de https://www.laestrella.com.pa/economia/190302/group-shanghai-gorgeous-garantiza-suministro.

López Campos, J. (16 de diciembre de 2021). Una misión secreta a China durante la Revolución Sandinista. *Confidencial.* Recuperado de https://www.confidencial.com.ni/opinion/una-mision-secreta-a-china-durante-la-revolucion-sandinista/.

Martínez, M. (14 de noviembre de 2015). Enitel le abre las puertas a Xinwei". *La Prensa.* Recuperado de https://www.laprensani.com/2015/11/14/nacionales/1936555-enitel-le-abre-las-puertas-a-xinwei.

Mcfield Yescas, A. (15 de diciembre de 2022). China y Nicaragua: el dragón perdona, pero no olvida. *El Economista.* Recuperado de https://www.eleconomista.com.mx/opinion/China-y-Nicaragua-el-dragon-perdona-pero-no-olvida-20221215-0001.html.

Ministry of Foreign Affairs of the People's Republic of China (21 de febrero de 2023). *Qin Gang: Documento conceptual sobre Iniciativa para Seguridad Global demuestra firme determinación de China de salvaguardar Seguridad Global.* Recuperado de https://www.fmprc.gov.cn/esp/zxxx/202302/t20230222_11029526.html.

Ministry of Foreign Affairs of the People's Republic of China (25 de abril de 2022). *Wang Yi: La Iniciativa para el Desarrollo Global goza de amplio apoyo en todas las partes.* Recuperado de https://www.fmprc.gov.cn/esp/zxxx/202204/t20220426_10673905.html.

Ministry of Foreign Affairs, Republic of China (27 de diciembre de 2021). *Regarding the announcement by the Nicaraguan government that based on the "one China principle," the former premises of the Republic of China (Taiwan) Embassy in Nicaragua will be confiscated and transferred to the People's Republic of China (PRC), the Ministry of Foreign Affairs (MOFA) responds as follows.* Recuperado de https://en.mofa.gov.tw/News_Content.aspx?n=1328&sms=273&s=97035.

Olivares, I. (29 de septiembre de 2021). Wang Jing and Xinwei expelled from Shanghai Stock Exchange. *Confidencial.* Recuperado de https://confidencial.digital/english/wang-jing-and-xinwei-expelled-from-shanghai-stock-exchange/.

Olivares, I. (6 de junio de 2013). A cuatro meses del anuncio de Telcor, nadie sabe nada de 'los chinos'. Xinwei, ¿otro 'cuento chino'?" Confidencial. Recuperado de https://archivo.confidencial.com.ni/articulo/12157/xinwei-iquest-otro-quot-cuento-chino-quot-n.

OMC (2022). *Perfiles comerciales.* OMC.

OMC (2022). Nicaragua. En OMC (2022). *Perfiles comerciales 2022* (pp. 262-263). OMC.

Panamá. Ministerio de Comercio e Industrias (s.f). *Papel de Zonas Francas.* Recuperado de https://mici.gob.pa/zf-papel-de-las-zonas-francas/#:~:text=Las%20Zonas%20Francas%20en%20Panam%C3%A1,desarrollo%20dentro%20del%20territorio%20nacional.

Panamá. Ministerio de Relaciones Exteriores (MIRE) (2017*). Resumen de acuerdos suscritos entre la República de Panamá y la República Popular China.* Recuperado de https://www.mire.gob.pa/images/PDF/resumen_de_aceurdos.pdf.

Panamá. MIRE (2018). *Acuerdos Panamá-China.* Recuperado de https://mire.gob.pa/acuerdos-panama-china/.

Panamá. Sedes de Empresas Multinacionales (SEM) (2022). Recuperado de https://sem.gob.pa/.

RedALC-China (2023). *OFDI de China en América Latina y Caribe.* Recuperado de http://www.redalc-china.org/monitor/.

Romero Wimer, F. & Fernández Hellmund, P. (2016). Las relaciones argentino-chinas: historia, actualidad y prospectiva. Revista Andina de Estudios Políticos, VI (2): 60-91. DOI: https://doi.org/10.35004/raep.v6i2.118.

Samper, K. M. (1993). Café, trabajo y sociedad en Centroamércia, (1870-1930): una historia común y divergente. En V. Acuña Ortega (Coord.), *Las repúblicas agroexportadoras (1870-1945)* (pp. 11-110). FLACSO.

Simoes, A.J.G; Hidalgo, C.A (2023). *The Economic Complexity Observatory.* Recuperado de https://oec.world/es/resources/about.

Swiss info (8 de septiembre de 2022). Parlamento de Nicaragua aprueba acuerdo previo a TLC con China. *Swiss info.* Recuperado de https://www.swissinfo.ch/spa/nicaragua-china_parlamento-de-nicaragua-aprueba-acuerdo-previo-a-tlc-con-china/47886982.

The Dialogue (2023). *China -Latin America Finance Databases*. Recuperado de https://www.thedialogue.org/map_list/.

The state Council the People's Republic of China (2022). *The Taiwan Question and China's reunification in the New Era.*

The state Council the People's Republic of China/Xinhua (10 de agosto de 2022). China releases white paper on Taiwan question, reunification in new era. Recuperado de https://english.www.gov.cn/archive/whitepaper/202208/10/content_WS62f34f46c6d02e533532f0ac.html.

Triviño, A. (6 de septiembre de 2022). Nicaragua y China iniciarían negociaciones para crear un TLC a finales de septiembre. *France24*. Recuperado de https://www.france24.com/es/am%C3%A9rica-latina/20220906-nicaragua-y-china-iniciar%C3%A1n-negociaciones-para-crear-un-tlc-a-finales-de-septiembre.

UN Comtrade Data (2023). Recuperado de https://dit-trade-vis.azurewebsites.net/?reporter=558&partner=156&type=C&year=2021&flow=.

Vásquez, R. O. P. (2022). Impacto del DR-CAFTA sobre los flujos de inversión extranjera directa hacia Centroamérica y la República Dominicana. *Ciencia, Economía y Negocios*, *6*(1), 85-130.

Vilas, C. (1994). *Mercado, Estados y Revoluciones. Centroamérica (1950-1990).* UNAM.

Wheelock Román, J. (1975). *Imperialismo y dictadura: crisis de una formación social.* Siglo XXI.

Xinhua (9 de octubre de 2021). Entrevista: Profundización de relación China-Nicaragua ha sido "muy eficiente", dice Laureano Ortega. *China-CELAC Forum*. Recuperado de http://www.chinacelacforum.org/esp/zgtlmjlbgjgx_2/202210/t20221009_10779980.htm.

Ye, J. (24 de septiembre de 2021). The $31 billion bubble scam and the Nicaraguan Canal Myth. *The Epoch Times*. Recuperado de https://www.theepochtimes.com/the-31-billion-bubble-scam-and-the-nicaraguan-canal-myth_4011212.html.

13

AL RITMO DE LANA, SOJA Y CARNE. URUGUAY-CHINA: EL DEVENIR DE UNA RELACIÓN DEPENDIENTE (1988-2022)[893]

Pablo Senra Torviso

Fernando Romero Wimer

Introducción

La República Popular China (RPCh) se ha erigido en los últimos más de veinte años como un actor decisivo para la economía mundial tanto a través de la exportación de capital como del comercio y la dinámica financiera internacional. China y la República Oriental del Uruguay (ROU) establecieron relaciones diplomáticas a partir de 1988[894], a partir de allí la relación económica comenzó a profundizarse.

La evolución del agronegocio uruguayo del siglo XXI conduce necesariamente a Beijing, en el marco de una nueva etapa en cuanto a la importancia del gigante asiático para la economía del país latinoamericano. El ahondamiento de las relaciones económicas entre ambos países acabó por subordinar el aparato productivo uruguayo a la dinámica de la reproducción de los intereses chinos.

En razón de lo anterior, este capítulo se plantea explicar la correspondencia entre la evolución de los vínculos económicos -en especial, el devenir del agronegocio uruguayo-, así como sus principales implicaciones políticas y diplomáticas.

[893] El trabajo fue desarrollado en el marco del proyecto de investigación "El Mercado Común del Sur (Mercosur) como proceso muldimensional: economía, cuestión agraria, educación y medio ambiente" (2015-presente)" del Instituto de Altos Estudios del Mercosur (IMEA)/ Universidade Federal da Integração Latino-Americana (UNILA), Brasil. (Convocatoria Nº 3/2021).

[894] Raggio Souto, A. (2019). Uruguay y China en 1988: proceso de cambio en las relaciones diplomáticas. En J. Martínez Cortés (Comp.), *América Latina y el Caribe. Relaciones políticas e internacionales* (pp. 171-190). Red ALC-China.

La inserción internacional de la economía uruguaya

En la actualidad, el territorio uruguayo comporta una superficie de aproximadamente 176.215 km^2, en el que más del 70% lo constituyen praderas naturales fértiles.[895] Estas condiciones favorecieron desde el período colonial la expansión del ganado cimarrón[896].

A lo largo del siglo XVIII, las condiciones impuestas por España a sus colonias y la creciente demanda en estas últimas abrían la puerta para el avance de los intereses de la burguesía portuguesa a través del mercado vehiculizado por Colonia del Sacramento, incluyendo la salida de cueros y la entrada (mediante contrabando) de la incipiente manufactura inglesa. De este modo, es posible coincidir que "la propia formación de la Banda Oriental, y de la República Oriental del Uruguay posteriormente, fue desde sus orígenes el resultado de la expansión mundial del capitalismo"[897].

En 1814, en el transcurso de la guerra de independencia de los territorios hispanoamericanos contra España, se conformó en una parte de lo que fueran las Provincias Unidas del Río de la Plata una confederación denominada como Liga Federal o Liga de los Pueblos Libres[898], liderada por José Gervasio Artigas[899]. La Banda Oriental fue invadida por tropas luso-brasileñas en 1816 y posteriormente anexada con el nombre de Provincia Cisplatina al Reino Unido de Portugal, Brasil y Algarve para en 1822 quedar en manos del recién independizado Imperio de Brasil.

Así, la Banda Oriental fue epicentro de la guerra argentino-brasileña (1825-1828) cuando el gobierno de Buenos Aires estuvo determinado a reconquistar su herencia territorial española. Al final de las hostilidades, Gran Bretaña medió diplomáticamente entre ambos contendientes para que arribasen en agosto de 1828 a la firma de la "Convención Preliminar de Paz". Por la misma, se creó el Estado Oriental del Uruguay[900], que fue ratificado como país independiente por Argentina y Brasil en octubre del mismo año.[901]

---

[895] Brazeiro, A. (2015). Biodiversidad, conservación y desarrollo en Uruguay. En A. Brazeiro. *Eco-Regiones de Uruguay: Biodiversidad, Presiones y Conservación. Aportes a la Estrategia Nacional de Biodiversidad.* (pp. 10-15). Facultad de Ciencias, CIEDUR, VS-Uruguay, SZU.

[896] Vidart, D. (1968). Las tierras del sin fin. *Enciclopedia Uruguaya, 1*(2), 23-39.

[897] Oyhantçabal, G. (2019). *La acumulación de capital en Uruguay 1973 – 2014: tasa de ganancia, renta del suelo agraria y desvalorización de la fuerza de trabajo*. Ciudad Universitaria.

[898] Barrán, J. & Nahúm, B. (1967). *Historia rural del Uruguay moderno 1851-1885.* Ediciones de la Banda Oriental.

[899] Sala de Touron, L., De la Torre, N., & Rodríguez, J. (1987). *Artigas y su Revolución Agrária 1811-1820*. Siglo XXI; Azcuy Ameghino, E. (2015). *Historia de Artigas y la Revolución Argentina.* CICCUS.

[900] Con la reforma constitucional de 1918 se denominaría finalmente República Oriental del Uruguay.

[901] Bethell, L. & Murilo, J. (1991 [1985]). Brasil (1822-1850). En L. Bethell (Comp.), *Historia de América Latina* (pp. 319-377). Crítica, T. 6,

Esta mediación británica tendría como objetivo la consolidación y estabilización de su propio comercio, además de garantizar una entrada al continente a través del Río de la Plata, el Río Uruguay y el Paraná. Así, la política inglesa quitaba los impedimentos para un sistema de comercio internacional en la que los países periféricos tienen la función de abastecer de materias primas y alimentos de los centros industriales; incluido un centro predominante proveedor de manufacturas, bienes, y empréstitos[902].

A partir de 1852, una vez finalizada la conflagración civil llamada Guerra Grande (1839-1951), las existencias ganaderas comenzaron a recuperarse rápidamente junto con los saladeros. Además, respondiendo a la evolución del desarrollo capitalista en Europa, la base de la estructura económica agropecuaria del Uruguay pasaba a incorporar elementos modernizadores como: la consolidación de la cría del ovino; el alambrado de los campos; y el mestizaje de bovinos.[903]

En 1875, tras la crisis europea de 1873, Uruguay proyectó una tentativa de sustitución de importaciones por producción doméstica a través del aumento de impuestos de importación de determinados productos presentes en la industria nacional. Esto configuró en la historia uruguaya el inicio de experiencias que proponían la superación de la inserción dependiente, en cierta forma como reacción ante períodos de crisis en las grandes potencias que repercutían económica y políticamente en los países periféricos. Una experiencia similar acontecería con la crisis mundial de 1890.

Este proceso de crecimiento de la industria mercado-internista se desarrolló en el marco de un antagonismo entre fracciones de clase, donde una naciente burguesía industrial pasaba a ganar espacio en el escenario compartido con las fuerzas tradicionales (ganaderos, comerciantes intermediarios del comercio de exportación e importación, prestamistas y banqueros). En ese sentido, una de las facetas del proceso de concentración de capital en la industria manufacturera uruguaya se expresó a través del surgimiento de un "embrión de burguesía industrial"[904] en el marco de una sociedad que exhibía características plenamente capitalistas.

En esa línea, asumida la presidencia por José Batlle y Ordoñez (1903-1907 y 19011-1915) del Partido Colorado, la incidencia política de la

[902] Faroppa, L. (1969). Industrialización y dependencia económica. *Enciclopedia Uruguaya, 5*(46), 102-119.

[903] Nahúm, B. (1968). La estancia alambrada. *Enciclopedia Uruguaya, 3*(24), 62-79.

[904] Beretta Curi, A. (2008). Inmigración europea y pioneros en la instalación del viñedo uruguayo. En A. Beretta Curi (Coord.), *Del nacimiento de la vitivinicultura a las organizaciones gremiales: la constitución del Centro de Bodegueros del Uruguay*. TRILCE, p. 31.

incipiente burguesía industrial se expresaba en la profundización de las reformas[905] a costas de la expansión de la actividad agraria, y en el proteccionismo industrial que consolidaba beneficios a las empresas industriales. Este crecimiento económico se reflejaba también en un Estado que pasaba a expandirse en la dinámica comercial, industrial[906] y financiera[907].

De ese modo, en contraposición al interés industrial, el parteaguas entre el siglo XIX y el XX también encontraba un núcleo configurado por importantes portavoces de la alta burguesía agraria y pertenecientes al Partido Nacional, con una conciencia de clase bien definida, que seguían una ideología políticamente liberal y socialmente conservadora, con un claro perfil antindustrialista, antiproteccionista, antifiscalista, y antiestatista[908].

Con el advenimiento de la Primera Guerra Mundial se profundizaría el proceso de sustitución de importaciones[909], ya que la creciente alza en los precios internacionales de las carnes, cueros y lanas representaba excedentes suficientes que posibilitaban su reproducción en procesos de industrialización local de insumos que, por cuestiones de limitación del comercio internacional a raíz del conflicto, ya no podían importarse desde Europa[910].

Una vez arribada la crisis internacional de 1929, el relativo cierre comercial de los principales centros capitalistas del mundo se tradujo en la profundización del proteccionismo industrial uruguayo. Así, entre 1930 y hasta 1957, por primera vez, la industria pasó a contribuir en mayor medida que el agro a la producción uruguaya, y la producción industrial por habitante se duplicó mientras que la agraria se mantuvo relativamente estable[911].

---

[905] El arribo del batllismo a la presidencia -a partir de un acuerdo entre el Partido Colorado y el Partido Nacional- llevaría a impulsar regulaciones laborales, el control a empresas extranjeras, expansión industrial pública, impulso de proyectos de construcción civil, entre otros de importante calibre como el proyecto de ley impositivo sobre la tierra y la herencia. Ver: Finch, M. H. J. (2005). *La economía política del Uruguay contemporáneo, 1870-2000*. Ediciones de la Banda Oriental.

[906] Ejemplo de ello es la nacionalización del servicio de energía eléctrica y de cabotaje y la creación del Instituto de Química Industrial en 1912. Además, el Estado uruguayo incursionó en telégrafos en 1914, se hizo cargo de ramales ferroviarios en quiebra a partir de 1915 y nacionalizó los servicios portuarios en 1916.

[907] Se destaca la nacionalización del Banco República en 1911, la creación del Banco de Seguros y la nacionalización del Banco Hipotecario en 1912.

[908] Real de Azúa, C. (1969). Herrera: el nacionalismo agrario. *Enciclopedia Uruguaya, 4*(50), 182-199, p. 184.

[909] Este proceso de industrialización por sustitución de importaciones mantuvo un creciente control del capital extranjero en diferentes ramas industriales -como el operado en los frigoríficos- y mantuvo la dependencia uruguaya por vías del financiamiento, el transporte de mercaderías, el comercio exterior y el suministro de maquinarias, combustibles, y diferentes materias primas y artículos de consumo, en manos de capitales imperialistas. Ver: Barrán, J. & Naúm, B. (1977). *Historia rural del Uruguay moderno. La prosperidad frágil (1905-1914)*. Ediciones de la Banda Oriental. Tomo V; Faroppa (1969), *op. cit.*

[910] Oddone, J. (1992 [1986]). La formación del Uruguay moderno, c. 1870-1930). En L. Bethell (Comp.), *Historia de América Latina*. Crítica, T. 10, 118-134.

[911] Faroppa (1969), *op. cit.*

Este crecimiento industrial se debió en mayor medida por los sectores productivos del caucho, metalúrgico, eléctrico, químico, petrolero-carbonero, textil, y, de forma secundaria, por la industria de alimentos, cueros y muebles. Es así que también este crecimiento manufacturero impulsaba la producción agrícola, al tiempo que esta retroalimentaba la primera. Además, la expansión industrial y el consecuente incremento de la concentración urbana implicó la necesidad de una mayor infraestructura para transportes y vivienda, al tiempo que se dependía de la producción extranjera de los primeros y de la existencia de ahorro estatal que permitiese recursos para la vivienda y las obras necesarias en los nuevos medios urbanos.

Así pues, la tendencia positiva en el desarrollo de la manufactura local (con fuerte participación del capital extranjero) se extendería hasta mediados de la década de 1950. Cuando se detuvo, se tradujo en un *"estancamiento de la producción, deterioro general de la economía, inflación galopante, distribución regresiva del ingreso, progresivo endeudamiento con el exterior, desocupación, emigración de técnicos y científicos, etc."*[912]. En ese sentido, la inversión industrial anual bruta fija en el año 1964 fue menos de la mitad de la dinamizada en 1955[913]. Este estancamiento tuvo variadas causas como: el tamaño del mercado interno, una sobreestimulación de determinadas ramas industriales, un aumento en la necesidad de combustibles y maquinarias que se aparejaba con una disminución de la renta del agro, y la caída de los precios internacionales[914].

Además, la relativa complementariedad de la industria y la banca de Gran Bretaña con la actividad primaria uruguaya se vería sustituida por un Estados Unidos más competitivo en materias primas y forjador de balanzas comerciales pronunciadamente deficitarias para los países de América Latina. Así, tras un proceso de reestructuración de las posibilidades de capitalización y cambios en las corrientes del comercio exterior e inversión, Uruguay condicionó su destino nacional al declive de la potencia británica[915].

Si bien la estructura económica del Uruguay presentaba avances en su actividad interna, ésta no conseguía neutralizar la dependencia[916]

[912] Benvenuto, L. (1968). La evolución económica. De los orígenes a la modernización. *Enciclopedia Uruguaya, III*, 43-52, p. 59.

[913] Seré, P. (1969). El Uruguay en el mundo actual. *Enciclopedia Uruguaya*, (54), 62-79.

[914] Benvenuto (1968), *op. cit.*

[915] Seré (1969), *op. cit.*

[916] La categoría de dependencia tiene múltiples y variadas interpretaciones. En este texto recuperamos el amplio acervo de autores que, desde una perspectiva crítica, entendió que tanto elementos externos (subordinación política y económica entre naciones capitalistas) como factores internos (relaciones sociales de producción

expresada desde varias aristas, tales como: la centralidad económica de la producción agropecuaria debido a la demanda de los centros industriales de carnes, cueros y lanas; la necesidad de las importaciones de materias primas, maquinarias y artículos de consumo no producidos en territorio nacional; y el condicionamiento de las fluctuaciones de los ciclos económicos de los países industriales.[917]

Así, los instrumentos proteccionistas aplicados para la consolidación de una producción industrial nacional comenzaron a ceder también ante el contrapeso de los intereses de la burguesía rural -que conseguía desplazar al Partido Colorado del gobierno en 1959- y de los estatutos del FMI.[918]

En ese sentido, la caída del valor de las materias primas, así como del volumen comercializado a partir de la segunda mitad de la década de 1950 implicó la instauración de un período caracterizado por un déficit en la balanza de pagos y fiscal, así como también una caída en las reservas de divisa internacional, un incremento de la deuda externa y una escalada inflacionaria[919].

Así, la crisis económica en Uruguay atravesaría los gobiernos subsecuentes del Partido Nacional (1959-1963 y 1963-1967) y del liderado por el ala más conservadora del Partido Colorado (1967-1972). Bajo este último signo político se inauguró en 1972 el gobierno constitucional de Juan María Bordaberry que en 1973 se transfiguraría en una dictadura cívico-militar con él mismo como dictador (1973-1976). La dictadura se extendería hasta 1985 instalando el terrorismo de Estado y dejando un saldo de cientos de desaparecidos, asesinados, torturados, encarcelados y exiliados.[920]

En el plano económico, la dictadura consolidó la dependencia y aseguró los intereses más concentrados. Su accionar se tradujo en un alza inflacionaria que desplomó el salario real en un 60% entre 1971 y 1984. Si bien la economía uruguaya alcanzó un crecimiento promedio del PBI de

---

y estructuras de poder que reproducen la dependencia) eran los condicionantes de la pobreza estructural, la desigualdad social, la falta de autonomía nacional, y el bajo desempeño industrial, entre otros, de las sociedades latinoamericanas y caribeñas. Ver: Marini, R. M. (1973). *Dialéctica de la dependencia*, Era; Ciafardini, H. Crítica a la teoría del capitalismo dependiente. En H. Ciafardini. *Textos sobre economía política e historia* (pp. 197-213). Amalevi.

[917] Faroppa (1969), *op. cit.*

[918] González Demuro, W. (2003). *De historiografías y militancias. Izquierda, artiguismo y cuestión agraria en el Uruguay (1950-1973)*. Universidad de la República.

[919] Oyhantçabal (2019), *op. cit.*

[920] Busquets, J. M. & Delbono, A. (2016). La dictadura cívico-militar en Uruguay (1973-1985): aproximación a su periodización y caracterización a la luz de algunas teorizaciones sobre el autoritarismo. *Revista de la Facultad de Derecho,* (41), 61-102; Demasi, C., Marchesi, A. V., Markarian, V., Rico, A., & Yaffé, J. (2013). *La Dictadura Cívico-Militar. Uruguay 1973-1985*. EBO.

2,8% entre 1973 y 1978[921], posteriormente este retrocedió un 20% entre 1982 y 1984. Además, dejó una abultada deuda externa; pasando de US$ 718 millones en 1973 a más de US$ 4 mil millones en 1984. Este endeudamiento externo pasó del 25% al 90% del PBI en dicho período[922], condicionando el desarrollo futuro de la economía uruguaya.

Tras las elecciones de 1984, caracterizadas por la existencia de líderes presidenciables presos y proscriptos, Julio María Sanguinetti -en representación del Partido Colorado- asumió la presidencia del Uruguay democrático en 1985. Le seguiría Luis Alberto Lacalle (1990-1995) del Partido Nacional. En 1995, volvería a la presidencia el primero, siendo sucedido por Jorge Batlle (2000-2005) también del Partido Colorado.

Si bien estos gobiernos contaron con sus especificidades, tuvieron en común la profundización del camino neoliberal[923] que había impulsado la dictadura militar. Aunque los guarismos iniciales de este período se mostraron en alza, la crisis de 1999 derivó nuevamente en una fuerte contracción de las exportaciones y del PBI, así como del salario real. En 2005, Jorge Batlle dejó el gobierno con una pobreza que promediaba el 40%[924].

Los gobiernos del Frente Amplio liderados por Tabaré Vázquez (2005-2010) y (2015-2020) y José Mujica (2010-2015) contaron con una coyuntura internacional favorable, a la vez que implementaron una serie de reformas que colocarían al país nuevamente en los rieles del crecimiento económico. El índice de pobreza se redujo del 39,9% en 2004 al 6,4% en 2015[925], así como también el índice de desigualdad por debajo del resto de la región[926].

[921] Algunas de las medidas económicas aplicadas por la dictadura militar uruguaya fueron: la desregulación financiera y la desindexación salarial por la Comisión de Productividad, Precios e Ingresos de Uruguay (COPRIN). Además, se aplicaron leyes de Inversiones Extranjeras, de Promoción industrial, y de Exportaciones No Tradicionales -a raíz de la caída de los precios de las carnes y sus trabas para el ingreso en Europa-. Ver: Oyhantçabal (2019), *op. cit.*

[922] Astori, D. (1989). *La deuda e(x)terna ¿Obstáculo irreversible o base de transformación?* CIEDUR; Yaffé, J. (2010). "Economía y dictadura en Uruguay, una visión panorámica de su evolución y de sus relaciones con la economía internacional (1973–1984)". *Revista de Historia,* (61-62), 13-35.

[923] Desde el gobierno de Lacalle en 1990 hasta la ascensión del Frente Amplio se suspendieron los Consejos de Salario e indexación de los salarios por la inflación, resultando en el congelamiento del salario real en el período mencionado. También, se desregularon los correos, puertos, seguros, y se intentó la privatización de empresas públicas.

[924] Oyhantçabal (2019), *op. cit.*

[925] República Oriental del Uruguay (ROU). Presidencia (2016). "Pobreza en Uruguay bajó de 39,9 % en 2004 a 6,4 % en 2015 y repitió mínimo histórico". Recuperado de https://www.gub.uy/presidencia/comunicacion/noticias/pobreza-uruguay-bajo-399-2004-64-2015-repitio-minimo-historico.

[926] Piñeiro, D. & Cardeillac, J. (2018). El Frente Amplio y la política agraria en el Uruguay. En C. Kay & L. Vergara-Camus, *La cuestión agraria y los gobiernos de izquierda en América Latina: Campesinos, agronegocio y neodesarrollismo* (pp. 259-286). CLACSO.

El salario real directo pasaría a crecer un 50% entre 2004 y 2014, reduciendo el desempleo a guarismos históricos que promediaron el 6,4% entre 2010 y 2014.[927] Esta situación internacional se caracterizaba por el aumento del precio de las materias primas, así como también de los flujos de capital bajo la forma de Inversión Extranjera Directa (IED) y de financiamiento[928].

De esta manera, la asunción del Frente Amplio empalmó con un momento de recuperación del crecimiento del PBI uruguayo que ya había comenzado levemente a crecer a partir de 2003, luego de 4 años de caída. Así, entre 2003 y 2015 este incremento del PBI fue de 5,4% anual. A partir de 2016, la economía uruguaya comprimió sus tasas de crecimiento e inversión, y en 2020 la pandemia de COVID-19 provocó una fuerte recesión[929].

No obstante, los gobiernos progresistas no establecieron reformas estructurales en la política económica y mantuvieron los lineamientos de adaptación y desnacionalización del aparato productivo uruguayo a las demandas de las grandes potencias. Es decir que, si bien el Frente Amplio proyectó nuevamente al Estado como mediador del desarrollo económico y social, consintieron con una dinámica capitalista que profundizaba la incidencia de las empresas transnacionales a través de las cadenas globales de valor, la expansión del monocultivo de la soja, las exportaciones de pasta de celulosa[930] y otros productos primarios, y la incidencia del acaparamiento y la extranjerización de la tierra[931]. Todo ello en un escenario internacional en que China aseguraba su expansión económica convirtiéndose en una aspiradora mundial de importaciones de bienes primarios.[932]

De este modo, el carácter dependiente de la inserción internacional del Uruguay en el sistema internacional se ha traducido internamente en históricos desequilibrios producto de la sobreestimulación de ciertos sectores

---

[927] ROU. Ministerio de Desarrollo Social (MDS) (2023). "Tasa de desempleo". Recuperado de https://www.gub.uy/ministerio-desarrollo-social/indicador/tasa-desempleo-total-pais.

[928] Romero Wimer, F. & Senra, P. (2019). Uruguay, entre el mar de oportunidades y el ojo del huracán chino. En F. Romero Wimer, F. *et. al.*, *Encrucijadas Latinoamericanas. Movimientos sociales, autoritarismo e imperialismo*. CEISO.

[929] Oyhantçabal, G., Ceroni, M., & Carambula, M. (2022). Introducción: El espacio agrario uruguayo a comienzos del siglo XXI. En Ceroni, M., Oyhantçabal, G., & Carámbula, M. (Coord.), *El cambio agrario en el Uruguay contemporáneo* (pp. 13-26). Ediciones del Berretín.

[930] En noviembre del año 2007 comenzaba a operar en Uruguay la planta de Metsa-Botnia, repasada a la también finlandesa UPM-Kimmene. La instalación de esta planta generó contradicciones que llegaron a expresarse en la Corte Internacional de Justicia tras la denuncia argentina.

[931] Carámbula, M. & Oyhantçabal, G. (2019). Proletarización del agro uruguayo a comienzos del siglo XXI: viejas y nuevas imágenes de un proceso histórico. *Revista de Desarrollo Económico Territorial*, (16), 161-180.

[932] Romero Wimer, F. & Senra, P. (2019). Relaciones diplomáticas entre la República Popular China y la República Oriental Del Uruguay (1988-2020). *Revista Interdisciplinaria de Estudios Sociales*, (20), 53-87.

de la producción y la atrofia de otros, distorsionando las posibilidades de empleo de materias primas, regiones y trabajo, deformando de ese modo las economías a través de la renta ofrecida por ciertas actividades funcionales a los intereses de los centros industriales.

Así, más allá de los intentos malogrados de superación de la inserción dependiente, la dependencia del Uruguay pasó a orquestarse principalmente sobre su comercio exterior y el endeudamiento externo. Asimismo, su escasez de capital financiero, en combinación con la creciente necesidad de tecnología para alcanzar mayores volúmenes de producción contribuyó para el avance del capital extranjero y su consecuente dominio sobre la estructura productiva.

En las elecciones de 2019, embarcado en una coalición multipartidaria, el candidato presidencial del Partido Nacional -Luis Lacalle Pou- derrotó por escaso margen y en segunda vuelta a Daniel Martínez del Frente Amplio. Entre las razones del triunfo de la coalición de centro-derecha que encabezó Lacalle Pou estaban el aumento de la inseguridad, el desempleo[933] y las preocupaciones en torno a la educación[934].

En líneas generales, la presidencia de Lacalle Pou se ha caracterizado hasta el momento por las políticas de ajuste fiscal, reforma regresiva del Estado y preservación de los beneficios del capital extranjero y local.[935] En parte como acarreo de los problemas derivados de la pandemia 2020-2021, no ha conseguido contener el deterioro social evidenciándose en el alza de la inflación, el incremento de la pobreza, y la caída del salario real.[936] De todos modos, la relación con China marca una gruesa línea de continuidad de Lacalle Pou con los gobiernos del Frente Amplio.[937]

---

[933] Luego de caer a 6% de la Población Económicamente Activa (PEA) en 2011 y mantenerse relativamente estable hasta 2014 pasó a tener una tendencia ascendente a partir de 2015 cuando trepó 7,5%. En 2020, el desempleo llegó al 10,4%. Ver: ROU MDS (2023), *op. cit.*

[934] Queirolo, R. (2020). "¿Qué significa el "giro a la derecha" uruguayo? *Nueva Sociedad*, (287), 98-107.

[935] Elías, A. (2021). Uruguay: el ajuste estructural capitalista, facilitado por los buenos resultados sanitarios en la pandemia. En A. López, G. Roffinelli & L. Catiglioni (Coord.), *Crisis capitalista mundial en tiempos de pandemia* (pp. 387-406). CLACSO.

[936] Schmidt, N. & Repetto, L. (2022). Uruguay 2021: Entre la urgencia, el freno y un nuevo comienzo para el gobierno de coalición. *Revista de Ciencia Política, 42*(2), 439-460.

[937] Luján, C. A. (2023). Discursos y prácticas en la política exterior de Uruguay (2020-2022). China, Mercosur y después. *Anuario del Área Socio-Jurídica, 15*(1), 22-41.

Las relaciones Uruguay-China

La RPCh y Uruguay mantuvieron relaciones comerciales desde 1955[938]. Iniciada la transición democrática uruguaya a mediados de la década de 1980, el distanciamiento ideológico heredado de la dictadura cívico-militar (1973-1985) respecto al gobierno de China se diluyó ante las perspectivas comerciales que ofrecía el gigante asiático.

En 1985, durante el gobierno de Sanguinetti, partieron hacia China dos misiones diplomáticas. Una de ellas compuesta por miembros del Parlamento, y la otra encabezada por el ministro de Agricultura y Pesca, Roberto Vázquez Platero, en compañía de una comitiva de empresarios uruguayos. En sesión parlamentaria del 3 y 4 de diciembre de 1985, el senador Juan Raúl Ferreira –miembro del Partido Nacional y de la comitiva parlamentaria– informaba ante el Senado que el objetivo central de la misión consistía en transmitir al gobierno chino que la profundización de las relaciones entre ambos países dependía del avance de las relaciones comerciales, y que éstas debían absorber la cuota de intercambio comercial entre Uruguay y Taiwán.[939]

Al mismo tiempo, la representación diplomática de Taiwán hacía sentir su malestar con la apertura de negociaciones con China en los medios de comunicación uruguayos[940]. Además, en los años subsiguientes, se manifestaron en varias sesiones de la Cámara de Senadores del Uruguay vehementes discursos a favor y en contra establecimiento de relaciones diplomáticas con China y su consecuente ruptura con Taiwán[941].

Sin embargo, el peso de los intereses económicos prevaleció sobre el debate político uruguayo y, según consta en la sesión de la Cámara de Senadores del 17 de marzo de 1987, la presión para el establecimiento de las relaciones con China llegó a ser ejercida directamente por las clases dominantes uruguayas. En ese sentido, la Comisión de Asuntos Internacio-

---

[938] Sanguinetti, J. M. (2023). 35 años de superación. En AA.VV. *35 años de relaciones diplomáticas China-Uruguay*. Multimedio, p. 3.

[939] ROU. Parlamento de Uruguay. Cámara de Senadores (3 y 4 de diciembre de 1985). Manifestaciones del senador Ferreira. En *Diario de Sesiones de la Cámara de Senadores*, 78° Sesión Ordinaria, pp. 8-9. Recuperado de https://parlamento.gub.uy/camarasycomisiones/senadores/documentos/diario-de-sesion/1111/IMG.

[940] Yang, R. (22 de octubre de 1985). Nota con Ricardo Yang. *El Día*, p. 5 *apud Diario de Sesiones de la Cámara de Senadores de la ROU* (17 de marzo de 1987), 169, t. 305.

[941] ROU. Parlamento de Uruguay. Cámara de Senadores (17 de marzo de 1987). Exposición del señor senador Rodríguez Camusso. En *Diario de Sesiones de la Cámara de Senadores*, p. 13. https://parlamento.gub.uy/documentosyleyes/documentos/diarios-de-sesion/1201/IMG ; ROU. Parlamento de Uruguay. Cámara de Senadores (9 de diciembre de 1987). Exposición del señor senador Jude. *Diario de Sesiones de la Cámara de Senadores*, p. 81. Recuperado de https://parlamento.gub.uy/documentosyleyes/documentos/diarios-de-sesion/1264/IMG.

nales del Senado del Uruguay recibió ese año una significativa delegación de empresarios de diversos sectores, cuyo planteo refería a la necesidad del establecimiento de relaciones con China[942].

Los diplomáticos chinos en Uruguay eran llamados por el gobierno del gigante asiático como los "embajadores de la lana"[943], ya que el comercio de lana dominaba sus asuntos de trabajo. La lana y sus derivados sostuvieron una participación expresiva en la canasta exportadora uruguaya con destino hacia China desde el establecimiento de las relaciones diplomáticas hasta el año 2005, pasando entonces a ocupar el primer plano la soja[944].

El 3 de febrero de 1988, los diplomáticos Li Luye y Felipe Héctor Paolillo suscribieron en Nueva York una serie de convenios a través de los cuales dieron inicio a las relaciones diplomáticas entre China y Uruguay. En noviembre de ese año, Sanguinetti viajó a Beijing para encontrarse con Deng Xiaoping. Fueron firmados allí algunos acuerdos importantes con miras a satisfacer las expectativas previas al establecimiento de las relaciones diplomáticas.[945]

Así, mediante un convenio de 1988, el gobierno chino otorgó a Uruguay una línea de crédito de 30 millones de yuanes (CNY), a una tasa de interés anual del 5%, con destino a la realización de proyectos, suministro de equipos, y asistencia técnica. La línea de crédito debía ser amortizada con monedas libremente convertibles o con los productos de exportación uruguayos. La ejecución del convenio quedó en manos del Banco de China y del Banco Central del Uruguay. [946] Por otra parte, a través del Memorándum de entendimiento del mismo año se buscaba la firma de ulteriores acuerdos en materia agropecuaria, uno en el área fitosanitaria y el otro en el área de sanidad animal.[947]

En mayo de 1990, el presidente de China, Yang Shangkun realizó una gira por Argentina, Brasil, Chile, México y Uruguay[948]. La visita de este líder

[942] Romero Wimer, F. & Senra, P. (2019). Relaciones diplomáticas entre la República Popular China y la República Oriental Del Uruguay (1988-2020), *op. cit.*

[943] Tang, M. (31 de enero de 2018). Hacia un futuro mejor. *China Today*. Recuperado de http://spanish.chinatoday.com.cn/cul/CLACE/content/2018-01/31/content_752490.htm.

[944] International Trade Centre (ITC) (2023). *Trade Map*. Recuperado de https://www.trademap.org>.

[945] Guelar, D. (2013). *La invasión silenciosa. El desembarco chino en América del Sur*. Debate.

[946] ROU. MRREE (7 de noviembre de 1988). Convenio sobre una línea de crédito proporcionada por el Gobierno de la RPC al Gobierno de la ROU. En ROU, MRREE (1988-2023). Base pública de información sobre acuerdos internacionales suscritos por Uruguay. Recuperado de https://tratados.mrree.gub.uy/

[947] ROU. MRREE (7 de noviembre de 1988). Memorándum de entendimiento para arribar a la firma de acuerdos en materia agropecuaria, área fitosanitaria y sanidad animal. En ROU. MRREE (1988-2023). *op. cit.*

[948] Embajada de la República Popular China (RPC) en la República Oriental del Uruguay (ROU) *(2007). Breve introducción a las relaciones bilaterales entre China y Uruguay*. Recuperado de http://uy.china-embassy.org/esp/

derivó entonces en la firma de convenios de cuya efectividad dependería el futuro de las relaciones diplomáticas entre China y Uruguay. Entre ellos, el *Memorándum de entendimiento sobre cooperación lanera* que buscaba satisfacer el reclamo uruguayo de estimular la exportación de lana hacia China y, como contrapartida, establecía que debía incrementarse también la entrada de inversiones chinas para establecer empresas mixtas en Uruguay.[949]

Otro acuerdo atendía la cooperación científica en el campo de la sanidad animal y cuarentena, así como la promoción de actividades e intercambio de expertos en ese campo de conocimiento, otorgando al Ministerio de Agricultura chino el acceso directo sobre la información de la producción uruguaya.[950] Además, un memorando ceñía a los países a comprometerse en la expedición de certificados fitosanitarios para las plantas y productos vegetales a ser exportados.[951]

Los flujos comerciales entre China y Uruguay atravesaron por entonces distintos vaivenes comerciales. Entre 1989 y 1990, las exportaciones de Uruguay hacia China cayeron de US$ 110,6 millones a US$ 65,8 millones; lo cual generó tensiones en el arco político por el reciente cambio de relaciones diplomáticas. De todos modos, en 1991, un nuevo incremento de las ventas uruguayas al gigante asiático -que alcanzó los US$ 118,1 millones- generó un clima de mayor tranquilidad.

En abril de 1993, en un escenario de nuevas caídas de las exportaciones uruguayas hacia China -que pasaron a US$ 93,7 millones en 1992-, se firmaron nuevos convenios a través de una misión diplomática a Beijing encabezada por Gonzalo Aguirre -vicepresidente de Uruguay-, Didier Opertti -ministro de Relaciones Exteriores-, y el expresidente Sanguinetti.

De este modo, por un acuerdo, China obligó a sus corporaciones estatales de comercio exterior a facilitar el ingreso de ciertos productos uruguayos y, de manera concomitante, el gobierno uruguayo se comprometió a incentivar el crecimiento de la participación china en las importaciones globales de Uruguay[952], las cuales efectivamente se proyectaron de US$

zggxs/t358762.htm

[949] ROU. MRREE (31 de octubre de 1990). Memorándum de entendimiento sobre cooperación lanera. En ROU. MRREE (1988-2023), *op. cit.*

[950] ROU. MRREE (24 de mayo de 1990). Acuerdo de cooperación sobre sanidad animal y cuarentena. En ROU. MRREE (1988-2023), *op. cit.*

[951] ROU. MRREE (24 de mayo de 1990). Memorándum de entendimiento sobre cooperación en cuarentena vegetal. En ROU. MRREE (1988-2023), *op. cit.*

[952] ROU. MRREE (5 de abril de 1993). Memorándum de entendimiento comercial. En ROU. MRREE (1988-2023), *op. cit.*

17,9 millones en 1992 a US$ 31,9 millones en 1993. Además, China concedió un préstamo sin interés de US$ 2 millones -con una línea de crédito establecida entre el Banco de China y el Banco de la República- para la compra de equipamiento militar chino que sería entregado en el puerto de Montevideo. [953] Enfatizamos el significado de este tipo de adquisiciones, ya que no se trata de un mero vínculo comercial, sino que atañe a lazos que involucran la columna vertebral de todo Estado como son las Fuerzas Armadas e incluyen relaciones tecnológicas, repuestos, entrenamiento, etc. Posteriormente, otros acuerdos que involucraron al Ministerio de Defensa de Uruguay siguieron en la misma línea.

Seis meses más tarde, el presidente uruguayo Luis Alberto Lacalle encabezó la misión diplomática hacia China. En dicho marco fueron firmados otros acuerdos respecto a inversiones[954], cooperación económica y técnica[955] y cooperación agropecuaria y pesquera[956].

Entrado el año 1994, Uruguay recibió al entonces secretario del Comité Central del Partido Comunista Chino (CC PCCh), Hu Jintao, quien años más tarde asumiría la presidencia de China. Ese año fue firmado en Montevideo un programa sobre cooperación lanera en el que establecía otra importante misión uruguaya hacia China con el objetivo de seguir incrementando el comercio.[957] Tras esa visita, las exportaciones uruguayas retomaban un lento crecimiento, proyectándose de US$ 66,6 millones en 1993 a US$ 78,7 millones en 1994.

En 1995 se asistió a una nueva alza en las exportaciones uruguayas hacia China, proyectándose a US$ 85,4 millones.

En marzo de 1997, el presidente Sanguinetti solicitó una reunión con el embajador chino en Montevideo, Tang Mingxin. En la reunión, el presidente uruguayo le expresó a Tang la importancia de la exportación de lana, de carne de ternera y de cordero, y que el comercio de lana era la base del comercio chino-uruguayo. En respuesta, el embajador Tang hizo los

[953] ROU. MRREE (05 de abril de 1993). Protocolo por una línea de crédito de asistencia militar. En ROU. MRREE (1988-2023), *op. cit.*

[954] ROU. MRREE (02 de diciembre de 1993). Convenio de promoción y protección recíproca de inversiones. En ROU. MRREE (1988-2023), *op. cit.*

[955] ROU. MRREE (02 de diciembre de 1993). Protocolo de cooperación económica y técnica. En ROU. MRREE (1988-2023), *op. cit.*

[956] ROU. MRREE (2 de diciembre de 1993). Acuerdo sobre cooperación agrícola, ganadera y pesquera. En ROU. MRREE (1988-2023), *op. cit.*

[957] ROU. MRREE (27 de octubre de 1994). Programa ejecutivo del memorándum de entendimiento sobre cooperación lanera. En ROU. MRREE (1988-2023), *op. cit.*

ajustes para la visita de Sanguinetti al Grupo Hengyuanxiang en Shanghái, así como para el encuentro de los representantes de la Cámara de Comercio Uruguay-China con el gerente general de Hengyuanxiang y con los directivos de empresas procesadoras de lana de la ciudad de Zhangjiagang. Así, ese año, Sanguinetti visitaba por tercera vez China junto al entonces presidente de la Cámara de Comercio Uruguay-China, Pedro Otegui, y otros actores políticos y empresariales.[958]

Como resultado de la comitiva presidencial a Shanghái, se acordó aumentar la importación de lana uruguaya y de cooperar en la producción, el procesamiento y la venta de lana en China. En consecuencia, el año 1997 cerró con un aumento aproximado de 25% en las exportaciones hacia el país asiático.[959]

En mayo de 1998, Tabaré Vázquez -líder del Frente Amplio- viajó a China junto a Rodolfo Nin Novoa, donde acordó el establecimiento de mecanismos de intercambio, como la formación de cuadros y la organización de seminarios e investigaciones entre el PCCh y el Frente Amplio[960]. También ese año, el vicepresidente uruguayo Hugo Batalla realizó una visita oficial al país asiático, mientras que el general Fu Quanyou, jefe del Estado Mayor de la RPCh, fue recibido por la presidencia uruguaya.

Tras una nueva y pronunciada caída en las exportaciones de lana y derivados hacia el país asiático, en diciembre de 1999 se embarcaron en misión diplomática hacia China el vicepresidente de Uruguay Hugo Fernández Faingold[961] y el ministro de Defensa Nacional Juan Luis Storace.

En el mes de noviembre del año 2000, ya durante la presidencia de Batlle, el vicepresidente de Uruguay, Luis Hierro, visitó Shanghái y Beijing. En esa línea, se firmaron acuerdos, entre ellos: uno en el que manifestaba el apoyo uruguayo a la entrada de China a la Organización Mundial de Comercio (OMC)[962] y otro sobre sanidad de la carne de cerdo importada por Uruguay. [963]

[958] Tang, (2018), *op. cit.*

[959] Embajada de la RPCh en la ROU (2007), *op. cit.*

[960] Tang (2018), *op. cit.*

[961] En 1998, Hugo Fernández Faingold reemplazó al vicepresidente Hugo Batalla luego de su fallecimiento.

[962] ROU. MRREE (2000). Acuerdo Bilateral para el ingreso de la RPCh a la OMC. En ROU. MRREE (1988-2023), *op. cit.*

[963] ROU. MRREE (2000). Protocolo sobre las condiciones de sanidad veterinaria y la cuarentena de la carne de cerdo importada por Uruguay de la RPCh. En: ROU. MRREE (1988-2023), *op. cit.*

En abril de 2001, en su gira por varios países de América Latina y el Caribe, el presidente de China, Jiang Zemin, visitó Uruguay. En dicho marco, se firmó un acuerdo entre el Instituto Artigas de Uruguay y la Academia Diplomática de China mediante el cual se establecía, entre otros aspectos, el intercambio de planes de estudio, docentes e investigadores.[964]

En julio del mismo año, ambos países suscribieron un memorando de entendimiento entre Uruguay y la ciudad de Jining (China) estableciendo un marco de cooperación en materia de lechería, de producción de ganado lechero, mejoramiento de bovinos productores de leche y control de enfermedades de vacunos.[965]

El 13 de octubre de 2002, el presidente Batlle se reunió en Beijing con el presidente del Consejo para el Fomento del Comercio Internacional de China (CCPIT), Yu Xiaosong, y luego con el presidente de la China Ocean Shipping Company (COSCO), We Jiafu. El día siguiente, Batlle mantuvo reuniones con el presidente de Chinatex, Zhao Boya, y posteriormente con varios directivos chinos. [966] En la gira, Batlle también se reunió con Jiang Zemin y acordó una línea de crédito de China a Uruguay[967].

El 3 de septiembre de 2006 arribó a Uruguay el presidente de la Asamblea Popular Nacional de China, Wu Bangguo, para mantener una audiencia con el presidente uruguayo Tabaré Vázquez, con el vicepresidente Nin Novoa y con el presidente de la Cámara de Representantes Julio Cardozo. Seguidamente, en presencia del vicepresidente uruguayo y de Wu, fue firmado un convenio sobre crédito preferencial otorgado a Uruguay[968], por una suma total de CNY 200 millones, operado por el Banco de Importación y Exportación de China, con objeto de financiar proyectos acordados por

[964] ROU. MRREE (10 de abril de 2001). Acuerdo de cooperación entre el Instituto Artigas del servicio exterior del Ministerio de Relaciones Exteriores de la ROU y la Academia Diplomática de la RPCh. En ROU. MRREE (1988-2023), *op. cit.*

[965] ROU. MRREE (5 de julio de 2001). Memorando de entendimiento técnico y comercial entre el Instituto Plan Agropecuario de la ROU y el Gobierno de la Ciudad de Jining de la RPCh. En ROU. MRREE (1988-2023), *op. cit.*

[966] Entre ellos: el presidente de Want Want Group, Cai Yanming; el presidente del Consejo de Fomento del Comercio Internacional de Shanghai, Wu Cheng Lin; el vicedirector de la autoridad del Puerto de Shanghái, Li Chen; el presidente de Shanghai Fisheries General Corp., Ling Kong Shan; y con el gerente general de Shanghai Marine Fisheries, Pu Shaohua. Ver: Presidencia ROU (6 de octubre de 2002). *Visita del presidente Batlle a China.* Recuperado de http://archivo.presidencia.gub.uy/noticias/archivo/2002/octubre/2002100803.htm.

[967] ROU. MRREE (14 de octubre de 2002). Convenio sobre una línea de crédito otorgada por la RPCh a Uruguay. En ROU. MRREE (1988-2023), *op. cit.*

[968] Presidencia ROU (3-5 de septiembre de 2006). Visita oficial de Wu Bangguo, presidente de la Asamblea Nacional Popular de la RPCh. Recuperado de http://archivo.presidencia.gub.uy/_web/noticias/2006/08/ag_ bangguo.pdf.

ambas partes, con una vigencia de tres años.[969] Así, ese año, tras cuatro años de un relativo estancamiento en el comercio exterior entre ambos países y luego de la visita de Wu, las exportaciones uruguayas hacia China se incrementaron un 56% interanual, alcanzando los US$ 270 millones[970].

El 12 de mayo del año 2008, el gobierno de China, a través del Banco de Desarrollo de China, otorgó al gobierno uruguayo una línea de crédito de CNY 20 millones. Asimismo, el gobierno chino extendió una donación de CNY 20 millones, que sería materializada un año más tarde en la entrega de un escáner de inspección no intrusiva para contenedores y vehículos. [971]

El 23 de marzo del 2009, Tabaré Vázquez, fue recibido por Hu Jintao en Beijing, luego de un incremento interanual del 26% y del 45% de las exportaciones uruguayas hacia China en los años 2007 y 2008[972].

En el marco de la visita, se suscribió una línea de crédito de CNY 10 millones a través del Banco de Desarrollo de China, que sería amortizado con moneda libremente convertible o mercancías exportables uruguayas acordadas por los gobiernos.[973] Además, se firmaron convenios en el área de cadenas agroindustriales, energías renovables y eficiencia energética, biotecnología, tecnologías de la información y actividades antárticas[974].

En dicha visita oficial, Vázquez se presentó en el Foro Empresarial Uruguay-China, organizado por el Consejo Chino para el Fomento del Comercio Internacional y la Embajada del Uruguay en Beijing. En el foro, el presidente uruguayo disertó ante empresarios chinos de varios sectores como el automotriz, tecnológico, farmacéutico y textil, con el objetivo de captar inversiones para el país latinoamericano. Ese año, las exportaciones hacia China se vieron incrementadas un 18% interanual, ascendiendo a US$ 733,7 millones[975].

---

[969] ROU. MRREE (2006). Convenio marco sobre el crédito preferencial otorgado por la RPCh a la ROU. En ROU. MRREE (1988-2023), *op. cit.*

[970] ITC (2023), *op. cit.*

[971] ROU. MRREE (12 de mayo de 2008). Convenio de Cooperación económica y técnica. en: ROU. MRREE (1988-2023), *op. cit.*

[972] Presidencia ROU (23 de marzo de 2009). Uruguay y China: firman memorando de entendimiento y cooperación para el comercio y las inversiones. Recuperado de http://archivo.presidencia.gub.uy/_web/noticias/2009/03/2009032303.htm.

[973] ROU. MRREE (23 de marzo de 2009). Convenio de cooperación económica y técnica. En ROU. MRREE (1988-2023), *op. cit.*

[974] Presidencia ROU (19 de marzo de 2009). La Agencia Nacional de Investigación e Innovación establece acuerdos de cooperación con China para el desarrollo de proyectos conjuntos. Recuperado de http://archivo.presidencia.gub.uy/_web/noticias/2009/03/2009031908.htm.

[975] ITC (2023), *op. cit.*

Entre el 20 y el 28 de agosto del 2010, el vicepresidente de Uruguay Danilo Astori tuteló una misión oficial a China. La finalidad de esta comitiva estuvo centrada en la búsqueda de inversiones chinas orientadas al sector de infraestructura. El vicepresidente uruguayo mantuvo reuniones con el vicepresidente Xi Jinping, con el presidente de la Asamblea Popular Nacional de China, Wu Bangguo, y finalmente con el vicepresidente del Consejo Chino para la Promoción del Comercio Internacional, Yu Ping. Esta última institución es la mayor de China en términos de promoción del comercio exterior, y cuenta con acuerdos de cooperación con varias Cámaras de Uruguay. La comitiva del ministro visitó también la Expo Shanghai 2010, donde participaba el Instituto Nacional de Carnes del Uruguay (INAC) [976].

En dicha misión oficial, el vicepresidente y su comitiva fueron recibidos por el presidente de Huawei, por los directivos de la China Communications Construction Company (CCCC) y la Shanghai Dredging Company (SDC)[977].

En junio del mismo año, llegaría una nueva línea de crédito de CNY 10 millones ejecutada por el Banco de Desarrollo de China y el Banco de la República de Uruguay. El crédito, libre de interés, debía ser amortizado en moneda libremente convertible o con mercancías uruguayas.[978] Nuevamente, las exportaciones del país latinoamericano hacia China se incrementaron un 57% interanual, alcanzando los US$ 1.151,8 millones[979].

Un año más tarde, el 8 de junio del 2011, el vicepresidente de la RPC, Xi Jinping, fue recibido en Montevideo por el presidente uruguayo José Mujica y por el vicepresidente Danilo Astori. En esa oportunidad se firmaron algunos acuerdos: se estableció una donación de China a Uruguay por CNY 30 millones[980]; se extendió una línea de crédito por CNY 10 millones[981]; y un acuerdo financiero[982]. Se firmaron además algunos contratos de compra

---

[976] Cerrado el año 2010, las exportaciones de carnes congeladas aumentaron un 62% interanual, por un valor de US$ 21 millones.

[977] Presidencia ROU (25 de agosto de 2010). Prioridad del gobierno. Uruguay promueve la inversión de capitales chinos para mejorar la infraestructura. Recuperado de http://archivo.presidencia.gub.uy/sci/noticias/2010/08/2010082503.htm.

[978] ROU. MRREE (2010). Convenio de cooperación económica y técnica. En ROU. MRREE (1988-2023), *op. cit.*

[979] ITC (2023), *op. cit.*

[980] ROU. MRREE (8 de junio de 2011). Convenio de cooperación económica y técnica, donación de 30 millones de yuanes. En ROU. MRREE (1988-2023), *op. cit.*

[981] ROU. MRREE (8 de junio de 2011). "Convenio de cooperación económica y técnica, línea de crédito de 10 millones de yuanes. En ROU. MRREE (1988-2023), *op. cit.*

[982] ROU. MRREE (2011). "Acuerdo de cooperación de desarrollo financiero entre el Banco Nacional de Desarrollo de China y el Nuevo Banco Comercial de Uruguay", en: ROU. MRREE (1988-2023), *op. cit.*

entre grandes empresas chinas y empresas radicadas en Uruguay (tanto de capital local como extranjero) en los cuales dominaban los productos primarios como soja, lana, harinas de huesos y lácteos.[983] Además, se firmó el contrato de servicios de ensamblado entre Geely International Corporation y Nordex S.A., y el Acuerdo de Cooperación entre la Administración Nacional de Combustibles, Alcohol y Portland (ANCAP) y la bioquímica china BBCA.

El mismo año se firmó también un memorándum que constituye una declaración de intención entre ambas partes para la rehabilitación de la red completa de ferrocarriles del Estado uruguayo[984]. Asimismo, fue suscripto un acuerdo entre los ministerios de Defensa de China y Uruguay a través del cual el gobierno chino consolidó el envío de materiales militares por CNY 3 millones[985]. Las exportaciones uruguayas con destino a China se proyectaron un 22%, alcanzando ese año los US$ 1.413 millones. [986]

En junio del año 2012, el presidente José Mujica recibió al primer ministro del Consejo de Estado de la RPCh, Wen Jiabao, estableciendo acuerdos en materia de transportes, obras públicas, vivienda, protección ambiental, agricultura, ganadería, pesca, y sanidad animal y vegetal. [987]

El 27 de mayo del 2013, tras cincuenta años de su primer viaje a China, Mujica arribaba en Beijing para ser recibido dos días después por su homólogo chino Xi Jinping. Uno de los objetivos de la misión diplomática

---

[983] Específicamente, los contratos de compra incluyeron: soja, entre la China Oil and Foodstuffs Corporation (COFCO) y Louis Dreyfus Commodities Siusse S.A; pasta de madera, entre China Paper Corp. y UPM-Kymmene Corp.; tops de lana, entre China SDIC Internacional Trade y Lanas Trinidad S.A.; tops de lana, entre China Nacional Township Enterprises Corp. y Lanas Trinidad S.A.; tops de lana, entre Chinatex Corp. y Lanas Trinidad S.A.; tops de lana, entre China Tuhsu Snow-Lotus Corp. y Thomas Morton S.A.; harinas de huesos, entre COFCO Feed Corp. y Mirasco S.A; tops de lana, entre China Nacional Chemical Fiber Corp. y Tops Fray Marcos; harinas de huesos, entre Hantrong Investment Corp. y Cadarma S.A.; y productos lácteos, entre China Light General Merchandise I&E Corp. e Interfood Latino América-Cosbert S.A.

[984] ROU. MRREE (2011). Memorándum de entendimiento entre China Railway Materials Commercial Corporation (CRM) y el Ministerio de Transporte y Obras Públicas del Uruguay. En ROU. MRREE (1988-2023), *op. cit.*

[985] ROU. MRREE (2011). Acuerdo entre el Ministerio de Defensa Nacional de la ROU y el Ministerio de Defensa Nacional de la RPCh. En ROU. MRREE (1988-2023), *op. cit.*

[986] ITC (2023), *op. cit.*

[987] Entre los acuerdos firmados podemos destacar: el Memorando de entendimiento entre el Ministerio de Transporte y Obras Públicas del Uruguay y el Ministerio de Protección Medioambiental de la RPCh; el Convenio de cooperación económica y técnica; el Memorando de entendimiento en materia de cooperación agrícola entre el Ministerio de Ganadería, Agricultura y Pesca de la ROU y el Ministerio de Agricultura de la RPCh; el Memorando de entendimiento entre la Administración General de Supervisión de Calidad, Inspección y Cuarentena de la RPCh y el Ministerio de Ganadería, Agricultura y Pesca de la ROU; y el Memorando de entendimiento entre el Ministerio de Vivienda, Ordenamiento Territorial y Medio Ambiente de la ROU y el Ministerio de Protección Medioambiental de la RPCh.

fue lograr acuerdos de financiación y participación de empresas y bancos estatales chinos para ejecutar el proyecto del puerto de aguas profundas que operaría como *hub* logístico regional en el Departamento de Rocha y la reconstrucción ferroviaria.

Tras su arribo a Beijing, Mujica y parte de su comitiva se reunieron con directivos de la empresa de infraestructura ferroviaria China Railway Construction Corporation (CRCC), así como con la empresa interesada en el puerto de aguas profundas en Uruguay, la China Communications Construction Company (CCCC). Posteriormente, Mujica fue recibido por el presidente del Comité Permanente de la Asamblea Popular Nacional (APN), Zhang Dejiang, en el Gran Palacio del Pueblo[988] Ese año, las exportaciones hacia China alcanzaron los US$ 1.911 millones, incrementándose un 29% interanual.[989]

En octubre del año 2016, el presidente Tabaré Vázquez viajó a la RPCh junto con una amplia comitiva para reunirse con el primer ministro, Li Keqiang, con el presidente de la Asamblea Popular, Zhang Dejiang, y posteriormente con Xi Jinping, allí ambos países se tornaron socios estratégicos.[990]

En dicho marco, se suscribió un convenio en el que las partes se comprometen a fomentar la construcción y operación de rutas, vías férreas, aeropuertos, puertos, logística de depósitos, tuberías para gas, así como obras de infraestructura. Además, proponen optimizar la capacidad productiva a través de inversiones, fusiones y adquisiciones, y asociaciones público-privadas.[991] También se firmó un acuerdo sobre ciencia, tecnología en el área de defensa que definía la compra por parte de Uruguay, y la cesión y la donación de armamento y accesorios por parte de China[992]. Otro documento preveía la optimización de la infraestructura industrial[993]y también

[988] Presidencia ROU (7 de junio de 2013). *Puerto y ferrocarril: Mujica aseguró voluntad política, dinero y capacidad de construcción*. Recuperado de https://www.presidencia.gub.uy/Comunicacion/comunicacionNoticias/puerto-ferrocarril-mujica-audicion-china-espana.

[989] ITC (2023), *op. cit.*

[990] Presidencia ROU (18 de octubre de 2016). *Tabaré Vázquez y Xi Jingping acordaron avanzar rápidamente en un tratado de libre comercio*. Recuperado de https://www.presidencia.gub.uy/sala-de-medios/videos/tabare_ vazquez_xi_jinping_acordaron_ avanzar_tratado_ libre_comercio_ uruguay_china

[991] ROU. MRREE (18 de octubre de 2016). Convenio marco entre el Ministerio de Economía y Finanzas de la ROU y la Comisión Nacional de Desarrollo y Reforma de la RPC, para el desarrollo de la cooperación en materia de capacidad productiva e inversión. En ROU. MRREE (1988-2023), *op. cit.*

[992] ROU. MRREE (18 de octubre de 2016). Convenio de cooperación en ciencia, tecnología e industria para la defensa nacional entre el Ministerio de Defensa Nacional de la ROU y la Administración Estatal de Ciencia, Tecnología e Industria para la Defensa Nacional de la RPC. En ROU. MRREE (1988-2023), *op. cit.*

[993] ROU. MRREE (2016). Memorando de entendimiento en materia de cooperación industrial entre el Ministerio de Industria, Energía y Minería de la ROU y el Ministerio de Industria y Tecnologías de la Información de la

otro convenio refería a la optimización de la matriz energética con energías renovables en sectores como transporte, edificios y comercio, con vistas a la incorporación en Uruguay de buses eléctricos fabricados en China.[994] Asimismo, se suscribió un memorando sobre educación básica, especial, profesional y técnica[995] y, en consonancia con la *Declaración de Santiago* en el marco de la II Reunión Ministerial del Foro CELAC-China[996] fue firmado un memorando sobre "cooperación Sur-Sur" y su rol de impulsar la reducción de la pobreza[997]. Se suscribieron, además, otros memorandos sobre recursos hídricos[998] y sobre mejoramiento e investigación en agricultura de soja.[999]

Otro aspecto importante a destacar de ese encuentro es que ambos presidentes establecieron el año 2018 como fecha estimada para la firma del Tratado de Libre Comercio (TLC) entre China y Uruguay[1000]. En ese sentido, Vázquez declaró haber tenido conversaciones con los presidentes de Argentina y Brasil, quienes se habrían mostrado propicios a flexibilizar el MERCOSUR de forma tal que los países de menor economía pudiesen mantener acuerdos bilaterales fuera de la región[1001].

RPC. En ROU. MRREE (1988-2023), *op. cit.*

[994] ROU. MRREE (2016). Memorándum de entendimiento entre el Ministerio de Industria, Energía y Minería de la ROU y la Administración Nacional China de Energía, en cooperación en el sector de energías renovables. En ROU. MRREE (1988-2023), *op. cit.*

[995] ROU. MRREE (18 de octubre de 2016). Memorando de entendimiento de cooperación entre el Ministerio de Educación y Cultura de la ROU y el Ministerio de Educación de la RPC en el área de educación. En ROU. MRREE (1988-2023), *op. cit.*

[996] Foro China-CELAC (2018). II Reunión Ministerial abre nuevas vías de cooperación, según canciller chino. Recuperado de http://www.chinacelacforum.org/esp/ltdt_2/t1528280.htm.

[997] ROU. MRREE (18 de octubre de 2016). Memorándum de entendimiento entre el Ministerio de Desarrollo Social de la ROU y la Oficina del Grupo Dirigente para el alivio de la pobreza y el desarrollo del Consejo de Estado de la RPC sobre cooperación en materia de reducción de pobreza y desarrollo social. En ROU. MRREE (1988-2023), *op. cit.*

[998] ROU. MRREE (24 de octubre de 2016). "Memorándum de entendimiento sobre cooperación en materia de recursos hídricos entre el Ministerio de Ganadería, Agricultura y Pesca de la ROU y el Ministerio de Recursos Hídricos de la RPC. En ROU. MRREE (1988-2023), *op. cit.*

[999] ROU. MRREE (25 de octubre de 2016). Acuerdo de trabajo específico entre el Instituto Nacional de Investigación Agropecuaria (INIA) de la ROU y el Instituto de Ciencias de la Cosecha (ICS) de la Academia China de Ciencias Agrícolas (CAAS) de la RPC. En ROU. MRREE (1988-2023), *op. cit.*

[1000] Para consideraciones sobre el caso, ver: Bartesaghi, I. (2016). *Posibles impactos de un TLC bilateral entre Uruguay y China*. Departamento de Negocios Internacionales e Integración de la Universidad Católica. Recuperado de https://ucu.edu.uy/sites/default/files/pdf/2016/. Posibles impactos de un TLC bilateral Uruguay - China.pdf

[1001] Presidencia ROU (18 de octubre de 2016). Tabaré Vázquez y Xi Jingping acordaron avanzar rápidamente en un tratado de libre comercio. Recuperado de https://www.presidencia.gub.uy/sala-de-medios/videos/tabare_vazquez_xi_ jinping_acordaron_avanzar_ tratado_libre_ comercio_ uruguay_china.

Como resultado de la dinámica de las relaciones, el año 2017 fue testigo de un incremento de las exportaciones hacia China del 36% interanual, alcanzando los US$ 2.650 millones[1002]. De igual modo, se estableció el primer Instituto Confucio en Uruguay[1003].

En febrero del 2018 arribó a China una delegación uruguaya de 45 personas encabezada por la ministra de Industria, Energía y Minería, Carolina Cosse, con el objetivo de promover la inversión, la delegación visitó las empresas Huawei, ZTE, BYD, DJI, y Makeblock. Además, mantuvieron reuniones en el Consejo para el Fomento del Comercio Internacional de China, organismo junto al cual Uruguay XXI -agencia estatal responsable de la promoción de las exportaciones e inversiones en el país sudamericano- organizó la 11° Cumbre China-LAC[1004].

Ese año también se suscribió un memorando en que las partes se comprometieron con los siguientes puntos: coordinar políticas estratégicas de desarrollo de forma tal de integrar sus principales estrategias de desarrollo; colaborar con la conectividad a nivel de infraestructura en áreas clave como rutas, vías férreas, puentes, puertos, energía y telecomunicaciones; y estimular las instituciones financieras en el marco de la *Belt and Road Initiative (BRI)*[1005].

Otro acuerdo a destacar fue el que estableció una donación por CNY 50 millones para la financiación de proyectos, el cual fue ejecutado a través del Banco de Desarrollo de China y el Banco Central del Uruguay[1006].

Por otra parte, fue aprobado el envío desde China de una partida de equipamientos por un valor de CNY 21 millones, a ser sufragados con cargo a las donaciones establecidas en los Convenios de Cooperación Económica y Técnica de mayo del 2013 y julio del 2015.[1007]

[1002] ITC (2023), *op. cit.*

[1003] Wang, G. (2023). A dejar todo en la cancha. En AA.VV. *35 años de relaciones diplomáticas China-Uruguay*, *op. cit.*, p. 3.

[1004] Ministerio de Industria, Energía y Minería (MIEM), ROU, (2018), *Cosse y delegación interinstitucional visitaron empresa de tecnología DJI en China*. Recuperado de https://www.miem.gub.uy/noticias/cosse-y-delegacion-interinstitucional-visitaron-empresa-de-tecnologia-dji-en-china.

[1005] ROU. MRREE (20 de agosto de 2018). Memorando de entendimiento entre el gobierno de la ROU y el gobierno de la RPC sobre cooperación en el marco de la iniciativa de la Franja Económica de la Ruta de la Seda y la Ruta Marítima de la Seda del Siglo XXI. En ROU. MRREE (1988-2023), *op. cit.*

[1006] ROU. MRREE (19 de diciembre de 2018). Convenio de cooperación económica y técnica entre el gobierno de la ROU y el gobierno de la RPC. En ROU. MRREE (1988-2023), *op. cit.*

[1007] ROU. MRREE (19 de diciembre de 2018). Canje de notas reversales para la donación de la RPC a la ROU. En ROU. MRREE (1988-2023), *op. cit.*

En marzo del 2019, el ministro de Relaciones Exteriores de Uruguay, Rodolfo Nin Novoa realizó una visita oficial a China, y junto con el director de la Administración General de Aduanas de China, Ni Yuefeng, acordaron el reconocimiento recíproco entre las aduanas de ambos países como "Operador Económico Autorizado"[1008]. Se firmó además un memorando que visa el intercambio de información bancaria y el soporte mutuo entre el Banco Central de Uruguay y el Banco del Pueblo de China, en referencia a la apertura de filiales y oficinas representativas [1009]. Asimismo, fue suscripto un protocolo sobre asistencia militar china a Uruguay, a través del cual el gobierno chino ofreció gratuitamente materiales militares por un valor de CNY 30 millones.[1010] Otro acuerdo a destacar se centra en el intercambio de germoplasma y el desarrollo de nuevas variedades de soja genéticamente modificadas, bajo la responsabilidad de la Academia China de Ciencias Agrícolas (CAAS) y el Instituto Nacional de Investigación Agropecuaria (INIA).[1011]

Bajo el gobierno Lacalle Pou, en mayo de 2020, Uruguay pasó a integrar el Banco Asiático de Inversión en Infraestructura (AIIB por su sigla en inglés), siendo el segundo miembro pleno latinoamericano[1012] y, en septiembre de 2020, se integró oficialmente al Nuevo Banco de Desarrollo de los BRICS[1013].

En mayo de 2021, la Administración Nacional de Usinas y Transmisiones Eléctricas (UTE) y China Machinery Engeenering Corporation (CMEC) firmaron el proyecto de cierre del anillo de transmisión del norte del país de 500kV, una línea de alta tensión entre Salto y Tacuarembó. Este proyecto de infraestructura se convirtió en el mayor a cargo de una empresa

---

[1008] ROU. Presidencia (2019).*Uruguay es el primer país latinoamericano que firma un acuerdo de facilitación aduanera con China*. Recuperado de https://www.presidencia.gub.uy/comunicacion/comunicacionnoticias/nin-novoa-china-acuerdo-aduana. El 26 de enero de 2022 se inició la implementación oficial del acuerdo de reconocimiento mutuo de "Operador Económico Autorizado".

[1009] ROU. MRREE (29 de abril de 2019). Memorándum de entendimiento de cooperación entre el Banco Central de Uruguay y el Banco del Pueblo de China. En ROU. MRREE (1988-2023). *op. cit.*

[1010] ROU. MRREE (2019). Protocolo entre el Ministerio de Defensa Nacional de la ROU y el Ministerio de Defensa Nacional de la RPC sobre asistencia militar gratuita por China a Uruguay. En ROU. MRREE (1988-2023), *op. cit.*

[1011] ROU. MRREE (23 de marzo de 2019). Memorándum de entendimiento entre el Ministerio de Agricultura y Asuntos Consulares de la RPC y el Ministerio de Ganadería, Agricultura y Pesca de la ROU sobre el fortalecimiento de la cooperación tecnológica en los recursos de germoplasma de soja. En ROU. MRREE (1988-2023), *op. cit.*

[1012] Uruguay XXI (22 de mayo de 2020). Uruguay se convirtió en miembro del Banco Asiático de Inversión en Infraestructura. Recuperado de https://www.uruguayxxi.gub.uy/es/noticias/articulo/uruguay-se-convirtio-en-miembro-del-banco-asiatico-de-inversion-en-infraestructura/.

[1013] Xinhua (2 de septiembre de 2021). Nuevo Banco de Desarrollo del grupo BRICS agrega nuevos países miembros. Recuperado de http://spanish.news.cn/2021-09/02/c_1310164285.htm.

china en Uruguay desde el establecimiento de las relaciones diplomáticas y "*la primera obra bilateral a gran escala en el marco de la Franja y la Ruta*"[1014].

En septiembre de 2021 se firmó un acuerdo de factibilidad de un Tratado de Libre Comercio (TLC) entre China y Uruguay, aunque el objetivo es que el mismo abarque a las otras economías del MERCOSUR. También, China concretó la donación de una estación meteorológica satelital móvil por un valor superior los US$ 3 millones.[1015]

En septiembre de 2022, se inauguró el nuevo edificio de la Escuela Nº 319 de tiempo completo, denominada "República Popular China", en el barrio de Casavalle de Montevideo, el cual fue construido -en parte- mediante una donación del gobierno chino superior a los US$ 2 millones.[1016]

En noviembre de 2022, se autorizaron ventas de carnes vacuna y ovina al mercado chino por parte del frigorífico La Trinidad de la empresa Oferán[1017]. Además, se habilitó la exportación de sorgo procedente de Uruguay a China[1018].

China-Uruguay: Intercambios comerciales al ritmo del agronegocio

Entre 2001-2022, entre los principales destinos para los productos exportados desde Uruguay se observa la preponderancia que China ha adquirido para la economía del país latinoamericano. Desde 2012, la potencia oriental pasó a ser la principal compradora de las mercaderías uruguayas superando a Brasil que venía liderando las adquisiciones ininterrumpidamente desde 2006 (Gráfico 1).

[1014] Wang, G. (2023). A dejar todo en la cancha. En AA.VV. *35 años de relaciones diplomáticas China-Uruguay, op. cit.*, p. 2.

[1015] ROU. Agencia Uruguaya de Cooperación Internacional (28 de septiembre de 2021). *China donó una estación meteorológica móvil a la Infraestructura de Datos Espaciales de Uruguay*. Recuperado de https://www.gub.uy/agencia-uruguaya-cooperacion-internacional/comunicacion/noticias/china-dono-estacion-meteorologica-movil-infraestructura-datos-espaciales.

[1016] ROU. Presidencia (28 de septiembre de 2022). *Nueva sede de escuela n° 319 de Casavalle atenderá a 320 alumnos*. Recuperado de https://www.gub.uy/presidencia/comunicacion/noticias/nueva-sede-escuela-n-319-casavalle-atendera-320-alumnos.

[1017] ROU. Ministerio de Agricultura, Ganadería y Pesca (1 de noviembre de 2022). *China habilitó al frigorífico 'La Trinidad' para exportar carne bovina y ovina*. Recuperado de https://www.gub.uy/ministerio-ganaderia-agricultura-pesca/comunicacion/noticias/china-habilito-frigorifico-trinidad-para-exportar-carne-bovina-ovina.

[1018] ROU. Presidencia (22 de noviembre de 2022). *Uruguay podrá exportar sorgo a China para consumo humano y animal*. Recuperado de https://www.gub.uy/presidencia/comunicacion/noticias/uruguay-podra-exportar-sorgo-china-para-consumo-humano-animal.

Gráfico 1. Uruguay: evolución de los seis mayores destinos de exportación (2001-2022) incluyendo zonas francas.

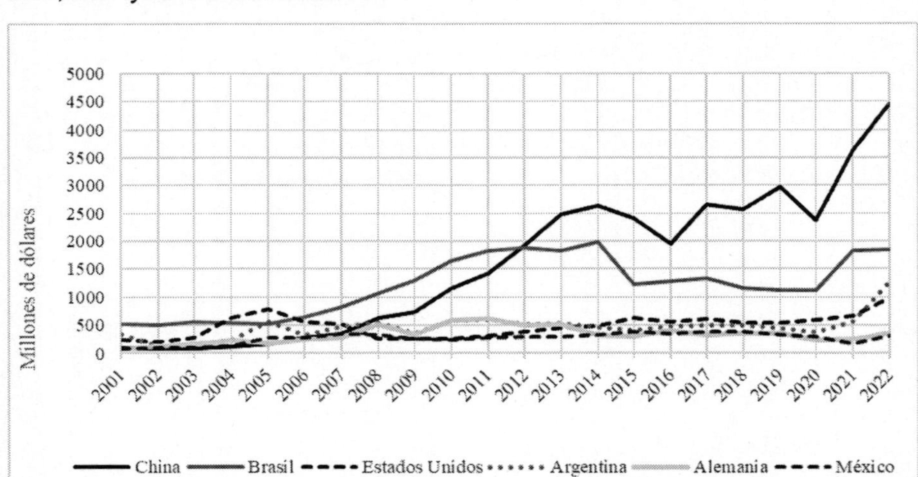

Fuente: Elaboración propia con base en ITC (2023)[1019].

Como podrá apreciarse, las exportaciones uruguayas presentan, al menos, un doble condicionamiento, tanto al respecto de sus principales productos de exportación, como de sus principales mercados importadores. De este modo, la explicación del avance sojero en Uruguay no puede prescindir del análisis del papel que China ha desarrollado en la dinámica capitalista global, regional y específicamente nacional, en la historia reciente.

En ese sentido, el nuevo papel de China en la producción de bienes y servicios se reflejó en un incremento importante en el consumo de minerales como de alimentos e hidrocarburos, impactando sensiblemente en el establecimiento de vínculos políticos y económicos con los países latinoamericanos.[1020]

Esta creciente demanda de mercaderías desde China se tradujo en la apertura de un mercado que pasó a exceder con creces los destinos tradicionales como Estados Unidos y Europa. Lo hizo así también, en el caso de Uruguay, con referencia a sus principales socios comerciales tradicionales como Brasil y Argentina. Asimismo, al tiempo que la creciente demanda se asentaba, los precios de los *commodities* se proyectaban a guarismos his-

[1019] ITC (2023). *Trade Map*. Recuperado de https://www.trademap.org/.

[1020] Slipak, A. (2014). Un análisis del ascenso de China y sus vínculos con América latina a la luz de la Teoría de la Dependencia. *Realidad Económica*, 282, 99-124.

tóricos, siendo un elemento clave para explicar los voluptuosos capitales acumulados por el agronegocio en América Latina durante las primeras décadas del siglo XXI.

En línea con la tendencia regional, entre el año 2001 y el 2022 las exportaciones uruguayas hacia China evolucionaron de US$ 95 millones a US$ 4,5 mil millones, multiplicándose más de 40 veces [1021].

En ese sentido, entre el año 2001 y el 2022 la participación de China en las exportaciones uruguayas pasó del 4% al 31% aproximadamente. En dicho período, Brasil redujo su participación en las exportaciones uruguayas del 21% al 13% y Argentina del 14% al 3% en 2021, alcanzando el 9% en 2022. Estos datos denotan una fuerte intensificación de la participación china en el comercio exterior uruguayo, así como una relativización del histórico peso regional sobre la economía uruguaya.[1022]

Como podemos observar, China se constituía en 2001 como el cuarto destino de las exportaciones uruguayas, por debajo de Brasil, Argentina y Estados Unidos. Posteriormente, en 2008, China absorbió más exportaciones uruguayas que Argentina y Estados Unidos (Gráfico 1).

De esta forma, entre el año 2001 y el 2022, las diez principales partidas[1023] -de aquí en más, productos- de exportación uruguaya hacia China aumentaron un 61%. La soja se posicionó como el principal producto, acumulando un total de US$ 13 mil millones y ocupando el 36% del total exportado para todo el período. Por otro lado, el segundo producto con mayor peso fue la carne bovina, la cual representó un valor total de US$ 9 mil millones, ocupando el 26% del valor total. El tercer producto más importante fue la pasta química de madera (celulosa) por un valor de US$ 6 mil millones, representando el 17% del total (Gráfico 2).[1024]

[1021] ITC (2023), *op. cit.*

[1022] Romero Wimer, F. & Senra, P. (2019). Relaciones diplomáticas entre la República Popular China y la República Oriental Del Uruguay (1988-2020), *op. cit.*

[1023] El *Sistema Armonizado* (SA), también conocido como *Sistema Armonizado de Designación y Codificación de Mercancías*, es una nomenclatura internacional creada por la *Organización Mundial de Aduanas* (OMA).

[1024] ITC (2023), *op. cit.*

Gráfico 2. Uruguay: Exportaciones hacia China (2001-2022). Evolución de los 10 principales productos.

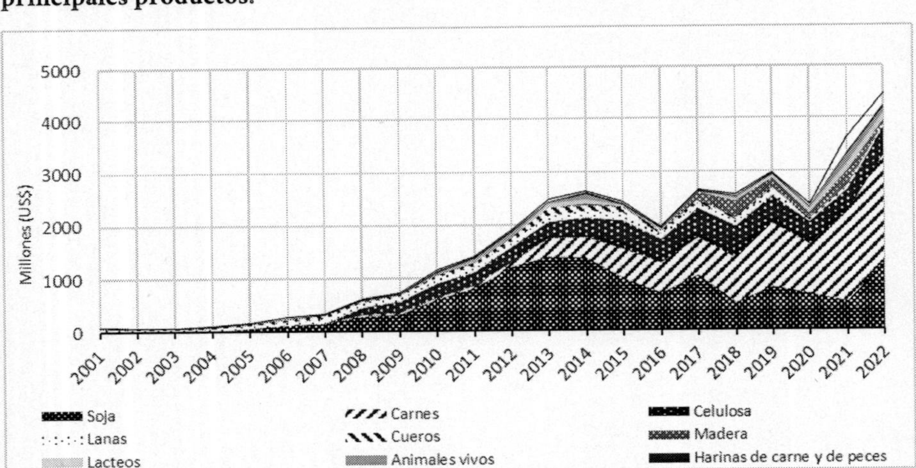

Fuente: Elaboración propia con base en ITC (2023).

Entre 2001 y 2022, a estos productos le siguieron, en orden de importancia: la lana, por un valor de US$ 1.795 millones, acaparando el 5% del valor total; los cueros por un valor de US$ 1 mil millones, abarcando el 3%; la madera por US$ 1,3 mil millones, representando el 4%; los lácteos por US$ 620 millones, ocupando el 2%; los animales vivos por un valor de US$ 601 millones, representando el 2%; harinas de carne y peces por US$ 318 millones, figurando con el 1%; y los peces y moluscos por un valor de US$ 250 millones acaparando el 1%.[1025]

Por lo tanto, si consideramos el valor total exportado desde Uruguay hacia China entre el año 2001 y el 2022, la agregación de las diez principales partidas de exportación hacia el país asiático representaron el 98%, mientras que solamente la soja, las carnes y la pasta de celulosa fueron responsables por el 81%. Asimismo, entre el año 2001 y el 2022 las exportaciones de carne se proyectaron de US$ 285 mil a US$ 1.997 millones; las de soja lo hicieron de US$ 53 millones en 2005 a US$ 1.277 millones en 2022; y las de celulosa de US$ 161,7 millones en 2008 a US$ 545 millones en 2022.[1026]

[1025] *Id.*

[1026] *Id.*

Ahora bien, aproximadamente el 70% de la soja producida en Uruguay en todo el período de estudio tuvo como destino al país asiático[1027]. En ese sentido, en el caso de Uruguay, su participación en el complejo agroindustrial tiende a concentrarse en la fase agrícola[1028] y la fase de acopio y exportación, constituyendo una clara expresión de la reprimarización agro-exportadora. Por otra parte, los países desarrollados tienden a destacarse también en la fase pre-agrícola y en la fase industrial. Es decir que las grandes transnacionales que operan el agronegocio sojero en Uruguay y que controlan buena parte del mercado mundial se han expandido verticalmente, abarcando también la producción de insumos, y los procesos industriales de los granos[1029]

Es así como, en función de la estimulación de actividades primarias específicas, el crecimiento de las economías latinoamericanas asociado al comercio de *commodities* con China no fue más que un proceso ilusorio, cuya contracara se encontraba en el déficit comercial en razón de la masiva importación de productos industrializados, generando así una regresión de la incipiente industria regional.

En el caso del agronegocio sojero, su devenir se vio estimulado por ciertas condiciones que proyectaron la participación del grano en las canastas exportadoras de los países latinoamericanos, entre ellas: el alza en los precios internacionales de la soja y sus derivados, especialmente a partir del año 2000; la creciente demanda de *commodities*, sobre todo desde China; la permeabilidad jurídica para la operación de capitales financieros especulativos en el sector agrícola; la disponibilidad de avanzados recursos biotecnológicos; y la disponibilidad de 'recursos naturales' y mano de obra barata.[1030]

El predominio del capital financiero[1031] sobre otras fracciones del capital pasó a caracterizar el actual ciclo de acumulación, consolidando grandes conglomerados transnacionales que operan, como veremos, en

[1027] *Id.*

[1028] Un complejo agroindustrial se compone a grandes rasgos de cuatro fases: la fase pre-agrícola referente a la disponibilidad de insumos; la fase agrícola; la fase industrial; y la fase de acopio y comercio.

[1029] Oyhantçabal, G. & Narbondo, I. (2008). *Radiografia del agronegocio sojero: descripción de los principales actores y de los impactos socio-económicos en Uruguay*. REDES-AT.

[1030] *Id.*

[1031] "El concepto de capital financiero ha tenido interpretaciones distintas, entre ellas la que lo entiende como capital dinerario. Lo que aquí se enfatiza como capital financiero es la dinámica, a escala planetaria, de interpenetración recíproca de actividades industriales, comerciales, bancarias y financieras en las corporaciones transnacionales que dominan la economía mundial. Por lo tanto, se desprende que el capital financiero es el resultado de una integración entre el capital bancario, el capital industrial en un sentido amplio y el comercial" (Romero, F. (2016). *El imperialismo y el agro argentino. Historia reciente del capital extranjero en el complejo agroindustrial pampeano*. CICCUS, p. 46).

todas las fases del complejo sojero. De hecho, el fenómeno del complejo sojero puede postularse como uno de los casos paradigmáticos del control de las transnacionales sobre los procesos productivos.[1032]

Cabe destacar aquí que los procesos de industrialización de la soja llevados adelante en territorio uruguayo son marginales, exportando cerca del 90% de la soja bajo la forma de grano, siendo su principal puerto de salida el de Nueva Palmira[1033] (Colonia), seguido por el de Montevideo con menos del 6%. En 2008, el principal producto industrializado a partir de la soja a nivel nacional fue el aceite, el cual representa el 36% del consumo nacional de aceites, por detrás del aceite de girasol el cual representa el 53%.

Tanto en China como en la Unión Europea, las harinas producidas a partir de la soja son destinadas mayoritariamente a la producción de carnes, mientras que el aceite se destina al consumo humano, además de los biocombustibles.

La dinámica del acopio y el comercio también se presenta en los términos de una sensible concentración y transnacionalización, y el destino final es, como hemos constatado, predominantemente la industria sojera china y europea, fundamentalmente para la elaboración de raciones. En ese sentido, en 2020, seis empresas respondieron por el 79% de las exportaciones de soja: Cargill Uruguay, con 24%; COFCO International Uruguay, con 16%; Barraca Jorge W. Erro 16%; Louis Dreyfus Company (LDC) Uruguay, 12%; CHS Uruguay, 5%; y Garmet, 5%[1034] y, en 2022, el 80% se concentró en cinco empresas: Cargill 28%, Barraca Jorge W. Erro 19%, LDC Uruguay 13%, COFCO 13%y CHS Uruguay 7%.[1035]

A partir del año agrícola 2003/04 se observa como la soja se instala como el principal cultivo estival de secano, acompañada por una reducción relativa de las áreas destinadas al cultivo de maíz y sorgo, modificando el patrón de cultivos no solo por la expansión sojera, sino por el avance del

[1032] Oyhantçabal, G., & Narbondo, I. (2013). El agronegocio y la expansión del capitalismo en el campo uruguayo. *REBELA, 2*(3), 409-425.

[1033] Las terminales portuarias Corporación Navíos S.A. y Terminales Graneleras Uruguayas (TGU) son responsables por la exportación de soja, siendo que la primera maneja el mayor volumen.

[1034] Cámaras de Industrias del Uruguay (2021). *Informe Anual de Exportaciones de Bienes del Uruguay. Informe Anual-2020.* CIU. Recuperado de https://www.ciu.com.uy/wp-content/uploads/2022/09/exportaciones-de-bienes-del-uruguay-2020.pdf.

[1035] Cámaras de Industrias del Uruguay (2023). *Informe Anual de Exportaciones de Bienes del Uruguay. Informe Anual-2022.* CIU. Recuperado de https://www.ciu.com.uy/wp-content/uploads/2023/03/Anual_exportaciones_2022-1.pdf.

cultivo directo, siendo que ya para la zafra 2001/02 más de la mitad del cultivo sojero se trató de siembra directa[1036], para alcanzar el 90% en el año agrícola 2020/21[1037].

La importancia de analizar los insumos utilizados en el cultivo sojero radica en que la inmensa mayoría de la producción agropecuaria en Uruguay es viabilizada por la creciente importación de los mismos, como fertilizantes, biocidas, combustibles, maquinaria, y semillas, las cuales al mismo tiempo también son importadas por unas pocas empresas que concentran los excedentes producto del incremento en la demanda de insumos. Asimismo, algunas de estas empresas proveedoras de insumos también poseen participación en el proceso productivo, ya sea a través de asociaciones o de financiamiento.

Este hecho revela que lejos de instalarse un proceso de transferencia tecnológica que habilite avances en investigación, y procesos de industrialización nacional, se somete el aparato productivo uruguayo a la dinámica de los intereses del capital extranjero, que además de colocar al país como un "eslabón fácilmente intercambiable"[1038], es irreconciliable con la seguridad alimentaria de la población local[1039].

De este modo, traducido a toneladas de principio activo, las importaciones de herbicidas entre el año 2001 y el 2020 se proyectaron de 2,9 mil toneladas a 10 mil toneladas, alcanzando su máxima expresión en el año 2013 por un total de 19 mil toneladas aproximadamente. Así, las importaciones de Uruguay para la categoría herbicidas e inhibidores de germinación representaron en 2020 el 0,8% de las importaciones de este producto a nivel global.[1040]

Cabe destacar que poco más de la mitad de las importaciones uruguayas de herbicidas entre el año 2007 y el 2022 provinieron de China, acumulando un valor de US$ 874 millones para ese período, seguido por Argentina y Estados Unidos por US$ 549 millones y US$ 101 millones respectivamente (Gráfico 3).

[1036] Ministerio de Ganadería, Agricultura y Pesca (MGAP). Dirección de Estadísticas Agropecuarias (DIEA) (2003). *Encuesta Agrícola "Primavera 2003"*. Serie encuestas Nº 217. Recuperado de https://www.gub.uy/ministerio-ganaderia-agricultura-pesca/datos-y-estadisticas/encuesta.

[1037] MGAP-DIEA(2021). *Encuesta Agrícola "Primavera 2021"*. Serie encuestas N° 371. Recuperado de https://www.gub.uy/ministerio-ganaderia-agricultura-pesca/datos-y-estadisticas/encuesta.

[1038] Romero, F. (2016). *El imperialismo y el agro argentino. Historia reciente del capital extranjero en el complejo agroindustrial pampeano*. CICCUS.

[1039] Grupo ETC (2017). *Demasiado grandes para alimentarnos*. Recuperado de https://www.etcgroup.org/es/content/demasiado-grandes-para-alimentarnos.

[1040] ITC (2023), *op. cit.*

Gráfico 3. Uruguay: Principales mercados proveedores de herbicidas (2007-2022).

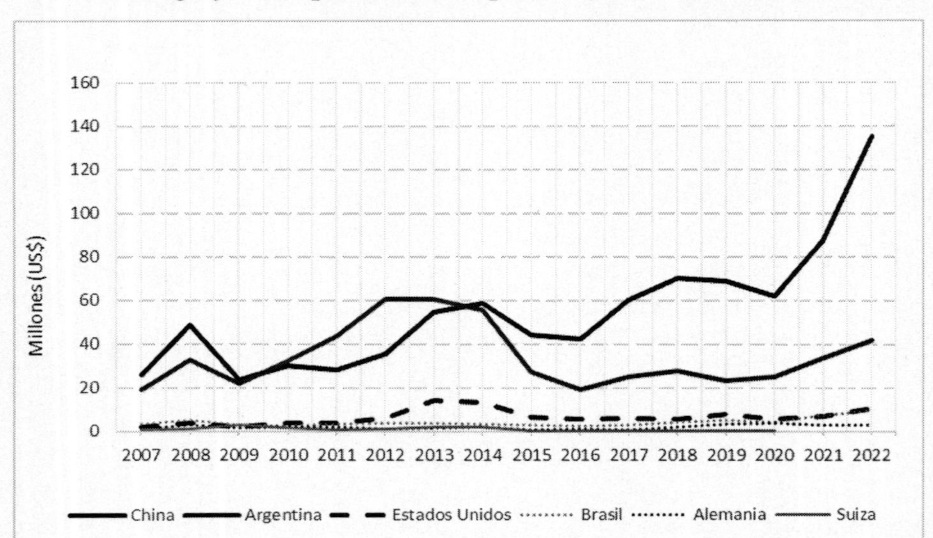

Fuente: Elaboración propia en base a datos de ITC, 2023.

Por otra parte, los principales mercados proveedores para las importaciones uruguayas de fungicidas entre el año 2007 y el 2022 fueron: Brasil, por un valor de US$ 150 millones; China, por US$ 83 millones; Argentina, por US$ 82 millones; Francia, por US$ 21 millones; Estados Unidos, por US$ 15 millones; India, por US$ 14 millones; Reino Unido, por US$ 10 millones; España, por US$ 7 millones; Noruega, por US$ 7 millones; y Alemania, por US$ 6 millones (Gráfico 4).

Gráfico 4. Uruguay: Principales mercados proveedores de fungicidas (2007-2022).

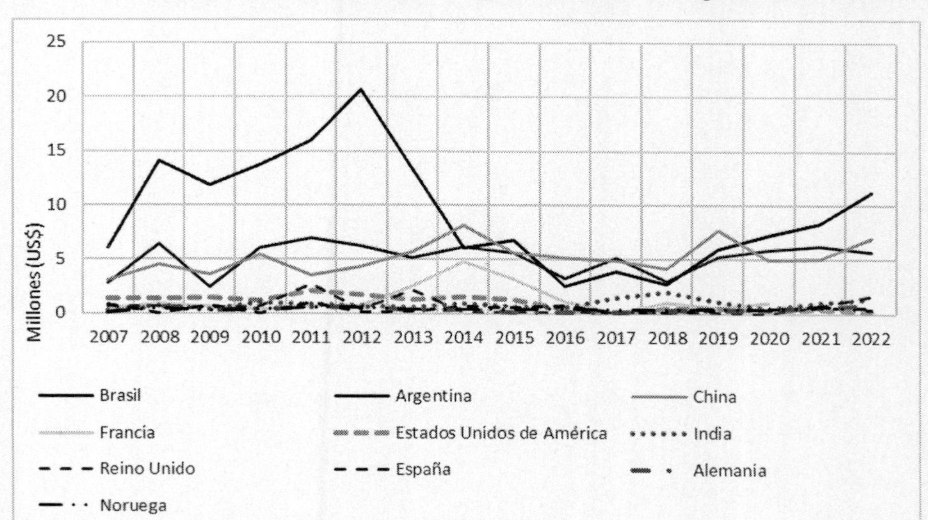

Fuente: Elaboración propia en base a datos de ITC, 2023.

Las importaciones uruguayas de insecticidas entre el año 2007 y el 2022, como puede apreciarse en el Gráfico 5, fueron Argentina, con un valor acumulado de US$ 165 millones; China, con US$ 158 millones; Brasil, con US$ 48 millones; Paraguay, con US$ 24 millones; Estados Unidos, con US$ 24 millones; India, con US$ 15 millones; Perú, con US$ 8 millones; Alemania, con US$ 7 millones; y Francia, con US$ 6 millones[1041].

[1041] *Id.*

Gráfico 5. Uruguay: principales mercados proveedores de insecticidas (2001-2022)

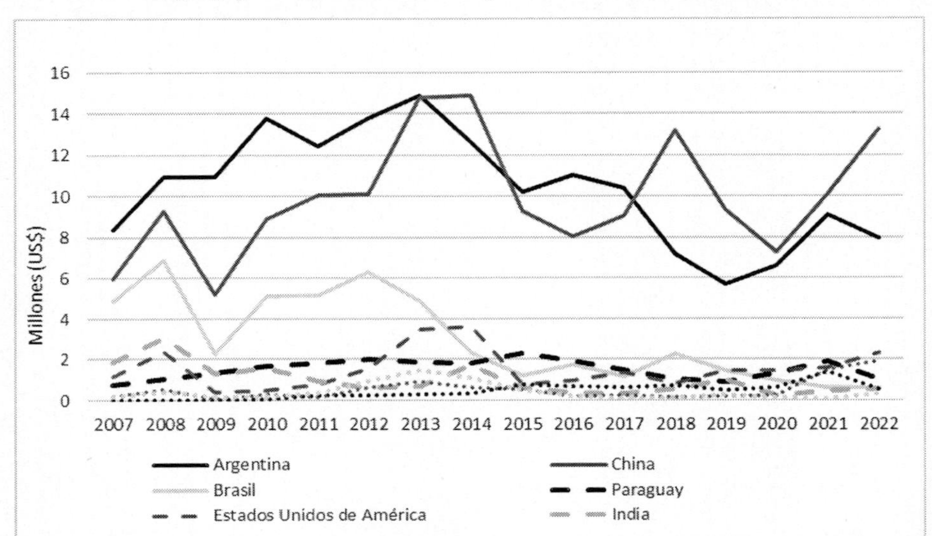

Fuente: Elaboración propia en base a datos de ITC, 2023[1042].

Dada la naturaleza de los principios utilizados para su fabricación[1043], la industria de fertilizantes se ha organizado en función de grandes empresas oferentes fundamentalmente de Canadá, China, Estados Unidos, India, y Rusia, los cuales controlan alrededor de la mitad de la producción mundial. En el año 2014, el mercado de fertilizantes dinamizaba US$ 183 mil millones, y 8 empresas respondían por el 29,9% de la participación en el mercado global.[1044]

Así, dado el carácter intensivo del capital en la industria de fertilizantes, la concentración juega un papel fundamental en su reproducción, y de esa manera su despliegue en una economía de escala se muestra necesaria en el sentido lógico del término. Por otra parte, el siguiente gráfico muestra los principales mercados proveedores de fertilizantes y abonos para el Uruguay.

[1042] *Id.*

[1043] Usualmente estas materias primas se encuentran bajo control estatal, como el caso de los minerales y gases naturales.

[1044] Grupo ETC (2017), *op. cit.*

Gráfico 6 – Uruguay: Principales mercados proveedores de fertilizantes y abonos para el Uruguay (2001-2021).

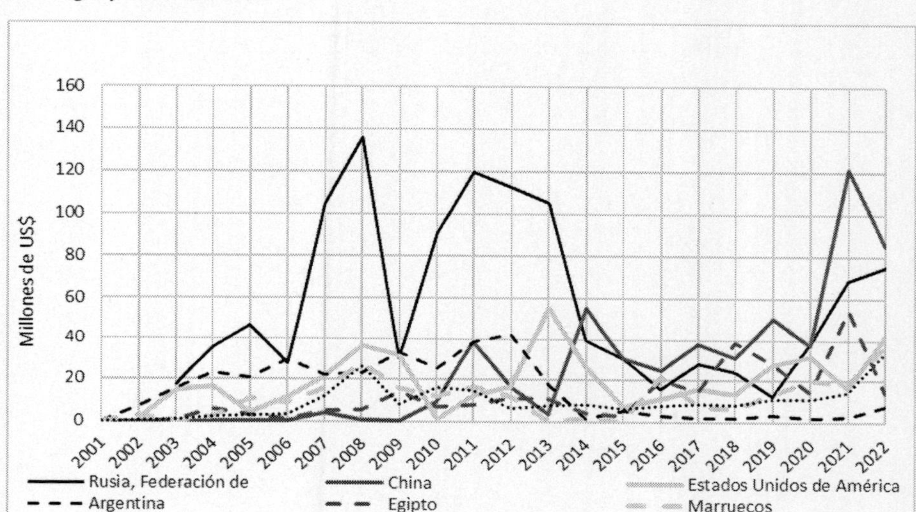

Fuente: Elaboración propia en base a datos de ITC, 2023.

Las semillas transgénicas importadas y comercializadas en Uruguay para el cultivo de soja provienen mayoritariamente de Argentina. En el año 2008, las empresas Nidera Uruguaya, Crop Uruguay (Cargill), y Barraca Erro, concentraban más del 75% del mercado importador de semillas.[1045]

A nivel global, en el año 2020, seis empresas respondían por el 58% del comercio global de semillas y el 77,6% de plaguicidas, siendo la industria de semillas el sector que ha alcanzado la tasa más acelerada de concentración, sobreponiéndose a las formas tradicionales de resguardo, mejoramiento, e intercambio de semillas.[1046]

Inversiones chinas en Uruguay

Si bien China ha cobrado gran relevancia como emisor de IED a nivel regional sudamericano, el país asiático no ha ocupado durante nuestro período de estudio un lugar relevante entre los principales orígenes de IED para el Uruguay.

[1045] Oyhantçabal & Narbondo (2008), *op. cit.*

[1046] ETC Group (2022). *Barones de la alimentación 2022. Lucro con la crisis, digitalización y nuevo poder corporativo.* Recuperado de https://www.etcgroup.org/files/files/barones_ completo-low_ rev13dic_.pdf.

Como corolario de lo anterior, los países responsables por el 92% de la entrada neta de IED en Uruguay en 2020 fueron: España, representando el 18% de la IED recibida, seguido por: Argentina, 15%; Finlandia, 10%; Brasil, 9%; Suiza, 7%; Estados Unidos, 7%; Chile, 6%; Holanda, 5%; "otros países de Sudamérica", 4%; Singapur, 3%; Islas Vírgenes, 3%; Canadá, 2%; Alemania, 2%; y Bélgica, con el 1% de la IED recibida[1047].

No obstante, se han registrado inversiones específicas provenientes de la potencia asiática que inciden sobre algunas áreas clave de la economía del país sudamericano. Así, las empresas chinas que operan en el complejo agroindustrial uruguayo constituyen el 62% las empresas chinas en Uruguay, siendo el resto de las inversiones asociadas a la industrialización y comercialización de automóviles (marcas Chery, Lifan y Geely) que anticiparon las primeras inversiones procedentes de China. Entre 2000 y 2022, de las nueve transacciones registradas por la Red ALC-China cinco corresponden al complejo agroindustrial uruguayo.[1048]

En el año 2009, tras la adquisición de parte de las acciones de Terminales Graneleras Uruguayas, COFCO pasó a dirigir parte de la logística para el comercio internacional de granos y subproductos de la terminal del Puerto de Nueva Palmira (Departamento de Colonia) y Fray Bentos (Departamento de Río Negro).

Al efectivizar las adquisiciones del 51% de NIDERA y de Noble en 2014, la compañía estatal china COFCO pasó a tener participación en el comercio de granos, semillas y oleaginosas del Uruguay a través de NIDERA Uruguaya, dedicada a la producción, almacenamiento, distribución y exportación de productos agrícolas. En el año 2013 –un año antes de la adquisición–, NIDERA Uruguaya había exportado por US$ 53,2 millones. En 2014, una vez adquirido el 51% por parte de COFCO, las exportaciones escalaron a US$ 73,9 millones. Tras la adquisición de la totalidad del paquete accionario de NIDERA por parte de COFCO en 2016, NIDERA exportó por US$ 48,3 millones; al año siguiente –2017– por US$ 99,4 millones, y en 2018 y 2019 por US$ 77,2 millones y US$ 169,4 millones respectivamente[1049].

[1047] Uruguay XXI (2020). *Oportunidades de inversión, Inversión Extranjera Directa*. Recuperado de https://www.uruguayxxi.gub.uy/uploads/informacion/d2bfeb 63f0ec64af da208f1e 3fa4f9 e5dd0d a817.pdf

[1048] Red ALC-China (2023). *OFDI de China en América Latina y Caribe.* Recuperado de http://www.redalc-china.org/monitor/.

[1049] Romero Wimer, F. & Senra, P. (2022) Inversiones chinas en Argentina y Uruguay: evolución y actores durante el siglo XXI. *Desenvolvimento em Debate, 10*(1), 7-33.

Además, en mayo de 2017 se completó el proceso a través del cual ChemChina adquirió Syngenta que, por su parte, formalizó la adquisición de NIDERA semillas en febrero del año 2018, la cual era propiedad de COFCO. La adquisición de NIDERA Uruguaya recolocó a COFCO en su órbita inicial del *trading* de granos en Uruguay y colocó a Syngenta al frente del mercado de semillas.

Como hemos destacado, el incremento del precio internacional de los *commodities* ha favorecido el ingreso de IED al sector agropecuario y agroindustrial uruguayo, siendo el agrícola el que más ha recibido inversiones, y mayoritariamente en la producción de granos, específicamente soja. De esta manera, en lo que va del siglo XXI, desde Uruguay, COFCO registró exportaciones totales por US$ 1.327 millones, situación que la posicionó entre las principales exportadoras radicadas en el país sudamericano.[1050]

Igualmente, el sector de transporte y logístico fue pionero en la recepción de inversiones procedentes de la potencia asiática. Así, en 1996 se instaló en Montevideo la empresa COSCO Shipping Lines Uruguay –subsidiaria de la China Ocean Shipping Company (COSCO)–, dedicada a la prestación de servicios de transporte marítimo y de manejo de cargas en el puerto de la capital uruguaya.

Otra área de inversión importante de los capitales chinos ha sido la industria frigorífica. En 2015, el Holding Foresun Group adquirió el frigorífico Rondatel, ubicado en Rosario (Departamento de Colonia). En 2017, la totalidad del capital accionario del grupo chino Foresun fue adquirida por Sundiro Holdings -una firma del mismo origen- que adquirió, además, el 50% del frigorífico Lorsinal ubicado Melilla (Departamento de Montevideo) y adquirió el frigorífico Lirtix en Montevideo. En mayo de 2018, Hezhong Holding Group -de capitales chinos- adquirió el Frigorífico Florida –Clademar–, el cual había permanecido cerrado los últimos ocho años.[1051]

Asimismo, las inversiones chinas arribaron el sector automotriz uruguayo.[1052] En 2005 arribó la empresa china de camiones Gongfeng. Esta

---

[1050] En el período 2001-2022, la estadounidense Cargill, dedicada a la compra, venta, procesamiento y distribución de granos, entre otros productos agrícolas, y una de las principales exportadoras sojeras, ha reportado exportaciones totales de alrededor de los US$ 4.133 millones. A la anterior le siguió, la francesa Louis Dreyfus Company (LDC), la cual exportó por un valor de US$ 2.556 millones. Ver: Uruguay XXI (2023). *Exportaciones por empresas*. Recuperado de https://www.uruguayxxi.gub.uy/es/centro-informacion/articulo/exportaciones-por-empresas/.

[1051] Uruguay XXI (2020). *Monitor de Inversión Extranjera en Uruguay*. https://www.uruguayxxi.gub.uy/pt/centro-informacao/.

[1052] Bittencourt, G. & Reig, N. (2014). China y Uruguay. El caso de las empresas automotrices Chery y Lifan. En E. Dussel Peters (Coord.), *La inversión extranjera directa de China en América Latina: 10 estudios de caso* (pp. 227-

empresa inicialmente produjo a través de una asociación de producción con Nordex -una empresa uruguaya dedicada al ensamblaje y servicio postventa de vehículos- pero en 2013 consolidó su relación con el Grupo SIUL de capitales uruguayos. Actualmente, su planta central se encuentra en el Departamento de Canelones.[1053]

De igual manera, a partir del año 2006 y a través de Pimatur –Buses del Sur–, la empresa china Zhengzhou Yutong Bus Co Ltd (conocida como Yutong) pasó a comercializar ómnibus en Uruguay, además de contar con la distribución de repuestos para dichas unidades a nivel nacional. Asimismo, Pimatur presenta partidas de exportación puntuales hacia países de la región.[1054]

En el año 2007, la Chery Automobile, en conjunto con el grupo argentino SOCMA Group, combinaron la instalación en Uruguay de una empresa mixta de ensamblaje de Chery –Chery SOCMA–, con una participación del 51% y el 49% respectivamente. Se trató así de un acuerdo entre un grupo argentino y la empresa china, aunque la inversión se realizó en Uruguay. En mayo del 2015, tras un proceso de paralización de siete meses derivado de las crecientes dificultades en las exportaciones hacia Brasil y Argentina (así como a Venezuela), la empresa detuvo sus actividades despidiendo cerca de 350 trabajadores.

En 2012, tras la adquisición de la planta de Effa Motors en el Departamento de San José, la empresa china Lifan Industry Group comenzó a operar en la industria uruguaya con una inversión de US$ 55 millones. Tras la caída en la demanda regional, a mediados de 2018 la empresa paralizó sus actividades, arrojando unos 125 trabajadores al desempleo.[1055]

El *joint venture* entre la transnacional china Zhejiang Geely Holding Group y Nordex llevado a cabo en octubre del año 2013 estableció la primera planta automotriz -ubicada en el Departamento de Montevideo- de Geely en Latinoamérica tras una inversión de aproximadamente US$ 10 millones. Sin embargo, corrió la misma suerte que las demás empresas operantes en el sector; en diciembre de 2015 el proyecto de armado de vehículos Geely se detuvo.[1056]

---

272). UNAM/Cechimex.

[1053] Uruguay XXI (julio de 2013). *Automotor y autopartes. Informe de oportunidades de inversión en el sector automotor y autopartes en Uruguay*. Recuperado de https://issuu.com/uyxxi/docs/automotor_y_ autopartes_-_julio_2013.

[1054] Uruguay XXI (junio de 2020). *Monitor de Inversión Extranjera en Uruguay*. Recuperado de https://www.uruguayxxi.gub.uy/pt/centro-informacao/.

[1055] En noviembre de 2019 fue anunciada una alianza entre Lifan y la automotriz china Brilliance Auto -oficialmente HuaChen Group Auto Holding- con el objetivo de volver a fabricar vehículos en Uruguay, colocando como meta la producción de 10.000 vehículos al año y la incorporación de 80 trabajadores a partir de 2020.

[1056] Uruguay XXI (junio de 2020), *op. cit.*

En 2014 la empresa china Guangxi LiuGong Machinery -dedicada a la fabricación de equipos pesados para construcción, minería e industria- inauguró su centro de distribución regional en el Departamento de Montevideo bajo el nombre de Liugong Machinery Uruguay. La misma tiene por objetivo la distribución de piezas y servicios para su maquinaria operante en Uruguay –a través de Sisler– y la región.

En el sector petrolero, la firma Bridas Corporation -en la que ya participaba la petrolera china China National Offshore Oil Corporation (CNOOC)- adquirió en 2011 la red de estaciones de la Esso en Argentina, Paraguay y Uruguay. De esta forma, a través de AXION, Bridas asumió la comercialización de combustibles y lubricantes de Esso en Uruguay, haciéndose cargo de más de cien puntos de venta de combustible en este país latinoamericano.

Ese mismo año, arribó a Uruguay la BBCA Biochemical. La inversión china para la producción de ácido cítrico fue declarada de interés departamental en San José.[1057]

En el sector telecomunicaciones, en 2004 se instaló en Uruguay la empresa Huawei Technologies. Un año más tarde, la empresa operó la implementación de la red de telecomunicaciones "3G" junto a la estatal uruguaya de telecomunicaciones ANTEL. Asimismo, en agosto del año 2019, la empresa Huawei Technologies Uruguay firmó un memorándum junto al Ministerio de Industria, Energía y Minería de Uruguay para la implementación de la red "5G" en el país latinoamericano[1058].

Por otra parte, en el año 2005, tras cuatro años de su arribo en América Latina, se instaló en Uruguay la Zhong Xing Telecommunication Equipment Company Limited (ZTE) a través de ZTE Corporation Uruguay, con el objetivo de colocar sus equipos de telecomunicaciones y redes en el mercado uruguayo y regional. En el año 2008 vendió al Ministerio del Interior del Uruguay un nuevo sistema de tecnología en telecomunicaciones aplicadas a la seguridad pública por un valor de US$ 12 millones aproximadamente[1059].

[1057] Junta Departamental de San José (16 de mayo de 2011). *Primer período ordinario.* Recuperado de http://www.juntasanjose.gub.uy/portal/index.php? option= com_joomdoc &task= document. download& path=L47%2 FActas% 2FACTA- L47-037.pdf&Itemid=82.

[1058] ROU.MIEM (21 de agosto de 2019). *Memorándum de entendimiento de cooperación estratégica entre Huawei y el MIEM.* Recuperado de https://www.gub.uy/ministerio-industria-energia-mineria/politicas-y-gestion/convenios/memorandum-entendimiento-cooperacion-estrategica-entre-huawei-miem.

[1059] ROU. Presidencia (9 de nero de 2008). *Ministerio del Interior incorpora alta tecnología al servicio de la seguridad pública.* Recuperado de http://archivo.presidencia.gub.uy/_web/noticias/2008/01/2008010904.htm.

En el sector textil, en el año 2011, la Big Plastic Industry Corporation se incorporó al Uruguay a través de la apertura de una fábrica textil en Pando (Departamento de Canelones) –donde anteriormente operaba la fábrica textil Hisud–, con una inversión inicial de US$ 15 millones. El proyecto consistió en la implantación de una fábrica de hilado con fibra sintética basada en la reutilización de plásticos reciclados. Asimismo, en 2011 se instaló en la capital uruguaya la empresa china Parkedal, originariamente operadora de la industria textil y actualmente también abocada a la comercialización de equipamientos médicos.[1060]

Síntesis y conclusiones

A lo largo de la historia del Uruguay, y más allá de especificidades circunstanciales, las características estructurales de su inserción económica internacional se han mantenido intactas, al igual que la estructura agraria. Así, la propiedad privada del suelo y la administración de los flujos de renta agraria fue sostenida de diferentes formas en los distintos períodos históricos, aunque siempre con los requerimientos del estadio específico de desarrollo del sistema capitalista.

Luego de una relación económica en la que la lana fue el factor de intercambio principal entre 1988 y 2005, el gigante asiático pasó a consolidarse como socio comercial, convirtiéndose en 2012 en el principal mercado comprador de productos uruguayos. El agronegocio continuó a la vez de las ventas: la soja, las carnes y la pasta de celulosa respondieron por el 81% del total exportado por Uruguay hacia la potencia asiática entre el 2001 y el 2022. Por otra parte, China acaparó alrededor del 70% de la soja producida en Uruguay para ese mismo período.

En ese sentido, si bien hemos constatado que, en términos cuantitativos, existe una correlación fuerte entre el avance del agronegocio sojero en Uruguay y el devenir de las relaciones económicas entre Uruguay y China, entendemos que la relación genuina entre ambos factores es la matriz sobre la cual estas relaciones se erigen. Es decir, el avance del capital financiero sobre la producción agraria, ante un Estado uruguayo que se perpetúa como garante de los intereses del capital internacional.

Así, la penetración del capital financiero habilitó la obtención de mayores beneficios por parte de los conglomerados transnacionales, al tiempo que garantizó la protección de sus inversiones y la obtención de

[1060] Romero Wimer & Senra (2022), *op. cit.*

facilidades en los procesos de extracción de recursos. De esa forma, el capital financiero se perpetúa bajo el amparo legal del Estado, que lejos de perder importancia se potencia como garante de la obtención de lucros por parte de los capitales financieros, cuyas sedes, encarnadas en Estados dotados de poder financiero, presionan tanto a través de sus actividades, como de su influencia en las instituciones supranacionales.

Esto se dio en el marco de un cierto encantamiento de las clases dominantes uruguayas, las principales fuerzas políticas y distintos agentes asociados para con una retórica pro-China que pretende instalar resortes simbólicos neutralizantes de su carácter imperialista, sede de grandes oligopolios que proyectan sus intereses a nivel global, acompañados de mecanismos de influencia política y cultural que legitiman su expansión económica. Además, estos mecanismos de influencia ideológicos han sido efectivos en ocultar el hecho de que lo esencial de los intereses económicos, militares, científicos, culturales y sociales de China no emergen de una política externa deliberada de "cooperación internacional" sino que son producto de sus transformaciones internas desde fines de la década de 1970, que a su vez impulsaron la expansión global y la competencia de la burguesía dirigente con otros capitales imperialistas.

De esa manera, la expansión económica, política y cultural de China se tradujo en una mayor centralidad en la agenda de política externa uruguaya y de los países a nivel global, que pasaron en mayor o menor medida a gravitar también en función del estadio del desarrollo de las fuerzas productivas del país asiático. Así, si bien la profundización del modelo primario-exportador a través del comercio internacional con la potencia asiática permitió verificar en términos cortoplacistas notorios beneficios económicos para las clases dominantes locales y regionales, habilitando a su vez a las principales fuerzas políticas uruguayas a desplegar programas de transferencia de renta; en términos generales, este proceso condena a la estructura productiva uruguaya a una continua primarización, al socavamiento de la agricultura familiar, y al comprometimiento de los ecosistemas originales y del medio ambiente.

Por todo lo anterior, el ascenso de la potencia asiática no ofrece elementos que permitan suponer una resistencia a la división internacional del trabajo, ni tampoco indicios de una transferencia tecnológica que habilite un proceso de industrialización local, sino que lo que se observa en el caso uruguayo es la disposición de su estructura productiva como engranaje de la reproducción del capital financiero internacional.

Dicho capital financiero ha avanzado sobre las distintas fases de la producción primaria, concentrando la misma, erosionando expresiones productivas de dimensiones menores, y desnacionalizando la producción. Así, se constata, por ejemplo, el acompasamiento del complejo productivo sojero del Uruguay a los intereses económicos y estratégicos de las potencias industriales, representadas a través de empresas transnacionales que se despliegan globalmente, subordinando los países dependientes a la dinámica capitalista de los países centrales.

Finalmente, entendemos que es la dinámica capitalista global quien reconfigura los esquemas de dominación y dependencia entre los Estados. China ha sido el principal dinamizador del agronegocio sojero uruguayo y sus implicaciones, instalando la necesidad de un examen crítico del tipo de inserción que define la relación entre ambos países, y de los proyectos que se presenten a futuro.

Referencias

Astori, D. (1989). *La deuda e(x)terna ¿Obstáculo irreversible o base de transformación?* CIEDUR.

Azcuy Ameghino, E. (2015). *Historia de Artigas y la Revolución Argentina.* CICCUS.

Barrán, J. & Nahúm, B. (1967). *Historia rural del Uruguay moderno 1851-1885.* Ediciones de la Banda Oriental.

Barrán, J. & Naúm, B. (1977). *Historia rural del Uruguay moderno. La prosperidad frágil (1905-1914).* Ediciones de la Banda Oriental. Tomo V.

Bartesaghi, I. (2016). *Posibles impactos de un TLC bilateral entre Uruguay y China.* Departamento de Negocios Internacionales e Integración de la Universidad Católica. https://ucu.edu.uy/sites/default/files/pdf/2016/PosiblesimpactosdeunTLCbilateralUruguay-China.pdf.

Benvenuto, L. (1968). La evolución económica. De los orígenes a la modernización. *Enciclopedia Uruguaya, III,* 43-52.

Beretta Curi, A. (2008). Inmigración europea y pioneros en la instalación del viñedo uruguayo. En A. Beretta Curi (Coord.), *Del nacimiento de la vitivinicultura a las organizaciones gremiales: la constitución del Centro de Bodegueros del Uruguay,* TRILCE.

Bethell, L. & Murilo, J. (1991 [1985]). Brasil (1822-1850). En L. Bethell (Comp.), *Historia de América Latina* (pp. 319-377). Crítica, T. 6.

Bittencourt, G. & Reig, N. (2014). China y Uruguay. El caso de las empresas automotrices Chery y Lifan. En E. Dussel Peters (Coord.), *La inversión extranjera directa de China en América Latina: 10 estudios de caso* (pp. 227-272). UNAM/Cechimex.

Brazeiro, A. (2015). Biodiversidad, conservación y desarrollo en Uruguay. En A. Brazeiro, *Eco-Regiones de Uruguay: Biodiversidad, Presiones y Conservación. Aportes a la Estrategia Nacional de Biodiversidad.* (pp. 10-15). Facultad de Ciencias, CIEDUR, VS-Uruguay, SZU.

Busquets, J. M. & Delbono, A. (2016). La dictadura cívico-militar en Uruguay (1973-1985): aproximación a su periodización y caracterización a la luz de algunas teorizaciones sobre el autoritarismo. *Revista de la Facultad de Derecho,* (41), 61-102.

Cámaras de Industrias del Uruguay (2021). *Informe Anual de Exportaciones de Bienes del Uruguay. Informe Anual-2020.* CIU. Recuperado de https://www.ciu.com.uy/wp-content/uploads/2022/09/exportaciones-de-bienes-del-uruguay-2020.pdf.

Cámaras de Industrias del Uruguay (2023). *Informe Anual de Exportaciones de Bienes del Uruguay. Informe Anual-2022.* CIU. Recuperado de https://www.ciu.com.uy/wp-content/uploads/2023/03/Anual_exportaciones_2022-1.pdf.

Carámbula, M. & Oyhantçabal, G. (2019). Proletarización del agro uruguayo a comienzos del siglo XXI: viejas y nuevas imágenes de un proceso histórico. *Revista de Desarrollo Económico Territorial,* (16), 161-180.

Ciafardini, H. Crítica a la teoría del capitalismo dependiente. En H. Ciafardini, *Textos sobre economía política e historia* (pp. 197-213). Amalevi.

Demasi, C., Marchesi, A. V., Markarian, V., Rico, A., & Yaffé, J. (2013). *La Dictadura Cívico-Militar. Uruguay 1973-1985.* EBO.

Elías, A. (2021). Uruguay: el ajuste estructural capitalista, facilitado por los buenos resultados sanitarios en la pandemia. En A. López, G. Roffinelli, & L. Catiglioni (Coord.), *Crisis capitalista mundial en tiempos de pandemia* (pp. 387-406). CLACSO.

Embajada de la República Popular China (RPC) en la República Oriental del Uruguay (ROU) *(2007). Breve introducción a las relaciones bilaterales entre China y Uruguay*. Recuperado de http://uy.china-embassy.org/esp/zggxs/t358762.htm.

ETC Group (2022). *Barones de la alimentación 2022. Lucro con la crisis, digitalización y nuevo poder corporativo.* Recuperado de https://www.etcgroup.org/files/files/barones_completo-low_rev13dic_.pdf.

Faroppa, L. (1969). Industrialización y dependencia económica. *Enciclopedia Uruguaya. 5*(46), 102-119.

Finch, M. H. J. (2005). *La economía política del Uruguay contemporáneo, 1870-2000.* Ediciones de la Banda Oriental.

Foro China-CELAC (2018). II Reunión Ministerial abre nuevas vías de cooperación, según canciller chino. Recuperado de http://www.chinacelacforum.org/esp/ltdt_2/t1528280.htm.

González Demuro, W. (2003). *De historiografías y militancias. Izquierda, artiguismo y cuestión agraria en el Uruguay (1950-1973).* Universidad de la República.

Grupo ETC (2017). *Demasiado grandes para alimentarnos.* Recuperado de https://www.etcgroup.org/es/content/demasiado-grandes-para-alimentarnos

Guelar, D. (2013). *La invasión silenciosa. El desembarco chino en América del Sur.* Debate.

International Trade Centre (ITC) (2023). *Trade Map.* Recuperado de https://www.trademap.org.

Junta Departamental de San José (16 de mayo de 2011). *Primer período ordinario.* Recuperado de http://www.juntasanjose.gub.uy/portal/index.php?option=com_joomdoc&task=document.download&path=L47%2FActas%2FACTA-L47-037.pdf&Itemid=82.

Luján, C. A. (2023). Discursos y prácticas en la política exterior de Uruguay (2020-2022). China, Mercosur y después. *Anuario del Área Socio-Jurídica, 15*(1), 22-41.

Marini, R. M. (1973). *Dialéctica de la dependencia.* Era.

MGAP-DIEA(2021). *Encuesta Agrícola "Primavera 2021".* Serie encuestas N° 371. Recuperado de https://www.gub.uy/ministerio-ganaderia-agricultura-pesca/datos-y-estadisticas/encuesta.

Ministerio de Ganadería, Agricultura y Pesca (MGAP). Dirección de Estadísticas Agropecuarias (DIEA) (2003). *Encuesta Agrícola "Primavera 2003".* Serie encuestas Nº 217.https://www.gub.uy/ministerio-ganaderia-agricultura-pesca/datos-y-estadisticas/encuesta.

Nahúm, B. (1968). La estancia alambrada. *Enciclopedia Uruguaya, 3*(24), 62-79

Oddone, J. (1992 [1986]). La formación del Uruguay moderno, c. 1870-1930). En L. Bethell (comp.). *Historia de América Latina* (pp. 118-134). Crítica, T. 10.

Oyhantçabal, G. & Narbondo, I. (2008). *Radiografía del agronegocio sojero: descripción de los principales actores y de los impactos socio-económicos en Uruguay*. REDES-AT.

Oyhantçabal, G. & Narbondo, I. (2013). El agronegocio y la expansión del capitalismo en el campo uruguayo. *REBELA, 2*(3), 409-425.

Oyhantçabal, G. (2019). *La acumulación de capital en Uruguay 1973 – 2014: tasa de ganancia, renta del suelo agraria y desvalorización de la fuerza de trabajo*. Ciudad Universitaria.

Oyhantçabal, G., Ceroni, M. & Carambula, M. (2022). Introducción: El espacio agrario uruguayo a comienzos del siglo XXI. En Ceroni, M., Oyhantçabal, G., & Carámbula, M. (Coord.), *El cambio agrario en el Uruguay contemporáneo* (pp. 13-26). Ediciones del Berretín.

Piñeiro, D. & Cardeillac, J. (2018). El Frente Amplio y la política agraria en el Uruguay. En C. Kay & L. Vergara-Camus *La cuestión agraria y los gobiernos de izquierda en América Latina: Campesinos, agronegocio y neodesarrollismo* (pp. 259-286). CLACSO.

Presidencia ROU (18 de octubre de 2016). *Tabaré Vázquez y Xi Jingping acordaron avanzar rápidamente en un tratado de libre comercio.* Recuperado de https://www.presidencia.gub.uy/sala-de-medios/videos/tabare_vazquez_xi_jinping_acordaron_avanzar_tratado_libre_comercio_uruguay_china.

Presidencia ROU (18 de octubre de 2016). *Tabaré Vázquez y Xi Jingping acordaron avanzar rápidamente en un tratado de libre comercio.* Recuperado de https://www.presidencia.gub.uy/sala-de-medios/videos/tabare_vazquez_xi_jinping_acordaron_avanzar_tratado_libre_comercio_uruguay_china.

Presidencia ROU (19 de marzo de 2009). *La Agencia Nacional de Investigación e Innovación establece acuerdos de cooperación con China para el desarrollo de proyectos conjuntos*. Recuperado de http://archivo.presidencia.gub.uy/_web/noticias/2009/03/2009031908.htm.

Presidencia ROU (23 de marzo de 2009). *Uruguay y China: firman memorando de entendimiento y cooperación para el comercio y las inversiones*. Recuperado de http://archivo.presidencia.gub.uy/_web/noticias/2009/03/2009032303.htm.

Presidencia ROU (25 de agosto de 2010). Prioridad del gobierno. Uruguay promueve la inversión de capitales chinos para mejorar la infraestructura. Recuperado de http://archivo.presidencia.gub.uy/sci/noticias/2010/08/2010082503.htm.

Presidencia ROU (3-5 de septiembre de 2006). *Visita oficial de Wu Bangguo, presidente de la Asamblea Nacional Popular de la RPCh*. Recuperado de http://archivo.presidencia.gub.uy/_web/noticias/2006/08/ag_bangguo.pdf.

Presidencia ROU (6 de octubre de 2002). *Visita del presidente Batlle a China*. Recuperado de http://archivo.presidencia.gub.uy/noticias/archivo/2002/octubre/2002100803.htm.

Presidencia ROU (7 de junio de 2013). *Puerto y ferrocarril: Mujica aseguró voluntad política, dinero y capacidad de construcción*. Recuperado de https://www.presidencia.gub.uy/Comunicacion/comunicacionNoticias/puerto-ferrocarril-mujica-audicion-china-espana.

Queirolo, R. (2020). "¿Qué significa el "giro a la derecha" uruguayo? *Nueva Sociedad*, (287), 98-107.

Raggio Souto, A. (2019). Uruguay y China en 1988: proceso de cambio en las relaciones diplomáticas. En J. Martínez Cortés (Comp.), *América Latina y el Caribe. Relaciones políticas e internacionales* (pp. 171-190). Red ALC-China.

Real de Azúa, C. (1969). Herrera: el nacionalismo agrario. *Enciclopedia Uruguaya*, *4*(50), 182-199.

Red ALC-China (2023). *OFDI de China en América Latina y Caribe*. Recuperado de http://www.redalc-china.org/monitor/.

República Oriental del Uruguay (ROU). Presidencia (2016). *Pobreza en Uruguay bajó de 39,9 % en 2004 a 6,4 % en 2015 y repitió mínimo histórico*. Recuperado de https://www.gub.uy/presidencia/comunicacion/noticias/pobreza-uruguay-bajo-399-2004-64-2015-repitio-minimo-historico.

Romero Wimer, F. & Senra, P. (2019). Relaciones diplomáticas entre la República Popular China y la República Oriental Del Uruguay (1988-2020). *Revista Interdisciplinaria de Estudios Sociales*, (20), 53-87.

Romero Wimer, F. & Senra, P. (2019). Uruguay, entre el mar de oportunidades y el ojo del huracán chino. En F. Romero Wimer, F. *et. al. Encrucijadas Latinoamericanas. Movimientos sociales, autoritarismo e imperialismo*. CEISO.

Romero Wimer, F. & Senra, P. (2022) Inversiones chinas en Argentina y Uruguay: evolución y actores durante el siglo XXI. *Desenvolvimento em Debate, 10*(1), 7-33.

Romero, F. (2016). *El imperialismo y el agro argentino. Historia reciente del capital extranjero en el complejo agroindustrial pampeano.* CICCUS.

ROU. Agencia Uruguaya de Cooperación Internacional (28 de septiembre de 2021). *China donó una estación meteorológica móvil a la Infraestructura de Datos Espaciales de Uruguay*. Recuperado de https://www.gub.uy/agencia-uruguaya-cooperacion-internacional/comunicacion/noticias/china-dono-estacion-meteorologica-movil-infraestructura-datos-espaciales.

ROU. Ministerio de Agricultura, Ganadería y Pesca (1 de noviembre de 2022). *China habilitó al frigorífico 'La Trinidad' para exportar carne bovina y ovina*. Recuperado de https://www.gub.uy/ministerio-ganaderia-agricultura-pesca/comunicacion/noticias/china-habilito-frigorifico-trinidad-para-exportar-carne-bovina-ovina.

ROU. Ministerio de Industria, Energía y Minería (MIEM) (2018), *Cosse y delegación interinstitucional visitaron empresa de tecnología DJI en China*. Recuperado de https://www.miem.gub.uy/noticias/cosse-y-delegacion-interinstitucional-visitaron-empresa-de-tecnologia-dji-en-china.

ROU. Ministerio de Desarrollo Social (MDS) (2023). "Tasa de desempleo". Disponible: Recuperado de https://www.gub.uy/ministerio-desarrollo-social/indicador/tasa-desempleo-total-pais.

ROU. Ministerio de Relaciones Exteriores (MRREE) (02 de diciembre de 1993). Convenio de promoción y protección recíproca de inversiones. En ROU. MRREE (1988-2023), Base pública de información sobre acuerdos internacionales suscritos por Uruguay. Recuperado de https://tratados.mrree.gub.uy/.

ROU. MRREE (02 de diciembre de 1993). Protocolo de cooperación económica y técnica. En ROU. MRREE (1988-2023), Base pública de información sobre acuerdos internacionales suscritos por Uruguay. Recuperado de https://tratados.mrree.gub.uy/.

ROU. MRREE (05 de abril de 1993). Protocolo por una línea de crédito de asistencia militar. En ROU. MRREE (1988-2023), Base pública de información sobre acuerdos internacionales suscritos por Uruguay. Recuperado de https://tratados.mrree.gub.uy/.

ROU. MRREE (2000). Protocolo sobre las condiciones de sanidad veterinaria y la cuarentena de la carne de cerdo importada por Uruguay de la RPCh. En: ROU. MRREE (1988-2023). Base pública de información sobre acuerdos internacionales suscritos por Uruguay. Recuperado de https://tratados.mrree.gub.uy/.

ROU. MRREE (10 de abril de 2001). Acuerdo de cooperación entre el Instituto Artigas del servicio exterior del Ministerio de Relaciones Exteriores de la ROU y la Academia Diplomática de la RPCh. En ROU. MRREE (1988-2023), Base pública de información sobre acuerdos internacionales suscritos por Uruguay. Recuperado de https://tratados.mrree.gub.uy/.

ROU. MRREE (12 de mayo de 2008). Convenio de Cooperación económica y técnica. En ROU. MRREE (1988-2023), Base pública de información sobre acuerdos internacionales suscritos por Uruguay. Recuperado de https://tratados.mrree.gub.uy/.

ROU. MRREE (14 de octubre de 2002). Convenio sobre una línea de crédito otorgada por la RPCh a Uruguay. En ROU. MRREE (1988-2023), Base pública de información sobre acuerdos internacionales suscritos por Uruguay. Recuperado de https://tratados.mrree.gub.uy/.

ROU. MRREE (18 de octubre de 2016). Convenio de cooperación en ciencia, tecnología e industria para la defensa nacional entre el Ministerio de Defensa Nacional de la ROU y la Administración Estatal de Ciencia, Tecnología e Industria para la Defensa Nacional de la RPC. En ROU. MRREE (1988-2023), Base pública de información sobre acuerdos internacionales suscritos por Uruguay. Recuperado de https://tratados.mrree.gub.uy/.

ROU. MRREE (18 de octubre de 2016). Convenio marco entre el Ministerio de Economía y Finanzas de la ROU y la Comisión Nacional de Desarrollo y Reforma de la RPC, para el desarrollo de la cooperación en materia de capacidad productiva e inversión. En ROU. MRREE (1988-2023), Base pública de información sobre acuerdos internacionales suscritos por Uruguay. Recuperado de https://tratados.mrree.gub.uy/.

ROU. MRREE (18 de octubre de 2016). Memorando de entendimiento de cooperación entre el Ministerio de Educación y Cultura de la ROU y el Ministerio de Educación de la RPC en el área de educación. En ROU. MRREE (1988-2023), Base pública de información sobre acuerdos internacionales suscritos por Uruguay. Recuperado de https://tratados.mrree.gub.uy/.

ROU. MRREE (18 de octubre de 2016). Memorándum de entendimiento entre el Ministerio de Desarrollo Social de la ROU y la Oficina del Grupo Dirigente para el alivio de la pobreza y el desarrollo del Consejo de Estado de la RPC sobre cooperación en materia de reducción de pobreza y desarrollo social. En ROU. MRREE (1988-2023), Base pública de información sobre acuerdos internacionales suscritos por Uruguay. Recuperado de https://tratados.mrree.gub.uy/.

ROU. MRREE (19 de diciembre de 2018). Canje de notas reversales para la donación de la RPC a la ROU. En ROU. MRREE (1988-2023). Base pública de información sobre acuerdos internacionales suscritos por Uruguay. Recuperado de https://tratados.mrree.gub.uy/.

ROU. MRREE (19 de diciembre de 2018). Convenio de cooperación económica y técnica entre el gobierno de la ROU y el gobierno de la RPC. En ROU. MRREE (1988-2023), Base pública de información sobre acuerdos internacionales suscritos por Uruguay. Recuperado de https://tratados.mrree.gub.uy/.

ROU. MRREE (2 de diciembre de 1993). Acuerdo sobre cooperación agrícola, ganadera y pesquera. En ROU. MRREE (1988-2023), Base pública de información sobre acuerdos internacionales suscritos por Uruguay. Recuperado de https://tratados.mrree.gub.uy/.

ROU. MRREE (20 de agosto de 2018). Memorando de entendimiento entre el gobierno de la ROU y el gobierno de la RPC sobre cooperación en el marco de la iniciativa de la Franja Económica de la Ruta de la Seda y la Ruta Marítima de la Seda del Siglo XXI. En ROU. MRREE (1988-2023), Base pública de información sobre acuerdos internacionales suscritos por Uruguay. Recuperado de https://tratados.mrree.gub.uy/.

ROU. MRREE (2000). Acuerdo Bilateral para el ingreso de la RPCh a la OMC. En ROU. MRREE (1988-2023), Base pública de información sobre acuerdos internacionales suscritos por Uruguay. Recuperado de https://tratados.mrree.gub.uy/.

ROU. MRREE (2006). Convenio marco sobre el crédito preferencial otorgado por la RPCh a la ROU. En ROU. MRREE (1988-2023), Base pública de información sobre acuerdos internacionales suscritos por Uruguay. Recuperado de https://tratados.mrree.gub.uy/.

ROU. MRREE (2010). Convenio de cooperación económica y técnica. En ROU. MRREE (1988-2023), Base pública de información sobre acuerdos internacionales suscritos por Uruguay. Recuperado de https://tratados.mrree.gub.uy/.

ROU. MRREE (2011). "Acuerdo de cooperación de desarrollo financiero entre el Banco Nacional de Desarrollo de China y el Nuevo Banco Comercial de Uruguay", En ROU. MRREE (1988-2023), Base pública de información sobre acuerdos internacionales suscritos por Uruguay. Recuperado de https://tratados.mrree.gub.uy/.

ROU. MRREE (2011). Acuerdo entre el Ministerio de Defensa Nacional de la ROU y el Ministerio de Defensa Nacional de la RPCh. En ROU. MRREE (1988-2023), Base pública de información sobre acuerdos internacionales suscritos por Uruguay. Recuperado de https://tratados.mrree.gub.uy/.

ROU. MRREE (2011). Memorándum de entendimiento entre China Railway Materials Commercial Corporation (CRM) y el Ministerio de Transporte y Obras Públicas del Uruguay. En ROU. MRREE (1988-2023), Base pública de información sobre acuerdos internacionales suscritos por Uruguay. Recuperado de https://tratados.mrree.gub.uy/.

ROU. MRREE (2016). Memorando de entendimiento en materia de cooperación industrial entre el Ministerio de Industria, Energía y Minería de la ROU y el Ministerio de Industria y Tecnologías de la Información de la RPC. En ROU. MRREE (1988-2023), Base pública de información sobre acuerdos internacionales suscritos por Uruguay. Recuperado de https://tratados.mrree.gub.uy/.

ROU. MRREE (2016). Memorándum de entendimiento entre el Ministerio de Industria, Energía y Minería de la ROU y la Administración Nacional China de Energía, en cooperación en el sector de energías renovables. En ROU. MRREE (1988-2023), Base pública de información sobre acuerdos internacionales suscritos por Uruguay. Recuperado de https://tratados.mrree.gub.uy/.

ROU. MRREE (2019). Protocolo entre el Ministerio de Defensa Nacional de la ROU y el Ministerio de Defensa Nacional de la RPC sobre asistencia militar gratuita por China a Uruguay. En ROU. MRREE (1988-2023), Base pública de información sobre acuerdos internacionales suscritos por Uruguay. Recuperado de https://tratados.mrree.gub.uy/.

ROU. MRREE (23 de marzo de 2009). Convenio de cooperación económica y técnica. En ROU. MRREE (1988-2023), Base pública de información sobre acuerdos internacionales suscritos por Uruguay. Recuperado de https://tratados.mrree.gub.uy/.

ROU. MRREE (23 de marzo de 2019). Memorándum de entendimiento entre el Ministerio de Agricultura y Asuntos Consulares de la RPC y el Ministerio de

Ganadería, Agricultura y Pesca de la ROU sobre el fortalecimiento de la cooperación tecnológica en los recursos de germoplasma de soja. En ROU. MRREE (1988-2023), Base pública de información sobre acuerdos internacionales suscritos por Uruguay. Recuperado de https://tratados.mrree.gub.uy/.

ROU. MRREE (24 de mayo de 1990). Acuerdo de cooperación sobre sanidad animal y cuarentena. En ROU. MRREE (1988-2023), Base pública de información sobre acuerdos internacionales suscritos por Uruguay. Recuperado de https://tratados.mrree.gub.uy/.

ROU. MRREE (24 de mayo de 1990). Memorándum de entendimiento sobre cooperación en cuarentena vegetal. En ROU. MRREE (1988-2023), Base pública de información sobre acuerdos internacionales suscritos por Uruguay. Recuperado de https://tratados.mrree.gub.uy/.

ROU. MRREE (24 de octubre de 2016). "Memorándum de entendimiento sobre cooperación en materia de recursos hídricos entre el Ministerio de Ganadería, Agricultura y Pesca de la ROU y el Ministerio de Recursos Hídricos de la RPC. En ROU. MRREE (1988-2023), Base pública de información sobre acuerdos internacionales suscritos por Uruguay. Recuperado de https://tratados.mrree.gub.uy/.

ROU. MRREE (25 de octubre de 2016). Acuerdo de trabajo específico entre el Instituto Nacional de Investigación Agropecuaria (INIA) de la ROU y el Instituto de Ciencias de la Cosecha (ICS) de la Academia China de Ciencias Agrícolas (CAAS) de la RPC. En ROU. MRREE (1988-2023), Base pública de información sobre acuerdos internacionales suscritos por Uruguay. Recuperado de https://tratados.mrree.gub.uy/.

ROU. MRREE (27 de octubre de 1994). Programa ejecutivo del memorándum de entendimiento sobre cooperación lanera. En ROU. MRREE (1988-2023), Base pública de información sobre acuerdos internacionales suscritos por Uruguay. Recuperado de https://tratados.mrree.gub.uy/.

ROU. MRREE (29 de abril de 2019). Memorándum de entendimiento de cooperación entre el Banco Central de Uruguay y el Banco del Pueblo de China. En ROU. MRREE (1988-2023), Base pública de información sobre acuerdos internacionales suscritos por Uruguay. Recuperado de https://tratados.mrree.gub.uy/.

ROU. MRREE (31 de octubre de 1990). Memorándum de entendimiento sobre cooperación lanera. En ROU. MRREE (1988-2023), Base pública de información sobre acuerdos internacionales suscritos por Uruguay. Recuperado de https://tratados.mrree.gub.uy/.

ROU. MRREE (5 de abril de 1993). Memorándum de entendimiento comercial. En ROU. MRREE (1988-2023), Base pública de información sobre acuerdos internacionales suscritos por Uruguay. Recuperado de https://tratados.mrree.gub.uy/.

ROU. MRREE (5 de julio de 2001). Memorando de entendimiento técnico y comercial entre el Instituto Plan Agropecuario de la ROU y el Gobierno de la Ciudad de Jining de la RPCh. En ROU. MRREE (1988-2023), Base pública de información sobre acuerdos internacionales suscritos por Uruguay. Recuperado de https://tratados.mrree.gub.uy/.

ROU. MRREE (7 de noviembre de 1988). Convenio sobre una línea de crédito proporcionada por el Gobierno de la RPC al Gobierno de la ROU. En ROU. MRREE (1988-2023), Base pública de información sobre acuerdos internacionales suscritos por Uruguay. Recuperado de https://tratados.mrree.gub.uy/

ROU. MRREE (7 de noviembre de 1988). Memorándum de entendimiento para arribar a la firma de acuerdos en materia agropecuaria, área fitosanitaria y sanidad animal. En ROU. MRREE (1988-2023), Base pública de información sobre acuerdos internacionales suscritos por Uruguay. Recuperado de https://tratados.mrree.gub.uy/.

ROU. MRREE (8 de junio de 2011). "Convenio de cooperación económica y técnica, línea de crédito de 10 millones de yuanes. En ROU. MRREE (1988-2023), Base pública de información sobre acuerdos internacionales suscritos por Uruguay. Recuperado de https://tratados.mrree.gub.uy/.

ROU. MRREE (8 de junio de 2011). Convenio de cooperación económica y técnica, donación de 30 millones de yuanes. En ROU. MRREE (1988-2023), Base pública de información sobre acuerdos internacionales suscritos por Uruguay. Recuperado de https://tratados.mrree.gub.uy/.

ROU. Parlamento de Uruguay. Cámara de Senadores (17 de marzo de 1987). Exposición del señor senador Rodríguez Camusso. En *Diario de Sesiones de la Cámara de Senadores*. Recuperado de https://parlamento.gub.uy/documentosyleyes/documentos/diarios-de-sesion/1201/IMG.

ROU. Parlamento de Uruguay. Cámara de Senadores (3 y 4 de diciembre de 1985). Manifestaciones del senador Ferreira. En *Diario de Sesiones de la Cámara de*

Senadores, 78° Sesión Ordinaria (pp. 8-9). Recuperado de https://parlamento.gub.uy/camarasycomisiones/senadores/documentos/diario-de-sesion/1111/IMG.

ROU. Parlamento de Uruguay. Cámara de Senadores (9 de diciembre de 1987). Exposición del señor senador Jude. *Diario de Sesiones de la Cámara de Senadores*. Recuperado de https://parlamento.gub.uy/documentosyleyes/documentos/diarios-de-sesion/1264/IMG.

ROU. Presidencia (2019).*Uruguay es el primer país latinoamericano que firma un acuerdo de facilitación aduanera con China*. Recuperado de https://www.presidencia.gub.uy/comunicacion/comunicacionnoticias/nin-novoa-china-acuerdo-aduana.

ROU. Presidencia (22 de noviembre de 2022). *Uruguay podrá exportar sorgo a China para consumo humano y animal*. Recuperado de https://www.gub.uy/presidencia/comunicacion/noticias/uruguay-podra-exportar-sorgo-china-para-consumo-humano-animal.

ROU. Presidencia (28 de septiembre de 2022). *Nueva sede de escuela n° 319 de Casavalle atenderá a 320 alumnos*. Recuperado de https://www.gub.uy/presidencia/comunicacion/noticias/nueva-sede-escuela-n-319-casavalle-atendera-320-alumnos.

ROU. Presidencia (9 de nero de 2008). *Ministerio del Interior incorpora alta tecnología al servicio de la seguridad pública*. Recuperado de http://archivo.presidencia.gub.uy/_web/noticias/2008/01/2008010904.htm.

ROU.MIEM (21 de agosto de 2019). *Memorándum de entendimiento de cooperación estratégica entre Huawei y el MIEM*. Recuperado de https://www.gub.uy/ministerio-industria-energia-mineria/politicas-y-gestion/convenios/memorandum-entendimiento-cooperacion-estrategica-entre-huawei-miem.

Sala de Touron, L., De la Torre, N., & Rodríguez, J. (1987). *Artigas y su Revolución Agrária 1811-1820*. Siglo XXI.

Sanguinetti, J. M. (2023). 35 años de superación. En AA.VV. *35 años de relaciones diplomáticas China-Uruguay*. Multimedio.

Schmidt, N. & Repetto, L. (2022). Uruguay 2021: Entre la urgencia, el freno y un nuevo comienzo para el gobierno de coalición. *Revista de Ciencia Política, 42*(2), 439-460.

Seré, P. (1969). El Uruguay en el mundo actual. *Enciclopedia Uruguaya*, (54), 62-79.

Slipak, A. (2014). Un análisis del ascenso de China y sus vínculos con América latina a la luz de la Teoría de la Dependencia. *Realidad Económica, 282,* 99-124.

Tang, M. (31 de enero de 2018). Hacia un futuro mejor. *China Today*. Recuperado de http://spanish.chinatoday.com.cn/cul/CLACE/content/2018-01/31/content_752490.htm.

Uruguay XXI (2020). *Monitor de Inversión Extranjera en Uruguay*. Recuperado de https://www.uruguayxxi.gub.uy/pt/centro-informacao/.

Uruguay XXI (2020). *Oportunidades de inversión, Inversión Extranjera Directa*. Recuperado de https://www.uruguayxxi.gub.uy/uploads/informacion/d2bfeb63f0ec64afda208f1e3fa4f9e5dd0da817.pdf.

Uruguay XXI (2023). *Exportaciones por empresas*. Recuperado de https://www.uruguayxxi.gub.uy/es/centro-informacion/articulo/exportaciones-por-empresas/.

Uruguay XXI (22 de mayo de 2020). Uruguay se convirtió en miembro del Banco Asiático de Inversión en Infraestructura. Recuperado de https://www.uruguayxxi.gub.uy/es/noticias/articulo/uruguay-se-convirtio-en-miembro-del-banco-asiatico-de-inversion-en-infraestructura/.

Uruguay XXI (julio de 2013). *Automotor y autopartes. Informe de oportunidades de inversión en el sector automotor y autopartes en Uruguay*. Recuperado de https://issuu.com/uyxxi/docs/automotor_y_autopartes_-_julio_2013.

Uruguay XXI (junio de 2020). *Monitor de Inversión Extranjera en Uruguay*. Recuperado de https://www.uruguayxxi.gub.uy/pt/centro-informacao/.

Vidart, D. (1968). Las tierras del sin fin. *Enciclopedia Uruguaya, 1*(2), 23-39.

Wang, G. (2023). A dejar todo en la cancha. En AA.VV. *35 años de relaciones diplomáticas China-Uruguay*. Multimedio.

Xinhua (2 de septiembre de 2021). Nuevo Banco de Desarrollo del grupo BRICS agrega nuevos países miembros. Recuperado de http://spanish.news.cn/2021-09/02/c_1310164285.htm.

Yaffé, J. (2010). "Economía y dictadura en Uruguay, una visión panorámica de su evolución y de sus relaciones con la economía internacional (1973–1984)". *Revista de Historia,* (61-62), 13-35.

Yang, R. (22 de octubre de 1985). Nota con Ricardo Yang. *El Día,* p. 5 *apud Diario de Sesiones de la Cámara de Senadores de la ROU* (17 de marzo de 1987), 169, t. 305.

14

RELACIONES ENTRE LA REPÚBLICA POPULAR CHINA Y PARAGUAY A COMIENZOS DEL SIGLO XXI. TENSIONES EN EL ÚLTIMO BASTIÓN SUDAMERICANO DE TAIWÁN[1061]

Julia Dalbosco
Fernando Romero Wimer

Introducción

En 1999, la República Popular China (RPCh) adoptó la estrategia de *'Going Out'* (走出去战略/ *Zǒu chūqù Zhànlüè*) -una política que alienta a las empresas a transnacionalizarse e invertir en el exterior- y, en 2001, hizo su ingreso a la Organización Mundial del Comercio (OMC). China redefinió sus políticas internacionales y adoptó un giro en su proyección económica mundial. Por entonces, el mundo asistió a una reorganización de la producción, el comercio y la inversión, derivando en un acelerado realineamiento de los diferentes países en busca de aprovechar las mayores condiciones de apertura del mercado chino.

Así, a inicios del siglo XXI, los vínculos entre América Latina y China pasaron a intensificarse en búsqueda de oportunidades de inversión e intercambio comercial promovidas por las respectivas burguesías. El ascenso internacional chino y su expansión económica significó para la región una nueva opción en relación a su dependencia y la incidencia de Estados Unidos. Para China, el incremento de sus relaciones diplomáticas y económicas con América Latina y el Caribe (ALC) representó ampliar su influencia en una región fuertemente condicionada por el imperialismo

[1061] El trabajo fue desarrollado en el marco del proyecto de investigación "El Mercado Común del Sur (Mercosur) como proceso muldimensional: economía, cuestión agraria, educación y medio ambiente" (2015-presente)" del Instituto de Altos Estudios del Mercosur (IMEA)/ Universidade Federal da Integração Latino-Americana (UNILA), Brasil. (Convocatoria Nº 3/2021).

estadounidense[1062]. Vale considerar que la rivalidad sino-estadounidense va más allá de la disputa hegemónica, dado que los Estados Unidos actúan como grandes financiadores y aliados de la llamada República China (en adelante Taiwán[1063]), aunque oficialmente aceptan de forma ambigua la política de "una sola China" (一个中国/ *yī gè Zhōngguó*)[1064].

La Cuestión de Taiwán refiere al diferendo territorial existente entre la República Popular China y la llamada República de China (Taiwán), desde su división en 1949[1065]. En aquel entonces, Taiwán quedó frente a la recién creada Organización de Naciones Unidas (ONU) como la China legítima, situación que se prolongaría hasta la aprobación de la Resolución nº 2578 en 1971, cuando Estados Unidos -durante el gobierno de Richard Nixon-dio inicio a cambios respecto a sus relaciones con la República Popular China.[1066] Lo cual, posteriormente derivaría en el establecimiento de lazos diplomáticos de la mayoría de los países del mundo con China y no con Taiwán. Posteriormente, en 1979, resultaría también en el reconocimiento del gigante asiático por parte de la superpotencia norteamericana.

Sin embargo, a pesar de las limitaciones del cambio de reconocimiento diplomático, esto no significó el fin del apoyo económico y militar de los

[1062] Esta es un elemento decisivo para comprender las causas de la resistencia y demora de Paraguay en el reconocimiento de la RPCh y la persistencia en el mantenimiento de las relaciones con Taiwán. No obstante, el papel político interno de EE.UU. en referencia específica a China no aparece de forma visible y manifiesta en presiones públicas de la embajada estadounidense, ni en argumentos de funcionarios, empresarios y/o políticos paraguayos. La acción de la superpotencia norteamericana ha sido predominantemente indirecta en los últimos años.

[1063] La República China en Taiwán es un Estado con reconocimiento internacional parcial. Si bien posee un territorio, una población y un gobierno soberano, jurídicamente (sobre todo a partir de 1971) se trata de un Estado de facto en el sistema internacional y no un Estado de pleno derecho. Ver: Pegg, S. (1998). *International Society and the De Facto State.* Ashgate; Rodríguez Aranda, I. (2011). Los desafíos a la reunificación de China y Taiwán: la Ley Antisecesión (2005) y el Acuerdo Marco de Cooperación Económica (2010). *Revista Brasileira de Política Internacional, 54*(1), 105-124.

[1064] El principio de "una sola China" es una política cuyo eje principal es la reintegración de Taiwán al territorio de la República Popular China, como ya lo hizo con Macao y Hong Kong. Para China, Taiwán es parte de su territorio y la reunificación es un objetivo irrenunciable. En Taiwán, la posición hacia la idea de "una sola China" está dividida. Mientras una parte (expresada políticamente en los sectores que apoyan al Kuomintang y sus aliados) considera a la República China en Taiwán como la China legítima, otro sector de la población (aglutinado en torno a los partidarios del Partido Democrático Progresista y sus aliados) la rechaza abiertamente, defiende el principio "una China, un Taiwán" y pretende que Taiwán se declare independiente. Ver: Chen (2022). 'One Chine' Contention in China-Taiwan Relations: Law, Politics and Identity. *The China Quartely, 252,* 1025-1044.

[1065] La cuestión de la relación entre China y Taiwán tiene más de 70 años de historia y sólo es presentado esquemáticamente en este texto. Para más información, ver: Hsieh, P. L. (2009). The Taiwan Question and the One-China Policy: Legal Challenges with Renewed Momentum. *Die Friedens-Warte: Journal of International Peace and Organization, 84*(3), 59-81.

[1066] Stamelos, C. & Tsimaras, K. (2022). The UN General Assembly Resolution 2758 of 1971 Recognizing the People's Republic of China as the Legitimate Representative of the State of China. En S. O. Abidde (Ed.), *China and Taiwan in Africa. Africa-East Asia International Relations*. (pp. 101-119). Springer.

estadounidenses a Taiwán.[1067] El gobierno de Estados Unidos se mantuvo activo en la venta de armas y, hasta la fecha, mantiene buenas relaciones políticas y económicas no sólo con Taiwán sino también con los Estados que reconocen diplomáticamente a este territorio insular. En la actualidad, el número de Estados que reconocen diplomáticamente a Taiwán ha disminuido drásticamente desde 1971 a sólo 13 países.[1068] De este conjunto, siete países se encuentran en ALC (Guatemala, Belice, Haití, San Cristóbal y Nevis, Santa Lucía, San Vicente y las Granadinas, y Paraguay). Así, la República del Paraguay representa el único Estado de América del Sur que reconoce a Taiwán y, por lo tanto, constituye el último bastión diplomático en este subcontinente.[1069]

Paraguay adoptó -principalmente luego de la II° Guerra Mundial- un alineamiento estrecho con Estados Unidos[1070]. El tipo de vínculo que constituyó este país sudamericano con la principal potencia capitalista reflejó lo esencial de la condición dependiente de su formación económica-social, cuyas clases dominantes locales[1071] a su vez trazaron una asociación predominantemente subordinada con la burguesía brasileña[1072].

En 1957, durante la dictadura de Alfredo Stroessner (1954-1989), el país sudamericano inició una relación bilateral con Taiwán en la que inicialmente se destacaba su carácter de alianza ideológica anticomunista e,

[1067] Ramírez-Carvajal, C., Praj, D., & Acosta-Strobel, J. A. (2021). La relación triangular entre China, Taiwán y Estados Unidos en el periodo 2008-2018. *URVIO Revista Latinoamericana de Estudios de Seguridad*, (30), 92-106.

[1068] Hasta la fecha, el último país latinoamericano que pasó a reconocer diplomáticamente a China fue Honduras. Este Estado centroamericano rompió relaciones con Taiwán en marzo de 2023. Ver: Chang Chien, A. & Rodríguez Mega, E. (26 de marzo de 2023). Honduras rompe con Taiwán para establecer relaciones con China, *The New York Times*. Recuperado de https://www.nytimes.com/es/2023/03/26/espanol/china-taiwan-honduras-reconocimiento-diplomatico.html.

[1069] Blancas Larriva, M. (2023). Conflicto potencial en Taiwán: Costos mayores a los beneficios. *Portes, Revista Mexicana De Estudios Sobre La Cuenca Del Pacífico*, *17*(33), 77–101.

[1070] Yegros, R. S. & Brezzo, L. M. (2013). *História das Relações Internacionais do Paraguay*. Fundação Alexandre de Gusmão.

[1071] En la formación social paraguaya, el control de tierras ha sido históricamente un elemento constitutivo del poder de las clases dominantes. Durante el siglo XX, la oligarquía ganadera predominó como clase dominante local, siendo inexistente la burguesía industrial. En lo que va del siglo XXI, fundamentalmente con la expansión de la producción sojera, emergieron nuevos sujetos que se han sumado al control del poder económico y político: grandes empresarios agrícolas (con fuerte presencia de capitales brasileños), la burguesía financiera y la burguesía intermediaria (ligada al comercio de exportación e importación). Ver: Fogel, R. (2015). Clases sociales y poder político en Paraguay. *Novapolis*, (8), 103-116.

[1072] A partir del inicio de la dictadura de Alfredo Stroessner, Paraguay atravesó una transición de la dependencia británica y, secundariamente, a la burguesía argentina a una mayor dependencia hacia los Estados Unidos y, subsidiariamente, a Brasil. Ver: Fernández Palacios, F. (2017). Paraguay desde la dictadura de Stroessner hasta las elecciones presidenciales de 2013. *Tempus. Revista en Historia General*, *6*, 140-173; Vuyk, C. (2014). *Subimperialismo brasileño y dependencia del Paraguay. Los intereses económicos detrás del Golpe de Estado de 2012*. Cultura y Participación.

indirectamente, un afianzamiento del lazo con los Estados Unidos. Desde entonces, los Estados han ratificado diversos acuerdos en sus ámbitos económico, político y social. Taiwán estableció una política de diversas donaciones a Paraguay, fomentando numerosos proyectos de cooperación internacional, con énfasis en las áreas de educación y producción agrícola.

Sin embargo, a pesar de la relación profundamente entrelazada entre Paraguay y el Estado insular asiático, la nación sudamericana no permaneció inmune al ascenso de China en el mercado internacional. Paraguay ha buscado diferentes medios de acceso a las oportunidades económicas relacionadas con el comercio con el gigante asiático; utilizando medios extraoficiales e instituciones no gubernamentales para garantizar un puente hacia China continental. Para China, Paraguay representa el último bastión de reconocimiento de Taiwán en América del Sur. El reconocimiento de China por parte de Paraguay no solo significaría un avance en el objetivo de aislar diplomáticamente a Taiwán, sino también en asegurar la influencia de Beijing en ALC y consolidar sus intereses económicos, políticos y geoestratégicos en la región.

Este trabajo tiene por objetivo analizar las relaciones entre Paraguay y China en lo que va del siglo XXI, considerando principalmente los intereses económicos -en lo fundamental, asociados a la exportación de productos agropecuarios e importación de bienes industriales de origen chino- que tensionan las decisiones en torno a la apertura de relaciones diplomáticas del país sudamericano con la potencia asiática.

Específicamente nos proponemos: a) examinar los principales elementos de la evolución histórica de los acercamientos entre Paraguay y la RPCh; b) analizar las relaciones a la luz de los mecanismos que inciden en las posibilidades de reconocimiento internacional de China por parte de Paraguay, examinando las motivaciones e influencias internas y externas al Estado paraguayo y qué actores políticos y económicos son responsables de este proceso.

El ascenso de China y la reorientación de las economías latinoamericanas

La entrada de China a la OMC aumentó la competencia entre las principales economías, a la vez que provocó un redireccionamiento del sistema internacional. El grueso superávit comercial que contaba a iniciar el siglo XXI ha sido parte indisociable de la dinámica capitalista global.

La expansión en el mercado mundial es una forma de resolver las crisis capitalistas y garantizar un aumento en la tasa de ganancia. Así, en paralelo a la ampliación de mercados mediante la producción con bajos salarios y moneda subvaluada, los capitales chinos incrementaron la producción a fin de aumentar sus beneficios y avalar su expansión económica internacional. Esto obligó también al gigante asiático a asegurar las fuentes de materias primas y energéticas para esa producción, a la vez que ampliaba los mercados de consumo dentro y fuera de sus fronteras. Esta dinámica es inherente al funcionamiento del mercado mundial, donde existe una influencia recíproca entre Estados nacionales, a la vez que una intensa y relativamente silenciosa conflictividad entre las principales potencias por asegurarse mercados y zonas de influencias. El peso económico, político y militar de cada Estado en esta dinámica son determinantes para las relaciones internacionales.[1073]

De este modo, las mayores condiciones de apertura de China al mercado mundial en 2001 otorgaban mejores oportunidades de expansión para la dinámica capitalista global, dado que ese territorio había quedado al margen de su explotación cuando ocurrieron las profundas transformaciones económicas y sociales llevadas adelante por el socialismo en construcción entre 1949 y 1978[1074]. América Latina -región predominantemente exportadora de productos primarios- encontró en China un nuevo mercado comprador que contaba con una de las poblaciones más grandes del mundo y con una abundante demanda de alimentos y materias primas. Además de las oportunidades en relación con los intercambios comerciales, también existía el interés económico de convertirse en un estrecho aliado de la potencia ascendente. Ante el relativo declive económico y político de Estados Unidos en el plano internacional, China pasó a representar para algunas fracciones de las burguesías latinoamericanas una nueva oportunidad de asociación económica.

Esta posibilidad se abrió también en Paraguay. Su relación diplomática con Taiwán no logró evitar la influencia del ascenso chino sobre su economía; resultando en diferentes momentos de acercamiento entre China y la nación sudamericana que se explican en este texto.

[1073] Astarita, R. (2006). *Valor, mercado mundial y globalización*. Kaikron.

[1074] Laufer, R. (2020). China 1949-1978: revolución industrial y socialismo. Tres décadas de construcción económica y transformación social. *Izquierdas, 49*, 2597-2625. Recuperado de https://dx.doi.org/10.4067/s0718- 50492021000100224.

Relaciones entre China y Paraguay

En lo que va del siglo XXI es posible diferenciar notoriamente tres períodos en el acercamiento entre Paraguay y China: a) desde 2001 hasta 2010 (cuando se realizan los primeros acercamientos); b) desde 2010 a 2018 (período que se inicia con la Expo Shanghái y se acrecientan los vínculos económicos y políticos); y finalmente, c) desde 2018 hasta la actualidad (período en el que comienzan a intensificarse las demandas internas de cambios en el reconocimiento de la RPCh).

Relaciones sino-paraguayas en la primera década del siglo XXI

El acercamiento entre China y Paraguay se incrementó con el ascenso experimentado por el gigante asiático a inicios del siglo XXI y el debilitamiento relativo de Taiwán. A su vez, forma parte de un movimiento global hacia el reconocimiento diplomático del gigante asiático y de aislamiento de su vecino insular (históricamente una provincia china escindida con intervención militar de Estados Unidos tras el triunfo de la Revolución en 1949). Este movimiento de acercamiento se intensificó con la entrada de China en la OMC, la cual paradójicamente fue apoyada por Estados Unidos (su mayor rival económico y geopolítico). A pesar de concretarse en la administración del presidente George Walker Bush (2001-2009), su incorporación había sido definida previamente durante el gobierno de Bill Clinton (1993-2001). Las intenciones de Washington eran comprometer a China a un programa de reformas económicas en las cuales el gigante asiático no sólo abriría la importación de productos estadounidenses, sino también incorporaría su democracia y liberalismo económico. En el entendimiento de los analistas gubernamentales estadounidenses, mayores lazos comerciales con China acelerarían el desarrollo de una clase media que demandaría más derechos políticos[1075]. Sin embargo, China no absorbió nada del molde político estadounidense y surgió como una opción frente a los modelos neoliberales.

El ascenso económico del gigante asiático también acrecentó las tensiones en torno a las reivindicaciones territoriales chinas respecto a Taiwán y el control del mar de China[1076].

[1075] Brands, H. (19 de febrero de 2018). The Chinese Century? *The National Interest*. Recuperado de https://nationalinterest.org/feature/the-chinese-century-24557.

[1076] Rubiolo, M. F. (2016). El conflicto del Mar de China Meridional en clave geopolítica. *Revista Voces en el Fénix, 56*, 50-57.

La acelerada apertura del mercado chino y el ascenso del gigante asiático a principios del siglo XXI incidieron en modificaciones de la dinámica de relaciones entre Taiwán y Paraguay. Pese al histórico alineamiento paraguayo con Taiwán y la nutrida presencia de inmigrantes taiwaneses en el país sudamericano[1077] comenzaron a surgir voces que abogaban por el acercamiento económico y reconocimiento diplomático a China. Juan Chan, secretario general y miembro fundador de la Unión Cultural Industrial Tecnológica y Comercial Paraguay-China (UCITC) -una Organización No Gubernamental (ONG) cuyo objetivo manifiesto es fortalecer los lazos entre China y Paraguay- menciona que ya en 1998 existían empresas y organizaciones que buscaban un acercamiento entre los dos países, teniendo en cuenta el crecimiento chino y las oportunidades de mercado.[1078] Chan destaca el interés de parte del empresariado en este acercamiento, "los propios empresarios paraguayos del sector agropecuario, siempre preguntan '¿y China qué? ¿Cómo podemos vender nuestro producto? ¿Por qué no tenemos relaciones todavía?'"[1079]

Un ejemplo de las acciones de la UCITC fue la formalización de su actuación ante el gobierno de Paraguay. Además, también la UCITC[1080] actúa de enlace entre Paraguay y el gobierno de China y tiene convenios de cooperación con entidades gubernamentales de ese país: el Ministerio de Comercio de China; el Consejo de China para la Promoción del Comercio Internacional; el Ministerio de Relaciones Exteriores de China; el Gobierno Provincial de Shandong; el Gobierno Provincial de Zhejiang; el Gobierno Municipal de Shanghái; el Gobierno Municipal de Beijing y el Gobierno Municipal de Shenzhen.

[1077] La relación bilateral entre Paraguay y Taiwán estimuló la migración entre los dos países y dio origen a diversos acuerdos internacionales. Ver: Dalbosco, J. (2019). *O Soft Power nas relações Taiwan-Paraguai*. UNILA. (Tesis de Licenciatura em Relaciones Internacionales e Integración).

[1078] La UCITC surgió inicialmente en 1998 bajo la denominación de Asociación General de Cultura, Industria, Tecnología y Comercio Paraguay-China y se constituyó con el nombre actual en 2009. Según Juan Chan, esta organización se creó con el fin de aprovechar las oportunidades que ofrece China, especialmente en el marco de la CELAC (Comunidad de Estados Latinoamericanos y Caribeños). Para su fundación, Chan explica que, tras una consulta con el gobierno chino, se pasó información de que era posible realizar acercamientos, proyectos y convenios si estos se hacían a través de una Organización No Gubernamental (ONG). Las actividades de UCITC en Paraguay se basan en la participación en diversos encuentros del sector industrial e inmobiliario. La organización también forma parte de varias asociaciones económicas en Paraguay. A partir de estas participaciones, los empresarios y personas interesadas en la RPCh tienen acceso a la UCITC.

[1079] Entrevista a Juan Chan realizada por Julia Dalbosco (Foz do Iguaçu, 31 de julio de 2021).

[1080] Hay otras ONG y entidades privadas que también trabajan en el acercamiento entre Paraguay y China. Al ingresar a la sociedad civil paraguaya a través de estas instituciones, China tiene la oportunidad de construir su propia narrativa dentro del territorio paraguayo y construir su estrategia de inserción china con la finalidad de aislar internacionalmente a Taiwán y ampliar la influencia del gigante asiático en América Latina.

Taiwán y China no ofrecen restricciones al comercio internacional entre Estados que los reconocen diplomáticamente, lo que no impide que Paraguay mantenga lazos comerciales con China mientras reconoce diplomáticamente a Taiwán. El intercambio comercial entre China y Paraguay ha pasado a tener continuidad desde el año 2000[1081] y los valores y las cantidades han aumentado desde entonces. Estos cambios han recibido el apoyo de diferentes personalidades del ámbito económico y político paraguayo. El acercamiento comercial de Paraguay con el gigante asiático no sólo es significativo por el peso que adquieren las importaciones paraguayas procedentes de China, sino también porque implica contradicciones con las declaraciones formales conjuntas que los gobiernos de Taiwán y Paraguay firmaron durante años, las cuales incluían críticas a las políticas chinas.[1082] Taiwán no posee la capacidad de absorber la totalidad de la producción paraguaya, lo que hace necesario que Paraguay intente llegar a otros mercados, incluido el de China.

Durante la presidencia de Duarte Frutos (2003-2008), China ejerció cierta presión sobre el Estado paraguayo para entablar relaciones diplomáticas a través de diferentes políticos, empresarios y los otros miembros del Mercado Común del Sur (MERCOSUR)[1083]. Sin embargo, Taiwán consiguió mantener su reconocimiento, en el cual operó en parte una política promoción a las pequeñas y medianas empresas paraguayas relacionándolas con su desarrollo tecnológico taiwanés. En ese contexto, el gobierno taiwanés de Chen Shui-bian (2000-2008) mantenía sus lineamientos económicos de desarrollo de industrias de alta tecnología, proyectándose convertir a Taiwán en la "isla del Silicio Verde" -para hacer alusión a un progreso económico sin exclusión de la protección del medio ambiente-, promoviendo la innovación industrial, la creación de centros de Innovación y Desarrollo (I&D) en su territorio por parte de corporaciones extranjeras, y el establecimiento del Centro de Incubación para Software en Nankang y el Centro de Incubación Científica del Sur[1084].

[1081] El Banco Central de Paraguay registra exportaciones paraguayas a China desde la década de 1990, aunque estas ventas se realizaron sin continuidad anual. En el caso de las importaciones, también la sistematicidad comienza en 2000 aunque se registran entradas de mercaderías de Hong Kong desde 1963. Ver: Lezcano, J. C. (2019). *Exportación de capitales desde China y su relación con el latifundio en Paraguay*. BASE Investigaciones Sociales. Informes Especiales (28).

[1082] Romero Wimer, F. & Dalbosco, J. (2020). El dilema de Paraguay en el siglo XXI: ¿continuidad de relaciones diplomáticas con Taiwán o apertura a la República Popular China? *Revista Paraguay desde la Ciencias Sociales*, (11), 27-56.

[1083] Diéguez Suárez, J. (2008). Las relaciones entre el gobierno de Duarte Frutos y Taiwán. *Observatorio de la Economía y la Sociedad de China, 7.* Recuperado de https://www.eumed.net/rev/china/07/jds2.htm.

[1084] Enciso, V. (2005). *El sistema de las instituciones financieras no comerciales en Taiwán.* Taiwan Studies Faculty, Research Award Program for Paraguayans. Recuperado de https://www.roc-taiwan.org/uploads/sites/208/2014/06/73166291071.pdf.

En 2008, con la asunción de Fernando Lugo (2008-2012) existieron expectativas de que este cumpliera con ciertos planteos de alianza estratégica con China que había impulsado durante su campaña electoral. Sin embargo, en ese contexto Beijing estaba interesado en avanzar en un acercamiento con Taipéi y prefirió no entablar el diálogo con Paraguay. El retorno del *Kuomintang* al poder en Taiwán promovió una "tregua diplomática" entre el gobierno de China y la isla[1085], aunque la disputa comercial se mantuvo.

En el subperíodo 2003-2010, las ventas de mercaderías de Paraguay hacia China superaron en valor a las realizadas a Taiwán. En 2008, se registró el máximo de exportaciones al gigante asiático registrado hasta el momento por un valor de US$ 96,8 millones (Gráfico 1), ese año China se ubicó en el 11° destino de los bienes paraguayos[1086].

Gráfico 1. Exportaciones de Paraguay a la RPCh y Taiwán, en miles de US$. Años: 2001-2022.

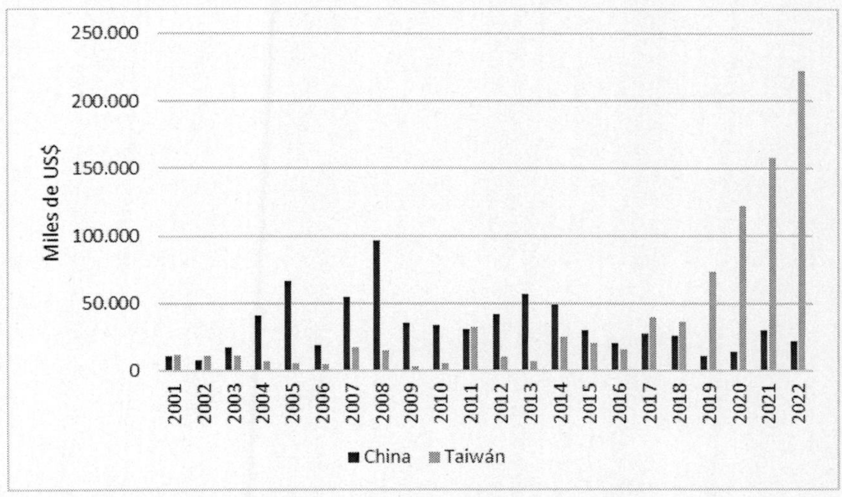

Fuente: Elaboración propia sobre la base de datos ITC (2023)[1087].

[1085] Diéguez Suárez, J. (18 de agosto de 2008) Ma: el espejismo de Fernando Lugo. *Observatorio de la Política China.* Recuperado de https://politica-china.org/areas/taiwan/mael-espejismo-de-fernando-lugo.

[1086] United Kingdom. DIT/BEIS International Trade in Goods and Services Visualization (2023). International trade in goods and services based on UN Comtrade data. Recuperado de https://dit-trade-vis.azurewebsites.net/? reporter= 600& partner= 156&type =C&year =2008&f low=2.

[1087] ITC (2023). *Trade Map*. Recuperado de https://www.trademap.org/.

Aun así, Paraguay necesitó atravesar algunos obstáculos para exportar su producción, dado que los productos perecederos necesitan un certificado emitido por el gobierno chino, al cual Paraguay todavía no tiene acceso[1088]. Respecto a las importaciones, China lideró abrumadoramente sobre Taiwán en las ventas a Paraguay (Gráfico 2). Tanto es así que el gigante asiático se erigió como el principal origen de las compras internacionales de Paraguay en 2005, desde entonces y hasta el final del subperíodo sólo en 2007 perdió esa posición con Brasil y quedó en segundo lugar.[1089] Como resultado de los intercambios de productos, Paraguay acumularía un enorme e ininterrumpido déficit en su balanza comercial con el gigante asiático. Vale considerar, como se verá en los datos presentados más adelante, que la composición de ese intercambio se situaría en el predominio de la venta de productos agropecuarios y manufacturas de origen agropecuario y la adquisición de productos industriales (predominantemente, productos electrónicos, textiles y químicos) por parte de Paraguay. En 2008, el déficit comercial del país sudamericano con China fue de aproximadamente US$ 2.400 millones.[1090]

Gráfico 2. Importaciones de Paraguay desde la RPCh y Taiwán, en miles de US$. Años: 2001-2022.

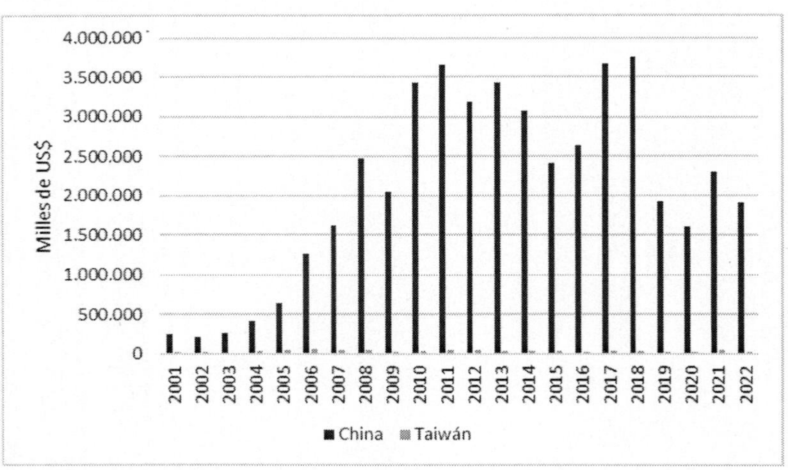

Fuente: Elaboración propia sobre la base de datos ITC (2023).

[1088] Dalbosco, J. (2022). *Entre o Tigre e o Dragão: Paraguai e suas relações com Taiwan e a China no início do Século XXI*. UNILA (Tesis de Maestría en Relaciones Internacionales).

[1089] United Kingdom. DIT/BEIS International Trade in Goods and Services Visualization (2023). International trade in goods and services based on UN Comtrade data. Recuperado de https://dit-trade-vis.azurewebsites.net/ ?reporter =600& partner=156 &type=C&year =2007&flow=2.

[1090] *Id.*

En 2008, mientras la crisis económica impactaba fuertemente en Estados Unidos y Europa, China organizó los Juegos Olímpicos con sede en Beijing[1091]. Para Paraguay, el evento significó una de las primeras oportunidades para un acercamiento más profundo, ya que una delegación oficial paraguaya debía viajar al país asiático. Sin embargo, sin relaciones diplomáticas, la participación se convirtió en un proceso complicado. En este escenario, la UCITC encontró la oportunidad de mediar en la participación en el evento[1092]. La ONG paraguaya trabajó en conjunto con el Ministerio de Deportes de Paraguay, donde se encargó de acompañar y asistir a los atletas paraguayos durante el evento y su estadía en China.

En 2010, la UCITC también actuó en colaboración con el gobierno paraguayo, esta vez el Ministerio de Relaciones Exteriores para garantizar la participación en la Expo Shanghái.

De la Expo Shanghái a la II° Reunión Ministerial del Foro CELAC-China (2010-2018)

La realización de la Exposición Universal de Shanghái de 2010 ocurrió entre el 1° de mayo y el 31 de octubre de ese año; retomando la participación de China en las llamadas ferias y exposiciones mundiales[1093]. El evento dio a China la oportunidad de financiar el arribo y la estadía de las naciones menos desarrolladas en el evento de seis meses[1094]. UCITC cubrió todos los costos de la participación de Paraguay, incluido el pago del stand construido en el evento y también el viaje de los funcionarios del gobierno a Shanghái. Durante la exposición también se llevó a cabo el Día del Paraguay, izándose por primera vez la bandera del país sudamericano junto a la bandera de la RPCh en un acto oficial en suelo del gigante asiático[1095]. La participación en Expo Shanghái fue decisiva para impulsar aún más los intereses

---

[1091] Kissinger, H. (2012 [2011]). *China*. Debate.

[1092] Bogarín Toledo, S. (9 de marzo de 2014). Cada vez más 'Made in China'. *ABC Color*. Recuperado de https://www.abc.com.py/edicion-impresa/suplementos/empresas-y-negocios/cada-ves-mas-made-in-china-1220857.html.

[1093] La primera organización en territorio de China de estas ferias mundiales fue en 1910 con la realización de la Exposición Mundial de Nanyang. La más reciente previa a la Expo Shanghái 2010 fue la Feria Mundial de Horticultura realizada en la ciudad de Kunming, provincia de Yunnan. Ver: Godley, M. (1978). China's World's Fair of 1910: Lessons from a Forgotten Event. *Modern Asian Studies, 12*(3), 503-522; Gólcher, E. (1998). Imperios y ferias mundiales: la época liberal. *Anuario de Estudios Centroamericanos, 24*(1 y 2), 75-95; Zhou, L. (2010). Crossing to the Other Shore: Navigating the Troubled Waters of Cultural Loss and Eco-Crisis in Late-Socialist China. *Berkeley Planning Journal, 23*(1), 27-40.

[1094] Minter, A. (29 de abril 2010). China Rules the World at Expo 2010. *The Atlantic*. Recuperado de http://www.theatlantic.com/international/archive/2010/04/china-rules-the-world-at-expo-2010/39566/?single_page=true.

[1095] Dalbosco (2022), *op. cit.*

económicos y políticos del empresariado paraguayo sobre China. En ese marco, la UCITC firmó también un acuerdo bilateral con el Ministerio de Comercio de China.

En el marco del gobierno de Lugo, la UCITC encontró más espacio para trabajar en proximidad con el gobierno paraguayo. En 2011, según la propia organización, se aprobó la actuación de la UCITC y se la declaró como única institución oficial para las relaciones entre China y Paraguay mediante Decreto n° 7339 del 23 de septiembre[1096].

De todos modos, el peso de China en las exportaciones de Paraguay no alcanzó los guarismos de 2008, el primer año de la presidencia de Lugo. Los valores de las ventas decayeron y también la importancia relativa del gigante asiático como destino de las ventas del país sudamericano. En 2012, el último año de mandato de Lugo, el déficit comercial de Paraguay con China fue de aproximadamente US$ 3.100 millones (Gráfico 1 y 2). De este modo, la apertura del gobierno de Lugo para acercarse a China con el fin de ampliar su participación en el comercio, incentivó la entrada de productos chinos, pero no fue suficiente para que Paraguay ganase espacio en sus exportaciones al gigante asiático. China cayó al 26° lugar como destino de las exportaciones del país sudamericano.[1097]

En junio de 2012, después de que Lugo fuera depuesto de su cargo mediante un juicio político parlamentario, asumió la presidencia de Paraguay el por entonces vicepresidente Federico Franco quien completó el mandato para el cual había sido electo Lugo. En 2013, la asunción presidencial de Horacio Cartes (2013-2018) representó el regreso de la Asociación Nacional Republicana (ANR)-Partido Colorado a la dirección del gobierno paraguayo[1098]. Al año siguiente, Cartes concretó su primera visita de Estado a Taiwán y la política exterior de su gobierno privilegió la relación con el Estado insular. El gobierno de Cartes subscribió con Taiwán 4 acuerdos de cooperación: a) el Acta de Recepción de Desembolso de la Donación de USD 500.000 otorgada por la República de China (Taiwán) a la República del Paraguay para el Proyecto de Modernización y Fortalecimiento de la Gestión Institucional del Ministerio de Relaciones Exteriores (2013); b)

[1096] Chan, J. (21 de julio de 2021*). Unión Cultural Industrial Tecnológica y Comercial Paraguay-China (UCITC)* [Presentación de Power Point]. Compartida digitalmente durante entrevista com Julia Dalbosco (Foz do Iguaçu). Recuperado de https://drive.google.com/file/d/1dhp8 RM_ki7fe3 _mrcA22ljH2l9y71Zt0/view? usp=sharing.

[1097] United Kingdom. DIT/BEIS International Trade in Goods and Services Visualization (2023), *op. cit.*

[1098] BBC (22 de abril de 2013). Horacio Cartes wins Paraguay presidential election. *BBC News*. Recuperado de https://www.bbc.com/news/world-latin-america-22241667.

Memorando de Entendimiento sobre Cooperación Financiera No Reembolsable Periodo 2013-2018 (2014); c) Acuerdo de Cooperación Económica (2017); y d) Memorando de Entendimiento sobre Cooperación Financiera No Reembolsable Período 2018-2023 (2018).

Sin embargo, de forma paralela, la UCITC firmó un Acuerdo Bilateral con el Consejo Chino para la Promoción del Comercio Internacional.[1099] Además, la Agencia de Noticias Xinhua[1100] y la China State Construction Engineering Corporation[1101] visitaron Paraguay, en reuniones organizadas en 2014.

En 2015, se produjo la visita del Departamento Internacional del Comité Central del Partido Comunista Chino (IDCPC, por su acrónimo en inglés) a Paraguay. El IDCPC es responsable de las relaciones internacionales del Partido Comunista Chino (PCCh), específicamente de sus vínculos con partidos políticos. Siguiendo con la estrategia pragmática de China hacia los países "en desarrollo"[1102], Chan expuso que los principales objetivos del IDCPC son: servir a la política de "Reforma y Apertura de China" y la "modernización socialista", así como la estrategia general de la diplomacia de Estado, además de ayudar a consolidar la posición del Partido en el poder y contribuir a la construcción del "socialismo con peculiaridades chinas"[1103].

Hasta el momento, el PCCh ha establecido contactos e intercambios con más de 400 partidos políticos y organizaciones en más de 140 países; es importante señalar que la gran mayoría son acuerdos con partidos que -independientemente de su adscripción ideológica- están en el gobierno o participan de la dirección de las principales instituciones políticas. En Paraguay, el IDCPC visitó el Poder Legislativo, el Poder Judicial, el Ministerio de Industria y Comercio y la ANR-Partido Colorado[1104]. De este modo, China abrió otro camino de acercamiento con las clases dominantes y la cúpula del poder político paraguayo.

[1099] Chan (2021). *Unión Cultural Industrial Tecnológica y Comercial Paraguay-China (UCITC). op. cit.*

[1100] Agencia oficial de noticias del gobierno de la República Popular China.

[1101] En 2021, China State Construction Engineering Corporation era la empresa de construcción más grande del mundo, en relación con los ingresos.

[1102] Ver el capítulo 2 de esta obra: Laufer, R. (2024). La 'China global' y el mundo 'en desarrollo'. La retórica del desarrollo y el Asia-Pacífico en la estrategia mundial de China. En R. Laufer & F. Romero Wimer. *China en América Latina y el Caribe. ¿Nuevas rutas para una vieja dependencia?* (pp. 67-125). Appris.

[1103] Chan, J. (2021). *Descripción y Funciones del Departamento Internacional del Partido Comunista China (IDCPC).* Foz do Iguaçu.

[1104] Dalbosco (2022), *op. cit.*

Respecto al arribo de capitales chinos, a pesar de la intensificación y profundización de la relación entre China y Paraguay ocurrida en este período, la presencia se registra de forma muy limitada. En 2010, China National Offshore Oil Corporation (CNOCC) adquirió el 50% del grupo Bridas, que opera en la refinación y comercialización de combustibles en Paraguay a través de la empresa Axion Energy.

En 2014, la transnacional estatal china China National Cereals, Oils & Foodstuffs (COFCO) inició la adquisición global de la empresa de exportación Noble, con sede en Hong Kong. De esta manera, COFCO pasó a operar dentro de las exportaciones de granos y derivados de Paraguay, principalmente alcanzando buenos posicionamientos en las ventas de soja.[1105]

En 2016, por medio de la adquisición a nivel global de las empresas de semillas y agroquímicos que operaban Syngenta y Nidera semillas, Chemchina pasó a actuar en Paraguay.

La inversión extranjera china, se realiza hasta el momento, a través de *joint ventures* o la adquisición de empresas transnacionales que operan en Paraguay. La adopción de una estrategia regional de inversión, les permite a las empresas chinas asegurar los productos básicos y las materias primas de interés, no sólo en Paraguay, sino en el resto de América Latina.

En el caso de Paraguay, además de asegurar el control sobre la producción y exportación de soja, la presencia de estas empresas también intensifica la demanda de cambio en el reconocimiento diplomático, ya que incide en el posicionamiento de los dueños de los medios de producción agrícolas y agroindustriales en Paraguay tanto en su orientación en el mercado como los lineamientos de política exterior que debe adoptar el país sudamericano.

En 2016, en el contexto en que Taiwán reducía las compras de carne paraguaya imponiendo una cuota de importación, lo cual disgustaba tanto a los propietarios ganaderos y a la industria frigorífica como al gobierno paraguayo, se realizó el anuncio de que la Cámara Paraguaya de la Carne (CPC) abriría una oficina comercial en la RPCh.[1106] El anuncio lo hizo Gustavo Leite -por entonces titular del Ministerio de Industria y Comercio de Paraguay- junto a Korni Pauls -presidente de la CPC- y dejaba visibilizar la estrategia gubernamental de abrir el mercado chino a través de nego-

[1105] Romero Wimer & Dalbosco (2020), *op. cit.*

[1106] ABC Color (12 de octubre de 2016). Paraguay tendrá oficina de carne en China continental. *ABC Color*. Recuperado de https://www.abc.com.py/edicion-impresa/economia/paraguay-tendra-oficina-de-carne-en-china-continental-1527535.html.

ciaciones con el sector privado. Pauls mencionó que las negociaciones habían sido abiertas en Beijing a través de uno de sus socios: JBS Friboi de capitales brasileños[1107].

Esta situación ponía de manifiesto que la producción agropecuaria paraguaya -principalmente la producción sojera y cárnica- encuentra a través de otros países latinoamericanos su salida para el mercado chino, pero que lo hace de forma indirecta, inclusive a través de empresas translatinas -empresas transnacionales de origen latinoamericano-[1108] que operan en territorio guaraní.[1109] Por ejemplo, la soja procedente de Paraguay llega a China luego de hacer otras escalas, encontrando a través de Argentina y Uruguay una intermediación en las ventas al gigante asiático.

En 2017, se registró un cambio en los guarismos de exportaciones de Paraguay respecto a China y Taiwán (Gráfico 1) en donde el Estado insular volvió a recibir más ventas paraguayas que el gigante asiático (la última vez había sido en 2011). Esta modificación está directamente relacionada con el acuerdo alcanzado entre Taiwán y Paraguay en el 60° aniversario de sus relaciones diplomáticas. Como se mencionó, en ese marco se estableció el "Acuerdo de Cooperación Económica" el 12 de julio de 2017, firmado por Gustavo Leite -ministro de Industria y Comercio de Paraguay- y Chih-Kung Lee -ministro de Asuntos Económicos de Taiwán-.[1110] Este tratado incluyó aranceles cero para las exportaciones de Paraguay a Taiwán, para 54 productos entre los que se destacaba la carne congelada, la leche en polvo, los jugos y concentrados de naranja y pomelo, el almidón de mandioca y los pisos de parquet. Además, incluyó la facilitación para inversiones taiwanesas en Paraguay y asistencia para pequeñas y medianas empresas. Con esas exportaciones a la economía insular, Paraguay se proponía avanzar a otros mercados en el sudeste asiático. Taiwán también pretendía mejorar su performance en el MERCOSUR y el resto de Sudamérica.

[1107] Última Hora (13 de octubre de 2016). Cámara de la Carne abrirá oficina en China Continental. *Última Hora*. Recuperado de https://www.ultimahora.com/camara-la-carne-abrira-oficina-china-continental-n1031200.html.

[1108] Barrera, M. A. & Inchauspe, E. (2012). Las" translatinas" brasileñas: análisis de la inserción de Petrobras en Argentina (2003-2010). *Sociedad y Economía*, (22), 39-67.

[1109] Unos años más tarde, el Frigorífico Concepción (de capitales brasileños) pretendía una salida de su producción en Paraguay a través de Bolivia. Ver: Cinco días (29 de abril de 2019), Frigorífico Concepción enviará carne a China. *Cinco días*. Recuperado de https://www.5dias.com.py/5dias-profesional/archivo/frigorifico-concepcion-enviara-carne-a-china #:~:text= 29%20 abril%20 de%202019 &text=El%20 frigor%C3% ADfico% 20Concepci% C3%B3n%2 C%20cuenta %20con,t iene%20un%20 potencial% 20ganadero %20importante.

[1110] Sistema de Comercio Exterior (SICE) de la Organización de Estados Americanos (OEA) (12 de julio de 2017). *Economic cooperation agreement between the Republic of China (Taiwan) and the Republic of Paraguay*. Recuperado de http://www.sice.oas.org/Trade/PAR_TWN/PAR_TWN_ECA_e.pdf.

Respecto a las importaciones paraguayas, China volvería a perder su liderazgo en 2014 y 2015 siendo nuevamente superado por Brasil, para recuperarlo en 2016 hasta el final del subperíodo[1111]. En 2017, China caía al 37° lugar como destino de las ventas internacionales de Paraguay[1112]: el déficit comercial anual de los sudamericanos promediaba los US$ 3.600 millones (Gráfico 1 y 2).

A partir de 2018 se inició un período de intensificación de las demandas de actores locales en busca de un cambio en el reconocimiento de China continental.

Intensificación del acercamiento entre China y Paraguay

A principios de 2018, en enero, Paraguay envió una delegación para participar en la II° Reunión de ministros de Relaciones Exteriores del Foro de Comunidades de Estados Latinoamericanos y Caribeños (CELAC)–China, realizada en Santiago de Chile. Paraguay, a pesar de ser miembro de la CELAC, no participó en la reunión anterior con la República Popular China en vista de su reconocimiento diplomático de Taiwán. Sin embargo, mediante los acercamientos promovidos por la UCITC, la delegación paraguaya fue parte de la reunión.

En abril de 2018, la hidroeléctrica binacional Yacyretá, realizada por Argentina y Paraguay, abrió un proceso de licitación para una obra complementaria, la construcción de tres turbinas en el brazo Aña Cuá. Una de las propuestas presentadas en la licitación fue la denominada Ata Hydro Aña Cuá Plus, que estaba compuesta por la empresa china Gezhouba Group[1113]. Además, también manifestaron interés la China International Water & Electric Corp del Grupo China Three Gorges (CTG) y Power Construction Corporation of China (Power China). A través de estas últimas empresas, aun cuando la beneficiada fue la compañía alemana Voith Hydro, los contratistas chinos accedían directamente a competir en licitaciones realizadas por instancias de la entidad binacional de Argentina y Paraguay.[1114]

[1111] Organización Mundial de Comercio (2020). *Perfiles Comerciales 2019*, Ginebra: OMC.

[1112] United Kingdom. DIT/BEIS International Trade in Goods and Services Visualization (2023), *op. cit.*

[1113] Sobre el acuerdo de Yaciretá y la participación de Gezhouba y CTG, ver: Lamiral, C. (17 de abril de 2018). La gigante china Gezhouba competirá por Yacyreta. *Ámbito*, 2018. Recuperado de https://www.ambito.com/edicion-impresa/la-gigante-china-gezhouba-competira-yacyreta-n4018434.

[1114] Entidad Binacional de Yacyretá (31 de enero de 2019). *Aña Cuá significará ingreso de US$ 100 millones para el país y 3.000 puestos de trabajo directo*. Recuperado de https://www.eby.gov.py/2019/01/31/ana-cua-significara-ingreso-de-100-millones-para-el-pais-y-3000-puestos-de-trabajo-directo/.

En julio del mismo año, se registró la Cámara Paraguay-China de Industria y Comercio (CPCIC) presidida por Charles Tang, quien también ejerce como presidente de la Cámara de Comercio e Industria Brasil-China[1115]. Por entonces, Tang sostuvo que "estamos acá para promover más negocios entre compañías paraguayas y chinas, tanto de Taiwán como de China continental, no hacemos la diferenciación política porque no somos una entidad política sino de negocios"[1116]. Además, sostuvo que los empresarios paraguayos buscan proveedores y financiamiento de China ya que son compradores de empresas chinas. Tang menciona que las empresas constructoras de infraestructura en Paraguay generalmente no cuentan con el capital suficiente para realizar grandes proyectos y que podrían crear consorcios con empresas chinas o subcontratarlas. De todos modos, aun explicitando que no establecía la diferenciación política entre China y Taiwán, Tang abogó por el cambio de reconocimiento diplomático, argumentando a favor de los "beneficios" que los países obtienen de "las inversiones y el desarrollo chinos"[1117].

Tang es secundado en la CPCIC por su vicepresidente Estanislao Franco, fundador en 2009 de la Asociación Paraguaya-República Popular China de Comercio, Turismo, Cultura y Deporte, creada con la finalidad de promover las relaciones diplomáticas entre China y Paraguay. La CPCIC fue instaurada como una protocolización de esta asociación organizada previamente[1118]. Franco es propietario de la empresa de transporte aéreo Smoc[1119].

En agosto de 2018, en los días previos a la asunción presidencial de Mario Abdo Benítez (2018-2023), el diputado Juan Carlos Ozorio de la ANR propuso un proyecto de designación de diputados para participar en una Comisión Parlamentaria Mixta de Amistad Paraguay–República Popular China. El proyecto propuesto traía como justificación en su texto referencias a la necesidad de contribuir con "la promoción, defensa y forta-

[1115] Tang, entre otras adscripciones, también es titular de una firma de minería brasileña y Presidente Honorario de la Cámara de Comercio Internacional de Beijing (China). Ver: Cámara Comercio e Industria Brasil-China (CCIBC) (2023). *Nosso Presidente*. Recuperado de http://www.camarachinabrasil.com.br/institucional/nosso-presidente/nosso-presidente.

[1116] ABC Color (8 de julio de 2019). Buscan promover más negocios entre China y empresas paraguayas. *ABC Color*. Recuperado de https://www.abc.com.py/edicion-impresa/economia/2019/07/08/buscan-promover-mas-negocios-entre-china-y-empresas-paraguayas/.

[1117] *Id.*

[1118] CPCIC (2023). *¡Unite a la Asociación!* Recuperado de https://www.ccparaguaychina.com/site/index/noticia/5/unite-a-la-asociacion.

[1119] Según diferentes fuentes, en 2005, Franco fue procesado por piratería y evasión fiscal, además de haberse enfrentado también a procesos judiciales en Bolivia. Ver: ABC Color (8 de julio de 2019), *op. cit.*

lecimiento de los intereses nacionales en el exterior, y de seguir impulsando el acercamiento entre los gobiernos extranjeros y nuestro país, a través de la diplomacia parlamentaria"[1120]. Sin embargo, sin explicitar las razones, el proyecto fue retirado apenas unas semanas después por el mismo diputado que llevó a cabo la propuesta. Alguna explicación posible, como se continuará observando, radica en que la mayoría de su partido y la cúpula política paraguaya se mantenía contraria al reconocimiento diplomático a la RPCh; aunque como no se descartan la presión menos visible de los intereses estadounidenses y taiwaneses en Paraguay.

En noviembre de 2018, pasó por la Cámara de Senadores de Paraguay, un proyecto que buscaba crear la Comisión Parlamentaria de Amistad Paraguay-República Popular China. El mismo fue presentado por los senadores Patrick Paúl Kemper Thiede (Partido Político Hagamos), Agustín Amado Florentín Cabral (Partido Liberal Radical Auténtico -PLRA-) y Fidel Santiago Zabala Serrati (Partido Patria Querida). De todos modos, el proyecto no salió adelante y aún se encuentra "en trámite".[1121]

El debate sobre el cambio de reconocimiento en los órganos de decisión política en Paraguay demuestra la presión de los intereses económicos internos del Paraguay para la élite política. Se intensifica la demanda de alineamiento con China aun cuando aumenta la disparidad en la balanza comercial entre China y Paraguay. En las hipótesis de los sectores que promueven el alineamiento diplomático con el gigante asiático, el reconocimiento a China daría la oportunidad de alcanzar nuevos mercados y mayores ganancias para el empresariado paraguayo.

Respecto a las empresas de capital chino, en 2019, según el *ranking* de Cámara Paraguaya de Exportadores y Comercializadores de Cereales (CAPECO), COFCO fue el principal exportador de soja de Paraguay con un 19%, seguido por la rusa Sogrugestvo (17%), Vicentín (14%), ADM (13%), Cargill (12%) y Dreyfus (6%)[1122]. Respecto al conjunto de exportaciones terminó cuarto en el mismo año superado por Cargill, ADM y BEEF Para-

[1120] Paraguay. Congreso Nacional. Honorable Cámara de Diputados (2018). *Que designa a diputados nacionales para integrar la Comisión Parlamentaria conjunta de amistad con la República Popular China-China Continental, presentado por el diputado Juan Carlos Ozorio.* Recuperado de http://silpy.congreso.gov.py/expediente/113267.

[1121] Paraguay. Congreso Nacional. Honorable Cámara de Senadores (2018). Proyecto de Resolución 'Por el cual crea e integra la comisión parlamentaria de amistad paraguaya-República Popular China', presentado por los senadores Amado Florentín, Patric Kemper y Fidel Zavala. Recuperado de http://silpy.congreso.gov.py/expediente/114950.

[1122] CAPECO-Cámara Paraguaya de Exportadores y Comercializadores de Cereales y Oleaginosas (2019). Paraguay exportó 134 millones de toneladas menos de soja en 2019. Recuperado de https://capeco.org.py/2020/04/18/paraguay-exporto-134-millones-de-toneladas-menos-de-soja-en-el-2019/#.

guay[1123]. En 2020, COFCO se ubicó como 10º exportador con un volumen de negocios de US$ 230.988.095 FOB[1124]. En 2022, las exportaciones de soja de COFCO desde Paraguay rondaban el 8% del total[1125].

El sector de exportación de productos agropecuarios se manifestó en distintos momentos de 2019 sobre el establecimiento de relaciones diplomáticas con el gigante asiático y la posibilidad de mejorar las exportaciones. La CAPECO ha abogado por la habilitación del mercado chino como salida de la soja producida en Paraguay sosteniendo que "de lo contrario, se agudizará el problema que podría afectar inclusive a toda la cadena de valor de la soja en nuestro país"[1126].

También la Asociación de Productores de Soja (APS), creada en 1999, se pronunció en 2019 a favor del establecimiento de relaciones diplomáticas con China, lo cual incrementaría la demanda de materias primas paraguayas y facilitaría las inversiones industriales procedentes de ese país. Entre los argumentos a favor del cambio de reconocimiento internacional y la apertura se encuentra el tamaño del mercado chino y el escaso valor de ventas al gigante asiático. Según se desprende de declaraciones de Eno Michels, presidente de la APS, en el entendimiento de esa asociación predomina que los beneficiados de la relación con Taiwán serían algunos sectores políticos paraguayos. Michels destacó que los empresarios chinos con los que se reúne la APS desde 2014 han sido claros en la necesidad de una ruptura con Taiwán para facilitar los negocios.[1127]

De todos modos, quienes apoyan las relaciones con Taiwán también mantuvieron una activa actuación en el Poder Legislativo paraguayo mediante declaraciones de apoyo al Estado insular y en algunos casos con hostilidad manifiesta hacia los posicionamientos internacionales de la RPCh. Así, por ejemplo, en marzo de 2019, el diputado Walter Harms de la ANR presentó un proyecto de declaración que "que rechaza las declaraciones del presidente

[1123] Paraguay Fluvial (2019). Ranking de los 10 mayores exportadores del Paraguay. Recuperado de https://paraguayfluvial.com/ranking-de-los-10-mayores-exportadores-del-paraguay/.

[1124] Dirección Nacional de Aduanas (2020), *op. cit.*

[1125] CAPECO- Cámara Paraguaya de Exportadores y Comercializadores de Cereales y Oleaginosas (2023). Paraguay desciende dos lugares en el ranking mundial de mayores productores y exportadores de soja. Recuperado de https://capeco.org.py/2023/01/13/paraguay-desciende-dos-lugares-en-el-ranking-mundial-de-mayores-productores-y-exportadores-de-soja/.

[1126] CAPECO (2019). Estados Unidos desplaza soja paraguaya en varios mercados. Urge habilitar China. Recuperado de https://capeco.org.py/2019/09/27/ee-uu-desplaza-a-soja-paraguaya-en-varios-mercados-urge-habilitar-china/.

[1127] ABC Color (23 de septiembre de 2019). Según sojeros, China busca negocios con el Paraguay. *ABC Color.* Recuperado de https://www.abc.com.py/edicion-impresa/economia/2019/09/23/segun-sojeros-china-busca-negocios-con-el-paraguay/.

de la República Popular China, por la falsa afirmación de que Taiwán es parte de la República Popular China"[1128]. El texto de la declaración apunta directamente a un discurso de Xi Jinping de enero de 2019 en el que alude a la posibilidad del uso de la fuerza para reintegrar la isla al territorio de China[1129].

En septiembre del mismo año, el senador Paraguayo Cubas Colomes -conocido como 'Payo' Cubas- del Partido Cruzada Nacional presentó a la Cámara de Senadores de Paraguay un Proyecto de declaración "que insta al poder ejecutivo a mantener relaciones diplomáticas y consulares con la República Popular China"[1130]. En la exposición de motivos presentada, Cubas sostenía que era fundamental crear una estrategia nacional para consensuar la relación con China en el corto plazo, además consideraba que "sería una decisión correcta, ya que podemos inferir que el país se verá gratamente beneficiado por los negocios con la que es considerada ya una de las primeras potencias comerciales del mundo"[1131]. Además, el senador también argumentaba que "no podemos estar ajenos ante la delicada situación de recesión económica actual y creemos que, de concretarse estos acuerdos diplomáticos, estaríamos ante la posibilidad de extender nuestras oportunidades de cooperación económica, científica y política"[1132].

Ese mismo mes, en el marco de la Expo Norte 2019, Luis Villasanti -presidente de la Asociación Rural de Paraguay-reclamó al Poder Ejecutivo que realice mayores esfuerzos "para lograr ingresar al mercado de la segunda potencia mundial, China continental"[1133]. Por entonces, el gobierno paraguayo a través de Denis Lichi -ministro de Agricultura y Ganadería- respondió que buscaban abrir el mercado chino indirectamente a través del MERCOSUR[1134].

[1128] Paraguay. Congreso Nacional. Honorable Cámara de Diputados (5 de marzo de 2019). *Proyecto de declaración 'que rechaza las declaraciones del presidente de la República Popular China, por la falsa afirmación de que Taiwán es parte de la República Popular China', presentado por el diputado Walter Harms.* Recuperado de http://silpy.congreso.gov.py/expediente/115486.

[1129] Paraguay. Congreso Nacional. Honorable Cámara de Diputados (13 de marzo de 2019*). Declaración N° 100. Que apoya al gobierno y al pueblo de la hermana República de China (Taiwán) en su lucha por reconocimiento internacional de su condición de país soberano, libre y democrático.* Recuperado de file:///C:/Users/Anon/Downloads/RESOLUCI%20N-406752%20 (1).PDF.

[1130] Paraguay. Congreso Nacional. Honorable Cámara de Senadores (23 de septiembre de 2019). *Proyecto de Declaración 'que insta al Poder Ejecutivo a mantener relaciones diplomáticas y consulares con la República Popular de China', presentado por el senador Paraguayo Cubas Colomes.* Recuperado de http://silpy.congreso.gov.py/expediente/118310.

[1131] Paraguay. Congreso Nacional. Honorable Cámara de Senadores (2019). "Nota n° 0198/19. Exposición de motivos". Recuperado de C:/Users/Anon/Downloads/ANTECEDENTE-S-198987.pdf.

[1132] *Id.*

[1133] Última Hora (7 de septiembre de 2019). ARP pide al gobierno apertura de relaciones con China. *Última Hora.* Recuperado de https://www.ultimahora.com/arp-pide-al-gobierno-apertura-relaciones-china-n2842494.html.

[1134] *Id.*

Al mes siguiente, a través de tres senadores de la ANR -Avelino Ávalos Estigarribia, Arnaldo Samaniego González y Carlos Alberto Núñez Salinas- y uno del Partido Patria Querida -Carlos Sebastián García Altieri- se propuso en la Cámara de Diputados un proyecto que "Declara de Interés Nacional la Apertura de una Oficina Comercial en la República del Paraguay en la República Popular China"[1135]. Entre las justificaciones están la balanza comercial en constante déficit entre los Estados, los préstamos desembolsados por China en otros países de América Latina y la posibilidad de exportar productos agrícolas al gigante asiático. Los diputados autores concluyen en el texto del proyecto: "Paraguay tiene tanto la capacidad como la creatividad para convertirse en una economía complementaria de ese país y es capaz de adaptarse a las necesidades productivas de la República Popular China. Esto podría conducir a un desarrollo exponencial del sector productivo y a una diversificación de la matriz productiva paraguaya, creando nuevas fuentes de empleo y desarrollo social"[1136] En abril de 2021, el proyecto fue rechazado por la Comisión de Industria, Comercio, Turismo y Cooperativismo[1137] y la Comisión de Relaciones Exteriores[1138].

En noviembre de 2019, entró en vigencia el uso obligatorio del Sistema de Verificación de Cargas (SIVECA) -un sistema automatizado y en línea que ya funcionaba como experiencia piloto- para todas las importaciones de China. El SIVECA permite el acceso en tiempo real a datos sobre importaciones de productos de la RPCh y Hong Kong.[1139] Antes del funcionamiento de este sistema, la Aduana de Paraguay tenía dificultades para distinguir las importaciones de China continental. Con SIVECA, la Aduana de Paraguay pasó a recibir datos relacionados con mercancías, cantidades, valor, empresa exportadora y empresa importadora. De esta manera, contribuye al control comercial y la reducción del margen de maniobra de la evasión

---

[1135] Paraguay. Honorable Cámara de Diputados (14 de octubre de 2019*). Que declara de interés nacional la apertura de una oficina comercial de la República del Paraguay en la República Popular de China. Presentado por varios diputados.* Recuperado de http://silpy.congreso.gov.py/expediente/118801.

[1136] *Id.*

[1137] Paraguay. Congreso Nacional. Honorable Cámara de Diputados. Comisión de Industria, Comercio, Turismo y Cooperativismo. (27 de abril de 2021). *Dictamen N° 8. Expediente N°: D-1954592.* Recuperado de http://silpy.congreso.gov.py/expediente/118801.

[1138] Paraguay. Congreso Nacional. Honorable Cámara de Diputados. Comisión Asesora Permanente de Relaciones Exteriores (27 de abril de 2021). *Dictamen N.º 31/2021. Expediente: D- 1954592.* Recuperado de http://silpy.congreso.gov.py/expediente/118801.

[1139] Dirección Nacional de Aduanas (2019). Sistema de Verificación de Cargas. Recuperado de https://www.aduana.gov.py/?page_id=1767.

fiscal[1140]. El proyecto fue financiado por la UCITC en el marco del convenio de Cooperación suscrito por la UCITC y el Ministerio de Hacienda de Paraguay en 2015[1141].

En 2020, según el reporte de casos conocidos, la pandemia del nuevo Coronavirus de 2019 (Covid-19) llegó a América Latina en febrero.[1142] En medio de crecientes y diversas preocupaciones sociales y sanitarias, el 23 de marzo de 2020 los senadores del Frente Guazú presentaron un proyecto de declaración que instaba al gobierno paraguayo a establecer inmediatamente relaciones diplomáticas con China[1143]. La propuesta impulsaba a que se estableciera un acuerdo internacional de cooperación mutua e intercambio de bienes y servicios chinos para enfrentar la pandemia "a cambio del intercambio de materias primas agrícolas y alimentos excedentes de Paraguay"[1144].

En la exposición de motivos, los senadores afirman que China logró superar la pandemia incluso en su epicentro. Argumentan que el gobierno chino ha construido un hospital de campaña en 10 días en la ciudad de Wuhan y que ese país ha enviado a Italia un avión completamente equipado con material médico y un equipo de expertos. Los senadores también afirman que China tendría materiales ociosos que serían útiles para Paraguay, ya que en ese momento el país tenía solo 300 camas de terapia intensiva. Finalmente, retoman las demandas de los empresarios agroindustriales paraguayos, y concluyen afirmando que esta propuesta no es sólo de un sector de la izquierda paraguaya. El proyecto fue sometido a votación en sesión extraordinario a través de videoconferencia el 17 de abril de 2020 y fue rechazado con 25 votos en contra, 16 a favor y 4 ausentes.[1145]

[1140] ABC Color (23 de octubre de 2019). Aduanas da más tiempo para inscribir empresas de rastreo. *ABC Color*. Recuperado de https://www.abc.com.py/edicion-impresa/economia/2019/10/23/aduanas-da-mas-tiempo-para-inscribir-empresas-de-rastreo/.

[1141] ABC Color (6 de mayo de 2017). Sistema de control de cargas pretende mayor transparencia. *ABC Color*. Recuperado de https://www.abc.com.py/edicion-impresa/suplementos/economico/sistema-de-control-de-cargas-pretende-mayor-transparencia-1591218.html.

[1142] Romero Wimer, F. (2020). La crisis del nuevo coronavirus en América Latina: control social, economía capitalista y esperanza. En J. K. Acuña Villavicencio, E. Sánchez Osorio, & M. Garza Zepeda (Coord.), *Cartografías de la pandemia en tiempos de crisis civilizatoria. Aproximaciones a su entendimiento desde México y América Latina* (pp. 21-35). La Biblioteca.

[1143] Paraguay. Congreso Nacional. Honorable Cámara de Senadores (23 de marzo de 2020). *Proyecto de declaración 'que insta al Poder Ejecutivo a establecer inmediatamente relaciones diplomáticas con la República Popular China y proponer a dicha república un convenio internacional de mutua cooperación e intercambio de bienes y servicios chinos para enfrentar la epidemia del Coronavirus a cambio de materias primas agrícolas y alimentos excedentes de Paraguay', presentado por los senadores Sixto Pereira, Carlos Filizzola, Fernando Lugo, Hugo Richer, Esperanza Martínez, Jorge Querey y Fulgencio Rodríguez*. Recuperado de http://silpy.congreso.gov.py/expediente/120264.

[1144] *Id.*

[1145] *Id.*

En diciembre del mismo año, tras la aprobación de emergencia de vacunas en varias regiones del planeta, los gobiernos de los países menos desarrollados firmaron un consorcio que busca facilitar la compra y garantizar la distribución de vacunas en sus territorios. Las negociaciones sobre vacunas se llevaron a cabo únicamente a través de los gobiernos estatales. China fue pionera en el desarrollo de inmunizadores, a través de los laboratorios Sinopharm y Sinovac. Las vacunas chinas -de bajo costo, desarrolladas con los métodos tradicionales de un virus inactivado y facilitadas por el gobierno del gigante asiático- fueron ampliamente utilizadas en la mayoría de los países de América Latina.

Sin embargo, al no tener relaciones diplomáticas con China, Paraguay encontró obstáculos adicionales en la lucha contra la pandemia y perdió la oportunidad de tener suministros sanitarios de ese país. En ese sentido, en marzo de 2021, en la Cámara de Senadores del país sudamericano se propuso un proyecto de declaración similar al del año anterior "Que insta al Poder Ejecutivo a entablar negociaciones directas con la República Popular China para adquirir, sin intermediarios privados, vacunas, medicamentos, insumos, equipos y asistencia en salud para enfrentar la epidemia de Coronavirus"[1146].

El proyecto fue aprobado con un cambio sustancial en su texto. En la Declaración N° 270 consta lo siguiente: "Que insta al Poder Ejecutivo a entablar negociaciones con **todos los países** cuyos laboratorios tengan aprobadas y certificadas la vacuna contra el Covid-19, para adquirir las vacunas, medicamentos, insumos, equipos y asistencia sanitaria, para enfrentar la pandemia del coronavirus"[1147] (El remarcado es nuestro).

En abril de 2021, un proyecto de resolución presentado en Cámara de Diputados argumentaba que, al no reconocer diplomáticamente a la RPCh, Paraguay estaría actuando en contra de sus propios intereses. El texto menciona la situación divergente de Paraguay con relación a los demás participantes del MERCOSUR y señala la disparidad en la balanza comercial, alegando, sin embargo, "que no puede equilibrar la balanza comercial ni vender un solo producto a ese país que no tiene montos mínimos", afirmación que, como notamos en esta investigación, no se corresponde con

[1146] Paraguay. Congreso Nacional. Honorable Cámara de Senadores (16 de marzo de 2021). Proyecto de declaración 'que insta al Poder Ejecutivo a entablar negociaciones directas con la República Popular de China para adquirir sin intermediarios privados, las vacunas, medicamentos, insumos, equipamientos y asistencia sanitaria a fin de enfrenta'. Recuperado de http://silpy.congreso.gov.py/expediente/123173.

[1147] Paraguay. Congreso Nacional. Honorable Cámara de Senadores (18 de marzo de 2021). Declaración N° 270. Recuperado de file:///C:/Users/Anon/Downloads/RESOLUCI%20N-422376.pdf.

la realidad comercial de Paraguay; el proyecto fue rechazado con 34 votos a favor de rechazar el proyecto y 28 votos en contra.[1148]

En noviembre de 2021, la Cámara de Senadores de Paraguay recibió nuevamente un proyecto de declaración titulado "Que crea la Comisión Especial Parlamentaria de Estudio para Relaciones diplomáticas con la República Popular China". El proyecto fue presentado por los senadores Abel Alcides González Ramírez del PLRA, y Carlos Alberto Filizzola Pallarés y Oscar Hugo Richer Florentín del Frente Guazú. En los antecedentes, los senadores proponentes ponen de relieve el papel de China en el comercio y la producción industrial mundial, destacando "la ampliación de su capacidad en cuanto a la innovación en fabricación de maquinarias, vehículos, electrónica y productos informáticos en general en las últimas décadas".[1149] El proyecto se encuentra postergado *sine die*.

En agosto de 2022, el senador Blas Antonio Llano Ramos del PLRA presentó el proyecto de resolución "que insta al Poder Ejecutivo establecer relaciones consulares, diplomáticas y comerciales con la República Popular China". El texto afirma que el estrechar lazos con China "permitirá la captación de inversiones de capital extranjero, y además facilitará el intercambio bilateral de culturas y tradiciones"[1150].

Respecto a los intercambios comerciales de mercaderías, las exportaciones de Paraguay a China se mantuvieron por debajo de las realizadas a Taiwán luego de 2017, año de la firma del Acuerdo de Cooperación Económica. De todos modos, resulta interesante considerar que, en 2016, el último año que China superó en compras paraguayas a Taiwán, las compras del Estado insular asiático a Paraguay por US$ 15,3 millones representaron el 73,7% de las realizadas por su gigantesco vecino al país sudamericano. En 2017, las compras chinas a Paraguay por US$ 27,5 millones representaban el 69,8% de las realizadas por Taiwán. En 2022, los valores adquiridos por Taiwán se incrementaron notablemente, al igual que la diferencia porcen-

[1148] Paraguay. Congreso Nacional. Honorable Cámara de Diputados (16 de marzo de 2021). *Por el cual insta al poder ejecutivo a establecer relaciones diplomáticas y consulares con la República Popular de China.* Recuperado de http://silpy.congreso.gov.py/SIL3py-web/expediente/123274.

[1149] Paraguay. Congreso Nacional. Honorable Cámara de Senadores (2 de noviembre de 2021). *Proyecto de declaración 'Que crea la Comisión Especial Parlamentaria de Estudio para Relaciones diplomáticas con la República Popular China', presentado los senadores Abel Alcides González Ramírez Carlos Alberto Filizzola Pallarés y Oscar Hugo Richer Florentín.* Recuperado de http://silpy.congreso.gov.py/expediente/124630.

[1150] Paraguay. Congreso Nacional. Honorable Cámara de Senadores (22 de agosto de 2022). *Proyecto de declaración "que insta al poder ejecutivo a iniciar relaciones consulares, diplomáticas y comerciales con la República Popular China", presentado por el senador el senador Blas Antonio Llano Ramos.* file:///C:/Users/Anon/Downloads/ANTECEDENTE-S-2211070.pdf.

tual de las compras entre ambas economías; las exportaciones de Paraguay a China representaron el 9,82% de los más de US$ 221 millones vendidos por el país sudamericano al Estado insular asiático (Gráfico 1).

Respecto a las importaciones, en 2019, el gigante asiático retrocedió al 4° lugar de las compras internacionales paraguayas -detrás de Brasil, Estados Unidos y Argentina- con un 15% de las compras del país sudamericano. Sin embargo, en 2020 volvió a recuperar el liderazgo en las importaciones con porcentajes que promedian el 30% de las compras del país sudamericano y no ha perdido ese primer lugar hasta la fecha[1151]. El valor de las importaciones alcanzó en 2018 los US$ 3.764 millones, siendo hasta el momento el año récord de ventas del gigante asiático al país sudamericano. En el mismo período las ventas registradas por Taiwán a Paraguay representaban apenas el 1% del valor de las chinas (Gráfico 2).

El saldo comercial de los intercambios de mercaderías entre ambas economías es altamente deficitario para Paraguay. La nación sudamericana mantiene una enorme y constante balanza negativa con el gigante asiático que fue de US$ 242,5 millones en 2001, se incrementó a US$ 3.632 millones en 2011(representando hasta el momento el mayor saldo negativo) y en 2022 era de US$ 1.886,4 millones. De esta forma, entre 2001 y 2022, la magnitud del déficit comercial acumulado de Paraguay respecto a China alcanzó los US$ 40.397 millones (Gráfico 3).

[1151] United Kingdom. DIT/BEIS International Trade in Goods and Services Visualization (2023).

Gráfico 3. Saldo comercial de intercambio de productos Paraguay-China en miles de US$. Años: 2001-2022.

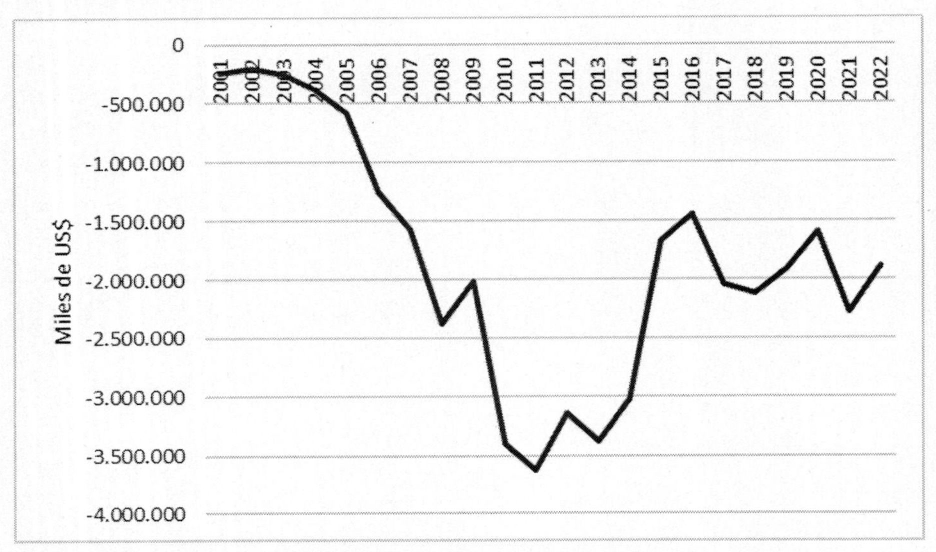

Fuente: Elaboración propia sobre la base de datos ITC (2023).

Gráfico 4. Comercio bilateral entre Paraguay y China. 10 principales productos exportados por Paraguay (2001-2019). En miles de US$

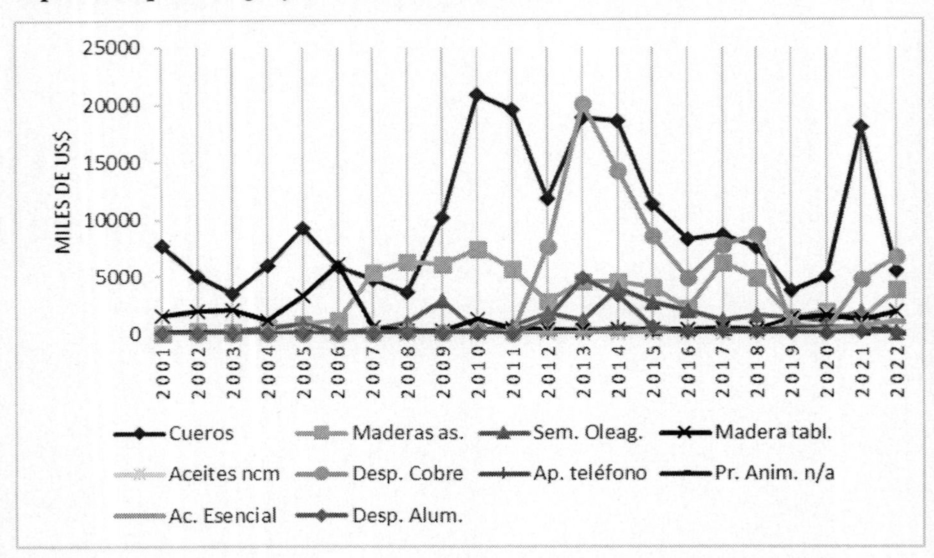

Fuente: Elaboración propia sobre la base de datos ITC (2023). Trade Map.

En lo que va del siglo XXI, la composición de las principales exportaciones de Paraguay a China se caracteriza por la presencia de productos de bajo valor agregado. En orden de importancia se destacan entre los diez más vendidos: cueros (SA 4104), maderas aserradas (SA 4407), semillas oleaginosas (excluida la soja) (SA 1207), tablillas de maderas (incluido el parquet) (SA 4409), aceites de nabo, colza y mostaza, (SA 1514), y desperdicios de cobre (SA 7404).[1152] De todas maneras, los productos vendidos han tenido una gran oscilación durante el período. Así, en 2008, cuando se produce el récord de exportaciones de Paraguay a China, las primeras 10 partidas de ventas sólo representaron el 12% del total de ventas. En 2019, las 10 principales mercaderías representaron el 97% de los US$ 10,7 millones que el gigante asiático compró del país sudamericano y en 2022 el 88,3% de esas adquisiciones (Gráfico 4). La mayoría de estos bienes no están entre los productos más exportados por Paraguay y se trata de un comercio marginal.

Gráfico 5. Comercio bilateral entre Paraguay y China. 10 principales productos importados por Paraguay (2001-2019). En miles de US$

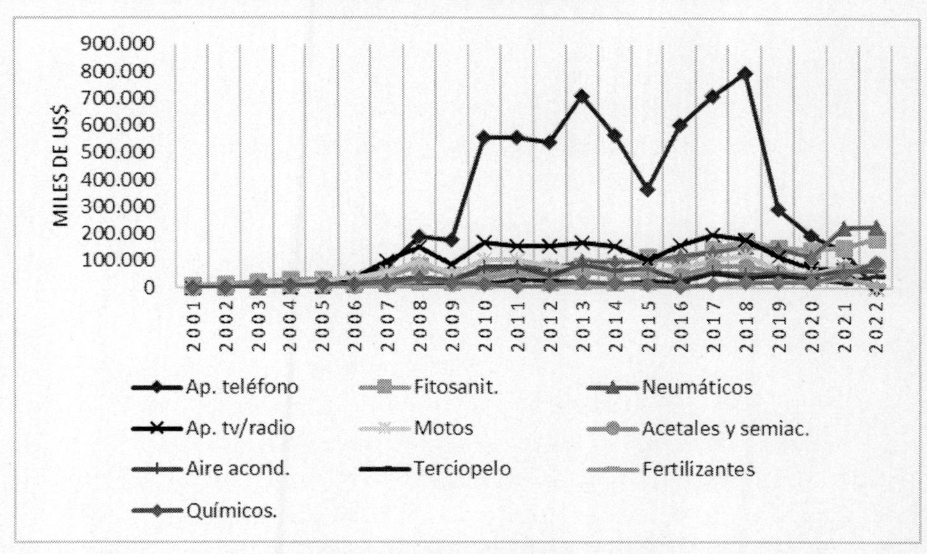

Fuente: Elaboración propia sobre la base de datos ITC (2023).

[1152] Este análisis comercial se orienta según el Sistema Armonizado (SA o HS), también conocido como Sistema Armonizado de Designación y Codificación de Mercancías, nomenclatura internacional creada por la Organización Mundial de Aduanas (OMA).

En el mismo período 2001-2022, entre los principales productos importados por Paraguay desde China encontramos predominantemente productos electrónicos, textiles, químicos (destacándose los utilizados para las actividades agrícolas) y otros productos industriales. Así, entre los principales 10 mercaderías vendidas por el gigante asiático al país sudamericano se encuentran siguiendo el orden de prelación: aparatos telefónicos (SA 8517), fitosanitarios (SA 3808), neumáticos (SA 4011), aparatos de radio y televisión (SA 8528), motos (SA 8711), acetales y semiacetales (SA 2911), aires acondicionados (SA 8415), terciopelos (SA 6001), fertilizantes químicos (SA 3105) y otros compuestos inorgánicos (SA 2931) (Gráfico 5). Para el año 2019, estos productos representaron el 51,5% de las ventas de China a Paraguay, de los cuales tan sólo los cuatro principales explicaban aproximadamente el 37% de las ventas del gigante asiático al país sudamericano. En 2022, la participación porcentual de estos 10 tipos de mercaderías era del 37,8% del total de compras realizadas por Paraguay a China. Además, resaltamos que el mercado paraguayo reexporta buena parte de estos productos al MERCOSUR.

Síntesis y conclusiones

A través del análisis realizado en los segmentos anteriores, podemos ver que las demandas de cambios en el reconocimiento, en gran parte, provienen de grupos empresariales del sector agropecuario -como CAPECO, la APS, o là CPC-y de diferentes actores políticos de Paraguay (tanto de la izquierda como de la derecha), partes que de alguna manera pueden beneficiarse de un realineamiento diplomático.

Los argumentos que esgrimen estos sectores versan sobre el tamaño del mercado chino, las posibilidades de aumento de volumen de las exportaciones, de los precios de venta y consecuentemente de la rentabilidad de los productos agrícolas; también mencionan las oportunidades de financiamiento, inversiones y donaciones que podrían destinarse a Paraguay, tomando como ejemplo los beneficios que se extendieron a otros países latinoamericanos.

También tras el surgimiento del COVID-19 y durante los períodos más críticos de la pandemia, se mencionaron las capacidades en las áreas de salud e infraestructura del gobierno de la RPCh, los cuales podrían haber beneficiado a un país como Paraguay que tiene un sistema de salud precario. Al mismo tiempo, los impulsores del acercamiento evaluaron que el suministro de vacunas podría haberse facilitado con una relación diplomática entre el gigante asiático y el país sudamericano.

Además de la demanda interna, también existen presiones externas en el tema, especialmente relacionadas con los países limítrofes con Paraguay y participantes del MERCOSUR. El país sudamericano, por no reconocer a China, impone trabas a la realización de acuerdos en bloque, o incluso acuerdos de carácter regional que pudieran surgir como resultado de las discusiones entre los Estados, como ejemplo el Foro CELAC-China, en el que Paraguay tiene una participación marginal.

El gobierno de China busca implementar el cambio en el reconocimiento diplomático a través de acciones indirectas, como la acción en Paraguay a través de organizaciones como la UCITC y la CCICP, las visitas de diferentes sectores del capital y representaciones del Estado chino a Paraguay, y en particular el trabajo del IDCPC, responsable de acordar los vínculos con fracciones de la clase dominante y sectores de la cúpula del poder político paraguayo. No obstante, hasta el momento, China no ha conseguido alinear mayoritariamente a su favor a estos sujetos de la formación social paraguaya; los cuales mantienen predominantemente el apoyo diplomático a Taiwán, confluyendo directa o indirectamente con los objetivos estadounidenses.

Otro accionar de los intereses chinos es a través de la participación de capitales de ese origen dentro de la economía paraguaya (en el que ya operan empresas como COFCO, ChemChina y CNOCC), lo que también influye en la demanda de alineamiento a nivel interno y externo.

Por último, China ejerce a través de sus intercambios comerciales una presión extra a la apertura. En los últimos años, los productos chinos representan una avalancha en las importaciones de Paraguay y están a la cabeza de sus compras externas; mientras que el gigante asiático sólo corresponde con escasas adquisiciones procedentes del país sudamericano (muy por debajo de las realizadas por Taiwán). Esta situación genera por sí sola un enorme e ininterrumpido déficit comercial para Paraguay.

Así, aprovechando las condiciones estructurales de la condición dependiente de Paraguay (bajo desarrollo industrial, especialización primario-exportadora, clases dominantes locales en asociación subordinada con el capital extranjero, intercambio desigual, etc.), China busca implementar tanto directa como indirectamente el cambio de reconocimiento de la nación sudamericana hacia Beijing. Una respuesta orgánica a las necesidades de desarrollo del capital monopolista chino y la perspectiva del fortalecimiento de su influencia política y económica sobre América del Sur.

Referencias

ABC Color (12 de octubre de 2016). Paraguay tendrá oficina de carne en China continental. *ABC Color*. Recuperado de https://www.abc.com.py/ edicion-impresa/ economia /paraguay-tendra-oficina-de-carne-en-china-continental-1527535.html.

ABC Color (6 de mayo de 2017). Sistema de control de cargas pretende mayor transparencia. *ABC Color.* Recuperado de https://www.abc.com.py/edicion-impresa/ suplementos/economico/sistema-de-control-de-cargas-pretende-mayor-transparencia-1591218.html.

ABC Color (23 de octubre de 2019). Aduanas da más tiempo para inscribir empresas de rastreo. *ABC Color*. Recuperado de https://www.abc.com.py/edicion-impresa/ economia/2019/10/23/aduanas-da-mas-tiempo-para-inscribir-empresas-de-rastreo/.

ABC Color (23 de septiembre de 2019). Según sojeros, China busca negocios con el Paraguay. *ABC Color.* Recuperado de https://www.abc.com.py/edicion-impresa/ economia/2019/09/23/segun-sojeros-china-busca-negocios-con-el-paraguay/.

ABC Color (8 de julio de 2019). Buscan promover más negocios entre China y empresas paraguayas. *ABC Color.* Recuperado de https://www.abc.com.py/ edicion-impresa/economia/2019/07/08/buscan-promover-mas-negocios-entre-china-y-empresas-paraguayas/.

Astarita, R. (2006). *Valor, mercado mundial y globalización*. Kaikron.

Barrera, M. A. & Inchauspe, E. (2012). Las" translatinas" brasileñas: análisis de la inserción de Petrobras en Argentina (2003-2010). *Sociedad y Economía*, (22), 39-67.

BBC (22 de abril de 2013). Horacio Cartes wins Paraguay presidential election. *BBC News*. Recuperado de https://www.bbc.com/news/world-latin-america-22241667.

Blancas Larriva, M. (2023). Conflicto potencial en Taiwán: Costos mayores a los beneficios. *Portes, Revista Mexicana De Estudios Sobre La Cuenca Del Pacífico, 17*(33), 77-101.

Bogarín Toledo, S. (9 de marzo de 2014). Cada vez más 'Made in China'. *ABC Color*. Recuperado de https://www.abc.com.py/edicion-impresa/suplementos/ empresas-y-negocios/cada-ves-mas-made-in-china-1220857.html.

Brands, H. (19 de febrero de 2018). The Chinese Century? *The National Interest.* Recuperado de https://nationalinterest.org/feature/the-chinese-century-24557.

Cámara Comercio e Industria Brasil-China (CCIBC) (2023). *Nosso Presidente.* http://www.camarachinabrasil.com.br/institucional/nosso-presidente/nosso-presidente.

CAPECO-Cámara Paraguaya de Exportadores y Comercializadores de Cereales y Oleaginosas (2019). Estados Unidos desplaza soja paraguaya en varios mercados. Urge habilitar China. Recuperado de https://capeco.org.py/2019/09/27/ee-uu-desplaza-a-soja-paraguaya-en-varios-mercados-urge-habilitar-china/.

CAPECO-Cámara Paraguaya de Exportadores y Comercializadores de Cereales y Oleaginosas (2023). Paraguay desciende dos lugares en el ranking mundial de mayores productores y exportadores de soja. Recuperado de https://capeco.org.py/2023/01/13/paraguay-desciende-dos-lugares-en-el-ranking-mundial-de-mayores-productores-y-exportadores-de-soja/.

CAPECO-Cámara Paraguaya de Exportadores y Comercializadores de Cereales y Oleaginosas (2019). Paraguay exportó 134 millones de toneladas menos de soja en 2019. Recuperado de https://capeco.org.py/2020/04/18/paraguay-exporto-134-millones-de-toneladas-menos-de-soja-en-el-2019/#.

Chan, J. (2021). *Descripción y Funciones del Departamento Internacional del Partido Comunista China (IDCPC).* Foz do Iguaçu.

Chan, J. (21 de julio de 2021*). Unión Cultural Industrial Tecnológica y Comercial Paraguay-China (UCITC)* [Presentación de Power Point]. Compartida digitalmente durante entrevista com Julia Dalbosco (Foz do Iguaçu). Recuperado de https://drive.google.com/file /d/1d hp8RM _ki7fe3_ mrcA 22lj H2l9y 71Z t0/view ?usp=s haring.

Chang Chien, A. & Rodríguez Mega, E. (26 de marzo de 2023). Honduras rompe con Taiwán para establecer relaciones con China, *The New York Times*. Recuperado de https://www.nytimes.com/es/2023/03/26/espanol/china-taiwan-honduras-reconocimiento-diplomatico.html.

Chen (2022). 'One Chine' Contention in China-Taiwan Relations: Law, Politics and Identity. *The China Quartely*, 252, 1025-1044.

Cinco días (29 de abril de 2019). Frigorífico Concepción enviará carne a China. *Cinco días* Recuperado de https://www.5dias.com.py/5dias-profesional/archivo/frigo rifico-conce pcion-enviara-c arne-a-ch ina#:~:text =29 %20abri l%20de%20 2019&tex t=El%20fr igor%C 3%ADfic o%20Conc epci%C3%B3 n%2C%20 cue nta%20con ,tiene% 20un% 20pote ncial% 20g anadero%20import ante.

CPCIC (2023). *¡Unite a la Asociación!* Recuperado de https://www.ccparaguaychina.com/site/index/noticia/5/unite-a-la-asociacion.

Dalbosco, J. (2019). *O Soft Power nas relações Taiwan-Paraguai*. UNILA. (Tesis de Licenciatura em Relaciones Internacionales e Integración).

Dalbosco, J. (2022). *Entre o Tigre e o Dragão: Paraguai e suas relações com Taiwan e a China no início do Século XXI.* UNILA (Tesis de Maestría en Relaciones Internacionales).

Diéguez Suárez, J. (18 de agosto de 2008) Ma: el espejismo de Fernando Lugo. *Observatorio de la Política China.* Recuperado de https://politica-china.org/areas/taiwan/mael-espejismo-de-fernando-lugo.

Diéguez Suárez, J. (2008). Las relaciones entre el gobierno de Duarte Frutos y Taiwán. *Observatorio de la Economía y la Sociedad de China, 7.* Recuperado de https://www.eumed.net/rev/china/07/jds2.htm.

Dirección Nacional de Aduanas (2019). Sistema de Verificación de Cargas. Recuperado de https://www.aduana.gov.py/?page_id=1767.

Enciso, V. (2005). *El sistema de las instituciones financieras no comerciales en Taiwán.* Taiwan Studies Faculty, Research Award Program for Paraguayans. Recuperado de https://www.roc-taiwan.org/uploads/sites/208/2014/06/73166291071.pdf.

Entidad Binacional de Yacyretá (31 de enero de 2019). *Aña Cuá significará ingreso de US$ 100 millones para el país y 3.000 puestos de trabajo directo*. Recuperado de https://www.eby.gov.py/2019/01/31 /ana-cua- significara-ingreso- de-100-millones-para-el-pais-y- 3000-puestos-de-trabajo-directo/.

Entrevista a Juan Chan realizada por Julia Dalbosco (Foz do Iguaçu, 31 de julio de 2021).

Fernández Palacios, F. (2017). Paraguay desde la dictadura de Stroessner hasta las elecciones presidenciales de 2013. *Tempus. Revista en Historia General, 6,* 140-173.

Fogel, R. (2015). Clases sociales y poder político en Paraguay. *Novapolis,* (8), 103-116.

Godley, M. (1978). China's World's Fair of 1910: Lessons from a Forgotten Event. *Modern Asian Studies,* 12 (3), 503-522.

Gólcher, E. (1998). Imperios y ferias mundiales: la época liberal. *Anuario de Estudios Centroamericanos, 24*(1 y 2), 75-95.

Hsieh, P. L. (2009). The Taiwan Question and the One-China Policy: Legal Challenges with Renewed Momentum. *Die Friedens-Warte: Journal of International Peace and Organization, 84*(3), 59-81.

ITC (2023). *Trade Map*. Recuperado de https://www.trademap.org/

Kissinger, H. (2012 [2011]). *China.* Debate.

Lamiral, C. (17 de abril de 2018). La gigante china Gezhouba competirá por Yacyreta. *Ámbito*, 2018. Recuperado de https://www.ambito.com/edicion-impresa/la-gigante-china-gezhouba-competira-yacyreta-n4018434.

Laufer, R. (2020). China 1949-1978: revolución industrial y socialismo. Tres décadas de construcción económica y transformación social. *Izquierdas, 49*, 2597-2625. Recuperado de https://dx.doi.org/10.4067/s071 8-5049202 100 0100224.

Laufer, R. (2024). La 'China global' y el mundo 'en desarrollo'. La retórica del desarrollo y el Asia-Pacífico en la estrategia mundial de China. En R. Laufer & F. Romero Wimer, *China en América Latina y el Caribe. ¿Nuevas rutas para una vieja dependencia?* (pp. 67-125). Appris.

Lezcano, J. C. (2019). *Exportación de capitales desde China y su relación con el latifundio en Paraguay*. BASE Investigaciones Sociales. Informes Especiales (28).

Minter, A. (29 de abril 2010). China Rules the World at Expo 2010. *The Atlantic*. http://www.theatlantic.com/ international/archive/2010 /04/ china-rules-the-world- at-expo-2010/ 39566/?single_ page=true.

Organización Mundial de Comercio (2020). *Perfiles Comerciales 2019*. OMC.

Paraguay Fluvial (2019). Ranking de los 10 mayores exportadores del Paraguay. Recuperado de https://paraguayfluvial.com/ranking-de-los-10-mayores-exportadores-del-paraguay/.

Paraguay. Congreso Nacional. Honorable Cámara de Senadores (22 de agosto de 2022). *Proyecto de declaración "que insta al poder ejecutivo a iniciar relaciones consulares, diplomáticas y comerciales con la República Popular China", presentado por el senador el senador Blas Antonio Llano Ramos*. Recuperado de file:///C:/Users/Anon/Downloads/ ANTECEDENTE-S- 2211070.pdf.

Paraguay. Congreso Nacional. Honorable Cámara de Senadores (2 de noviembre de 2021). *Proyecto de declaración 'Que crea la Comisión Especial Parlamentaria de Estudio para Relaciones diplomáticas con la República Popular China', presentado los senadores Abel Alcides González Ramírez Carlos Alberto Filizzola Pallarés y Oscar Hugo Richer Florentín*. Recuperado de http://silpy.congreso.gov.py/expediente/124630.

Paraguay. Congreso Nacional. Honorable Cámara de Diputados. Comisión de Industria, Comercio, Turismo y Cooperativismo. (27 de abril de 2021). *Dictamen N° 8. Expediente N°: D-1954592*. http://silpy.congreso.gov.py/expediente/118801.

Paraguay. Congreso Nacional. Honorable Cámara de Diputados. Comisión Asesora Permanente de Relaciones Exteriores (27 de abril de 2021). *Dictamen N.º 31/2021. Expediente: D- 1954592*. http://silpy.congreso.gov.py/expediente/118801.

Paraguay. Congreso Nacional. Honorable Cámara de Senadores (18 de marzo de 2021). *Declaración N° 270*. Recuperado de file:///C:/Users/Anon/Downloads/RESOLU CI%20N-422376.pdf.

Paraguay. Congreso Nacional. Honorable Cámara de Diputados (16 de marzo de 2021). *Por el cual insta al poder ejecutivo a establecer relaciones diplomáticas y consulares con la República Popular de China*. Recuperado de http://silpy.congreso.gov.py/SIL3py-web/expediente/123274.

Paraguay. Congreso Nacional. Honorable Cámara de Senadores (16 de marzo de 2021). *Proyecto de declaración 'que insta al Poder Ejecutivo a entablar negociaciones directas con la República Popular de China para adquirir sin intermediarios privados, las vacunas, medicamentos, insumos, equipamientos y asistencia sanitaria a fin de enfrenta'.* Recuperado de http://silpy.congreso.gov.py/expediente/123173.

Paraguay. Congreso Nacional. Honorable Cámara de Senadores (23 de marzo de 2020). *Proyecto de declaración 'que insta al Poder Ejecutivo a establecer inmediatamente relaciones diplomáticas con la República Popular China y proponer a dicha república un convenio internacional de mutua cooperación e intercambio de bienes y servicios chinos para enfrentar la epidemia del Coronavirus a cambio de materias primas agrícolas y alimentos excedentes de Paraguay', presentado por los senadores Sixto Pereira, Carlos Filizzola, Fernando Lugo, Hugo Richer, Esperanza Martínez, Jorge Querey y Fulgencio Rodríguez*. Recuperado de http://silpy.congreso.gov.py/expediente/120264.

Paraguay. Honorable Cámara de Diputados (14 de octubre de 2019*). Que declara de interés nacional la apertura de una oficina comercial de la República del Paraguay en la República Popular de China. Presentado por varios diputados*. Recuperado de http://silpy.congreso.gov.py/expediente/118801.

Paraguay. Congreso Nacional. Honorable Cámara de Senadores (23 de septiembre de 2019). *Proyecto de Declaración 'que insta al Poder Ejecutivo a mantener relaciones diplomáticas y consulares con la República Popular de China'', presentado por el senador Paraguayo Cubas Colomes*. Recuperado de http://silpy.congreso.gov.py/expediente/118310.

Paraguay. Congreso Nacional. Honorable Cámara de Diputados (13 de marzo de 2019*). Declaración N° 100. Que apoya al gobierno y al pueblo de la hermana República de China (Taiwán) en su lucha por reconocimiento internacional de su condición de país soberano, libre y democrático*. Recuperado de file:///C:/Users/Anon/Downloads/RESOLUCI%20N-406752%20(1).PDF.

Paraguay. Congreso Nacional. Honorable Cámara de Diputados (5 de marzo de 2019). *Proyecto de declaración 'que rechaza las declaraciones del presidente de la República Popular China, por la falsa afirmación de que Taiwán es parte de la República Popular China', presentado por el diputado Walter Harms*. Recuperado de http://silpy.congreso.gov.py/expediente/115486.

Paraguay. Congreso Nacional. Honorable Cámara de Senadores (2019). *Nota n° 0198/19. Exposición de motivos*. Recuperado de C:/Users/Anon/Downloads/ANTE-CEDENTE-S-198987.pdf.

Paraguay. Congreso Nacional. Honorable Cámara de Diputados (2018). *Que designa a diputados nacionales para integrar la Comisión Parlamentaria conjunta de amistad con la República Popular China-China Continental, presentado por el diputado Juan Carlos Ozorio*. Recuperado de http://silpy.congreso.gov.py/expediente/113267.

Paraguay. Congreso Nacional. Honorable Cámara de Senadores (2018). Proyecto de *Resolución 'Por el cual crea e integra la comisión parlamentaria de amistad paraguaya-República Popular China', presentado por los senadores Amado Florentín, Patric Kemper y Fidel Zavala*. Recuperado de http://silpy.congreso.gov.py/expediente/114950.

Pegg, S. (1998). *International Society and the De Facto State*. Ashgate.

Ramírez-Carvajal, C., Praj, D., & Acosta-Strobel, J. A. (2021). La relación triangular entre China, Taiwán y Estados Unidos en el periodo 2008-2018. *URVIO Revista Latinoamericana de Estudios de Seguridad*, (30), 92-106.

Rodríguez Aranda, I. (2011). Los desafíos a la reunificación de China y Taiwán: la Ley Antisecesión (2005) y el Acuerdo Marco de Cooperación Económica (2010). *Revista Brasileira de Política Internacional, 5*(1), 105-124.

Romero Wimer, F. & Dalbosco, J. (2020). El dilema de Paraguay en el siglo XXI: ¿continuidad de relaciones diplomáticas con Taiwán o apertura a la República Popular China? *Revista Paraguay desde la Ciencias Sociales*, (11), 27-56.

Romero Wimer, F. (2020). La crisis del nuevo coronavirus en América Latina: control social, economía capitalista y esperanza. En J. K. Acuña Villavicencio, E. Sánchez Osorio, & M. Garza Zepeda (Coords), *Cartografías de la pandemia en tiempos de crisis civilizatoria. Aproximaciones a su entendimiento desde México y América Latina* (pp. 21-35). La Biblioteca.

Rubiolo, María Florencia (2016). El conflicto del Mar de China Meridional en clave geopolítica. *Revista Voces en el Fénix, 56*, 50-57.

Sistema de Comercio Exterior (SICE) de la Organización de Estados Americanos (OEA) (12 de julio de 2017). *Economic cooperation agreement between the Republic of China (Taiwan) and the Republic of Paraguay*. Recuperado de http://www.sice.oas.org/Trade/PAR_TWN/PAR_TWN_ECA_e.pdf.

Stamelos, C. & Tsimaras, K. (2022). The UN General Assembly Resolution 2758 of 1971 Recognizing the People's Republic of China as the Legitimate Representative of the State of China. En S. O. Abidde (Ed.), *China and Taiwan in Africa. Africa-East Asia International Relations*. Springer, 101-119.

Última Hora (13 de octubre de 2016). Cámara de la Carne abrirá oficina en China Continental. *Última Hora*. Recuperado de https://www.ultimahora.com/camara-la-carne-abrira-oficina-china-continental-n1031200.html.

Última Hora (7 de septiembre de 2019). ARP pide al gobierno apertura de relaciones con China. *Última Hora*. Recuperado de https://www.ultimahora.com/arp-pide-al-gobierno-apertura-relaciones-china-n2842494.html.

United Kingdom. DIT/BEIS International Trade in Goods and Services Visualization (2023). *International trade in goods and services based on UN Comtrade data*. Recuperado de https://dit-trade-vis.azurewebsites.net/? reporter= 600&partner=156& type=C&year=200 8&flow=2.

Vuyk, C. (2014). *Subimperialismo brasileño y dependencia del Paraguay. Los intereses económicos detrás del Golpe de Estado de 2012*. Cultura y Participación.

Yegros, R. S. & Brezzo, L. M. (2013). *História das Relações Internacionais do Paraguay*. Fundação Alexandre de Gusmão.

Zhou, L. (2010). Crossing to the Other Shore: Navigating the Troubled Waters of Cultural Loss and Eco-Crisis in Late-Socialist China. *Berkeley Planning Journal, 23*(1), 27-40.

SOBRE LOS AUTORES

Rubén Laufer

Es docente de posgrado en la Facultad de Ciencias Económicas de la Universidad de Buenos Aires (UBA) (Argentina). Es autor de numerosos artículos sobre la China contemporánea comparando la China socialista (1949-1978) y su posterior transformación en gran potencia mundial capitalista (1978 a la actualidad), así como sobre las relaciones de Argentina y América Latina con China, entre ellos: "El proyecto chino 'La Franja y la Ruta' y América Latina: ¿otro Norte para el Sur?"; "China 1949-1978: revolución industrial y socialismo. Tres décadas de construcción económica y transformación social", y "China, de la teoría de los 'tres mundos' a la transición hegemónica".

Orcid: 0000-003-3828-9877

Fernando Romero Wimer

Profesor y Licenciado en Historia por la Universidad Nacional del Sur (UNS) (Argentina), Magister en Desarrollo y Gestión Territorial por la UNS y Doctor en Historia por la UBA. Profesor de grado y posgrado en Relaciones Internacionales en la Universidade Federal da Integração Latino-Americana (UNILA), Brasil. Director del Grupo Interdisciplinar de Estudos e Pesquisas sobre Capitais Transnacionais, Estados, classes dominantes e conflitividade na América Latina e Caribe (GIEPTALC). Investigador del Colectivo de Estudios e Investigaciones Sociales (CEISO) de Argentina y del Centro Interdisciplinario de Estudios Agrarios (CIEA) de la UBA. Entre sus numerosas publicaciones sobresale el libro *El imperialismo y el agro argentino. Historia reciente del capital extranjero en el complejo agroindustrial pampeano* (Ciccus, 2015).

Orcid: 0000-0002-9254-6494

Frédéric Thomas

Doctor en Ciencias Políticas e investigador del Centro Tricontinental (CETRI) (Bélgica). Autor, entre otros trabajos, del estudio *China - América Latina y el Caribe: ¿Cooperación Sur-Sur o Nuevo Imperialismo?* (*CETRI*, Louvain-la-Neuve, 2020).

Orcid: 0009-0005-0594-3870

Cédric Leterme

Doctor en Ciencias Políticas y Sociales, investigador del Centro Tricontinental (CETRI) (Bélgica) y del Grupo de Investigación para una Estrategia Económica Alternativa (GRESEA). Coordinador del dossier: *China: la otra superpotencia* (Alternatives Sud, *XXVIII* (1), 2021).

Orcid: 0009-0005-8770-0978

Feng Leiji (风雷激)

Enseña Estadística en una universidad de la República Popular China. No es su nombre real sino un seudónimo. Creció en China, integró la generación de los Guardias Rojos, trabajó en fábricas durante una docena de años, luego estudió en EE.UU. donde obtuvo su doctorado, y regresó más tarde a China para enseñar. Ha escrito extensamente sobre economía política de la China contemporánea, particularmente sobre temas como la historia de la lucha de clases durante la era de Mao, la relación entre la clase obrera y su partido, la dictadura de clase y la democracia, y el ascenso internacional de China. Debido a la situación represiva que impera en China, prefiere no revelar su nombre real y no citar sus escritos.

Gao Mobo

Profesor de Estudios Chinos en la Universidad de Adelaida (Australia), obtuvo su especialización en inglés en la Universidad de Xiamen, y doctorado en la Universidad de Essex. Es autor de varios libros y más de cien capítulos de libros y artículos: *Gao Village: A Portrait of Rural Life in Modern China* (1999) y su secuela *Gao Village Revisited: Life of the Rural People in Contemporary China* (2018) son estudios de caso de Gao Village, donde Gao nació y creció. *The Battle of China's Past: Mao and the Cultural Revolution* (2008) y su secuela *Constructing China: Clashing Views of the People's Republic* (2018). Su libro más reciente -en coedición- es *Different Histories, Shared Futures: Dialogues on Australia-China* (2023).

Orcid: 0000-0001-7214-0668

Marc Lanteigne

Profesor asociado de Ciencias Políticas en la Universidad de Tromsø (Noruega) y es autor de los libros *China and International Institutions: Alternate Paths to Global Power* (2005) (*China y las instituciones internacionales: rumbos alternativos al poder global*) y *Chinese Foreign Policy: An Introduction* (2019), y de numerosos artículos sobre política y relaciones internacionales de China y del Asia oriental.

Orcid: 0000-0001-9152-9951

Sol Mora

Becaria posdoctoral y docente de la Escuela de Política y Gobierno, Universidad de San Martín (EPyG-UNSAM). Entre sus publicaciones se encuentran "Land grabbing, power configurations and trajectories of China's investments in Argentina" (*Globalizations*, 2022), e "Industria porcina china, sistema agroalimentario global y crisis ambiental. Reflexiones a partir del caso argentino" (*Desafíos*, 2022).

Orcid: 0000-0002-8237-6938

Juliana González Jáuregui

Licenciada en Relaciones Internacionales, Magister en Relaciones y Negociaciones Internacionales por la Facultad Latinoamericana de Ciencias Sociales (FLACSO)/Universidad de San Andrés (UdeSA) y Dra. en Ciencias Sociales (FLACSO). Investigadora Asistente en CONICET, Programa para el Fortalecimiento de la Investigación y la Cooperación con China/Asia en Ciencias Sociales y Humanidades. Contribuciones recientes: "Financiamiento e inversiones de China en energías renovables en Argentina: implicaciones para la transición energética y el desarrollo" (2022) y, con Diana Tussie, "China en Sudamérica: desafíos y oportunidades para el orden regional" (2023).

Orcid: 0000-0002-5903-6863

Valdemar João Wesz Junior

Magíster y Doctor de Ciencias Sociales em Desarrollo, Agricultura y Sociedad por la Universidade Federal de Rio Janeiro (UFRRJ), Brasil. Profesor de grado y posgrado en la UNILA. Está vinculado al *Observatório de Políticas Públicas para Agricultura* (OPPA/CPDA/UFRRJ), al *Grupo de Estudos em Mudanças Sociais, Agronegócio e Políticas Públicas* (GEMAP), al *Observatório das Agriculturas Familiares Latino-americanas* (AFLA) y al GIEPTALC. Entre sus principales publicaciones figuran, en coautoría con Escher y Fares, "Why and how is China reordering the food regime? The Brazil-China soy-meat complex and COFCO's global strategy in the Southern Cone (*Journal of Peasant Studies*, 2021); en coautoría con Escher "Dinâmica recente do complexo soja-carne Brasil-China no contexto do Cone Sul" (*Campo-Território*, 2022) y en coautoría con Wilkinson y Lopane "Brazil and China: the agribusiness connection in the Southern Cone context" (*Third World Thematics*, 2016).

Orcid: 0000-0002-8154-7088

Fabiano Escher

Economista, Magíster y Doctor en Desarrollo Rural. Es Profesor del *Departamento de Desenvolvimento, Agricultura e Sociedade (DDAS)* y del *Programa de Pós-Graduação de Ciências Sociais em Desenvolvimento, Agricultura e Sociedade (CPDA)* de la *Universidade Federal Rural do Rio de Janeiro (UFRRJ)*. Sus principales publicaciones incluyen en coautoría con Schneider, S. *Brasil. Agricultura, alimentação e desenvolvimento rural na China* (Porto Alegre: 2023); Escher, F. *A economia política do desenvolvimento rural na China: Da questão agrária à questão agroalimentar* (*Revista de Economia Contemporânea*, 2022) y en coautoría con Wilkinson, J. A. "Economia política do complexo soja-carne Brasil-China" (*Revista de Economia e Sociologia Rural*, 2019).

Orcid: 0000-0001-6082-259X

Tomaz Mefano Fares

Licenciado en Relaciones Internacionales por la Universidade Federal de Rio de Janiero, Brasil, Magíster en Historia Moderna y Contemporánea de China por la Universidad de Beijing (China) y Doctor en Estudios del Desarrollo por la *School of Oriental and African Studies* (SOAS), *University of London*, Inglaterra. Profesor de la University *of Bedfordshire* (Inglaterra). Entre sus principales publicaciones se destacan: "China's Financialized Soybeans: The Fault Lines of Neomercantilism Narratives in International Food Regime Analyse" (*Journal of Agrarian Change*, 2023) y "The Rise of State-Transnational Capitalism in the Xi Jinping Era: A Case Study of China's International Expansion in the Soybean Commodity Chain" (*Journal für Entwicklungspolitik*: 2019).

Orcid: 0000-0001-5932-4307

Sebastián Sarapura Rivas

Licenciado en Historia–América Latina por la Universidad Federal de la Integración Latinoamericana (UNILA), Brasil. Estudiante de la maestría en Historia Económica de la Universidade de São Paulo (USP) y miembro del Grupo Interdisciplinar de Estudos e Pesquisa sobre Capitais Transnacionais (GIEPTALC), (Brasil). Ha publicado artículos y presentados trabajos sobre la penetración del capital chino en el Perú y las transformaciones en el proceso de acumulación de capital peruano, destacándose en coautoría con Fernando Romero Wimer: "El extractivismo chino en América Latina: una aproximación a partir del caso Shougang Hierro Perú" (Antagónica, 2021).

Orcid: 0009-0003-0482-2706

Paula Fernández Hellmund

Profesora, Licenciada y Doctora en Ciencias Antropológicas por la UBA, Argentina. Profesora de grado y posgrado en Relaciones Internacionales en la UNILA, Brasil. Directora del Observatorio Social de América Central e Caribe (OSACC) y vice-Directora del GIEPTALC. Investigadora del Colectivo de Estudios e Investigaciones Sociales (CEISO) de Argentina. Entre sus numerosas publicaciones sobresale el libro *Nicaragua debe sobrevivir. La solidaridad de la militancia comunista argentina con la Revolución Sandinista (1979-1990)* (Buenos Aires, 2015) y artículos en coautoría con Fernando Romero Wimer como "La larga marcha de China como potencial global" (*Izquierdas*, 2020) y "Relaciones China-América Central: el caso de Nicaragua y el proyecto del canal interoceánico" (*Coyuntura Austral*, 2018).

Orcid: 0000-0002-7510-7449

Pablo Senra Torviso

Licenciado y Magíster en Relaciones Internacionales por la UNILA Brasil. Inves-tigador del Grupo Interdisciplinar de Estudos e Pesquisa sobre Capitais Transnacionais, Es-tado, Classes Dominantes e Conflitividade em América Latina e Caribe (GIEPTALC), Brasil. Se destacan sus artículos en coautoría con Fernando Romero Wimer: "Relaciones diplomáticas entre la República Popular China y la República Oriental del Uruguay (1988-2020)" (*Revista Interdisciplinaria de Estudios Sociales,* 2020) e "Inversiones chinas en Argentina y Uruguay: evolución y actores en el siglo XXI" (*Desenvolvimento em Debate,* 2022).

Orcid: 0000-0002-5412-0206

Julia Dalbosco

Licenciada y Magíster en Relaciones Internacionales por la UNILA Brasil. Investigadora del Grupo Interdisciplinar de Estudos e Pesquisa sobre Capitais Transnacionais, Estado, Classes Dominantes e Conflitividade em América Latina e Caribe (GIEPTALC), Brasil. Entre sus publicaciones se destaca su artículo en coautoría con Fernando Romero Wimer "El dilema de Paraguay en el siglo XXI: ¿continuidad de relaciones diplomáticas con Taiwán o apertura a la República Popular China?" (*Revista Paraguay desde las Ciencias Sociales,* 2020).

Orcid: 0000-0002-0683-8432